2019 全国勘察设计注册工程师
执业资格考试用书

Quanguo Zhuce Yantu Gongchengshi Zhuanye Kaoshi Linian Zhenti Fenlei Jingjiang

全国注册岩土工程师专业考试
历年真题分类精讲

孙 超 主编

专业案例

人民交通出版社股份有限公司
China Communications Press Co.,Ltd.

内 容 提 要

本书是为考生备考全国注册土木工程师(岩土)执业资格考试专业考试(专业案例)而编写的。本书以最新考试大纲为依据,以现行规范为基础,结合编者多年来开展注册岩土工程师执业资格考试考前辅导的经验编写而成。

全书共分为十篇,根据知识体系逻辑关系,将每一篇分解为若干讲,每一讲收集本讲相关所有历年真题,并给出详实的解析。历年真题是最高质量的"练习题",配合本书分类模式及精讲解答,可大大提高考生的复习效率,是考试必备的复习资料。

本书既可作为参加全国注册土木工程师(岩土)执业资格考试专业考试的考生的考前复习资料,也可作为本专业及相关专业工程技术管理人员和在校师生的学习资料。

图书在版编目(CIP)数据

全国注册岩土工程师专业考试历年真题分类精讲:专业案例/孙超主编. —北京:人民交通出版社股份有限公司,2019.5

ISBN 978-7-114-15566-6

Ⅰ.①全… Ⅱ.①孙… Ⅲ.①岩土工程—资格考试—题解 Ⅳ.①TU4-44

中国版本图书馆 CIP 数据核字(2019)第 094437 号

书　　名	:全国注册岩土工程师专业考试历年真题分类精讲(专业案例)
著 作 者	:孙　超
责任编辑	:李　娜
责任印制	:张　凯
出版发行	:人民交通出版社股份有限公司
地　　址	:(100011)北京市朝阳区安定门外外馆斜街 3 号
网　　址	:http://www.ccpress.com.cn
销售电话	:(010)59757973
总 经 销	:人民交通出版社股份有限公司发行部
经　销	:各地新华书店
印　　刷	:中国电影出版社印刷厂
开　　本	:787×1092　1/16
印　　张	:31
字　　数	:780 千
版　　次	:2019 年 5 月　第 1 版
印　　次	:2019 年 5 月　第 1 次印刷
书　　号	:ISBN 978-7-114-15566-6
定　　价	:98.00 元

(有印刷、装订质量问题的图书,由本公司负责调换)

本书编委会

主　编：孙　超

副主编：孟凡超　孙法德　孙有为　邵艳红
　　　　　郭浩天　刘　超　刘　丹

参　编：吕兆庆　尹洪峰　周艳生　原利明
　　　　　史迪菲　孟祥博　姜洪峰　许成杰
　　　　　史日磊　单喜垒　孙益哲　杨天翼
　　　　　岳广泽　魏发达　陈军君　沈　琪

目　录

第一篇　岩土工程勘察

历年真题 ·· 1—1
 第一讲　勘探与取样 ·· 1—1
 第二讲　岩石的性质、分类及测试 ·· 1—2
 第三讲　土的性质、分类及测试 ·· 1—5
 第四讲　土的固结 ·· 1—8
 第五讲　土的剪切试验及抗剪强度指标 ·· 1—9
 第六讲　原位测试 ·· 1—12
 第七讲　地下水勘察 ·· 1—16
 第八讲　岩土参数的分析和选定 ·· 1—24
答案解析 ··· 1—25
 第一讲　勘探与取样 ·· 1—25
 第二讲　岩石的性质、分类及测试 ·· 1—26
 第三讲　土的性质、分类及测试 ·· 1—30
 第四讲　土的固结 ·· 1—34
 第五讲　土的剪切试验及抗剪强度指标 ·· 1—35
 第六讲　原位测试 ·· 1—37
 第七讲　地下水勘察 ·· 1—40
 第八讲　岩土参数的分析和选定 ·· 1—47

第三篇　浅基础

历年真题 ·· 3—1
 第一讲　地基承载力确定 ·· 3—1
 第二讲　土中应力与持力层、下卧层承载力验算 ·· 3—8
 第三讲　地基沉降计算 ·· 3—24
 第四讲　地基稳定性验算 ·· 3—36
 第五讲　基础结构设计 ·· 3—39
答案解析 ··· 3—46
 第一讲　地基承载力确定 ·· 3—46
 第二讲　土中应力与持力层、下卧层承载力验算 ·· 3—53
 第三讲　地基沉降计算 ·· 3—67
 第四讲　地基稳定性验算 ·· 3—76
 第五讲　基础结构设计 ·· 3—79

1

第四篇　深基础

历年真题 ··· 4—1
　第二讲　桩基竖向承载力 ··· 4—1
　第三讲　特殊条件下竖向承载力验算 ··· 4—13
　第四讲　桩基沉降计算 ··· 4—22
　第五讲　桩基水平承载力与位移 ··· 4—29
　第六讲　承台计算 ·· 4—32
　第七讲　《公路桥涵地基与基础设计规范》深基础 ··· 4—38
　第八讲　《铁路桥涵地基和基础设计规范》深基础 ··· 4—41
答案解析 ··· 4—43
　第二讲　桩基竖向承载力 ··· 4—43
　第三讲　特殊条件下竖向承载力验算 ··· 4—51
　第四讲　桩基沉降计算 ··· 4—57
　第五讲　桩基水平承载力与位移 ··· 4—60
　第六讲　承台计算 ·· 4—63
　第七讲　《公路桥涵地基与基础设计规范》深基础 ··· 4—66
　第八讲　《铁路桥涵地基和基础设计规范》深基础 ··· 4—68

第五篇　地基处理

历年真题 ··· 5—1
　第二讲　换填垫层法 ·· 5—1
　第三讲　预压地基法 ·· 5—2
　第四讲　压实地基和夯实地基 ·· 5—9
　第五讲　散体材料桩复合地基 ·· 5—10
　第六讲　具有黏结强度增强体复合地基 ·· 5—14
　第七讲　注浆加固 ·· 5—24
　第八讲　地基处理检验 ··· 5—25
答案解析 ··· 5—26
　第二讲　换填垫层法 ·· 5—26
　第三讲　预压地基法 ·· 5—26
　第四讲　压实地基和夯实地基 ·· 5—34
　第五讲　散体材料桩复合地基 ·· 5—34
　第六讲　具有黏结强度增强体复合地基 ·· 5—41
　第七讲　注浆加固 ·· 5—51
　第八讲　地基处理检验 ··· 5—52

第六篇　土工结构与边坡防护

历年真题 ··· 6—1
 第一讲　路基与土石坝 ··· 6—1
 第二讲　土压力 ··· 6—8
 第三讲　平面滑动法 ·· 6—14
 第四讲　折线滑动法 ·· 6—20
 第五讲　圆弧滑动法 ·· 6—21
 第六讲　重力式支挡结构 ·· 6—23
 第七讲　锚拉式支挡结构 ·· 6—28

答案解析 ·· 6—31
 第一讲　路基与土石坝 ·· 6—31
 第二讲　土压力 ·· 6—37
 第三讲　平面滑动法 ·· 6—44
 第四讲　折线滑动法 ·· 6—49
 第五讲　圆弧滑动法 ·· 6—50
 第六讲　重力式支挡结构 ·· 6—51
 第七讲　锚拉式支挡结构 ·· 6—55

第七篇　基坑与地下工程

历年真题 ··· 7—1
 第一讲　基坑基本计算 ·· 7—1
 第二讲　基坑支挡式结构 ·· 7—5
 第三讲　土钉墙与重力式水泥土墙 ·· 7—11
 第四讲　基坑地下水控制 ·· 7—15
 第五讲　围岩分类及围岩压力 ·· 7—18

答案解析 ·· 7—22
 第一讲　基坑基本计算 ·· 7—22
 第二讲　基坑支挡式结构 ·· 7—26
 第三讲　土钉墙与重力式水泥土墙 ·· 7—31
 第四讲　基坑地下水控制 ·· 7—33
 第五讲　围岩分类及围岩压力 ·· 7—36

第八篇　特殊条件下的岩土工程

历年真题 ··· 8—1
 第一讲　湿陷性黄土 ·· 8—1
 第二讲　膨胀土 ·· 8—7
 第三讲　盐渍土 ·· 8—10
 第四讲　冻土等其他特殊土 ·· 8—11
 第五讲　岩溶与土洞 ·· 8—13

第六讲　滑坡与崩塌	8—14
第七讲　泥石流	8—23
第八讲　采空区	8—24
第九讲　地面沉降	8—24
答案解析	8—26
第一讲　湿陷性黄土	8—26
第二讲　膨胀土	8—30
第三讲　盐渍土	8—33
第四讲　冻土等其他特殊土	8—34
第五讲　岩溶与土洞	8—36
第六讲　滑坡与崩塌	8—37
第七讲　泥石流	8—45
第八讲　采空区	8—45
第九讲　地面沉降	8—46

第九篇　地震工程

历年真题	9—1
第二讲　建筑场地的地段与类别划分	9—1
第三讲　土的液化	9—6
第四讲　地震作用与地震反应谱	9—13
第五讲　地基基础与挡土墙的抗震验算	9—17
答案解析	9—21
第二讲　建筑场地的地段与类别划分	9—21
第三讲　土的液化	9—24
第四讲　地震作用与地震反应谱	9—32
第五讲　地基基础与挡土墙的抗震验算	9—37

第十篇　岩土工程检测与监测

历年真题	10—1
答案解析	10—6

附录

2018年度全国注册土木工程师(岩土)执业资格考试专业案例试卷(上午)	附—1
2018年度全国注册土木工程师(岩土)执业资格考试专业案例(上午)答案解析	附—9
2018年度全国注册土木工程师(岩土)执业资格考试专业案例试卷(下午)	附—16
2018年度全国注册土木工程师(岩土)执业资格考试专业案例(下午)答案解析	附—24

第一篇 岩土工程勘察

历年真题

第一讲 勘探与取样

1.(02C01)某建筑物条形基础,埋深1.5m,条形基础轴线间距为8m,按上部结构设计,传至基础底面荷载标准组合的基底压力值为每延米400kN,地基承载力特征值估计为200kPa,无明显的软弱或坚硬的下卧层。按《岩土工程勘察规范》(GB 50021—2001)(2009年版)进行详细勘察时,勘探孔的孔深以下列( )深度为宜。

(A)8m (B)10m (C)12m (D)15m

2.(03C01)如果以标准贯入器作为一种取土器,则其面积比等于( )。

(A)177.8 (B)146.9 (C)112.3 (D)45.7

3.(03D04)某建筑物室内地坪±0.00相当于绝对标高5.60,室外地坪绝对标高4.60,天然地面绝对高程为3.60m。地下室净高4.0m,顶板厚度0.3m,底板厚度1.0m,垫层厚度0.1m。根据所给的条件,基坑底面的绝对高程应为( )。

(A)+0.20m (B)+1.60m (C)-4.00m (D)-5.40m

4.(04C01)拟建一龙门吊、起重量150kN,轨道长200m,条形基础宽1.5m,埋深为1.5m,场地地形平坦,由硬黏土及密实的卵石交互分布,厚薄不一,基岩埋深7~8m,地下水位埋深3.0m,下列( )为岩土工程评价的重点,并说明理由。

(A)地基承载力 (B)地基均匀性
(C)岩面深度及起伏 (D)地下水埋藏条件及变化幅度

5.(04D01)原状取土器外径$D_w=75$mm,内径$d_s=71.3$mm,刃口内径$d_e=70.6$mm,取土器具有延伸至地面的活塞杆,按《岩土工程勘察规范》(GB 50021—2001)(2009年版)规定,该取土器为( )。

(A)面积比为12.9,内间隙比为0.52的厚壁取土器
(B)面积比为12.9,内间隙比为0.99的固定活塞厚壁取土器
(C)面积比为10.6,内间隙比为0.99的固定活塞薄壁取土器
(D)面积比为12.9,内间隙比为0.99的固定活塞薄壁取土器

6.(04D04)某轻型建筑物采用条形基础,单层砌体结构严重开裂,外墙窗台附近有水平裂缝,墙角附近有倒八字裂缝,有的中间走廊地坪有纵向开裂,建筑物的开裂最可能的原因是( ),并说明理由。

(A)湿陷性土浸水引起 (B)膨胀性土胀缩引起
(C)不均匀地基差异沉降引起 (D)水平滑移拉裂引起

7.(05C01)钻机立轴升到最高时其上口1.5m,取样用钻杆总长21.0m,取土器全长1.0m,下至孔底后机上残尺1.10m,钻孔用套管护壁,套管总长18.5m另有管靴与孔口护箍

各高 0.15m，套管口露出地面 0.4m，则取样位置至套管口的距离应等于( )。
  (A)0.6m   (B)1.0m   (C)1.3m   (D)2.5m

8.(12C04)某高层建筑工程拟采用天然地基，埋深 10m，基底附加应力为 280kPa，基础中心点下附加应力系数见下表，初勘探明地下水埋深 3.0m，地基土为中低压缩性粉土和粉质黏土，平均天然重度 $\gamma=19.1$ kN/m³，$e=0.71$，$d_s=2.70$，则详勘孔深为( )。

题8表

基础中心点一下深度/m	8	12	16	20	24	28	32	36	40
附加应力系数	0.8	0.61	0.45	0.33	0.26	0.20	0.16	0.13	0.11

  (A)24m   (B)28m   (C)34m   (D)40m

9.(17D02)取土试样进行压缩试验，测得土样初始孔隙比 0.85，加载至自重压力时孔隙比为 0.80，根据《岩土工程勘察规范》(GB 50021—2001)(2009 年版)相关说明，用体积应变评价该土样的扰动程度为下列哪一选项？( )
  (A)几乎未扰动   (B)少量扰动
  (C)中等扰动   (D)很大扰动

第二讲　岩石的性质、分类及测试

1.(02D20)某水利水电地下工程围岩为花岗岩，岩石饱和单轴抗压强度 R_b 为 83MPa，岩体完整性系数 K_v 为 0.78，围岩的最大主应力 σ_m 为 25MPa，按《水利水电工程地质勘察规范》(GB 50487—2008)的规定，其围岩强度应力比( )。
  (A)S 为 2.78，中等初始应力状态   (B)S 为 2.59，中等初始应力状态
  (C)S 为 1.98，强初始应力状态   (D)S 为 4.10，弱初始应力状态

2.(02D22)某岩体的岩石单轴饱和抗压强度为 10MPa，在现场做岩体的波速试验 $v_{pm}=4.0$km/s，在室内对岩块进行波速试验 $v_{pr}=5.2$km/s，如不考虑地下水、软弱结构面及初始应力的影响，按《工程岩体分级标准》(GB 50218—2014)计算岩体基本质量指标 BQ 值和确定基本质量级别。则下列( )组合与计算结果接近。
  (A)312.3，Ⅳ级   (B)267.5，Ⅳ级   (C)486.8，Ⅱ级   (D)320.0，Ⅲ级

3.(02D23)某一水利水电地下工程，围岩岩石强度评分为 25，岩体完整程度评分为 30，结构面状态评分为 15，地下水评分为 −2，主要结构面产状评分为 −5，按《水利水电工程地质勘察规范》(GB 50487—2008)应属于( )围岩类别。
  (A)Ⅰ类   (B)Ⅱ类   (C)Ⅲ类   (D)Ⅳ类

4.(03D01)一岩块测得点荷载强度指数 $I_{s(50)}=2.8$MN/m²，按《工程岩体分级标准》(GB 50218—2014)推荐的公式计算，岩石的单轴饱和抗压强度最接近( )。
  (A)50MPa   (B)56MPa   (C)67MPa   (D)84MPa

5.(03D25)按水工建筑物围岩工程地质分类法，已知岩石强度评分为 25，岩体完整程度为 30，结构面状态评分为 15，地下水评分为 −2，主要结构面产状评分为 −5，围岩强度应力比 S<2，其总评分是多少，属何类围岩，下列( )是正确的。
  (A)63，Ⅳ类围岩   (B)63，Ⅲ类围岩
  (C)68，Ⅱ类围岩   (D)70，Ⅱ类围岩

6.(03D26)在岩质边坡稳定评价中，多数用岩层的视倾角来分析。现有一岩质边坡，岩层产状的走向为 N17°E，倾向北西，倾角 43°，挖方走向为 N12°W，在西侧开坡，如果按纵、横

比例尺为1:1计算垂直于边坡走向的纵剖面图上岩层的视倾角,下列四种视角中( )是正确的。

  (A)顺向 24°20′   (B)顺向 39°12′

  (C)反向 24°20′   (D)反向 38°56′

7.(06D01)在钻孔内做波速测试,测得中等风化花岗岩,岩体的压缩波速 $v_p=2777 \text{m/s}$,剪切波速 $v_s=1410 \text{m/s}$,已知相应岩石的压缩波速 $v_p=5067 \text{m/s}$,剪切波速 $v_s=2251 \text{m/s}$,质量密度 $\rho=2.23 \text{g/cm}^3$,饱和单轴抗压强度 $R_c=40 \text{MPa}$,该岩体基本质量指标(BQ)最接近( )。

  (A)285   (B)336   (C)710   (D)761

8.(07C04)在某单斜构造地区,剖面方向与岩层走向垂直,煤层倾向与地面坡向相同,剖面上煤头露头的出露宽度为 16.5m,煤层倾角 45°,地面坡角 30°,在煤层露头下方不远处的钻孔中,煤层岩芯的长度为 6.04m(假设岩芯采取率为 100%)如下图所示,下列( )的说法最符合露头与钻孔中煤层实际厚度的变化情况。

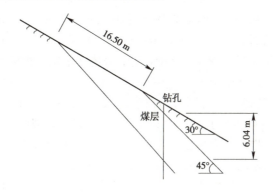

题 8 图

  (A)煤层厚度不同,分别为 14.29m 和 4.27m

  (B)煤层厚度相同,为 3.02m

  (C)煤层厚度相同,为 4.27m

  (D)煤层厚度不同,为 4.27m 和 1.56m

9.(07D23)某电站引水隧洞,围岩为流纹斑岩,其各项评分见下表,实测岩体纵波波速平均值为 3320m/s,岩块的纵波波速为 4176m/s。岩石的饱和单轴抗压强度 $R_b=55.8 \text{MPa}$,围岩的最大主应力 $\sigma_m=11.5 \text{MPa}$,试按《水利水电工程地质勘察规范》(GB 50487—2008)的要求进行围岩分类,为( )。

题 9 表

项目	岩石强度	岩体完整程度	结构面状态	地下水状态	主要结构面产状
评分	20 分	28 分	24 分	−3 分	−2 分

  (A)Ⅳ类   (B)Ⅲ类

  (C)Ⅱ类   (D)Ⅰ类

10.(08C02)下图为某地质图的一部分,图中虚线为地形等高线,粗实线为一倾斜岩面的初露界限。$a、b、c、d$ 为岩面界限和等高线的交点,直线 ab 平行于 cd,和正北方向的夹角为 15°,两线在水平面上的投影距离为 100m。下列关于岩面产状的选项中,正确的是( )。

  (A)NE75°,∠27°   (B)NE75°,∠63°

(C)SW75°,∠27°　　　　　　(D)SW75°,∠63°

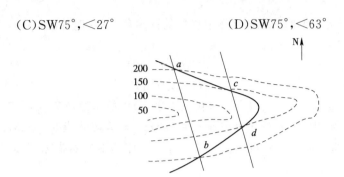

题 10 图

11.(09D03)直径为 50mm,长为 70mm 的标准岩石试件,进行径向点荷载强度试验,测得破坏时极限荷载为 4000N,破坏瞬间加荷点未发生贯入现象,该岩石的坚硬程度属于( )。

(A)软岩　　　(B)较软岩　　　(C)较坚硬岩　　　(D)坚硬岩

12.(10C03)某工程测得中等风化岩体压缩波波速 $v_{pm}=3\,185$m/s,剪切波波速 $v_s=1603$m/s,相应岩块的压缩波波速 $v_{pt}=5067$m/s,剪切波波速 $v_s=2438$m/s;岩石质量密度 $\rho=2.642$g/cm³,饱和单轴抗压强度 $R_c=40$MPa,则该岩体基本质量指标 BQ 为( )。

(A)235　　　(B)310　　　(C)491　　　(D)714

13.(10C18)水电站的地下厂房围岩为白云质灰岩,饱和单轴抗压强度为 50MPa,围岩岩体完整性系数 $K_v=0.50$。结构面宽度 3mm,充填物为岩屑,裂隙面平直光滑,结构面延伸长度 7m。岩壁渗水。围岩的最大主应力为 8MPa。根据《水利水电工程地质勘察规范》(GB 50487—2008),该厂房围岩的工程地质类别应为( )。

(A)Ⅰ类　　　(B)Ⅱ类　　　(C)Ⅲ类　　　(D)Ⅳ类

14.(11D04)某新建铁路隧道埋深较大,其围岩的勘察资料如下:①岩石饱和单轴抗压强度 $R_c=55$MPa,岩体纵波波速 3800m/s,岩石纵波波速 4200m/s;②围岩中地下水水量较大;③围岩的应力状态为极高应力。试问其围岩的级别为( )。

(A)Ⅰ级　　　(B)Ⅱ级　　　(C)Ⅲ级　　　(D)Ⅳ级

15.(11D22)某电站引水隧洞,围岩为流纹斑岩,其各项评分见下表,实测岩体纵波波速平均值为 3320m/s,岩块的纵波波速为 4176m/s。岩石的饱和单轴抗压强度 $R_b=55.8$MPa,围岩的最大主应力 $\sigma_m=11.5$MPa,按《水利水电工程地质勘察规范》(GB 50487—2008)的要求进行围岩分类,为( )。

题 15 表

项目	岩石强度	岩体完整程度	结构面状态	地下水状态	主要结构面产状
评分	20 分	28 分	24 分	-3 分	-2 分

(A)Ⅰ类　　　(B)Ⅱ类　　　(C)Ⅲ类　　　(D)Ⅳ类

16.(12C02)某洞室轴线走向为南北向,其中某工程段岩体实测岩体纵波波速为 3 800m/s,主要软弱结构面产状为倾向 NE68°,倾角为 59°,岩石单轴饱和抗压强度为 $R_c=72$MPa,岩块测得纵波波速为 4500m/s,垂直洞室轴线方向的最大初始应力为 12MPa,洞室地下水呈淋雨状,水量为 8L/min,该工程岩体质量等级为( )。

(A)Ⅰ级　　　(B)Ⅱ级　　　(C)Ⅲ级　　　(D)Ⅳ级

17.(14C03)某公路隧道走向 80°,其围岩产状 50°∠30°,欲作沿隧道走向的工程地质剖面(垂直比例与水平比例比值为2),则在剖面图上地层倾角取值最接近( )。
  (A)27°   (B)30°   (C)38°   (D)45°

18.(14C04)某港口工程,基岩为页岩,试验测得其风化岩体纵波速度为2.5km/s,风化岩块纵波速度为3.2km/s,新鲜岩体纵波速度为5.6km/s。根据《水运工程岩土勘察规范》(JTS 133—2013)判断,该基岩的风化程度(按波速风化折减系数评价)和完整程度分类为( )。
  (A)中等风化、较破碎   (B)中等风化、较完整
  (C)强风化、较完整   (D)强风化、较破碎

19.(14D02)某天然岩块质量为134.00g,在105~110℃温度下烘干24h后,质量变成128.00g,然后对岩块进行蜡封,蜡封后试件质量为135.00g,蜡封试件沉入水中后质量为80.00g,试计算该岩块的干密度最接近( )。
(注:水密度取$1.0g/cm^3$,蜡密度为$0.85g/cm^3$。)
  (A)$2.33g/cm^3$ (B)$2.52g/cm^3$ (C)$2.74g/cm^3$ (D)$2.87g/cm^3$

20.(14D04)某大型水电站坝基位于花岗岩上,其饱和单轴抗压强度为50MPa,岩体和岩块弹性纵波速分别为4200m/s和4800m/s,岩石质量指标RQD=80%,坝基岩体结构面平直且闭合,不发育,勘探时未见地下水,根据《水利水电工程地质勘察规范》(GB 50487—2008),该地基岩体的工程地质类别为( )。
  (A)Ⅰ类   (B)Ⅱ类   (C)Ⅲ类   (D)Ⅳ类

21.(16C02)某风化岩石用点荷载试验求得的点荷载强度指数$I_{s(50)}$=1.28MPa,其新鲜岩石的单轴饱和抗压强度f_r=42.8MPa。根据给定条件判定该岩石的风化程度为( )。
  (A)未风化   (B)微风化   (C)中等风化   (D)强风化

22.(16D04)某洞室轴线走向为南北向,岩体实测弹性波波速3800m/s,主要软弱结构面的产状为:倾向NE68°,倾角59°;岩石单轴饱和抗压强度R_c=72MPa,岩块弹性波波速4500m/s;垂直洞室轴线方向的最大初始应力为12MPa;洞室地下水呈淋雨状出水,水量为8L/(min·m)。根据《工程岩体分级标准》(GB/T 50218—2014),该工程岩体的级别可确定为( )。
  (A)Ⅰ类   (B)Ⅱ类   (C)Ⅲ类   (D)Ⅳ类

23.(17C04)某公路隧道走向80°,其围岩产状50°∠30°,现需绘制沿隧道走向的地质剖面(水平与垂直比例尺一致),问剖面图上地层视倾角取值最接近下列( )。
  (A)11.2°   (B)16.1°   (C)26.6°   (D)30°

第三讲 土的性质、分类及测试

1.(05D01)现场用灌砂法测定某土层的干密度,试验成果见下表。

题1表

试坑用标准砂质量 m_s/g	标准砂密度 ρ_s/(g/cm³)	试样质量 m_p/g	试样含水率 w
12566.40	1.6	15315.3	14.5%

试计算该土层干密度最接近( )。
  (A)$1.55g/cm^3$ (B)$1.70g/cm^3$ (C)$1.85g/cm^3$ (D)$1.95g/cm^3$

2.(06C04)已知粉质黏土的土粒相对密度为 2.73,含水率为 30%,土的密度为 1.85g/cm³,浸水饱和后该土的水下有效重度最接近( )。
    (A)7.5kN/m³   (B)8.0kN/m³   (C)8.5kN/m³   (D)9.0kN/m³
3.(06D02)已知花岗岩残积土土样的天然含水率 $w=30.6\%$,粒径小于 0.5mm,细粒土的液限 $w_L=50\%$,塑限 $w_p=30\%$,粒径大于 0.5mm 的颗粒质量占总质量的百分比 $P_{0.5}=40\%$,该土样的液性指数 I_L 最接近( )。
    (A)0.03   (B)0.04   (C)0.88   (D)1.00
4.(07C01)下表为一土工试验颗粒分析成果表,表中数值为留筛质量,底盘内试样质量为 20g,现需计算该试样的不均匀系数(C_u)和曲率系数(C_c),按《岩土工程勘察规范》(GB 50011—2001)(2009 年版),下列正确的选项是( )。

题 4 表

筛孔孔径/mm	2.0	1.0	0.5	0.25	0.075
留筛质量/g	50	150	150	100	30

    (A)$C_u=4.0$;$C_c=1.0$;粗砂   (B)$C_u=4.0$;$C_c=1.0$;中砂
    (C)$C_u=9.3$;$C_c=1.7$;粗砂   (D)$C_u=9.3$;$C_c=1.7$;中砂
5.(07D02)现场取环刀试样测定土的干密度。环刀容积 200cm³,测得环刀内湿土质量 380g。从环刀内取湿土 32g,烘干后干土质量为 28g。土的干密度最接近( )。
    (A)1.90g/cm³   (B)1.85g/cm³   (C)1.69g/cm³   (D)1.66g/cm³
6.(08D02)下表为某建筑地基中细粒土层的部分物理性质指标,据此请对该层土进行定名和状态描述,并指出( )是正确的。

题 6 表

密度 ρ/(g/cm³)	相对密度 d_s(比重)	含水率 w/%	液限 w_L/%	塑限 w_p/%
1.95	2.70	23	21	12

    (A)粉质黏土,流塑   (B)粉质黏土,硬塑
    (C)粉土,稍湿,中密   (D)粉土,湿,密实
7.(09C01)某公路需填方,要求填土干重度为 $\gamma_d=17.8$kN/m³,需填方量 40 万 m³,对采料场勘察结果:土的相对密度 $d_s=2.7$,含水率 $w=15.2\%$,孔隙比 $e=0.823$;问该料场储量至少要达到( )才能满足要求(以万 m³ 计)。
    (A)48   (B)72   (C)96   (D)144
8.(10C02)某公路工程,承载比(CBR)三次平行试验结果如下表所示。

题 8 表

贯入量(0.01mm)		100	150	200	250	300	400	500	750
荷载强度/kPa	试件 1	114	224	273	308	338	393	442	496
	试件 2	136	182	236	280	307	362	410	460
	试件 3	183	245	313	357	384	449	493	532

上述三次平行试验土的干密度满足规范要求,则据上述资料确定的 CBR 值应为( )。
    (A)4.0%   (B)4.2%   (C)4.4%   (D)4.5%
9.(10D01)某工程采用灌砂法测定表层土的干密度,注满试坑用的标准砂质量 5625g,标准砂密度 1.55g/cm³。试坑采取的土试样质量 6898g,含水率为 17.8%,该土层的干密度数值最接近( )。

(A)1.60g/cm³　　(B)1.65g/cm³　　(C)1.70g/cm³　　(D)1.75g/cm³

10.(10D03)某工地需进行夯实填土,经试验得知,所用土料的天然含水率为5%,最优含水率为15%,为使填土在最优含水率下夯实,1000kg原土料中应加入的水量为(　　)。

(A)95kg　　(B)100kg　　(C)115kg　　(D)145kg

11.(10D04)在某建筑地基中存在一细粒土层,该层土的天然含水率为24.0%。经液、塑限联合测定法试验求得:对应圆锥下沉深度2mm、10mm、17mm时的含水率分别为16.0%、27.0%、34.0%。请分析判断,根据《岩土工程勘察规范》(GB 50021—2001)(2009年版)对本层的定名和状态描述,下列正确的是(　　)。

(A)粉土,湿　　　　　　　　(B)粉质黏土,可塑
(C)粉质黏土,软塑　　　　　(D)黏土,可塑

12.(11C02)取网状构造冻土试样500g,待冻土样完全融化后,加水调成均匀的糊状,糊状土质量为560g,经试验测得糊状土的含水率为60%。则冻土试样的含水率接近(　　)。

(A)43%　　(B)48%　　(C)54%　　(D)60%

13.(11C03)取某土试样2000g,进行颗粒分析试验,测得各级筛上质量见下表。

题13表

孔径/mm	20	10	5	2.0	1.0	0.5	0.25	0.075
筛上质量/g	0	100	600	400	100	50	40	150

筛底质量为560g。已知土样中的粗颗粒以棱角形为主,细颗粒为黏土,该土样的定名为(　　)。

(A)角砾　　(B)砾砂　　(C)含黏土角砾　　(D)角砾混黏土

14.(11D02)用内径8.0cm、高2.0cm的环刀切取饱和原状土试样,湿土质量 $m_1=183.0$g,进行固结试验后湿土的质量 $m_2=171.0$g,烘干后土的质量 $m_3=131.4$g,土的相对密度 $d_s=2.70$。则经压缩后,土孔隙变化量 Δe 最接近(　　)。

(A)0.137　　(B)0.250　　(C)0.354　　(D)0.503

15.(12C26)某地面沉降区,观测其累计沉降120cm,预计后期沉降50cm,今在其上建设某工程,场地长200m,宽100m,要求填土沉降稳定后比原地面(未沉降前)高0.8m,黄土压实系数0.94,填土沉降不计,回填土料 $w=29.6\%$,$\gamma=19.6$ kN/m³,$d_s=2.71$,最大干密度1.69g/cm³,最优含水率20.5%,则填料的体积为(　　)。

(A)21000m³　　(B)42000m³　　(C)52000m³　　(D)67000m³

16.(13C04)某港口工程拟利用港池航道疏浚土进行冲填造陆,冲填区需填土方量为10000m³,疏浚土的天然含水率为31.0%、天然重度为18.9kN/m³,冲填施工完成后冲填土的含水率为62.6%、重度为16.4kN/m³,不考虑沉降和土颗粒流失,使用的疏浚土方量接近(　　)。

(A)5000m³　　(B)6000m³　　(C)7000m³　　(D)8000m³

17.(13D03)某粉质黏土土样中混有粒径大于5mm的颗粒,占总质量的20%,对其进行轻型击实试验,干密度 ρ_d 和含水率 w 数据如下表所列,该土样的最大干密度最接近(　　)。
(注:粒径大于5mm的土颗粒的饱和面干相对密度取2.60。)

题17表

$w/\%$	16.9	18.9	20.0	21.1	23.1
$\rho_d/(g/cm^3)$	1.62	1.66	1.67	1.66	1.62

(A)1.61g/cm³　　　(B)1.67g/cm³　　　(C)1.74g/cm³　　　(D)1.80g/cm³

18.(16C04)某污染土场地,土层中检测出的重金属及含量见下表:

题18表(1)

重金属名称	Pb	Cd	Cu	Zn	As	Hg
含量/(mg/kg)	47.56	0.54	20.51	93.56	21.95	0.23

土中重金属含量的标准值按下表取值:

题18表(2)

重金属名称	Pb	Cd	Cu	Zn	As	Hg
含量/(mg/kg)	250	0.3	50	200	30	0.3

根据《岩土工程勘察规范》(GB 50021—2011)(2009年版),按内梅罗污染指数评价,该场地的污染等级符合(　　)。

(A)Ⅱ级,尚清洁　　　　　　　(B)Ⅲ级,轻度污染
(C)Ⅳ级,中度污染　　　　　　(D)Ⅴ级,重度污染

19.(16D02)取黏性土试样测得:质量密度$\rho=1.80\text{g/cm}^3$,土粒相对密度$d_s=2.7$,含水率$w=30\%$。拟使用该黏土制造相对密度为1.2的泥浆,问制造1m³泥浆所需的黏土质量为(　　)。

(A)0.41t　　　(B)0.67t　　　(C)0.75t　　　(D)0.90t

20.(17C01)对某工程场地中的碎石土进行重型圆锥动力触探试验,测得重型圆锥动力触探击数为25击/10cm,试验钻杆长度为15m,在试验完成时地面以上的钻杆余尺为1.8m,则确定该碎石土的密实度为(　　)。

(注:重型圆锥动力触探头长度不计。)

(A)松散　　　(B)稍密　　　(C)中密　　　(D)密实

第四讲　土 的 固 结

1.(03D02)某土样高压固结试验成果见下表,并已绘成$e\text{-}\lg p$曲线如下图所示,试计算土的压缩指数C_c,其结果最接近(　　)。

题1表

压力 p/kPa	25	50	100	200	400	800	1600	3200
孔隙比 e	0.916	0.913	0.903	0.883	0.838	0.757	0.677	0.599

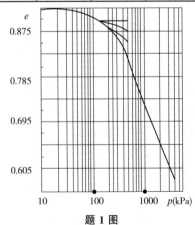

题1图

(A)0.15　　　　(B)0.26　　　　(C)0.36　　　　(D)1.00

2.(04C03)某土样固结试验成果见下表。

题2表

压力 p/kPa	50	100	200
稳定校正后的变形量 Δh_i/mm	0.155	0.263	0.565

试样天然孔隙比 $e_0=0.656$，该试样在压力 $100\sim200$kPa 的压缩系数及压缩模量为（　　）。

(A)$a_{1-2}=0.15$ MPa^{-1}, $E_{s1-2}=11$MPa　　(B)$a_{1-2}=0.25$ MPa^{-1}, $E_{s1-2}=6.6$MPa

(C)$a_{1-2}=0.45$ MPa^{-1}, $E_{s1-2}=3.7$MPa　　(D)$a_{1-2}=0.55$ MPa^{-1}, $E_{s1-2}=3.0$MPa

3.(06C02)用高度为20mm的试样做固结试验，各压力作用下的压缩量见下表，用时间平方根法求得固结度达到90%时的时间为9min，计算 $p=200$kPa 压力下的固结系数 C_v 为（　　）。

题3表

压力 p/kPa	0	50	100	200	400
压缩量 d/mm	0	0.95	1.25	1.95	2.5

(A)0.8×10^{-3}cm^2/s　　　　(B)1.3×10^{-3}cm^2/s

(C)1.6×10^{-3}cm^2/s　　　　(D)2.6×10^{-3}cm^2/s

4.(09C04)用内径为79.8mm，高为20mm的环刀切取未扰动黏性土试样，相对密度 $d_s=2.7$，含水率 $w=40.3\%$，湿土质量154g，现做侧限压缩试验，在压力100kPa和200kPa作用下，试样总压缩量分别为 $s_1=1.4$m 和 $s_2=2.0$m，其压缩系数 a_{1-2} 最接近（　　）。

(A)0.4MPa^{-1}　　(B)0.5MPa^{-1}　　(C)0.6MPa^{-1}　　(D)0.7MPa^{-1}

5.(10C04)已知某地区淤泥土标准固结试验 e-$\lg p$ 曲线上直线段起点在 $50\sim100$kPa 之间。该地区某淤泥土样测得 $100\sim200$kPa 压力段压缩系数 a_{1-2} 为 1.66MPa^{-1}，试问其压缩指数 C_c 值最接近（　　）。

(A)0.40　　　　(B)0.45　　　　(C)0.5　　　　(D)0.55

6.(12D03)某场地位于水面以下，表层10m为粉质黏土，土的天然含水率为31.3%，天然重度为17.8kN/m^3，天然孔隙比为0.98，土粒相对密度为2.74，在地表下8m深度取土样测得先期固结压力为76kPa，该深度处土的超固结比接近（　　）。

(A)0.9　　　　(B)1.1　　　　(C)1.3　　　　(D)1.5

7.(14C01)某饱和黏性土样，测定土粒相对密度为2.70，含水率为31.2%，湿密度为1.85g/cm^3，环刀切取高20mm的试样，进行侧限压缩试验，在压力100kPa和200kPa作用下压缩量分别为 $s_1=1.4$mm, $s_2=1.8$mm，问体积压缩系数 m_{v1-2} 最接近（　　）。

(A)0.30MPa^{-1}　　(B)0.25MPa^{-1}　　(C)0.20MPa^{-1}　　(D)0.15MPa^{-1}

第五讲　土的剪切试验及抗剪强度指标

1.(03C02)软土层某深度处用机械式(开口钢环)十字板剪力仪测得原状土剪损时量表最大读数 $R_y=215(0.01$mm$)$，轴杆与土摩擦时量表最大读数 $R_g=20(0.01$mm$)$；重塑土剪损量表最大读数 $R'_y=64(0.01$mm$)$，轴杆与土摩擦时量表最大读数 $R'_g=10(0.01$mm$)$。已知板头系数 $K=129.4$m^{-2}，钢环系数 $C=1.288$N/0.01mm，土的灵敏度应接近下列（　　）

数值。

(A)2.2 　　　　(B)3.0 　　　　(C)3.6 　　　　(D)4.5

2.(04C02)某土样做固结不排水测孔压三轴试验,部分结果见下表。

题2表

次 序	应 力		
	大主应力 σ_1/kPa	小主应力 σ_3/kPa	孔隙水压力 u/kPa
1	77	24	11
2	131	60	32
3	161	80	437

按有效应力法求得莫尔圆的圆心坐标及半径,结果最近于下列( )。

(A)

题2表(1)

次 序	圆心坐标	半 径
1	50.5	26.5
2	95.5	35.5
3	120.5	40.5

(B)

题2表(2)

次 序	圆心坐标	半 径
1	50.5	37.5
2	95.5	57.5
3	120.5	83.5

(C)

题2表(3)

次 序	圆心坐标	半 径
1	45	21.0
2	79.5	19.5
3	99.0	19.0

(D)

题2表(4)

次 序	圆心坐标	半 径
1	39.5	26.5
2	63.5	35.5
3	77.5	40.5

3.(05C02)某黏性土样做不同围压的常规三轴压缩试验,试验结果摩尔包线前段弯曲,后段基本水平,则这应是下列( )试验结果,并简要说明理由。

(A)饱和正常固结土的不固结不排水试验

(B)未完全饱和土的不固结不排水试验

(C)超固结饱和土的固结不排水试验

(D)超固结土的固结排水试验

4.(07C02)某电测十字板试验结果记录见下表,试计算土层的灵敏度 S_t 最接近(   )。

题4表

原状土	顺序	1	2	3	4	5	6	7	8	9	10	11	12	13
	读数	20	41	65	89	114	178	187	192	185	173	148	135	100
扰动土	顺序	1	2	3	4	5	6	7	8	9	10	—	—	—
	读数	11	21	33	46	58	69	70	68	63	57	—	—	—

(A)1.83   (B)2.54   (C)2.74   (D)3.04

5.(07D01)某饱和软黏土无侧限抗压强度试验的不排水抗剪强度 $c_u=70\text{kPa}$,如果对同一土样进行三轴不固结不排水试验,施加围压 $\sigma_3=150\text{kPa}$,试样在发生破坏时的轴向应力 σ_1 最接近于(   )。

(A)140kPa   (B)220kPa   (C)290kPa   (D)370kPa

6.(07D24)某场地同一层软黏土采用不同的测试方法得出的抗剪强度,设:①原位十字板试验得出的抗剪强度;②薄壁取土器取样做三轴不排水剪试验得出的抗剪强度;③厚壁取土器取样做三轴不排水剪试验得出的抗剪强度。按其大小排序列出4个选项,则(   )是符合实际情况的。

(A)①>②>③   (B)②>①>③
(C)③>②>①   (D)②>③>①

7.(09C03)对于饱和软黏土进行开口钢环十字版剪切试验,十字板常数为 129.41m^{-2},钢环系数为 $0.00386\text{kN}/0.01\text{mm}$,某一试验点的测试钢环读数记录如下表,该试验点处土的灵敏度最接近(   )。

题7表

原状土读数/0.01mm	2.5	7.6	12.6	17.8	23.0	27.6	31.2	32.4	35.4	36.5	34.0	30.8	30.0
重塑土读数/0.01mm	1.0	3.6	6.2	8.7	11.2	13.5	14.5	14.8	14.6	13.8	13.2	13.0	—
轴杆读数/0.01mm	0.2	0.8	1.3	1.8	2.3	2.6	2.8	2.6	2.5	2.5	2.5	—	—

(A)2.5   (B)2.8   (C)3.3   (D)3.8

8.(10D02)已知一砂土层中某点应力极限平衡时,过该点的最大剪应力平面上的法向应力和剪应力分别为264kPa和132kPa,则关于该点处的大主应力 σ_1、小主应力 σ_3 以及该砂土内摩擦角 φ 的值,下列正确的选项是(   )。

(A)$\sigma_1=396\text{kPa},\sigma_3=132\text{kPa},\varphi=28°$ (B)$\sigma_1=264\text{kPa},\sigma_3=132\text{kPa},\varphi=30°$
(C)$\sigma_1=396\text{kPa},\sigma_3=132\text{kPa},\varphi=30°$ (D)$\sigma_1=396\text{kPa},\sigma_3=264\text{kPa},\varphi=36°$

9.(12D04)某铁路工程地质勘察中,揭示地层如下:①粉细砂层,厚度4m;②软黏土层,未揭穿。地下水位埋深为2m,粉细砂层的土粒相对密度 $d_s=2.65$,水下部分的天然重度 $\gamma=19\text{kN}/\text{m}^3$,含水率 $w=15\%$,整个粉细砂层密实程度一致,软黏土层的不排水抗剪强度 $c_u=20\text{kPa}$。软黏土层顶面的容许承载力为(   )(取安全系数 $K=1.5$)。

(A)69kPa   (B)98kPa   (C)127kPa   (D)147kPa

10.(13C03)某正常固结饱和黏性土试样进行不固结不排水试验得:$\varphi_u=0,c_u=25\text{kPa}$;对同样的土进行固结不排水试验,得到有效抗剪强度指标:$c'=0,\varphi'=30°$。该试样在固结不排水条件下剪切破坏时的有效大主应力和有效小主应力为(   )。

(A)$\sigma'_1=50$kPa,$\sigma'_3=20$kPa　　　　　(B)$\sigma'_1=50$kPa,$\sigma'_3=25$kPa
(C)$\sigma'_1=75$kPa,$\sigma'_3=20$kPa　　　　　(D)$\sigma'_1=75$kPa,$\sigma'_3=25$kPa

11.(17C03)取某粉质黏土试样进行三轴固结不排水压缩试验,施加周围压力为200kPa,测得初始孔隙水压力为196kPa,待土试样固结稳定后再施加轴向压力直至试样破坏。测得土样破坏时的轴向压力为600kPa,孔隙水压力为90kPa,试样破坏时的孔隙水压力系数A为(　　)。

(A)0.17　　　　(B)0.23　　　　(C)0.30　　　　(D)0.50

12.(17D04)某公路工程采用电阻应变式十字板剪切试验估算软土路基临界深度。测得未扰动土剪损时最大微应变值$R_v=300\mu\varepsilon$,传感器的率定系数$\xi=1.585\times10^{-4}$kN/$\mu\varepsilon$,十字板常数$K=545.97$m^{-2},取峰值强度的0.7倍作为修正后现场不排水抗剪强度。据此估算的修正后软土的不排水抗剪强度最接近的为(　　)。

(A)12.4kPa　　　(B)15.0kPa　　　(C)18.2kPa　　　(D)26.0kPa

第六讲　原位测试

1.(02C03)在较软弱的黏性土中进行平板载荷试验,承压板为正方形,面积为0.25m^2。各级荷载及相应的累计沉降如下表与下图所示。

题1表

p/kPa	54	81	108	135	162	189	216	243
s/mm	2.15	5.05	8.95	13.90	21.50	30.55	40.35	48.50

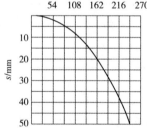

题1图

根据$p\text{-}s$曲线,按《建筑地基基础设计规范》(GB 50007—2011),承载力基本值最接近(　　)。

(A)81kPa　　　(B)98kPa　　　(C)150kPa　　　(D)216kPa

2.(03C03)在稍密的砂层中作浅层平板载荷试验,承压板方形,面积为0.5m^2,各级荷载和对应的沉降量如下表和下图所示。

题2表

p/kPa	25	50	75	100	125	150	175	200	225	250	275
s/mm	0.88	1.76	2.65	3.53	4.41	5.30	6.13	7.05	8.50	10.54	15.80

砂层承载力特征值应取下列(　　)项数值。

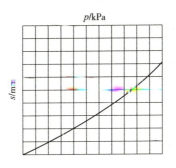

题 2 图

  (A)138kPa   (B)200kPa   (C)225kPa   (D)250kPa

3.(04C04)粉质黏土层中旁压试验结果如下,测量腔初始固有体积 $V_c=491\ cm^3$,初始压力对应的体积 $V_0=134.5\ cm^3$,临塑压力对应的体积 $V_f=217.0\ cm^3$,直线段压力增量 $\Delta p=0.29$MPa,泊松比 $\mu=0.28$,旁压模量为( )。

  (A)3.5MPa   (B)6.5MPa   (C)9.5MPa   (D)12.5MPa

4.(04D02)某建筑场地在稍密砂层中进行浅层平板载荷试验,方形压板底面积为 $0.5m^2$,压力与累积沉降量关系见下表。

题 4 表

压力 p/kPa	25	50	75	100	125	150	175	200	225	250	275
累积沉降量 s/mm	0.88	1.76	2.65	3.53	4.41	5.30	6.13	7.25	8.00	10.54	15.80

  变形模量 E_0 最接近于下列( )(土的泊松比 $\mu=0.33$)。

  (A)9.8MPa   (B)13.3MPa

  (C)15.8MPa   (D)17.7MPa

5.(06C03)如下图是一组不同成孔质量的预钻式旁压试验曲线,分析得( )曲线是正常的旁压曲线,并分别说明其他几条曲线不正常的原因。

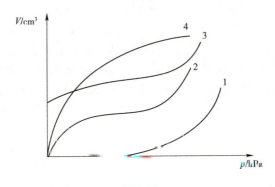

题 5 图

  (A)1 线   (B)2 线   (C)3 线   (D)4 线

6.(07D03)对某高层建筑工程进行深层载荷试验,承压板直径 0.79m,承压板底埋深 15.8m,持力层为砾砂层,泊松比为 0.3,试验结果见下图。根据《岩土工程勘察规范》(GB 50021—2001)(2009 年版),计算该持力层的变形模量最接近( )。

  (A)58.3MPa   (B)38.5MPa   (C)25.6MPa   (D)18.5MPa

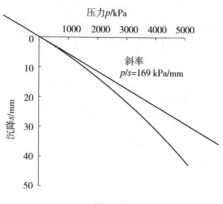

题 6 图

7. (08C04)预钻式旁压试验得压力 p-V 的数据,据此绘制 p-V 曲线如下表和下图所示,图中 ab 为直线段,采用旁压试验临塑荷载法确定,该试验土层的 f_{ak} 值与( )最接近。

题 7 表

压力 p/kPa	30	60	90	120	150	180	210	240	270
变形 V/cm³	70	90	100	110	120	130	140	170	240

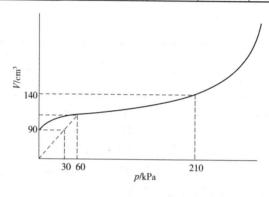

题 7 图

(A)120kPa　　(B)150kPa　　(C)180kPa　　(D)210kPa

8. (08D01)在地面下 8.0m 处进行扁铲侧胀试验,地下水位 2.0m,水位以上土的重度为 18.5kN/m³。试验前率定时膨胀至 0.05mm 及 1.10mm 的气压实测值分别为 $\Delta A=10$kPa 及 $\Delta B=65$kPa,试验时膜片膨胀至 0.05mm 及 1.10mm 和回到 0.05mm 的压力分别为 $A=70$kPa 及 $B=220$kPa 和 $C=65$kPa。压力表初读数 $z_m=5$kPa,该试验点的侧胀水平应力指数与( )最为接近。

(A)0.07　　(B)0.09　　(C)0.11　　(D)0.13

9. (08D03)进行海上标贯试验时共用钻杆 9 根,其中 1 根钻杆长 3.20m,其余 8 根钻杆,每根长 4.1m,标贯器长 0.55m。实测水深 6.5m,标贯试验结束时水面以上钻杆余尺 2.45m。标贯试验结果为:预击 15cm,6 击;后 30cm,10cm 击数分别为 7 击、8 击、9 击。标贯试验段深度(从水底算起)及标贯击数应为( )。

(A)20.8~21.1m,24 击　　(B)20.65~21.1m,30 击
(C)27.3~27.6m,24 击　　(D)27.15~21.1m,30 击

10. (08D04)某铁路工程勘察时要求采用 K_{30} 方法测定地基系数,下表为采用直径 30cm 的载荷板进行竖向载荷试验获得的一组数据。问试验所得 K_{30} 值与( )最为接近。

题10表

分级	1	2	3	4	5	6	7	8	9	10
荷载强度 p/MPa	0.01	0.02	0.03	0.04	0.05	0.06	0.07	0.08	0.09	0.10
下沉 s/mm	0.2675	0.5450	0.8550	1.0985	1.3695	1.6500	2.0700	2.4125	2.8375	3.3125

  (A)12MPa/m   (B)36MPa/m   (C)46MPa/m   (D)108MPa/m

11.(11C01)某建筑基槽宽5m,长20m,开挖深度为6m,基底以下为粉质黏土。在基槽地面中间进行平板载荷试验,采用直径为800mm的圆形承压板。载荷试验结果显示,在 p-s 曲线线性段对应100kPa压力的沉降量为6mm。基底土层的变形模量 E_0 值最接近( )。

  (A)6.3MPa   (B)9.0MPa   (C)12.3MPa   (D)14.1MPa

12.(12C01)某建设场地为岩石地基,进行了三组岩基载荷试验,试验数据见下表,该岩石地基承载力特征值为( )。

题12表

序号	比例界限/kPa	极限荷载/kPa
1	640	1920
2	510	1580
3	560	1440

  (A)480kPa   (B)510kPa   (C)570kPa   (D)823kPa

13.(13C01)某多层框架建筑位于河流阶地上,采用独立基础,基础埋深2.0m,基础平面尺寸 2.5m×3.0m,基础下影响深度范围内地基土均为粉砂,在基底标高进行平板载荷试验,采0.3m×0.3m的方形载荷板,各级试验荷载下的沉降数据见下表。

题13表

荷载 p/kPa	40	80	120	160	200	240	280	320
沉降量 s/mm	0.9	1.8	2.7	3.6	4.5	5.6	6.9	9.2

实际基础下的基床系数最接近( )。
  (A)13938kN/m³   (B)27484kN/m³
  (C)44444kN/m³   (D)89640kN/m³

14.(14C02)在地面下7m处进行扁铲侧胀试验,地下水位埋深1.0m,试验前率定时膨胀至0.05mm及1.10mm的气压实测值分别为10kPa和80kPa,试验时膜片膨胀至0.05mm、1.10mm和回到0.05mm的压力值分别为100kPa、260kPa和90kPa,调零前压力表初始读数为8kPa,计算该试验点的侧胀孔压指数为( )。

  (A)0.16   (B)0.48   (C)0.65   (D)0.83

15.(14D03)在某碎石土地层中进行超重型圆锥动力触探试验,在8m深度处测得贯入10cm的读数 N_{120}=25 击,已知圆锥动力触探头及杆件系统的质量为150kg,请采用荷兰公式计算该深度处的动贯入阻力最接近( )。

  (A)3MPa   (B)9MPa   (C)21MPa   (D)30MPa

16.(16C01)在均匀砂土地层进行自钻式旁压试验,某试验点深度为7.0m,地下水位埋深为1.0m,测得原位水平应力 σ_h=93.6kPa;地下水位以上砂土的相对密度 d_s=2.65,含水率 w=15%,天然重度 γ=19 kN/m³,则试验点处的侧压力系数 K_0 最接近( )(水的重度按10kN/m³考虑)。

  (A)0.37   (B)0.42   (C)0.55   (D)0.59

17.(16C03)某建筑场地进行浅层平板荷载试验,方形承压板,面积 0.5m²,加载至 375kPa 时,承压板周围土体明显侧向挤出,实测数据见下表。

题 17 表

p/kPa	25	50	75	100	125	150	175	200	225	250	275	300	325	350	370
s/mm	0.80	1.60	2.41	3.20	4.00	4.80	5.60	6.40	7.85	9.80	12.1	16.4	21.5	26.6	43.5

根据该试验分析确定的土层承载力特征值是( )。

(A)175kPa　　　　(B)188kPa　　　　(C)200kPa　　　　(D)225kPa

18.(17C02)某城市轨道工程的地基土为粉土,取样后测得土粒比重为 2.71,含水率为 35%,密度为 1.75g/cm³,在粉土地基上进行平板荷载试验,圆形承压板的面积为 0.25m²,各级荷载作用下测得承压板的沉降量见下表,请按《城市轨道交通岩土工程勘察规范》(GB 50307—2012)确定粉土层的地基承载力为( )。

题 18 表

加载 p/kPa	20	40	60	80	100	120	140	160	180	200	220	240	260	280
沉降量 s/mm	1.33	2.75	4.16	5.58	7.05	8.39	9.93	11.42	12.71	14.18	15.55	17.02	18.45	20.65

(A)121kPa　　　　(B)140kPa　　　　(C)158kPa　　　　(D)260kPa

第七讲　地下水勘察

1.(02C02)某工程场地进行了单孔抽水试验,地层情况及滤水管位置见示意图,滤水管上下均设止水装置,主要数据如下:钻孔深度 12.0m;承压水位 1.50m;钻孔直径 800mm;假定影响半径 100m 如下表、下图所示。试用裘布依公式计算含水层的平均渗透系数为( )。(不保留小数)

题 1 表

抽水次数	降深/m	涌水量/(t/d)
第一次	2.1	510
第二次	3.0	760
第三次	4.2	1050

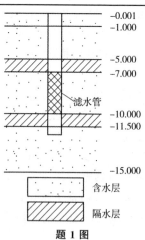

题 1 图

(A)73m/d　　　　(B)90m/d　　　　(C)107m/d　　　　(D)136m/d

2.（02D24）坝基由 a、b、c 三层水平土层组成，厚度分别为 8m、5m、7m。这三层土都是各向异性的，土层 a、b、c 的垂直向和水平向的渗透系数分别是 $k_{av}=0.010$m/s，$k_{ah}=0.040$m/s，$k_{bv}=0.020$m/s，$k_{bh}=0.050$m/s，$k_{cv}=0.030$m/s，$k_{ch}=0.090$m/s。当水垂直于土层层面渗流时，三土层的平均渗透系数为 k_{vave}，当水平行于土层层面渗流时，三土层的平均渗透系数为 k_{have}，则下列（　　）组平均渗透系数的数值是最接近计算结果的。

(A) $k_{vave}=0.0734$m/s，$k_{have}=0.1562$m/s　　(B) $k_{vave}=0.0008$m/s，$k_{have}=0.006$m/s

(C) $k_{vave}=0.0156$m/s，$k_{have}=0.0600$m/s　　(D) $k_{vave}=0.0087$m/s，$k_{have}=0.0600$m/s

3.（03C04）某工程场地进行多孔抽水试验，地层情况、滤水管位置和孔位见下图，测试主要数据见下表，试用潜水完整井公式计算，含水层的平均渗透系数最接近下列（　　）项数值。

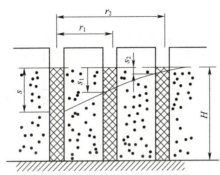

题 3 图

题 3 表

次数	降深/m			流量 $Q/(m^3/d)$	抽水孔与观测孔距离/m		含水层厚度 H/m
	s	s_1	s_2		r_1	r_2	
第一次	3.18	0.73	0.48	132.19	4.30	9.95	12.34
第二次	2.33	0.60	0.43	92.45			
第三次	1.45	0.43	0.31	57.89			

(A) 12m/d　　(B) 9m/d　　(C) 6m/d　　(D) 3m/d

4.（04D03）某钻孔进行压水试验，试验段位于水位以下，采用安设在与试验段连通的侧压管上的压力表测得水压为 0.75MPa，压力表中心至压力计算零线的水柱压力为 0.25MPa，试验段长度 5.0m，试验时渗漏量为 50L/min，试计算透水率为（　　）。

(A) 5Lu　　(B) 10Lu　　(C) 15Lu　　(D) 20Lu

5.（05C03）压水试验段位于地下水位以下，地下水位埋藏深度为 50m，压水试验结果见下表，则计算上述试验段的透水率（Lu）与（　　）最接近。

题 5 表

压力 p/MPa	0.3	0.6	1.0
水量 Q/(L/min)	30	65	100

(A) 10Lu　　(B) 20Lu　　(C) 30Lu　　(D) 40Lu

6.（05C04）地下水绕过隔水帷幕向集水构筑物渗流，为计算流量和不同部位的水利梯度进行了流网分析，取某剖面划分流槽数 $N_1=12$ 个，等势线间隔数 $N_D=12$ 个，各流槽的流量和等势线间的水头差相等，两个网格的流线平均距离 b_i 与等势线平均距离 l_i 的比值均为 1，总水头差 $\Delta H=5.0$m，某段自第 3 条等势线至第 6 条等势线的流线长 10m，交于 4 条等势线,请计算该段流线上的平均水力梯度将最接近( )。

(A)1.0 　　　　(B)0.13 　　　　(C)0.1 　　　　(D)0.01

7.(05D03)某岸边工程场地细砂含水层的流线上 A、B 两点,A 点水位标高 2.5m,B 点水位标高 3.0m,两点间流线长度为 10m,请计算两点间的平均渗透力将最接近( )。

(A)1.25kN/m³ 　(B)0.83kN/m³ 　(C)0.50kN/m³ 　(D)0.20kN/m³

8.(05D05)四个坝基土样的孔隙率 n 和细颗粒含量 ρ_c(以质量百分率计),如当 $\rho_c < \dfrac{1}{4(1-n)}$ 时判为管涌,下列( )选项的土的渗透变形的破坏形式属于管涌。

(A)$n_1 = 20.3\%$,$\rho_{c1} = 38.1\%$ 　　　(B)$n_2 = 25.8\%$,$\rho_{c1} = 37.5\%$

(C)$n_3 = 31.2\%$,$\rho_{c1} = 38.5\%$ 　　　(D)$n_4 = 35.5\%$,$\rho_{c1} = 38.0\%$

9.(05D21)某土石坝坝基表层土的平均渗透系数为 $k_1 = 10^{-5}$ cm/s,其下的土层渗透系数为 $k_2 = 10^{-3}$ cm/s,坝下游各段的孔隙率如下表所列,设计抗渗透变形的安全系数采用 1.75,请下列( )选项段为实测水力比降大于允许渗透比降的土层分段。

题9表

地基土层分段	表层土的土粒相对密度 d_s	表层土的孔隙率 n	实测水力比降 J_i	表层土的允许渗透比降
Ⅰ	2.70	0.524	0.42	
Ⅱ	2.70	0.535	0.43	
Ⅲ	2.72	0.524	0.41	
Ⅳ	2.70	0.545	0.48	

(A)Ⅰ段 　　　(B)Ⅱ段 　　　(C)Ⅲ段 　　　(D)Ⅳ段

10.(06C01)某地地层构成如下:第一层为粉土 5m,第二层为黏土 4m,两层土的天然重度均为 18kN/m³,其下为强透水砂层,地下水为承压水,赋存于砂层中,承压水头与地面持平,在该场地开挖基坑不发生突涌的临界开挖深度为( )选项。

(A)4.0m 　　　(B)4.5m 　　　(C)5.0m 　　　(D)6.0m

11.(06C05)某工程场地有一厚 11.5m 砂土含水层,其下为基岩,为测砂土的渗透系数打一钻孔到基岩顶面,并以 1.5×10^3 cm³/s 的流量从孔中抽水,距抽水孔 4.5m 和 10.0m 处各打一观测孔,当抽水孔水位降深为 3.0m 时,分别测得观测孔的降深分别为 0.75m 和 0.45m,用潜水完整井公式计算砂土层渗透系数 k 值最接近( )。

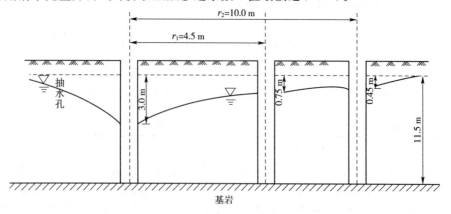

题 11 图

(A)7m/d　　　　(B)6m/d　　　　(C)5m/d　　　　(D)4m/d

12.(07C03)某建筑场地位于湿润区,基础埋深2.5m,地基持力层为黏性土,含水率为31%,地下水位埋深1.5m,年变幅1.0m,取地下水样进行化学分析,结果见下表,据《岩土工程勘察规范》(GB 50021—2001)(2009年版),地下水对基础混凝土的腐蚀性符合(　　),并就明理由。

题 12 表

离子	Cl^-	SO_4^{2-}	pH	侵蚀性CO_2	Mg^{2+}	NH_4^+	OH^-	总矿化度
含量/(mg/L)	85	1600	5.5	12	530	510	3000	15000

(A)强腐蚀性　　　　　　　　(B)中等腐蚀性
(C)弱腐蚀性　　　　　　　　(D)无腐蚀性

13.(07D04)在某水利工程中存在有可能产生流土破坏的地表土层,经取样试验,该层土的物理性质指标为土粒相对密度$d_s=2.7$,天然含水率$w=22\%$,天然重度$\gamma=19\ kN/m^3$,该土层发生流土破坏的临界水力比降最接近(　　)。
(A)0.88　　　　(B)0.98　　　　(C)1.08　　　　(D)1.18

14.(08C03)为求取有关水文地质参数,带两个观察孔的潜水完整井,进行3次将深抽水试验,其地层和井壁结构如下图所示,已知$H=15.8m,r_1=10.6m,r_2=20.5m$;抽水试验成果见下表。渗透系数$k$最接近(　　)。

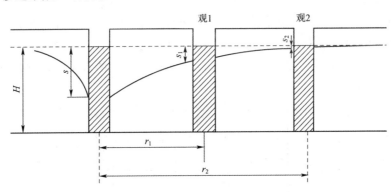

题 14 图

题 14 表

水位降深 s/m	滴水量 Q/(m³/d)	观1水位降深 s_1/m	观2水位降 s_2/m
5.6	1490	2.2	1.8
4.1	1218	1.8	1.5
2.0	817	0.9	0.7

(A)25.6m/d　　　　(B)28.9m/d　　　　(C)31.7m/d　　　　(D)35.2m/d

15.(09C02)某场地地下水位如下图所示,已知黏土层饱和重度$\gamma_s=19.2\ kN/m^3$,砂层中承压水头$h_w=15m$,(由砂层顶面起算),$h_1=4m,h_2=8m$,砂层顶面有效应力及黏土层中的单位渗流力最接近(　　)。
(A)43.6kPa;3.75kN/m³　　　　(B)88.2kPa;7.6kN/m³
(C)150kPa;10.1kN/m³　　　　(D)193.6kPa;15.5kN/m³

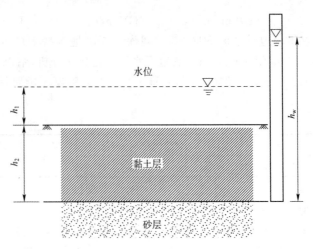

题 15 图

16.（09D01）某工程水质分析试验结果见下表。

题 16 表

Na$^+$	K$^+$	Ca^{2+}	Mg^{2+}	NH$_4^-$	CL$^-$	SO$_4^{2-}$	HCO$_3^-$	游离 CO$_2$	侵蚀性 CO$_2$
51.39	28.78	75.43	20.23	10.80	83.47	27.19	366.00	22.75	1.48

其总矿化度最接近（　　）。

(A)480mg/L　　　(B)585mg/L　　　(C)660mg/L　　　(D)690mg/L

17.（09D02）某常水头试验装置见下图,土样Ⅰ的渗透系数 $k_1=0.7$cm/s,土样Ⅱ的渗透系数 $k_2=0.1$cm/s,土样横截面积 $A=200$ cm^2,如果保持图中的水位恒定,则该试验的流量 Q 应保持在（　　）。

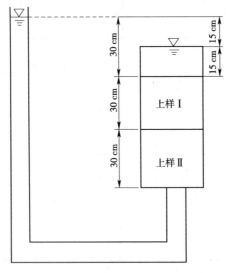

题 17 图

(A)3.0cm^3/s　　(B)5.75cm^3/s　　(C)8.75cm^3/s　　(D)12cm^3/s

18.（10C01）某压水试验地面进水管的压力表读数 $p_p=0.9$MPa,压力表中心高于孔口 0.5m,压入流孔量 $Q=80$L/min,试验段长度 $L=5.1$m,钻杆及接头的压力总损失为 0.04MPa,钻孔为斜孔,其倾角 $\alpha=60°$,地下水位位于试验段之上,自孔口至地下水位段沿钻孔的实际长度 $H=24.8$m,试问试验段地层的透水率(Lu)最接近（　　）。

(A)14.0　　　　(B)14.5　　　　(C)15.6　　　　(D)16.1

19.(11C04)下图为一工程地质剖面图,图中虚线为潜水水位线。已知:$h_1=15\text{m}$,$h_2=10\text{m}$,$M=5\text{m}$,$l=50\text{m}$,第①层土的渗透系数 $k_1=5\text{m/s}$,第②层土的渗透系数 $k_2=50\text{m/s}$,其下为不透水层。通过1、2断面之间的单宽(每米)平均水平渗流流量最接近(　　)。

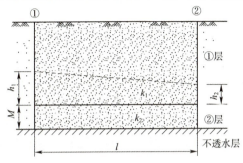

题 19 图

(A)6.25m³/d　　(B)15.25m³/d　　(C)25.00m³/d　　(D)31.25m³/d

20.(11D01)某砂土样高度 $H=30\text{cm}$,初始孔隙比 $e_0=0.803$,相对密度 $d_s=2.71$,进行渗透试验(见下图)。渗透水力梯度达到流土的临界水力梯度时,总水头差 Δh 应为(　　)。

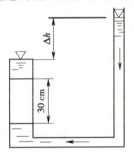

题 20 图

(A)13.7cm　　　(B)19.4cm　　　(C)28.5cm　　　(D)37.6cm

21.(11D03)某土层颗粒级配曲线见下图,试用《水利水电工程地质勘查规范》(GB 50487—2008),判别其渗透变形最有可能是(　　)。

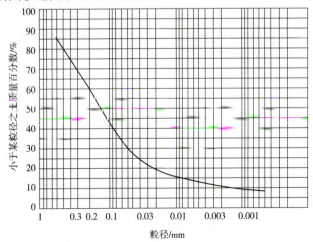

题 21 图

(A)流土 　　　　(B)管涌 　　　　(C)接触冲刷 　　　　(D)接触流失

22.(12C03)现场水文地质试验,已知潜水含水层底板埋深9.0m,设置潜水完整井,井径$D=200$mm,实测地下水位埋深1.0m,抽水至水位埋深7.0m,后让水位自由恢复,不同恢复时间测得地下水位见下表,则地层渗透系数为(　　)。

题22表

测试时间/min	1	5	10	30	60
水位埋深/cm	603	412	332	190	118.5

(A)1.3×10^{-3}cm/s 　　　　(B)1.8×10^{-4}cm/s
(C)4.0×10^{-4}cm/s 　　　　(D)5.2×10^{-4}cm/s

23.(12D02)某勘察场地地下水为潜水,布置k_1、k_2、k_3三个水位观测孔,同时观测稳定水位埋深分别为2.70m、3.10m、2.30m,观测孔坐标和高程数据如下表所示。地下水流向正确的选项是(　　)。

题23表

观测孔号	坐标		孔口高程/m
	X/m	Y/m	
k_1	25 818.00	29 705.00	12.70
k_2	25 818.00	29 755.00	15.60
k_3	25 868.00	29 705.00	9.80

(A)45° 　　(B)135° 　　(C)225° 　　(D)315°

24.(13C02)某场地冲积砂层内需测定地下水的流向和流速,呈等边三角形布置3个钻孔(如下图所示),钻孔孔距为60.0m,测得A、B、C三孔的地下水位标高分别为28.0m、24.0m、24.0m,地层的渗透系数为1.8×10^{-3}cm/s,则地下水的流速接近(　　)。

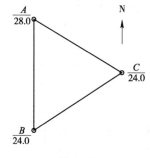

题24图

(A)1.20×10^{-4}cm/s 　　　　(B)1.40×10^{-4}cm/s
(C)1.60×10^{-4}cm/s 　　　　(D)1.8×10^{-4}cm/s

25.(13D01)某工程勘察场地地下水位埋藏较深,基础埋深范围为砂土,取砂土样进行腐蚀性测试,其中一个土样的测试结果见下表,按Ⅱ类环境、无干湿交替考虑,此土样对基础混凝土结构腐蚀性正确的选项是(　　)。

题25表

腐蚀介质	SO_4^{2-}	Mg^{2+}	NH_4^+	OH^-	总矿化度	pH值
含量/(mg/kg)	4551	3183	16	42	20152	6.85

(A)微腐蚀 　　(B)弱腐蚀 　　(C)中等腐蚀 　　(D)强腐蚀

26.(13D02)在某花岗岩岩体中进行钻孔压水试验,钻孔孔径为 110mm,地下水位以下试段长度为 5.0m。资料整理显示,该压水试验 p-Q 曲线为 A(层流)型,第三(最大)压力阶段试段压力为 1.0MPa,压入流量为 7.5L/min。该岩体的渗透系数最接近(　　)。

(A)$1.4×10^{-5}$cm/s　　　　　　(B)$1.8×10^{-5}$cm/s

(C)$2.0×10^{-5}$cm/s　　　　　　(D)$2.6×10^{-5}$cm/s

27.(14D01)某小型土石坝基土的颗粒分析成果见下表,该土属级配连续的土,孔隙率为 0.33,土粒比重为 2.66,根据区分粒径确定的细颗粒含量为 32%,根据《水利水电工程地质勘察规范》(GB 50487—2008)确定坝基渗透变形类型及估算最大允许水力比降值为(　　)(安全系数取 1.5)。

题 27 表

土粒直径/mm	0.025	0.038	0.07	0.31	0.40	2.0
小于某粒径的土质量百分比/%	5	10	20	60	70	100

(A)流土型、0.74　　　　　　(B)管涌型、0.58

(C)过渡型、0.58　　　　　　(D)过渡型、0.39

28.(16D01)在某场地采用对称四极剖面法进行电阻率测试,四个电极的布置见下图,两个供电电极 A、B 之间的距离为 20m,两个测量电极 M、N 之间的距离为 6m。在一次测试中,供电回路的电流强度为 240mA,测量电极间的电位差为 360mV。请根据本次测试的视电阻率值,按《岩土工程勘察规范》(GB 50021—2011)(2009 年版),判断场地土对钢结构的腐蚀性等级属于(　　)。

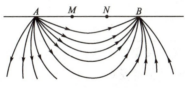

题 28 图

(A)微　　　(B)弱　　　(C)中　　　(D)强

29.(16D03)某饱和黏性土试样,在水温 15℃ 的条件下进行变水头渗透试验,四次试验实测渗透系数见下表。

题 29 表

试验次数	渗透系数/(cm/s)
第一次	$3.79×10^{-5}$
第二次	$1.55×10^{-5}$
第三次	$1.47×10^{-5}$
第四次	$1.71×10^{-5}$

则该土样在标准温度下的渗透系数为(　　)。

(A)$1.58×10^{-5}$cm/s　　　　　　(B)$1.79×10^{-5}$cm/s

(C)$2.13×10^{-5}$cm/s　　　　　　(D)$2.42×10^{-5}$cm/s

30.(17D01)室内常水头渗透试验,试样高度 40mm,直径 75mm,测得试验时的水头损失为 46mm,渗水量为每 24 小时 3520cm³。问该试样土的渗透系数最接近下列哪个选项?(　　)

(A)$1.2×10^{-4}$cm/s　　　　　　(B)$3.0×10^{-4}$cm/s

(C)6.2×10^{-4}cm/s (D)8.0×10^{-4}cm/s

31.(17D03)某抽水试验,场地内深度 10.0～18.0m 范围内为均质、各向同性等厚、分布面积很大的砂层,其上下均为黏土层,抽水孔孔深 20.0m,孔径为 200mm,滤水管设置于深度 10.0～18.0m 段,另在距抽水孔中心 10.0m 处设置观测孔,原始稳定地下水位埋深为 1.0m,以水量为 1.60L/s 长时间抽水后,测得抽水孔内稳定水位埋深为 7.0m,观测孔水位埋深为 2.8m,则含水层的渗透系数 k 最接近以下哪个选项?(　　)

(A)1.4m/d (B)1.8m/d (C)2.6m/d (D)3.0m/d

第八讲　岩土参数的分析和选定

1.(02C05)某一黏性土层,根据 6 件试样的抗剪强度试验结果,经统计后得出土的抗剪强度指标的平均值为:$\varphi_m=17.5°$,$c_m=15$kPa,并算得相应的变异系数 $\delta_\varphi=0.25$,$\delta_c=0.30$。根据《岩土工程勘察规范》(GB 50021—2001)(2009 年版),则土的抗剪强度指标的标准值 φ_k,c_k 最接近下列(　　)组数值。

(A)$\varphi_k=13.9°$,$c_k=11.3$kPa (B)$\varphi_k=11.4°$,$c_k=8.7$kPa
(C)$\varphi_k=15.3°$,$c_k=12.8$kPa (D)$\varphi_k=13.1°$,$c_k=11.2$kPa

2.(12D01)某工程场地进行十字板剪切试验,测定的 8m 以内土层的不排水抗剪强度如下表所示:

题 2 表

实验深度 H/m	1.0	2.0	3.0	4.0	5.0	6.0	7.0	8.0
不排水抗剪强度 c_u/kPa	38.6	35.3	7.0	9.6	12.3	14.4	16.7	19.0

其中软土层的十字板剪切强度与深度呈线性相关(相关系数 $r=0.98$),最能代表试验深度范围内软土不排水抗剪强度标准值的是(　　)。

(A)9.5kPa (B)12.5kPa (C)13.9kPa (D)17.5kPa

3.(13D04)某岩石地基进行了 8 个试样的饱和单轴抗压强度试验,试验值分别为:15MPa、13MPa、17MPa、13MPa、15MPa、12MPa、14MPa、15MPa。该岩基的岩石饱和单轴抗压强度标准值最接近(　　)。

(A)12.3MPa (B)13.2MPa (C)14.3MPa (D)15.3MPa

答案解析

第一讲 勘探与取样

1. 答案(A)

解：据《岩土工程勘察规范》(GB 50021—2001)(2009 年版)第 4.1.18 条，基础宽度约为 $b=\dfrac{N}{f_a}=\dfrac{400}{200}=2.0\text{m}$，条形基础孔深不应小于基础宽度的 3 倍且不得小于 5.0m。$h=3b+d=3\times 2+1.5=7.5\text{m}$。

2. 答案(C)

解：据《岩土工程勘察规范》(GB 50021—2001)(2009 年版)第 10.2.2 条及附录 F，标准贯入器外径为 51mm，内径为 35mm。

面积比：$\dfrac{D_w^2-D_e^2}{D_e^2}\times 100\%=\dfrac{51^2-35^2}{35^2}\times 100\%=112.3\%$

3. 答案(A)

解：据题意换算基坑底面高程为：

$$H=5.6-0.3-4.0-1.0-0.1=0.2\text{m}$$

4. 答案(B)

解：据题意，起重量 150kN 如作用于 1m 长的条基上，基底压力为 100kPa，地基由硬黏土及卵石组成，承载力肯定满足要求；而地基均匀性是评价的重点，硬黏土与密实卵石厚薄不一，且其压缩模量差别较大，可能引起不均匀沉降；而岩面埋深为 7~8m，地基主要压缩层厚度为条基宽度的 3 倍，影响范围在 6.0m 以内，与基岩深度关系不大；地下水埋藏条件及变化幅度也不会引起地基性质明显变化，因此正确答案为(B)。

5. 答案(D)

解：据《岩土工程勘察规范》(GB 50021—2001)(2009 年版)附录 F 计算。

面积比：$\dfrac{D_w^2-D_e^2}{D_e^2}=\dfrac{75^2-70.6^2}{70.6^2}=12.85\%$

内间隙比：$\dfrac{D_s-D_e}{D_e}=\dfrac{71.3-70.6}{70.6}=0.99\%$

查表可知，为固定活塞取土器。

6. 答案(B)

解：据《工程地质手册》(第四版)第 474 页，选项(B)正确。

7. 答案(B)

解：$[(21+1.0)-(1.5+1.1)]+[(18.5+0.15+0.15)-0.4]-1.0\text{m}$

8. 答案：(C)

解：据《岩土工程勘察规范》(GB 50021—2001)(2009 年版)第 4.1.19 条计算。

(1)采用试算法，假设钻孔深度 34m，距基底深度 $z=34-10=24\text{m}$；

(2)浮重度：$\gamma'=\dfrac{d_s-1}{1+e}\gamma_w=\dfrac{2.70-1}{1+0.71}\times 10=10\text{kN/m}^3$；

(3)上覆土层有效自重压力 $\sigma'=3\times 19.1+31\times 10=367.3\text{kPa}$；

(4)$z=24\text{m}$，查表得 $\alpha_i=0.26$，附加压力 $\sigma_z=p_0\alpha_i=280\times 0.26=72.8\text{kPa}$；

1—25

(5)附加应力与有效自重应力之比 $\frac{72.8}{367.3}=0.198$,小于 0.20,满足要求。

9. 答案(C)

解:据《岩土工程勘察规范》(GB 50021—2001)(2009 年版)第 9.4.1 条第 4 款 2)项计算。

体应变: $\xi_v = \frac{\Delta e}{1+e_0} = \frac{0.85-0.80}{1+0.85} = 2.7\%$,中等扰动。

第二讲　岩石的性质、分类及测试

1. 答案(B)

解:据《水利水电工程地质勘察规范》(GB 50487—2008)第 N.0.8 条计算。

$$S = \frac{R_b K_v}{\sigma_m} = \frac{83 \times 0.78}{25} = 2.59$$

为中等初始应力状态。

2. 答案(B)

解:据《工程岩体分级标准》(GB 50218—2014)第 4.1.1 条、第 4.2.2 条计算。

$$K_v = v_{pm}^2 / v_{pr}^2 = 4.0^2 / 5.2^2 = 0.59$$
$$90K_v + 30 = 90 \times 0.59 + 30 = 83.25$$
$$R_c < 90K_v + 30, 取 R_c = 10$$
$$0.04R_c + 0.4 = 0.04 \times 10 + 0.4 = 0.8$$
$$K_v < 0.04R_c + 0.4, 取 K_v = 0.59$$
$$BQ = 100 + 3R_c + 250K_v = 100 + 3 \times 10 + 250 \times 0.59 = 277.5$$

岩体基本质量级别为Ⅳ级。

3. 答案(C)

解:据《水利水电工程地质勘察规范》(GB 50487—2008)附录 N 计算。

$B+C = 30+15 = 45 > 5$

$A = 25, R_b = 80$

无其他加分或减分因素,则:
$$T = A+B+C+D+E = 25+30+15-2-5 = 63$$

围岩类别为Ⅲ类。

4. 答案(A)

解:据《工程岩体分级标准》(GB 50218—2014)第 3.3.1 条。

$$R_c = 22.82 I_{(50)}^{0.75} = 22.82 \times 2.8^{0.75} = 49.39 \text{MPa}$$

5. 答案(A)

解:据《水利水电工程地质勘察规范》(GB 50487—2008)附录 N 计算。

$$B+C = 30+15 = 45 > 5$$

由 $A=25$,可知 $R_b = 80 \text{MPa}$

无其他加分或减分因素,则:
$$T = A+B+C+D+E = 25+30+15-2-5 = 63$$

由 $T=63$ 判断其围岩类别为Ⅲ级,由 $S<2$ 判断应把围岩类别降低一级,应为Ⅳ级。

6. 答案(A)

解:据《考前辅导讲义》第 9 页,视倾角与真倾角之间的关系如解图所示。

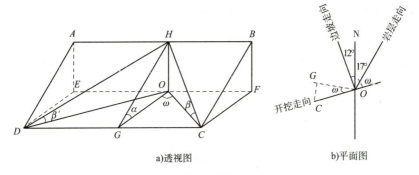

a)透视图　　　　　b)平面图

题 6 解图

$$\tan\beta = \tan\alpha \cos\theta$$

式中,β 为剖面上岩层的视倾角,α 为岩层的真倾角,θ 为岩层倾向与剖面走向的夹角($90°-17°-12°=61°$),则 $\tan\beta = \tan 43° \times \cos 61° = 0.452$,解得 $\beta = 24.3°$。

7. 答案(A)

解:据《工程岩体分级标准》(GB 50218—2014)第 4.2.2 条计算。

$$K_v = \left(\frac{v_{pm}}{v_{pr}}\right)^2 = \left(\frac{2777}{5067}\right)^2 = 0.3$$

$$90K_v + 30 = 57 > R_c = 40, \text{取 } R_c = 40 \text{MPa}$$

$$0.04R_c + 0.4 = 2 > K_v = 0.3, K_v = 0.3$$

$$BQ = 90 + 3R_c + 250K_v = 90 + 3 \times 40 + 250 \times 0.3 = 285$$

8. 答案(C)

解:据《培训教材》(上册)第一篇、第一章、第三节、六、(二)、1.岩层的产状要素计算。

①露头处的煤层实际厚度计算:

$$H = l\sin\gamma = 16.50 \times \sin(45°-30°) = 16.50 \times 0.2588 = 4.27 \text{m}$$

②钻孔中煤层的实际厚度计算:

$$H = 6.04 \times \sin 45° = 6.04 \times 0.7071 = 4.27 \text{m 计算。}$$

9. 答案(B)

解:据《水利水电工程地质勘察规范》(GB 50487—2008)附录 N 计算。

$$T = 20 + 28 + 24 - 3 - 2 = 67 < 85$$

$$K_v = \left(\frac{3320}{4176}\right)^2 = 0.63$$

$$S = \frac{R_b + K_v}{\sigma_m} = \frac{55.8 \times 0.63}{11.5} = 3.1 < 4$$

按规范表 N.0.1 判断为Ⅲ类围岩。

10. 答案(A)

解:走向为 NW345°,倾向为 NE75°,ab 线与 cd 线水平距离为 100m,垂直高差为 $\Delta h = 200 - 150 = 50$m,倾角 α 为 $\tan\alpha = \frac{\Delta h}{\Delta l} = \frac{50}{100} = 0.5, \alpha = 26.6° \approx 27°$。

11. 答案(C)

解:据《工程岩体试验方法标准》(GB/T 50266—2013)第 2.12.9 条、《工程岩体分级标准》(GB 50218—2014)第 3.3.1 条计算。

(1)等价岩芯直径:$D_e^2 = D^2$,得 $D_e = D = 50$mm。

(2)点荷载强度：$I_s = \dfrac{P}{D_e^2} = \dfrac{4000}{50^2} = 1.6 \text{N/mm}^2$；

因为 $d = 50\text{mm}$，所以 $I_{s(50)} = I_s = 1.6 \text{N/mm}^2$。

(3)岩石单轴饱和抗压强度：$R_c = 22.82 I_{s(50)}^{0.75} = 22.82 \times 1.6^{0.75} = 32.5 \text{MPa}$。

(4) $30 < R_c < 60$，岩石为较坚硬岩。

12. 答案(B)

解：据《工程岩体分级标准》(GB 50218—2014)第 4.2.2 条及附录 B 计算。

$$K_v = \left(\dfrac{v_{Pm}}{v_{Pr}}\right)^2 = \left(\dfrac{3185}{5067}\right)^2 = 0.395$$

$$90K_v + 30 = 65.55 \text{MPa} > R_c = 40 \text{MPa}，取 R_c = 40 \text{MPa}$$

$$0.04R_c + 0.4 = 2 > K_v = 0.395，取 K_v = 0.395$$

$$BQ = 100 + 3R_c + 250K_v = 100 + 3 \times 40 + 250 \times 0.395 = 318.75$$

13. 答案(D)

解：据《水利水电工程地质勘察规范》(GB 50487—2008)附录 N 计算。

对该围岩工程地质分类分项评分：

①岩石强度评分：$A = 16.7$；

②岩体完整程度评分：$B = 20$（硬质岩）；

③结构面状态评分：$C = 12$；

④基本因素评分：$T' = A + B + C = 48.7$；

⑤地下水评分：$D = -6$；

⑥岩体完整性差，不再进行主要结构面产状评分的修正；

⑦总评分：$T = 48.7 - 6 = 42.7$；

⑧围岩强度应力比：$S = R_b K_v / \sigma_m = 50 \times 0.5 / 8 = 3.125$；

围岩类别判定为Ⅳ类。

14. 答案(C)

解：根据《铁路隧道设计规范》(TB 10003—2005)附录 A 计算。

(1)基本分级

$R_c = 55 \text{MPa}$，属硬质岩；$K_v = \left(\dfrac{3800}{4200}\right)^2 = 0.82 > 0.75$，属完整岩石。

岩体纵波波速 3800m/s，故围岩基本分级为Ⅱ级。

(2)围岩分级修正

地下水修正，地下水水量较大，Ⅱ级修正为Ⅲ级；

埋深修正，埋深较大Ⅱ级不修正；

综合修正为Ⅲ级。

15. 答案(C)

解：据《水利水电工程地质勘察规范》(GB 50487—2008)附录 N 计算。

围岩总评分：$T = 20 + 28 + 24 - 3 - 2 = 67 < 85$

$$K_v = \left(\dfrac{3320}{4176}\right)^2 = 0.63，S = \dfrac{R_b \cdot K_v}{\sigma_m} = \dfrac{55.8 \times 0.63}{11.5} = 3.1 < 4$$

按表 N.0.7，围岩级别降低一级，为Ⅲ类围岩。

16. 答案：(C)

解：据《工程岩体分级标准》(GB 50218—2014)第 4.2 节、第 5.2 节计算。

(1) $K_v = \left(\dfrac{v_{PM}}{v_{PE}}\right)^2 = \left(\dfrac{3800}{4500}\right)^2 = 0.71$。

(2) $90K_v + 30 = 90 \times 0.71 + 30 = 93.9 > R_c = 72$。

　　$0.04R_c + 0.4 = 0.04 \times 72 + 0.4 = 3.28 > K_v = 0.71$。

(3) $BQ = 100 + 3R_c + 250K_v = 100 + 3 \times 72 + 250 \times 0.71 = 493.5$。

(4) 出水量 8L/min·m < 10L/min·m 和 $BQ = 493.5 > 450$，查表：$K_1 = 0.1$。

(5) 主要结构面走向与洞轴线夹角为 $90 - 68 = 2°$，倾角 $59°$，$K_2 = 0.4 \sim 0.6$，取 $K_2 = 0.5$。

(6) $\dfrac{R_c}{\sigma_{max}} = \dfrac{72}{12} = 6$，为高应力区，$K_3 = 0.5$。

(7) $[BQ] = BQ - 100(K_1 + K_2 + K_3) = 493.5 - 100 \times (0.1 + 0.5 + 0.5) = 383.5$。

查表 4.1.1 可以确定该岩体质量等级为Ⅲ类。

17. 答案(D)

解：据《考前辅导讲义》第 9 页计算。

岩层真倾角与视倾角间的关系：$\tan\beta = \tan\alpha\cos\theta$

式中，β 为视倾角(岩层沿隧道走向的倾角)，α 为岩层的倾角，θ 为岩层的倾向与隧道走向的夹角($80° - 50° = 30°$)。则有：

$$\tan\beta = \tan 30° \times \cos 30° = 0.5$$

剖面图的垂直与水平比为 2，假定水平长 l，垂直高为 $2l\tan\beta$，则其夹角为：

$$\tan\beta_1 = \dfrac{2l\tan\beta}{l} = \dfrac{2 \times l \times 0.5}{l} = 1$$

得到 $\beta_1 = 45°$

18. 答案(C)

解：据《水运工程岩土勘察规范》(JTS 133—2013)第 4.1.2 条计算。

$K_v = \dfrac{2.5}{5.6} = 0.446$，查表为强风化；

$K_v = \left(\dfrac{2.5}{3.2}\right)^2 = 0.61$，查表为较完整。

19. 答案(C)

解：据《工程岩体试验方法标准》(GB/T 50266—2013)第 2.3.10 条计算。

$$\rho_d = \dfrac{m_s}{\dfrac{m_1 - m_2}{\rho_w} - \dfrac{m_1 - m_s}{\rho_p}} = \dfrac{128}{\dfrac{135 - 80}{1} - \dfrac{135 - 128}{0.85}} = 2.74\text{g/cm}^3$$

20. 答案(B)

解：据《水利水电工程地质勘察规范》(GB 50487—2008)附录Ⅴ计算。

$R_b = 50$MPa，属于中硬岩

$K_v = \left(\dfrac{4200}{4800}\right)^2 = 0.77 > 0.75$，岩体完整

$RQD = 80\% > 70\%$，查表Ⅴ判断地基岩体工程地质分类Ⅱ类。

21. 答案(C)

解：据《工程岩体分级标准》(GB/T 50218—2014)第 4.1.3 条、《岩土工程勘察规范》(GB 50021—2011)(2009 年版)附录 A 表 A.0.3 计算。

$$R_c = 22.82 I_{s(50)}^{0.75} = 22.82 \times 1.28^{0.75} = 27.46\text{MPa}$$

$$K_f = \frac{27.46}{42.8} = 0.642, 中等风化。$$

22. 答案(C)

解:据《工程岩体分级标准》(GB/T 50218—2014)第4.1.1条、第4.2.2条、第5.2.2条计算。

岩体完整性指数:
$$K_v = \left(\frac{3800}{4500}\right)^2 = 0.713$$

$$90K_v + 30 = 90 \times 0.713 + 30 = 94.17$$

$$0.04R_c + 0.4 = 0.04 \times 72 + 0.4 = 3.28$$

故取 $R_c = 72\text{MPa}$,$K_v = 0.713$,代入计算:

岩体基本质量指标:$BQ = 100 + 3R_c + 250K_v = 100 + 3 \times 72 + 250 \times 0.713 = 494.25$

洞室地下水呈淋雨状出水,水量为 80L/min·m,地下水影响修正系数查表取 $K_1 = 0.15$

结构面倾向 NE68°,则走向为 NW22°,与洞室轴线的夹角小于 30°

结构面倾角 59°,主要软弱结构面产状影响修正系数查表取 $K_2 = 0.5$

$\frac{R_c}{\sigma_{max}} = \frac{72}{12} = 6$,为高应力区,初始应力状态影响修正系数查表取 $K_3 = 0.5$

岩体质量指标:

$[BQ] = BQ - 100(K_1 + K_2 + K_3) = 494.25 - 100 \times (0.15 + 0.5 + 0.5) = 379.2$

围岩类别为Ⅲ类。

23. 答案(C)

解:据《考前辅导讲义》(上册)第9页计算。

由已知条件,围岩真倾角:$\alpha = 30°$;视倾向与真倾向间的夹角:$\theta = 80° - 50° = 30°$

视倾角与真倾角间的关系:$\tan\beta = \tan\alpha\cos\theta = \tan30° \times \cos30° = 0.5°$

即视倾角:$\beta = 26.6°$。

第三讲 土的性质、分类及测试

1. 答案(B)

解:解法一:据《土工试验方法标准》(GB/T 50123—1999)第5.4.8条计算。

$$\rho_d = \frac{\frac{m_p}{1 + 0.01w_1}}{m_s/\rho_s} = \frac{\frac{15315.3}{1 + 0.01 \times 14.5}}{12566.40/1.6} = 1.703 \text{ g/cm}^3$$

解法二:

坑的体积:$V = \frac{12566.4}{1.6} = 7854 \text{ cm}^3$,试样的干质量:$m_s = \frac{15315.3}{1.145} = 13375.8\text{g}$

干密度:$\rho_d = \frac{13375.81}{7854} = 1.703\text{g/cm}^3$

2. 答案(D)

解:解法一:

$$e = \frac{d_s\rho_w(1 + 0.01w)}{\rho} - 1 = \frac{2.73 \times 1 \times (1 + 0.01 \times 30)}{1.85} - 1 = 0.9184$$

$$\rho_{sat} = \frac{d_s + e}{1 + e}\rho_w = \frac{2.73 + 0.9184}{1 + 0.9184} \times 1 = 1.9017\text{g/cm}^3$$

$$\rho' = \rho_{sat} - \rho_w = 1.9017 - 1 = 0.9017 \text{ g/cm}^3$$

$$\gamma' = \rho'g = 0.9017 \times 10 = 9.017\text{kN/m}$$

解法二：
$$\rho_d = \frac{\rho}{1+0.01w} = \frac{1.85}{1+0.01\times30} = 1.423\text{g/cm}^3$$
$$\rho' = \frac{\rho_d(d_s-1)}{d_s} = \frac{1.423\times(2.73-1)}{2.73} = 0.902\text{g/cm}^3$$
$$\gamma' = \rho'g = 0.902\times10 = 9.02\text{kN/m}$$

3. 答案(C)

解：据《岩土工程勘察规范》(GB 50021—2001)(2009年版)第6.9.4条条文说明计算。
$$w_f = \frac{w-w_A\times0.01P_{0.5}}{1-0.01P_{0.5}} = \frac{30.6-5\times0.01\times40}{1-0.01\times40} = 47.7$$
$$I_P = w_L - w_p = 50-30 = 20$$
$$I_L = \frac{w_L-w_p}{I_p} = \frac{47.7-30}{20} = 0.885$$

4. 答案(A)

解：据《岩土工程勘察规范》(GB 50021—2001)(2009年版)第3.3.3条计算。

土的总质量=50+150+150+100+30+20=500g

土的颗粒组成见解表：

题4解表

<2.0mm	<1.0mm	<0.5mm	<0.25mm	<0.075mm
90%	60%	30%	10%	4%

由解表中数据可知：$d_{10}=0.25$mm；$d_{30}=0.5$mm；$d_{60}=1.0$mm
$$C_u = \frac{d_{60}}{d_{10}} = \frac{1.0}{0.25} = 4, \quad C_c = \frac{(d_{30})^2}{d_{10}\times d_{60}} = \frac{0.5^2}{0.25\times1.0} = 1$$

定名：粒径大于2mm的颗粒质量占总质量的10%，非砾砂；

粒径大于0.5mm的颗粒质量占总质量的70%，大于50%，故该土样为粗砂。

5. 答案(D)

解：据土力学中三相比例指标间的换算关系计算。
$$\rho = \frac{m}{V} = \frac{380}{200} = 1.90\text{g/cm}^3$$
$$w = \frac{m_w}{m_s} = \frac{32-28}{28} = 0.143$$
$$\rho_d = \frac{\rho}{1+w} = \frac{1.90}{1+0.143} = 1.66\text{g/cm}^3$$

6. 答案(D)

解：据《岩土工程勘察规范》(GB 50021—2001)(2009年版)第3.3.4条、第3.3.10条及物理指标间的换算关系计算。

$I_p = w_L - w_p = 21-12 = 9<10$，土为粉土；$20\%<w=23<30\%$，湿度分类为湿。

据此即可判定答案(D)正确。

另外 $e = \frac{d_s\rho_w(1+0.01w)}{\rho} - 1 = \frac{2.70\times10\times(1+0.01\times23)}{19.5} - 1 = 0.703$

粉土为密实粉土。

7. 答案(C)

解：(1)填土的干重量为：$W_d = \gamma_d V = 17.8\times40\times10^4 = 712$kN

(2)料场中天然土料的干重度为：$\gamma_{d天然}=\dfrac{d_s\rho_w}{1+e}=\dfrac{2.7\times1}{1+0.823}=1.48\text{g/cm}^3=14.8\text{kN/m}^3$

(3)天然土料的体积为：$V=\dfrac{W_d}{\gamma_{d天然}}=\dfrac{712\times10^4}{14.8}=481\ 081\text{m}^3=48.1\ 万\ \text{m}^3$

储量不得小于2倍，正确答案为(C)。

8. 答案(B)

解：据《土工试验方法标准》(GB/T 50123—1999)第11.0.5条计算。

计算2.5mm、5.0mm的承载比：

$$\text{CBR}_{2.5}=\dfrac{p}{7000}\times100\%,\text{CBR}_{5.0}=\dfrac{p}{10500}\times100\%$$

计算如下：

第一次：$\text{CBR}_{2.5}=4.4\%,\text{CBR}_{5.0}=4.2\%$；

第二次：$\text{CBR}_{2.5}=4.0\%,\text{CBR}_{5.0}=3.9\%$；

第三次：$\text{CBR}_{2.5}=5.1\%,\text{CBR}_{5.0}=4.7\%$；

据三次试验，$\text{CBR}_{5.0}$均不大于相应之$\text{CBR}_{2.5}$，$\text{CBR}_{2.5}$的平均值为4.5%。

标准差：$S=\sqrt{\dfrac{1}{n-1}\sum_{i=1}^{n}(x_i-\overline{x})^2}=\sqrt{\dfrac{0.1^2+0.5^2+0.6^2}{2}}=0.56$

变异系数：$c_v=\dfrac{S}{\overline{x}}=\dfrac{0.56}{4.5}=12.5\%>12\%$

故应去掉一个偏大的值(5.1%)，取其余2个的平均值：

$$\text{CBR}_{2.5}=\dfrac{4.4\%+4.0\%}{2}=4.2\%$$

9. 答案(A)

解：据《土工试验方法标准》(GB/T 50213—1999)第5.4.8条计算。

干重度：$\rho_d=\dfrac{\dfrac{m_p}{1+0.01w}}{\dfrac{m_s}{\rho_s}}=\dfrac{\dfrac{6\ 898}{1+0.01\times17.8}}{\dfrac{5\ 625}{1.55}}=1.614\text{g/cm}^3$

10. 答案(A)

解：据土的三相比例指标间关系计算。

干土的质量：$m_s=\dfrac{m}{1+w}=\dfrac{1\ 000}{1+0.05}=952.38\text{kg}$

需加水量：$\Delta m_w=m_s(w_{op}-w)=952.38\times(0.15-0.05)=95.238\text{kg}$

11. 答案(B)

解：据《岩土工程勘察规范》(GB 50021—2001)(2009年版)第3.3.5条、第3.3.11条计算。

塑限为2m，对应的含水率16.0%，液限为10mm，对应的含水率为27%。

$I_p=w_L-w_p=27-16=11,10<I_p<17$，应定名为粉质黏土；

$I_L=\dfrac{w-w_p}{I_p}=\dfrac{24-16}{11}=0.73$，土为可塑状态。

12. 答案(A)

解：据《土工试验方法标准》第4.0.6条计算。

$$w=\left[\dfrac{m_1}{m_2}(1+0.01w_h)-1\right]\times100=\left[\dfrac{500}{600}(1+0.01\times60)-1\right]\times100=42.9\%$$

该题也可不用规范公式,直接通过指标换算得出答案。

13. **答案**(C)

解:据《岩土工程勘察规范》(GB 50021—2001)(2009年版)第6.4.1条计算。

大于2mm颗粒含量=(100+6+400)/2000=55%,大于50%粗颗粒以棱形为主,属角砾;

小于0.075mm的细颗粒含量560/2000=28%,大于25%,属混合土;

细颗粒为黏土,定名为含黏土角砾。

14. **答案**(B)

解:根据土的三相比例指标间的关系计算。

压缩前:$w_1 = \dfrac{m_1-m_3}{m_3} = \dfrac{183-131.4}{131.4} = 0.393$,$e_1 = \dfrac{wd_s}{S_r} = \dfrac{0.393 \times 2.7}{1.0} = 1.0611$

压缩后:$w_2 = \dfrac{m_2-m_3}{m_3} = \dfrac{171-131.4}{131.4} = 0.301$,$e_2 = \dfrac{wd_s}{S_r} = \dfrac{0.301 \times 2.7}{1.0} = 0.8127$

孔隙变化量:$\Delta e = e_1 - e_2 = 1.0611 - 0.8127 = 0.2484$

15. **答案**(C)

解:(1)按题意,回填高度为消除累计沉降量损失1.2m,加后期预留量0.5m,加填筑厚度0.8m,总计2.5m。故体积$V_0 = 200 \times 100 \times (1.2+0.5+0.8) = 50000 \text{m}^3$。

(2)土料压实后的质量:$m_s = \lambda_c \rho_{d\max} V_0 = 0.94 \times 1.69 \times 50000 = 79430 \text{kN}$。

(3)天然土料的干密度:$\rho_d = \dfrac{\rho}{1+0.01w} = \dfrac{1.96}{1+0.01 \times 29.6} = 1.51 \text{g/cm}^3$。

(4)天然土料的体积:$V_1 = \dfrac{m_s}{\rho_d} = \dfrac{79430}{1.51} = 52603 \text{m}^3$。

16. **答案**(C)

解:(1)利用冲填土的参数,求土颗粒总质量:

$\dfrac{16.4 \times 10000/9.8 - m_s}{m_s} = 62.6\%$,解得 $m_s = 10292 \times 10^3 \text{kg}$

(2)疏浚前后土颗粒没有流失,土颗粒总质量不变。利用疏浚土的参数求疏浚土方:

$\dfrac{18.9V/9.8 - m_s}{m_s} = 31.0\%$,即 $\dfrac{18.9V/9.8 - 10292}{10292} = 31.0\%$,解得 $V = 6991 \text{m}^3$

17. **答案**(D)

解:据《土工试验方法标准》(GB/T 50123—1999)第10.0.9条计算。

$$\rho'_{d\max} = \dfrac{1}{\dfrac{1-P_5}{\rho_{d\max}} + \dfrac{P_5}{\rho_w \cdot d_{sL}}} = \dfrac{1}{\dfrac{1-0.2}{1.67} + \dfrac{0.2}{1 \times 2.60}} = \dfrac{1}{0.479+0.077} = 1.80 \text{g/cm}^3$$

18. **答案**(B)

解:据《岩土工程勘察规范》(GB 50021—2011)(2009年版)第6.10.13条条文说明计算。

(1)计算土壤单项污染指数

土壤单项污染指数=土壤污染实测值/土壤污染物质量标准

$$P_{i\text{Pb}} = \dfrac{47.56}{250} = 0.19, \quad P_{i\text{Cd}} = \dfrac{0.54}{0.3} = 1.80, \quad P_{i\text{Cu}} = \dfrac{20.51}{50} = 0.41$$

$$P_{i\text{Zn}} = \dfrac{93.56}{200} = 0.468, \quad P_{i\text{As}} = \dfrac{21.95}{30} = 0.732, \quad P_{i\text{Hg}} = \dfrac{0.23}{0.3} = 0.767$$

(2)计算内梅罗污染指数

$$P_{i均}=\frac{0.19+1.8+0.41+0.468+0.732+0.767}{6}=0.728, P_{i最大}=1.8$$

$$P_N=\sqrt{\frac{P_{i均}^2+P_{i最大}^2}{2}}=\sqrt{\frac{0.728^2+1.8^2}{2}}=1.373,属轻度污染。$$

19. 答案(A)

解:此题与以往常见的填土压实类考题原理相同,将黏土看成土样A,而将配置后的饱和泥浆看作土样B,由A土样到B土样,土颗粒质量不变,即$V_1\rho_{d1}=V_2\rho_{d2}$。

$$\rho_{d1}=\frac{\rho_0}{1+0.01w}=\frac{1.8}{1+0.01\times30}=1.385\text{g/cm}^3$$

$$\rho_{d2}=\frac{d_s(\rho-0.01S_r\rho_w)}{d_s-0.01S_r}=\frac{2.7\times(1.2-0.01\times100\times1)}{2.7-0.01\times100}=0.318\text{g/cm}^3$$

$$V_1=\frac{V_2\rho_{d2}}{\rho_{d1}}=\frac{1\times0.318}{1.385}=0.23\text{m}^3$$

所需黏土质量 $m=\rho V=1.8\times0.23=0.414\text{t}$

20. 答案(C)

解:据《岩土工程勘察规范》(GB 50021—2001)(2009年版)第3.3.8条及附录B.0.1条计算。

杆长 $L=15\text{m}$,查表插值,杆长修正系数:$\alpha_1=0.595$

修正后的锤击数:$N_{63.5}=\alpha\cdot N'_{63.5}=0.595\times25=14.875$ 击,密实度为中密。

第四讲 土的固结

1. 答案(B)

解:据《土工试验方法标准》(GB/T 50123—1999)第4.1.12条和第4.1.14条计算。
从图中可看出,前期固结压力约为250kPa,取尾部直线段中任意两点计算压缩指数:

$$C_c=\frac{0.757-0.599}{\lg3200-\lg800}=0.2624$$

2. 答案(B)

解:据《土工试验方法标准》(GB/T 50123—1999)第4.1.8条~第4.1.10条计算。

$p_1=100\text{kPa}, p_2=200\text{kPa}$,试样初始高度 $h_0=20\text{mm}$

$$e_1=e_0-\frac{1+e_0}{h_0}\Delta h_1=0.656-\frac{1+0.656}{20}\times0.263=0.634$$

$$e_2=e_0-\frac{1+e_0}{h_0}\Delta h_2=0.656-\frac{1+0.656}{20}\times0.565=0.609$$

$$a_{1-2}=\frac{e_1-e_2}{p_2-p_1}=\frac{0.634-0.609}{0.2-0.1}=0.25\text{MPa}^{-1}$$

$$E_{s1-2}=\frac{1+e_1}{a_{1-2}}=\frac{1+0.634}{0.25}=6.54\text{MPa}$$

3. 答案(B)

解:据《土工试验方法标准》(GB/T 50123—1999)第14.1.16条计算。

$$\bar{h}=\frac{1}{4}\times[(20-1.25)+(20-1.95)]=9.2\text{mm}=0.92\text{cm}$$

$C_v = 0.84 h^2/T_{90} = 0.848 \times 0.92^2/(9 \times 60) = 1.329 \times 10^{-3} \text{cm}^2/\text{s}$

4. 答案(D)
解： 据《土工试验方法标准》(GB/T 50123—1999)第 14.1 节计算。

土的天然重度为：$\gamma = \dfrac{m}{V} = \dfrac{154 \times 4}{3.14 \times 7.98^2 \times 2} = 1.54 \text{g/cm}^3 = 15.4 \text{kN/m}^3$

土的天然孔隙比为：$e_0 = \dfrac{d_s \gamma_w \times (1+0.01w)}{\gamma} - 1$

$= \dfrac{2.7 \times 10 \times (1+0.01 \times 40.3)}{15.4} - 1 = 1.460$

100kPa 压力作用下：$e_1 = e_0 - \dfrac{1+e_0}{h_0} \Delta h_i = 1.460 - \dfrac{1+1.460}{20} \times 1.4 = 1.2878$

200kPa 压力作用下：$e_2 = e_0 - \dfrac{1+e_0}{h_0} \Delta h_i = 1.460 - \dfrac{1+1.460}{20} \times 2.0 = 1.214$

压缩系数为：$a_{1-2} = \dfrac{e_1 - e_2}{p_2 - p_1} = \dfrac{1.2878 - 1.214}{200 - 100} = 0.00738 \text{kPa}^{-1} = 0.738 \text{MPa}^{-1}$

5. 答案(D)
解： 据《土工试验方法标准》(GB/T 50213—1999)第 14.1.9 条、第 14.1.12 条计算。

$$\Delta e = a_{1-2} \Delta p = 1.66 \times (0.21 - 0.1) = 0.1826$$

$$C_c = \dfrac{\Delta e}{\lg p_2 - \lg p_1} = \dfrac{0.1826}{\lg 200 - \lg 100} = 0.5667$$

6. 答案：(B)
解： (1) $\rho_{饱和} = \dfrac{(d_s + 0.01 e S_r) \rho_w}{1+e} = \dfrac{(2.74 + 0.01 \times 0.98 \times 100) \times 1.0}{1+0.98} = 1.84 \text{g/cm}^3$；

(2) $\gamma' = \gamma_{饱和} - \gamma_w = 18.4 - 10 = 8.4 \text{kN/m}^3$；

(3) 计算自重应力：$\sigma_0 = \gamma' h$，$\sigma_0 = \gamma' h = 8.4 \times 8 = 67.2 \text{kPa}$；

(4) 计算超固结比：$\text{OCR} = \dfrac{p_c}{p_0} = \dfrac{76}{67.2} = 1.13$。

7. 答案(C)
解： 据《土工试验方法标准》(GB/T 50123—1999)第 14.1 节计算。

$e_0 = \dfrac{d_s(1+w)\rho_w}{\rho} - 1 = \dfrac{2.70 \times (1+0.132) \times 1}{1.85} - 1 = 0.915$

$e_1 = e_0 - \dfrac{1+e_0}{h_0} \Delta h_1 = 0.915 - \dfrac{1+0.915}{20} \times 1.4 = 0.781$

$e_2 = 0.915 - \dfrac{1+0.915}{20} \times 1.8 = 0.743$

$a_v = \dfrac{e_1 - e_2}{p_2 - p_1} = \dfrac{0.781 - 0.743}{0.200 - 0.100} = 0.38$，$m_{v1-2} = \dfrac{a_v}{1+e_1} = \dfrac{0.38}{1+0.781} = 0.213 \text{MPa}^{-1}$

第五讲 土的剪切试验及抗剪强度指标

1. 答案(C)
解： 据《工程地质手册》(第四版)第 248 页计算。

$$C_u = Kc(R_y - R_g), \quad c'_u = Kc(R_c - R_g)$$

$$S = \dfrac{c_u}{c'_u} = \dfrac{R_y - R_g}{R_c - R'_g} = \dfrac{215 - 20}{64 - 10} = 3.611$$

2. **答案(D)**

解:按有效应力法求摩尔圆的圆心坐标 P 及半径 r 公式计算如下:
$$P = (\sigma_1' + \sigma_3')/2 = (\sigma_1 + \sigma_3)/2 - u$$
$$r = (\sigma_1' - \sigma_3')/2 = (\sigma_1 - \sigma_3)/2$$

第一次试验:
$$P_1 = (77 + 24)/2 - 11 = 39.5 \text{kPa}$$
$$r_1 = (77 - 24)/2 = 26.5 \text{kPa}$$

第二次试验:
$$P_2 = (\sigma_1 + \sigma_3)/2 - u = (136 + 60)/2 - 32 = 63.5 \text{kPa}$$
$$r_2 = (\sigma_1 - \sigma_3)/2 = (131 - 60)/2 = 35.5 \text{kPa}$$

第三次试验:
$$P_3 = (\sigma_1 + \sigma_3)/2 - u = (161 + 80)/2 - 43 = 77.5 \text{kPa}$$
$$r_3 = (\sigma_1 - \sigma_3)/2 = (161 - 80)/2 = 40.5 \text{kPa}$$

选项(D)满足要求。另外,计算第一次试验结果 P_1、r_1,即可确认选项(D)正确。

3. **答案(B)**

解:应为未完全饱和土试验。未饱和土中含有空气,在加载过程中,土体密度增加,抗剪强度增加,故摩尔包线前段弯曲,后段基本水平。

4. **答案(C)**

解:由试验点的峰值确定十字板试验强度,灵敏度为原状土强度和扰动土强度之比,即试验点的峰值之比 $S_t = 192/70 = 2.74$。

5. **答案(C)**

解:据土力学中土的抗剪强度相关知识计算。
$\sigma_3 = 150 \text{kPa}$ 时,$\sigma_1 = \sigma_3 + 2c_u = 150 + 2 \times 70 = 290 \text{kPa}$

6. **答案(A)**

解:原位十字板试验具有不改变土的应力状态和对土的扰动较小的优势,故试验结果最接近软土的真实情况;薄壁取土器取样质量较好,而厚壁取土器取样已明显扰动,故试验结果最差。

7. **答案(B)**

解:原状土的抗剪强度:$c_u = Kc(R_y - R_g)$

重塑土的抗剪强度:$c_u' = Kc(R_c - R_g)$,其中,$R_y = 36.5$,$R_c = 14.8$,$R_g = 2.8$

灵敏度为:$S_t = \dfrac{c_u}{c_u'} = \dfrac{Kc(R_y - R_g)}{Kc(R_c - R_g)} = \dfrac{R_y - R_g}{R_c - R_g} = \dfrac{36.5 - 2.8}{14.8 - 2.8} = 2.81$

8. **答案(C)**

解:如解图所示。

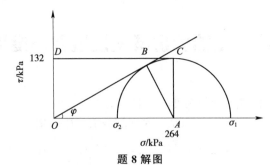

题 8 解图

$$AB=AC=OD=132\text{kPa}$$
$$\sigma_3=OA-AC=264-132=132\text{kPa}$$
$$\sigma_1=OA+AC=264+132=396\text{kPa}$$
$$\varphi=\arcsin\frac{AB}{OA}=\arcsin\frac{132}{264}=30°$$

9. 答案(D)

解：据《铁路工程地质勘察规范》(TB 10012—2007)附录 D 中式(D.0.1)计算。

(1)容许承载力$[\sigma]=\frac{1}{K}5.14c_u+\gamma h$；

持力层为不透水层，水中部分粉细砂层应用饱和重度，由已知指标计算。

(2)孔隙比：$e=\frac{d_s\gamma_w(1+w)}{\gamma}-1=\frac{2.65\times10(1+0.15)}{19.0}-1=0.604$；

(3)饱和重度：$\gamma_{sat}=\frac{d_s+e}{1+e}\gamma_w=\frac{2.65+0.604}{1+0.604}\times10=20.29\text{KN/m}^3$；

(4)$\gamma h=2\times19.0+2\times20.29=78.58\text{kPa}$；

(5)代入公式(D.0.1)，得：$[\sigma]=\frac{1}{1.5}\times5.14\times20+78.58=147\text{kPa}$。

10. 答案(D)

解：根据莫尔-库仑破坏标准，在极限平衡状态下，最大主应力和最小主应力的关系为：

$$\sigma_1=\sigma_3\tan^2\left(45°+\frac{\varphi}{2}\right)+2\times0\times\tan\left(45°+\frac{\varphi}{2}\right)$$

将题干给出的固结不排水条件下的有效抗剪强度指标代入上式可得：

$$\sigma_1'=\sigma_3'\tan^2\left(45°+\frac{30°}{2}\right)+2\times0\times\tan\left(45°+\frac{30°}{2}\right)$$

即$\sigma_1'=3\sigma_3'$，题目所给出的答案中，只有选项(D)满足上面的条件。

11. 答案(C)

解：据《土力学》相关知识或《考前辅导讲义》(上册)第42页计算。

孔隙水压力系数：$B=\frac{\Delta u_3}{\Delta\sigma_3}=\frac{196}{200}=0.98$

轴向应力增量作用时，产生的孔隙水压力为Δu_1，即$\Delta u_1=BA(\Delta\sigma_1-\Delta\sigma_3)$

$0.98\times A\times(600-200)=90$，得$A=0.23$

12. 答案(C)

解：据《工程地质手册》(第四版)第248页计算。

土的抗剪强度：$\tau_f=K\cdot\xi\cdot R_v=545.97\times300\times1.585\times10^{-4}=25.96\text{kPa}$

修正后的抗剪强度：$\tau_f'=0.7\times25.96=18.17\text{kPa}$

第六讲 原 位 测 试

1. 答案(B)

解：据《建筑地基基础设计规范》(GB 50007—2011)附录 C 第 C.0.7 条，对高压缩性土取$s/b=0.015$，所对应的荷载值为承载力特征值。

$$b=\sqrt{A}=\sqrt{250000}=500\text{mm}$$

$$s = 0.015b = 0.015 \times 500 = 7.5 \text{mm}$$

$$\frac{7.5 - 8.95}{8.05 - 8.95} = \frac{p_0 - 108}{81 - 108}, \text{解得}: p_0 = 98 \text{kPa}$$

2. 答案(A)

解：据《建筑地基基础设计规范》(GB 50007—2011)附录 C 计算。

作图或分析曲线各点坐标可知，压力在 200kPa 之前曲线为通过圆点的直线，其斜率为：

$$K = \frac{25}{0.88} \approx \frac{200}{7.05} \approx 28.4 \text{kPa/mm}$$

自 225kPa 以后，为下凹曲线，至 275kPa 时变形量仅为 15.8mm，这时沉降量与承压板宽度之比为 $s/b = \frac{1.58}{\sqrt{5\ 000}} = 0.022$。

这与判断极限荷载的 $s/b = 0.06$ 有较大差距，说明加载量不足，不能判定出极限荷载，为安全起见，只好取最大加载量的一半作为承载力特征值。即：

$$p = \frac{1}{2} p_{\max} = \frac{1}{2} \times 275 = 137.5 \text{kPa}$$

3. 答案(B)

解：据《岩土工程勘察规范》(GB 50021—2001)(2009 年版)第 10.7.4 条计算。

$$E_m = 2(1 + \mu)\left(V_c + \frac{V_0 + V_f}{2}\right)\frac{\Delta p}{\Delta V}$$

$$= 2 \times (1 + 0.38) \times \left(491 + \frac{134.5 + 217.0}{2}\right) \times \frac{0.29}{217.0 - 134.5}$$

$$= 6.51 \text{MPa}$$

4. 答案(C)

解：据《岩土程勘察规范》(GB 50021—2001)(2009 年版)第 10.2.5 条计算。

从题表中可看出，$p = 175$kPa 以前 p-s 曲线均为直线型关系，且通过坐标原点，取压力 p 为 125kPa 时的沉降量 4.41mm 进行计算。

$$b = \sqrt{0.5} = 0.707 \text{m}$$

$$E_0 = I_0(1 - \mu^2)\frac{pd}{s} = 0.886 \times (1 - 0.33^2) \times \frac{125 \times 0.707}{4.41} = 15.82 \text{MPa}$$

5. 答案(B)

解：分析曲线 1 为孔径过小造成放入旁压器探头时周围压力过大，产生了初始段压力增加时旁压器不能膨胀的现象。

曲线 2 为正常的旁压曲线。

曲线 3 为钻孔直径大于旁压器探头直径，而使得压力较小时即产生了较大的变形值(旁压器的膨胀值)

曲线 4 为一圆滑的下凹曲线，压力增加时变形持续增加，没有明显的直线变形段，说明孔壁土体已受到严重扰动。

6. 答案(A)

解：据《岩土工程勘察规范》(GB 50021—2001)(2009 年版)第 10.2.5 条计算。

查表得 $w = 0.437$

$$E_0 = w \frac{pd}{s} = 0.437 \times 169 \times 0.79 = 58.3 \text{MPa}$$

7. 答案(C)

解：$p_f = 210\text{kPa}$，$p_{0m} = 60\text{kPa}$，$p_0 \approx 30\text{kPa}$，$q_k = p_f - p_0 = 210 - 30 = 180\text{kPa}$

8. 答案(D)

解：据《岩土工程勘察规范》(GB 50021—2001)(第 2009 年版)第 10.8.3 条计算。

$$P_0 = 1.05(A - z_m + \Delta A) - 0.05(B - z_m + \Delta B)$$
$$= 1.05 \times (70 - 5 + 10) - 0.05 \times (220 - 5 - 65) = 71.25\text{kPa}$$
$$u_0 = \gamma_w h_w = 10 \times 6 = 60\text{kPa}$$
$$\sigma_{v0} = \sum \gamma_i h_i = 18.5 \times 2 + 8.5 \times 6 = 88\text{kPa}$$
$$K_D = \frac{p_0 - u_0}{\sigma_{v0}} = \frac{71.25 - 60}{88} = 0.1278$$

9. 答案(C)

解：$3.2 + 4.1 \times 8 + 0.55 - 6.5 - 2.45 = 27.69\text{m}$，$27.6 - 0.3 = 27.3\text{m}$
$$N_{63.5} = 7 + 8 + 9 = 24$$

10. 答案(B)

解：据《铁路路基设计规范》(TB 10001—2005)第 2.0.7 条计算。

$$\frac{1.3695 - 1.0985}{1.25 - 1.0985} = \frac{0.05 - 0.04}{p - 0.04}，p = 0.04559\text{MPa}$$
$$K_{30} = \frac{p}{0.00125} = \frac{0.04559}{0.00125} = 36.472\text{MPa/m}^3$$

11. 答案(B)

解：据《岩土工程勘察规范》(GB 50021—2001)(2009 年版)第 10.2 节计算。

虽然试验深度为 6m，但基槽宽度已大于承压板直径 3 倍，故属于浅层载荷试验。

$$E_0 = I_0(1 - \mu^2)\frac{pd}{s} = 0.785 \times (1 - 0.38^2) \times \frac{100 \times 0.8}{6} = 8.96\text{MPa}$$

若按深层载荷板计算：$E_0 = w\dfrac{pd}{s} = 0.475 \times \dfrac{100 \times 0.8}{6} = 6.33\text{MPa}$（错误）

12. 答案(A)

解：据《建筑地基基础设计规范》(GB 5007—2011)第 H.0.10 条第 1 款计算。

(1)第 1 组：比例界限为 640kPa，$\dfrac{1}{3} \times$ 极限荷载 $= \dfrac{1}{3} \times 1920 = 640\text{kPa}$，取 640kPa。

(2)第 1 组：比例界限为 510kPa，$\dfrac{1}{3} \times$ 极限荷载 $= \dfrac{1}{3} \times 1580 = 526.7\text{kPa}$，取 510kPa。

(3)第 3 组：比例界限为 560kPa，$\dfrac{1}{3} \times$ 极限荷载 $= \dfrac{1}{3} \times 1440 = 480\text{kPa}$，取 480kPa。

取 3 组试验结果的最小值 480kPa 作为岩石地基承载力的特征值。

13. 答案(A)

解：据《工程地质手册》(第四版)第 232 页、第 233 页计算。

(1)基准基床系数，取 $p = 120\text{kPa}$、$s = 2.7\text{mm}$，则：

$$K_v = \frac{p}{s} = \frac{120}{2.7 \times 10^{-3}} = 44444\text{kN/m}^3$$

(2)建筑物基础宽度 $B = 2.5\text{m}$，基底为砂土，则实际基础下的基床系数为：

$$K'_v = \left(\frac{B + 0.3}{2B}\right)^2 \cdot K_v = \left(\frac{2.5 + 0.3}{2 \times 2.5}\right)^2 \times 44444.4 = 13938\text{kN/m}^3$$

14. 答案(D)

解:据《岩土工程勘察规范》(GB 50021—2001)(2009年版)第10.8.3条计算。

$$p_0 = 1.05(A - z_m + \Delta A) - 0.05(B - z_m + \Delta B)$$
$$= 1.05 \times (100 - 8 + 10) - 0.05 \times (260 - 8 - 80) = 98.5 \text{kPa}$$
$$p_2 = C - z_M + \Delta A = 90 - 8 + 10 = 92 \text{kPa}$$
$$u_0 = 10 \times (7 - 1) = 60 \text{kPa}$$
$$U_D = \frac{p_2 - u_0}{p_0 - u_0} = \frac{92 - 60}{98.5 - 60} = 0.83$$

15. 答案(D)

解:据《岩土工程勘察规范》(GB 50021—2001)(2009年版)10.4.1条文说明计算。

贯入度: $e = \dfrac{D}{N} = \dfrac{10}{25} = 0.4 \text{cm/击}$

探头面积: $A = \dfrac{\pi}{4} d^2 = \dfrac{3.14}{4} \times 7.4^2 = 43 \text{cm}^2$

$$q_d = \frac{M}{M+m} \cdot \frac{M \cdot g \cdot H}{A \cdot e} = \frac{120}{120+150} \times \frac{120 \times 9.81 \times 1}{43 \times 0.4} = 30.4 \text{MPa}$$

16. 答案(B)

解:据《工程地质手册》(第四版)第262页计算。

$$e = \frac{d_s(1+w)\gamma_w}{\gamma} - 1 = \frac{2.65 \times (1+0.15) \times 10}{19} - 1 = 0.604$$

$$\gamma' = \frac{d_s - 1}{1+e} \gamma_w = \frac{2.65-1}{1+0.604} \times 10 = 10.3 \text{kN/m}^3$$

$$K_0 = \frac{\sigma'_h}{\sigma'_v} = \frac{93.6 - 10 \times 6}{19 \times 1 + 10.3 \times (7-1)} = 0.416$$

此题应明确土的静止侧压力系数 K_0 为水平有效应力与上覆有效竖向应力之比。

17. 答案(A)

解:据《建筑地基基础设计规范》(GB 50007—2011)附录C计算。

加载至375kPa时,承压板周围土体明显侧向挤出,故上一级荷载350kPa为极限荷载。

根据题意,可知比例界限荷载为200kPa,比较200kPa与350/2=175kPa,则土层承载力特征值取175kPa。

18. 答案(B)

解:据《城市轨道交通岩土工程勘察规范》(GB 50307—2012)第4.3.5条第3款、第15.6.8条第2款计算。

粉土孔隙比: $e = \dfrac{d_s \rho_w (1+0.01w)}{\rho} - 1 = \dfrac{2.71 \times (1+0.35)}{1.75} - 1 = 1.09$,密实度为稍密

承压板直径: $d = \sqrt{\dfrac{4A}{\pi}} = \sqrt{\dfrac{4 \times 0.25}{3.14}} = 564.3 \text{mm}$

取 $s/d = 0.02$,即 $s = 11.29 \text{mm}$ 对应的荷载: $p = 158.3 \text{kPa}$

$p_{max}/2 = 140 \text{kPa} < 158.3 \text{kPa}$,即地基承载力取140kPa。

第七讲 地下水勘察

1. 答案(A)

解:由题图可知,该抽水井为承压水含水层完整井,采用承压含水层完整井稳定流计算

公式 $Q=2.73\dfrac{KMS}{\lg\dfrac{R_0}{r}}$，即 $K=\dfrac{0.366Q}{MS}\lg\dfrac{R_0}{r}$，计算如下：

$$K_1=\dfrac{0.366\times 510}{3\times 2.1}\times\lg\dfrac{100}{0.4}=71\text{m/d}$$

$$K_2=\dfrac{0.366\times 760}{3\times 3.0}\times\lg\dfrac{100}{0.4}=74.1\text{m/d}$$

$$K_3=\dfrac{0.366\times 1050}{3\times 4.2}\times\lg\dfrac{100}{0.4}=73.1\text{m/d}$$

$$K=\dfrac{1}{3}(K_1+K_2+K_3)=\dfrac{1}{3}(71+74.1+73.1)=72.7\text{m/d}$$

2. 答案（C）

解：据《土力学》教材中关于层状土层平均渗透系数计算公式计算。

地下水垂直于土层界面运动：

$$k_{\text{vave}}=\dfrac{\sum h_i}{\sum\dfrac{h_i}{K_{vi}}}=\dfrac{8+5+7}{\dfrac{8}{0.010}+\dfrac{5}{0.020}+\dfrac{7}{0.030}}=0.0156\text{m/s}$$

地下水平行于土层界面运动：

$$k_{\text{have}}=\dfrac{\sum K_i h_i}{\sum h_i}=\dfrac{0.040\times 8+0.050\times 5+0.090\times 7}{8+5+7}=0.06\text{m/s}$$

3. 答案（C）

解：潜水完整井有两个观测孔时，渗透系数计算如下：

$$k=\dfrac{0.732Q}{(2H-s_1-s_2)(s_1-s_2)}\lg\dfrac{r_2}{r_1}$$

第一次降深：$k_1=\dfrac{0.732\times 132.19}{(2\times 12.34-0.73-0.48)\times(0.73-0.48)}\lg\dfrac{9.95}{4.3}=6\text{m/d}$

第二次降深：$k_2=\dfrac{0.732\times 92.45}{(2\times 12.34-0.6-0.43)\times(0.6-0.43)}\lg\dfrac{9.95}{4.3}=6.1\text{m/d}$

第三次降深：$k_3=\dfrac{0.732\times 57.89}{(2\times 12.34-0.43-0.31)\times(0.43-0.31)}\lg\dfrac{9.95}{4.3}=5.4\text{m/d}$

$$k=\dfrac{1}{3}(k_1+k_2+k_3)=\dfrac{1}{3}\times(6.0+6.1+5.4)=5.83\text{m/d}$$

4. 答案（B）

解：据《工程地质手册》（第四版）第1004～1009页计算。

$$p=p_0+p_z-p_s=0.75+0.25-0=1.0\text{MPa}$$

$$q=\dfrac{Q}{Lp}=\dfrac{50}{5\times 1.0}=10\text{Lu}$$

5. 答案（B）

解：据《工程地质手册》（第四版）第1009页计算。

$$q=\dfrac{Q_3}{Lp_3}\dfrac{100}{1.0\times 5}=20\text{Lu}$$

6. 答案（C）

解：(1)相邻两条等势线间的水头损失：$\Delta h=\dfrac{\Delta H}{N_D}=\dfrac{5.0}{15}=\dfrac{1}{3}\text{m}$。

(2)平均水力梯度:$i=\dfrac{3\Delta h}{\Delta l}=\dfrac{3\times\frac{1}{3}}{10}=0.1$。

7. 答案(C)

解:A、B 两点间的水力梯度:$i=\dfrac{\Delta h}{\Delta l}=\dfrac{3.0-2.5}{10}=0.05$

平均渗透力:$J=\gamma_\text{w} i=10\times 0.05=0.5\ \text{kN/m}^3$

8. 答案(D)

解:据题意,当 $\rho_\text{c} < \dfrac{1}{4(1-n)}\times 100\%$ 时为管涌。

(A)选项:$\dfrac{1}{4\times(1-0.203)}\times 100\%=31.36\% < 38.1\%$

(B)选项:$\dfrac{1}{4\times(1-0.258)}\times 100\%=33.69\% < 37.5\%$

(C)选项:$\dfrac{1}{4\times(1-0.312)}\times 100\%=36.34\% < 38.5\%$

(D)选项:$\dfrac{1}{4\times(1-0.355)}\times 100\%=38.76\% < 38.0\%$

9. 答案(D)

解:据《水利水电工程地质勘察规范》(GB 50487—2008)附录 G 第 G.0.6 条计算。

Ⅰ段:$J_\text{cr}=(d_\text{s}-1)(1-n)=(2.70-1)\times(1-0.524)=0.8092$

$J_\text{允}=J_\text{cr}/K=0.8092/1.75=0.46 > 0.42$

Ⅱ段:$J_\text{cr}=(2.7-1)\times(1-0.535)=0.7905$

$J_\text{允}=0.7905/1.75=0.45 > 0.43$

Ⅲ段:$J_\text{cr}=(2.72-1)\times(1-0.524)=0.8187$

$J_\text{允}=0.8187/1.75=0.47 > 0.41$

Ⅳ段:$J_\text{cr}=(2.70-1)\times(1-0.545)=0.7735$

$J_\text{允}=0.7735/1.75=0.44 < 0.48$

10. 答案(A)

解:据《建筑基坑支护技术规程》(JGJ 120—2012)第 C.0.1 条计算。

设临界开挖深度为 h,则有:

$$\dfrac{D\gamma}{h_\text{w}\gamma_\text{w}}\geqslant K_h \Rightarrow 18\times(9-h)\geqslant 1.1\times 10\times 9$$

得 $h\leqslant 3.5\text{m}$

11. 答案(C)

解:$k=\dfrac{0.732Q}{(2H-s_1-s_2)(s_1-s_2)}\lg\dfrac{r_2}{r_1}$

$=\dfrac{0.732\times 1.5\times 10^3\times 10^{-6}\times 24\times 60\times 60}{(2\times 11.5-0.75-0.45)\times(0.75-0.45)}\times\lg\dfrac{10}{4.5}=5.03\text{m/d}$

12. 答案(B)

解:据《岩土工程勘察规范》(GB 50021—2001)(2009 年版)第 12.2 节计算。

环境类别为Ⅱ类,硫酸盐含量判定为中等腐蚀,铵盐含量判定为弱腐蚀性,综合判定为中等腐蚀。

13. 答案(B)

解:据《水利水电工程地质勘察规范》(GB 50487-2008)第 G.0.6 条。

$$n = 100\% - \frac{100\%\gamma}{d_s \gamma_w (1+0.01w)} = 100\% - \frac{100\% \times 19}{2.7 \times 10 \times (1+0.01 \times 22)} = 42.3\%$$

$$J_{cr} = (d_s - 1)(1-n) = (2.7-1) \times (1-0.423) = 0.98$$

14. 答案(B)

解:$k = \dfrac{0.732Q}{(2H-s_1-s_2)(s_1-s_2)} \lg \dfrac{r_2}{r_1}$

$$k_1 = \frac{0.732 \times 1490}{(2 \times 15.8 - 2.2 - 1.8)(2.2 - 1.8)} \lg \frac{20.5}{10.6} = 28.3 \text{m/d}$$

$$k_2 = \frac{0.732 \times 1218}{(2 \times 15.8 - 1.8 - 1.5)(1.8 - 1.5)} \lg \frac{20.5}{10.6} = 30.1 \text{m/d}$$

$$k_3 = \frac{0.732 \times 817}{(2 \times 15.8 - 0.9 - 0.7)(0.9 - 0.7)} \lg \frac{20.5}{10.6} = 28.5 \text{m/d}$$

$$k = \frac{1}{3}(k_1 + k_2 + k_3) = \frac{1}{3} \times (28.3 + 30.1 + 28.5) = 29.0 \text{m/d}$$

15. 答案(A)

解:$\sigma_c = \gamma_s h_2 + \gamma_w h_1 = 19.2 \times 8 + 10 \times 4 = 193.6 \text{ kN/m}^2$

$u = h_w \gamma_w = 15 \times 10 = 150 \text{kPa}, \sigma'_c = 193.6 - 150 = 43.6 \text{kPa}$

渗透力为:$j = \gamma_w i = \dfrac{(15-4-8)}{8} \times 10 = 3.75 \text{ kN/m}^3$

16. 答案(C)

解:据《工程地质手册》(第四版)第 983 页计算。

不计侵蚀性 CO_2 及游离 CO_2,HCO_3^- 按 50% 计,则固体物质(盐分)的总量为:

$51.39 + 28.78 + 75.43 + 20.23 + 10.80 + 83.47 + 27.19 + \dfrac{1}{2} \times 366.00 = 480.29 \text{mg/L}$

17. 答案(C)

解:水力梯度:$i = \dfrac{\Delta h}{l} = \dfrac{15}{60} = 0.25$

平均渗透系数:$k = \dfrac{H}{\dfrac{H_1}{k_1} + \dfrac{H_2}{k_2}} = \dfrac{60}{\dfrac{30}{0.7} + \dfrac{30}{0.1}} = 0.175 \text{cm/s}$

流量:$Q = kAi = 0.175 \times 200 \times 0.25 = 8.75 \text{cm}^3/\text{s}$

18. 答案(B)

解:据《工程地质手册》第九篇第三章第三节计算。

① 求总压力、倾斜钻孔水柱压力 $H\sin\alpha$:

$$p_z = \gamma_w(H_r \sin\alpha + 0.5) = 10 \times (24.8 \times \sin 60° + 0.5) - 220 \text{kPa} = 0.22 \text{MPa}$$

$$p = p_p + p_z - p_s = 0.9 + 0.22 - 0.44 = 1.08 \text{MPa}$$

② 求吕荣值:$q = \dfrac{Q}{LP} = \dfrac{80}{5.1 \times 1.08} = 14.5 \text{Lu}$

19. 答案(D)

解:1、2 两断面间的水力梯度:$i = (15-10)/50 = 0.1$

第一层土的单宽渗流流量:$q_1 = k_1 i (h_1 + h_2)/2 \times 1 = 5 \times 0.1 \times (15+10)/2 \times 1 = 6.25 \text{m}^3/\text{d}$

第二层土的单宽渗流流量:$q_2 = k_2 i M \times 1 = 50 \times 0.1 \times 5 \times 1 = 25 \text{m}^3/\text{d}$

整个断面的渗流流量：$q=q_1+q_2=6.25+25=31.25\text{m}^3/\text{d}$

本题也可用等效渗透系数计算。

20. 答案(C)

解：据土的三相比例指标及渗流基础知识计算。

砂土有效重度：$\gamma'=\gamma_w(d_s-1)/(1+e_0)=10\times(2.71-1)/(1+0.803)=9.5\text{kN/m}^3$

$i_{cr}=\dfrac{\gamma'}{\gamma_w}=\dfrac{\Delta h}{H}$，$i_{cr}=\dfrac{9.5}{10}=\dfrac{\Delta h}{30}$，$\Delta h=30\times\dfrac{9.5}{10}=28.5\text{cm}$

21. 答案(B)

解：据《水利水电工程地质勘察规范》(GB 50487—2008)附录G计算。

由颗粒级配曲线：$d_{10}=0.002$，$d_{60}=0.2$，$d_{70}=0.3$

不均匀系数：$C_u=\dfrac{d_{60}}{d_{10}}=\dfrac{0.2}{0.002}=100>5$

粗、细颗粒的区分粒径：$d=\sqrt{d_{70}\cdot d_{10}}=\sqrt{0.3\times0.002}=0.024$

由曲线可知细颗粒含量 $\rho\approx20\%<25\%$，故判别为管涌。

22. 答案(C)

解：据《工程地质手册》(第四版)第1001页，公式 $k=\dfrac{3.5r_w^2}{(H+2r_w)t}\ln\dfrac{s_1}{s_2}$。

(1)地下水位以下的有效含水层厚度：$H=900-100=800\text{cm}$

初始地下水降深 $s_1=700-100=600\text{cm}$，时间 t 在 60s、300s、600s、1800s、3600s 时的水位降深分别为 503.0cm、312.0cm、232.0cm、90cm、18.5cm。

抽水井半径：$r_w=\dfrac{D}{2}=10\text{cm}$。

(2)根据题意，渗透系数求解采用潜水完整井水位恢复法，计算不同恢复时间的 k 值如下：

$t=60\text{s}$，$k=\dfrac{3.5\times10^2}{(800+2\times10)\times60}\times\ln\dfrac{600}{503}=1.25\times10^{-3}\text{cm/s}$

$t=300\text{s}$，$k=\dfrac{3.5\times10^2}{(800+2\times10)\times300}\times\ln\dfrac{600}{312}=9.3\times10^{-4}\text{cm/s}$

$t=600\text{s}$，$k=\dfrac{3.5\times10^2}{(800+2\times10)\times600}\times\ln\dfrac{600}{232}=6.8\times10^{-4}\text{cm/s}$

$t=1800\text{s}$，$k=\dfrac{3.5\times10^2}{(800+2\times10)\times1800}\times\ln\dfrac{600}{90}=4.5\times10^{-4}\text{cm/s}$

$t=3600\text{s}$，$k=\dfrac{3.5\times10^2}{(800+2\times10)\times3600}\times\ln\dfrac{600}{15.5}=4.1\times10^{-4}\text{cm/s}$

(3)绘制 k-t 曲线图如解图所示。

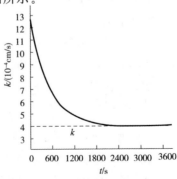

题 22 解图

由图得到含水层渗透系数最接近 4.1×10^{-4}cm/s。

23. 答案(D)

解: 根据地下水基础知识及测量等基础知识分析。

(1)计算三个观测孔的稳定水位高程

k_1 孔为:12.70－2.70＝10.00m

k_2 孔为:15.60－3.10＝12.50m

k_3 孔为:9.80－2.30＝7.50m

(2)根据观测孔坐标绘制平面草图(见解图)

k_1、k_2、k_3 三点构成一个直角三角形,k_1 孔为直角角点,直角边 k_1k_2 为 EW 方向,k_1k_3 为 SN 方向,边长均为50m。

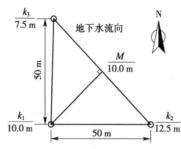

题 23 解图

(3)求 k_2、k_3 孔斜边上稳定水位高程为10m的点

由于 $\dfrac{12.50+7.50}{2}=10.00$m,$k_2$、$k_3$ 孔斜边中点稳定水位高程为10m。

(4)地下水流向判断

10m等水位线通过 k_1 和 k_2、k_3 孔斜边中点,走向为 $45°-225°$,则地下水流向为 $225°+90°=315°$。

24. 答案(B)

解: 据《工程地质手册》(第四版)第933页、第934页计算。

如解图所示,B、C 孔地下水位标高分别为24.0m、24.0m,说明 B、C 孔连线为一条等水位线,地下水的流向是垂直 B、C 孔连线的,且由 A 孔垂直流向 B、C 孔连线的。

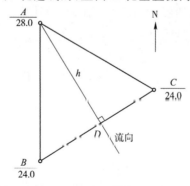

题 24 解图

A、D 之间的距离:$L=60\times\sin60°=51.96$m

水力坡度:$i=\dfrac{28.0-24.0}{L}=\dfrac{4}{51.96}=0.077$

根据达西定律,地下水流速为:$v=ki=1.8\times10^{-3}\times0.077=1.39\times10^{-4}$cm/s

25. **答案(C)**

解:据《岩土工程勘察规范》(GB 50021—2001)(2009年版)表12.2.1计算。
根据题意,表中介质数值乘以1.3和1.5的系数
①SO_4^{2-}含量4551,1500×1.3×1.5=2925<4551<3000×1.3×1.5=5850,中等腐蚀;
②Mg^{2+}含量3183,2000×1.5=3000<3183<3000×1.5=4500,弱腐蚀;
③NH_4^+含量16<500×1.5=750,微腐蚀;
④OH^-含量42<43000×1.5=64 500,微腐蚀;
⑤总矿化度20152<20000×1.5=30000,微腐蚀。
综合评价为中等腐蚀。

26. **答案(B)**

解:据《工程地质手册》(第四版)第1009页计算。

岩体透水率:$q = \dfrac{Q_3}{Lp_3} = \dfrac{7.5}{5 \times 1.0} = 1.5\text{Lu} < 10\text{Lu}$,且 p-Q 曲线为A(层流)型。

其中,$Q = 7.5\text{L/min} = 1.25 \times 10^{-4}\text{m/s}$,$H = \dfrac{p}{\gamma_w} = \dfrac{1 \times 10^3}{10} = 100\text{m}$,$L = 5.0\text{m}$,$r_0 = 0.055\text{m}$

渗透系数:

$$k = \dfrac{Q}{2\pi HL}\ln\dfrac{L}{r_0} = \dfrac{1.25 \times 10^{-4}}{2 \times 3.14 \times 100 \times 5}\ln\dfrac{5}{0.055} = 1.79 \times 10^{-7}\text{m/s} = 1.79 \times 10^{-5}\text{cm/s}$$

27. **答案(D)**

解:据《水利水电工程地质勘察规范》(GB 50487—2008)附录G计算。

$C_u = \dfrac{d_{60}}{d_{10}} = \dfrac{0.31}{0.038} = 8.16 > 5$,$25\% \leqslant P = 32\% < 35\%$,属于过渡型

临界水力坡降:$J_{cr} = 2.2(d_s - 1)(1-n)^2\dfrac{d_5}{d_{20}} = 2.2 \times (2.66-1) \times (1-0.33)^2 \times \dfrac{0.025}{0.07} = 0.585$

允许水力坡降:$J' = \dfrac{J_{cr}}{1.5} = \dfrac{0.585}{1.5} = 0.39$

28. **答案(B)**

解:据《工程地质手册》(第四版)表2-5-2、式(2-5-1)计算。

$$K = \pi\dfrac{AM \cdot AN}{MN} = 3.14 \times \dfrac{7 \times 13}{6} = 47.6\text{m}$$

$$\rho = K\dfrac{\Delta V}{I} = 47.6 \times \dfrac{360}{240} = 71.5\Omega \cdot \text{m}$$

据《岩土工程勘察规范》(GB 50021—2011)(2009年版)表12.2.5,土对钢结构的腐蚀性等级为弱。

29. **答案(B)**

解:据《土工试验方法标准》(GB/T 50123—1999)第13.1.3条、第13.1.4条计算。
第一次试验渗透系数$3.79 \times 10^{-5}\text{cm/s}$与其他几次试验的允许差值大于$2 \times 10^{-5}\text{cm/s}$。
其余三次试验标准温度下的渗透系数为:

$$k_{20-2} = k_T\dfrac{\eta_T}{\eta_{20}} = 1.55 \times 10^{-5} \times 1.133 = 1.756 \times 10^{-5}\text{cm/s}$$

$$k_{20-3} = k_T\dfrac{\eta_T}{\eta_{20}} = 1.47 \times 10^{-5} \times 1.133 = 1.666 \times 10^{-5}\text{cm/s}$$

$$k_{20\text{-}4}=k_T\frac{\eta_T}{\eta_{20}}=1.71\times10^{-5}\times1.133=1.973\times10^{-5}\text{cm/s}$$

$$k_{20}=\frac{1.756+1.666+1.937}{3}=1.786\times10^{-5}\text{cm/s}$$

30. 答案(D)

解：据《土工试验方法标准》(GB/T 50123—1999)第 13.2.3 条计算。

渗透系数：$k=\dfrac{QL}{AHt}=\dfrac{3\,520\times4}{\dfrac{3.14}{4}\times7.5^2\times4.6\times24\times3\,600}=8.02\times10^{-4}\text{cm/s}$

31. 答案(D)

解：据《考前辅导讲义》(上册)表 1.46 计算。

由题意：$10.0\sim18.0\text{m}$ 为砂层，其上下均为黏土层，滤水管设置于 $10.0\sim18.0\text{m}$ 段，设置一个观测孔，可知抽水形式为有一个观测孔的承压水完整井。

$Q=1.6\text{L/s}=138.24\text{m}^3/\text{d}$, $M=8\text{m}$, $r=0.1\text{m}$, $r_1=10\text{m}$

$s=7-1=6\text{m}$, $s_1=2.8-1=1.8\text{m}$

$$k=\frac{0.366Q}{M(s-s_1)}\lg\frac{r_1}{r}=\frac{0.366\times138.24}{8\times(6-1.8)}\lg\frac{10}{0.1}=3.01\text{m/d}$$

第八讲　岩土参数的分析和选定

1. 答案(A)

解：据《岩土工程勘察规范》(GB 50021—2001)(2009 年版)第 14.2.4 条计算。

$$\gamma_{\text{sc}}=1-\left(\frac{1.704}{\sqrt{n}}+\frac{4.678}{n^2}\right)\delta_c=1-\left(\frac{1.704}{\sqrt{6}}+\frac{4.678}{6^2}\right)\times0.3=0.752$$

$$\gamma_{\text{s}\varphi}=1-\left(\frac{1.704}{\sqrt{n}}+\frac{4.678}{n^2}\right)\delta_\varphi=1-\left(\frac{1.704}{\sqrt{6}}+\frac{4.678}{6^2}\right)\times0.25=0.794$$

$\varphi_k=\gamma_{\text{s}\varphi}\varphi_m=0.794\times17.5°=13.9°$

$c_k=\gamma_{\text{sc}}\varphi_m=0.752\times15=11.3\text{kPa}$

2. 答案(B)

解：据《岩土工程勘察规范》(GB 50021—2001)(2009 年版)14.2 节计算。

(1)各深度的十字板抗剪峰值强度值可知，深度 1.0m、2.0m 为浅部硬壳层，不应参加统计。

(2)软土十字板抗剪强度平均值：

$$c_{\text{um}}=\frac{\sum_{i=1}^{n}c_{\text{u}i}}{n}=\frac{7.0+9.6+12.3+14.4+16.7+19.0}{6}=13.2\text{kPa}$$

(3)计算标准差：

$$\sigma_f=\sqrt{\frac{1}{(n-1)}\left[\sum_{i=1}^{n}c_{\text{u}i}^2-\frac{(\sum_{i=1}^{n}c_{\text{u}i})^2}{n}\right]}$$

$$=\sqrt{\frac{1}{6-1}[7.0^2+9.6^2+12.3^2+14.4^2+16.7^2+19.0^2]-\frac{(7.0+9.6+12.3+14.4+16.7+19.0)^2}{6}}$$

$$=4.46$$

由于软土十字板抗剪强度与深度呈线性相关,剩余标准差为:
$$\sigma_r = \sigma_f \sqrt{1-r^2} = 4.46 \times \sqrt{1-0.98^2} = 0.8875$$

其变异系数为: $C = \dfrac{\sigma_r}{\varphi_m} = \dfrac{0.8875}{13.2} = 0.067$

(4) 抗剪强度修正时按不利组合考虑取负值,计算统计修正系数:
$$\gamma = 1 - \left(\dfrac{1.704}{\sqrt{n}} + \dfrac{4.678}{n^2}\right)\delta = 1 - \left(\dfrac{1.704}{\sqrt{6}} + \dfrac{4.678}{6^2}\right) \times 0.067 = 0.945$$

(5) 该场地软土的十字板峰值抗剪强度标准值: $c_{uk} = \gamma_s c_{um} = 0.945 \times 13.2 = 12.5 \text{kPa}$。

3. **答案**(B)

解:据《岩土工程勘察规范》(GB 50021—2001)(2009年版)第14.2.2条、第14.2.3条、第14.2.4条计算。

平均值: $f_m = \dfrac{15 \times 3 + 13 \times 2 + 17 + 12 + 14}{8} = 14.25 \text{MPa}$

标准差: $\sigma = \sqrt{\dfrac{\sum f_{ri}^2 - n f_m^2}{n-1}} = \sqrt{\dfrac{15^2 \times 3 + 13^2 \times 2 + 17^2 + 12^2 + 14^2 - 8 \times 14.25^2}{8-1}} = 1.58 \text{MPa}$

变异系数: $\delta = \dfrac{1.58}{14.25} = 0.111$

统计修正系数: $\gamma_s = 1 - \left(\dfrac{1.704}{\sqrt{n}} + \dfrac{4.678}{n^2}\right)\delta = 1 - \left(\dfrac{1.704}{\sqrt{8}} + \dfrac{4.678}{8^2}\right) \times 0.111 = 0.925$

岩石饱和单轴抗压强度标准值: $f_k = \gamma_s f_m = 0.925 \times 14.25 = 13.18 \text{MPa}$

第三篇 浅 基 础

历年真题

第一讲 地基承载力确定

1.（03C08）柱基底面尺寸为 3.2m×3.6m，埋置深度 2.0m。地下水位埋深为地面下 1.0m，埋深范围内有两层土，其厚度分别为 $h_1=0.8$m 和 $h_2=1.2$m，天然重度分别为 $\gamma_1=17$kN/m³ 和 $\gamma_2=18$kN/m³。基底下持力层为黏土，天然重度 $\gamma_3=19$kN/m³，天然孔隙比 $e_0=0.70$，液性指数 $I_L=0.60$，地基承载力特征值 $f_{ak}=280$kPa。则修正后地基承载力特征值最接近（　　）。

（注：水的重度 $\gamma_w=10$kN/m³。）

(A) 285kPa　　　(B) 295kPa　　　(C) 310kPa　　　(D) 325kPa

2.（03C09）港口重力式沉箱码头，沉箱底面受压宽度 $B_{r1}=10$m，长度 $L_{r1}=170$m，抛石基床厚 $d_1=2$m，受平行于码头宽度方向的水平力，抛石基床底面合力标准值在基床底面处的有效受压宽度和长度方向的偏心距分别为 $e'_B=0.5$m、$e'_L=0$，则基床底面处的有效受压宽度 B'_{re} 和长度 L'_{re} 为（　　）。

(A) $B'_{re}=14.5$m，$L'_{re}=174$m　　　(B) $B'_{re}=14.0$m，$L'_{re}=174$m

(C) $B'_{re}=13.5$m，$L'_{re}=174$m　　　(D) $B'_{re}=13.0$m，$L'_{re}=174$m

3.（03D07）某建筑物基础尺寸为 16m×32m，基础底面埋深为 4.4m，基底以上土的加权平均重度为 13.3kN/m³。基底以下持力层为粉质黏土，浮重度为 9.0kN/m³，内摩擦角标准值 $\varphi_k=18°$，黏聚力标准值 $c_k=30$kPa。根据上述条件，用《建筑地基基础设计规范》(GB 50007—2011) 的计算公式确定该持力层的地基承载力特征值 f_a 最接近于（　　）。

(A) 392.6kPa　　　(B) 380.2kPa　　　(C) 360.3kPa　　　(D) 341.7kPa

4.（04D05）某建筑物基础宽 $b=3.0$m，基础埋深 $d=1.5$m，建于 $\varphi=0$ 的软土层上，土层无侧限抗压强度标准值 $q_u=6.6$kPa，基础底面上下的软土重度均为 18kN/m³，按《建筑地基基础设计规范》(GB 50007—2011) 中计算承载力特征值的公式计算，承载力特征值为（　　）。

(A) 10.4kPa　　　(B) 20.7kPa　　　(C) 37.4kPa　　　(D) 47.4kPa

5.（04D06）6 层普通住宅砌体结构无地下室，平面尺寸为 9m×24m，季节冻土设计冻深 0.5m，地下水埋深 7.0m，布孔均匀，孔距 10.0m，相邻钻孔间基岩面起伏可达 7.0m，基岩浅的代表性钻孔资料是：0~3.0m 为中密中砂，3.0~5.5m 为硬塑黏土，以下为薄层泥质灰岩；基岩深的代表性钻孔资料：0~3.0m 为中密中砂，3.0~5.5m 为硬塑黏土，5.5~14m 为可塑黏土，以下为薄层泥质灰岩。根据以上资料，下列（　　）是正确且合理的。

(A) 先做物探查明地基内的溶洞分布情况

(B) 优先考虑地基处理，加固浅部土层

(C) 优先考虑浅埋天然地基，验算沉降及不均匀沉降

(D)优先考虑桩基,以基岩为持力层

6.(04D08)某住宅采用墙下条形基础,建于粉质黏土地基上,未见地下水,由荷载试验确定的承载力特征值为220kPa,基础埋深$d=1.0$m,基础底面以上土的加权平均重度$\gamma_m=18$kN/m³,天然孔隙比$e=0.70$,液性指数$I_L=0.80$,基础底面以下土的平均重度$\gamma=18.5$kN/m³,基底荷载标准值为$F=300$kN/m,修正后的地基承载力最接近下列( )。

(注:承载力修正系数$\eta_b=0.3$,$\eta_d=1.6$。)

(A)224kPa (B)228kPa (C)234kPa (D)240kPa

7.(04D09)偏心距$e<0.1$m的条形基础底面宽$b=3$m,基础埋深$d=1.5$m,土层为粉质黏土,基础底面以上土层平均重度$\gamma_m=18.5$kN/m³,基础底面以下土层重度$\gamma=19$kN/m³,饱和重度$\gamma_{sat}=20$kN/m³,内摩擦角标准值$\varphi_k=20°$,黏聚力标准值$c_k=10$kPa,当地下水位从基底下很深处上升至基底面时(同时不考虑地下水位对抗剪强度参数的影响),地基( )($M_b=0.51$,$M_d=3.06$,$M_c=5.66$)。

(A)承载力设计值下降8% (B)承载力设计值下降4%
(C)承载力设计值无变化 (D)承载力设计值上升3%

8.(04D13)某厂房采用柱下独立基础,基础尺寸4m×6m,基础埋深为2.0m,地下水位埋深1.0m,持力层为粉质黏土(天然孔隙比为0.8,液性指数为0.75,天然重度为18kN/m³),在该土层上进行三个静载荷试验,实测承载力特征值分别为130kPa、110kPa和135kPa。按《建筑地基基础设计规范》(GB 50007—2011)作深宽修正后的地基承载力设计值最接近( )。

(A)110kPa (B)125kPa (C)140kPa (D)160kPa

9.(05C09)某场地作为地基的岩体结构面组数为2组,控制性结构面平均间距为1.5m,室内9个饱和单轴抗压强度的平均值为26.5MPa,变异系数为0.2,按《建筑地基基础设计规范》(GB 50007—2011),上述数据确定的岩石地基承载力特征值最接近( )。

(A)13.6MPa (B)12.6MPa (C)11.6MPa (D)10.6MPa

10.(05C10)某积水低洼场地进行地面排水后在天然土层上回填厚度5.0m的压实粉土,以此时的回填面标高为准下挖2.0m,利用压实粉土作为独立方形基础的持力层,方形基础边长4.5m,在完成基础及地上结构施工后,在室外地面上再回填2.0m厚的压实粉土,达到室外设计地坪标高,回填材料为粉土,荷载试验得到压实粉土的承载力特征值为150kPa,其他参数见下图。若基础施工完成时地下水位已恢复到室外设计地坪下3.0m,地下水位上下土的重度分别为18.5kN/m³和20.5kN/m³,按《建筑地基基础设计规范》(GB 50007—2011)得出深度修正后地基承载力的特征值最接近( )。

(注:承载力宽度修正系数$\eta_b=0$,深度修正系数$\eta_d=1.5$。)

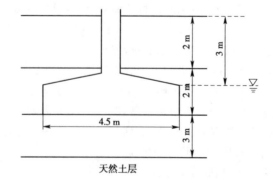

题10图

(A)198kPa　　　　(B)193kPa　　　　(C)188kPa　　　　(D)183kPa

11.(05D09)如下图所示,某高层筏板式住宅楼的一侧设计有地下车库,两部分地下结构相互连接,均采用筏基,基础埋深在室外地面以下10m,住宅楼基底平均压力P_k为260kN/m²,地下车库基底平均压力P_k为60kN/m²,场区地下水位埋深在室外地面以下3.0m,为解决基础抗浮问题,在地下车库底板以上再回填厚度约0.5m、重度为35kN/m³的钢渣,场区土层的重度均按20kN/m³考虑,地下水重度按10kN/m³取值,根据《建筑地基基础设计规范》(GB 50007—2011)计算,住宅楼地基承载力f_a最接近( )。

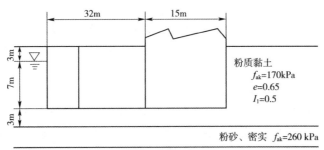

题 11 图

(A)285kPa　　　　(B)293kPa　　　　(C)300kPa　　　　(D)308kPa

12.(06C07)季节性冻土地区在城市近郊拟建一开发区,地基土主要为黏性土,冻胀性分类为强冻胀,采用方形基础,基底压力为130kPa,不采暖,若标准冻深为2.0m,基础的最小埋深最接近( )。

(A)0.4m　　　　(B)0.6m　　　　(C)0.97m　　　　(D)1.62m

13.(06D11)对强风化较破碎的砂岩采取岩块进行了室内饱和单轴抗压强度试验,其试验值为9MPa、11MPa、13MPa、10MPa、15MPa、7MPa,据《建筑地基基础设计规范》(GB 50007—2011)确定的岩石地基承载力特征值的最大取值最接近于( )。

(A)0.7MPa　　　　(B)1.2MPa　　　　(C)1.7MPa　　　　(D)2.1MPa

14.(07C05)已知载荷试验的载荷板尺寸为1.0m×1.0m,试验坑的剖面如下图所示,在均匀的黏性土层中,试验坑的深度为2.0m,黏性土层的抗剪强度指标的标准值为黏聚力$c_k=40$kPa,内摩擦角$\varphi_k=20°$,土的重度为180kN/m³,据《建筑地基基础设计》(GB 50007—2011)计算地基承载力,其结果最接近( )。

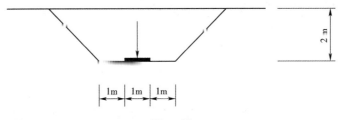

题 14 图

(A)345.8kPa　　　　(B)235.6kPa　　　　(C)210.5kPa　　　　(D)180.6kPa

15.(07C06)某山区工程,场地地面以下2m深度内为岩性相同、风化程度一致的基岩,现场实测该岩体纵波速度值为2700m/s,室内测试该层基岩岩块纵波速度值为4300m/s,对现场采取的6块岩样进行室内饱和单轴抗压强度试验,得出饱和单轴抗压强度平均值

13.6MPa,标准差 5.59MPa,据《建筑地基基础设计规范》(GB 50007—2011),2m 深度内的岩石地基承载力特征值的范围值最接近(　　)。

(A)0.64～1.27MPa　　　　　　(B)0.83～1.66MPa
(C)0.9～1.8MPa　　　　　　　(D)1.03～2.19MPa

16.(07D05)某条形基础宽度 2.50m,埋深 2.00m。场区地面以下为厚度 1.50m 的填土,$\gamma=17kN/m^3$;填土层以下为厚度 6.00m 的细砂层,$\gamma=19kN/m^3$,$c_k=0$,$\varphi_k=30°$。地下水位埋深 1.0m。根据土的抗剪强度指标计算的地基承载力特征值最接近于(　　)。

(A)160kPa　　(B)170kPa　　(C)180kPa　　(D)190kPa

17.(07D09)位于季节性冻土地区的某城市市区内建设住宅楼,地基土为黏性土,标准冻深为 1.60m。冻前地基土的天然含水率 $w=21\%$,塑限含水率为 $w_p=17\%$,冻结期间地下水位埋深 $h_w=3m$,该场区的设计冻深应取(　　)。

(A)1.22m　　(B)1.30m　　(C)1.40m　　(D)1.80m

18.(08C05)如下图所示,某砖混住宅条形基础,地层为黏粒含量小于 10% 的均质粉土,重度 $19kN/m^3$,施工前用深层载荷试验实测基底标高处的地基承载力特征值为 350kPa,已知上部结构传至基础顶面的竖向力为 260kN/m,基础和台阶上土平均重度为 $20kN/m^3$,按《建筑地基基础设计规范》(GB 50007—2011)要求,基础宽度的设计结果接近(　　)。

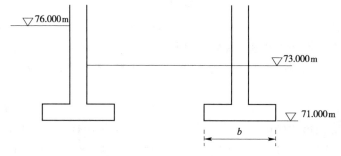

题 18 图

(A)0.84m　　(B)1.04m　　(C)1.33m　　(D)2.17m

19.(08C10)柱下素混凝土方形基础顶面的竖向力 F_k 为 570kN,基础宽度取为 2.0m。柱脚宽度 0.40m。室内地面以下 6m 深度内为均质粉土层,$\gamma=\gamma_m=20kN/m^3$,$f_{ak}=150kPa$,黏粒含量 $\rho_c=7\%$。根据以上条件和《建筑地基基础设计规范》(GB 50007—2011),柱基础埋深应不小于(　　)。

(注:基础与基础上土的平均重度 γ 取为 $20kN/m^3$。)

(A)0.50m　　(B)0.70m　　(C)0.80m　　(D)1.00m

20.(08D09)某框架结构,1 层地下室,室外与地下室室内地面高程分别为 16.2m 和 14.0m。拟采用柱下方形基础,基础宽度 2.5m,基础埋深在室外地面以下 3.0m。室外地面以下为厚 1.2m 人工填土,$\gamma=17kN/m^3$;填土以下为厚 7.5m 的第四纪粉土,$\gamma=19kN/m^3$,$c_k=18kPa$,$\varphi_k=24°$,场区未见地下水。根据土的抗剪强度指标确定的地基承载力特征值最接近(　　)。

(A)170kPa　　(B)190kPa　　(C)210kPa　　(D)230kPa

21.(08D10)某铁路涵洞基础位于深厚淤泥质黏土地基上,基础埋置深度 10m,地基土不排水抗剪强度 $c_u=35kPa$,地基土天然重度 $18kN/m^3$,地下水位在地面下 0.5m 处,按照《铁路桥涵地基基础设计规范》(TB 10002.5—2005),安全系数 m' 取 2.5,涵洞基础地基容许承载力的最小值接近于( )。

(A)60kPa (B)70kPa (C)80kPa (D)90kPa

22.(09D05)筏板基础宽10m,埋置深度5m,地基下为厚层粉土层,地下水位在地面下20m处,在基底标高上用深层平板载荷试验得到的地基承载力特征值f_{ak}为200kPa,地基土的重度为19kN/m³,查表可得地基承载力修正系数$\eta_b=0.3$,$\eta_d=1.5$,筏板基础基底均布压力为( )时刚好满足地基承载力的设计要求。

(A)345kPa (B)284kPa (C)217kPa (D)167kPa

23.(09D07)某场地建筑地基岩石为花岗岩、块状结构,勘探时取样6组,测得饱和单轴抗压强度的平均值为29.1MPa,变异系数为0.022,按照《建筑地基基础设计规范》(GB 50007—2011)的规定,该建筑地基的承载力特征值最大取值接近( )。

(A)29.1MPa (B)28.6MPa (C)14.3MPa (D)10MPa

24.(09D08)某场地三个平板载荷试验,试验数据见下表。按《建筑地基基础设计规范》(GB 50007—2011)确定的该土层的地基承载力特征值接近( )。

题24表

试验点号	1	2	3
比例界限对应的荷载值/kPa	160	165	173
极限荷载/kPa	300	340	330

(A)170kPa (B)165kPa (C)160kPa (D)150kPa

25.(09D09)某25万人口的城市,市区内某四层框架结构建筑物,有采暖,采用方形基础,基底平均压力130kPa,地面下5m范围内的黏土为弱冻胀土,该地区的标准冻结深度为2.2m,那么,在考虑冻胀的情况下,据《建筑地基基础设计规范》(GB 50007—2011),该建筑基础最小埋深最接近( )。

(A)0.8m (B)1.0m (C)1.2m (D)1.4m

26.(10C09)某建筑物基础受轴向压力,其矩形基础剖面及土层的指标如下图所示。基础底面尺寸为1.5m×2.5m。根据《建筑地基基础设计规范》(GB 50007—2011),由土的抗剪强度指标确定的地基承载力特征值f_a应与下列哪一选项最为接近?( )

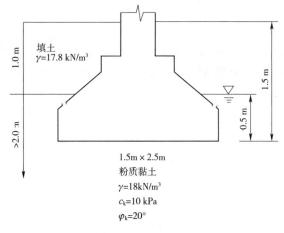

题26图

(A)138kPa (B)143kPa (C)148kPa (D)153kPa

27.(12C08)某高层住宅楼与裙楼的地下结构相互连接,均采用筏板基础,基底埋深为室外地面10m。主楼住宅楼基底平均压力$p_{k1}=260$kPa,裙楼基底平均压力$p_{k2}=90$kPa,土的重度为18kN/m³,地下水位埋深8m,住宅楼与裙楼长度方向均为50m,其余指标如下图所示,试计算修正后住宅楼地基承载力特征值最接近下列哪个选项?( )

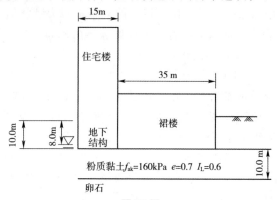

题27图

(A)299kPa　　　(B)307kPa　　　(C)319kPa　　　(D)410kPa

28.(12D05)天然地基上的桥梁基础,底面尺寸为2m×5m,基础埋置深度、地层分布及相关参数如下图所示,地基承载力基本容许值为200kPa,根据《公路桥涵地基与基础设计规范》(JTG D63—2007),修正后的地基承载力容许值最接近于下列哪个选项?( )

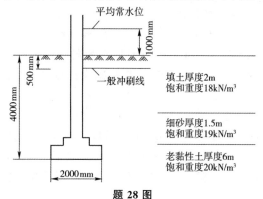

题28图

(A)200kPa　　　(B)220kPa　　　(C)238kPa　　　(D)356kPa

29.(12D09)如下图所示,某建筑采用条形基础,基础埋深2m,基础宽度5m。作用于每延米基础底面的竖向力为F,力矩M为300kN·m/m,基础下地基反力无零应力区。地基土为粉土,地下水位埋深1.0m,水位以上土的重度为18kN/m³,水位以下土的饱和重度为20kN/m³,黏聚力为25kPa,内摩擦角为20°。该基础作用于每延米基础底面的竖向力F最大值接近下列哪个选项?( )

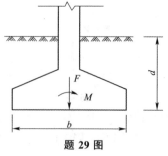

题29图

(A)253kN/m　　　(B)1157kN/m　　　(C)1265kN/m　　　(D)1518kN/m

30.(13C09)某多层建筑,设计拟选用条形基础,天然地基,基础宽度2.0m,地层参数见下表,地下水位埋深10m。原设计基础埋深2m时,恰好满足承载力要求。因设计变更,预估荷载将增加50kN/m,保持基础宽度不变,根据《建筑地基基础设计规范》(GB 50007—2011),估算变更后满足承载力要求的基础埋深最接近下列哪个选项?(　　)

题30表

层　号	层底埋深/m	天然重度/(kN/m³)	土的类别
1	2.0	18	填土
2	10.0	18	粉土(黏粒含量为8%)

(A)2.3m　　　(B)2.5m　　　(C)2.7m　　　(D)3.4m

31.(13D09)某建筑物位于岩石地基上,对该岩石地基的测试结果为:演示饱和抗压强度的标准值为75MPa,岩块弹性纵波速度为5100m/s,岩体弹性纵波速度为4500m/s,该岩石地基的承载力特征值最接近下列哪个选项?(　　)

(A)$1.5×10^4$kPa

(B)$2.25.5×10^4$kPa

(C)$3.75.5×10^4$kPa

(D)$7.5×10^4$kPa

32.(16C06)某建筑采用条形基础,其中条形基础A的底面宽度2.6m,其他参数及场地工程地质条件如下图所示。按《建筑地基基础设计规范》(GB 50007—2011),根据土的抗剪强度指标确定基础A的地基持力层承载力特征值,其值最接近以下哪个选项?(　　)

(A)69kPa　　　(B)98kPa　　　(C)161kPa　　　(D)220kPa

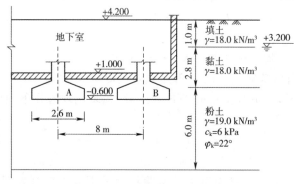

题32图

33.(16D06)某铁路桥墩台为圆形,半径为2.0m,基础埋深4.5m,地下水位埋深1.5m,不受水流冲刷,地面以下相关地层及参数见下表。

题33表

地层编号	地层岩性	层底深度/m	天然重度/(kN/m³)	饱和重度/(kN/m³)
①	粉质黏土	3.0	18	20
②	稍松砾砂	7.0	19	20
③	黏质粉土	20.0	19	20

根据《铁路桥涵地基和基础设计规范》(TB 10002.5—2005),该墩台基础的地基容许承载力最接近以下哪个选项?(　　)

(A)270kPa　　　(B)280kPa　　　(C)300kPa　　　(D)340kPa

34.(17C06)在地下水位很深的场地上,均质厚层细砂地基的平板载荷试验结果如下表所示,正方形压板边长为$b=0.7$m,土的重度$\gamma=19$kN/m³,细砂的承载力修正系数$\eta_b=2.0$,

$\eta_d=3.0$,在进行边长 2.5m,埋置深度 $d=1.5$m 的方形柱基础设计时,根据载荷试验结果按 $s/b=0.015$ 确定且按《建筑地基基础设计规范》(GB 50007—2011)的要求进行修正的地基承载力特征值最接近下列何值?( )

题 34 表

p/kPa	25	50	75	100	125	150	175	200	250	300
s/mm	2.17	4.20	6.44	8.61	10.57	14.07	17.50	21.07	31.64	49.91

(A)150kPa (B)180kPa (C)200kPa (D)220kPa

35.(17D05)均匀深厚地基上,宽度为 2m 的条形基础,埋深 1m,受轴向荷载作用。经验算,地基承载力不满足设计要求,基底平均压力比地基承载力特征值大了 20kPa;已知地下水位在地面下 8m,地基承载力的深度修正系数为 1.60,水位以上土的平均重度为 19kN/m³,基础及台阶上土的平均重度为 20kN/m³,如采取加深基础埋置深度的方法以提高地基承载力,将埋置深度至少增大到下列哪个选项时才能满足设计要求?( )

(A)2.0m (B)2.5m (C)3.0m (D)3.5m

第二讲　土中应力与持力层、下卧层承载力验算

1.(02C07)已知条形基础宽度 $b=2$m,基础地面压力最小值 $p_{\min}=50$kPa,最大值 $p_{\max}=150$kPa,指出作用于基础底面上的轴向压力及力矩最接近下列( )种组合。

(A)轴向压力 230kN/m,力矩 40kN·m/m
(B)轴向压力 150kN/m,力矩 32kN·m/m
(C)轴向压力 200kN/m,力矩 33kN·m/m
(D)轴向压力 200kN/m,力矩 50kN·m/m

2.(02C08)有一箱形基础,上部结构和基础自重传至基底的压力 $p=80$kPa,若地基土的天然重度 $\gamma=18$kN/m³,地下水位在地表下 10m 处,当基础埋置在下列( )深度时,基底附加压力正好为零。

(A)$d=4.4$m (B)$d=8.3$m (C)$d=10$m (D)$d=3$m

3.(02C11)条形基础宽 2m,基底埋深 1.50m,地下水位在地面以下 1.50m,基础底面的设计荷载为 350kN/m,地层厚度与有关的试验指标见下表。在对软弱下卧层②进行验算时,为了查表确定地基压力扩散角 θ,z/b 应取数值为( )。

题 3 表

层　号	土层厚度/m	天然密度 γ/(kN/m³)	压缩模量 E_s/kPa
①	3	20	12.0
②	5	18	4.0

(A)1.5 (B)4.0 (C)0.75 (D)0.6

4.(02C12)条形基础宽 2m,基底埋深 1.50m,地下水位在地面以下 1.50m,基础底面的设计荷载为 350kN/m,地层厚度与有关的试验指标见上题表。在软弱下卧层验算时,若地基压力扩散角 $\theta=23°$,扩散到②层顶面的压力 p_z 的值最接近于( )。

(A)89kPa (B)196kPa (C)107kPa (D)214kPa

5.(02C13)已知基础宽度 $b=2$m,竖向力 $N=200$kN/m,作用点与基础轴线的距离 $e'=0.2$m,外侧水平向力 $E=60$kN/m,作用点与基础底面的距离 $h=2$m,忽略内侧的侧压力,则

偏心距 e 满足的条件为（　　）。

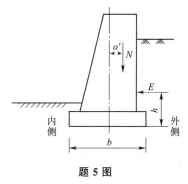

题 5 图

(A) $\dfrac{e}{b} > \dfrac{1}{6}$ (B) $\dfrac{e}{b} < \dfrac{1}{6}$ (C) $\dfrac{e}{b} = \dfrac{1}{6}$ (D) $\dfrac{e}{b} = 0$

6.（02C14）基本条件同上题，仅水平向力 E 由 60kN/m 减少到 20kN/m，请问基础底面压力的分布接近下列（　　）情况。

(A) 梯形分布   (B) 均匀分布

(C) 三角形分布   (D) 一侧出现拉应力

7.（03C05）某公路桥台基础宽度 4.3m，作用在基底的合力的竖向分力为 7620.87kN，对基底重心轴的弯矩为 4204.12kN·m。在验算桥台基础的合力偏心距 e_0 并与桥台基底截面核心半径 ρ 相比较时，下列论述中（　　）是正确的。

(A) $e_0 = 0.55\text{m}, e_0 < 0.75\rho$ (B) $e_0 = 0.55\text{m}, 0.75\rho < e_0 < \rho$

(C) $e_0 = 0.72\text{m}, e_0 < 0.75\rho$ (D) $e_0 = 0.72\text{m}, 0.75\rho < e_0 < \rho$

8.（03C06）某公路桥台基础，基底尺寸为 4.3m×9.3m，荷载作用情况如下图所示。已知地基土修正后的容许承载力为 270kPa。按照《公路桥涵地基与基础设计规范》（JTG D63—2007）验算基础底面土的承载力时，得到的正确结果应该是下列论述中的（　　）。

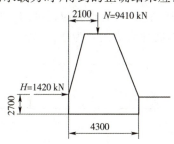

题 8 图（尺寸单位：mm）

(A) 基础底面平均压力小于地基容许承载力，基础底面最大压力大于地基容许承载力

(B) 基础底面平均压力小于地基容许承载力，基础底面最大压力小于地基容许承载力

(C) 基础底面平均压力大于地基容许承载力，基础底面最大压力大于地基容许承载力

(D) 基础底面平均压力小于地基容许承载力，基础底面最小压力大于地基容许承载力

9.（03D05）某建筑物基础尺寸为 16m×32m，从天然地面算起的基础底面埋深为 3.4m，地下水稳定水位埋深为 1.0m。基础底面以上填土的天然重度平均值为 19kN/m³。作用于基础底面相应于荷载效应准永久组合和标准组合的竖向荷载值分别是 122880kN 和 153600kN。根据设计要求，室外地面将在上部结构施工后普遍提高 1.0m，计算地基变形用的基底附加压力最接近（　　）。

(A)175kPa　　　　(B)184kPa　　　　(C)199kPa　　　　(D)210kPa

10.(03D06)某建筑物基础尺寸为16m×32m,基础底面埋深为4.4m,基础底面以上土的加权平均重度为13.3kN/m³,作用于基础底面相应于荷载效应准永久组合和标准组合的竖向荷载值分别是122880kN和153600kN。在深度12.4m以下埋藏有软弱下卧层,其内摩擦角标准值 $\varphi=6°$,黏聚力标准值 $c_k=30$kPa,承载力系数 $M_b=0.10, M_d=1.39, M_c=3.71$。深度12.4m以上土的加权平均重度已算得为10.5kN/m³。根据上述条件,计算作用于软弱下卧层顶面的总压力并验算是否满足承载力要求。设地基压力扩散角取 $\theta=23°$,则下列各项表达中(　　)是正确的。

(A)总压力为270kPa,满足承载力要求　　(B)总压力为270kPa,不满足承载力要求
(C)总压力为280kPa,满足承载力要求　　(D)总压力为280kPa,不满足承载力要求

11.(03D08)天然地面标高为3.5m,基础底面标高为2.0m,已设定条形基础的宽度为3m,作用于基础底面的竖向力为400kN/m,力矩为150kN·m,基础自重和基底以上土自重的平均重度为20kN/m³,软弱下卧层顶面标高为1.3m,地下水位在地面下1.5m处,持力层和软弱下卧层的设计参数见下表。下列论述中(　　)的判断是正确的。

(A)设定的基础宽度可以满足验算地基承载力的设计要求
(B)基础宽度必须加宽至4m才能满足验算地基承载力的设计要求
(C)表中的地基承载力特征值是用规范的地基承载力公式计算得到的
(D)按照基础底面最大压力156.3kPa设计基础结构

题11表

土层	重度/(kN/m³)	承载力特征值/kPa	黏聚力/kPa	内摩擦角	压缩模量/MPa
持力层	18	135	15	14°	6
软弱下卧层	17	105	10	10°	2

12.(04C06)某厂房柱基础如下图所示,$bl=2m×3m$,受力层范围内有淤泥质土层③,该层修正后的地基承载力设计值为135kPa,荷载效应标准组合时基底平均压力 $p_k=202$kPa,则淤泥质土层顶面处自重应力与附加应力的和为(　　)。

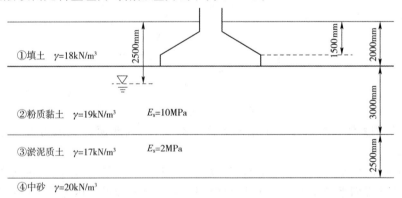

题12图

(A)$p_{cz}+p_z=99$kPa　　　　　　(B)$p_{cz}+p_z=103$kPa
(C)$p_{cz}+p_z=108$kPa　　　　　　(D)$p_{cz}+p_z=113$kPa

13.(04C12)柱下独立基础底面尺寸为 $3m×5m$,$F_1=300$kN,$F_2=1500$kN,$M=900$kN·m,$F_H=200$kN,如下图所示,基础埋深 $d=1.5m$,承台及填土平均重度 $\gamma=20$kN/m³,计算基础底面偏心距最接近于(　　)。

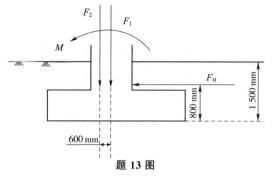

题 13 图

(A)23cm (B)47cm (C)55cm (D)83cm

14.(04D11)如下图所示,一高度为30m的塔桅结构,刚性连接设置在宽度$b=10$m、长度$l=11$m、埋深$d=2.0$m的基础板上,包括基础自重的总重$W=7.5$MN,地基土为内摩擦角为$\varphi=35°$的砂土,如已知产生失稳极限状态的偏心距$e=4.8$m,基础侧面抗力不计,则作用于塔顶的水平力接近于( )时,结构将出现失稳而倾倒的临界状态。

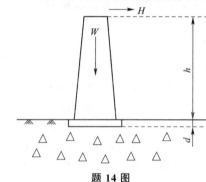

题 14 图

(A)1.5MN (B)1.3MN (C)1.1MN (D)1.0MN

15.(05C06)条形基础的宽度为3.0m,已知偏心距为0.7m,最大边缘压力等于140kPa,则作用于基础底面的合力最接近于( )。

(A)360kN/m (B)240kN/m (C)190kN/m (D)168kN/m

16.(05C08)某厂房柱基础建于如下图所示的地基上,基础底面尺寸为$l=2.5$m,$b=5.0$m,基础埋深为室外地坪下1.4m,相应荷载效应标准组合时基础底面平均压力$p_k=145$kPa,对软弱下卧层②进行验算,其结果应符合( )。

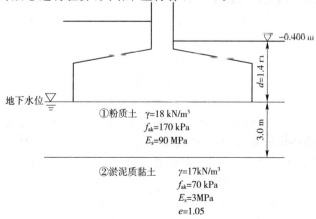

题 16 图

(A)$p_z+p_{cz}=89$kPa$>f_{az}=81$kPa　　　　(B)$p_z+p_{cz}=89$kPa$<f_{az}=114$kPa
(C)$p_z+p_{cz}=112$kPa$>f_{az}=92$kPa　　　(D)$p_z+p_{cz}=112$kPa$<f_{az}=114$kPa

17.(05D06)条形基础宽度为 3.0m,由上部结构传至基础底面的最大边缘压力为 80kPa,最小边缘压力为 0,基础埋置深度为 2.0m,基础及台阶上土自重的平均重度为 20kN/m³,则下列论述中(　　)是错的。

(A)计算基础结构内力时,基础底面压力的分布符合小偏心($e≤b/6$)的规定

(B)按地基承载力验算基础底面尺寸时基础底面压力分布的偏心已经超过了《建筑地基基础设计规范》(GB 50007—2011)中根据土的抗剪强度指标确定地基承载力特征值的规定

(C)作用于基础底面的合力为 240kN/m

(D)考虑偏心荷载时,地基承载力特征值应不小于 120kPa 才能满足于设计要求

18.(05D10)某办公楼基础尺寸 42m×30m,采用箱基础,基础埋深在室外地面以下 8m,基底平均压力 425kN/m²,场区土层的重度为 20kN/m³,地下水水位埋深在室外地面以下 5.0m,地下水的重度为 10kN/m³,计算得出的基础底面中心点以下深度 18m 处的附加应力与土的有效自重应力的比值最接近(　　)。

(A)0.55　　　(B)0.60　　　(C)0.65　　　(D)0.70

19.(06C06)条形基础宽度为 3.6m,合力偏心距为 0.8m,基础自重和基础上的土重为 100kN/m,相应于荷载效应标准组合时上部结构传至基础顶面的竖向力值为 260kN/m,修正后的地基承载力特征值至少要达到(　　)时才能满足承载力验算要求。

(A)120kPa　　　(B)200kPa　　　(C)240kPa　　　(D)288kPa

20.(06C09)有一工业塔,如右图所示,高 30m,正方形基础,边长 4.2m,埋置深度 2.0m,在工业塔自身的恒载和可变荷载作用下,基础底面均布压力为 200kPa,在离地面高 18m 处有一根与相邻构筑物连接的杆件,连接处为铰接支点,在相邻建筑物施加的水平力作用下,不计基础埋置范围内的水平土压力,为保持基底面压力分布不出现负值,该水平力最大不能超过(　　)。

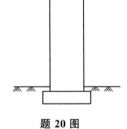

题 20 图

(A)100kN　　　　　　　　　　　(B)112kN
(C)123kN　　　　　　　　　　　(D)136kN

21.(06C11)基础的长边 $l=3.0$m,短边 $b=2.0$m,偏心荷载作用在长边方向,则计算最大边缘压力时所用的基础底面截面抵抗矩 W 为(　　)。

(A)2m³　　　(B)3m³　　　(C)4m³　　　(D)5m³

22.(06D06)已知建筑物基础的宽度 10m,作用于基底的轴心荷载 200MN,为满足偏心距 $e≤0.1W/A$ 的条件,作用于基底的力矩最大值不能超过(　　)。

(注:W 为基础底面的抵抗矩,A 为基础底面面积。)

(A)34MN·m　　　(B)38MN·m　　　(C)42MN·m　　　(D)46MN·m

23.(06D07)已知 p_1 为已包括上部结构恒载、地下室结构永久荷载及可变荷载在内的总荷载传至基础底面的平均压力,p_2 为基础底面处的有效自重压力,p_3 为基底处筏形基础底板的自重压力,p_4 为基础底面处的水压力,在验算筏形基础底板的局部弯曲时,作用于基础底板的压力荷载应取(　　),并说明理由。

(A)$p_1-p_2-p_3-p_4$　　　　　　(B)$p_1-p_3-p_4$
(C)p_1-p_3　　　　　　　　　　(D)p_1-p_4

24.(06D08)如下图所示边长为3m的正方形基础,其荷载作用点由基础形心沿 x 轴向右偏心0.6m,则基础底面的基底压力分布面积最接近于( )。

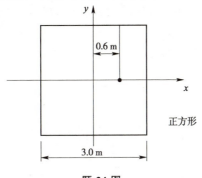

题 24 图

(A)9.0m² (B)8.1m² (C)7.5m² (D)6.8m²

25.(06D10)已知基础宽10m,长20m,埋深4m,地下水位距地表1.5m,基础底面以上土的平均重度为12kN/m³,在持力层以下有一软弱下卧层,则该层顶面距地表6m,土的重度18kN/m³,已知软弱下卧层经深度修正的地基承载力为130kPa,则基底总压力不超过( )值时才能满足软弱下卧层强度验算要求。

(A)66kPa (B)88kPa (C)104kPa (D)114kPa

26.(07C09)已知墙下条形基础的底面宽度2.5m,墙宽0.5m,基底压力在全断面分布为三角形,基底最大边缘压力为200kPa,则作用于每延长米基础底面上的轴向力和力矩最接近于( )。

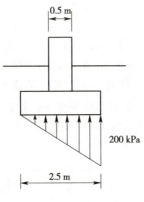

题 26 图

(A)$N=300$kN,$M=154.2$kN·m (B)$N=300$kN,$M=134.2$kN·m
(C)$N=250$kN,$M=104.2$kN·m (D)$N=250$kN,$M=94.2$kN·m

27.(07C10)高压缩性土地基上,某厂房框架结构横断面的各柱沉降量见下表,根据《建筑地基基础设计规范》(GB 50007—2011),正确的说法是( )。

题 27 表

测点位置	A轴边柱	B轴中柱	C轴中柱	D轴边柱
沉降量/mm	80	150	120	100
柱跨距/m	A—B跨		B—C跨	C—D跨
	9		12	9

(A)3跨都不满足规范要求 (B)3跨都满足规范要求

(C)A－B跨满足规范要求　　　　　　(D)C－D、B－C跨满足规范要求

28.(07D08)如下图所示,某高低层一体的办公楼采用整体筏形基础,基础埋深7.00m,高层部分的基础尺寸为40m×40m,基底总压力$p=430$kPa,多层部分的基础尺寸为40m×16m,场区土层的重度为20kN/m³,地下水位埋深3m。高层部分的荷载在多层建筑基底中心点以下深度12m处所引起的附加应力最接近( )。

(注:水的重度按10kN/m³考虑。)

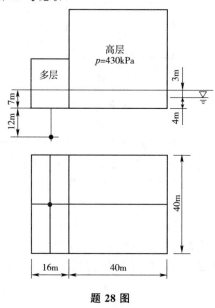

题 28 图

(A)48kPa　　　　(B)65kPa　　　　(C)80kPa　　　　(D)95kPa

29.(07D10)某条形基础的原设计基础宽度2m,上部结构传至基础顶面的竖向力F_k为320kN/m。后发现在持力层以下有厚度2m的淤泥质土层。地下水水位埋深在室外地面以下2m,淤泥质土层顶面处的地基压力扩散角为23°,基础结构及其上土的平均重度按20kN/m³计算,根据软弱下卧层验算结果重调整后的基础宽度最接近选项( )才能满足要求。

(注:基础结构及土的重度都按19kN/m³考虑。)

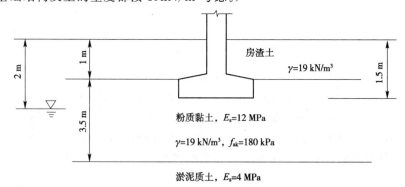

题 29 图

(A)2.0m　　　　(B)2.5m　　　　(C)3.5m　　　　(D)4.0m

30.(08C07)山前冲洪基场地如下图所示,粉质黏土①层中潜水水位埋深1.0m,黏土②

层下卧砾砂③层,③层内存在承压水,水头高度和地面平齐,地表下 7.0m 处地基土的有效自重应力最接近( )。

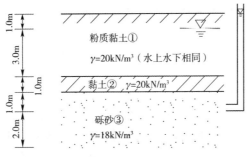

题 30 图

(A)66kPa　　　(B)76kPa　　　(C)86kPa　　　(D)136kPa

31. (08C09)条形基础底面处的平均压力为 170kPa,基础宽度 $B=3m$,在偏心荷载作用下,基底边缘处的最大压力值为 280kPa,该基础合力偏心距最接近( )。

(A)0.50m　　　(B)0.33m　　　(C)0.25m　　　(D)0.20m

32. (08D05)如下图所示,条形基础宽度 2.0m,埋深 2.5m,基底总压力 200kPa,按照《建筑地基基础设计规范》(GB 50007—2011),基底下淤泥质黏土层顶面的附加应力值最接近( )。

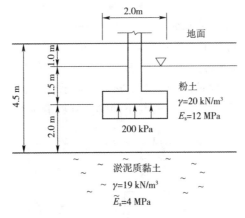

题 32 图

(A)89kPa　　　(B)108kPa　　　(C)81kPa　　　(D)200kPa

33. (08D07)高速公路连接线路平均宽度 25m,硬壳层厚 5.0m,$f_{ak}=180kPa$,$E_s=12MPa$,重度 $\gamma=19kN/m^3$,下卧淤泥质土,$f_{ak}=80kPa$,$E_s=4MPa$,路基重度 20kN/m³,在充分利用硬壳层,满足强度条件下的路基填筑最大高度最接近( )。

(A)4.0m　　　(B)8.7m　　　(C)9.0m　　　(D)11.0m

34. (09C10)条形基础宽度为 3m,基础埋深 2.0m,基础底面作用有偏心荷载,偏心距 0.6m,已知深宽修正后的地基承载力特征值为 200kPa,传至基础底面的最大允许总竖向压力最接近( )。

(A)200kN/m　　　(B)270kN/m　　　(C)324kN/m　　　(D)600kN/m

35. (09D06)某柱下独立基础底面尺寸为 3m×4m,传至基础底面的平均压力为 300kPa,基础埋深 3.0m,地下水埋深 4.0m,地基的天然重度 20kN/m³,压缩模量 $E_{s1}=15MPa$,软弱下卧层顶面埋深 6m,压缩模量 $E_{s2}=5MPa$,在验算下卧层强度时,软弱下卧层顶面处附加应力与自重应力之和最接近（　　）。

　　(A)199kPa　　　　(B)179kPa　　　　(C)159kPa　　　　(D)79kPa

36.（10C07）某条形基础，上部结构传至基础顶面的竖向荷载 $F_k=320$ kN/m，基础宽度 $b=4$ m，基础埋置深度 $d=2$ m，基础底面以上土的重度为 $\gamma=18$ kN/m³，基础底面至软弱下卧层顶的距离 $z=2$ m，已知扩散角 $\theta=25°$，扩散到软弱下卧层顶面处的附加压力最接近下列哪个选项中的值？（　　）

　　(A)35kPa　　　　(B)45kPa　　　　(C)57kPa　　　　(D)66kPa

37.（10C10）某建筑物，其基础底面尺寸为 3m×4m，埋深为 3m，基础及其上土的平均重度为 20kN/m³，建筑物传至基础顶面的偏心荷载 $F_k=1200$ kN，距基底中心 1.2m，水平荷载 $H_k=200$ kN，作用位置如下图所示。基础底面边缘的最大压力值 $p_{k\max}$ 与下列哪个选项最为接近？（　　）

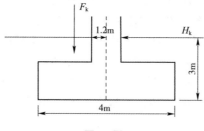

题 37 图

　　(A)265kPa　　　　(B)341kPa　　　　(C)415kPa　　　　(D)454kPa

38.（10D06）某老建筑物采用条形基础，宽度 2.0m，埋深 2.5m，拟增层改造，探明基底以下 2.0m 深处下卧淤泥质粉土，$f_{ak}=90$ kPa，$E_s=3$ MPa，如下图所示，已知上层土的重度为 18kN/m³，基础及其上土的平均重度为 20kN/m³，地基承载力特征值 $f_{ak}=160$ kPa，无地下水，试问基础顶面所允许的最大竖向力 F_k 与下列哪个选项最接近？（　　）

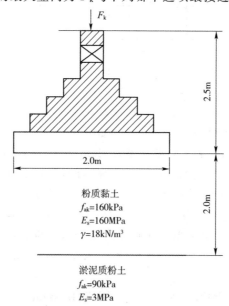

题 38 图

　　(A)180kN/m　　　(B)300kN/m　　　(C)320kN/m　　　(D)340kN/m

39.（10D07）条形基础宽度为 3.6m，基础自重和基础上的土自重为 $G_k=100$ kN/m，上部结构传至基础顶面的竖向力值为 $F_k=200\text{kN/m}$，F_k+G_k 合力的偏心距为 0.4m，修正后的地基承载力特征值至少要达到下列哪个选项中的值才能满足承载力验算要求？（   ）

  (A)68kPa   (B)83kPa   (C)116kPa   (D)139kPa

40.（10D08）作用于高层建筑基础底面的总的竖向力 $F_k+G_k=120\text{MN}$，基础底面积为 $30\text{m}\times10\text{m}$，荷载重心与基础底面形心在短边方向的偏心距为 1.0m，修正后的地基承载力特征值 f_a 至少应不小于下列哪个选项数值才能满足地基承载力验算的要求？（   ）

  (A)250kPa   (B)350kPa   (C)460kPa   (D)540kPa

41.（10D09）有一工业塔（下图），刚性连接设置在宽度 $b=10\text{m}$，埋置深度 $d=3\text{m}$ 的矩形基础板上，包括基础自重在内的总重为 $N_k=20\text{MN}$，作用于塔身上部的水平合力 $H_k=1.5\text{MN}$，基础侧面抗力不计，为保证基底不出现零压力区，水平合力作用点与基底距离 h 的最大值与下列哪个选项的数值最为接近？（   ）

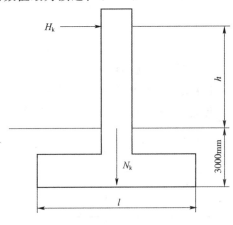

题 41 图

  (A)15.2m   (B)19.3m   (C)21.5m   (D)24.0m

42.（11C05）在地面作用矩形均布荷载 $p=400\text{kPa}$，承载面积为 $4\text{m}\times4\text{m}$。则承载面积中心 O 点下 4m 深处的附加应力与角点 C 下 8m 深处的附加应力比值最接近（   ）。

（注：矩形均布荷载中心点下竖向附加应力系数可由下表查得。）

题 42 表

z/b	l/b	
	1.0	2.0
0.0	1.000	1.000
0.5	0.701	0.800
1.0	0.336	0.481

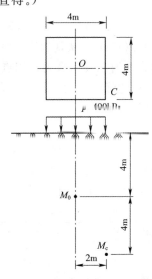

题 42 图

(A)1/2　　　　(B)1　　　　(C)2　　　　(D)4

43.(11C06)如图所示柱基础底面尺寸为 $1.8m \times 1.2m$,作用在基础底面的偏心荷载 $F_k+G_k=300kN$,偏心距 $e=0.2m$,基础底面应力分布接近下列那个选项?(　　)

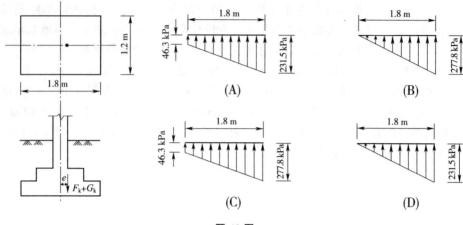

题 43 图

44.(11C07)如下图所示矩形基础,地基土的天然重度 $\gamma=18kN/m^3$,饱和重度 $\gamma_{sat}=20kN/m^3$,基础及基础上土重度 $\gamma_G=20kN/m^3$,$\eta_b=0$,$\eta_d=1.0$。估算该基础底面积最接近下列何值?(　　)

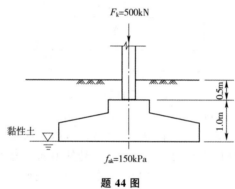

题 44 图

(A)3.2m²　　(B)3.6m²　　(C)4.2m²　　(D)4.6m²

45.(11D06)从基础底面算起的风力发电塔高 30m,圆形平板基础直径 $d=6m$,侧向风压的合力为 15kN,合力作用点位于基础底面以上 10m 处,当基底底面的平均压力为 150kPa 时,基础边缘的最大与最小压力之比最接近于下列何值?(　　)

(注:圆形板的抵抗矩 $W=\pi d^3/32$。)

(A)1.10　　(B)1.15　　(C)1.20　　(D)1.25

46.(11D09)某独立基础平面尺寸 $5m \times 3m$,埋深 2.0m,基础底面压力标准组合值 150kPa。场地地下水位埋深 2m,地层及岩土参数见下表,软弱下卧层②的层顶附加应力与自重应力之和最接近下列哪个选项?(　　)

题 46 表

层 号	层底埋深 /m	天然重度/(kN/m³)	承载力特征值 f_{ak}/kPa	压缩模量/MPa
①	4.0	18	180	9
②	8.0	18	80	3

(A)105kPa　　(B)125kPa　　(C)140kPa　　(D)150kPa

47.（12C05）某独立基础，如右图所示，底面尺寸 2.5m×2.0m，埋深 2.0m，$F=700$kN，基础及其上土的平均重度 20kN/m³，作用于基础底面的力矩 $M=260$kN·m，$H=190$kN，基础最大压应力为（　　）。

(A) 400kPa　　　　(B) 396kPa
(C) 213kPa　　　　(D) 180kPa

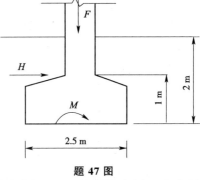

题 47 图

48.（12C07）如下图所示多层建筑物，条形基础，基础宽度 1.0m，埋深 2.0m。拟增层改造，荷载增加后，相应于荷载效应标准组合时，上部结构传至基础顶面的竖向力为 160kN/m，采用加深、加宽基础方式托换，基础加深 2.0m，基底持力层土质为粉砂，考虑深宽修正后持力层地基承载力特征值为 200kPa，无地下水，基础及其上土的平均重度取 22kN/m³，荷载增加后设计选择的合理的基础宽度为下列哪个选项？（　　）

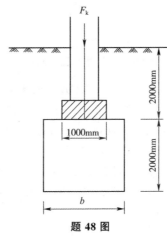

题 48 图

(A) 1.4m　　(B) 1.5m　　(C) 1.6m　　(D) 1.7m

49.（12D08）某建筑物采用条形基础，基础宽度 2.0m，埋深 3.0m，基底平均压力为 180kPa，地下水位埋深 1.0m，其他指标如图所示，软弱下卧层修正后地基承载力特征值最小为下列何值时，才能满足规范要求？（　　）

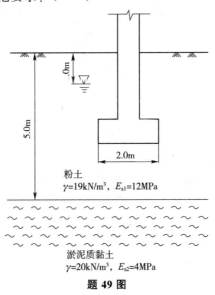

题 49 图

(A)134kPa　　　　(B)145kPa　　　　(C)154kPa　　　　(D)162kPa

50.(13C06)如图双柱基础,相应于作用的标准组合时,Z_1 的柱底轴力 1 680kN,Z_2 的柱底轴力 4 800kN。假设基础底面压力线性分布,基础底面边缘 A 的压力值最接近下列哪个选项?(　　)

(注:基础及其上土平均重度取 20kN/m³。)

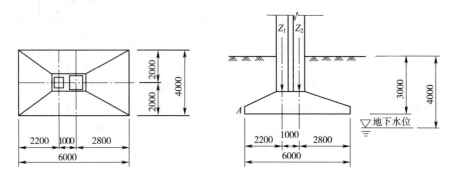

题 50 图(尺寸单位:mm)

(A)286kPa　　　　(B)314kPa　　　　(C)330kPa　　　　(D)346kPa

51.(13D06)柱下独立基础底面尺寸 2m×3m,持力层为粉质黏土,重度 $\gamma=18.5$kN/m³,$c_k=20$kPa,$\varphi_k=16°$,基础埋深位于天然地面以下 1.2m。上部结构施工结束后进行大面积回填土,回填土厚度 1.0m,重度 $\gamma=17.5$kN/m³,地下水位位于基底平面处。作用的标准组合下传至基础顶面(与回填土顶面齐平)的柱荷载 $F_k=650$kN,$M_k=70$kN·m。按《建筑地基基础设计规范》(GB 50007—2011)计算,基底边缘最大压力 p_{kmax} 与持力层地基承载力特征值 f_a 的比值 K 最接近以下何值?(　　)

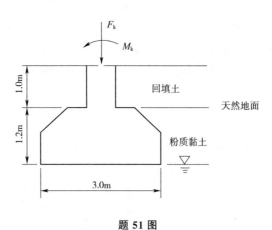

题 51 图

(A)0.85　　　　(B)1.0　　　　(C)1.1　　　　(D)1.2

52.(14C05)柱下独立基础及地基土层如图所示,基础的底面尺寸 3.0m×3.6m,持力层压力扩散角 $\theta=23°$,地下水位埋深 1.2m。按照软弱下卧层承载力的设计要求,基础可承受的竖向作用力 F_k 最大值与下列(　　)最接近。

(注:基础和基础上土的平均重度取 20kN/m³。)

(A)1180kN　　　　(B)1440kN　　　　(C)1890kN　　　　(D)2090kN

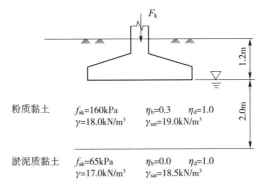

粉质黏土　$f_{ak}=160$kPa　$\eta_b=0.3$　$\eta_d=1.0$
　　　　　　$\gamma=18.0$kN/m³　$\gamma_{sat}=19.0$kN/m³

淤泥质黏土　$f_{ak}=65$kPa　$\eta_b=0.0$　$\eta_d=1.0$
　　　　　　　$\gamma=17.0$kN/m³　$\gamma_{sat}=18.5$kN/m³

题 52 图

53.(14C07)某拟建建筑物采用墙下条形基础,建筑物外墙厚 0.4m,作用基础顶面的竖向力为 300kN/m,力矩为 100kN·m/m,由于场地限制,力矩作用方向一侧的基础外边缘距离外墙皮的距离为 2m,保证基底压力均布时,估算基础宽度最接近下列哪个选项?(　　)

(A)1.98m　　　(B)2.52m　　　(C)3.74m　　　(D)4.45m

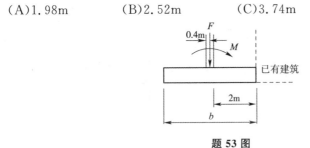

题 53 图

54.(14C08)某高层建筑,平面立面如下图所示(尺寸单位为 m),相应于作用的标准组合时,地上建筑物荷载平均值为 15kPa/层,地下建筑物(含基础)平均荷载 40kPa/层,假定基底压力线性分布,基础底面右边缘的压力值最接近于(　　)。

(A)319kPa　　　(B)668kPa　　　(C)692kPa　　　(D)882kPa

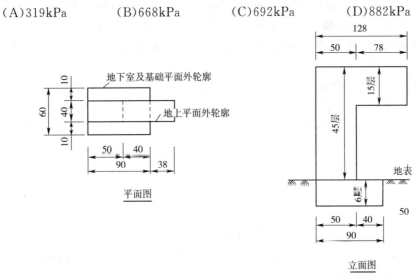

题 54 图

55.(14C09)条形基础埋深为 3m,相应于作用的标准组合时,上部结构传至基础顶面的竖向力 $F_k=200$kN/m,为偏心荷载。修正后地基承载力特征值为 200kPa,基础和基础上土的平均重度取 20kN/m³。按地基承载力计算条形基础宽度时,使基础底面边缘处的最小压力恰好为零,且无零应力区,基础宽度的最小值接近于( )。

(A)1.5m　　　　(B)2.3m　　　　(C)3.4m　　　　(D)4.1m

56.(14D07)某房屋条形基础,天然地基,基础持力层为中密粉砂,地基承载力特征值为150kPa,基础宽度3m,基础埋深2m,地下水位埋深8m,该基础承受轴心荷载,地基承载力刚好满足要求,现拟对该房屋进行加层改造,相应于作用的标准组合时,基础顶面轴心荷载增加240m/s,若采用增加基础宽度的方法,满足地基承载力的要求,根据《建筑地基基础设计规范》(GB 50007—2011),基础宽度的最小增加量(基础及基础以上平均重度为20kN/m³)为( )。

(A)0.63m　　　　(B)0.7m　　　　(C)1.0m　　　　(D)1.2m

57.(14D09)公路桥涵基础建于多年压实未经破坏的旧桥基础上,基础平面尺寸为2m×3m,修正后地基承载力容许值$[f_a]$为160kPa,基底双向偏心受压承受的竖向力作用位置为下图中o点,根据《公路桥涵地基与基础设计规范》(JTG D63—2007),按基底最大压应力验算时,能承受的最大竖向力最接近( )。

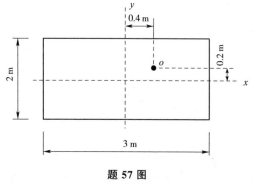

题 57 图

(A)460kN　　　　(B)500kN　　　　(C)550kN　　　　(D)600kN

58.(16C05)某高度60m的结构物,采用方形基础,基础边长15m,埋深3m,作用在基础底面中心的竖向力为24000kN。结构物上作用的水平荷载呈梯形分布,顶部荷载分布值50kN/m,地表处荷载分布值20kN/m,如下图所示。基础底面边缘的最大压力最接近( )。

(注:不考虑土压力的作用。)

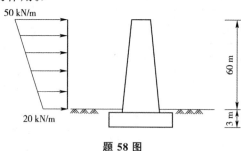

题 58 图

(A)219kPa　　　　(B)237kPa　　　　(C)246kPa　　　　(D)252kPa

59.(16D07)某建筑场地天然地面下的地层参数如下表所示,无地下水。拟建建筑基础埋深2.0m,筏板基础,平面尺寸20m×60m,采用天然地基,根据《建筑地基基础设计规范》(GB 50007—2011),满足下卧层②层强度要求的情况下,相应于作用的标准组合时,该建筑基础底面处的平均压力最大值接近( )。

(A)330kPa　　　　(B)360kPa　　　　(C)470kPa　　　　(D)600kPa

题 59 表

序号	名 称	层底深度/m	重度/(kN/m³)	地基承载力特征值/kPa	压缩模量/MPa
①	粉质黏土	12	19	280	21
②	粉土，黏粒含量为12%	15	18	100	7

60.(17C05)墙下条形基础，作用于基础底面中心的竖向力为每延米300kN，弯矩为每延米150kN·m，拟控制基底反力作用有效宽度不小于基础宽度的0.8倍，满足此要求的基础宽度最小值最接近( )。

(A)1.85m　　　　(B)2.15m　　　　(C)2.55m　　　　(D)3.05m

61.(17C07)条形基础宽2m，基础埋深1.5m，地下水位在地面下1.5m，地面下土层厚度及有关的试验指标见下表，相应于荷载效应标准组合时，基底处平均压力为160kPa，按《建筑地基基础设计规范》(GB 50007—2011)对软弱下卧层②进行验算，其结果符合下列( )。

题 61 表

层号	土的类别	土层厚度/m	天然重度/(kN/m³)	饱和重度/(kN/m³)	压缩模量	地基承载力特征值 f_{ak}/kPa
①	粉砂	3	20	20	12	160
②	黏粒含量大于10%的粉土	5	17	17	3	70

(A)软弱下卧层顶面处附加压力为78kPa，软弱下卧层承载力满足要求
(B)软弱下卧层顶面处附加压力为78kPa，软弱下卧层承载力不满足要求
(C)软弱下卧层顶面处附加压力为87kPa，软弱下卧层承载力满足要求
(D)软弱下卧层顶面处附加压力为87kPa，软弱下卧层承载力不满足要求

62.(17D07)某 3m×4m 矩形独立基础如下图所示(尺寸单位为 mm)，基础埋深2.5m，无地下水。已知上部结构传递至基础顶面中心的力 $F=2500$kN，力矩 $M=300$kN·m。假设基础底面压力线性分布，基础底面边缘的最大压力最接近( )。

(注:基础及其上土体的平均重度为20kN/m³。)

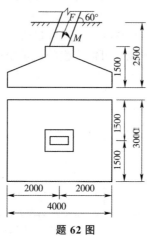

题 62 图

(A)407kPa　　　　(B)427kPa　　　　(C)465kPa　　　　(D)506kPa

63.(17D09)位于均质黏性土地基上的钢筋混凝土条形基础，基础宽度为2.4m，上部结构传至基础顶面相应于荷载效应标准组合时的竖向力为300kN/m，该力偏心距为0.1m。黏性土

地基天然重度18.0kN/m³,孔隙比0.83,液性指数0.76,地下水为埋深很深,由载荷试验确定的地基承载力特征值f_{ak}=130kPa。基础及基础上覆土的加权平均重度为20kN/m³。根据《建筑地基基础设计规范》(GB 50007—2011)验算,经济合理的基础埋深最接近( )。

(A)1.1m　　　　(B)1.2m　　　　(C)1.8m　　　　(D)1.9m

第三讲　地基沉降计算

1.(02C09)某建筑物采用独立基础,基础平面尺寸为4m×6m,基础埋深d=1.5m,拟建场地地下水位距地表1.0m,地基土层分布及主要物理力学指标如下表所示。假如作用于基础底面处的有效附加压力(标准值)p_0=80kPa,第④层属超固结土(OCR=1.5),可作为不压缩层考虑,沉降计算经验系数ψ_s取1.0,按《建筑地基基础设计规范》(GB 50007—2011)计算独立基础最终沉降量s(mm),其数值最接近( )。

题1表

层序	土　名	层底深度/m	含水率/%	天然重度/(kN/m³)	孔隙比e	液性指数I_L	压缩模量E_s/MPa
①	填土	1.00	—	18.0	—	—	—
②	粉质黏土	3.50	30.5	18.7	0.82	0.70	7.5
③	淤泥质粉土	7.90	48.0	17.0	1.38	1.2	2.4
④	黏土	15.00	22.5	19.7	0.68	0.35	9.9

(A)58　　　　(B)84　　　　(C)110　　　　(D)118

2.(02C10)某建筑物采用独立基础,基础平面尺寸为4m×6m,基础埋深d=1.5m,拟建场地地下水位距地表1.0m,地基土层分布及主要物理力学指标见上题表。假如作用于基础底面处的有效附加压力(标准值)p_0=60kPa,压缩层厚度为5.2m,按《建筑地基基础设计规范》(GB 50007—2011)确定沉降计算深度范围内压缩模量的当量值,其结果最接近( )。

(A)3.0MPa　　(B)3.4MPa　　(C)3.8MPa　　(D)4.2MPa

3.(02C15)某市地处冲积平原上。当前地下水位埋深在地面下4m,由于开采地下水,地下水位逐年下降,年下降率为1m,主要地层有关参数的平均值如下表所示。第③层以下为不透水的岩层。不考虑第③层以下地层可能产生的微量变形,今后20年的内该市地面总沉降(s)的值预计将接近( )。

题3表

层序	地层	厚度/m	层底深度/m	孔隙比e	a/MPa⁻¹	E_s/MPa
①	粉质黏土	5	5	0.75	0.3	
②	粉土	8	13	0.65	0.25	
③	细沙	11	24			15.0

(A)8.97cm　　(B)16.78cm　　(C)20.12cm　　(D)25.75cm

4.(03C07)矩形基础的底面尺寸为2m×2m,基底附加压力p_0=185kPa,基础埋深2.0m,地质资料如下表所示,地基承载力特征值f_{ak}=185kPa。按照《建筑地基基础设计规范》(GB 50007—2011),地基变形计算深度z_n=4.5m内地基最终变形量最接近( )。

(注:通过查表得到有关数据,见下表。)

题 4 表

z/m	$z_i \bar{a}_i - z_{i-1}\bar{a}_{i-1}$	E_s/kPa	$\Delta s'/\text{mm}$	$s' = \sum \Delta s'/\text{mm}$
0	0	—		
1	0.225	3 300	50.5	50.5
4	0.219	5 500	29.5	80.0
4.5	0.015	7 800	1.4	81.4

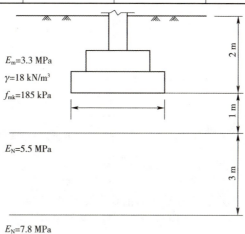

题 4 图

(A)110mm　　　　(B)104mm　　　　(C)85mm　　　　(D)94mm

5.(03C10)某筏板基础,其地层资料如下图所示(尺寸单位为 mm),该 4 层建筑物建造后两年需加层至 7 层。已知未加层前基底有效附加压力 $p_0 = 60\text{kPa}$,建筑后两年固结度 U_t 达 0.80,加层后基底附加压力增加到 $p_0' = 100\text{kPa}$(第二次加载施工期很短,忽略不计加载过程,E_s 近似不变),则加层后建筑物基础中点的最终沉降量最接近(　　)。

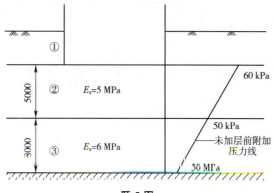

题 5 图

(A)94mm　　　　(B)108mm　　　　(C)158mm　　　　(D)180mm

6.(04C08)某正常固结土层厚 2.0m,平均自重应力 $p_{cz} = 100\text{kPa}$;压缩试验数据见下表,建筑物平均附加应力 $p_0 = 200\text{kPa}$,该土层最终沉降量最接近(　　)。

题 6 表

压力 p/kPa	0	50	100	200	300	400
孔隙比 e	0.984	0.900	0.828	0.752	0.710	0.680

(A)10.5cm (B)12.9cm (C)14.2cm (D)17.8cm

7.(04C10)相邻两座A、B楼,由于建B楼使A楼产生附加沉降,如下图所示(尺寸单位为mm),A楼的附加沉降量接近于( )。

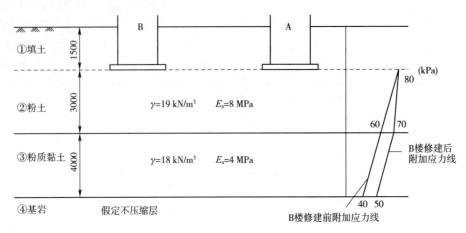

题7图

(A)0.9cm (B)1.2 cm (C)2.4 cm (D)3.2cm

8.(04C11)超固结黏土层厚度为4.0m,前期固结压力 $p_c=400$kPa,压缩指数 $C_c=0.3$,再压缩曲线上回弹指数 $C_e=0.1$,平均自重压力 $p_{cz}=200$kPa,天然孔隙比 $e_0=0.8$,建筑物平均附加应力在该土层中为 $p_0=300$kPa,该黏土层最终沉降量最接近于( )。

(A)8.5cm (B)11cm (C)13.2cm (D)15.8cm

9.(04D10)如下图所示,某直径为10.0m的油罐基底附加压力为100kPa,油罐轴线上罐底面以下10m处附加压力系数 $\alpha=0.285$,由观测得到油罐中心的底板沉降为200mm,深度10m处的深层沉降为40mm,则10m范围内土层的平均反算压缩模量最接近于( )。

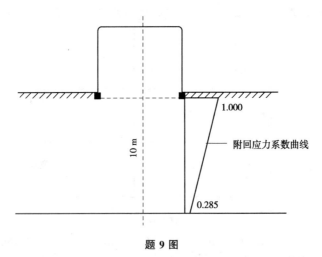

题9图

(A)2MPa (B)3MPa (C)4MPa (D)5MPa

10.(04D12)建筑物基础底面积为4m×8m,荷载效应准永久组合时上部结构传下来的基础底面处的竖向力 $F=1920$kN,基础埋深 $d=1.0$m,土层天然重度 $\gamma=18$kN/m³,地下水位埋深为1.0m,基础底面以下平均附加压力系数如下表所示,沉降计算经验系数 $\psi_s=1.1$,按《建筑地基基础设计规范》(GB 50007—2011)计算,最终沉降量最接近下列( )。

题 10 表

z_i/m	l/b	$2z_a/b$	$\bar{\alpha}_i$	$4\bar{\alpha}_i$	$z_i\bar{\alpha}_i$	E_s/MPa	$z_i\bar{\alpha}_i - z_{i-1}\bar{\alpha}_{i-1}$
0	2	0	0.25	1	0		
2	2	1	0.234	0.9360	1.872	10.2	1.872
6	2	3	0.1619	0.6476	3.886	3.4	2.014

(A)3.0cm　　　　(B)3.6cm　　　　(C)4.2cm　　　　(D)4.8m

11.(05C07)大面积堆载试验时,在堆载中心点下用分层沉降仪测得的各土层顶面的最终沉降量和用孔隙水压力计测得的各土层中部加载时的起始孔隙水压力值均见下表,根据实测数据可以反算各土层的平均模量,则第③层土的反算平均模量最接近(　　)。

题 11 表

土层编号	土层名称	层顶深度/m	土层厚度/m	实测层顶沉降/mm	起始超孔隙水压力值/kPa
①	填土		2		
②	粉质黏土	2	3	460	380
③	黏土	5	10	400	240
④	黏质粉土	15	5	100	140

(A)8.0MPa　　　　(B)7.0MPa　　　　(C)6.0MPa　　　　(D)4.0MPa

12.(05D07)某采用筏形基础的高层建筑,地下室2层,按分层总合法计算出的地基变形量为160mm,沉降计算经验系数取1.2,计算的地基回弹变形量为18mm,地基变形允许值为200mm,则下列地基变形计算值中(　　)选项正确。

(A)178mm　　　　(B)192mm　　　　(C)210mm　　　　(D)214mm

13.(05D11)某独立柱基尺寸为4m×4m,基础底面处的附加压力130kPa,地基承载力特征值f_{ak}=180kPa,根据下表所提供的数据,采用分层总合法计算独立柱基的地基最终变形量,变形计算深度为基础底面下6.0m,沉降计算经验系数取ψ_s=0.4,根据以上条件计算得出的地基最终变形量最接近(　　)。

题 13 表

第 i 土层	基底至第 i 土层底面距离 z_i/m	E_{si}/MPa
1	1.6	16
2	3.2	11
3	6.0	25
4	30	60

(A)17mm　　　　(B)15mm　　　　(C)13mm　　　　(D)11mm

14.(06C10)砌体结构纵墙各个沉降观测点的沉降量见下表,根据沉降量的分布规律,则下列4个选项中(　　)是砌体结构纵墙最可能出现的裂缝形态,请分别说明原因。

题 14 表

观测点	1	2	3	4	5	6	7	8
沉降量/mm	102.23	125.46	144.82	165.39	177.45	180.63	195.88	210.56

(A)如下图 a)所示的正八字缝　　　　(B)如下图 b)所示的倒八字缝
(C)如下图 c)所示的斜裂缝　　　　(D)如下图 d)所示的水平缝

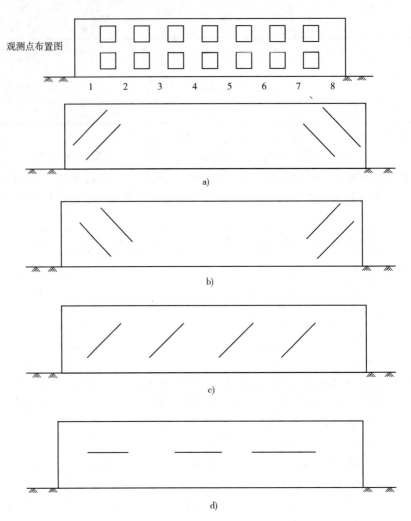

题 14 图

15.(06C26)存在大面积地面沉降的某市其地下水位下降平均速率为1m/年,现地下水位在地面下5m处,主要地层结构及参数见下表,用分层总和法计算得今后15年内地面总沉降量最接近(　　)。

题 15 表

层号	地 层 名 称	层厚 h/m	层底埋深/m	压缩模量 E_s/MPa
1	粉质黏土	8	8	5.2
2	粉土	7	15	6.7
3	细砂	18	33	12
4	不透水岩石			

(A)613mm　　(B)469mm　　(C)320mm　　(D)291mm

16.(07C08)在条形基础持力层以下有厚度为2m的正常固结黏土层,已知该黏土层中部的自重应力为50kPa,附加应力为100kPa,在此下卧层中取土做固结试验的数据见下表。该黏土层在附加应力作用下的压缩变形量最接近于(　　)。

固 结 试 验 数 据					题 16 表
p/kPa	0	50	100	200	300
e	1.04	1.00	0.97	0.93	0.90

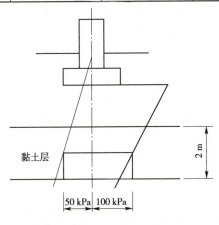

题 16 图

(A)35mm   (B)40mm   (C)45mm   (D)50mm

17.(07D07)在 100kPa 大面积荷载的作用下,3m 厚的饱和软土层排水固结,排水条件如下图所示,从此土层中取样进行常规固结试验,测读试样变形与时间的关系,已知在 100kPa 试验压力下,达到固结度为 90% 的时间为 0.5h,预估 3m 厚的土层达到 90% 固结度的时间最接近于( )。

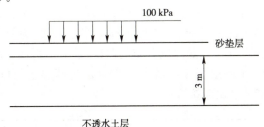

题 17 图

(A)1.3 年   (B)2.6 年   (C)5.2 年   (D)6.5 年

18.(08C06)高速公路在桥头段软土地基上采用高填方路基,路基平均宽度 30m,路基自重及路面荷载传至路基底面的均布荷载为 120kPa,地基土均匀,平均 $E_s=6$MPa,沉降计算压缩层厚度按 24m 考虑,沉降计算修正系数取 1.2,桥头路基的最终沉降量最接近( )。

(A)124mm   (B)248mm   (C)206mm   (D)495mm

19.(08C08)天然地基上的独立基础,基础平面尺寸 5m×5m,基底附加压力 180kPa,基础下地基土的性质和平均附加应力系数见下表,地基压缩层的压缩模量当量值最接近( )。

题 19 表

土 的 名 称	厚度/m	压缩模量/MPa	平均附加应力系数
粉土	2.0	10	0.9385
粉质黏土	2.5	18	0.5737
基岩	>5	—	—

(A)10MPa (B)12MPa (C)15MPa (D)17MPa

20.(08D08)某住宅楼采用长宽 40m×40m 的筏形基础,埋深 10m。基础底面平均总压力值为 300kPa。室外地面以下土层重度 γ 为 $20kN/m^3$,地下水位在室外地面以下 4m。根据下表数据计算基底下深度 7~8m 土层的变形值 $\Delta s'_{7\sim8}$ 最接近于( )。

题 20 表

第 i 土层	基底至第 i 土层地面距离 z_i(m)	E_{si}(MPa)
1	4.0	20
2	8.0	16

(A)7.0mm (B)8.0mm (C)9.0mm (D)10.0mm

21.(09C07)某建筑筏形基础,宽度 15m,埋深 10m,基底压力 400kPa,地基土层性质见下表,按《建筑地基基础设计规范》(GB 50007—2011)的规定,该建筑地基的压缩模量当量值最接近( )。

题 21 表

序号	岩土名称	层底埋深/m	压缩模量/MPa	基底至该层的平均附加应力系数 $\bar{\alpha}$(基础中心点)
1	粉质黏土	10	12.0	—
2	粉土	20	15.0	0.8974
3	粉土	30	20.0	0.7281
4	基岩	—	—	—

(A)15MPa (B)16.6MPa (C)17.5MPa (D)20MPa

22.(09C08)建筑物长度 50m,宽 10m,比较筏板基础和 1.5m 的条形基础两种方案,已分别求得筏板基础和条形基础中轴线上、变形计算深度范围内(为简化计算,假定两种基础的变形计算深度相同)的附加应力,随深度分布的曲线(近似为折线)如下图所示,已知,持力层的压缩模量 $E_s=4$MPa,下卧层压缩模量 $E_s=2$MPa,这两层土的压缩变形引起的筏板基础沉降 s_f 与条形基础沉降 s_t 之比最接近( )。

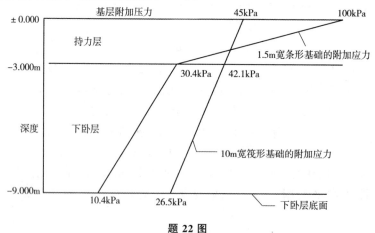

题 22 图

(A)1.23 (B)1.44 (C)1.65 (D)1.86

23.(09C09)均匀土层上有一直径为 10m 的油罐,其基底平均附加压力为 100kPa,已知油罐中心轴线上在油罐基础底面中心以下 10m 处的附加应力系数为 0.285,通过沉降观测得到油罐中心的底板沉降为 200mm,深度 10m 处的深层沉降为 40mm,则 10m 范围内土层用近似方法估算的反算模量最接近( )。

(A)2.5MPa (B)4.0MPa (C)3.5MPa (D)5.0MPa

24.(10C08)某建筑方形基础,作用于基础底面的竖向力为9 200kN,基础底面尺寸为 6m×6m,基础埋深2.5m,基础底面上下土层均为粉质黏土,重度19kN/m³,综合 $e\text{-}p$ 关系试验数据见下表,基础中心点上下的附加应力系数 α 见下图,已知沉降计算经验系数为0.4,将粉质黏土按一层计算,该基础中心点的最终沉降量最接近( )。

题 24 表

压力 p_i/kPa	0	50	100	200	300	400
孔隙比 e	0.544	0.534	0.526	0.512	0.508	0.506

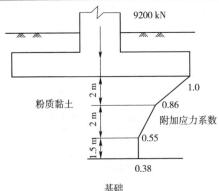

题 24 图

(A)10mm (B)23mm (C)35mm (D)57mm

25.(10D10)建筑物埋深10m,基底附加压力为300kPa,基底以下压缩层范围内各土层的压缩模量、回弹模量及建筑物中心点附加压力系数 α 分布见下图(尺寸单位为mm),地面以下所有土的重度均为20kN/m³,无地下水,沉降修正系数为 $\psi_s=0.8$,回弹沉降修正系数 $\psi_c=1.0$,回弹变形的计算深度为11m。回弹再压缩变形量增大系数取1.1,该建筑物中心点的总沉降量最接近于下列( )。

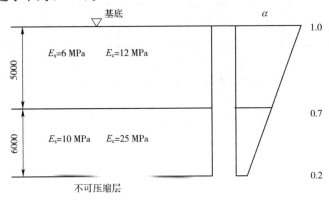

题 25 图

(A)142mm (B)161mm (C)327mm (D)373mm

26.(11D05)甲建筑已沉降稳定,其东侧新建乙建筑,开挖基坑时采取降水措施,使甲建筑物东侧潜水地下水位由-5.0m下降至-10.0m。基底以下地层参数及地下水位见下图(尺寸单位为mm)。甲建筑物东侧由降水引起的沉降量接近于( )。

(A)38mm (B)41mm (C)63mm (D)76mm

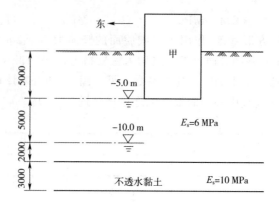

题 26 图

27.(11D08)既有基础平面尺寸 4m×4m,埋深 2m,底面压力 150kPa,如下图所示,新建基础紧贴既有基础修建,基础平面尺寸 4m×2m,埋深 2m,底面压力 100kPa。已知基础下地基土为均质粉土,重度 $\gamma=20$kN/m³,压缩模量 $E_s=10$MPa,层底埋深 8m,下卧基岩。则新建基础的荷载引起的既有基础中心点沉降量最接近下列( )。(沉降修正系数取1.0)

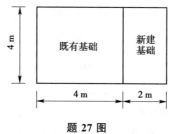

题 27 图

(A)1.8mm　　　(B)3.0mm　　　(C)3.3mm　　　(D)4.5mm

28.(12C06)大面积堆场地层分布及参数如图所示,第二层黏土的压缩试验结果见下表,地表堆载 120kPa,求在此荷载的作用下,黏土层的压缩量与下列( )最接近。

题 28 表

p/kPa	0	20	40	60	80	100	120	140	160	180
e	0.900	0.865	0.840	0.825	0.810	0.800	0.791	0.783	0.776	0.771

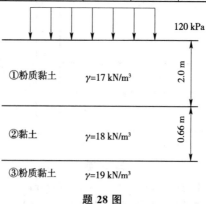

题 28 图

(A)46mm　　　(B)35mm　　　(C)28mm　　　(D)23mm

29.(12D06)某高层建筑筏板基础,平面尺寸 20m×40m,埋深 8m,基底压力的准永久组合值为 607kPa,地面以下 28m 范围内为山前冲洪积粉土、粉质黏土,平均重度 19kN/m³,其下为密实卵石,基底下 20m 深度内的压缩模量当量值为 18MPa。实测筏板基础中心点最终沉降量为 80mm,则由该工程实测资料推出的沉降经验系数最接近下列( )。

(A)0.15　　　(B)0.20　　　(C)0.66　　　(D)0.80

30.(13C05)某建筑基础为柱下独立基础,基础平面尺寸为 5m×5m,基础埋深 2m,室外地面以下土层参数见下表,假定变形计算深度为卵石层顶面。计算基础中点沉降时,沉降计算深度范围内的压缩模量当量值最接近下列( )。

题 30 表

土层名称	土层层底埋深/m	重度/(kN/m³)	压缩模量 E_s/MPa
粉质黏土	2	1	10
粉土	5	1	12
细砂	8	1	18
密实卵石	15.0	18	90

(A)12.6MPa　　(B)13.4MPa　　(C)15.0MPa　　(D)18.0MPa

31.(13D05)某正常固结的饱和黏性土层,厚度 4m,饱和重度为 20kN/m³,黏土的压缩试验结果见下表。采用在该黏性土层上直接大面积堆载的方式对该层土进行处理,经堆载处理后土层的厚度为 3.9m,估算的堆载量最接近( )。

题 31 表

p/kPa	0	20	40	60	80	100	120	140
e	0.900	0.865	0.840	0.825	0.810	0.800	0.794	0.783

(A)60kPa　　(B)80kPa　　(C)100kPa　　(D)120kPa

32.(13D07)如下图所示甲、乙二相邻基础,其埋深和基底平面尺寸均相同,埋深 $d=1.0$m,底面尺寸均为 2m×4m。地基土为黏土,压缩模量 $E_s=3.2$MPa。作用的准永久组合下基础底面处的附加压力分别为 $p_{0甲}=120$kPa,$p_{0乙}=60$kPa,沉降计算经验系数取 $\psi_s=1.0$,根据《建筑地基基础设计规范》(GB 50007—2011)计算,甲基础荷载引起的乙基础中点的附加沉降量最接近( )。

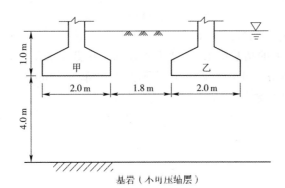

题 32 图

(A)1.6mm　　(B)3.2mm　　(C)4.8mm　　(D)40.8mm

33.(14D05)某既有建筑基础为条形基础,基宽 $b=3$m,埋深 $d=2$m,如下图所示,由于房屋改建,拟增加一层,导致基础底面压力 p 由原 65kPa 增加至 85kPa 沉降计算经验系数 $\psi_s=1$,计算由于房屋改建使淤泥质黏土层产生的附加压缩量最接近下列( )。

(A)9mm　　(B)10mm　　(C)20mm　　(D)35mm

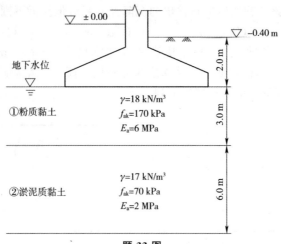

题 33 图

34.（16C08）柱基 A 宽度 $b=2$m，柱宽度为 0.4m，柱基内外侧回填土及地面堆载的纵向长度均为 20m。柱基内、外侧回填土厚度分别为 2.0m、1.5m，回填土的重度为 18kN/m³，内侧地面堆载为 30kPa，回填土及堆载范围如下图所示。根据《建筑地基基础设计规范》(GB 50007—2011)计算回填土及地面堆载作用下柱基 A 内侧边缘中点的地基附加沉降量时，其等效均布地面荷载最接近下列（　　）。

(A)40kPa　　　　(B)45kPa　　　　(C)50kPa　　　　(D)55kPa

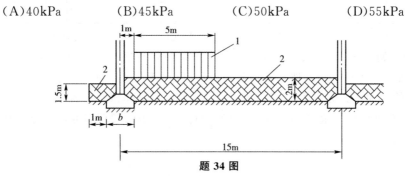

题 34 图

35.（16D05）某场地有两层地下水，第一层为潜水，水位埋深 3m，第二层为承压水，测管水位埋深 2m。该场地上的某基坑工程，地下水控制采用截水和降水，降水后承压水水位降低了 8m，潜水水位无变化。土层参数如下图所示（尺寸单位为 mm）。试计算由承压水水位降低引起③细砂层的变形量最接近（　　）。

(A)33mm　　　　(B)40mm　　　　(C)81mm　　　　(D)121mm

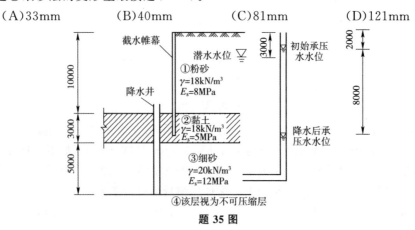

题 35 图

36.（16D09）某建筑采用筏板基础，基坑开挖深度10m，平面尺寸为20m×100m，自然地面以下地层为粉质黏土，厚度20m，再下为基岩，土层参数见下表，无地下水。按《建筑地基基础设计规范》(GB 50007—2011)，估算基坑中心点的开挖回弹量最接近（　　）。（回弹量计算经验系数 $\psi_c=1.0$。）

题 36 表

土　层	层底埋深/m	重度/(kN/m³)	回弹模量/MPa				
			$E_{0\sim0.025}$	$E_{0.025\sim0.05}$	$E_{0.05\sim0.1}$	$E_{0.1\sim0.2}$	$E_{0.2\sim0.3}$
粉质黏土	20	20	12	14	20	240	300
基岩	—	22	—				

(A) 5.2mm　　　　(B) 7.0mm　　　　(C) 8.7mm　　　　(D) 9.4mm

37.（17C09）某筏板基础，平面尺寸为12m×20m，其地质资料如下图所示，地下水位在地面处，相应于作用效应准永久组合时基础底面的竖向合力 $F=18000$kN，力矩 $M=8200$kN·m，基底压力按线性分布计算。按照《建筑地基基础设计规范》(GB 50007—2011) 规定的方法，计算筏板基础长边两端 A 点与 B 点之间的沉降差值（沉降计算经验系数取 $\psi_s=1.0$），其值最接近（　　）。

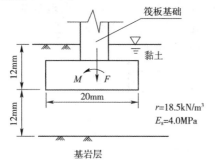
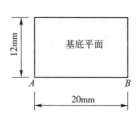

题 37 图

(A) 10mm　　　　(B) 14mm　　　　(C) 20mm　　　　(D) 41mm

38.（17D08）某矩形基础，底面尺寸2.5m×4.0m，基底附加压力 $p_0=200$kPa，基础中心点下地基附加应力曲线如下图所示，基底中心点下深度为1.0～4.5m范围内附加应力曲线与坐标轴围成的面积 A（图中阴影部分）最接近（　　）。

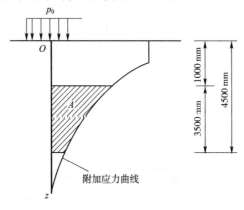

题 38 图

(A) 274kN/m　　　(B) 308kN/m　　　(C) 368kN/m　　　(D) 506kN/m

第四讲 地基稳定性验算

1. (04C09)某地下车库位于公共活动区,平面面积为 4000m³,顶板上覆土层厚 1.0m,重度 $\gamma=18$kN/m³,公共活动区可变荷载力 10kPa,顶板厚度为 30cm,顶板顶面标高与地面标高相等,底板厚度 50cm,混凝土重度为 25kN/m³,侧墙及梁柱总重 10MN,车库净空为 4.0m,抗浮计算水位为 1.0m,土体不固结不排水抗剪强度 $c_u=35$kPa,下列对设计工作的判断中不正确的是( )。

(A)抗浮验算不满足要求,应设抗浮桩
(B)不设抗浮桩,但在覆土以前不应停止降水
(C)按使用期的荷载条件不需设置抗浮桩
(D)不需验算地基承载力及最终沉降量

2. (05C11)如图所示,某稳定土坡的坡角为 30°,坡高 3.5m,现拟在坡顶部建一幢办公楼,该办公楼拟采用墙下钢筋混凝土条形基础,上部结构传至基础顶面的竖向力 F_k 为 300kN/m,基础砌置深度在室外地面以下 1.8m,地基土为粉土,其黏粒含量 $\rho_c=11.5\%$,重度 $\gamma=20$kN/m³,$f_{ak}=150$kPa,场区无地下水,根据以上条件,为确保地基基础的稳定性,基础底面外缘线距离坡顶的最小水平距离 a 满足( )的要求最为合适。
(注:为简化计算,基础结构的重度按地基土的重度取值。)

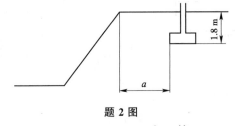

题 2 图

(A)大于等于 4.2m   (B)大于等于 3.9m
(C)大于等于 3.5m   (D)大于等于 3.3m

3. (06C08)某稳定边坡坡角为 30°,坡高 H 为 7.8m,条形基础长度方向与坡顶边缘线平行,基础宽度 B 为 2.4m,若基础底面外缘线距坡顶的水平距离 a 为 4.0m 时,基础埋置深度 d 最浅不能小于( )。

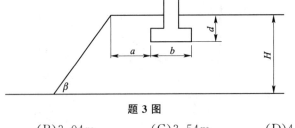

题 3 图

(A)2.54m   (B)3.04m   (C)3.54m   (D)4.04m

4. (07D06)如下图所示的某天然稳定土坡,坡角35°,坡高5m,坡体土质均匀,无地下水,土层的孔隙比 e 和液性指数 I_L 均小于 0.85,$\gamma=20$N/m³,$f_{ak}=160$kPa,坡顶部位拟建工业厂房,采用条形基础,上部结构传至基础顶面的竖向力 F_k 为 350kN/m,基础宽度 2m。按照厂区整体规划,基础底面边缘距离坡顶为4m。条形基础的埋深至少应达到( )的埋深值才能满足要求。

3—36

(注:基础结构及其上土的平均重度按20kN/m³考虑。)

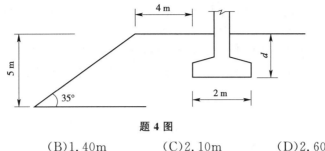

题 4 图

(A)0.80m　　　(B)1.40m　　　(C)2.10m　　　(D)2.60m

5.(09C05)如下图所示,箱涵的外部尺寸为宽6m,高8m,四周壁厚均为0.4m,顶面距原地面1.0m,抗浮设计地下水位埋深1.0m,混凝土重度25kN/m³,地基土及填土的重度均为18kN/m³,若要满足抗浮安全系数1.05的要求,地面以上覆土的最小厚度应接近(　　)。

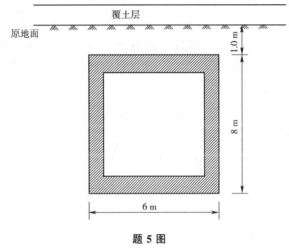

题 5 图

(A)1.2m　　　(B)1.4m　　　(C)1.6m　　　(D)1.8m

6.(09D10)某稳定边坡坡角β为30°,矩形基础垂直于坡顶边缘线的底面边长为2.8m,基础埋深d为3m,按《建筑地基基础设计规范》(GB 50007—2011)基础底面外边缘线至坡顶的水平距离应不小于(　　)。

(A)1.8m　　　(B)2.5m　　　(C)3.2m　　　(D)4.6m

7.(12D07)某地下车库采用筏板基础,基础宽35m,长50m,地下车库自重作用于基底的平均压力p_k=70kPa,埋深10m,地面下15m范围内土的重度为18kN/m³(回填前后相同),抗浮设计地下水位埋深1m,若要满足抗浮安全系数1.05的要求,需用钢渣替换地下车库顶面一定厚度的覆土,计算钢渣的最小厚度接近(　　)。

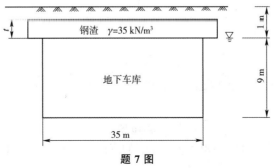

题 7 图

(A)0.22m　　　　(B)0.33m　　　　(C)0.38m　　　　(D)0.70m

8.(13C08)如下图所示(尺寸单位为 mm)某钢筋混凝土地下构筑物,结构物、基础底板及上覆土体的自重传至基底的压力值为 70kN/m², 现拟通过向下加厚结构物基础底板厚度的方法增加其抗浮稳定性及减小底板内力。忽略结构物四周土体约束对抗浮的有利作用,按照《建筑地基基础设计规范》(GB 50007—2011),筏板厚度增加量最接近下列(　　)。(混凝土的重度取 25kN/m³。)

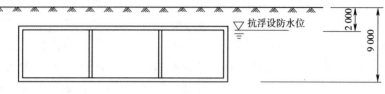

题 8 图

(A)0.25m　　　　(B)0.40m　　　　(C)0.55m　　　　(D)0.70m

9.(16C07)某铁路桥墩台基础,所受的外力如下图所示,其中 $P_1=140kN$, $P_2=120kN$, $F_1=190kN$, $T_1=30kN$, $T_2=45kN$。基础自重 $W=150kN$,基底为砂类土,根据《铁路桥涵地基和基础设计规范》(TB 10002.5—2005),该墩台基础的滑动稳定系数最接近(　　)。

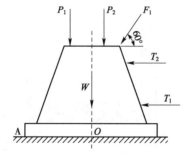

题 9 图

(A)1.25　　　　(B)1.30　　　　(C)1.35　　　　(D)1.40

10.(17D06)某饱和软黏土地基上的条形基础,基础宽度 3m,埋深 2m,在荷载 F、M 共同作用下,该地基发生滑动破坏。已知圆弧滑动面如下图所示(尺寸单位为 mm),软黏土饱和重度 16kN/m³,滑动面上土的抗剪强度指标:$c=20kPa$,$\varphi=0$。上部结构传递至基础顶面中心的竖向力 $F=360kN/m$,基础及基础以上土体的平均重度为 20kN/m³,地基发生滑动破坏时作用于基础上的力矩 M 的最小值最接近下列(　　)。

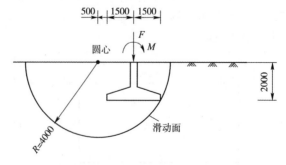

题 10 图

(A)45kN·m/m　　(B)118kN·m/m　　(C)237kN·m/m　　(D)285kN·m/m

第五讲　基础结构设计

1. (06D09)墙下条形基础的剖面如下图所示,基础宽度 $b=3m$,基础底面净压力分布为梯形,最大边缘压力设计值 $p_{max}=150kPa$,最小边缘压力设计值 $p_{min}=60kPa$,已知验算截面 I-I 距最大边缘压力端的距离 $a_1=1.0m$,则截面 I-I 处的弯矩设计值为(　　)。

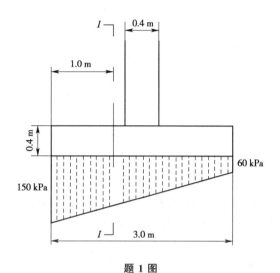

题 1 图

(A)70kN·m　　(B)80kN·m　　(C)90kN·m　　(D)100kN·m

2. (07C07)某宿舍楼采用墙下 C15 混凝土条形基础,基础顶面的墙体宽度 0.38m,基底平均压力为 250kPa,基础底面宽度为 1.5m,基础的最小高度应符合(　　)的要求。

(A)0.70m　　(B)1.00m　　(C)1.20m　　(D)1.4m

3. (08D06)某仓库外墙采用条形砖基础,墙厚 240mm,基础埋深 2.0m,已知作用于基础顶面标高处的上部结构荷载标准组合值为 240kN/m。地基为人工压实填土,承载力特征值为 160kPa,重度 $19kN/m^3$。按照《建筑地基基础设计规范》(GB 50007—2011),基础最小高度最接近(　　)。

(A)0.5m　　　　　　　　　(B)0.6m
(C)0.7m　　　　　　　　　(D)1.1m

4. (09C06)某条形基础埋深 1m,宽度 2m,地下水埋深 0.5m。承重墙位于基础中轴,宽度 0.37m,作用于基础顶面荷载 235kN/m,基础材料为钢筋混凝土。验算该基础底板配筋时的弯矩最接近于(　　)。

(A)30kN·m　　　　　　　　(B)40kN·m
(C)50kN·m　　　　　　　　(D)60kN·m

5. (10C05)如下图所示(尺寸单位为 mm),某建筑采用柱下独立方形基础,基础底面尺寸为 2.4m×2.4m,柱截面尺寸为 0.4m×0.4m。基础顶面中心处作用的柱轴竖向力 $F=700kN$,力矩 $M=0$,根据《建筑地基基础设计规范》(GB 50007—2011),则基础的柱边截面处的弯矩设计值最接近下列(　　)。

(A)105kN·m　　　　　　　(B)145kN·m
(C)185kN·m　　　　　　　(D)225kN·m

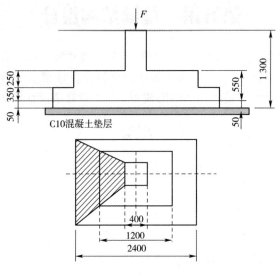

题 5 图

6.（10C06）某毛石基础如下图所示，荷载效应标准组合基础底面处的平均压力值为110kPa，基础中砂浆强度等级为 M5，根据《建筑地基基础设计规范》（GB 50007—2011）设计，则基础高度 H_0 至少应取（　　）。

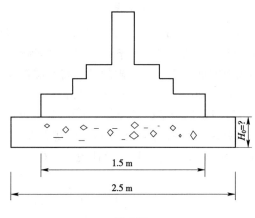

题 6 图

(A) 0.5m
(B) 0.75m
(C) 1.0m
(D) 1.5m

7.（10D05）某筏基底板梁板布置如下图所示（尺寸单位为 mm），筏板混凝土强度等级为C35（$f_t=1.57\text{N/mm}^2$），根据《建筑地基基础设计规范》（GB 50007—2011）计算，该底板受冲切承载力最接近下列（　　）。

(A) 5.60×10^3 kN　　(B) 11.25×10^3 kN
(C) 16.08×10^3 kN　　(D) 19.70×10^3 kN

8.（11C08）如下图所示（尺寸单位为 mm），某建筑采用柱下独立方形基础，拟采用 C20 钢筋混凝土材料，基础分两阶，地面尺寸 2.4m×2.4m，柱截面尺寸为 0.4m×0.4m。基础顶面作用竖向力 700kN，力矩 87.5kN·m，柱边的冲切力最接近下列（　　）。

(A) 95kN　　(B) 110kN　　(C) 140kN　　(D) 160kN

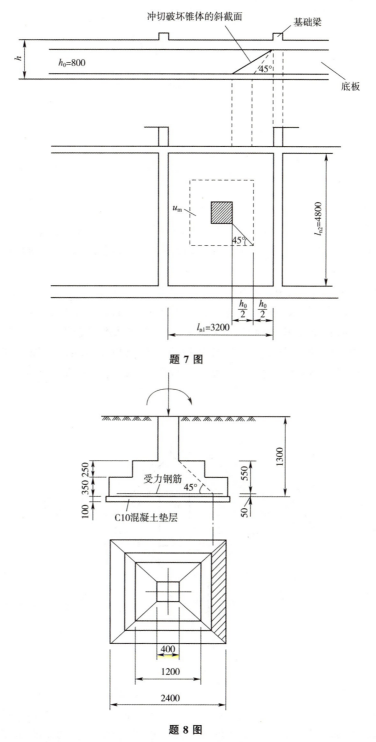

题 7 图

题 8 图

9.(11C09)某梁板式筏基底板区格如下图所示,筏板混凝土强度等级为 C35($f_t=1.57$ N/mm²),根据《建筑地基基础设计规范》(GB 50007—2011)计算,该区格底板斜截面受剪承载力最接近( )。

(A)5.60×10^3 kN (B)6.65×10^3 kN
(C)16.08×10^3 kN (D)119.70×10^3 kN

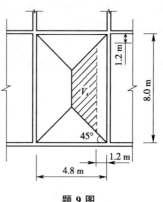

题 9 图

10. (11D07)某条形基础宽度2m,埋深1m,地下水埋深0.5m。承重墙位于基础中轴,宽度0.37m,作用于基础顶面荷载235kN/m,基础材料采用钢筋混凝土。验算基础底面板配筋时的弯矩最接近下列(　　)。

(A)35kN·m　　　(B)40kN·m　　　(C)55kN·m　　　(D)60kN·m

11. (12C09)如图所示梁板式筏基(尺寸单位为 mm),柱网 8.7m×8.7m,柱横截面1450mm×1450mm,柱下交叉基础梁,梁宽450mm,荷载基本组合地基净反为400kPa,底板厚1000mm,双排钢筋,钢筋合力点至板截面近边的距离取70mm,按《地基基础设计规范》(GB 50007—2011)计算距基础边缘 h_0(板的有效厚度)处底板斜截面所承受的剪力设计值为(　　)。

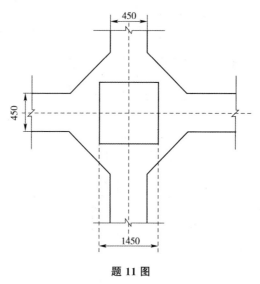

题 11 图

(A)4100kN　　　(B)5500kN　　　(C)6200kN　　　(D)6500kN

12. (13C07)某墙下钢筋混凝土条形基础如下图所示(尺寸单位为 mm),墙体及基础的混凝土强度等级均为C30,基础受力钢筋的抗拉强度设计值 f_y 为300N/mm² 时,保护层厚度50mm。该条形基础承受轴心荷载,假定地基反力线性分布,相应于作用的基本组合时基础底面地基净反力设计值为 200kPa。按照《建筑地基基础设计规范》(GB 50007—2011),满足该规范规定且经济合理的受力主筋面积为(　　)。

(A)1263mm²/m　　　　　　　(B)1425mm²/m
(C)1695mm²/m　　　　　　　(D)1520mm²/m

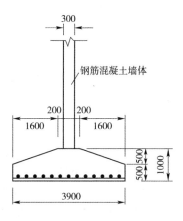

题 12 图

13.(13D08)已知柱下独立基础底面尺寸 2.0m×3.5m,相应于作用效应标准组合对传至基础顶面±0.00处的竖向力和力矩为 $F_k=800$kN,$M_k=50$kN·m,基础高度 1.0m,埋深 1.5m,如下图所示。根据《建筑地基基础设计规范》(GB 50007—2011)方法验算柱与基础交接处的截面受剪承载力时,其剪力设计值最接近下列( )。

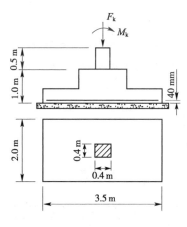

题 13 图

(A)200kN (B)350kN (C)480kN (D)550kN

14.(14C06)柱下方形基础采用 C15 素混凝土建造,柱角截面尺寸为 0.6m×0.6m,基础高度 $H=0.7$m,基础埋深 $d=1.5$m,场地地基土为均质黏性土,重度 $\gamma=19.0$kN/m³,孔隙比 $e=0.9$,地基承载力特征值 $f_{ak}=180$kPa,地下水位埋藏很深。基础顶面的竖向力为 580kN,根据《建筑地基基础设计规范》(GB 50007—2011)的设计要求,满足设计要求的最小基础宽度为( )。(基础和基础上土的平均重度取 20kN/m³。)

(A)1.8m (B)1.9m (C)2.0m (D)2.1m

15.(14D06)如下图所示,柱下独立方形基础底面积尺寸 2m×2m,高 0.5m,有效高度 0.45m,混凝土强度等级为 C20($f_t=1.1$MPa)柱截面尺寸 0.4m×0.4m,基础顶面作用竖向力 F 偏心距为 0.12m,根据《建筑地基基础设计规范》(GB 50007—2011),满足柱与基础交接处受冲切承载力的验算要求时,基础顶面可承受的最大竖向力 F(相应于作用的基本组合设计值)最接近( )。

(A)980kN (B)1080kN (C)1280kN (D)1480kN

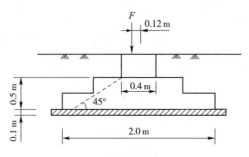

题 15 图

16.(14D08)某墙下钢筋混凝土筏形地基如下图所示(尺寸单位为 mm),厚度 1.2m,混凝土强度等级为 C30,受力钢筋拟采用 HRB400,主筋保护层厚度 40mm,已知该筏板的弯矩图(相应于作用的基本组合时的弯矩设计值),按照《建筑地基基础设计规范》(GB 50007—2011),满足该规范规定且经济合理的筏板顶部受力主筋配置为(　　)。(注:C30 混凝土抗压强度设计值为 14.3N/mm²,HRB400 钢筋抗拉强度设计值为 360N/mm²。)

(A)φ18@200　　　(B)φ20@200　　　(C)φ22@200　　　(D)φ28@200

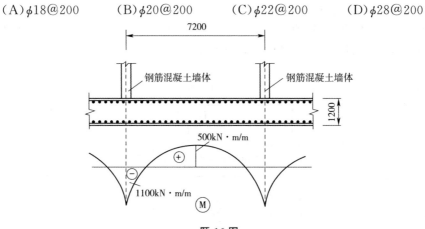

题 16 图

题 16 表

公称直径/mm	不同根数钢筋的计算截面面积/mm²								
	1	2	3	4	5	6	7	8	9
6	28.3	57	85	113	142	170	198	226	255
8	50.3	101	151	201	252	302	352	402	453
10	78.5	157	236	314	393	471	550	628	707
12	113	226	339	452	565	678	791	904	1 017
14	154	308	461	615	769	923	1077	1231	1385
16	201	402	603	804	1005	1206	1407	1608	1809
18	255	509	763	1017	1272	1527	1781	2036	2290
20	314	628	942	1256	1570	1884	2199	2513	2827
22	380	760	1140	1520	1900	2281	2661	3041	3421
25	491	982	1472	1964	2454	2945	3436	3927	4418
28	616	1323	1847	2463	3079	3695	4310	4926	5542
32	804	1609	2413	3217	4021	4826	5630	6434	7238
36	1018	2036	3054	4072	5089	6107	7125	8143	9161
40	1257	2513	3770	5027	6283	7540	8796	10053	11310
50	1964	3928	5892	7856	9820	11784	13748	15712	17676

17.（16C09）某钢筋混凝土墙下条形基础，宽度 $b=2.8\text{m}$，高度 $h=0.35\text{m}$，埋深 $d=1.0\text{m}$，墙厚 370mm。上部结构传来的荷载标准组合为 $F_1=288.0\text{kN/m}$，$M_1=16.5\text{kN}\cdot\text{m/m}$；基本组合为 $F_2=360\text{kN/m}$，$M_2=20.6\text{kN}\cdot\text{m/m}$；准永久组合为 $F_3=250.4\text{kN/m}$，$M_3=14.3\text{kN}\cdot\text{m/m}$。按《建筑地基基础设计规范》(GB 50007—2011) 规定计算基础底板配筋时，基础验算截面弯矩设计值最接近（　　）。

（注：基础及其上土的平均重度为 20kN/m^3。）

(A) 72kN·m/m　　　　　　　　(B) 83kN·m/m
(C) 103kN·m/m　　　　　　　(D) 116kN·m/m

18.（16D08）某高层建筑为梁板式基础，如右图所示，底板区格为矩形双向板，柱网尺寸为 $8.7\text{m}\times 8.7\text{m}$，梁宽为 450mm，荷载基本组合地基净反力设计值为 540kPa，底板混凝土轴心抗拉强度设计值为 1570kPa，按《建筑地基基础设计规范》(GB 50007—2011)，验算底板受冲切所需要的有效厚度最接近（　　）。

(A) 0.825m　　(B) 0.747m
(C) 0.658m　　(D) 0.558m

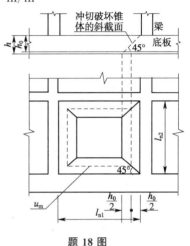

题 18 图

19.（17C08）某承受轴心荷载的柱下独立基础如图所示（尺寸单位为 mm）。基础混凝土强度等级 C30，根据《建筑地基基础设计规范》(GB 50007—2011)，该基础可承受的最大冲切力设计值最接近（　　）。

（注：C30 混凝土轴心抗拉强度设计值为 1.43N/mm^2，基础主筋的保护层为 50mm。）

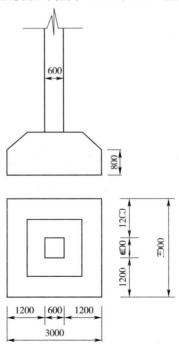

题 19 图

(A) 1000kN　　(B) 2000kN　　(C) 3000kN　　(D) 4000kN

答案解析

第一讲 地基承载力确定

1. 答案(C)

解：据《建筑地基基础设计规范》(GB 50007—2011)第 5.2.4 条计算。

$e_0 = 0.70 < 0.85, I_l = 0.60 < 0.85$

查表 5.2.4，得 $\eta_b = 0.3, \eta_d = 1.6$

平均重度：$\gamma_m = \dfrac{\sum \gamma_i h_i}{\sum h_i} = \dfrac{0.8 \times 17 + 0.2 \times 18 + 1.0 \times 8}{0.8 + 0.2 + 1.0} = 12.6 \text{kN/m}^3$

$$f_a = f_{ak} + \eta_b \gamma (b-3) + \eta_d \gamma_m (d-0.5)$$
$$= 280 + 0.3 \times 9 \times (3.2 - 3) + 1.6 \times 12.6 \times (2 - 0.5) = 310.78 \text{kPa}$$

2. 答案(D)

解：据《港口工程地基规范》(JTS 147-1—2010)附录 G 计算。

(1) $B'_{r1} = B_{r1} + 2d = 10 + 2 \times 2 = 14\text{m}, L'_{r1} = L_{r1} + 2d = 170 + 2 \times 2 = 174\text{m}$

(2) $B'_{re} = B'_{r1} - 2e'_B = 14 - 2 \times 0.5 = 13\text{m}, L'_{re} = L'_{r1} - 2e'_L = 174 - 2 \times 0 = 174\text{m}$

3. 答案(D)

解：据《建筑地基基础设计规范》(GB 50007—2011)第 5.2.5 条计算。
$\varphi_k = 18°$，查表 5.2.5，得 $M_b = 0.43, M_d = 2.72, M_c = 5.31$
承载力特征值为：
$$f_a = M_b \gamma b + M_d \gamma_m d + M_c c_k$$
$$= 0.43 \times 0.9 \times 6 + 2.72 \times 13.3 \times 4.4 + 5.31 \times 30 = 341.69 \text{kPa}$$

4. 答案(C)

解：据《建筑地基基础设计规范》(GB 50007—2011)第 5.2.5 条计算。

$$\varphi = 0; c_k = \dfrac{1}{2} q_u = \dfrac{1}{2} \times 6.6 = 3.3 \text{kPa}$$
$$M_b = 0, M_d = 1.0, M_c = 3.14$$

承载力特征值为：
$$f_a = M_b \gamma b + M_d \gamma_m d + M_c c_k$$
$$= 0 \times 18 \times 3 + 1 \times 18 \times 1.5 + 3.14 \times 3.3 = 37.36 \text{kPa}$$

5. 答案(C)

解：根据已知条件分析如下。

(1) 6 层普通住宅基底压力一般为 100kPa 左右，砂层及硬塑黏土承载力均可满足要求，不需加固处理。

(2) 假设基础埋深为 0.5m 左右，宽度 1.5m 左右，主要受力层影响深度约为 $0.5 + 3 \times 1.5 = 5.0\text{m}$。

(3)从地层及基岩的分布情况看,场地是典型岩溶及土洞发育的地段且岩层在主要受力层之下。

6. 答案(C)

解:按《建筑地基基础设计规范》(GB 50007—2011)第 5.2.4 条修正如下。

假设基础宽度小于 3.0m:
$$f_a = f_{ak} + \eta_b \gamma (b-3) + \eta_d \gamma_m (d-0.5)$$
$$= 220 + 0.3 \times 18.5 \times (3-3) + 1.6 \times 18 \times (1-0.5) = 234.4 \text{kPa}$$
$$b = \frac{F}{f_a} = \frac{300}{234.4} = 1.28 \text{m} < 3.0 \text{m}$$

7. 答案(A)

解:据《建筑地基基础设计规范》(GB 50007—2011)第 5.2.5 条计算。

$0.033b = 0.099 \approx 0.1, e < 0.1$,当地下水位很深时,地基承载力特征值:
$$f_a = M_b \gamma b + M_d \gamma_m d + M_c C_k = 0.15 \times 19 \times 3 + 3.06 \times 18.5 \times 1.5 + 5.66 \times 10 = 170.6 \text{kPa}$$

当地下水位上升至基础底面时,地基承载力特征值 f_a':
$$f_a' = 0.15 \times (20-10) \times 3 + 3.06 \times 18.5 \times 1.5 + 5.66 \times 10 = 156.8 \text{kPa}$$
$$\frac{f_a - f_a'}{f_a} = \frac{170.6 - 156.8}{170.6} = 8.1\%$$

8. 答案(D)

解:据《建筑地基基础设计规范》(GB 50007—2011)计算。

按第 C.0.8 条计算地基承载力特征值:
$$f_{am} = \frac{1}{3}(f_{a1} + f_{a2} + f_{a3}) = \frac{1}{3}(130 + 110 + 135) = 125 \text{kPa}$$

因为 $f_{a3} - f_{a2} = 135 - 110 = 25 \text{kPa} < 125 \times 0.3 = 37.5 \text{kPa}$

所以取 $f_{ak} = f_{am} = 125 \text{kPa}$

按第 5.2.4 条对地基承载力特征值进行深宽修正:
$$f_a = f_{ak} + \eta_b \gamma (b-3) + \eta_d \gamma_m (d-0.5)$$

因为 $e = 0.8, I_L = 0.75$,所以 $\eta_b = 0.3, \eta_d = 1.6, \gamma_m = \frac{18 \times 1 + 8 \times 1}{2} = 13 \text{kN/m}^3$
$$f_a = 125 + 0.3 \times 8 \times (4-3) + 1.6 \times 13 \times (2-0.5) = 158.6 \text{kPa}$$

9. 答案(C)

解:据《建筑地基基础设计规范》(GB 50007—2011)第 5.2.6 条计算。

岩体完整程度为"完整", $\Psi_r = 0.5$。
$$\Psi = 1 - \left(\frac{1.704}{\sqrt{n}} + \frac{4.678}{n^2}\right)\delta = 1 - \left(\frac{1.704}{\sqrt{9}} + \frac{4.678}{9^2}\right) \times 0.2 = 0.875$$

$f_{rk} = \Psi f_{rm} = 0.875 \times 26.5 = 23.1875 \text{MPa}, f_a = \Psi_r f_{rk} = 0.5 \times 23.1875 = 11.6 \text{MPa}$

10. 答案(D)

解:据《建筑地基基础设计规范》(GB 50007—2011)第 5.2.4 条计算。

基础埋深应取基础及地上结构施工完成时的埋深,$d = 2.0 \text{m}$。
$$\gamma_m = \sum \gamma_i h_i / \sum h_i = [18.5 \times 1 + (20.5 - 10) \times 1]/(1+1) = 14.5 \text{kN/m}^3$$
$$f_a = f_{ak} + \eta_b \gamma (b-3) + \eta_d \gamma_m (d-0.5) = 150 + 0 + 1.5 \times 14.5 \times (2-0.5)$$
$$= 182.6 \text{kPa}$$

11. 答案(B)

解:据《建筑地基基础设计规范》(GB 50007—2011)第 5.2.4 条计算(注:该题属于超补

偿问题)。

① 基底总压力 $P = P_k + \gamma H = 60 + 35 \times 0.5 = 77.5 \text{kN/m}^2$

② 10m 以上土的平均重度 $\gamma = \dfrac{\sum h_i \gamma_i}{\sum h_i} = \dfrac{3 \times 20 + 7 \times 10}{3 \times 7} = 13 \text{kN/m}^2$

③ 基底压力相当于场地土层的高度 $h = d = \dfrac{P}{\gamma_m} = \dfrac{77.5}{13} = 5.96 \text{m}$

④ 查表得 $\eta_b = 0.3, \eta_d = 1.6$,承载力:
$$f_a = f_{ak} + \eta_b \gamma (b-3) + \eta_d \gamma_m (d-0.5)$$
$$= 170 + 0.3 \times (20-10) \times (6-3) + 1.6 \times 13 \times (5.96-0.5) = 292.6 \text{kPa}$$

12. 答案(D)

解: 据《建筑地基基础设计规范》(GB 50007—2011)第 5.1.7 条、第 5.1.8 条、附录 G 计算。

$$\psi_{zs} = 1.0; \psi_{zc} = 0.85; \psi_{ze} = 0.95$$
$$z_d = z_0 \psi_{zs} \psi_{zw} \psi_{zc} = 2 \times 1 \times 0.85 \times 0.95 = 1.615 \text{m}$$

查附录 G, 得: $h_{max} = 0, d_{min} = z_d - h_{max} = 1.615 - 0 = 1.615 \text{m}$

13. 答案(C)

解: 据《建筑地基基础设计规范》(GB 50007—2011)第 5.2.6 条和附录 J 计算。

$$f_{rm} = \dfrac{1}{6} \times (9 + 11 + 13 + 10 + 15 + 7) = 10.83 \text{MPa}$$

$$\sigma = \sqrt{\dfrac{\sum \mu_i^2 - n\mu^2}{n-1}} = \sqrt{(9^2 + 11^2 + 13^2 + 10^2 + 15^2 + 7^2 - 6 \times 10.83^2)/(6-1)} = 2.873$$

$$\delta = \dfrac{\sigma}{\mu} = \dfrac{2.873}{10.83} = 0.265$$

$$\psi = 1 - \left(\dfrac{1.704}{\sqrt{n}} + \dfrac{4.678}{n^2}\right)\delta, \psi = 1 - \left(\dfrac{1.704}{\sqrt{6}} + \dfrac{4.678}{6^2}\right) \times 0.265 = 0.781$$

$$f_{rk} = \psi f_{rm} = 0.781 \times 10.83 = 8.46 \text{MPa}$$

ψ_r 最大可取 $0.2, f_a = \psi_r f_{rk} = 0.2 \times 8.46 \times 1000 = 1692 \text{kPa} \approx 1.7 \text{MPa}$

14. 答案(B)

解: 据《建筑地基基础设计规范》(GB 50007—2011)第 5.2.5 条计算。

① 由内摩擦角查得承载力系数分别为 $M_b = 0.51, M_d = 3.06, M_c = 5.66$,则对 1m^2 面积的基础,其地基承载力由下式计算:
$$f_a = 0.51 \times 1 \times 18 + 5.66 \times 40 = 9.18 + 226.4 = 235.6 \text{kPa}$$

② 本题考核对载荷试验埋置深度的理解,载荷试验的埋深应为零,如以 2m 计算,则会得 345.8kPa 的错误结果。

15. 答案(C)

解: 据《建筑地基基础设计规范》(GB 50007—2011)第 5.2.6 条计算。

$$\delta = \dfrac{\sigma}{\mu} = \dfrac{5.59}{13.6} = 0.41, \phi = 1 - \left(\dfrac{1.704}{\sqrt{6}} + \dfrac{4.678}{36}\right) \times 0.41 = 1 - 0.826 \times 0.41 = 0.661$$

因此 $f_{rk} = 0.661 f_{rm} = 0.661 \times 13.6 = 8.99 \text{MPa} \approx 9.0 \text{MPa}$

岩体与岩块纵波波速比值的平方等于 0.394,因此为较破碎,查表取折减系数 0.10~0.20,即:
$$f_a = (0.10 \sim 0.20) \times 9.0 = 0.90 \sim 1.80 \text{MPa}$$

16. 答案(D)

解: 据《建筑地基基础设计规范》(GB 50007—2010)第5.2.5条计算。

由 $\varphi_k=30°$ 查得承载力系数分别为: $M_b=1.90$, $M_d=5.59$, $M_c=7.95$, 则:

$\gamma = 19-10 = 9 \text{kN/m}^3$

$\gamma_m = [1.0 \times 17 + 0.5 \times (17-10) + 0.5 \times (19-10)]/2 = 12.5 \text{kN/m}^3$

$f_a = 1.90 \times 9 \times 3 + 5.59 \times 12.5 \times 2 + 7.95 \times 0 = 51.3 + 139.75 = 191.05 \text{kPa}$

17. 答案(B)

解: 据《建筑地基基础设计规范》(GB 50007—2011)第5.1.7条计算。

黏性土的 $\varphi_{zs}=1.0$

$w_p + 2 = 19 < w < 17 + 5 = 22$, 水位埋深3m, 标准冻深1.60m, 则:

$$m_v = 3 - 1.6 = 1.4 \text{m}$$

查表 G.0.1, 得冻胀性类别为冻胀, 所以 $\varphi_{zw}=0.90$, 环境系数为 $\varphi_{ze}=0.90$

所以, $z_d = 1.6 \times 1.0 \times 0.90 \times 0.90 = 1.3 \text{m}$

18. 答案(C)

解: 设 $b < 3$m, 查得 $\eta_b = 0.5$, $\eta_d = 2.0$

$$f_a = f_{ak} + \eta_b \gamma (b-3) + \eta_d \gamma_m (d-0.5)$$

$$350 = f_{ak} + 0 + 2 \times 19 \times (5-0.5), 得 f_{ak} = 179 \text{kPa}$$

埋深为2.0m时的承载力特征值为:

$$f'_a = f_{ak} + \eta_d \gamma_m (d-0.5) = 179 + 2 \times 19 \times (2-0.5) = 236 \text{kPa}$$

$$b = \frac{F}{f'_a - \gamma d} = \frac{260}{236 - 20 \times 2} = 1.33 \text{m}$$

19. 答案(C)

解: (1) 考虑刚性基础的扩展角, 假定 $p_k \leq 200$kPa, 则 $\tan\alpha = 1:1$

$$H_0 \geq \frac{b-b_0}{2\tan\alpha} = \frac{2-0.4}{2 \times (1/1)} = 0.8$$

$$p_k = \frac{F+G}{A} = \frac{570 + 2 \times 2 \times 0.8 \times 20}{2 \times 2} = 158.5 \text{kPa} < 200 \text{kPa} 成立$$

(2) 考虑承载力的要求, $\eta_b = 0.5$, $\eta_d = 2.0$, $p_k = \frac{F+G}{A} = \frac{570 + d \times 2 \times 2 \times 20}{2 \times 2}$

$f_a = f_{ak} + \eta_b \gamma (b-3) + \eta_d \gamma_m (d-0.5) = 150 + 0 + 2 \times 20 \times (d-0.5)$

$p_k = f_a$, 则得到 $d = 0.625$m, 取基础埋置深度较大值, $d = 0.8$m。

20. 答案(C)

解: 见解图, 据《建筑地基基础设计规范》(GB 50007—2011)第5.2.5条计算。

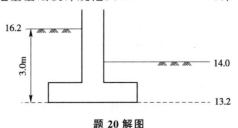

题 20 解图

$$\varphi_k = 24°, M_b = 0.8, M_d = 3.87, M_c = 6.45$$
$$f_a = M_b \gamma b + M_d \gamma_m d + M_c c_k = 0.8 \times 19 \times 2.5 + 3.87 \times 19 \times 0.8 + 6.45 \times 18 = 212.924 \text{kPa}$$

21. 答案(D)

解：据《铁路桥涵地基和基础设计规范》(TB 10002.5—2005)第4.1.4条计算。
$$[\sigma] = 5.14 c_u \frac{1}{m} + \gamma_2 h = 5.14 \times 35 \times \frac{1}{2.5} + 18 \times 1 = 89.96 \text{kPa}$$

22. 答案(C)

解：据《建筑地基基础设计规范》(GB 50007—2011)第5.2.4条计算。
f_{ak}为深层载荷试验测得的值,因此不需再进行深度修正。
对f_{ak}进行宽度修正,得：$f_a = f_{ak} + \eta_b \gamma_m (b-3) = 200 + 0.3 \times 19 \times (6-3) = 217.1 \text{kPa}$
筏板基础底面压力为217.1kPa时,刚好满足承载力的要求。

23. 答案(C)

解：据《建筑地基基础设计规范》(GB 50007—2011)计算。

(1) 统计修正系数：
$$\psi = 1 - \left(\frac{1.074}{\sqrt{n}} + \frac{4.678}{n^2}\right)\delta = 1 - \left(\frac{1.074}{\sqrt{6}} + \frac{4.678}{6^2}\right) \times 0.022 = 0.9875$$

(2) 单轴抗压强度的标准值 $f_{rk} = \psi f_{rm} = 0.9875 \times 29.1 = 28.7 \text{MPa}$

(3) 承载力特征值的最大值 $f_a = \psi_r f_{rk} = 0.5 \times 28.7 = 14.3 \text{MPa}$

24. 答案(C)

解：据《建筑地基基础设计规范》(GB 50007—2011)第C.0.7条、第C.0.8条计算。

(1) 单个试验点承载力特征值的确定：

① 1号点：$\frac{300}{2} = 150 < 160$,取 $f_{ak1} = 150 \text{kPa}$。

② 2号点：$\frac{340}{2} = 170 > 165$,取 $f_{ak2} = 165 \text{kPa}$。

③ 3号点：$\frac{330}{2} = 165 < 173$,取 $f_{ak3} = 165 \text{kPa}$。

(2) 承载力特征值的平均值：$f_{akm} = \frac{1}{n}\sum f_{aki} = \frac{1}{3} \times (150 + 165 + 165) = 160 \text{kPa}$

(3) 确定承载力特征值：
$$f_{akmax} - f_{ak} = 165 - 160 = 5 \text{kPa} < 0.3 f_{akm} = 0.3 \times 160 = 48 \text{kPa}$$
取 $f_{ak} = f_{akm} = 160 \text{kPa}$

25. 答案(B)

解：据《建筑地基基础设计规范》(GB 50007—2011)第5.1.7条、第5.1.8条、第G.0.2条计算。

(1) 设计冻深：$z_d = z_0 \psi_{zs} \psi_{ze} = 2.2 \times 1.0 \times 0.95 \times 0.95 = 1.9855 \text{m}$。

(2) 基底下允许残留冻土层厚度：查表得 $h_{max} = 0.95$。

(3) 基础最小埋深：$d_{min} = z_d - h_{max} = 1.9855 - 0.95 = 1.0355 \text{m}$。

26. 答案(B)

解：据《建筑地基基础设计规范》(GB 50007—2011)第5.2.5条计算。
根据持力层粉质黏土 $\varphi_k = 22°$,查《建筑地基基础设计规范》(GB 50007—2011)表5.2.5,得 $M_b = 0.61, M_d = 3.44, M_c = 6.04$。

$$\gamma_m = \frac{17.8 \times 1 + (18-10) \times 0.5}{1+0.5} = 14.53 \text{kN/m}^3$$

$f_a = M_b \gamma b + M_d \gamma_m d + M_c c_k$
$= 0.61 \times (18.0-10) \times 1.5 + 3.44 \times 14.53 \times 1.5 + 6.04 \times 10 = 142.7 \text{kPa}$

27. 答案(A)

解：据《建筑地基基础设计规范》(GB 50007—2011)第5.2.4条条文说明：主裙楼一体的结构，将基础底面以上范围内的荷载按基础两侧超载考虑，且当超载宽度大于基础宽度2倍时，可将超载折算成土层厚度作为基础埋深，基础两侧超载不等时取小值。

① 基础埋深内，土的平均重度 $\gamma_m = \dfrac{18 \times 8 + (18-10) \times 2}{10} = 16 \text{kN/m}^3$。

② 主楼住宅楼宽 15m，裙楼宽 35m > 2×15m，故基础埋深需计算超载折算为土层的厚度，裙楼折算成土层厚度 $d_1 = \dfrac{90}{16} = 5.63\text{m}$。

③ 基础宽度 $b=15\text{m} > 6\text{m}$，取 $b=6\text{m}$，据 $e=0.7, I_L=0.6$，查规范表5.2.4，得：$\eta_b = 0.3$，$\eta_d = 1.6$。

④ $f_a = 160 + 0.3 \times (18-10) \times (6-3) + 1.6 \times 16 \times (5.63-0.5) = 298.53\text{kPa}$。

28. 答案(C)

解：① h 自一般冲刷线起算，$h=3.5\text{m}, b=2\text{m}$。
② 基底处于水面下，持力层不透水，取饱和重度 $\gamma_1 = 20\text{kN/m}^3$。
③ 基底处于水面下，持力层不透水，取饱和重度的加权平均值：

$$\gamma_2 = \frac{1.5 \times 18 + 1.5 \times 19 + 0.5 \times 20}{3.5} = 18.71 \text{kN/m}^3$$

④ 查规范表 3.3.4，得 $k_1=0, k_2=2.5$。
⑤ $[f_a] = [f_{a0}] + k_1 \gamma_1 (b-2) + k_2 \gamma_2 (h-3)$
$= 200 + 0 + 2.5 \times 18.71 \times (3.5-3) = 223.4 \text{kPa}$
⑥ 按平均常水位至一般冲刷线的水深每米增大10kPa，则：

$$[f_a] = 223.4 + 10 \times 1.5 = 238.4 \text{kPa}$$

29. 答案(B)

解：据《建筑地基基础设计规范》(GB 50007—2011)第5.2.5条计算。

① 无零应力区，为小偏心，采用公式法计算承载力：
$\varphi = 20°, M_b = 0.51, M_d = 3.06, M_c = 5.66$

$f_a = M_b \gamma b + M_d \gamma_m d + M_c c_k$
$= 0.51 \times (20-10) \times 5 + 3.06 \times \dfrac{18+10}{2} \times 2 + 5.66 \times 25 = 253 \text{kPa}$

② 以最大边缘压力控制：

$$p_{\max} = 1.2 f_a = 1.2 \times 253 = 303.6 \text{kPa}$$

$$W = \frac{1}{6} l b^2 = \frac{1}{6} \times 1 \times 5^2 = 4.16 \text{m}^3$$

③ 由 $p_{\max} = p + \dfrac{M}{W}$，得 $p = p_{\max} - \dfrac{M}{W} = 303.6 - \dfrac{300}{4.16} = 231.48 \text{kPa}$

$$F = 231.48 \times 5 = 1157.4 \text{kN/m}$$

注：该题偏心距已超过规范要求。

30. 答案(C)

解：设计需变更，预估荷载将增加 50kN/m，但保持基础宽度不变，因此增加的荷载属于基底附加荷载，为了减少这部分增加的基底附加压力，只有通过加深基础埋深来补偿，计算如下：

粉土的 $\eta_d = 2.0$，则：$\Delta p_0 = \dfrac{\Delta N}{A} = \dfrac{50}{2 \times 1} = 25\text{kPa}$

$$\Delta p_0 = \Delta h \gamma \eta_d = \Delta h \times 18 \times 2, \text{得 } \Delta h = \dfrac{25}{18 \times 2} = 0.69\text{m}$$

实际基础埋深为 $d = 2 + 0.69 = 2.69\text{m}$

31. 答案(C)

解：据《建筑地基基础设计规范》(GB 50007—2011)第 5.2.6 条计算。

先判断岩体地基的完整程度：

$$K_v = \left(\dfrac{v_{\text{pm}}}{v_{\text{pr}}}\right)^2 = \left(\dfrac{4500}{5100}\right)^2 = 0.7785$$

据规范第 4.1.4 条表 4.1.1 查得：岩体地基完整程度为完整。
据规范第 5.2.6 条，对完整岩体，折减系数 ψ_r 取 0.5，则：

$$f_a = \psi_r f_{rk} = 0.5 \times 75 \times 10^3 = 3.75 \times 10^4 \text{kPa}$$

32. 答案(B)

解：注意有地下室，基础埋深应为 $1 + 0.6 = 1.6\text{m}$。
由持力层 $\varphi_k = 22°$，查表得 $M_b = 0.61, M_d = 3.44, M_c = 6.04$，则：

$$f_a = M_b \gamma b + M_d \gamma_m d + M_c c_k$$
$$= 0.61 \times 9 \times 2.6 + 3.44 \times \dfrac{0.6 \times 8 + 1 \times 9}{1.6} \times 1.6 + 6.04 \times 6 = 98\text{kPa}$$

33. 答案(A)

解：据《铁路桥涵地基和基础设计规范》(TB 10002.5—2005)第 4.1.3 条计算。
因持力层为稍松砾砂，修正系数 $k_1 = 3 \times 0.5 = 1.5, k_2 = 5 \times 0.5 = 2.5$，基本承载力 $\sigma_0 = 200\text{kPa}$
注意基础边长需要等面积原则换算。

$$[\sigma] = \sigma_0 + k_1 \gamma_1 (b-2) + k_2 \gamma_2 (h-3)$$
$$= 200 + 1.5 \times 10 \times (\sqrt{\pi \times 2^2} - 2) + 2.5 \times \dfrac{1.5 \times 18 + 1.5 \times 10 + 1.5 \times 10}{4.5} \times (4.5 - 3) = 270.7\text{kPa}$$

34. 答案(B)

解：据《建筑地基基础设计规范》(GB 50007—2011)第 5.2.4 条计算。
$s = 0.015b = 0.015 \times 700 = 10.5\text{mm}$，插值 $s = 10.5\text{mm}$ 时，荷载值 $p_{s=0.015} = 125\text{kPa}$
最大加载量的一半 $= 0.5 \times 300 = 150\text{kPa}$
两者取小值 $p = 125\text{kPa}$，查表得 $\eta_b = 2.0, \eta_d = 3.0$，则

$$f_a = f_{ak} + \eta_b \gamma (b-3) + \eta_d \gamma_m (d - 0.5) = 125 + 3 \times 19 \times (1.5 - 0.5) = 182\text{kPa}$$

35. 答案(A)

解：加深前：$p_k = f_{ak} + 20$ ①
加深后：$f_{a2} = f_{ak} + 1.6 \times 19.0 \times (d - 0.5) = f_{ak} - 15.2 + 30.4d$
则：$p_k + 20(d-1) = f_{ak} - 15.2 + 30.4d$ ②
①②式联立，解得 $d = 1.46\text{m}$

第二讲　土中应力与持力层、下卧层承载力验算

1. 答案(C)

解:据《建筑地基基础设计规范》(GB 50007—2011)第 5.2.2 条计算。

$$p_{kmax} - p_{kmin} = 2\frac{M_k}{W} = \frac{2M_k \times 6}{2^2 \times 1} = 3M_k = 150 - 50 = 100\text{kN}$$

$$\frac{N}{A} = \frac{1}{2}(p_{kmax} + p_{kmin}) = \frac{1}{2}(150 + 50) = 100\text{kN}$$

$$N = 200\text{kN}$$

$$M_k = \frac{100}{3} = 33.3\text{kN} \cdot \text{m}$$

2. 答案(A)

解:据《建筑地基基础设计规范》(GB 50007—2011)第 5.2.7 条,基础实际压力与自重压力相等时,附加压力为 0,即 $p = \gamma h$,则 $h = \frac{p}{\gamma} = \frac{80}{18} = 4.44\text{m}$。

3. 答案(C)

解:据《建筑地基基础设计规范》(GB 50007—2011)第 5.2.7 条计算。

$$z = h_1 - d = 3 - 1.5 = 1.5\text{m}, \frac{z}{b} = \frac{1.5}{2} = 0.75$$

4. 答案(A)

解:据《建筑地基基础设计规范》(GB 50007—2011)第 5.2.7 条计算。

底面处的自重应力 $p_c = \gamma h = 20 \times 1.5 = 30\text{kPa}$

底面处的实际压力 $p_k = \frac{N}{b} = \frac{350}{2} = 175\text{kPa}$

下卧层顶面处的附加压力 $p_z = \frac{b(p_k - p_c)}{b + 2z\tan\theta} = \frac{2 \times (175 - 30)}{2 + 2 \times 1.5 \times \tan 23°} = 88.6\text{kPa}$

5. 答案(A)

解:据《建筑地基基础设计规范》(GB 50007—2011)第 5.2.2 条,偏心距 e 为:

$$e = \frac{\sum M}{\sum N} = \frac{200 \times 0.2 - 60 \times 2.0}{200} = -0.4\text{m}, \frac{e}{b} = \frac{0.4}{2.0} = 0.2 > \frac{1}{6}$$

6. 答案(B)

解:据《建筑地基基础设计规范》(GB 50007—2011)第 5.2.2 条,偏心距 e 为:

$$e = \frac{\sum M}{\sum N} = \frac{200 \times 0.2 - 20 \times 2}{200} = 0$$

偏心距 $e = 0$,为轴心荷载,基础底面压力分布图形为矩形。

7. 答案(B)

解:据《公路桥涵地基与基础设计规范》(JTG D63—2007)计算。

$$e_0 = \frac{\sum M}{N} = \frac{4204.12}{7620.87} = 0.552, \rho = \frac{W}{A} = \frac{\frac{lb^2}{6}}{bl} = \frac{b}{6} = \frac{4.3}{6} = 0.717$$

$$0.75\rho = 0.537, 0.75\rho < e_0 < \rho$$

8. 答案(A)

解：据《公路桥涵地基与基础设计规范》(JTG D63—2007)计算。

$$\sigma = \frac{N}{A} = \frac{9410}{4.3 \times 9.3} = 235.3 \text{kPa}$$

$$\sum M = 1420 \times 2.7 - 9410 \times \left(\frac{4.3}{2} - 2.1\right) = 3363.5 \text{kN} \cdot \text{m}$$

$$\sigma_{\min}^{\max} = \frac{N}{A} \pm \frac{\sum M}{W} = 235.3 \pm \frac{3363.5}{(9.3 \times 4.3^2)/6} = \frac{352.66}{117.94} \text{kPa}$$

9. 答案(C)

解：据《建筑地基基础设计规范》(GB 50007—2011)第5.3.5条计算。

自重应力 $p_c = \sum \gamma_i h_i = 19 \times 1 + (19-10) \times (3.4-1) = 40.6 \text{kPa}$

荷载效应准永久组合时的基底实际压力 $p_k = \frac{P}{A} = \frac{122880}{16 \times 32} = 240 \text{kPa}$

附加压力 $p_0 = p_k - p_c = 240 - 40.6 = 199.4 \text{kPa}$

10. 答案(A)

解：据《建筑地基基础设计规范》(GB 50007—2011)第5.2.5条、第5.2.7条计算。

软弱下卧层顶面处承载力特征值：

$$f_{az} = M_b \gamma b + M_d \gamma_m d + M_c c_k = 0 + 1.39 \times 10.5 \times 12.4 + 3.71 \times 30 = 292.3 \text{kPa}$$

基础底面以上土的自重应力 $P_c = \gamma_m d = 13.3 \times 4.4 = 58.52 \text{kPa}$

基础底面的接触压力：

$$p_k = \frac{N}{A} = \frac{153600}{16 \times 32} = 300 \text{kPa}, z = 12.4 - 4.4 = 8.0 \text{m}$$

$$p_z = \frac{lb(p_k - p_c)}{(b + 2z\tan\theta)(l + 2z\tan\theta)} = \frac{16 \times 32 \times (300 - 58.52)}{(16 + 2 \times 8 \times \tan 23°)(32 + 2 \times 8 \times \tan 23°)}$$
$$= 139.9 \text{kPa}$$

软弱下卧层顶面处的自重应力 $p_{cz} = \gamma_m h_i = 10.5 \times 12.4 = 130.2 \text{kPa}$

$$p_z + p_{cz} = 139.9 + 130.2 = 270.1 \text{kPa} < f_{az}$$

11. 答案(B)

解：据《建筑地基基础设计规范》(GB 50007—2011)计算。

$$d = 3.5 - 2.0 = 1.5 \text{m}$$

下卧层承载力：

$$f_{az} = f_{ak} + \eta_b \gamma (b - 3) + \eta_d \gamma_m (d - 0.5)$$
$$= 105 + 0 + 1 \times \frac{1.5 \times 18 + 8 \times (3.5 - 1.3 - 1.5)}{3.5 - 1.3} \times (3.5 - 2 - 0.5) = 120.2 \text{kPa}$$

由于 $z = 2.0 - 1.3 = 0.7 \text{m}$, $z/b = 0.7/3 = 0.23 < 0.25$

取 $\theta = 0$，承载力由下卧层控制：

$$p_z = p_k - p_c = 400/3 - 1.5 \times 18 = 106.3 \text{kPa}, p_{cz} = 1.5 \times 18 + 0.7 \times 8 = 32.6 \text{kPa}$$

$p_z + p_{cz} = 106.3 + 32.6 = 138.9 \text{kPa} > f_{az}$，选项(A)不正确。

如果 $b = 4.0 \text{m}$，计算如下：

$$p_z = p_k - p_c = \frac{400}{4} - 1.5 \times 18 = 73 \text{kPa}$$

$$p_z + p_{cz} = 73 + 32.6 = 105.6 \text{kPa} < f_{az} = 120.2 \text{kPa}$$

下卧层承载力满足要求，选项(B)正确。

由于 $e = \dfrac{\sum M}{\sum N} = \dfrac{150}{400} = 0.375\text{m}, 0.033b = 0.033 \times 3 = 0.099\text{m}$

该地基承载力特征值不宜采用式(5.2.5)计算,选项(C)不正确。

156.3kPa 不是净反力,选项(D)不正确。

12. 答案(B)

解:据《建筑地基基础设计规范》(GB 50007—2011)第 5.2.7 条计算。

①基础底面处土的自重压力值:$p_c = \gamma_1 h_1 = 18 \times 2 = 36\text{kPa}$

②淤泥质土层顶面处自重应力:

$$p_{cz} = \sum \gamma_i h_i = 18 \times 2 + 19 \times 0.5 + (19-10) \times 2.5 = 68\text{kPa}$$

③地基压力扩散线与垂线间夹角:

$$E_{s1}/E_{s2} = 10/2 = 5, z/b = 3/2 = 1.5 > 0.5, \theta \text{ 取 } 25°$$

④软弱下卧层顶面处的附加压力值:

$$p_z = \dfrac{lb(p_k - p_c)}{(b + 2z\tan\sigma)(l + 2z\tan\sigma)}$$

$$= \dfrac{3 \times 2 \times (202 - 36)}{(2 + 2 \times 3 \times \tan 25°)(3 + 2 \times 3 \times \tan 25°)} = 35.5\text{kPa}$$

⑤淤泥质土层顶面处附加应力与自重应力的和为:$p_z + p_{cz} = 35.5 + 68 = 103.5\text{kPa}$

13. 答案(D)

解:据《建筑地基基础设计规范》(GB 50007—2011)第 5.2.2 条计算。

基础底面偏心距:$e = \dfrac{\sum M}{\sum N} = \dfrac{900 + 1500 \times 0.6 + 200 \times 0.8}{300 + 1500 + 3 \times 5 \times 1.5 \times 20} = 0.87\text{m}$

接近于选项(D)。

14. 答案(C)

解:根据题意计算如下。

设塔顶水平力为 H 时基础偏心距为 4.8m,则

$$e = \dfrac{\sum M}{\sum N} = \dfrac{(30+2) \times H}{7.5} = 4.8$$

因此:$H = \dfrac{4.8 \times 7.5}{30 + 2} = 1.125\text{MN}$

15. 答案(D)

解:据《建筑地基基础设计规范》(GB 50007—2011)第 5.2.2 条计算。

$$e = 0.7 > \dfrac{b}{6} = 0.5, a = \dfrac{b}{2} - e = \dfrac{3}{2} - 0.7 = 0.8$$

$$p_{k\max} = \dfrac{2(F_k + G_k)}{3al} \Rightarrow F_k + G_k = \dfrac{2}{3}al\, p_{k\max}, F_k + G_k = \dfrac{3}{2} \times 0.8 \times 1 \times 140 = 168\text{kN/m}$$

16. 答案(B)

解:据《建筑地基基础设计规范》(GB 50007—2011)第 5.2.7 条计算。

$$p_c = \sum \gamma_i h_i = 18 \times 1.4 = 25.2\text{kPa}$$

$$\dfrac{E_{s1}}{E_{s2}} = \dfrac{9}{3} = 3, \dfrac{z}{b} = \dfrac{3}{2.5} = 1.2 > 0.5, \theta = 23°$$

$$p_{cz} = \sum \gamma_i h_i = 18 \times 1.4 + (18-10) \times 3 = 49.2\text{kPa}$$

$$p_z + p_{cz} = 39.3 + 49.2 = 88.5 \approx 89\text{kPa}, \eta_d = 1$$
$$f_{az} = f_{ak} + \eta_d \gamma_m (d - 0.5)$$
$$= 70 + 1 \times \frac{49.2}{3 + 1.4} \times (1.4 + 3.0 - 0.5) = 113.6 \approx 114\text{kPa}$$

17. 答案(D)

解: 据《建筑地基基础设计规范》(GB 50007—2011)第 5.2.2 条计算。

$$G_k = bld\gamma_d = 3 \times 1 \times 2 \times 20 = 120\text{kN/m}$$

$$p_{kmax} = 0 + \frac{G_k}{3} = 80 + \frac{120}{3} = 120\text{kPa}, p_{kmin} = 0 + \frac{G_k}{3} = 0 + \frac{120}{3} = 40\text{kPa}$$

$$F_k = \frac{1}{2} \times (80 + 0) \times 3 = 120(\text{kN/m}), F_k + G_k = 120 + 120 = 240\text{kN/m}$$

$$2M_k/W = p_{kmax} - p_{kmin}$$

$$e = \frac{W}{2(F_k + G_k)} \cdot (p_{kmax} - p_{kmin}) = \frac{1 \times 3^2/6}{2 \times (120 + 120)} \times (120 - 40) = 0.25\text{m}$$

满足 $e \leqslant b/6 = 0.5$,且满足 $e \geqslant 0.033b = 0.099\text{m}$

$$p_K = \frac{1}{2} \times (p_{kmax} + p_{kmin}) = \frac{1}{2} \times (120 + 40) = 80\text{kPa}$$

$$f_a \geqslant 80\text{kPa}, p_{kmax} \leqslant 1.2 f_a, f_a \geqslant p_{kmax}/1.2 = 120/1.2 = 100\text{kPa}$$

18. 答案(C)

解: 基础底面处自重应力 $p_{c1} = \sum \gamma_i h_i = 5 \times 20 + 3 \times 10 = 130\text{kPa}$

计算点处自重应力 $p_{c2} = \sum \gamma_i h_i = 5 \times 20 + 3 \times 10 + 18 \times 10 = 310\text{kPa}$

基础底面附加应力 $p_0 = p_k - p_{c1} = 425 - 130 = 295\text{kPa}$

$$\frac{z}{b} = \frac{18}{30/2} = 1.2$$

$$\frac{l}{b} = \frac{42/2}{30/2} = 1.4$$

查《建筑地基基础设计规范》(GB 50007—2011)表 K.0.1.1,得 $\alpha = 0.171$。

计算点处的附加应力 $p_z = 4\alpha p_0 = 4 \times 0.171 \times 295 = 201.8\text{kPa}$

$$p_z/p_{c2} = 201.8/310 = 0.65$$

19. 答案(B)

解: 据《建筑地基基础设计规范》(GB 50007—2011)第 5.2.2 条计算。

$$p_k = \frac{F+G}{A} = \frac{260+100}{3.6 \times 1} = 100\text{kPa}, e = 0.8\text{m} > \frac{b}{6} = \frac{3.6}{6} = 0.6\text{m}$$

$$p_{kmax} = \frac{2(F_k + G_k)}{3al} = \frac{2 \times (260+100)}{3 \times (1.8-0.8) \times 1} = 240\text{kPa}$$

$$f_a \geqslant p_k = 100\text{kPa}$$

$$1.2 f_a \geqslant p_{kmax} = 240, f_a \geqslant 200\text{kPa}$$

20. 答案(C)

解: 据《建筑地基基础设计规范》(GB 50007—2011)第 5.2.2 条计算。

解法一:

$$e = b/6 = 4.2/6 = 0.7\text{m}$$

$$M_k = eN = ep_k A = 0.7 \times 200 \times 4.2 \times 4.2 = 2469.6\text{kN} \cdot \text{m}$$

$$H \times (18 + 2) = M_k = 2469.6\text{kN} \cdot \text{m}$$

$$H = 123.48 \text{kN}$$

解法二：
$$p_{\min} = \frac{F_k + G_k}{A} - \frac{M_k}{W} = 0$$
$$M_k = \frac{F_k + G_k}{A} W = 200 \times \frac{4.2 \times 4.2^2}{6} = 2469.6 \text{kN} \cdot \text{m}$$
$$H \times (18 + 2) = M_k = 2469.6 \text{kN} \cdot \text{m}$$
$$H = 123.48 \text{kN}$$

解法三：
$$M_k = p_k A \left(\frac{b}{2} - \frac{b}{3}\right) = 200 \times 4.2 \times 4.2 \times \left(\frac{4.2}{2} - \frac{4.2}{3}\right) = 2469.6 \text{kN} \cdot \text{m}$$
$$H \times (18 + 2) = 2469.6 \text{kN} \cdot \text{m}, H = 123.48 \text{kN}$$

21. **答案**(B)

解：根据《建筑地基基础设计规范》(GB 50007—2011)第5.2.2条计算。
$$W = \frac{lb^2}{6} = \frac{2 \times 3^2}{6} = 3 \text{m}^3$$

22. **答案**(A)

解：据《建筑地基基础设计规范》(GB 50007—2011)第5.2.2条计算。
$$e \leqslant \frac{0.1W}{A} = \frac{0.1 lb^2}{6 lb} = \frac{0.1b}{6} = \frac{0.1 \times 10}{6} = 0.167 \text{m}$$
$$M = 200 \times 0.167 = 33.3 \text{MN} \cdot \text{m}$$

23. **答案**(C)

解：据《建筑地基基础设计规范》(GB 50007—2011)第8.2.11条及题意知，验算局部弯曲时，与基岩底面处的自重应力无关，选项(A)不正确，而基础底面的水压力必须考虑，所以选项(B)、(D)不正确，选项(C)正确。

24. **答案**(B)

解：根据《建筑地基基础设计规范》(GB 50007—2011)第5.2.2条计算。
$$e = 0.6 \text{m} > \frac{b}{6} = \frac{3}{6} = 0.5 \text{m}, a = \frac{b}{2} - e = \frac{3}{2} - 0.6 = 0.9 \text{m}$$
$$A = 3al = 3 \times 0.9 \times 3 = 8.1 \text{m}^2$$

25. **答案**(D)

解：见解图，据《建筑地基基础设计规范》(GB 50007—2011)第5.2.7条计算。

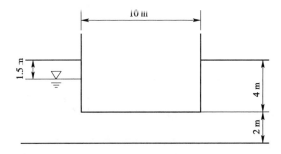

题25解图

$z/b = 2/10 = 0.2 < 0.25$，取 $\theta = 0°$，$p_c = \gamma h = 12 \times 4 = 48 \text{kPa}$

$$p_{cz} = \gamma(h+z) = 48 + (18-10) \times 2 = 64 \text{kPa}$$

$$p_z = \frac{lb(p_k - p_c)}{(b+2z\tan\theta)(l+2z\tan\theta)} = p_k - p_c$$

$$p_z + p_{cz} \leqslant f_{az}, p_k - p_c + p_{cz} \leqslant f_{az}, p_k \leqslant f_{az} + p_c - p_{cz} = 130 + 48 - 64 = 114 \text{kPa}$$

26. 答案(C)

解：轴向力 $N = \dfrac{2.5 \times 200}{2} = 250 \text{kN}$

力矩 $M = Ne = \dfrac{Nb}{6} = \dfrac{250 \times 2.5}{6} = 104.2 \text{kN} \cdot \text{m}$

27. 答案(D)

解：框架结构用沉降差控制,以两柱沉降量的差值除以柱距,求得的沉降差见解表。

题 28 解表

	A—B 跨	B—C 跨	C—D 跨
ΔS	70mm	30mm	20mm
柱距	9m	12m	9m
沉降差	0.0078	0.0025	0.0022
允许变形值	0.003	0.003	0.003

28. 答案(A)

解：据土力学基本理论计算如下：

高层部位 $p_{0高} = 430 - (3 \times 20 + 4 \times 10) = 330 \text{kPa}$

如解图所示,根据应力叠加原理,得：

$$L/B = (40+8)/20 = 2.4, z/B = 12/20 = 0.6, 查表得, \alpha_1 = (2.4, 0.60) = 0.2334$$
$$L/B = 20/8 = 2.5, z/B = 12/8 = 1.5$$

查表得, $\alpha_2 = (0.164 + 0.171 + 0.148 + 0.157)/4 = 0.1600$

$$\alpha_{高层引} = (0.2334 - 0.1600) \times 2 = 0.1468$$

高层产生的附加应力 $= 330 \times 0.1468 = 48.4 \text{kPa}$

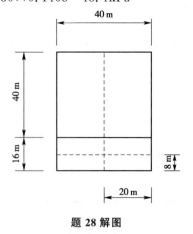

题 28 解图

29. 答案(C)

解：据《建筑地基基础设计规范》(GB 50007—2011)第 5.2.7 条计算。

$$p_{cz} = 2 \times 19 + 2.5 \times 9 = 60.5 \text{kPa}$$

$$f_{az} = f_{ak} + \eta_d \gamma_m (d-0.5) = 60 + 1.0 \times \frac{(2 \times 19 + 2.5 \times 9)}{4.5} \times (4.5 - 0.5)$$

$$= 60 + 53.8 = 113.8 \text{kPa}$$

根据已知压力扩散角 $23°$，按原设计基础宽度 2m，验算下卧层为：

$$p_z + p_{cz} = \frac{2 \times (320/2 + 1.5 \times 19 - 1.5 \times 19)}{2 + 2 \times 3 \times \tan 23°} + 60.5$$

$$= 70.38 + 60.5 = 130.88 \text{kPa} \geqslant f_{az}$$

$$p_z = f_{az} - p_{cz} = 113.8 - 60.5 = \frac{b \times (320/b + 1.5 \times 19 - 1.5 \times 19)}{b + 2 \times 3 \times \tan 23°} = 53.3 \text{kPa}$$

计算得 $b = 3.46\text{m}$

30. 答案(A)

解：
$$\sigma' = \sigma - u = 20 \times (1+3+1) + 18 \times 2 - 10 \times 7 = 66 \text{kPa}$$

31. 答案(B)

解：$p_{kmax} + p_{kmin} = 2p_k$，$280 + p_{kmin} = 2 \times 170$

$$p_{kmin} = 60, p_{kmax} - p_{kmin} = \frac{2M_k}{W}, 280 - 60 = \frac{2M_k}{1 \times 3^2/6}$$

$M_k = 165, M_k = Ne = p_k be = 165, 170 \times 3 \times e = 165, e = 0.3235\text{m}$

32. 答案(A)

解：据《建筑地基基础设计规范》(GB 50007—2011)第 5.2.7 条计算。

$$\frac{E_{s1}}{E_{s2}} = \frac{12}{4} = 3, \frac{z}{b} = \frac{2}{2} = 1 > 0.5, 取 \theta = 23°, 则：$$

$$p_z = \frac{b(p_k - p_c)}{b + 2z\tan\theta} = \frac{2 \times [200 - (1 \times 20 + 1.5 \times 100)]}{2 + 2 \times 2 \times \tan 23°} = 89.24 \text{kPa}$$

33. 答案(A)

解：解法一：据《建筑地基基础设计规范》(GB 50007—2011)第 5.2.7 条计算。

$$\frac{E_{s1}}{E_{s2}} = \frac{12}{4} = 3, \frac{z}{b} = \frac{5}{25} = 0.2 < 0.25$$

θ 取 $0°$，$f_{az} = f_{ak} + \eta_d \gamma_m (d-0.5) = 80 + 1.0 \times 19 \times (5-0.5) = 165.5 \text{kPa}$

设路堤高度为 H，则：

$$p_z = \frac{b(p_k - p_c)}{b + 2z\tan\theta} = p_k = 20H, p_{cz} = \gamma h = 19 \times 5$$

$$20H + 19 \times 5 = 165.5, H = 3.525$$

解法二：据《公路桥涵地基与基础设计规范》(JTG D63—2007)第 3.3.5 条计算。

$$[f_a] = [f_{a0}] + \gamma_2 h = 80 + 19 \times 5 = 175 \text{kPa}$$

$$20H + 19 \times 5 = 175, H = 4.0\text{m}$$

34. 答案(C)

解：据《建筑地基基础设计规范》(GB 50007—2011)第 5.2.2 条计算。

取单位长度条形基础，$e = 0.6 > \frac{b}{6} = 0.5$

(1) 按偏心荷载作用下 $p_{kmax} \leqslant 1.2 f_a$ 验算：

$$p_{kmax} = \frac{2(F_k + G_k)}{3al} \leqslant 1.2 f_a$$

$$\frac{2\times N}{3\times 0.9\times 1}\leqslant 1.2\times 200$$
$$N\leqslant 324\text{kN}$$

(2)按 $p_k\leqslant f_a$ 验算：
$$\frac{F_k+G_k}{A}<f_a$$
$$\frac{N}{3\times 1}\leqslant 200, N\leqslant 600\text{kN}, 取\ N=324\text{kN}$$

35.答案（B）

解：据《建筑地基基础设计规范》(GB 50007—2011)第 5.2.7 条计算。
如解图所示。

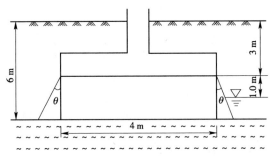

题 36 解图

(1)基础底面的天然应力：
$$p_c=\gamma d=20\times 3=60\text{kPa}$$

(2)应力扩散角：
由于 $\frac{E_{s1}}{E_{s2}}=\frac{15}{5}=3$，得 $\frac{z}{b}=\frac{3}{3}=1>0.5$，查表得 $\theta=23°$

(3)软弱下卧层顶面处的附加应力：
$$p_z=\frac{lb(p_k-p_c)}{(b+2z\tan\theta)(l+2z\tan\theta)}=\frac{4\times 3\times(300-60)}{(3+2\times 3\times\tan 23°)\times(4+2\times 3\times\tan 23°)}$$
$$=79.3\text{kPa}$$

(4)软弱下卧层顶面的自重应力：
$$p_{cz}=\sum\gamma_i H_i=20\times 3+20\times 1+10\times 2=100\text{kPa}$$

(5)软弱下卧层顶面处的附加应力与自重应力的和：
$$p_z+p_{cz}=79.3+100=179.3\text{kPa}$$

36.答案（C）

解：据《建筑地基基础设计规范》(GB 50007—2011)第 5.2.7 条计算。
由于集中荷载 N 作用于基础顶面，故基础底面的附加应力可直接由集中荷载除以基础宽度求得。
$$p_c=2\times 18=36\text{kPa}, p_k=\frac{F_k+G_k}{A}=\frac{320+2\times 4\times 1\times 20}{4\times 1}=120\text{kPa}$$
$$p_z=\frac{b(p_k-p_c)}{b+2z\tan\theta}=\frac{4\times(120-36)}{4+2\times 2\times\tan 25°}=57.3\text{kPa}$$

37.答案（D）

解：据《建筑地基基础设计规范》(GB 50007—2011)第 5.2.2 条计算。

$$G_k = 3 \times 4 \times 3 \times 20 = 720 \text{kN}$$
$$M_k = F_k e' + Hh = 1200 \times 1.2 + 200 \times 3 = 2040 \text{kN} \cdot \text{m}$$
$$e = \frac{M_k}{N} = \frac{2040}{1200+720} = 1.0625 > \frac{b}{6} = \frac{4}{6} = 0.667$$

按大偏心计算：
$$a = \frac{b}{2} - e = \frac{4}{2} - 1.0625 = 0.9375$$
$$p_{k\max} = \frac{2(F+G)}{3la} = \frac{2 \times (1200+720)}{3 \times 0.9375 \times 3} = 455.1 \text{kPa}$$

38. 答案(B)
解：据《建筑地基基础设计规范》(GB 50007—2011)第5.2.4条、第5.2.7条计算。

①上层土承载力验算：
$$f_{a\text{上}} = f_{ak\text{上}} + \eta_b \gamma(b-3) + \eta_d \gamma_m(d-0.5)$$
$$= 160 + 0 + 1.6 \times 18 \times (2.5-0.5)$$
$$= 217.6 \text{kPa}$$

②无偏心荷载，所以 p_k 应满足：
$$p_k = \frac{F_k + G_k}{A} \leqslant f_{a\text{上}}, F_k \leqslant f_{a\text{上}} A - G_k = 217.6 \times 2 \times 1 - 2 \times 2.5 \times 1 \times 20 = 335.2 \text{kN}$$

③下层土的承载力验算：
$$f_{az} = f_a + \eta_d \gamma_d(z-0.5) = 90 + 1.0 \times 18 \times (4.5-0.5) = 162 \text{kPa}$$
$E_{s1}/E_{s2} = 15/3 = 5, z/b = 2/2 = 1 > 0.5,$ 取 $\theta = 25°$。

$$p_z + p_{cz} \leqslant f_{az}, \frac{b(p_k - p_c)}{b + 2z\tan\theta} + \gamma(d+z) \leqslant f_{az}$$

$$\frac{2(p_k - 2.5 \times 18)}{2 + 2 \times 2 \times \tan 25°} + 18 \times (2.5+2) \leqslant 162 \text{kPa}$$

得出：$p_k \leqslant 201.54 \text{kPa}$，即 $\frac{F_k + G_k}{A} \leqslant 201.54 \text{kPa}$

$$\frac{F_k + 2 \times 2.5 \times 1 \times 20}{2 \times 1} \leqslant 201.54 \text{kPa}, F_k \leqslant 303.08 \text{kPa}$$

39. 答案(C)
解：据《建筑地基基础设计规范》(GB 50007—2011)第5.2.4条等计算。
$e = 0.4\text{m}, b/6 = 0.6\text{m}$，为小偏心，$e < b/6$，所以

$$p_k = \frac{F_k + G_k}{A} = \frac{200+100}{3.6 \times 1} = 83.3 \text{kPa}$$

$$p_{k\max} = \frac{F_k + G_k}{A} + \frac{M_k}{W} = 83.3 + \frac{300 \times 0.4 \times 6}{1 \times 3.6^2} = 138.86 \text{kPa}$$

由 $p_k < f_a$，得 $f_a \geqslant 83.3 \text{kPa}$

由 $p_{k\max} \leqslant 1.2 f_a$，得 $f_a \geqslant \frac{138.86}{1.2} = 115.7 \text{kPa}$

40. 答案(D)
解：据《建筑地基基础设计规范》(GB 50007—2011)第5.2.2条计算。

$$p_k = \frac{F_k + G_k}{A} = \frac{120 \times 10^3}{30 \times 10} = 400 \text{kPa}, e = 1.0, \frac{b}{6} = \frac{10}{6} = 1.67, \text{则 } e < \frac{b}{6}$$

$$p_{kmax} = p_k + \frac{M}{W} = 400 + \frac{120 \times 10^3 \times 1 \times 6}{30 \times 10^2} = 640 \text{kPa}$$

由 $p_k \leqslant f_a$,得 $f_a > 400\text{kPa}$

由 $p_{kmax} \leqslant 1.2 f_a$,得 $f_a \geqslant \frac{p_{kmax}}{1.2} = \frac{640}{1.2} = 533.3\text{kPa}$

41. 答案(B)

解:由平衡方程得偏心距 $e = \frac{H_k(h+d)}{N_k}$

不出现零压力区,则 $e = l/6 = 10/6 = 1.67$。

将偏心距 e、水平力 H_k 及竖向荷载 N_k 代入上式,即可解得 h。

$$h = \frac{eN_k}{H_k} - d = \frac{1.67 \times 20}{1.5} - 3 = 19.3\text{m}$$

42. 答案(D)

解:据《建筑物地基基础设计规范》(GB 50007—2011)附录 K 计算。

① 求 σ_{z0}:由 $z/b = 4/4 = 1.0$,$l/b = 4/4 = 1.0$,查表得 $\alpha_0 = 0.336$
承载面积中心 O 点下:
$z = 4\text{m}$ 处 M_0 点的附加应力 $\sigma_{z0} = \alpha_0 p = 0.336 \times 400 = 134.4\text{kPa}$

② 求 σ_{zc}:由 $z/2b = 8/8 = 1.0$,$2l/2b = 8/8 = 1.0$,查表得 $\alpha_0 = 0.336$
承载面积角点 C 下:
$z = 8\text{m}$ 处 M_c 点的附加应力 $\sigma_{zc} = \frac{1}{4}\alpha_0 p = \frac{1}{4} \times 0.336 \times 400 = 33.6\text{kPa}$

③ $\frac{\sigma_{z0}}{\sigma_{zc}} = \frac{\alpha_0 p}{\frac{1}{4}\alpha_0 p} = 4$

注:① 可不求出具体数值;② 可用规范表查附加应力系数。

43. 答案(A)

解:据《建筑地基基础设计规范》(GB 50007—2011)第 5.2.2 条计算。

$$e = 0.2\text{m} < l/b = 1.8/6 = 0.3\text{m}$$

$$p_{kmax} = \frac{F_k + G_k}{lb} \cdot \left(1 + \frac{6e}{l}\right) = \frac{300}{1.8 \times 1.2} \times \left(1 + \frac{6 \times 0.2}{1.8}\right) = 231.48\text{kPa}$$

$$p_{kmin} = \frac{F_k + G_k}{lb} \cdot \left(1 - \frac{6e}{l}\right) = \frac{300}{1.8 \times 1.2} \times \left(1 - \frac{6 \times 0.2}{1.8}\right) = 46.3\text{kPa}$$

先判断小偏心,应力分布为梯形,然后只计算 p_{max} 亦可。

44. 答案(B)

解:据《建筑地基基础设计规范》(GB 50007—2011)式(5.2.1-1)计算。

① 求地基承载力特征值:
$$f = f_{ak} + \eta_b \gamma(b-3) + \eta_d \gamma_m(d-0.5) = 150 + 1.0 \times 18 \times (1.5 - 0.5) = 168\text{kPa}$$

② 确定基础底面积:
按中心荷载作用计算基底面积:
$$A_0 = \frac{F_k}{f_a - \gamma_G d} = \frac{500}{168 - 20 \times 1.5} = 3.62\text{m}^2$$

或 $A = \frac{F_k + G_k}{f_a} = \frac{F_k + A \times 1.5 \times 20}{f_a}$,求得 $A = 3.62\text{m}^2$

45. 答案(A)

解: 据《建筑地基基础设计规范》(GB 50007—2011)第 5.2.2 条计算。

求基础底面抵抗矩:

$$M = 10 \times 15 = 150 \text{kN} \cdot \text{m}, \quad W = \frac{\pi d^3}{32} = \frac{3.14 \times 6^3}{32} = 21.2 \text{m}^3$$

$$p_{max} = p_k + \frac{M}{W} = 150 + \frac{10 \times 15}{21.2} = 157.1 \text{kPa}$$

$$p_{min} = p_k - \frac{M}{W} = 150 - \frac{10 \times 15}{21.2} = 142.9 \text{kPa}, \quad \frac{p_{max}}{p_{min}} = \frac{157.1}{142.9} = 1.1$$

46. 答案(A)

解: 据《建筑地基基础设计规范》(GB 50007—2011)第 5.2.7 条计算。

基底附加压力 $p_0 = (p_k - p_c) = 150 - 2 \times 18 = 114 \text{kPa}$

模量比 $E_{s1}/E_{s2} = 9/3 = 3, z/b = 2/3 = 0.67 > 0.5$, 扩散角取值 23°

第②的层顶附加应力 $= \frac{lb(p_k - p_c)}{(b + 2z\tan\theta)(l + 2z\tan\theta)}$

$$= \frac{5 \times 3 \times 114}{(3 + 2 \times 2 \times \tan 23°) \times (5 + 2 \times 2 \times \tan 23°)} = 54 \text{kPa}$$

第②的层顶自重应力(有效应力) $= 2 \times 18 + 2 \times (18 - 10) = 52 \text{kPa}$

第②的层顶附加应力与自重应力之和 $= 54 + 52 = 106 \text{kPa}$

47. 答案(A)

解: 据《建筑地基基础设计规范》(GB 50007—2011)第 5.2.2 条计算。

① 基础及其上土重 $G = \gamma dlb = 20 \times 2 \times 2.5 \times 2 = 200 \text{kN}$

② 基础底面的力矩 $M = M_1 + Hh = 260 + 190 \times 1.0 = 450 \text{kN} \cdot \text{m}$

③ 偏心距 $e = \frac{M}{F + G} = \frac{450}{700 + 200} = 0.5 \text{m} > \frac{b}{6} = \frac{2.5}{6} = 0.42 \text{m}$, 大偏心

④ $p_{kmax} = \frac{2(F_k + G_k)}{3la} = \frac{2 \times (700 + 200)}{3 \times 2.0 \times \left(\frac{2.5}{2} - 0.5\right)} = 400 \text{kPa}$

48. 答案(B)

解: $b = \frac{F_k}{f_a - \gamma_G d} = \frac{160}{200 - 22 \times 4} = 1.43 \text{m}$

49. 答案(A)

解: 据《建筑地基基础设计规范》(GB 50007—2011)第 5.2.7 条计算。

持力层与下卧层土压缩模量比:

① $\frac{E_{s1}}{E_{s2}} = \frac{12}{4} = 3, \frac{z}{b} = \frac{5-3}{2} = 1 > 0.5$, 地基压力扩散角为 23°

② $p_c = 19 \times 1 + (19 - 10) \times 2 = 37 \text{kPa}$

③ $p_z = \frac{2 \times (180 - 37)}{2 + 2 \times 2 \times \tan 23°} = 77.3 \text{kPa}$

④ $p_{cz} = 1 \times 19 + 4 \times 9 = 55 \text{kPa}$

⑤ 总压力为: $p_z + p_{cz} = 77.3 + 55 = 132.3 \text{kPa}$

50. 答案(D)

解: 据《建筑地基基础设计规范》(GB 50007—2011)第 5.2.2 条计算。

以基础地面中心(形心)为旋转中心,计算偏心距 e:
$$e = \frac{\sum M_k}{F_k + G_k} = \frac{1680 \times 0.8 - 4800 \times 0.2}{1680 + 4800 + 4 \times 6 \times 3 \times 20} = 0.0485\text{m} < \frac{b}{6} = \frac{4}{6} = 0.677\text{m}$$

属于小偏心,且基础地面边缘 A 的压力值为最大压力值,则由规范第5.2.2条式(5.2.2-2)计算 p_{max}:

抵抗矩:$W = \dfrac{bl^2}{6} = \dfrac{4 \times 6^2}{6} = 24\text{m}^3$

力矩:$\sum M_k = 1680 \times 0.8 - 4800 \times 0.2 = 384\text{kN} \cdot \text{m}$

则:$p_{max} = \dfrac{F_k + G_k}{A} + \dfrac{\sum M_k}{W} = \dfrac{(1680 + 4800) + (4 \times 6 \times 3 \times 20)}{4 \times 6} + \dfrac{384}{24} = 346\text{kPa}$

51. **答案**(C)

解:据《建筑地基基础设计规范》(GB 50007—2011)第5.2.2条、第5.2.5条计算。

偏心距:
$$e = \frac{M_k}{N_k} = \frac{M_k}{F_k + G_k} = \frac{70}{650 + 2 \times 3 \times 1.2 \times 20 + 2 \times 3 \times 1.0 \times 17.5} = 0.0779 < \frac{b}{6} = \frac{3}{6} = 0.5$$

属于小偏心,则:
$$p_{max} = \frac{F_k + G_k}{A} + \frac{M_k}{W} = \frac{650 + 2 \times 3 \times 1.2 \times 20 + 2 \times 3 \times 1.0 \times 17.5}{2 \times 3} + \frac{70}{2 \times 3^2/6} = 173.17\text{kPa}$$

由 $\varphi_k = 16°$ 查规范表5.2.5,得 $M_b = 0.36, M_d = 2.43, M_c = 5.00$,则:
$$f_a = M_b \gamma b + M_d \gamma_m d + M_c c_k$$
$$= 0.36 \times (18.5 - 10) \times 2 + 2.43 \times 18.5 \times 1.2 + 5.00 \times 20 = 160.066\text{kPa}$$

$$\frac{p_{max}}{f_a} = \frac{173.17}{160.066} \approx 1.1$$

注:该题 $e = 0.5$,不符合式(5.2.5)的使用条件。

52. **答案**(B)

解:$p_k = \dfrac{F_k + G_k}{A} = \dfrac{F_k + 3.0 \times 3.6 \times 1.2 \times 20}{3.0 \times 3.6}$,$p_{cz} = 1.2 \times 18 + 2.0 \times 9 = 39.6\text{kPa}$

$$p_z = \frac{3.0 \times 3.6 \times (p_k - 1.2 \times 18)}{(3.0 + 2 \times 2 \times \tan23°) \times (3.6 + 2 \times 2 \times \tan23°)}$$

$$f_{az} = 65 + \frac{1.2 \times 18 + 2.0 \times 9}{3.2} \times (3.2 - 0.5) = 98.41\text{kPa}$$

由 $p_z + p_{cz} = f_{az}$,解得:$F_k = 1444\text{kN}$

53. **答案**(C)

解:若要保证基底压力均布,需对基础底面中心的合力矩为零,则有:
$$e = \frac{100}{300} = 0.33\text{m}$$

则基础总宽度 $b = 2 \times (2 + 0.4/2 - 0.33) = 3.74\text{m}$

54. **答案**(B)

解:总竖向力:
$F_k + G_k = 40 \times 6 \times 90 \times 60 + 15 \times 45 \times 50 \times 40 + 15 \times 15 \times 78 \times 40 = 3348000\text{kN}$

合力偏心距:
$$e = \frac{M_k}{F_k + G_k} = \frac{15 \times 15 \times 78 \times 40 \times (78/2 + 10/2) - 15 \times 45 \times 50 \times 40 \times (90/2 - 50/2)}{3348000}$$
$$= 1.161\text{m}$$

$$e=1.161<\frac{b}{6}=\frac{90}{6}=15 \text{ 属于小偏心情况,所以:}$$

$$p_{kmax}=\frac{F_k+G_k}{A}\left(1+\frac{6e}{b}\right)=\frac{3348000}{60\times 90}\times\left(1+\frac{6\times 1.161}{90}\right)=667.98\text{kPa}$$

55. 答案(C)

解: 基底压力三角形分布时,$p_{kmax}=\frac{2(F_k+G_k)}{A}\leqslant 1.2f_a$

即 $2\times\left(\frac{200+20\times b\times 3}{b}\right)\leqslant 1.2\times 200$,解得:$b\geqslant 3.33\text{m}$

基底平均压力 $p_k=\frac{F_k+G_k}{b}\leqslant f_a$,解得:$b\geqslant 1.43\text{m}$,取大值。

56. 答案(B)

解: 据《建筑地基基础设计规范》(GB 50007—2011)第5.2.4条计算。

加层之前:$f_a=f_{ak}+\eta_b\gamma(b-3)+\eta_d\gamma_m(d-0.5)$
$=150+2\times 20\times(3-3)+3\times 20\times(2-0.5)=240\text{kPa}$

基底压力:$p_k=\frac{F_k+G_k}{b}=f_a$,解得:$F_k+G_k=240\times 3=720\text{kN/m}$

加层之后:$f_a=240+2.0\times 20\times\Delta b=40\Delta b+240$

基底压力:$p_k=\frac{720+(240+\Delta b\times 2\times 20)}{3+\Delta b}=f_a=40\Delta b+240$,解得:$\Delta b=0.69\text{m}$

57. 答案(D)

解: 据《公路桥涵地基与基础设计规范》(JTG D63—2007)第3.3.6条及第4.2.2条计算。

双偏心受压最大压力:$p_{max}=\frac{N}{A}+\frac{M_x}{W_x}+\frac{M_y}{W_y}\leqslant\gamma_R[f_a]$

其中,$\gamma_R=1.5$(条件:多年压实且未经破坏的旧桥基础)

因此,$p_{max}=\frac{N}{2\times 3}+\frac{N\times 0.4}{\frac{2\times 3^2}{6}}+\frac{N\times 0.2}{\frac{3\times 2^2}{6}}\leqslant 1.5\times 160=240$,解得:$N=600\text{kN}$

58. 答案:(D)

解: 偏心距计算:

$$e=\frac{\sum M}{\sum N}=\frac{20\times 60\times\left(\frac{60}{2}+3\right)+\frac{1}{2}\times 30\times 60\times\left(\frac{2}{3}\times 60+3\right)}{24000}=3.26>\frac{b}{6}=\frac{15}{6}=2.5$$

大偏心:$p_{kmax}=\frac{2(F_k+G_k)}{3l\left(\frac{b}{2}-e\right)}=\frac{2\times 24000}{3\times 15\times\left(\frac{15}{2}-3.26\right)}=251.6\text{kPa}$

59. 答案(B)

解: 根据《建筑地基基础设计规范》(GB 50007—2011)第5.2.7条计算。

$\frac{E_{s1}}{E_{s2}}=\frac{21}{7}=3$,$\frac{z}{b}=\frac{10}{20}=0.5$,查表扩散角 $\theta=23°$,则:

$$p_z=\frac{lb(p_k-p_c)}{(b+2z\tan\theta)(l+2z\tan\theta)}=\frac{20\times 60\times(p_k-2\times 19)}{(20+2\times 10\tan 23°)(60+2\times 10\tan 23°)}=0.615p_k-23.37$$

$$f_{az}=f_{ak}+\eta_d\gamma_m(d-0.5)=100+1.5\times19\times(12-0.5)=427.75\text{kPa}$$

$$p_z+p_{cz}=0.615p_k-23.37+12\times19\leqslant f_{az}=427.75,\text{解得}:p_k\leqslant362.8\text{kPa}$$

60. 答案(B)

解:$e=150/300=0.5\text{m},a=0.5b-e=0.5b-0.5$

则反力有效宽度 $3a\geqslant0.8b$,解得:$b\leqslant3a/0.8,b\geqslant2.143\text{m}$

61. 答案(A)

解:据《建筑地基基础设计规范》(GB 50007—2011)第5.2.7条计算。

$z/b=1.5/2=0.75,E_{s1}/E_{s2}=12/3=4$,插值 $\theta=24°$,则:

$$p_z=\frac{b(p_k-p_c)}{b+2z\tan\theta}=\frac{2\times(160-1.5\times20)}{2+2\times1.5\tan24°}=77.9\text{kPa}$$

$$p_{cz}=1.5\times20+1.5\times(20-10)=45\text{kPa}$$

$$p_z+p_{cz}=77.9+45=122.9\text{kPa}$$

粉土,查表 $\eta_d=1.5,\gamma_m=\dfrac{1.5\times18+1.5\times8}{1.5+1.5}=13$

$$f_{az}=160+1.5\times13\times(3-0.5)=126.25\text{kPa}$$

则 $p_z+p_{cz}<f_{az}$,满足承载力要求。

62. 答案(B)

解:

$$e=\frac{M_k}{F_k+G_k}=\frac{2500\times\cos60°\times1.5-300}{2500\times\sin60°+3\times4\times2.5\times20}=0.57<\frac{b}{6}=\frac{4}{6}=0.67$$

小偏心,$p_{k\max}=\dfrac{F_k+G_k}{A}\left(1+\dfrac{6e}{b}\right)$

$$=\frac{2500\times\sin60°+3\times4\times2.5\times20}{3\times4}\times\left(1+\frac{6\times0.57}{4}\right)=426\text{kPa}$$

63. 答案(B)

解:黏性土查表,$\eta_b=0.3,\eta_d=1.6$,则:

$$f_a=f_{ak}+\eta_b\gamma(b-3)+\eta_d\gamma_m(d-0.5)$$

$$=130+0+1.6\times18\times(d-0.5)=115.6+28.8d$$

$$p_k=\frac{F_k+G_k}{A}=\frac{300+2.4\times1\times d\times201}{2.4\times1}\leqslant f_a$$

$$d\geqslant1.07\text{m}$$

$$p_{k\max}=\frac{F_k+G_k}{A}\left(1+\frac{6e}{b}\right)=\frac{300+2.4\times1\times d\times201}{2.4\times1}\times\left(1+\frac{6\times\dfrac{30}{300+48d}}{2.4}\right)\leqslant1.2f_a$$

$$d\geqslant1.2\text{m}$$

第三讲 地基沉降计算

1. 答案(B)

解:据《建筑地基基础设计规范》(GB 50007—2011)第 5.3.5 条计算,如解表所示。

题1解表

层号	z_i	z_i/b	l/b	$\bar{\alpha}_i$	$4(z_i\bar{\alpha}_i - z_{i-1}\bar{\alpha}_{i-1})$	E_s
	0	0				
②	2	1	1.5	0.2320	1.8560	7500
③	6.4	3.2	1.5	0.1474	1.9174	2400

$$s = 1.0 \times \left(\frac{80}{7500} \times 1.8560 + \frac{80}{2400} \times 1.9174\right) = 0.0837\text{m} = 83.7\text{mm}$$

2. 答案(C)

解:据《建筑地基基础设计规范》(GB 50007—2011)第 5.3.6 条计算,如解表所示。

题2解表

层号	z_i	z_i/b	l/b	$\bar{\alpha}_i$	$4(z_i\bar{\alpha}_i - z_{i-1}\bar{\alpha}_{i-1})$	E_{si}
	0	0				
②	2	1	1.5	0.2320	1.8560	7500
③	5.2	2.6	1.5	0.1664	1.6051	2400

$$\bar{E}_s = \frac{\sum A_i}{\sum(A_i/E_{si})} = \frac{1.8560 + 1.6051}{\frac{1.8560}{7.5} + \frac{1.6051}{2.4}} = 3.78\text{MPa}$$

3. 答案(B)

解:地面沉降的计算如解图所示。

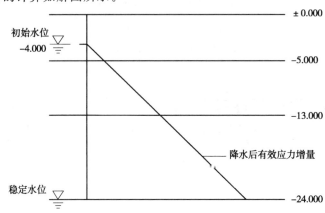

题3解图

第一层沉降量,$s_1 = \dfrac{a}{1+e_0}\Delta p_1 h_1 = \dfrac{0.3}{1+0.75} \times \dfrac{1}{2} \times 10 \times 1 \times 1 = 0.86\text{mm}$

第二层沉降量,$s_2 = \dfrac{a}{1+e_0}\Delta p_2 h_2 = \dfrac{0.25}{1+0.65} \times \dfrac{1}{2} \times (10 \times 1 + 10 \times 9) \times 8 = 60.61\text{mm}$

第三层沉降量,$s_3 = \dfrac{\Delta p_3}{E_s}h_3 = \dfrac{\frac{1}{2} \times (10 \times 9 + 10 \times 20)}{15} \times 11 = 106.33\text{mm}$

$$s = s_1 + s_2 + s_3 = 0.86 + 60.61 + 106.33 = 167.8\text{mm}$$

4. 答案(B)

解：据《建筑地基基础设计规范》(GB 50007—2011)计算。

$$\overline{E}_s = \frac{\sum A_i}{\sum \frac{A_i}{E_{si}}} = \frac{0.225+0.219+0.015}{\frac{0.225}{3300}+\frac{0.219}{5500}+\frac{0.015}{7800}} = 4175.6\text{kPa}$$

$$p_0 = f_{ak} = 185\text{kPa}, E_s \approx 4.18, \frac{4.18-4}{7-4} = \frac{\psi_s-1.3}{1.0-1.3}, \text{解得}:\psi_s = 1.282$$

$$s = \psi_s s' = 1.282 \times 81.4 = 104.35\text{mm}$$

5. 答案(A)

解：据地基沉降计算及附加应力计算的相关知识计算。

土层界面处的附加应力系数为：

$$\alpha_1 p_0 = p_{z1} \Rightarrow \alpha_1 = \frac{p_{z1}}{p_0} = \frac{50}{60} = 0.833, \quad \alpha_2 p_0 = p_{z2} \Rightarrow \alpha_2 = \frac{p_{z2}}{p_0} = \frac{30}{60} = 0.5$$

加层后土层界面处的附加应力分别为：

$$p'_{z1} = \alpha_1 p'_0 = 0.833 \times 100 = 83.3\text{kPa}, \quad p'_{z2} = \alpha_2 p'_0 = 0.5 \times 100 = 50\text{kPa}$$

加层前地基最终变形量：

$$s_1 = \sum \frac{\Delta \overline{p}_i}{E_{si}} h_i = \frac{(50+60)/2}{5000} \times 5000 + \frac{(30+50)/2}{6000} \times 8000 = 108.3\text{mm}$$

在加层后附加压力作用下的地基最终沉降量(不考虑加层前的沉降)：

$$s_2 = \sum \frac{\Delta \overline{p}_i}{E_{si}} h_i = \frac{(100+83.3)/2}{5000} \times 5000 + \frac{(83.3+50)/2}{6000} \times 8000 = 180.5\text{mm}$$

加层后的最终沉降量 $s = s_2 - U_t s_1 = 180.5 - 0.8 \times 108.3 = 93.86\text{mm}$

6. 答案(B)

解：根据土力学及规范有关规定，初始应力 $p_1 = 100\text{kPa}$，最终应力：

$$p_2 = 100 + 200 = 300\text{kPa}$$

土层沉降量：

$$s = \frac{e_1 - e_2}{1+e_1} h = \frac{0.828 - 0.710}{1+0.828} \times 200 = 12.91\text{cm}$$

7. 答案(B)

解：附加沉降量 $s = s_1 + s_2 = \frac{\Delta p_1}{E_{s1}} h_1 + \frac{\Delta p_2}{E_{s2}} h_2$

$$= \frac{(70-60)/2}{8 \times 10^3} \times 300 + \frac{[(70-60)+(50-40)]/2}{4 \times 10^3} \times 400 = 1.19\text{cm}$$

8. 答案(C)

解：据《工程地质手册》(第四版)第368页计算。

$$s_c = s'_c = \sum_{i=1}^n \frac{\Delta h_i}{1+e_i} \left[C_{si} \lg \left(\frac{p_{ci}}{p_{ci}}\right) + C_{ci} \lg \left(\frac{p_{ci}+\Delta p_i}{p_{ci}}\right) \right]$$

$$= \frac{400}{1+0.8} \times \left[0.1 \times \lg \left(\frac{400}{200}\right) + 0.3 \times \lg \left(\frac{200+300}{400}\right) \right] = 13.15\text{cm}$$

9. 答案(C)

解：按土力学及规范相关内容及题意计算如下，平均附加应力为：

$$\overline{p} = \frac{1}{2}(p_顶 + p_底) = \frac{1}{2} \times (100 \times 1.000 + 100 \times 0.285) = 64.25\text{kPa}$$

土层自身沉降量 $s = s_顶 - s_底 = 200 - 40 = 160\text{mm}$

由 $s=\dfrac{p}{E_s}h$ 可导出 $E_s=\dfrac{\overline{p}}{s}h=\dfrac{64.25}{160}\times 10\times 10^3=4078\text{kPa}\approx 4\text{MPa}$

10. 答案(B)

解:据《建筑地基基础设计规范》(GB 50007—2011)第5.3.5条计算。

基础底面实际压力: $p_k=\dfrac{F}{A}=\dfrac{1920}{4\times 8}=60\text{kPa}$

基础底面处自重压力: $p_c=\gamma h=18\times 1=18\text{kPa}$

基础底面处附加压力: $p_0=p_k-p_c=60-18=42\text{kPa}$

按分层总和法计算地基变形量:
$$s'=\sum\dfrac{p_0}{E_{si}}(z_i\overline{\alpha}_i-z_{i-1}\overline{\alpha}_{i-1})=\dfrac{42}{10.2}\times 1.872+\dfrac{42}{3.4}\times 2.014=32.6\text{mm}$$

最终沉降量: $s=\Psi s'=1.1\times 32.6=35.8\text{mm}\approx 3.6\text{cm}$

11. 答案(A)

解: $E_{si}=\dfrac{\Delta p_i}{\varepsilon_i}=\dfrac{\Delta p_i}{\Delta h_i/h_i}$, $E_{si}=\dfrac{240}{(400-100)/(10\times 10^3)}=8000\text{kPa}=8\text{MPa}$

12. 答案(C)

解:据《高层建筑筏形与箱形基础技术规范》(JGJ 6—2011)第4.0.6条计算(注:该题已不在考试范围)。

$$s=\sum_{i=1}^{n}\left(\Psi'\dfrac{p_c}{E_{ci}}+\Psi_s\dfrac{p_0}{E_{si}}\right)(z_i\overline{\alpha}_i-z_{i-1}\overline{\alpha}_{i-1})=1.2\times 160+18\times 1=210\text{mm}$$

(取 $\Psi'=1.0, \Psi_s=1.2$)

13. 答案(D)

解:据《建筑地基基础设计规范》(GB 50007—2011)第5.3.5条计算,结果见解表。

题13解表

第i土层	基底至第i土层底面的距离/m	变形模量 E_{si}/MPa	l/b	z/b	$\overline{\alpha}$	$z\overline{\alpha}$	$\Delta z_i\overline{\alpha}_i=z_i\overline{\alpha}_i-z_{i-1}\overline{\alpha}_{i-1}$	$\dfrac{\Delta z_i\overline{\alpha}_i}{e_{si}}$	$\Delta s'_i$/mm	$\sum\Delta s'_i$/mm	s/mm
1	1.6	16	1	0.8	0.9384	1.5016	1.5016	0.09384	12.2	12.2	
2	3.2	11	1	1.6	0.7756	2.4820	0.9804	0.08912	11.6	23.8	
3	6.0	25	1	3.0	0.5476	3.2856	0.8036	0.03216	4.2	28	11.2
4	30	60									

注: $\Delta s'_i=\dfrac{p_0}{e_{si}}(z_i\overline{\alpha}_i-z_{i-1}\overline{\alpha}_{i-1})=p_0\Delta z_i\overline{\alpha}_i/E_{si}, d=\Psi_s\sum\Delta s'_i=0.4\times 28=11.2\text{mm}$。

14. 答案(C)

解:图a)正八字形裂缝产生的原因为中间沉降大,两侧沉降小。

图b)倒八字形裂缝产生的原因为中间沉降小,两侧沉降大。

图c)向右侧倾斜的斜裂缝为右侧沉降依次增大而左侧沉降依次减小,这与观测结果吻合。

图d)水平裂缝为水平变形引起的裂缝。

15. 答案(D)

解:据《全国注册岩土工程师专业考试培训教材》第八篇第十一章计算。

$$s_1=\dfrac{\Delta p_1}{E_{s1}}h_1=\dfrac{(0+30)/2}{5.2\times 10^3}\times (8-5)\times 10^3=8.65\text{mm}$$

$$s_2 = \frac{\Delta p_2}{E_{s2}} h_2 = \frac{(100+30)/2}{6.7 \times 10^3} \times 7 \times 10^3 = 67.91 \text{mm}$$

$$s_3 = \frac{\Delta p_3}{E_{s3}} h_3 = \frac{(150+100)/2}{12 \times 10^3} \times (20-15) \times 10^3 = 52.08 \text{mm}$$

$$s_4 = \frac{\Delta p_4}{E_{s3}} h_4 = \frac{150}{12 \times 10^3} \times (18-5) \times 10^3 = 162.5 \text{mm}$$

$$s = s_1 + s_2 + s_3 + s_4 = 8.65 + 67.91 + 52.08 + 162.5 = 291.14 \text{mm}$$

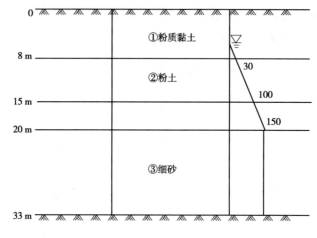

题 15 解图

16. 答案(D)

解: ①在土的自重压力 $p_1 = 50 \text{kPa}$ 作用下,孔隙比为 $e_1 = 1.00$,在自重压力加附加应力 $p_2 = 150 \text{kPa}$ 作用下,孔隙比 $e_2 = 0.95$,则 2m 厚的土层的压缩变形由下式计算:

$$s = \frac{e_1 - e_2}{1 + e_1} h = \frac{1.00 - 0.95}{1 + 1.00} \times 2000 = 50 \text{mm}$$

②也可以先计算从自重应力到自重附加应力的压力段的压缩模量,再用下式计算:

$$a = \frac{1.00 - 0.95}{150 - 50} = 0.50 \text{MPa}^{-1}, \quad E_s = \frac{1 + 1.00}{0.50} = 4 \text{MPa}, \quad s = \frac{100 \times 2}{4} = 50 \text{mm}$$

17. 答案(C)

解: 据《建筑地基处理技术规范》(JGJ 79—2012)第 5.2.8 条计算。

由已知条件可知 $\dfrac{t_1}{h_1^2} = \dfrac{t_2}{h_2^2}$,则 $t_1 = \dfrac{h_1^2}{h_2^2} t_2 = \dfrac{90000}{1} \times 0.5 = 45000 \text{h} = 5.13$ 年

18. 答案(B)

解: 解法一:据《公路桥涵地基与基础设计规范》(JTG D63—2007)第 4.3.4 条及第 M.0.2 条计算条形基础:

$$\frac{z}{b} = \frac{24}{30}$$

查 M.0.2 条,得 $\bar{\alpha}=0.86$,桥台处只有一半路基荷载,$\bar{\alpha}\times\frac{1}{2}=\frac{1}{2}\times 0.86=0.43$

$$s = \psi_s \sum \frac{p_0}{E_{si}}(z_i\bar{\alpha}_i - z_i\bar{\alpha}_{i-1})$$

$$= 1.2 \times \frac{120}{6\times 10^3} \times (24\times 0.43 - 0\times 0.5) = 0.2479\text{m} = 247.9\text{ mm}$$

解法二:

条形基础,$\frac{z}{b}=\frac{24}{15}=1.6$,查得 $\bar{\alpha}=2\times 0.2152=0.4304$

$$s = \psi_s \sum \frac{p_0}{E_{si}}(z_i\bar{\alpha}_i - z_i\bar{\alpha}_{i-1})$$

$$= 1.2 \times \frac{120}{6\times 10^3} \times (24\times 0.4304 - 0\times 0.5) = 0.2479\text{m} = 247.9\text{mm}$$

19. 答案(B)

解: $z_1\bar{\alpha}_1 = 2\times 0.9385 = 1.88$, $z_2\bar{\alpha}_2 = 4.5\times 0.5737 = 2.58$

$$\bar{E}_s = \frac{\sum A_i}{\sum \frac{A_i}{E_{si}}} = \frac{(1.88-0)+(2.58-1.88)}{\frac{1.88-0}{10}+\frac{2.58-1.88}{1.8}} = 11.37\text{MPa}$$

20. 答案(D)

解: 据《建筑地基基础设计规范》(GB 50007—2011)第 5.3.5 条计算。

$$p_0 = 300 - (4\times 20 + 6\times 10) = 160\text{kPa}, \frac{L}{B}=1.0, \frac{z_{i-1}}{b}=\frac{7}{20}=0.35$$

$$\bar{\alpha}_{i-1} = 0.2480\times 4, \frac{z_i}{b}=\frac{8}{20}=0.4, \bar{\alpha}_i = 0.2474\times 4$$

$$\Delta s_{7\sim 8} = \frac{p_0}{E_{si}}(z_i\bar{\alpha}_i - z_{i-1}\bar{\alpha}_{i-1}) = \frac{160}{16\times 10^3}\times(8\times 0.2474\times 4 - 7\times 0.248\times 4)$$

$$= 0.009728\text{m} = 9.728\text{mm}$$

21. 答案(B)

解: 见解图,据《建筑地基基础设计规范》(GB 50007—2011)第 5.3.5 条计算。

(1)计算 A_1、A_2:

$$A_1 = z_1\bar{\alpha}_1 - z_0\bar{\alpha}_0 = 10\times 0.8974 - 0 = 8.974$$

$$A_2 = z_2\bar{\alpha}_2 - z_1\bar{\alpha}_1 = 20\times 0.7281 - 10\times 0.8974 = 5.588$$

(2)求压缩模量的当量值 $\bar{E}_s$:

$$\bar{E}_s = \frac{\sum A_i}{\sum \frac{A_i}{E_{si}}} = \frac{8.974+5.588}{\frac{8.974}{15}+\frac{5.588}{20}} = 16.59\text{mm}$$

22. 答案(A)

解: 条形基础沉降:

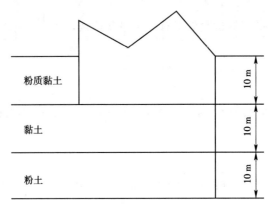

题 21 解图

$$s_1 = \sum \frac{\sigma_i}{E_{si}} h_i = \frac{100+30.4}{2\times 4000}\times 3 + \frac{30.4+10.4}{2\times 2000}\times 6 = 0.0489 + 0.0612 = 0.1101\text{m}$$

筏形基础沉降：

$$s_2 = \sum \frac{\sigma_i}{E_{si}} h_i = \frac{45+42.1}{2\times 4000}\times 3 + \frac{42.1+26.5}{2\times 2000}\times 6 = 0.0327 + 0.1029 = 0.1356\text{m}$$

两者之比为：$\dfrac{s_2}{s_1} = \dfrac{0.1356}{0.1101} = 1.23$

23. **答案**(B)

解：假设应力为线性分布，如解图所示。

(1) 求基础底面 10m 以下的附加应力：

$$\sigma_1 = p_0 \alpha = 100 \times 0.285 = 28.5\text{kPa}$$

(2) 求平均反算模量 E_{s1}：

由 $s_1 = \dfrac{\sigma_1}{E_{s1}} h_1$，得 $(0.2-0.04) = \dfrac{100+28.5}{2E_{s1}}\times 10$

得出 $E_{s1} = 4015.6\text{kPa} = 4.0156\text{MPa}$

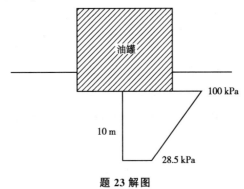

题 23 解图

24. **答案**(B)

解：据《建筑地基基础设计规范》(GB 50007—2011)第 5.3.5 条计算。

① 求基底附加压力：$p_0 = \dfrac{9200}{6\times 6} - 19\times 2.5 = 208.1\text{kPa}$

② 求平均附加应力系数：

$$\alpha = \left(\frac{1.0+0.86}{2}\times 2 + \frac{0.86+0.55}{2}\times 2 + \frac{0.55+0.38}{2}\times 1.5\right)\times \frac{1}{2+2+1.5} = 0.721$$

地基平均附加应力 $=\alpha p_0=0.721\times 208.1=150\text{kPa}$

③平均自重压力 $=(2.5+2.5+2+2+1.5)\times\dfrac{19}{2}=99.75\text{kPa}$

④自重对应的孔隙比 $e_1=0.526$

自重+附加应力 $=100+150=250\text{kPa}$,对应的 $e_2=(0.512+0.508)/2=0.51$

⑤最终沉降量 $s=\psi_s\dfrac{e_1-e_2}{1+e_1}H=0.4\times\dfrac{0.526-0.51}{1+0.526}\times 5500=23\text{mm}$

25. 答案(C)

解:据《建筑地基基础设计规范》(GB 50007—2011)第5.3.5条、第5.3.10条、第5.3.11条计算。

压缩量 $s=\psi_s\left(\dfrac{\sigma_1}{E_{s1}}h_1+\dfrac{\sigma_2}{E_{s2}}h_2\right)$

$\qquad =0.8\times 300\times\left[\dfrac{(1+0.7)/2}{6}\times 5+\dfrac{(0.7+0.2)/2}{10}\times 6\right]=234.8\text{mm}$

回弹量 $s_c=\psi_s\left(\dfrac{\sigma_1}{E_{s1}}h_1+\dfrac{\sigma_2}{E_{s2}}h_2\right)$

$\qquad =1.0\times\left[\dfrac{(1+0.7)\times 200}{12\times 10^3\times 2}\times 5+\dfrac{(0.7+0.2)\times 200}{25\times 10^3\times 2}\times 6\right]=92.43\text{mm}$

回弹再压缩量:$s_c'=\gamma_{R'=1.0}'s_c=1.1\times 92.43=101.67\text{mm}$

沉降量:$s+s_c'=234.8+101.67=336.5\text{mm}$

26. 答案(A)

解:见解图,据《建筑地基基础设计规范》(GB 50007—2011)第5.3.5条计算。

$$s=\left(\dfrac{50/2}{6}\times 5+\dfrac{50}{6}\times 2\right)=37.5\text{mm}$$

题26解图

该题也可按地面沉降的方法计算。

27. 答案(A)

解:见解图,据《建筑地基基础设计规范》(GB 50007—2011)第5.3.5条计算。

①计算 $ABED$ 的角点 A 的平均附加应力系数 α_1:
$$l/b=1.0,z/2=6/2=3.0$$
既有基础下(埋深2~8m)平均附加应力系数 $\alpha_1=0.1369$

②计算 $ACFD$ 的角点 A 的平均附加应力系数 α_2:
$$l/b=1.0,z/2=6/2=3.0$$
既有基础下(埋深2~8m)平均附加应力系数 $\alpha_2=0.1619$

③计算沉降量:
$$p_0=100-2\times 20=60\text{kPa}$$
$$z_i=6\text{m}$$

$$s = \psi_s s' = \psi_s \sum_{i=1}^{n} \frac{p_0}{E_{si}}(z_i \bar{\alpha}_i - z_{i-1} \bar{\alpha}_{i-1})$$
$$= 2 \times 1.0 \times (100 - 2 \times 20)/10 \times (0.1619 - 0.1369) \times 6 = 1.8 \text{mm}$$

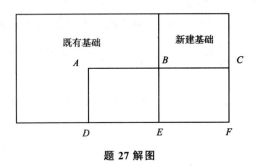

题 27 解图

28. 答案(D)

解：据《建筑地基处理技术规程》(JGJ 79—2012)第 5.2.12 条计算。

①黏土层层顶自重 $q_1 = 2.0 \times 17 = 34 \text{kPa}$

②黏土层层底自重 $q_2 = 34 + 0.66 \times 18 = 45.88 \text{kPa}$

③黏土层平均自重 $\dfrac{q_1 + q_2}{2} = \dfrac{34 + 45.88}{2} = 39.94 \text{kPa}$

④查表得 $e_1 = 0.840$(插值法)

⑤黏土层平均总荷载 $\bar{\sigma} + \bar{q} = 120 + 39.94 = 159.94 \text{kPa}$

⑥查表得 $e_2 = 0.776$(插值法)

⑦$s = \dfrac{e_1 - e_2}{1 + e_1} h = \dfrac{0.840 - 0.776}{1 + 0.840} \times 0.66 = 0.023 \text{m} = 23 \text{mm}$

29. 答案(B)

解：据《建筑地基基础设计规范》(GB 50007—2011)第 5.3.5 条计算。

①基底附加压力 $p_0 = 607 - 19 \times 8 = 455 \text{kPa}$

②$\dfrac{l}{b} = \dfrac{20}{10} = 2$，$\dfrac{z}{b} = \dfrac{20}{10} = 2$，角点平均附加压力系数 $\bar{\alpha} = 0.1958$

③$s = 4 \dfrac{p_0}{E_s} \bar{\alpha} z = 4 \times \dfrac{455}{18} \times 0.1958 \times 20 = 396 \text{mm}$

④计算实测沉降与计算沉降的比值：$\dfrac{80}{396} = 0.20$

30. 答案(B)

解：据《建筑地基基础设计规范》(GB 50007—2011)第 5.3.6 条及附录 K 的表 K.0.1-2，计算如解表所示。

题 30 解表

土层名称	基底到 i 层层底深度 z_i/m	z/b	l/b	查附录 K 表 K.0.1-2：$\bar{\alpha}_i$	$4z_i\bar{\alpha}_i$	$A_i = 4z_i\bar{\alpha}_i - 4z_{i-1}\bar{\alpha}_{i-1}$
粉质黏土	0	0	1	0.25	0	0
粉土	3	1.2	1	0.2149	2.5788	2.5788
细砂	6	2.4	1	0.1578	3.7872	1.2084

则压缩模量当量值：
$$\overline{E}_s = \frac{\sum A_i}{\sum \frac{A_i}{E_s}} = \frac{2.5788+1.2084}{\frac{2.5788}{12}+\frac{1.2084}{18}} = 13.428\text{MPa} \approx 13.4\text{MPa}$$

31.答案(B)

解：黏土层中点的自重应力 $\sigma_c = 2 \times 20 = 40\text{kPa}$，对应的孔隙比 $e_1 = 0.84$

其沉降 $s = \frac{e_1-e_2}{1+e_1}h$，即 $\frac{0.84-e_2}{1+0.84} \times 4 = 0.1$，得 $e_2 = 0.794$

查表得出加载后的总荷载 $p = 120\text{kPa}$

该荷载为自重与加载值的总和，加载量 $p = 120-40 = 80\text{kPa}$

32.答案(B)

解：甲基础对乙基础的作用画图分析如下，其荷载作用大小为：

矩形 $ABCD$：$z/b = 4/2 = 2$，$L/b = 4.8/2 = 2.4$，查附录 K 表 K.0.1-2，得 $\overline{\alpha} = 0.1982$

矩形 $CDEF$：$z/b = 4/2 = 2$，$L/b = 2.8/2 = 1.4$，查附录 K 表 K.0.1-2，得 $\overline{\alpha} = 0.1875$

$$\Delta s = \psi_s \Delta s' = \psi_s \frac{2p_{0\text{甲}}}{E_s}(z_{ABCD}\overline{\alpha}_{ABCD} - z_{CDEF}\overline{\alpha}_{CDEF})$$
$$= 1.0 \times \frac{2 \times 120}{3.2} \times (4 \times 0.1982 - 4 \times 0.1875) = 3.2\text{mm}$$

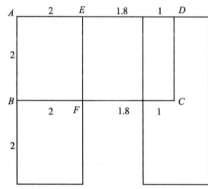

(矩形$ABCD$-矩形$CDEF$)×2

题 32 解图

33.答案(C)

解：据《建筑地基基础设计规范》(GB 50007—2011)第 5.3.5 条计算。
(注意：题目只要求计算淤泥层压缩量)

计算表格如下：

题 33 解表

z_i	l/b	z_i/b	$\overline{\alpha}_i$	$4z_i\overline{\alpha}_i$	$4(z_i\overline{\alpha}_i - z_{i-1}\overline{\alpha}_{i-1})$	E_{si}
3.0	10(条形)	3/1.5=2	0.2018	2.4216		
9.0	10(条形)	9/1.5=6	0.1216	4.3776	1.9560	2

$$\Delta s = \psi_s \frac{\Delta p_0}{E_{si}}(z_i\overline{\alpha}_i - z_{i-1}\overline{\alpha}_{i-1}) = 1.0 \times \frac{85-65}{2} \times 1.956 = 19.56\text{mm}$$

34.答案：(B)

解：据《建筑地基基础设计规范》附录 N 计算。

$$\frac{a}{5b} = \frac{20}{5 \times 2} = 2 > 1, \beta_i \text{ 取表格第一行参数}$$

$$q_{eq} = 0.8 \left[\sum_{i=0}^{10} \beta_i q_i - \sum_{i=0}^{10} \beta_i p_i \right]$$

$$= 0.8 \times [0.3 \times 36 + (0.29 + 0.22 + 0.15 + 0.1 + 0.08) \times 66 + (0.06 + 0.04 + 0.03 + 0.02 + 0.01) \times 36 - (0.3 + 0.29) \times 1.5 \times 18] = 44.9 \text{kPa}$$

35. **答案(A)**

解: 承压水水位下降将导致有效应力相应的增加,从而引起新的变形:

$$\Delta s_i = \frac{\Delta p_i}{E_{si}} H_i = \frac{8 \times 10}{12} \times 5 = 33.3 \text{mm}$$

36. **答案(B)**

解: 残留粉质黏土层的中点埋深为 15m,开挖前自重应力 $15 \times 20 = 300$kPa,查表附加应力系数为 0.2353。开挖卸荷 $4 \times 0.2353 \times 200 = 188$kPa。应力从 300kPa 降至 $300 - 188 = 112$kPa。故回弹模量应选取最后两区段平均值。

$$\Delta s_i = \psi_c \frac{\Delta p_i}{E_{si}} H_i = \left(\frac{188}{270}\right) \times 10 = 6.96 \text{mm}$$

37. **答案(A)**

解: 据《建筑地基基础设计规范》第 5.3.5 条, $e = 8200/18000 = 0.46 < b/6$, 小偏心

$$\Delta p = p_A - p_B = 2 \frac{M}{W} = 2 \times \frac{8200}{\frac{12 \times 20^2}{6}} = 20.5 \text{kPa}$$

$l/b = 12/20 = 0.6, z/b = 12/20 = 0.6,$ 查表得: $\bar{\alpha}_A = 0.1966, \bar{\alpha}_B = 0.0355$

$$\Delta s = \psi_s \sum_{i=1}^{n} \frac{p_0}{E_{si}} (z_i \bar{\alpha}_A - z_i \bar{\alpha}_B) = 1.0 \times \frac{20.5}{4} \times (12 \times 0.1966 - 12 \times 0.0355) = 9.9 \text{mm}$$

38. **答案(B)**

解: 见解表。

题 38 解表

z_i	l/b	z/b	α_i	$4z_i\alpha_i - 4z_{i-1}\alpha_{i-1}$
1.0	1.6	0.8	0.2395	0.9580
4.5	1.6	3.6	0.1389	1.5422

$$A = 200 \times 1.5422 = 308 \text{kN/m}$$

第四讲 地基稳定性验算

1. **答案(A)**

解: ①浮力 $F_浮 = 4000 \times (4 + 0.3 + 0.5 - 1.0) \times 10 = 152000$kN

②基础底面以上标准组合的荷重:

$$S_k = S_{GK} + S_{Q1K} + \Psi_{c2} S_{Q2K} + \cdots + \Psi_{cn} S_{QnK} = S_{GK} + S_{Q1K}$$

$$= (1 \times 4000 \times 18 + 0.3 \times 4000 \times 25 + 0.5 \times 4000 \times 25 + 10 \times 1000) + 10 \times 4000$$

$$= 2020000 \text{kN}$$

抗浮验算满足要求。

覆土前基底压力 $N = (0.3 + 0.5) \times 4000 \times 25 + 10 \times 1000 = 90000$kN

N 小于浮力 F,在覆土前不能停止降水。

基底实际压力为:$\dfrac{S_k - F_{\mathcal{浮}}}{A} = \dfrac{202000 - 152000}{4000} = 12.5\text{kPa}$

底面压力很小,可不进行承载力及变形验算。当不考虑公共活动区的可变荷载时,基底压力为 2.5kPa。

2. **答案**(B)

解:据《建筑地基基础设计规范》(GB 50007—2011)第 5.4.2 条、第 5.2.4 条、第 5.2.2 条及相关内容计算。

假设 $b<3$m,取 $\eta_b = 0.3, \eta_d = 1.5$。

$$f_a = f_{ak} + \eta_b\gamma(b-3) + \eta_d\gamma_m(d-0.5)$$
$$= 150 + 0.3 \times 20 \times (3-3) + 1.5 \times 20 \times (1.8-0.5) = 189\text{kPa}$$

$$p_k \leq f_a \Rightarrow b \geq \dfrac{F_k}{f_a - \gamma_G d}, b \geq \dfrac{F_k}{f_a - \gamma_G d} = \dfrac{300}{189 - 20 \times 1.8} = 1.96\text{m}$$

取 $b = 2.0$m,满足 $b \leq 3$,可按第 5.4.5 条计算 a:

$$a \geq 3.5b - \dfrac{d}{\tan\beta} = 3.5 \times 2 - \dfrac{1.8}{\tan 30°} = 3.88\text{m} \approx 3.9\text{m}$$

3. **答案**(A)

解:据《建筑地基基础设计规范》(GB 50007—2011)第 5.4.2 条计算。

由 $a \geq 3.5b - \dfrac{d}{\tan\beta}$

代入数据,即 $4 \geq 3.5 \times 2.4 - \dfrac{d}{\tan 30°}$

得出:$d = 2.54$m

4. **答案**(D)

解:据《建筑地基基础设计规范》(GB 50007—2011)第 5.4.2 条计算。

$$d \geq (3.5b - a)\tan\beta = (3.5 \times 2 - 4) \times \tan 35° = 2.10\text{m}$$

对于条形基础$[160 + 1.6 \times 20 \times (d - 0.5)] \times 2 \geq 350 + 2 \times 20d$

因此,$d \geq 2.58\text{m} \approx 2.6\text{m}$

5. **答案**(A)

解:取单位长度箱涵进行验算(如解图所示)。

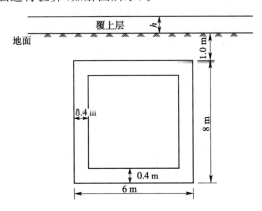

题 5 解图

① 箱涵自重 $W_1 = (6 \times 8 \times 1 - 5.2 \times 7.2 \times 1) \times 25 = 264$kN

② 箱涵以上天然土层土重 $W_2 = 6 \times 1 \times 1 \times 18 = 108$ kN

③ 浮力 $F = 6 \times 8 \times 1 \times 10 = 480$ kN

④ 上覆土层重：

$$\frac{W_1 + W_2 + W_3}{F} = 1.05, \text{即} \frac{264 + 108 + W_3}{480} = 1.05$$

得出：$W_3 = 132$ kN

⑤ 上覆土层的厚度：

$$6 \times h \times 1 \times 18 = 132$$

得出：$h = 1.22$ m

6. 答案(B)

解：见解图，据《建筑地基基础设计规范》(GB 50007—2011)第5.4.2条计算。

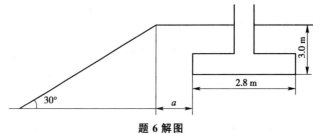

题6解图

$a > 2.5b - \dfrac{d}{\tan\beta} = 2.5 \times 2.8 - \dfrac{3}{\tan 30°} = 1.8$ m，a 最小取 2.5m。

7. 答案(C)

解：据土力学原理计算。

① 基底平均压力 $p_k = 70$ kPa

② 需覆盖钢渣的厚度假设为 t，则覆盖层平均压力 $p_t = 35t + 18(1-t)$

③ 地下室底面浮力 $p_f = 9 \times 10 = 90$ kPa

抗浮安全性验算 $K_s = \dfrac{70 + 35t + 18(1-t)}{90} = 1.05$

得出：$t = 0.38$ m

8. 答案(A)

解：据《建筑地基基础设计规范》(GB 50007—2011)第5.4.3条，假设筏板厚度增加量为 h，取垂直投影平面上单位面积(1m^2)的柱状体积计算，则：

$$\frac{G_k}{N_{w,k}} = \frac{(70 + 25h) \times 1}{(9 - 2 + h) \times 10 \times 1} \geq 1.05$$

得出：$h \approx 0.24$ m

9. 答案(C)

解：注意各力作用方向及力臂及 F_1 力的分解，根据《铁路桥涵地基和基础设计规范》(TB 10002.5—2005)第3.1.2条，砂类土基底摩擦系数为0.4。

$$K_c = \frac{f \sum P_i}{\sum T_i} = \frac{0.4 \times (140 + 120 + 190 \times \sin 60° + 150)}{30 + 45 + 190 \times \cos 60°} = 1.35$$

10. 答案(C)

解：$F_s = \dfrac{c_u L R}{W d} = \dfrac{20 \times 3.14 \times 4 \times 4}{360 \times 2 + 2 \times 3 \times 2 \times (20 - 16) + M} = 1$

得出：$M = 237$ kN·m

第五讲 基础结构设计

1. 答案(A)

解：据《建筑地基基础设计规范》(GB 50007—2011)第 8.2.11 条计算。

$$\frac{p_j - p_{jmin}}{p_{jmax} - p'_{jmax}} = \frac{b - a_1}{b}, \frac{p_j - 60}{150 - 30} = \frac{3-1}{3}, p_j = 120$$

$$M_I = \frac{1}{12}a_1^2\left[(2l+a')\left(p_{max}+p_j-\frac{2G}{A}\right)+(p_{max}-p)l\right]$$

$$= \frac{1}{12} \times 1^2 \times [(2\times1+1)(150+120)+(150-120)\times1] = 70 \text{kN} \cdot \text{m}$$

2. 答案(A)

解：据《建筑地基基础设计规范》(GB 50007—2011)第 8.1.1 条计算。

$$H_0 \geqslant \frac{b-b_0}{2\tan\alpha} = \frac{1.50-0.38}{2\times\frac{1}{1.25}} = 0.7\text{m}$$

3. 答案(D)

解：压实填土 $\eta_b = 0, \eta_d = 1.0$，即：

$$f_a = f_{ak} + \eta\gamma(b-3) + \eta_d\gamma_m(d-0.5) = 160+0+1\times19\times(2-1.5) = 188.5\text{kPa}$$

$$p_k = \frac{F_k+G_k}{b} = \frac{240+2\times1\times19\times b}{b} = f_a = 188.5\text{kPa}, b = 1.6\text{m}$$

砖基础宽高比为 $1:1.5$，$h_0 \geqslant \frac{b-b_0}{2\tan\alpha} = \frac{1.6-0.24}{2\times\frac{1}{1.5}} = 1.02\text{m}$

4. 答案(B)

解：据《建筑地基基础设计规范》(GB 50007—2011)第 8.2.14 条计算。

(1) 净反力 $p_{jmax} = p_j = \frac{F}{A} = \frac{235}{2\times1} = 117.5\text{kPa}$

(2) $M_i = \frac{1}{6}a_1^2\left(2p_{max}+p-\frac{3G}{A}\right) = \frac{1}{6}\times0.815^2\times3\times117.5 = 39.0\text{kN}\cdot\text{m}$

5. 答案(A)

解：据《建筑地基基础设计规范》(GB 50007—2011)第 8.2.11 条计算。

① 计算基底净反力：

$$p_j = \frac{F}{b^2} = \frac{700}{2.4^2} = 121.5\text{kPa}$$

② 计算柱边截面的弯矩：

$$M = 0.4\times1.0\times121.5\times\left(\frac{1}{2}\times1.0\right)+2\times1.0^2\times\frac{1}{2}\times121.5\times\left(\frac{2}{3}\times1.0\right) = 105.3\text{kN}\cdot\text{m}$$

6. 答案(B)

解：据《建筑地基基础设计规范》(GB 50007—2011)第 8.1.1 条计算。

查表得 $\tan\alpha = 1/1.5$，则：

$$H_0 = \frac{b-b_0}{2\tan\alpha} = \frac{2.5-1.5}{2}\times1.5 = 0.75\text{m}$$

7. 答案(B)

解：根据《建筑地基基础设计规范》(GB 50007—2011)，$F_L \leqslant 0.7\beta_{hp}f_t u_m h_0$，$\beta_{hp}=1$

$$u_m = 2(l_{n1}-h_0)+2(l_{n2}-h_0) = 2(3.2-0.8)+2\times(4.8-0.8) = 12.8\text{m}$$

$$0.7\beta_{hp}f_t u_m h_0 = 0.7\times1.0\times1.57\times10^3\times12.8\times0.8 = 11.254\times10^3\text{kN}$$

8. 答案(C)

解：据《建筑地基基础设计规范》(GB 50007—2011)式(8.2.8-3)，$F_L = p_j A_L$

① 计算偏心距 $e = M/F = 87.5/700 = 0.125\text{m} < 2.4/6 = 0.4\text{m}$，属小偏心

② 计算基底最大净反力：

$$p_{j\max} = \frac{F}{b^2}\left(1+\frac{6e}{b}\right) = \frac{700}{2.4^2}\times\left(1+6\times\frac{0.125}{2.4}\right) = 159.5\text{kPa}$$

③ 基础有效高度 $h_0 = 0.55\text{m}$，阴影宽度 $= 2.4/2 - 0.4/2 - 0.55 = 0.45\text{m}$

④ 冲切力 $= p_{j\max}A_l = 159.5\times\frac{1}{2}\times0.45\times(2.4+2.4-0.45) = 139.96\text{kN}$

根据规范第 8.2.7 条规定，p_j 取 $p_{j\max}$(取阴影部分短边) $= 0.4+2\times0.55$ 也可。

9. 答案(B)

解：据《建筑地基基础设计规范》(GB 50007—2011)第 8.4.12 条计算。

$$V_s \leqslant 0.7\beta_{hs}f_t(l_{n2}-2h_0)h_0$$

$$\beta_{hs} = \left(\frac{800}{h_0}\right)^{\frac{1}{4}} = \left(\frac{800}{1200}\right)^{\frac{1}{4}} = 0.9$$

$0.7\beta_{hs}f_t(l_{n2}-2h_0)h_0 = 0.7\times0.9\times1.57\times(8.0-2\times1.2)\times1.2\times10^3 = 6.65\times10^3\text{kN}$

10. 答案(B)

解：据《建筑地基基础设计规范》(GB 50007—2011)第 8.2.11 条计算。

① 计算基础净反力：净反力计算与地下水无关，$p_j = F/b = 235/2 = 118\text{kPa}$

② 计算弯矩：$M = \frac{1}{2}p_j a_1^2 = 0.5\times118\times\left(\frac{2-0.37}{2}\right)^2 = 39\text{kN}\cdot\text{m}$

$$M = \frac{1}{12}a_1^2\left[(2l+a')\left(p_{\max}+p-\frac{2G}{A}\right)+(p_{\max}-p)l\right]$$

$$= \frac{1}{12}\left(\frac{2-0.37}{2}\right)^2\times\left[(2\times1+1)\left(p_{\max}+p-\frac{2G}{A}\right)+(p_{\max}-p)\times1\right]$$

$$p_{\max} = p, \quad p = \frac{F+G}{A}$$

$$G = 1.35G_k = 1.35\times[20\times0.5+(20-10)\times0.5]\times2\times1 = 40.5\text{kN}$$

$$M = \frac{1}{12}\times0.815^2\times3\times\left(\frac{2\times235+2\times40.5}{2\times1}-\frac{2\times40.5}{2\times1}\right) = 39\text{kN}\cdot\text{m}$$

11. 答案：(A)

解：据《建筑地基基础设计规范》(GB 50007—2011)第 8.4.12 条第 3 款计算。本题要计算 V_s，关键是计算阴影面积(见解图)：

① $h_0 = 1000-70 = 930\text{mm}$

②阴影三角形底边长 $a = 8.7 - 2 \times \left(\dfrac{0.45}{2} + 0.93\right) = 6.39\text{m}$

阴影三角形高 $h = \dfrac{1}{2}a = \dfrac{1}{2} \times 6.39 = 3.195\text{m}$

③所受荷载三角形面积 $A = \dfrac{1}{2} \times 6.39 \times 3.195 = 10.208\text{m}^2$

④$V_s = pA = 400 \times 10.208 = 4083.21\text{kN}$

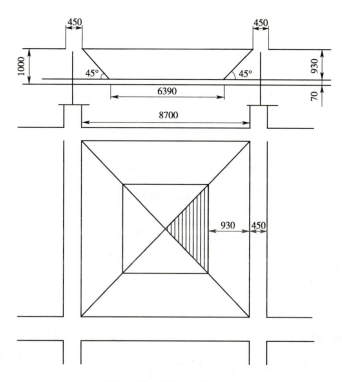

题 11 解图(尺寸单位:mm)

12. **答案**(B)

解:据《建筑地基基础设计规范》(GB 50007—2011)第 8.2.1 条、第 8.2.14 条、第 8.2.12 条计算。

①由规范第 8.2.14 条,求任意截面每延米长宽度的弯矩:

$$M_1 = \dfrac{1}{6}a_1^2\left(2p_{\max} + p - \dfrac{3G}{A}\right)$$

因为墙体材料为钢筋混凝土,取 $a_1 = b_1 = 1.6 + 0.2 = 1.8\text{m}$,所以

$$M_1 = \dfrac{1}{6}a_1^2(2p_{\max} + p) = \dfrac{1}{6} \times 1.8^2 \times (2 \times 200 + 200) = 324\text{kN} \cdot \text{m}$$

②由规范第 8.2.12 条计算配筋面积:

$$A_s = \dfrac{M}{0.9f_yh_0} = \dfrac{M_1}{0.9f_yh_0} = \dfrac{324 \times 10^3}{0.9 \times 300 \times (1 - 0.05)} \approx 1263\text{mm}^2/\text{m}$$

由构造要求,最小配筋率为:$0.15\% \times 950 \times 1000 = 1425\text{mm}^2/\text{m}$,取两者中的大值,可满足构造要求和计算要求。

13. 答案(C)

解: 据《建筑地基基础设计规范》(GB 50007—2011)第8.2.9条,柱与基础交接处的剪力设计值 V_s 的计算方法是:过柱的边缘作一条直线,见解图,该直线与基础边缘交点 A、B 围成的阴影部分 $ABCD$ 面积乘以基底平均净反力。

则得:$\left(\dfrac{3.5}{2}-\dfrac{0.4}{2}\right)\times 2.0 \times \dfrac{1.35\times 800}{2.0\times 3.5}=487.29\text{kN}$

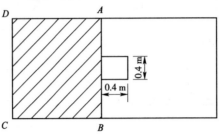

题13解图

14. 答案(B)

解: 查表得 $\eta_b=0,\eta_d=1.0$,则 $f_a=180+0+1.0\times 19.0\times(1.5-0.5)=199\text{kPa}$

由 $b^2 \geqslant \dfrac{F_k}{f_a-\gamma_G d}=\dfrac{580}{199-20\times 1.5}=3.43\text{m}^2$,解得:$b=1.85\text{m}$

试取为 1.9m,则 $p_k=\dfrac{580+20\times 1.9^2\times 1.5}{1.90^2}=190.66\text{kPa}$

查表得宽高比允许值为 1∶1。

$\left(\dfrac{b-b_0}{2}\right)/0.7=\left(\dfrac{1.90-0.6}{2}\right)/0.7=0.93<1$,满足要求

15. 答案(D)

解: 据《建筑地基基础设计规范》(GB 50007—2011)第8.2.8条计算。

基底冲切力:$F_l=p_{j\max}\cdot A_l=\dfrac{F}{2\times 2}\times\left(1+\dfrac{6\times 0.12}{2}\right)\times\dfrac{2^2-(0.4+2\times 0.45)^2}{4}=0.1963F$

满足:$0.1963F \leqslant 0.7\beta_{hp}f_t a_m h_0=0.7\times 1.0\times 1.1\times 10^3\times(0.40+0.45)\times 0.45$

解得:$F=1500\text{kN}$

16. 答案(C)

解: 据《建筑地基基础设计规范》(GB 50007—2011)计算。

所需钢筋面积 $A_s=\dfrac{M}{0.9f_y h_0}\times 10^6=\dfrac{500}{0.9\times 360\times 10^3\times(1.2-0.04)}\times 10^6=1330\text{mm}^2$

根据最小配筋率要求,所需最小配筋面积:

$A_s=1000\times(1200-40)\times 0.15\%=1740\text{mm}^2$

取大值,$A_s=1740\text{mm}^2$,根据选项,如按间距 200mm,每延米需布置 $\dfrac{1000}{200}=5$ 根钢筋。

查表可见,当 $d=22$mm,钢筋面积 1900mm²,满足要求并经济。

17. 答案(C)

解: 注意选用基本组合 $e=\dfrac{M}{N}=\dfrac{20.6}{360+1.35\times 20\times 2.8\times 1\times 1}=0.047$,属于小偏心

根据《建筑地基基础设计规范》(GB 50007—2011)第8.2.11条计算。

$p_{\max}=\dfrac{F+G}{A}\left(1+\dfrac{6e}{b}\right)=\dfrac{360+75.6}{2.8}\times\left(1+\dfrac{6\times 0.047}{2.8}\right)=171.24\text{kPa}$

$$p=\frac{F+G}{A}=\frac{360+75.6}{2.8}=155.57\text{kPa}$$

$$M_\text{I}=\frac{1}{6}a_\text{I}^2\left(2p_{\max}+p-3\frac{G}{A}\right)=\frac{1}{6}\times\left(\frac{2.8-0.37}{2}\right)^2\left(2\times171.24+155.57-3\times\frac{1.35\times20\times2.8}{2.8}\right)$$
$$=103\text{kN}\cdot\text{m/m}$$

18. 答案(B)

解：据《建筑地基基础设计规范》(GB 50007—2011)第 8.4.12 条，先假定底部厚度小于 800mm。

$$l_{n1}=l_{n2}=8.7-0.45=8.25\text{m}$$

$$h_0=\frac{l_{n1}+l_{n2}-\sqrt{(l_{n1}+l_{n2})^2-\dfrac{4p_n l_{n1} l_{n2}}{p_n+0.7\beta_{hp}f_t}}}{4}$$

$$=\frac{(8.25+8.25)-\sqrt{(8.25+8.25)^2-\dfrac{4\times540\times8.25\times8.25}{540+0.7\times1\times1570}}}{4}=0.747\text{m}<0.8\text{m}$$

$$0.747>8.25/14=0.589$$

满足底板厚度与最大双向板格的短边净跨之比不应小于 1/14 的要求。

19. 答案(D)

解：据《建筑地基基础设计规范》(GB 50007—2011)第 8.2.8 条计算。

$h=0.8, \beta_{hp}=1.0, h_0=0.8-0.05=0.75$

$a_m=0.5(a_t+h_b)=a_t+h_0=0.6+0.75=1.35\text{m}$

$F_l\leqslant 4\times0.7\beta_{hp}f_t a_m h_0=4\times0.7\times1.0\times1.43\times10^3\times1.35\times0.75=4\times1013=4052\text{kN}$

第四篇 深 基 础

历年真题

第二讲 桩基竖向承载力

1.(02D02)某多层建筑物,柱下采用桩基础,建筑桩基安全等级为二级。桩的分布、承台尺寸及埋深、地层剖面等资料如下图所示。上部结构荷重通过柱传至承台顶面处的设计荷载轴力 $F=1512\text{kN}$,弯矩 $M=46.6\text{kN}\cdot\text{m}$,水平力 $H=36.8\text{kN}$,荷载作用位置及方向如下图所示,设承台填土平均重度为 20kN/m^3,按《建筑桩基技术规范》(JGJ 94—2008),计算上述基桩桩顶最大竖向力设计值 $N_{\max}$ 与( )最接近。

(注:地下水埋深为3m,横断面各尺寸单位为mm。)

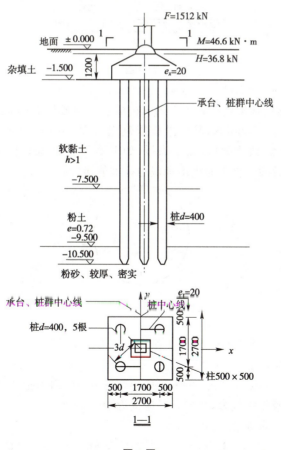

题 1 图

(A)320kN　　　　(B)330kN　　　　(C)350kN　　　　(D)364kN

2.(02D03)某工程场地,地表以下深度 2~12m 为黏性土,桩的极限侧阻力标准值 $q_{s1k}=$ 50kPa;12~20m 为粉土层,$q_{s2k}=60$kPa;20~30m 为中砂,$q_{s3k}=80$kPa,极限端阻力 $q_{pk}=$ 7000kPa。采用 $\phi800$,$L=21$m 的钢管桩,桩顶入土 2m,桩端入土 23m,按照《建筑桩基技术规范》(JGJ 94—2008)计算敞口钢管桩桩端加设十字形隔板的单桩竖向极限承载力标准值 Q_{uk},其结果最接近( )。

(A)5.3×10^3kN (B)5.6×10^3kN (C)5.9×10^3kN (D)6.1×10^3kN

3.(02D07)某建筑桩基安全等级为二级的建筑物,如下图所示(尺寸单位为 mm),柱下桩基础,采用 6 根钢筋混凝土预制桩,边长为 400mm,桩长为 22m,桩顶入土深度为 2m,桩端入土深为 24m,假定由经验法估算得到单桩的总极限侧阻力标准值为 1500kN,总极限端阻力标准值为 700kN,承台底部为厚层粉土,其极限承载力标准值为 180kPa。考虑桩群、土、承台相互作用效应,按《建筑桩基技术规范》(JGJ 94—2008)计算非端承桩复合基桩竖向承载力特征值 R,其值最接近于( )。(注:$\eta_c=0.447$)

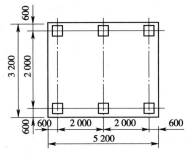

题 3 图

(A)1.3×10^3kN (B)1.5×10^3kN (C)1.6×10^3kN (D)1.7×10^3kN

4.(03C11)某工程钢管桩外径 $d_s=0.8$m,桩端进入中砂层 2m,桩端闭口时其单桩竖向极限承载力标准值 $Q_{uk}=7000$kN,其中总极限侧阻力 $Q_{sk}=5\,000$kN,总极限端阻力 $Q_{pk}=$ 2000kN。由于沉桩困难,改为敞口,加一隔板(如下图所示)。按《建筑桩基技术规范》(JGJ 94—2008)规定,改变后的该桩竖向极限承载力标准值接近( )。

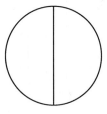

题 4 图

(A)5600kN (B)5900kN (C)6100kN (D)6400kN

5.(03C12)某工程桩基的单桩极限承载力标准值要求达到 $Q_{uk}=30000$kN,桩直径 $d=$ 1.4m,桩的总极限侧阻力经尺寸效应修正后为 $Q_{sk}=12000$kN,桩端持力层为密实砂土,极限端阻力 $q_{pk}=3000$kPa。拟采用扩底,由于扩底导致总极限侧阻力损失 $\Delta Q_{sk}=2000$kN。为了达到设计要求的单桩极限承载力,其扩直径应接近于( )。

[注:端阻尺寸效应系数 $\psi_p=(0.8/D)^{1/3}$。]

(A)3.0m (B)3.5m (C)3.8m (D)4.0m

6.(03C13)某桥梁桩基,桩顶嵌固于承台,承台底离地面 10m,桩径 $d=1$m,桩长 $L=$ 50m。桩的水平变形系数 $\alpha=0.25$m^{-1}。按照《建筑桩基技术规范》(JGJ 94—2008)计算该桩基的压曲稳定系数最接近于( )。

(A)0.95　　　　(B)0.90　　　　(C)0.85　　　　(D)0.80

7.(03D12)某工程单桥静力触探资料如下图所示,拟采用第④层粉砂作为桩端持力层,假定采用钢筋混凝土方桩,断面尺寸为 350mm×350mm,桩长 16m,桩端入土深度 18m,按《建筑桩基技术规范》(JGJ 94—2008)计算单桩竖向极限承载力标准值 Q_{uk},其结果最接近( )。

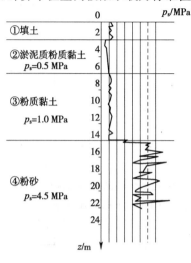

题 7 图

(A)1202kN　　　(B)1380kN　　　(C)1578kN　　　(D)1 900kN

8.(04C13)某框架柱采用桩基础,承台下 5 根 φ600 钻孔灌注桩,桩长 $l=15$m,如下图所示(尺寸单位为 mm),承台顶面处柱竖向轴力 $F_k=3840$kN,$M_y=161$kN·m,承台及基上覆土自重标准值 $G_k=447$kN,基桩最大竖向力标准值 N_{max}为( )。

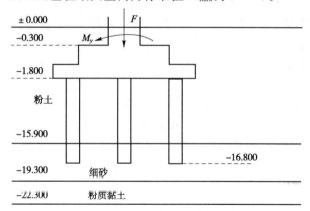

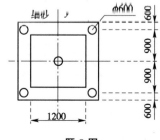

题 8 图

(A)831kN (B)858kN (C)886kN (D)902kN

9.(04C17)某工程双桥静探资料见下表,拟采用③层粉砂做持力层,采用混凝土方桩,桩断面尺寸为400mm×400mm,桩长$l=13$m,承台埋深为2.0m,桩端进入粉砂层2.0m,按《建筑桩基技术规范》(JGJ 94—2008)计算单柱竖向极限承载标准值最接近( )。

题9表

层序	土 名	层底深度/m	探头平均侧阻力 f_{si}/kPa	探头阻力 q_c/kPa	柱侧阻力综合修正系数 β_i
1	填土	1.5			
2	淤泥质黏土	13	12	600	2.56
3	饱和粉砂	20	110	12000	0.61

(A)1220kN (B)1580kN (C)1715kN (D)1900kN

10.(05D15)某桩基工程安全等级为二级,其桩型平面布置、剖面和地层分布如下图所示(单位尺寸为 mm),土层及桩基设计参数见下图中注,承台底面以下存在高灵敏度淤泥质黏土,其地基土极限阻力特征值$q_{ck}=90$kPa,按《建筑桩基技术规范》(JGJ 94—2008)非端承桩桩基计算复合基桩竖向承载力特征值,其计算结果最接近( )。

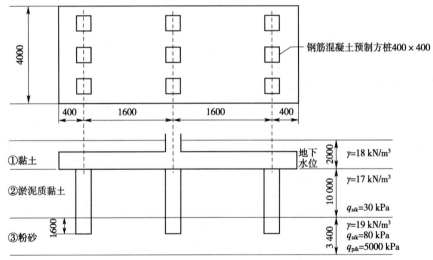

题 10 图

(A)743kN (B)907kN (C)1028kN (D)1286kN

11.(06D12)某桩基工程安全等级为二级,其桩型平面布置、剖面和地层分布如下图所示,土层物理力学指标见下表,群桩效应系数为$\eta_c=0.26$,抗力分项系数为$\gamma_c=1.65$,按《建筑桩基技术规范》(JGJ 94—2008)计算,复合基桩的竖向承载力特征值,其计算结果最接近( )。

题 11 表

土层名称	极限侧阻力 q_{sik}/kPa	极限端阻力 q_{pik}/kPa	地基承载力特征值 f_{ak}/kPa
①填土			
②粉质黏土	40		120
③粉砂	80	3000	
④黏土	50		
⑤细砂	90	4000	

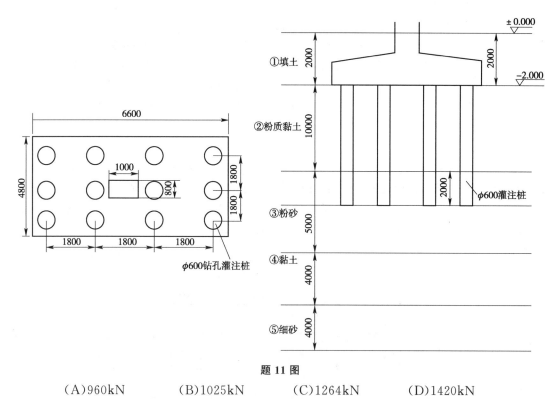

题 11 图

(A)960kN (B)1025kN (C)1264kN (D)1420kN

12.(06D13)某桩基工程安全等级为二级,其桩型平面布置、剖面和地层分布如下图所示(尺寸单位为 mm),已知轴力 $F_k=12000$kN,力矩 $M_k=1000$kN·m,水平力 $H_k=600$kN,承台和填土的平均重度为 20kN/m³,桩顶轴向压力最大值的计算结果最接近( )。

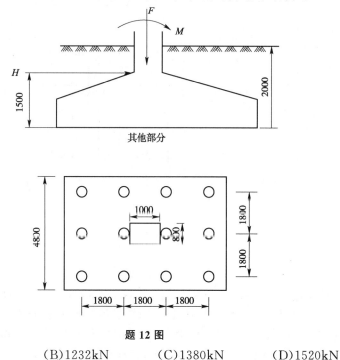

题 12 图

(A)1211kN (B)1232kN (C)1380kN (D)1520kN

13.(06D14)某桩基的多跨条形连续承台梁净跨距均为 7.0m,承台梁受均布荷载 $q=$

100kN/m 作用,则承台梁中跨支座处弯矩 M 最接近( )。

(A)450kN·m (B)498kN·m (C)530kN·m (D)568kN·m

14.(07C11)某钢管桩外径为 0.90m,壁厚为 20mm,桩端进入密实中砂持力层 2.5m,桩端开口时单桩竖向极限承载力标准值为 $Q_{uk}=8000$kN(其中桩端总极限阻力占 30%),如为进一步发挥桩端承载力,在桩端加设十字形钢板,按《建筑桩基技术规范》(JGJ 94—2008)计算,( )最接近桩端改变后的单桩竖向极限承载力标准值。

(A)8700kN (B)9920kN (C)13700kN (D)14500kN

15.(07C12)某柱下桩基如下图所示(尺寸单位为 mm),采用 5 根相同的基桩,桩径 $d=800$mm,柱作用在承台顶面处的竖向轴力设计值 $F=10000$kN,弯矩设计值 $M_{yk}=480$kN·m,承台与土自重设计值 $G=500$kN,据《建筑桩基技术规范》(JGJ 94—2008),基桩承载力设计值至少要达到( )时,该柱下桩基才能满足承载力要求。

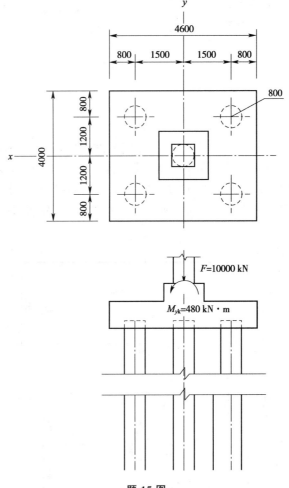

题 15 图

(A)1800kN (B)2000kN (C)2100kN (D)2520kN

16.(09C11)某工程采用泥浆护壁钻孔灌注桩,桩径 1 200mm,桩端进入中等风化岩 1.0m,岩体较完整,岩块饱和单轴抗压强度标准值 41.5MPa,桩顶以下土层参数依次列表如下,按《建筑桩基技术规范》(JGJ 94—2008)估算,单桩极限承载力最接近( )。

(注:取桩嵌岩段侧阻和端阻力综合系数为 0.76。)

题 16 表

岩土层编号	岩土层名称	桩顶以下岩土层厚度/m	Q_{sik}/kPa	Q_{pik}/kPa
1	黏土	13.7	32	—
2	粉质黏土	2.3	40	—
3	粗砂	2.00	75	2 500
4	强风化岩	8.85	180	—
5	中等风化岩	8.00	—	—

(A)32200kN　　(B)36800kN　　(C)40800kN　　(D)44200kN

17.(09D13)某柱下 6 桩独立基础,承台埋深 3.0m,承台面积 2.4m×4m,采用直径 0.4m 灌注桩,桩长 12m,桩距 $S_a/d=4$,桩顶以下土层参数如下,根据《建筑桩基技术规范》(JGJ 94—2008),考虑承台效应(取承台效应系数 $\eta_c=0.14$),考虑地震作用时,复合基桩竖向承载力特征值与单桩承载力特征值之比最接近下列( )。

(注:取地震抗震承载力调整系数 $\xi_a=1.5$。)

题 17 表

层序	土名	层底埋深/m	q_{sk}/kPa	q_{pk}/kPa
①	填土	3	—	—
②	粉质黏土	13	25	—
③	粉砂	17	100	6 000
④	粉土	25	45	800

注:②层粉质黏土的地基承载力特征值为 $f_{ak}=300$kPa。

(A)1.05　　(B)1.11　　(C)1.16　　(D)1.26

18.(10C11)某灌注桩直径 800mm,桩身露出地面的长度为 10m,桩入土长度为 20m,桩端嵌入较完整的坚硬岩石,桩的水平变形系数 α 为 $0.520m^{-1}$,桩顶铰接,桩顶以下 5m 范围内箍筋间距为 200mm,该桩轴心受压,桩顶轴向压力设计值为 6800kN,成桩工艺系数 ψ_c 取 0.8,按《建筑桩基技术规范》(JGJ 94—2012),桩身混凝土轴心抗压强度设计值应不小于下列( )。

(A)15MPa　　(B)17MPa　　(C)19MPa　　(D)21MPa

19.(10D12)某泥浆护壁灌注桩,桩径 800mm,桩长 24m,采用桩端侧联合后注浆,桩侧注浆断面位于桩顶下 12m,桩周土性及后注浆桩侧阻力与桩端阻力增强系数如下图所示。按《建筑桩基技术规范》(JGJ 94—2008)估算的单桩极限承载力最接近下列( )。

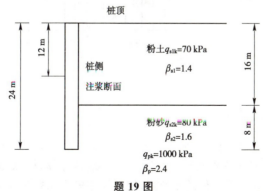

题 19 图

(A)5620kN　　(B)6460kN　　(C)7420kN　　(D)7700kN

20.(11D10)某混凝土预制桩,桩径 $d=0.5$m,桩长 18m,地基土性与单桥静力触探资料如下图所示,按《建筑桩基技术规范》(JGJ 94—2008)计算,单桩竖向极限承载力标准值最接近( )。(桩端阻力修正系数取为 0.8。)

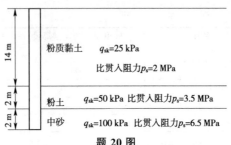

题 20 图

(A)900kN (B)1020kN
(C)1920kN (D)2230kN

21.(11D11)某柱下桩基础如下图所示(尺寸单位为mm),采用5根相同的基桩,柱径$d=800$mm。地震作用效应和荷载效应标准组合下,柱作用在承台顶面处的竖向力$F_k=10000$kN,弯矩设计值$M_{yk}=480$kN·m,承台与土自重标准值$G_k=500$kN,根据《建筑桩基技术规范》(JGJ 94—2008),基桩竖向承载力特征值至少要达到下列何值,该桩下桩基才能满足承载力要求?( )

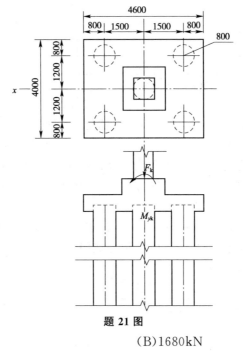

题 21 图

(A)1460kN (B)1680kN
(C)2100kN (D)2180kN

22.(12C11)某地下箱形构筑物,基础长50m,宽40m,顶面高程-3m,底面高程为-11m,构筑物自重(含上覆土重)总计$1.2×10^5$kN,其下设置100根直径600mm抗浮灌注桩,桩轴向配筋抗拉强度设计值为300N/mm²,抗浮设防水位为-2m,假定不考虑构筑物与土的侧摩阻力,按《建设桩基技术规范》(JGJ 94—2008)计算,桩顶截面配筋率至少是下列( )。(分项系数取1.35,不考虑裂缝验算,抗浮稳定安全系数取1.0。)

(A)0.40% (B)0.50%
(C)0.65% (D)0.96%

23.(12D11)假设某工程中上部结构传至承台顶面处相应于荷载效应标准组合下的竖向力$F_k=10000$kN、弯矩$M_k=500$kN·m,水平力$H_k=100$kN,设计承台尺寸为1.6m×2.6m,厚度为1.0m,承台及其上土平均重度为20kN/m³,桩数为5根,如下图所示(尺寸单位为mm)。根据《建筑桩基技术规范》(JGJ 94—2008),单桩竖向极限承载力标准值最小应为( )。

(A)1690kN　　　　　　　　　　(B)2030kN
(C)4060kN　　　　　　　　　　(D)4800kN

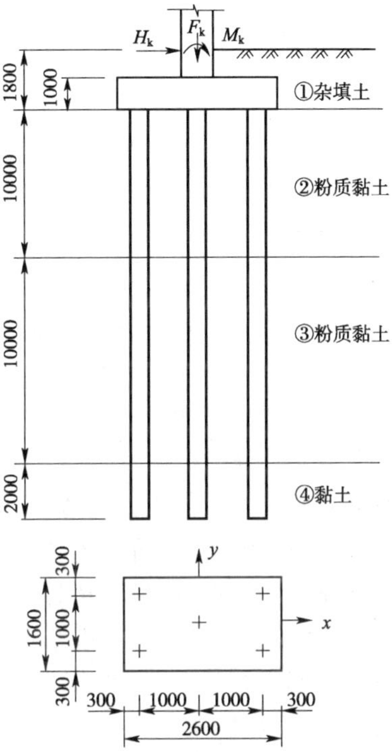

题 23 图

24.(13D11)某框架柱采用6桩独立基础,桩基承台埋深2.0m,承台面积3.0m×4.0m,采用边长0.2m钢筋混凝土预制实心方桩,桩长12m。承台顶部标准组合下的轴心竖向力为F_k,桩身混凝土强度等级为C25,抗压强度设计值$f_c=11.9$MPa,箍筋间距150mm,如下图所示(尺寸单位为m)。根据《建筑桩基技术规范》(JGJ 94—2008),若按桩身承载力验算,该桩基础能够承受的最大竖向力F_k,最接近下列( )。(承台与其上土的重度取20kN/m³,上部结构荷载效应基本组合按标准组合的1.35倍取用。)

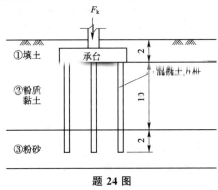

题 24 图

(A)1320kN　　(B)1630kN　　(C)1950kN　　(D)2270kN

25.(13D11)某承台埋深1.5m,承台下为钢筋混凝土预制方桩,断面0.3m×0.3m,有效桩长12m,地层分布如下图所示(尺寸单位为mm),地下水位于地面下1m。在粉细砂和中粗砂层进打了标准贯入试验,结果如下图所示。根据《建筑桩基技术规范》(JGJ 94—2008),计算单桩极限承载力最接近下列( )。

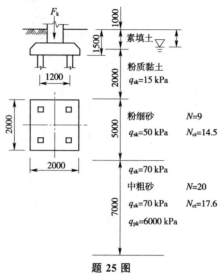

题 25 图

(A)589kN　　　　(B)789kN　　　　(C)1129kN　　　　(D)1329kN

26.(14C12)某桩基工程,采用PHC600管桩,有效桩长28m,送桩2m,桩端闭塞,桩端选择密实粉细砂作持力层,桩侧土层分布见下表,根据单桥探头静力触探资料,桩端全截面以上8倍桩径范围内的比贯入阻力平均值为4.8MPa,桩端全界面以下4倍桩径范围内的比贯入阻力平均值为10.0MPa,桩端阻力修正系数$\alpha=0.8$,根据《建筑桩基技术规范》(JGJ 94—2008),计算单桩极限承载力标准值最接近下列( )。

(A)3820kN　　　　(B)3920kN　　　　(C)4300kN　　　　(D)4410kN

题 26 表

序 号	土 名	层底埋深/m	静力触探 p_s/MPa	q_{slk}/kPa
1	填土	6.0	0.7	15
2	淤泥质黏土	10.0	0.56	28
3	淤泥质粉质黏土	20.0	0.70	35
4	粉质黏土	28.0	1.10	52.5
5	粉细砂	35.0	10.0	100

27.(14D10)某钢筋混凝土预制方桩,边长400mm,混凝土强度等级C40,主筋为HRB335、12φ18钢筋,桩顶以下2m范围内,箍筋间距为100mm,考虑纵向主筋抗压承载力,据《建筑桩基技术规范》(JGJ 94—2008),桩身轴心受压时正截面受压承载力设计值最接近下列( )。(C40混凝土 $f_c=19.1\text{N/mm}^2$,HRB335钢筋 $f_y'=300\text{N/mm}^2$。)

(A)3960kN　　　　(B)3420kN　　　　(C)3050kN　　　　(D)2600kN

28.(16C10)某打入式钢管桩,外径900mm。如果按桩身局部压屈控制,根据《建筑桩基技术规范》(JGJ 94—2008),所需钢管桩的最小壁厚接近下列( )。(钢管桩所用钢材的弹性模量 $E=2.1\times10^5\text{N/mm}^2$,抗压强度设计值 $f_y'=350\text{N/mm}^2$。)

(A)3mm　　　　(B)4mm　　　　(C)8mm　　　　(D)10mm

29.(16C12)某工程勘察报告揭示的地层条件及桩的极限侧阻力和极限端阻力标准值如下图所示。拟采用干作业钻孔灌注桩基础,桩径设计直径为1.0m,设计桩顶位于地面下1.0m,桩端进入粉细砂层2.0m。采用单一桩端后注浆,根据《建筑桩基技术规范》(JGJ 94—

2008),计算单桩竖向极限承载力标准值最接近下列( )。(桩侧阻力和桩端阻力的后注浆增强系数均取规范表中的低值。)

(A)4400kN (B)4800kN (C)5100kN (D)5500kN

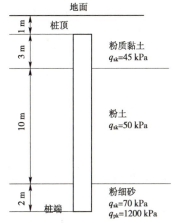

题 29 图

30.(16D11)某基桩采用混凝土预制实心方桩,桩长 16m,边长 0.45m,土层分布及极限侧阻力标准值、极限端阻力标准值如下图所示。按《建筑桩基技术规范》(JGJ 94—2008)确定的单桩竖向极限承载力标准值最接近下列( )。(不考虑沉桩挤土效应对液化的影响。)

(A)780kN (B)1430kN (C)1560kN (D)1830kN

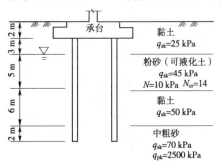

题 30 图

31.(16D12)竖向受压高承台桩基础,采用钻孔灌注桩,设计桩径 1.2m,桩身露出地面的自由长度 l_0 为 3.2m,入土长度 h 为 15.4m,桩的换算埋深 αh<4.0m,桩身混凝土强度等级为 C30,桩顶 6m 范围内的箍筋间距为 150mm,桩顶与承台连接按铰接考虑。土层条件及桩基计算参数如下图所示。按照《建筑桩基技术规范》(JGJ 94—2008)计算桩的桩身正截面受压承载力设计值最接近下列( )。(成桩工艺系数取 $\psi_c=0.75$,C30 混凝土轴心抗压强度设计值 $f_c=14.3\text{N/mm}^2$,纵向主筋面积 $A_s'=5~024\text{mm}^2$,抗压强度设计值 $f_y'=210\text{N/mm}^2$。)

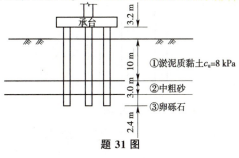

题 31 图

(A)9820kN (B)12100kN (C)16160kN (D)10580kN

32.(17C11)某多层建筑采用条形基础,宽度1m,其地质条件如下图所示,基础底面埋深为地面下2m,地基承载力特征值120kPa,可以满足承载力要求,拟采用减沉复合疏桩基础减小基础沉降,桩基设计采用桩径为600mm的钻孔灌注桩,桩端进入第②层土2m,如果桩沿条形基础的中心线单排均匀布置,根据《建筑桩基技术规范》(JGJ 94—2008),下列桩间距选项中最适宜的是( )。(传至条形基础顶面的荷载 $F_k=120$ kN/m,基础底面以上土和承台的重度取 20 kN/m³,承台面积控制系数 $\xi=0.6$,承台效应系数 $\eta_c=0.6$。)

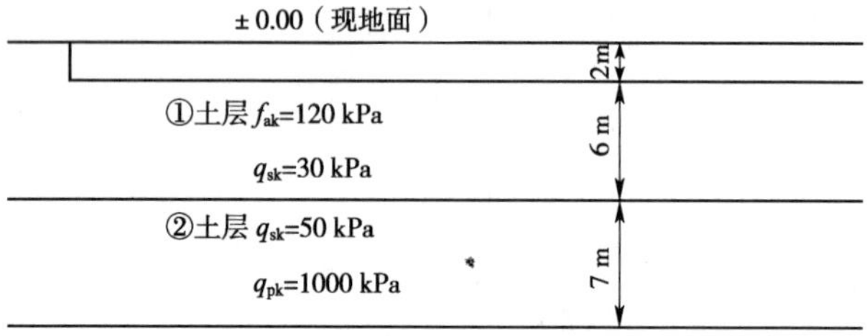

题 32 图

(A)4.2m (B)3.6m (C)3.0m (D)2.4m

33.(17C12)某建筑桩基作用于承台顶面的荷载效应标准组合偏心竖向力为5000kN,承台及其上土自重的标准值为500kN。桩的平面位置和偏心竖向力作用点位置如下图所示。承台下基桩最大竖向力最接近下列( )。(不考虑地下水的影响,图中尺寸单位为mm。)

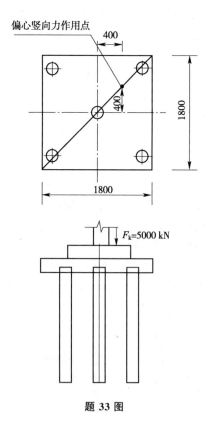

题 33 图

(A)1270kN (B)1820kN (C)2010kN (D)2210kN

34.（17D10）某工程地层条件如下图所示，拟采用敞口 PHC 管桩，承台底面位于自然地面下 1.5m，桩端进入中粗砂持力层 4m。桩外径 600mm，壁厚 110mm。根据《建筑桩基技术规范》（JGJ 94—2008），按照土层参数估算得到单桩竖向极限承载力标准值最接近下列（　　）。

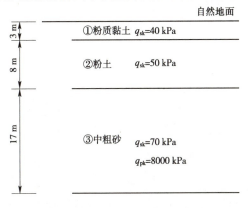

题 34 图

(A)3656kN　　　(B)3474kN　　　(C)3205kN　　　(D)2749kN

35.（17D11）某工程采用低承台打入预制实心方桩，桩的截面尺寸 500mm×500mm，有效桩长 18m。桩为正方形布置，距离为 1.5m×1.5m。地质条件及各层土的极限侧阻力、极限端阻力以及桩的入土深度，布桩方式如下图所示。根据《建筑桩基技术规范》（JGJ 94—2008）和《建筑抗震设计规范》（GB 50011—2010），在轴心竖向力作用下，进行桩基抗震验算时所取用的单桩竖向抗震承载力特征值最接近下列（　　）。（地下水位于地表下 1m）。

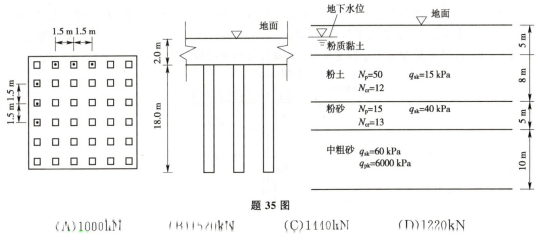

题 35 图

(A)1000kN　　　(B)1520kN　　　(C)1440kN　　　(D)1220kN

第三讲　特殊条件下竖向承载力验算

1.（02D05）已知钢筋混凝土预制方桩边长为 300mm，桩长为 22m，桩顶入土深度为 2m，桩端入土深度 24m，场地地层条件参见下表，当地下水由 0.5m 下降至 5m，按《建筑桩基技术规范》（JGJ 94—2008）计算单桩基础基桩由于负摩阻力引起的下拉荷载，其值最接近下列（　　）项数值。
（注：中性点深度比 l_n/l_0，黏性土为 0.5，中密砂土为 0.7。负摩阻力系数 ξ_n：饱和软土为 0.2，黏性土为 0.3，砂土为 0.4。）

(A)3.0×10^2kN　　(B)4.0×10^2kN　　(C)5.0×10^2kN　　(D)6.0×10^2kN

题 4 表

层序	土层名称	层底深度/m	厚度/m	含水率 w_b	天然重度 $\gamma_0/$ (kN/m³)	孔隙比 e_0	塑性指数 I_p	黏聚力、内摩擦角（固快） $c/$ kPa	$\varphi/(°)$	压缩模量 $E_s/$ MPa	桩极限侧阻力标准值 $q_{sik}/$ kPa
①	填土	1.20	1.20		18						
②	粉质黏土	2.00	0.8	31.7%	18.0	0.92	18.3	23.0	17.0		
④	淤泥质黏土	12.00	10.00	46.6%	17.0	1.34	20.3	13.0	8.5		28
⑤-1	黏土	22.70	10.70	38%	18.0	1.08	19.7	18.0	14.0	4.50	55
⑤-2	粉砂	28.80	6.10	30%	19.0	0.78		5.0	29.0	15.00	100
⑤-3	粉质黏土	35.30	6.50	34.0%	18.5	0.95	16.2	15.0	22.0	6.00	
⑦-2	粉砂	40.00	4.70	27%	20.0	0.70		2.0	34.5	30.00	

2. (02D06)已知某建筑桩基安全等级为二级的建筑物地下室采用一柱一桩,基桩上拔力设计值为800kN,拟采用桩型为钢筋混凝土预制方桩,边长400mm,桩长为22m,桩顶入土深度为6m,桩端入土深度28m,场区地层条件见上题表。按《建筑桩基技术规范》(JGJ 94—2008)计算基桩抗拔极限承载力标准值,其值最接近( )。

[注:抗拔系数 λ 按《建筑桩基技术规范》(JGJ 94—2008)取高值。]

    (A)1.16×10^3 kN   (B)1.56×10^3 kN   (C)1.86×10^3 kN   (D)2.06×10^3 kN

3. (03C15)一钻孔灌注桩,桩径 $d=0.8$m,长 $l_0=10$m。穿过软土层,桩端持力层为砾石。如下图所示,地下水位在地面下1.5m,地下水位以上软黏土的天然重度 $\gamma=17.1$kN/m³,JP地下水位以下它的浮重度 $\gamma'=9.5$kN/m³。现在桩顶四周地面大面积填土,填土荷重 $p=10$kN/m²,要求按《建筑桩基技术规范》(JGJ 94—2008)计算因填土对该单桩造成的负摩擦下拉荷载标准值(计算中负摩阻力系数 ξ_n 取0.2),其计算结果最接近于下列( )。

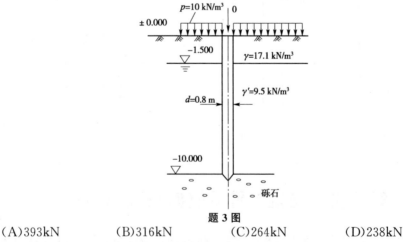

题 3 图

    (A)393kN   (B)316kN   (C)264kN   (D)238kN

4. (03D14)某地下车库(按二级桩基考虑)为抗浮设置抗拔桩,桩型采用300mm×300mm钢筋混凝土方桩,桩长12m,桩中心距为2.0m,桩群外围周长为4×30m=120m,桩数 $n=14\times14=196$ 根,单一基桩上拔力标准值 $N_k=330$kN。已知各土层极限侧阻力标准值如下图所示。取抗力分项系数 $\gamma_s=1.65$,抗拔系数对黏土 λ_i 对黏土取0.7,粉砂取0.6,钢筋混凝土桩体重度 25kN/m³,桩群范围内桩、土总浮重设计值100MN。按照《建筑桩基技术规范》(JGJ 94—2008)验算群桩基础及其基桩的抗拔承载力,其验算结果( )。

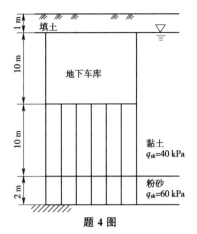

题 4 图

(A)群桩和基桩均满足　　　　　　(B)群桩满足，基桩不满足
(C)基桩满足，群桩不满足　　　　　(D)群桩和基桩均不满足

5.(04C16)某一柱一桩(二级桩基、摩擦型桩)为钻孔灌注桩,桩径 $d=850$mm,桩长 $l=22$m,如下图所示,由于大面积堆载引起负摩阻力,按《建筑桩基技术规范》(JGJ 94—2008)计算得下拉荷载标准值最接近(　　)。(已知中性点为 $l_n/l_0=0.8$,淤泥质土负摩阻力系数 $\xi_n=0.2$,负摩阻力群桩效应系数 $\eta_n=1.0$。)

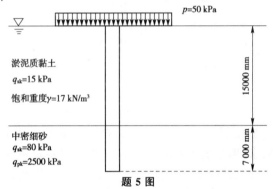

题 5 图

(A)$Q_g^n=400$kN　　(B)$Q_g^n=480$kN　　(C)$Q_g^n=580$kN　　(D)$Q_g^n=680$kN

6.(04D14)某端承型单桩基础,桩入土深度 12m,桩径 $d=0.8$m,桩顶荷载 $N_k=500$kN,由于地表进行大面积堆载而产生了负摩阻力,负摩阻力平均值为 $q_s^n=20$kPa,中性点位于桩顶下 6m,求桩身最大轴力最接近于(　　)。

(A)500kN　　　　(B)650kN　　　　(C)800kN　　　　(D)900kN

7.(04D17)一柱一桩自重湿陷性黄土地基中嵌入的软岩中的高承台基桩,有关土性系数及深度值如下图所示。当地基严重浸水时,按《建筑桩基技术规范》(JGJ 94—2008)计算,负摩阻力 Q_g^n 最接近(　　)。(计算时取 $\xi_n=0.3,\eta_n=1.0$,饱和度为 80%时的平均重度为 18kN/m³,桩周长 $u=1.884$m,下拉荷载累计至砂层顶面。)

(A)178kN　　　　(B)366kN　　　　(C)509kN　　　　(D)610kN

8.(04D18)如下图所示,某泵房按二级桩基考虑,为抗浮设置抗拔桩,上拔力设计值为 600kN,桩型采用钻孔灌注桩,桩径 $d=550$mm,桩长 $l=16$m,桩群边缘尺寸为 20m×10m,桩数为 50 根,按《建筑桩基技术规范》(JGJ 94—2008)计算群桩基础及基桩的抗拔承载力,下列(　　)与结果最接近。(桩侧阻力分项系数 $\gamma_s=1.65$;抗拔系数 λ_i,对黏性土取 0.7,对砂土取 0.6,桩身材料重度 $\gamma=25$kN/m³;群桩基础平均重度 $\gamma=20$kN/m³。)

层底深度/m	层厚/m	自重湿陷系数 δ_{zs}	第i层中点深度/m	桩侧正摩阻力/kPa
2	2	0.003	1.0	15
5	3	0.065	3.5	30
7	2	0.003	6.0	40
10	3	0.075	8.5	50
13	3			80

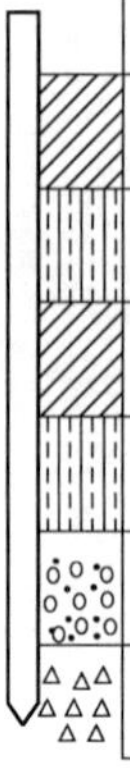

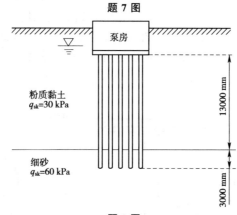

题 7 图

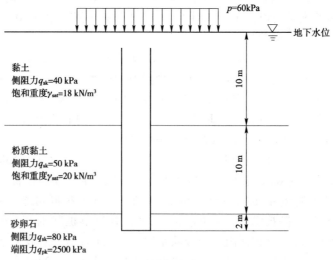

题 8 图

(A)群桩和基桩都满足要求　　(B)群桩满足要求，基桩不满足要求

(C)群桩不满足要求，基桩满足要求　　(D)群桩和基桩都不满足要求

9.(05C13)某端承灌注桩桩径 1.0m，桩长 22m，桩周土性参数如下图所示，地面大面积堆载 $p=60$kPa，桩周沉降变形土层下限深度 20m，按《建筑桩基技术规范》(JGJ 94—2008)计算下拉荷载标准值，其值最接近下列(　　)选项。

题 9 图

(注:已知中性点深度 $L_n-L_0=0.8$,黏土负摩阻力系数 $\xi=0.3$,粉质黏土负摩阻力系数 $\xi_n=0.4$,负摩阻力群桩效应系数 $\eta_n=1.0$。)

(A)1880kN　　　　(B)2200kN　　　　(C)2510kN　　　　(D)3140kN

10.(05D13)某二级建筑物扩底抗拔灌注桩桩径 $d=1.0$m,桩长 12m,扩底直径 $D=1.8$m,扩底段高度 $h_c=1.2$m,桩周土性参数如下图所示,按《建筑桩基技术规范》(JGJ 94—2008)计算,基桩的抗拔极限承载力标准值,其值最接近(　　)。

(注:抗拔系数:粉质黏土为 $\lambda=0.7$;砂土 $\lambda=0.5$。)

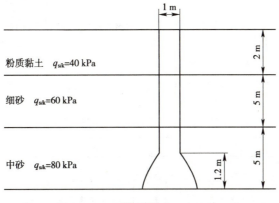

题 10 图

(A)1380kN　　　　(B)1780kN　　　　(C)2080kN　　　　(D)2580kN

11.(06C12)某桩基工程安全等级为二级,其桩型平面布置、剖面及地层分布如下图所示(尺寸单位为mm),土层物理力学指标见下表,按《建筑桩基技术规范》(JGJ 94—2008)计算群桩呈整体破坏与非整体破坏的基桩的抗拔极限承载力标准值比值(T_{gk}/Y_{uk}),其计算结果最接近(　　)。

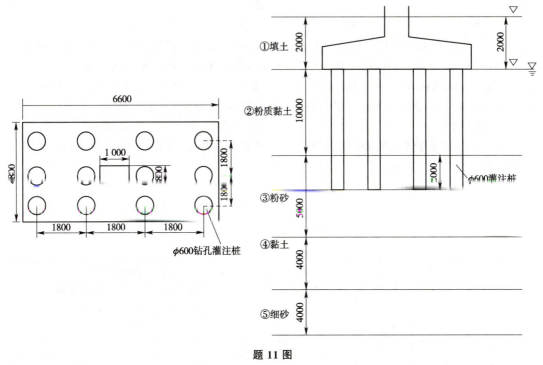

题 11 图

题 11 表

土层名称	极限侧阻力 q_{sik}/kPa	极限端阻力 q_{pik}/kPa	抗拔系数 λ
①填土			
②粉质黏土	40		0.7
③粉砂	80	3 000	0.6
④黏土	50		
⑤细砂	90	4 000	

(A)0.9　　　　(B)1.05　　　　(C)1.2　　　　(D)1.38

12.(08D13)某一柱一桩(端承灌注桩)基础,桩径1.0m,桩长20m,承受轴向竖向荷载特征值$N=5000$kN,地表大面积堆载,$p=60$kPa,桩周土层分布如下图所示(尺寸单位为mm),根据《建筑桩基技术规范》(JGJ 94—2008)桩身混凝土强度等级(下表)选用(　　)最经济合理。(注:不考虑地震作用,灌注桩施工工艺系数$\psi_c=0.7$,负摩阻力系数$\xi_n=0.20$。)

题 12 表

混凝土强度等级	C20	C25	C30	C35
轴心抗压强度特征值 f_c/(N/mm²)	9.6	11.9	14.3	16.7

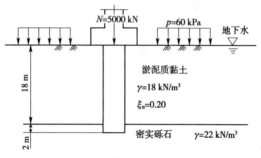

题 12 图

(A)C20　　　　(B)C25　　　　(C)C30　　　　(D)C35

13.(09C12)某地下车库作用有141MN的浮力,基础上部结构和土重为108MN,拟设置直径600mm,长10m的抗浮桩,桩身重度为25kN/m³,水重度为10kN/m³,基础底面以下10m内为粉质黏土,其桩侧极限摩阻力为36kPa,车库结构侧面与土的摩擦力忽略不计,据《建筑桩基技术规范》(JGJ 94—2008),按群桩呈非整体破坏估算,需要设置抗拔桩的数量应大于(　　)。

(A)83 根　　　　(B)89 根　　　　(C)108 根　　　　(D)118 根

14.(12C10)某甲类建筑物拟采用干作业钻孔灌注桩基础,桩径0.8m,桩长50m,拟建场地土层如下图所示,其中土层②、③层为湿陷性黄土状粉土,这两层土自重湿陷量$\Delta_{zs}=440$mm,④层粉质黏土无湿陷性,桩基设计参数见下表,根据《建筑桩基技术规范》(JGJ 94—2008)和《湿陷性黄土地区建筑规范》(GB 50025—2004)规定,单桩所能承受的竖向力N_k最大值最接近下列(　　)。(注:黄土状粉土的中性点深度比取$l_n/l_0=0.5$。)

题 14 表

地层编号	地层名称	天然重度	干作业钻孔灌注桩	
			桩的极限侧阻力标准值 q_{sik}/kPa	桩的极限端阻力标准值 q_{pk}/kPa
②	黄土状粉土	18.7	31	
③	黄土状粉土	19.2	42	
④	粉质黏土	19.3	100	2 200

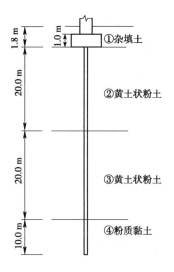

题 14 图

(A) 2110kN　　(B) 2486kN　　(C) 2864kN　　(D) 3642kN

15.(11C12)某抗拔基桩桩顶拔力为800kN,地基土为单一的黏土,桩侧土的抗压极限侧阻力标准值为50kPa,抗拔系数取为0.8,桩身直径为0.5m,桩顶位于地下水位以下,桩身混凝土重量为$25kN/m^3$,按《建筑桩基技术规范》(JGJ 94—2008)计算,群桩基础呈非整体破坏情况下,基桩桩长至少不少于下列( )。

(A) 15m　　(B) 18m　　(C) 21m　　(D) 24m

16.(11C13)如图所示,某端承桩单桩基础桩身直径$d=600mm$,桩端嵌入基岩,桩顶以下10m为欠固结的淤泥质土,该土有效重度为$8.0kN/m^3$,桩侧土的抗压极限侧阻力标准值为20kPa,负摩阻力系数为0.25,按《建筑桩基技术规范》(JGJ 94—2008)计算,桩侧负摩阻力引起的下拉荷载最接近于下列( )。

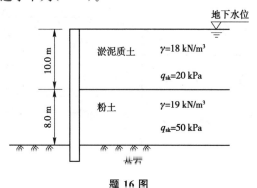

题 16 图

(A) 150kN　　(B) 190kN　　(C) 250kN　　(D) 300kN

17.(11D12)某构筑物柱下桩基础采用16根钢筋混凝土预制桩,桩径$d=0.5m$,桩长20m,承台埋深5m,其平面布置、剖面地层如下图所示。荷载效应标准组合下,作用于承台顶面的竖向荷载$F_k=27000kN$,承台及其上土重$G_k=1000kN$,桩端以上各土层的$q_{sik}=60kPa$,软弱层顶面以上土的平均重度$\gamma_m=18kN/m^3$,按《建筑桩基技术规范》(JGJ 94—2008)验算,软弱下卧层承载力特征值至少应接近下列( )才能满足要求。(取$\eta_d=1.0$,$\theta=15°$。)

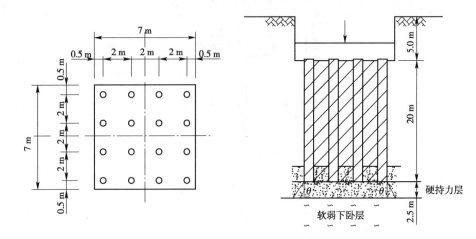

题 17 图

(A)66kPa　　　　(B)84kPa　　　　(C)175kPa　　　　(D)204kPa

18.(12D10)某正方形承台下布端承型灌注桩9根,桩身直径为700mm,纵、横桩间距约为2.5m,地下水位埋深为0m,桩端持力层为卵石,桩周土0~5m为均匀的新填土,以下为正常固结土层,假定填土重度为18.5kN/m³,桩侧极限负摩阻力标准值为30kPa,按《建筑桩基技术规范》(JGJ 94—2008)考虑群桩效应时,计算基桩下拉荷载最接近下列(　　)。

(A)180kN　　　　(B)230kN　　　　(C)280kN　　　　(D)330kN

19.(14C10)某桩基础采用钻孔灌注桩,桩径0.6m,桩长10.0m,承台底面尺寸及布桩如下图所示,承台顶面荷载效应标准组合下的竖向力 $F_k=6300$kN。土层条件及桩基计算参数如下图表所示。根据《建筑桩基技术规范》(JGJ 94—2008)计算,作用于软弱下卧层④层顶面的附加应力 σ_z 最接近下列(　　)。(承台及上覆土重度取20kN/m³。)

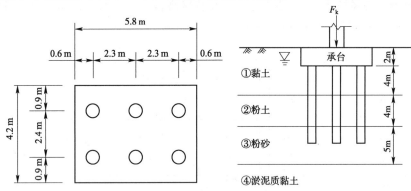

题 19 图

题 19 表

层序	土　名	天然重度 γ/(kN/m³)	极限侧阻力标准值/kPa	极限端阻力标准值/kPa	压缩模量 E_s/MPa
①	黏土	18.0	35		
②	粉土	17.5	55	2100	10
③	粉砂	18.0	60	3000	16
④	淤泥质黏土	18.5	30		3.2

(A)8.5kPa (B)18kPa (C)30kPa (D)40kPa

20.(14C11)某钻孔灌注桩单桩基础,桩径1.2m,桩长16m,土层条件如图所示,地下水位在桩顶平面处。若桩顶平面处作用大面积堆载 $p=50$ kPa,根据《建筑桩基技术规范》(JGJ 94—2008)计算,桩侧负摩阻力引起的下拉荷载 Q_g^n 最接近下列( )。(忽略密实粉砂层的压缩量。)

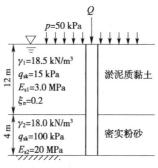

题 20 图

(A)240kN (B)680kN (C)910kN (D)1220kN

21.(14D11)某位于季节性冻土地基上的轻型建筑采用短桩基础,场地标准冻深为2.5m,地面下20m深度内为粉土,土中含盐量不大于0.5%,属冻胀土,抗压极限侧阻力标准值30kPa,桩型为直径0.6m的钻孔灌注桩,表面粗糙,当群桩呈非整体破坏时,根据《建筑桩基技术规范》(JGJ 94—2008),自地面算起,满足抗冻坡稳定要求的最短桩长最接近( )。($N_G=180$ kN,桩身重度 25kN/m³,抗拔系数 0.5,切向冻胀力及相关系数取规范中最小值。)

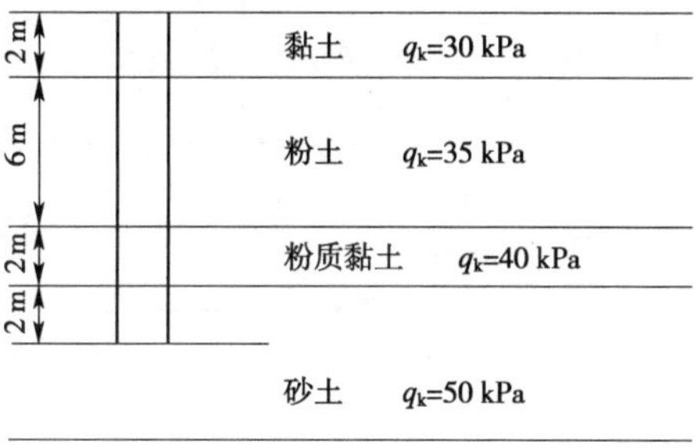

题 21 图

(A)4.7m (B)6.0m (C)7.2m (D)8.3m

22.(17D12)某地下结构采用钻孔灌注桩作抗浮桩,桩径0.6m,桩长15.0m,承台平面尺寸 27.6m×37.2m,纵横向按等间距布桩,桩中心矩2.4m,边桩中心距承台边缘0.6m,桩数为 12×16=192 根。土层分布及桩侧土的极限摩阻力标准值如下图所示。粉砂抗拔系数取0.7,细砂抗拔系数取0.6,群桩基础所包围体积内的桩土平均重度取 18.8kN/m³,水的重度取 10kN/m³,根据《建筑桩基技术规范》(JGJ 94—2008)计算,当群桩呈整体破坏时,按荷载效应标准组合计算基桩能承受的最大上拔力接近下列( )。

(A)145kN (B)820kN (C)850kN (D)1 600kN

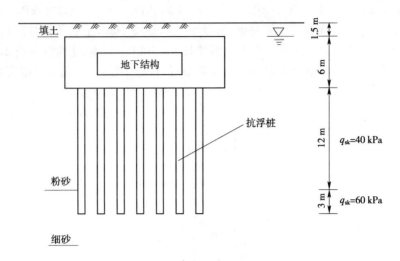

题 22 图

第四讲 桩基沉降计算

1. (02D04)某建筑物,建筑桩基安全等级为二级,场地地层土性如下表所示,柱下桩基础,采用 9 根钢筋混凝土预制桩,边长为 400mm,桩长为 22m,桩顶入土深度为 2m,桩端入土深度 24m,假定传至承台底面长期效应组合的附加压力为 400kPa,压缩层厚度为 9.6m,桩基沉降计算经验系数 $\psi=1.5$,如下图所示(尺寸单位为 mm)。按《建筑桩基技术规范》(JGJ 94—2008)等效作用分层总和法计算桩基最终沉降量,其值最接近(   )。

题 1 表

层序	土层名称	层底深度/m	厚度/m	含水率 $w_0/\%$	天然重度 $\gamma_0/$ (kN/m³)	孔隙比 e_0	塑性指数 I_p	黏聚力 c/kPa	内摩擦角(固快) $\varphi/(°)$	压缩模量 E_s/MPa	桩极限侧阻力标准值 q_{sik}/kPa
①	填土	1.20	1.20		18.0						
②	粉质黏土	2.00	0.80	31.7	18.0	0.92	18.3	23.0	17		
④	淤泥质黏土	12.00	10.00	46.6	17.0	1.34	20.3	13.0	8.5		28
⑤-1	黏土	22.70	10.7	38	18.0	1.08	19.7	18.0	14	4.50	55
⑤-2	粉砂	28.80	6.10	30	19.0	0.78		5.0	29	15.00	100
⑤-3	粉质黏土	35.30	6.50	34.0	18.5	0.95	16.2	15.0	22	6.00	
⑦-2	粉砂	40.00	4.70	27	20.0	0.70		2.0	34.5	30.00	

注:地下水离地表 5m。

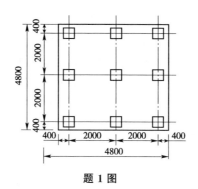

题 1 图

(A) 30mm (B) 40mm (C) 46mm (D) 60mm

2. (03D11) 非软土地区一个框架柱采用钻孔灌注桩基础，承台底面所受荷载的长期效应组合的平均附加压力 $p_0=173$kPa。承台平面尺寸 3.8m×3.8m，承台下为 5 根 $\phi600$ 灌注桩，布置如下图所示。承台埋深 1.5m，位于厚度 1.5m 的回填土层内，地下水位于地面以下 2.5m，桩身穿过厚 10m 的软塑粉质黏土层，桩端进入密实中砂 1m，有效桩长 $l=11$m，中砂层厚 3.5m，该层以下为粉土，较厚未钻穿。各土层的天然重度 γ、浮重度 γ' 及压缩模量 E_s 等，已列于剖面图上。已知等效沉降系数 $\psi_e=0.229$、$\sigma_z=0.2\sigma_c$ 条件的沉降计算深度为桩端以下 5m，按《建筑桩基技术规范》(JGJ 94—2008) 计算该桩基础的中心点沉降，其结果与（ ）最接近。

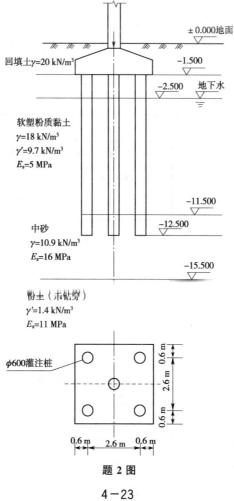

题 2 图

(A)5.5mm (B)8.4mm (C)9.2mm (D)22mm

3.(04D19)某群桩基础的平面、剖面如下图所示(尺寸单位为 mm),已知作用于桩端平面处长期效应组合的附加压力为 300kPa,沉降计算经验系数 $\psi=0.7$,其他系数见下表,按《建筑桩基技术规范》(JGJ 94—2008)估算群桩基础的沉降量,其值最接近下列(　　)。

[注:桩端平面下平均附加应力系数 $\bar{\alpha}(a=b=2.0\text{m})$ 见下表。]

题 3 表

z_i/m	a/b	z_i/b	$\bar{\alpha}_i$	$4\bar{\alpha}_i$	$z_i\bar{\alpha}_i$	$z_i\bar{\alpha}_i - z_{i-1}\bar{\alpha}_{i-1}$
0	1	0	0.25	1.0	0	
2.5	1	1.25	0.2148	0.8592	2.1480	2.1480
8.5	1	4.25	0.1072	0.4288	3.6448	1.4968

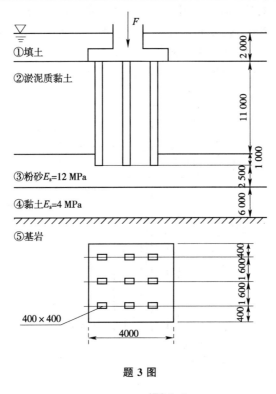

题 3 图

(A)2.5cm (B)3.0cm
(C)3.5cm (D)4.0cm

4.(05D14)某桩基工程的桩型平面布置、剖面及地层分布如下图所示(尺寸单位为 mm),土层及桩基设计参数见图中注,作用于桩端平面处的有效附加应力为 400kPa(长期效应组合),其中心点的附加压力曲线如图所示(假定为直线分布),沉降经验系数 $\psi=1$,地基沉降计算深度至基岩面,按《建筑桩基技术规范》(JGJ 94—2008)验算桩基最终沉降量,其计算结果最接近下列(　　)。

(A)3.6cm (B)5.4cm
(C)7.9cm (D)8.6cm

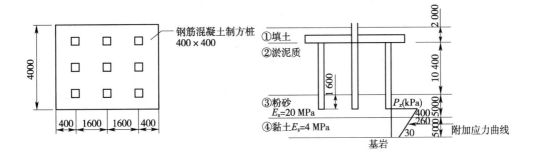

题 4 图

5.(06C14)某桩基工程安全等级为二级,其桩型平面布置、剖面及地层分布如下图所示(尺寸单位为 mm),土层物理力学指标及有关计算数据见下表,已知作用于桩端平面处的平均有效附加压力为 420kPa,沉降计算经验系数 $\psi=1.1$,地基沉降计算深度至第⑤层顶面,按《建筑桩基技术规范》(JGJ 94—2008)验算桩基中心点处最终沉降量,其计算结果最接近( )。

(注:$C_0=0.09$,$C_1=1.5$,$C_2=6.6$。)

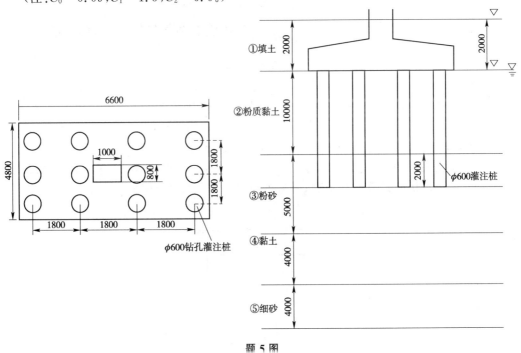

题 5 图

题 5 表

土层名称	重度 γ/ (kN/m^3)	压缩模量 E_s/MPa	z/m	z/b	$\bar{a}_i$	$z_i\bar{a}_i$	$z_i\bar{a}_i - z_{i-1}\bar{a}_{i-1}$	E_{si}	$(z_i\bar{a}_i - z_{i-1}\bar{a}_{i-1})/E_{si}$
①填土	18								
②粉质黏土	18								
③粉砂	19	30	0	0	0.25	0			
④黏土	18	10	3	1.25	0.22	0.660			
⑤细砂	19	60	7	2.92	0.154	1.078			

(A)9mm (B)35mm (C)52mm (D)78mm

6.（07D11）某构筑物桩基安全等级为二级，柱下桩基础采用16根钢筋混凝土预制桩，桩径 $d=0.5$m，桩长15m，其承台平面布置、剖面、地层以及桩端下的有效附加应力（假定按直线分布）如下图所示，按《建筑桩基技术规范》（JGJ 94—2008）估算桩基沉降量最接近（　　）。（注：沉降经验系数取1.0。）

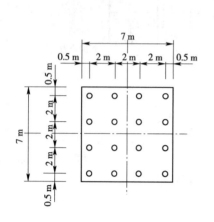
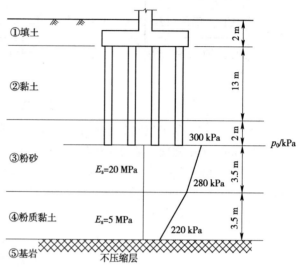

题 6 图

(A) 7.3cm　　　　(B) 9.5cm　　　　(C) 11.8cm　　　　(D) 13.2cm

7.（09D12）某柱下单桩独立基础采用混凝土灌注桩，桩径800mm，桩长30m，在荷载效应准永久组合作用下，作用在桩顶的附加荷载 $Q=6000$kN，桩身混凝土弹性模量 $E_c=3.15\times 10^4$N/mm²，假定在该桩桩端以下的附加应力按分段线性分布，土层压缩模量如下图所示，不考虑承台分担荷载作用，据《建筑桩基技术规范》（JGJ 94—2008）计算，该单桩最终沉降量接近（　　）。（注：取沉降计算经验系数 $\psi=1.0$，桩身压缩系数 $\xi_e=0.6$。）

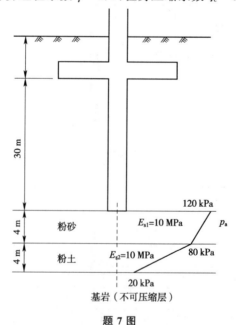

题 7 图

(A) 55mm　　　　(B) 60mm　　　　(C) 67mm　　　　(D) 72mm

8. (10C13)某软土地基上多层建筑,采用减沉复合疏桩基础,筏板平面尺寸为 35m×10m,承台底设置钢筋混凝土预制方桩共计 102 根,桩截面尺寸为 200mm×200mm,间距 2m,桩长 15m,正三角形布置,地层分布及土层参数如右图所示(尺寸单位为 mm)。试问按《建筑桩基技术规范》(JGJ 94—2008)计算的基础中心点由桩土相互作用产生的沉降 s_{sp},其值接近下列( )。

(A)6.4mm   (B)8.4mm

(C)11.9mm   (D)15.8mm

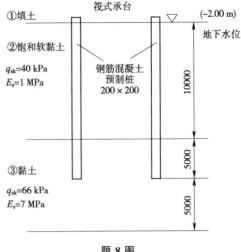

题 8 图

9. (11C11)钻孔灌注桩单桩基础,桩长 24m,桩身直径 $d=600$mm,桩顶以下 30m 范围内均为粉质黏土,在荷载效应准永久组合作用下,桩顶的附加荷载为 1200kN,桩身混凝土的弹性模量为 $3.0×10^4$ MPa,据《建筑桩基技术规范》(JGJ 94—2008),桩身压缩变形量最接近下列( )。

(A)2.0mm   (B)2.5mm   (C)3.0mm   (D)3.5mm

10. (12D12)某多层住宅框架结构,采用独立基础,荷载效应准永久值组合下作用于承台底的总附加荷载 $F_k=360$kN,基础埋深 1m,方形承台,边长为 2m,土层分布如图所示(尺寸单位为 mm)。为减少基础沉降,基础下疏布 4 根摩擦桩,钢筋混凝土预制方桩 0.2m×0.2m,桩长 10m,单桩承载力特征值 $R_a=80$kN,地下水水位在地面下 0.5m,根据《建筑桩基技术规范》(JGJ 94—2008),计算由承台底地基土附加应力作用下产生的承台中点沉降量为( )。(沉降计算深度取承台底面下 3.0m。)

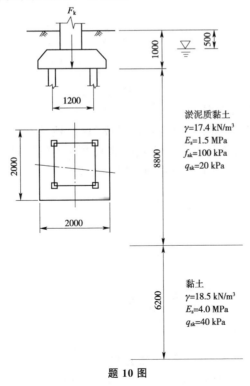

题 10 图

(A)14.8mm　　　(B)20.9mm　　　(C)39.7mm　　　(D)53.9mm

11.(13D11)某减沉复合疏桩基础,荷载效应标准组合下,作用于承台顶面的竖向力为1200kN,承台及其上土的自重标准值400kN,承台底地基承载力特征值为80kPa,承台面积控制系数为0.6,承台下均匀布置3根摩擦型桩,基桩承台效应系数为0.40,按《建筑地基基础设计规范》(JGJ 94—2008)计算,单桩竖向承载力特征值最接近下列(　　)。

(A)350kN　　　(B)375kN　　　(C)390kN　　　(D)405kN

12.(13C12)某多层住宅框架结构,采用独立基础,荷载效应准永久值组合下作用于承台底的总附加荷载F_k=360kN,基础埋深11m,方形承台,边长为2m,土层分布如下图所示(尺寸单位为mm)。为减少基础沉降,基础下疏布4根摩擦桩,钢筋混凝土预制方桩0.2m×0.2m,桩长10m,根据《建筑桩基技术规范》(JGJ 94—2008),计算桩土相互作用产生的基础中心点沉降量s_{sp}最接近下列(　　)。

(A)15mm　　　(B)20mm　　　(C)40mm　　　(D)54mm

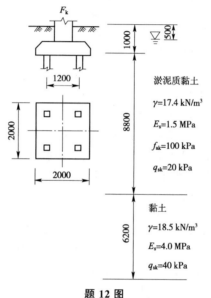

题 12 图

13.(16C13)某均匀布置的群桩基础,尺寸及土层条件见下图。已知相应于准永久组合时,作用在承台底面的竖向力为668000kN,当按《建筑地基基础设计规范》(GB 50007—2011)考虑土层应力扩散,按实体深基础方法估算桩基最终沉降量,桩基沉降计算的平均附加压力最接近下列(　　)。(地下水位在地面以下1m。)

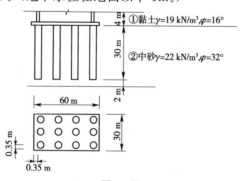

题 13 图

(A)185kPa　　　(B)215kPa　　　(C)245kPa　　　(D)300kPa

14.(16D10)某四桩承台基础,准永久组合作用在每根基桩桩顶的附加荷载均为1000kN,沉降计算深度范围内分为两计算土层,土层参数如图所示,各基桩对承台中心计算轴线的应力影响系数相同。各土层1/2厚度处的应力影响系数见下图。不考虑承台底地基土分担荷载及桩身压缩。根据《建筑桩基技术规范》(JGJ 94—2008),应用明德林(Mindlin)解计算桩基沉降量最接近下列(   )。(取各基桩总端阻力与桩顶荷载之比为$\alpha=0.2$,沉降经验系数$\psi_p=0.8$。)

(A)15mm　　　　(B)20mm　　　　(C)60mm　　　　(D)75mm

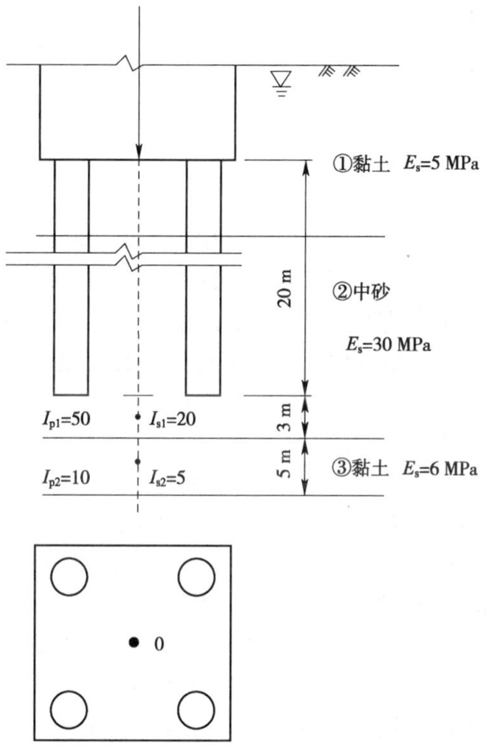

题 14 图

第五讲　桩基水平承载力与位移

1.(02D08)一岛填土挡土墙基础下,设置单排打入式钢筋混凝土阻滑桩,桩横截面400mm×400mm,桩长5.5m,桩距1.2m,地基土水平抗力系数的比例常数m为10^4 kN/m⁴,桩顶约束条件按自由端考虑,试按《建筑桩基技术规范》(JGJ 94—2008)计算当控制桩顶水平位移$x_{0a}=10$mm时,每根阻滑桩能对每延米长挡土墙提供的水平阻滑力(桩身抗弯刚度$EI=5.08\times10^4$ kN/m²)与(   )最接近。

(A)80kN/m　　(B)70kN/m　　(C)52kN/m　　(D)40kN/m

2.(02D09)如下图所示桩基,桩侧土水平抗力系数的比例系数$m=20$MN/m⁴,承台侧面土水平抗力系数的比例系数$m=10$MN/m⁴,承台底与地基土间的摩擦系数$\mu=0.3$,建筑桩基重要性系数$\gamma_0=1$,承台底地基土分担竖向荷载$P_c=1364$kN,单桩$\alpha_h>4.0$,其水平承载力设计值$R_h=150$kN,承台容许水平位移$x_{0a}=6$mm。按《建筑桩基技术规范》(JGJ 94—

2008)规范计算复合基桩水平承载力设计值,其结果最接近于( )。

(注:图中尺寸:$b_{x1}=b_{y1}=6.4\text{m}$,$h_0=1.6\text{m}$,$s_c=3d$,其余尺寸单位为 mm。)

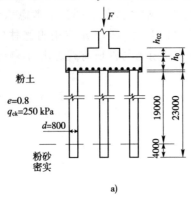
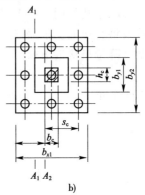

题 2 图

(A)$3.8\times10^2\text{kN}$ (B)$3.1\times10^2\text{kN}$
(C)$2.0\times10^2\text{kN}$ (D)$4.5\times10^2\text{kN}$

3.(03D13)某桩基工程采用直径为 2.0m 的灌注桩,桩身配筋率为 0.68%,桩长 25m,桩顶铰接,桩顶允许水平位移 0.005m,桩侧土水平抗力系数的比例系数 $m=25\text{MN/m}^4$,按《建筑桩基技术规范》(JGJ 94—2008)求得的单桩水平承载力与( )最为接近。

(注:已知桩身 $EI=2.149\times10^7\text{kN}\cdot\text{m}^2$。)

(A)900kN   (B)1040kN   (C)1550kN   (D)1650kN

4.(04C14)群桩基础,桩径 $d=0.6\text{m}$,桩的换算埋深 $\alpha h\geqslant 4.0$,单桩水平承载力设计值 $R_h=50\text{kN}$(位移控制),沿水平荷载方向布桩排数 $n_1=3$ 排,每排桩数 $n_2=4$ 根,矩径比 $S_a/d=3$,承台底位于地面上 50mm,按《建筑桩基技术规范》(JGJ 94—2008)计算群桩中复合基桩水平承载力设计值最接近( )。

(A)45kN   (B)50kN   (C)55kN   (D)65kN

5.(04D17)桩顶为自由端的钢管桩,桩径 $d=0.6\text{m}$,桩入土深度 $h=10\text{m}$,地基土水平抗力系数的比例系数 $m=10\text{MN/m}^4$,桩身抗弯刚度 $EI=1.7\times10^5\text{kN}\cdot\text{m}^2$,桩水平变形系数 $\alpha=0.59\text{m}^{-1}$,桩顶容许水平位移 $x_{0a}=10\text{mm}$,按《建筑桩基技术规范》(JGJ 94—2008)计算,单桩水平承载力设计值最接近( )。

(A)75kN   (B)90kN   (C)107kN   (D)175kN

6.(05C12)某受压灌注桩桩径为 1.2m,桩端入土深度 20m,桩身配筋率 0.6%,桩顶铰接,桩顶竖向压力设计值 $N=5000\text{kN}$,桩的水平变形系数 $\alpha=0.301\text{m}^{-1}$,桩身换算截面面积 $A_n=1.2\text{m}^2$,换算截面受拉边缘的截面模量 $W_0=0.2\text{m}^2$,桩身混凝土抗拉强度设计值 $f_t=1.5\text{N/mm}^2$,按《建筑桩基技术规范》(JGJ 94—2008)计算单桩水平承载力设计值,其值最接近( )。

(A)413kN   (B)600kN   (C)650kN   (D)700kN

7.(06C13)某桩基工程安全等级为二级,其桩型平面布置,剖面及地层分布如下图所示(尺寸单位为 mm),已知单桩水平承载力设计值为 100kN,按《建筑桩基技术规范》(JGJ 94—2008)计算群桩基础的复合基桩水平承载力特征值,其结果最接近于( )。

(注:$\eta_r=2.05$,$\eta_l=0.3$,$\eta_b=0.2$。)

(A)108kN   (B)135kN   (C)156kN   (D)176kN

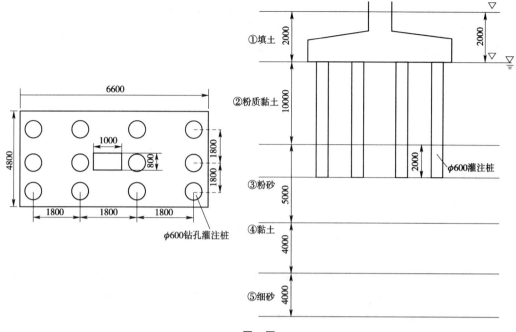

题 7 图

8.(06D15)某试验桩桩径 0.4m,配筋率 0.7%,水平静载试验所采取每级荷载增量值为 15kN,试桩 H_0-t-x_0 曲线明显陡降点的荷载为 120kN 时对应的水平位移为 3.2mm,其前一级荷载和后一级荷载对应的水平位移分别为 2.6mm 和 4.2mm,则由试验结果计算的地基土水平抗力系数的比例系数 m 最接近( )。$\left[m=\dfrac{\left(\dfrac{H_{cr}}{x_{cr}}v_x\right)^{5/3}}{b_0(EI)^{2/3}}\right]$

[注:为简化计算,假定 $(v_x)^{5/3}=4.425$,$(EI)^{2/3}=877(kN\cdot m^2)^{2/3}$。]

(A)242MN/m⁴ (B)228MN/m⁴ (C)205MN/m⁴ (D)165MN/m⁴

9.(07C13)某灌注桩基础,桩入土深度为 $h=20m$,桩径 $d=1000mm$,配筋率为 $\rho=0.63\%$,桩顶铰接,要求水平承载力特征值为 $H=1000kN$,桩侧土的水平抗力系数的比例系数 $m=20MN/m^4$,抗弯刚度 $EI=5\times10^6 kN\cdot m^2$,按《建筑桩基工程技术规范》(JGJ 94—2008),满足水平承载力要求的相应桩顶容许水平位移至少要接近( )。

(注:重要性系数 $\gamma_0=1$,群桩效应综合系数 $\eta_h=1$。)

(A)7.4mm (B)8.4mm (C)9.4mm (D)10.4mm

10.(10C12)群桩基础中的某灌注桩基础,桩身直径为 700mm,入土深度为 25m,配筋率为 0.60%,桩身抗弯刚度 EI 为 $2.83\times10^5 kN\cdot m^2$,桩侧土水平抗力系数的比例系数 m 为 2.5MN/m⁴,桩顶为铰接,按《建筑桩基技术规范》(JGJ 79—2012),当桩顶水平荷载为 50kN 时,其水平位移值为下列( )。

(A)6mm (B)9mm (C)12mm (D)15mm

11.(12C13)某钻孔灌注桩群桩基础,桩径为 0.8m,单桩水平承载力特征值为 $R_{ha}=100kN$(位移控制),沿水平荷载方向布桩排数 $n_1=3$,垂直水平荷载方向每排桩数 $n_2=4$,距径比 $s_a/d=4$,承台位于松散填土中,埋深 0.5m,桩的换算深度 $\alpha_h=3.0m$,考虑地震作用,按《建筑桩基技术规范》(JGJ 94—2008)计算群桩中复合基桩水平承载力特征值,最接近下列( )。

(A)134kN (B)154kN (C)157kN (D)177kN

12. (13C11)某承受水平力的灌注桩,直径为 800mm,保护层厚度为 50mm,配筋率为 0.65%,桩长 30m,桩的水平变形系数为 0.360m^{-1},桩身抗弯刚度为 $6.75×10^{11}$kN·mm^2,桩顶固接且容许水平位移为 4mm,按《建筑桩基技术规范》(JGJ 94—2008)估算,由水平位移控制的单桩水平承载力特征值接近的选项是(　　)。

(A)50kN　　　(B)100kN　　　(C)150kN　　　(D)200kN

13. (17C10)某构筑物基础拟采用摩擦型钻孔灌注桩承受竖向压力荷载和水平荷载,设计桩长 10.0m,桩径 800mm。当考虑桩基承受水平荷载时,下列桩身配筋长度符合《建筑桩基技术规范》(JGJ 94—2008)的最小值是(　　)。(不考虑承台锚固筋长度及地震作用负摩阻力,桩土的相关参数:$EI=4.0×10^5$ kN·m^2,$m=10MN/m^4$。)

(A)10.0m　　　(B)9.0m　　　(C)8.0m　　　(D)7.0m

第六讲　承台计算

1. (02D01)如下图所示桩基,竖向荷载设计值 $F=16500$kN,建筑桩基重要性系数 $\gamma_0=1$,承台混凝土强度等级为 C35($f_t=1.65$MPa),按《建筑桩基技术规范》(JGJ 94—2008)计算承台受柱冲切的承载力,其结果最接近的值为(　　)。

(图中尺寸: $b_c=h_c=1.0$m　　　$b_{x1}=b_{y1}=6.4$m　　　$h_{01}=1$m,$h_{02}=0.6$m
$b_{x2}=b_{y2}=2.8$m　　　$c_1=c_2=1.2$m　　　$a_{1x}=a_{1y}=0.6$m

其余尺寸单位为 mm。)

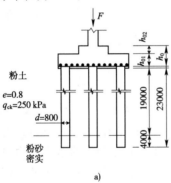
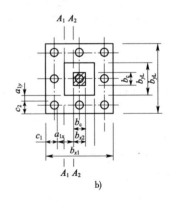

题 1 图

(A)$1.55×10^4$kN　　(B)$1.67×10^4$kN　　(C)$1.80×10^4$kN　　(D)$2.05×10^4$kN

2. (03D10)如下图所示桩基,竖向荷载 $F=19200$kN,建筑桩基重要性系数 $\gamma_0=1$,承台混凝土强度等级为 C35($f_c=16.7$MPa),按《建筑桩基技术规范》(JGJ 94—2008)计算柱边 A-A 至桩边斜截面的受剪承载力,其结果最接近(　　)。

(注:$a_x=1.0$m,$h_0=1.2$m,$b_0=3.2$m。)

(A)55000kN　　　　　(B)61000kN
(C)55338kN　　　　　(D)71000kN

3. (04C15)柱下桩基如下图所示,承台混凝土抗拉强度 $f_t=1.91$MPa。按《建筑桩基技术规范》(JGJ 94—2008)计算承台长边受剪承载力,其值与(　　)最接近。

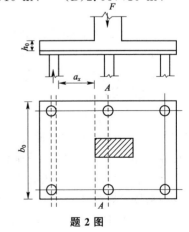

题 2 图

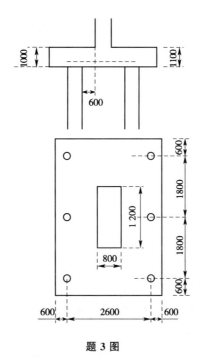

题 3 图

(A)6.2MN　　(B)8.2MN　　(C)10.2MN　　(D)9.5MN

4.(04D16)某柱下桩基($\gamma_0=1$)如下图所示(尺寸单位为 mm),柱宽 $h_c=0.6$m,承台有效高度 $h_0=1.0$m,冲跨比 $\lambda=0.7$,承台混凝土抗拉强度设计值 $f_t=1.71$MPa,作用于承台顶面的竖向力设计值 $F=7500$kN,按《建筑桩基技术规范》(JGJ 94—2008)验算柱冲切承载力时,下列结论中( )最正确。

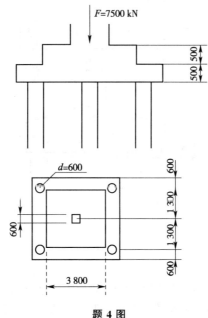

题 4 图

(A)受冲切承载力比冲切力小 800kN　　(B)受冲切承载力与冲切力相等
(C)受冲切承载力比冲切力大 810kN　　(D)受冲切承载力比冲切力大 2155kN

5.(05D12)某桩基等边三角形承台如下图所示,承台厚度 1.1m,钢筋保护层厚度 0.1m,

承台混凝土抗拉强度设计值 $f_t=1.7\text{N/mm}^2$,按桩规计算得出的承台受底部角桩冲切的承载力最接近( )。

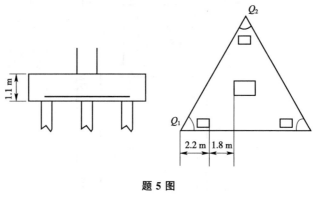

题 5 图

(A)1500kN　　　(B)2010kN　　　(C)2492kN　　　(D)2789kN

6.(07D12)如下图所示四桩承台,采用截面 0.4m×0.4m 钢筋混凝土预制方桩,承台混凝土强度等级为 C35($f_t=1.57\text{MPa}$),按《建筑桩基技术规范》(JGJ 94—2008)验算承台受角桩冲切的承载力最接近( )。

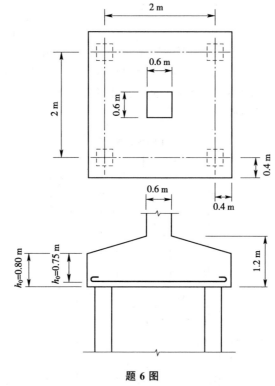

题 6 图

(A)780kN　　　(B)900kN　　　(C)1 293kN　　　(D)1 370kN

7.(08C11)作用于桩机承台顶面的竖向力设计值为 5000kN,x 方向的偏心距为 0.1m,不计承台及承台上土自重,承台下布置 4 根桩,如下图所示,根据《建筑桩基技术规范》(JGJ 94—2008)计算,承台承受的正截面最大弯矩与( )最为接近。

(A)1999.8kN·m　　　　　　　(B)2166.4kN·m
(C)2999.8kN·m　　　　　　　(D)3179.8kN·m

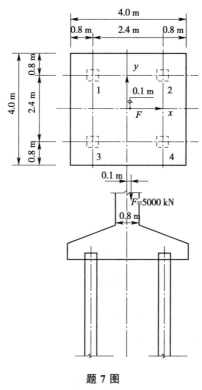

题 7 图

8.（08D12）如下图所示，竖向荷载特征值 $F=24000\text{kN}$，承台混凝土为 C40（$f_t=1.91\text{MPa}$），按《建筑桩基技术规范》（JGJ 94—2008）验算柱边 A-A 至桩边连线形成的斜截面的抗剪承载力与剪切力之比（抗力/V）最接近（　　）。

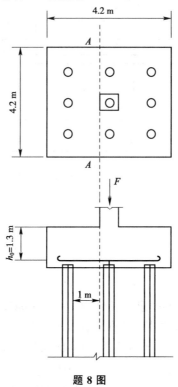

题 8 图

4—35

(A)1.10　　　　(B)1.12　　　　(C)1.13　　　　(D)1.16

9.(09C13)某柱下桩基采用等边三角形承台,如下图所示(尺寸单位为 mm),承台等厚,三向均匀,在荷载效应基本组合下,作用于基桩顶面的轴心竖向力为2100kN,承台及其上土重标准值为300kN,按《建筑桩基技术规范》(JGJ 94—2008)计算,该承台正截面最大弯矩接近(　　)。

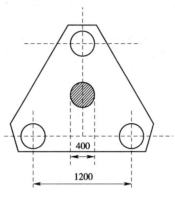

题 9 图

(A)531kN·m　　(B)670kN·m　　(C)743kN·m　　(D)814kN·m

10.(10D11)如下图所示(尺寸单位为 mm)的柱下桩基承台,承台混凝土轴心抗拉强度设计值 $f_t=1.71$MPa,按《建筑桩基技术规范》(JGJ 94—2008)计算承台柱边 A_1-A_1 斜截面的受剪承载力,其值最接近(　　)。

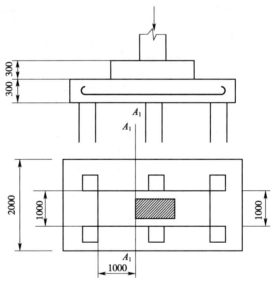

题 10 图

(A)1.00MN　　(B)1.21MN　　(C)1.53MN　　(D)2.04MN

11.(11C10)桩基承台如图所示,已知柱轴力 $F=12000$kN,力矩 $M=1500$kN·m,水平力 $H=600$kN(F、M 和 H 均对应荷载效应基本组合),承台及其上填土的平均重度为 20kN/m³。按《建筑桩基技术规范》(JGJ 94—2008)计算,图示虚线截面处的弯矩设计值最接近(　　)。

(A)4800kN·m　　　　　　　　(B)5300kN·m
(C)5600kN·m　　　　　　　　(D)5900kN·m

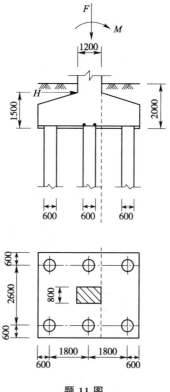

题 11 图

12.(13C10)柱下桩基如图所示(尺寸单位为 mm),若要求承台长边斜截面的受剪承载力不小于 11MN,按《建筑桩基技术规范》(JGJ 94—2008)计算,承台混凝土轴心抗拉强度设计值 f_t 最小应为下列( )。

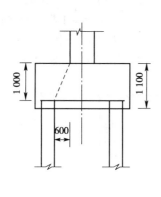
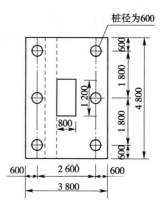

题 12 图

  (A)1.96MPa   (B)2.10MPa   (C)2.21MPa   (D)2.80MPa

13.(17C13)某柱下阶梯形承台如下图所示(尺寸单位为 mm),方桩截面为 0.3m× 0.3m,承台混凝土强度等级为 C40(f_c=19.1MPa,f_t=1.71MPa),根据《建筑桩基技术规范》(JGJ 94—2008),计算所得变阶处斜截面 A_1-A_1 的抗剪承载力设计值最接近下列( )。

  (A)1500kN   (B)1640kN   (C)1730kN   (D)3500kN

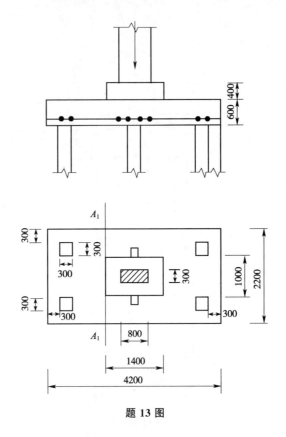

题 13 图

第七讲 《公路桥涵地基与基础设计规范》深基础

1. (05C14)沉井靠自重下沉,若不考虑浮力及刃脚反力作用,则下沉系数 $K=Q/T$,式中 Q 为沉井自重,T 为沉井与土间的摩阻力[假设 $T=\pi D(H-2.5)f$],某工程地质剖面及设计沉井尺寸如下图所示,沉井外径 $D=20$m,下沉深度为 16.5m,井身混凝土体积为 977m³,混凝土重度为 24kN/m³,验算沉井在下沉到如下图示所示位置时的下沉系数 K 最接近( )。

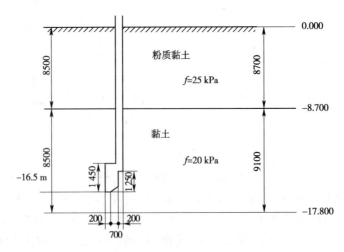

题 1 图(图中尺寸以 mm,标高以 m 计)

(A)1.10   (B)1.20   (C)1.28   (D)1.35

2.(07D13)一处于悬浮状态的浮式沉井(落入河床前),其所受外力矩 $M=48\text{kN}\cdot\text{m}$,排水体积 $V=40\text{m}^3$,浮体排水截面的惯性矩 $I=50\text{m}^4$,重心至浮心的距离 $a=0.4\text{m}$(重心在浮心之上),按《铁路桥涵地基和基础设计规范》(TB 10002.5—2005)或《公路桥涵地基与基础设计规范》(JTG D63—2007)计算,沉井浮体稳定的倾斜角最接近( )。

(注:水重度 $\gamma_w=10\text{kN/m}^3$。)

(A)5°　　　　(B)6°　　　　(C)7°　　　　(D)8°

3.(08C12)一圆形等截面沉井排水挖土下沉过程中处于如右图所示状态,刃脚完全掏空,井体仍然悬在土中,假设井壁外侧摩阻力呈倒三角形分布,沉井自重 $G_0=1800\text{kN}$,地表下 5m 处井壁所受拉力最接近( )。

(注:假设沉井自重沿深度均匀分布。)

(A)300kN　　　　(B)450kN
(C)600kN　　　　(D)800kN

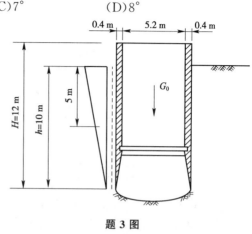

题 3 图

4.(08D11)某公路桥梁嵌岩钻孔灌注桩基础,清孔及岩石破碎等条件良好,河床岩层有冲刷,桩径 $D=1000\text{mm}$,在基岩顶面处,桩承受的弯矩 $M_H=500\text{kN}\cdot\text{m}$,基岩的天然湿度单轴极限抗压强度 $R_a=40\text{MPa}$,按《公路桥涵地基与基础设计规范》(JTG D63—2007)计算,单桩轴向受压容许承载力[P]与( )最为接近。

(注:取 $\beta=0.6$,系数 c_1、c_2 不需考虑降低采用。)

(A)12350kN　　　　(B)16350kN　　　　(C)19350kN　　　　(D)22350kN

5.(09D11)某公路桥梁钻孔桩为摩擦桩,桩径为 1.0m,桩长 35m,土层分布及桩侧摩阻力标准值 q_{ik},桩端处土的承载基本允许值 $[f_{a0}]$ 如下图所示,桩端以上各土层的加权平均重度 $\gamma_2=20\text{kN/m}^3$,桩端处土的容许承载力随深度修正系数 $k_2=5.0$,根据《公路桥涵地基与基础设计规范》(JTG D63—2007)计算,单桩轴向受压承载力容许值最接近( )。

(注:取修正系数 $\lambda=0.8$,清底系数 $m_0=0.8$。)

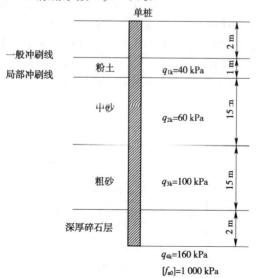

题 5 图

(A)5620kN　　　　(B)5780kN　　　　(C)5940kN　　　　(D)6280kN

6.(10D13)铁路桥梁采用钢筋混凝土沉井基础,沉井壁厚0.4m,高度为12m,排水挖土下沉施工完成后,沉井顶和河床面齐平,假定井壁四周摩擦力分布为倒三角形(下图),施工中沉井井壁截面的最大拉应力与下列(　　)选项最为接近。

(注:井壁重度为 $25kN/m^3$ 。)

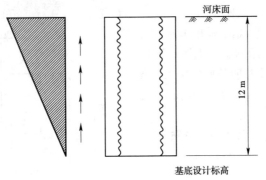

题6图

(A)0　　　　(B)75kPa　　　　(C)150kPa　　　　(D)300kPa

7.(12C12)某公路桥(跨河),采用钻孔灌注桩,直径为1.2m,桩端入土深度为50m,桩端为密实粗砂,地层参数见下表,桩基位于水位以下,无冲刷,假定清底系数为0.8,桩周土的平均浮重度为 $9.0kN/m^3$,根据《公路桥涵地基与基础设计规范》(JTG D63—2007)计算,施工阶段单桩轴向抗压承载力容许值最接近(　　)。

题7表

土层厚度/mm	岩性	q_{ik}/kPa	承载力基本容许值 f_{a0}/kPa
35	黏土	40	
10	粉土	60	
20	粗砂	120	500

(A)6000kN　　　　(B)7000kN　　　　(C)8000kN　　　　(D)9000kN

8.(13D10)某公路桥梁河床表层分布有8m厚卵石,其下为微风化花岗岩,节理不发育,饱和单轴抗压强度标准值为25kPa,考虑河床层有冲刷,设计采用嵌岩桩基础,桩直径为1.0m,计算得到桩在基岩顶面处的弯矩设计值为1 000kN·m,桩嵌入基岩的有效深度最小为(　　)。

(A)0.69m　　　　(B)0.78m　　　　(C)0.98m　　　　(D)1.10m

9.(14D12)某公路桥梁采用振动沉入预制桩,桩身截面尺寸400mm×400mm,地层条件和桩入土深度如下图所示(尺寸单位为m),桩基可能承受拉力,据《公路桥涵地基与基础设计规范》(JTG D63—2007),桩基受拉承载力容许值最接近(　　)。

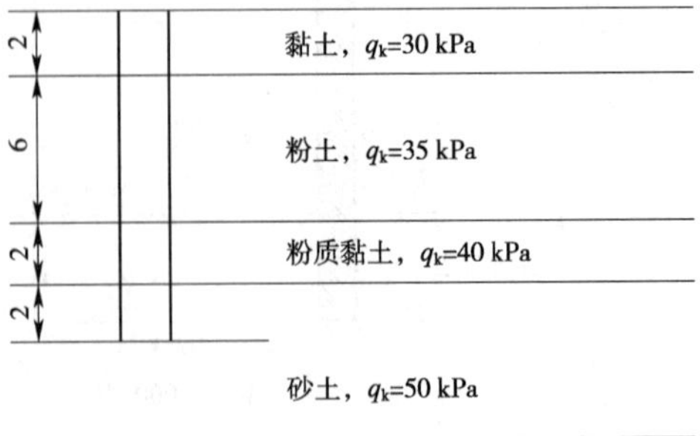

题9图

(A)98kN (B)138kN (C)188kN (D)228kN

10.(16C11)某公路桥梁基础采用摩擦钻孔灌注桩,设计桩径为 1.5m,勘察报告揭露的地层条件、岩土参数和基桩的入土情况如下图所示。根据《公路桥涵地基与基础设计规范》(JTG D63—2007),在施工阶段时的单桩轴向受压承载力容许值最接近下列(　　)。
(注:不考虑冲刷影响;清底系数 $m_0=1.0$;修正系数 λ 取 0.85;深度修正系数 $k_1=4.0$, $k_2=6.0$;水的重度取 10.0kN/m^3。)

(A)9500kN (B)10600kN (C)11900kN (D)13700kN

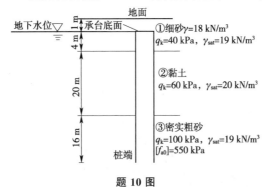

题 10 图

第八讲 《铁路桥涵地基和基础设计规范》深基础

1.(08C13)某铁路桥梁桩基如下图所示,作用于承台顶面的竖向力和承台底面处的力矩分别为 6000kN·m 和 2000kN·m。桩长 40m,桩径 0.8m,承台高度 2m,地下水位与地表齐平,桩基所穿过土层的按厚度加权平均内摩擦角为 $\overline{\varphi}=24°$,假定实体深基础范围内承台、桩和土的混合平均重度取 20kN/m^3,根据《铁路桥涵地基和基础设计规范》(TB 10002.5—2005),按实体基础验算,桩端底面处地基容许承载力至少应接近(　　)才能满足要求。

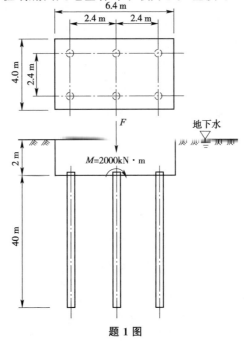

题 1 图

(A)465kPa　　　　(B)890kPa　　　　(C)1100kPa　　　　(D)1300kPa

2.(14C13)某铁路桥梁采用钻孔灌注桩基础,地层条件和基桩入土深度如下图所示,成孔桩径和设计桩径均为1.0m,桩底支承力折减系数 m_0 取0.7。如果不考虑冲刷及地下水的影响,根据《铁路桥涵地基和基础设计规范》(TB 10002.5—2005),计算基桩的容许承载力最接近下列(　　)。

(A)1700kN　　　　(B)1800kN　　　　(C)1900kN　　　　(D)2000kN

答案解析

第二讲　桩基竖向承载力

1. **答案(D)**
解：据《建筑桩基技术规范》(JGJ 94—2008)计算。

$$M_y = 46.6 - 1512 \times 0.02 + 36.8 \times 1.2 = 60.52 \text{kN} \cdot \text{m}$$

$$G_k = 2.7 \times 2.7 \times 1.5 \times 20 = 218.7 \text{kN}$$

$$N_{\max} = \frac{F+G_k}{n} \pm \frac{M_x y_i}{\sum y_j^2} \pm \frac{M_y x_i}{\sum x_j^2} = \frac{F+G_k}{n} + \frac{M_y x_{\max}}{\sum x_j^2}$$

$$= \frac{1512+218.7}{5} + \frac{60.52 \times 0.85}{4 \times 0.85^2 + 0} = 364 \text{kN}$$

2. **答案(C)**
解：据《建筑桩基技术规范》(JGJ 94—2008)计算。

$$d_e = d_s/\sqrt{n} = 0.8/\sqrt{4} = 0.4\text{m}, h_b/d_s = h_b/d_e = 3/0.4 = 7.5, \lambda_p = 0.8$$

$$Q_{uk} = Q_{sk} + Q_{pk} = u\sum q_{sik} l_i + \lambda_p q_{pk} A_p$$

$$= 3.14 \times 0.8 \times (10 \times 50 + 8 \times 60 + 3 \times 80) + 0.8 \times 7000 \times \frac{3.14}{4} \times 0.8^2$$

$$= 5878.08 \text{kN} \approx 5.9 \times 10^3 \text{kN}$$

3. **答案(A)**
解：据《建筑桩基技术规范》(JGJ 94—2008)第 5.2.5 条计算。

$$R_a = \frac{Q_s + Q_p}{2} = \frac{1500 + 700}{2} = 1100 \text{kN}$$

$$A_c = \frac{A - nA_{ps}}{n} = \frac{5.2 \times 3.2 - 6 \times 0.4 \times 0.4}{6} = 2.613$$

$$R = R_a + \eta_c f_{ak} A_c = 1100 + 0.447 \times 100 \times 2.163 = 1274 \text{kN} \approx 1.3 \times 10^3 \text{kN}$$

4. **答案(C)**
解：据《建筑桩基技术规范》(JGJ 94—2008)第 5.3.7 条计算。

闭口时，$\lambda_s = 1, \lambda_p = 1$，敞口时，$d_e = \frac{d_s}{\sqrt{n}} = \frac{800}{\sqrt{2}} = 565.7\text{mm}$

$$\frac{h_b}{d_e} = \frac{2000}{565.7} = 3.54, \lambda_p = 0.16 \frac{h_b}{d_e} = 0.16 \times 3.54 = 0.5664$$

敞口时钢管柱竖向极限承载力标准值 Q_{uk}：

$$Q_{uk} = Q_{sk} + Q_{pk} = Q_{sk} + \lambda_p Q_{pk} = 5000 + 0.5664 \times 2000 = 6132.8 \text{kPa}$$

5. **答案(C)**

解: 据《建筑桩基技术规范》(JGJ 94—2008)计算。

扩底后桩端的极限阻力:
$$Q_{pk} = Q_{uk} - (Q_{sk} - \Delta Q_{sk}) = 30000 - (12000 - 2000) = 20000 \text{kN}$$

设扩底直径为 D,则有:
$$Q_{pk} = \psi_p q_{pk} A_p, 20000 = \left(\frac{0.8}{D}\right)^{\frac{1}{3}} \times 3000 \times \frac{3.14 D^2}{4}$$

解得: $D = 3.774 \text{m}$

6. **答案(B)**

解: 据《建筑桩基技术规范》(JGJ 94—2008)第5.8.4条计算。
$$l_0 = 10\text{m}, h = L - l_0 = 50 - 10 = 40\text{m}$$
$$\alpha h = 0.25 \times 40 = 10$$

桩顶固接,桩底支于非岩石土中,$\alpha h > 4$,则有:
$$l_c = 0.5 \times \left(l_0 + \frac{4.0}{\alpha}\right) = 0.5 \times \left(l_0 + \frac{4.0}{0.25}\right) = 13\text{m}, \frac{l_c}{d} = \frac{13}{1} = 13$$

查表 5.8.4-2 得,$\varphi = \frac{1}{2} \times (0.92 + 0.87) = 0.895 \approx 0.90$

7. **答案(C)**

解: 据《建筑桩基技术规范》(JGJ 94—2008)第5.3.3条计算。
$$8d = 0.35 \times 8 = 2.8\text{m}, p_{sk1} = 4.5 \text{MPa}$$

$p_{sk2} = 4.5\text{MPa}, \beta = 1.0$,则
$$p_{sk} = \frac{1}{2}(p_{sk1} + p_{sk2}) = \frac{1}{2} \times (4.5 + 1 \times 4.5) = 4.5\text{MPa}$$
$$q_{s2k} = 15\text{kPa}(h < 6\text{m}), q_{s3k} = 0.05 p_{s3} = 0.05 \times 1.0 \times 10^3 = 50\text{kPa}$$
$$q_{s4k} = 0.02 p_{s4} = 0.02 \times 4.5 \times 10^3 = 90\text{kPa}$$

桩端阻力修正系数: $\frac{\alpha - 0.75}{0.9 - 0.75} = \frac{16 - 15}{30 - 15}, \alpha = 0.76$

$$Q_{uk} = u \sum q_{sik} l_i + \alpha p_{sk} A_p$$
$$= 0.35 \times 4 \times (15 \times 4 + 50 \times 8 + 90 \times 4) + 0.76 \times 45 \times 10^3 \times 0.35 \times 0.35 = 1566.95\text{kN}$$

8. **答案(D)**

解: 按《建筑桩基技术规范》(JGJ 94—2008)计算。
$$N_{ik} = \frac{F + G}{n} \pm \frac{M_x y_i}{\sum y_j^2} \pm \frac{M_y x_i}{\sum x_j^2}$$
$$N_{ik} = \frac{F + G}{n} + \frac{M_y x_{\max}}{\sum x_j^2} = \frac{3840 + 447}{5} + \frac{161 \times 0.9}{4 \times 0.9^2 + 0} = 857.4 + 44.7 = 902.1\text{kN}$$

9. **答案(C)**

解: 按《建筑桩基技术规范》(JGJ 94—2008)第5.3.3条计算。

$4d = 4 \times 0.4 = 1.6\text{m} < 2.0\text{m}$,取 $\alpha = 1/2$,所以 $q_c = 12000\text{kPa}$

$$Q_{uk} = u \sum l_i \beta_i f_{si} + \alpha q_c A_p$$
$$= 0.4 \times 4 \times (11 \times 2.56 \times 12 + 2 \times 0.61 \times 110) + \frac{1}{2} \times 12000 \times 0.4^2 = 1715.392\text{kN}$$

10. **答案(A)**

解: 据《建筑桩基技术规范》(JGJ 94—2008)第5.2.2条、第5.2.5条计算。

$$Q_{sk} = u \sum q_{sik} l_i = 4 \times 0.4 \times (30 \times 10 + 80 \times 1.6) = 684.8 \text{kN}$$
$$Q_{pk} = q_{pk} A_p = 5000 \times 0.4 \times 0.4 = 800 \text{kN}$$

由于承台底存在高灵敏度淤泥质黏土，取 $\eta_c = 0$，所以有：

$$R = \frac{1}{K} Q_{uk} = \frac{1}{K}(Q_{sk} + Q_{pk}) = \frac{1}{2} \times (684.8 + 800) = 742.4 \text{kN}$$

11. 答案(B)

解：据《建筑桩基技术规范》(JGJ 94—2008)第 5.2.2 条计算。

$$Q_{sk} = u \sum q_{sik} l_i = 3.14 \times 0.6 \times (40 \times 10 + 80 \times 2) = 1055.04 \text{kN}$$
$$Q_{pk} = A_p q_{pik} = \frac{3.14}{4} \times 0.6^2 \times 3000 = 847.8 \text{kN}$$
$$R_a = \frac{1}{2} Q_{uk} = \frac{1}{2} \times (1055.04 + 847.8) = 951.42, A_c = (6.6 \times 4.8 - 12 \times 3.14 \times 0.3^2)/12 = 2.36$$
$$R = R_a + \eta_c f_{ak} A_c = 951.42 + 0.26 \times 120 \times 2.36 = 1025.1 \text{kN}$$

12. 答案(A)

解：据《建筑桩基技术规范》(JGJ 94—2008)第 5.1.1 条计算。

$$N_{max} = \frac{F+G}{N} + \frac{M_k x_{max}}{\sum x_j^2}$$
$$= \frac{12000 + 4.8 \times 6.6 \times 2 \times 20}{12} + \frac{(1000 + 600 \times 1.5) \times (1.8 + 0.9)}{6 \times 0.9^2 + 6 \times (1.8 + 0.9)^2} = 1211.2 \text{kN}$$

13. 答案(A)

解：据《建筑桩基技术规范》(JGJ 94—2008)附录 G 计算。

$$L_c = 1.05 L = 1.05 \times 7 = 7.35 \text{m}$$
$$M = \frac{1}{12} q L_c^2 = \frac{1}{12} \times 100 \times 7.35^2 = 450.2 \text{kN} \cdot \text{m}$$

14. 答案(B)

解：开口时，$d_s = 0.90 \text{m}$

$$\frac{h_d}{d} = \frac{2.5}{0.9} = 2.78 < 5, \lambda_p = 0.16 \frac{h_d}{d} = 0.16 \times \frac{2.5}{0.9} = 0.4445$$
$$Q_{pk} = 8000 \times 0.30 = 2400 \text{kN}, \lambda_p q_{pk} A_p = 2400$$
$$q_{pk} A_p = \frac{2400}{\lambda_p} = \frac{2400}{0.4445} = 5399.3 \text{kN}, Q_{sk} = 8000 \times 0.70 = 5600 \text{kN}$$

加入十字板后：

$$d_e = \frac{d}{\sqrt{n}} = \frac{0.90}{\sqrt{4}} = 0.45 \text{m}, \frac{h_d}{d} = \frac{2.5}{0.45} = 5.56 \geq 5, \lambda_p = 0.8$$
$$Q_{uk} = Q_{sk} + Q_{pk} = 5600 + 0.8 \times 5399.3 = 9919.4 \text{kN}$$

15. 答案(C)

解：$N_{max} = \frac{F+G}{n} + \frac{M_y x_i}{\sum x_j^2} = \frac{10000 + 500}{5} + \frac{480 \times 1.5}{4 \times 1.5^2} = 2100 + 80 = 2180 \text{kN}$

$$N = \frac{F+G}{n} = \frac{10000 + 500}{5} = 2100 \text{kN}$$

由 $N_{max} \leq 1.2R$，得 $R \geq \frac{N_{max}}{1.2} = \frac{2180}{1.2} = 1817 \text{kN}$

由 $N \leq R$，得 $R \geq N = 2100 \text{kN}$

两者选其大值,即 2100kN。

16. **答案**(D)

解:据《建筑桩基技术规范》(JGJ 94—2008)第 5.3.9 条计算。

(1)土层的总极限侧阻力标准值:
$$Q_{sk} = u\sum q_{sik}l_i$$
$$= 3.14 \times 1.2 \times (32 \times 13.7 + 40 \times 2.3 + 75 \times 2 + 180 \times 8.85) = 8566.17 \text{kN}$$

(2)嵌岩段总极限阻力标准值:
$$Q_{rk} = \xi_r f_{rk} A_p$$
$$= 0.76 \times 41500 \times \left(\frac{3.14}{4} \times 1.2^2\right) = 35652.8 \text{kN}$$

(3)单桩极限承载力:
$$Q_{uk} = Q_{sk} + Q_{rk} = 8566.17 + 35183.7 = 44219.0 \text{kN}$$

17. **答案**(B)

解:据《建筑桩基技术规范》(JGJ 94—2008)第 5.3.5 条、第 5.2.5 条、第 5.2.2 条计算。如解图所示。

(1)单桩竖向极限承载力标准值:
$$Q_{uk} = u\sum q_{sik}l_i + q_{pk}A_p$$
$$= 3.14 \times 0.4 \times (25 \times 10 + 100 \times 2) + 6000 \times 3.14 \times 0.2^3 = 1318.8 \text{kN}$$

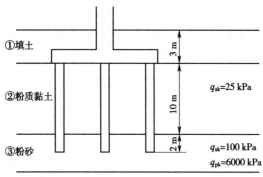

题 17 解图

(2)单桩竖向承载力特征值:
$$R_a = \frac{1}{k}Q_{uk} = \frac{1}{2} \times 1318.8 = 659.4 \text{kN}$$

(3)考虑地震作用时复合基桩竖向承载力,则:
$$A_c = \frac{A - nA_{ps}}{n} = \frac{2.4 \times 4 - 6 \times 3.14 \times 0.2^2}{6} = 1.47$$

考虑地震作用时,
$$R = R_a + \frac{\xi_a}{1.25}\eta_c f_{ak} A_c = 659.4 + \frac{1.5}{1.25} \times 0.14 \times 300 \times 1.47 = 733.7 \text{kN}$$

(4)两者的比值: $\dfrac{R}{R_a} = \dfrac{733.7}{659.4} = 1.11$

18. **答案**(D)

解:据《建筑桩基设计规范》(JGJ 94—2008)第 5.8.2 条、第 5.8.4 条计算。
$$l_c = 0.7(l_0 + 4.0/\alpha) = 0.7 \times \left(10 + \frac{4.0}{0.520}\right) = 12.38 \text{m}, \quad \frac{l_c}{d} = \frac{12.38}{0.8} = 15.5$$

查表 5.8.4-2,$\varphi=0.81$
$$f_c \geqslant \frac{N}{\varphi\psi_c A_{ps}} = \frac{6800 \times 4}{0.81 \times 0.8 \times 3.14 \times 0.8^2} = 20887.4 \text{kN} \approx 20.887 \text{MN}$$

19. 答案(D)

解: 据《建筑桩基技术规范》(JGJ 94—2008)第 5.3.10 条计算。
$$Q_{uk} = Q_{ek} + Q_{gsk} + Q_{gpk}$$
$$= u\sum q_{sjk}l_j + u\sum \beta_{si}q_{sik}l_{gi} + \beta_p q_{pu}A_p$$
$$= 0 + 0.8 \times 3.14 \times (1.4 \times 70 \times 16 + 1.6 \times 80 \times 8) + \frac{3.14}{4} \times 0.8^2 \times 1000 \times 2.4 = 7716.86 \text{kN}$$

20. 答案(C)

解: 见解图,据《建筑桩基技术规范》(JGJ 94—2008)第 5.3.3 条计算。

① $p_{sk1} = \frac{3.5+6.5}{2} = 5\text{MPa}, p_{sk2} = 6.5\text{MPa}, p_{sk1} < p_{sk2}, p_{sk} = \frac{1}{2}(p_{sk1} + \beta p_{sk2})$

$\frac{p_{sk2}}{p_{sk1}} = \frac{6.5}{5} = 1.3 < 5$,查表 5.3.3-3,得 $\beta=1$

$p_{sk} = \frac{1}{2} \times (5+6.5) = 5.75\text{MPa} = 5750\text{kPa}$

② $Q_{uk} = Q_{sk} + Q_{pk} = u\sum q_{sik}l_i + \alpha p_{sk}A_p$
$= 3.14 \times 0.5 \times (14 \times 25 + 2 \times 50 + 2 \times 100) + 0.8 \times 5750 \times 0.25 \times 3.14 \times 0.5^2$
$= 1923.3\text{kN}$

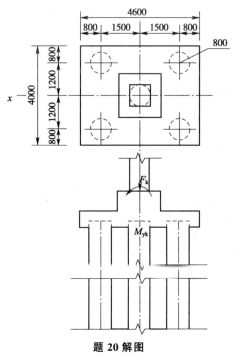

题 20 解图

21. 答案(B)

解: 据《建筑桩基技术规范》(JGJ 94—2008)第 5.1.1 条、第 5.2.1 条计算。
$$N_{Ekmax} = \frac{F_k + G_k}{n} + \frac{M_{yk}x_i}{\sum x_j^2} = \frac{10000+500}{5} + \frac{480 \times 1.5}{4 \times 1.5^2} = 2180\text{kN}$$
$$N_{Ek} = \frac{F_k + G_k}{n} = \frac{10000+500}{5} = 2100\text{kN}$$

由 $N_{Ek} \leq 1.25R$，得 $R \geq \dfrac{N_{Ek}}{1.25} = \dfrac{2100}{1.25} = 1680\text{kN}$

由 $N_{Ekmax} \leq 1.5R$，得 $R \geq \dfrac{N_{Ekmax}}{1.5} = \dfrac{2180}{1.5} = 1453\text{kN}$

两者选其大值，即 1680kN。

22. 答案（C）

解： 据《建筑地基基础设计规范》(GB 50007—2011)第 3.0.5 条第 4 款、第 3.0.6 条第 4 款计算。

①计算浮力：浮力 $= 50 \times 40 \times (11-3) \times 10 = 1.6 \times 10^5 \text{kN}$

②计算桩顶轴向拉力设计值：

$$N = \dfrac{1.35 \times (浮力-重力)}{n} = \dfrac{1.35 \times (1.6 \times 10^5 - 1.2 \times 10^5)}{100} = 540\text{kN}$$

③计算钢筋截面面积：$N \leq f_y A_s$，$540 \times 10^3 \leq 300 A_s$，$A_s \geq 1800\text{mm}^2$

④计算配筋率：$\rho_g \geq \dfrac{1800}{3.14 \times 300^2} = 0.00637 = 0.637\%$

23. 答案（C）

解： ①据《建筑桩基技术规范》（JGJ 94—2008）第 5.1 节和 5.2 节，计算承台及其上土自重标准值为：$G_k = 20 \times 1.6 \times 2.6 \times 1.8 = 150\text{kN}$

②单桩轴心竖向力：$N_k = \dfrac{F_k + G_k}{n} = \dfrac{10000+150}{5} = 2030\text{kN}$

③计算偏心荷载下最大竖向力：

$$N_{kmax} = \dfrac{F_k + G_k}{n} + \dfrac{M_{yk} x_i}{\sum x_j^2} = 2030 + \dfrac{(500+100\times 1.8) \times 1.0}{4 \times 1.0^2} = 2200\text{kN}$$

④按照规范 5.2.1 条要求：

a. 由 $N_k \leq R$，得 $R \geq 2030\text{kN}$；

b. 由 $N_{kmax} \leq 1.2R$，得 $R \geq \dfrac{1}{1.2} N_{kmax} = \dfrac{1}{1.2} \times 2200 = 1822\text{kN}$，取 $R = 2030\text{kN}$。

⑤$Q_{uk} = 2R = 2 \times 2030 = 4060\text{kN}$

24. 答案（A）

解： 据《建筑桩基技术规范》（JGJ 94—2008）第 5.8.2 条、第 5.1.1 条计算。

因箍筋间距 150mm>100mm，则：

$$N \leq \psi_c f_c A_{ps} = 0.85 \times 11.9 \times 10^3 \times 0.2 \times 0.2 = 404.6\text{kN}$$

N 为基本组合值，转换为标准组合值：

$$N_k = \dfrac{N}{1.35} = \dfrac{404.6}{1.35} = 299.704\text{kN}$$

轴心竖向力作用下：

$$N_k = \dfrac{F_k + G_k}{n} \Rightarrow F_k = n N_k - G_k = 6 \times 299.704 - 3.0 \times 4.0 \times 2 \times 20 = 1318.224\text{kN}$$

25. 答案（C）

解： 据《建筑桩基技术规范》（JGJ 94—2008）第 5.3.12 条计算如下。

对于粉细砂层：$\lambda_N = \dfrac{N}{N_{cr}} = \dfrac{9}{14.5} = 0.621$，则 $0.6 < \lambda_N < 0.8$，$d_L = 8\text{m} < 10\text{m}$，查表 5.3.12 得 $\psi_l = 1/3$。

对于中粗砂层：$\lambda_N = \dfrac{N}{N_{cr}} = \dfrac{20}{17.6} = 1.136$，不液化层，侧摩阻力不折减。

$$Q_{uk} = Q_{sk} + Q_{pk}$$
$$= u\sum q_{sik}l_i + q_{pk}A_p$$
$$= 4 \times 0.3 \times (15 \times 1.5 + \frac{1}{3} \times 50 \times 5 + 70 \times 5.5) + 6000 \times 0.3 \times 0.3 = 1129\text{kN}$$

26. 答案（A）

解：$p_{sk2}/p_{sk1} = 10/4.8 = 2.1 < 5$，查表取 $\beta = 1$

$$p_{sk1} = 4.8\text{MPa}, p_{sk} = \frac{1}{2}(p_{sk1} + \beta p_{sk2}) = \frac{1}{2} \times (4800 + 1 \times 10000) = 7400\text{kPa}$$

$$Q_{uk} = u\sum q_{sik}l_i + \alpha p_{sk}A_p$$
$$= 3.14 \times 0.6 \times (4 \times 15 + 4 \times 28 + 10 \times 35 + 8 \times 52.5 + 2 \times 100) +$$
$$0.8 \times 7400 \times \frac{3.14 + 0.6^2}{4} = 3824.5\text{kN}$$

27. 答案（B）

解：据《建筑桩基技术规范》（JGJ 94—2008）第 5.8.2 条计算。

$$N \leq \psi_c f_c A_{ps} + 0.9 f'_y A'_s$$
$$= 0.85 \times 19.1 \times 10^3 \times 0.4^2 + 0.9 \times 300 \times 10^3 \times 12 \times \frac{3.14 \times 0.018^2}{4} = 3421.66\text{kN}$$

28. 答案（D）

解：见解图，据《建筑桩基技术规范》（JGJ 94—2008）第 5.8.6 条计算。

当 $d > 600\text{mm}$，$\frac{t}{d} \geq \frac{f'_y}{0.388E}$；$t \geq \frac{350}{0.388 \times 2.1 \times 10^5} \times 900 = 3.87\text{mm}$

还需 $d \geq 900\text{mm}$，$\frac{t}{d} \geq \sqrt{\frac{f'_y}{14.5E}}$；$t \geq 900 \times \sqrt{\frac{350}{14.5 \times 2.1 \times 10^5}} = 9.65\text{mm}$

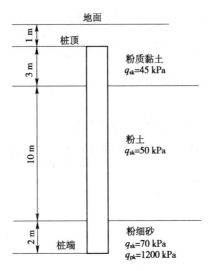

题 28 解图

29. 答案（A）

解：干作业桩端以上 6m 为增强段，桩端增强系数要折减，此外要考虑大直径桩尺寸效应。
据《建筑桩基技术规范》（JGJ 94—2008）第 5.3.10 条：

对于粉质黏土及粉土层：$\beta_{si} = 1.4$，$\psi_{si} = \left(\frac{0.8}{d}\right)^{0.2} = \left(\frac{0.8}{1}\right)^{0.2} = 0.956$

对于粉细砂层：

$$\beta_{si}=1.6, \beta_p=0.8\times2.4=1.92, \psi_{si}=\psi_p=\left(\frac{0.8}{d}\right)^{1/3}=\left(\frac{0.8}{1}\right)^{1/3}=0.928$$

$$\begin{aligned}Q_{uk}&=Q_{sk}+Q_{gsk}+Q_{gpk}=u\sum\psi_{si}q_{sjk}l_j+u\sum\psi_{si}\beta_{si}q_{sik}l_{gi}+\psi_p\beta_p q_{pk}A_p\\&=3.14\times1\times(0.956\times45\times3+0.956\times50\times6)+3.14\times1\times0.956\times1.4\times50\times4+\\&\quad 3.14\times1\times0.928\times1.6\times70\times2+0.928\times1.92\times1200\times3.14\times0.5^2\\&=1305.8+840.5+652.72+1678.42=4478\text{kN}\end{aligned}$$

30. **答案（C）**

解：据《建筑桩基规范》(JGJ 94—2008)第5.3.12条计算。

考虑液化影响 $\lambda_N=\dfrac{N}{N_{cr}}=\dfrac{10}{14}=0.714, d_L\leqslant10\text{m}, 取\ \psi_l=\dfrac{1}{3}$

$$\begin{aligned}Q_{uk}&=u\sum q_{sik}l_i+q_{pk}A_p=4\times0.45\times\left(25\times3+\frac{1}{3}\times45\times5+50\times6+70\times2\right)+2500\times0.45^2\\&=1568.25\text{kN}\end{aligned}$$

31. **答案 A**

解：根据《建筑桩基技术规范》(JGJ 94—2008)第5.8条计算。

其中 $l_c=1\times(l_0+h)=3.2+15.4=18.6\text{m}$

$\dfrac{l_c}{d}=\dfrac{18.6}{1.2}=15.5$，查表取稳定系数 $\varphi=0.81$

桩顶以下 $5d$ 范围的桩身螺旋式箍筋间距 150mm（超过 100mm），所以：

$$N\leqslant\varphi(\psi_c f_c A_{ps})=0.81\times\left(0.75\times14.3\times10^3\times\frac{3.14}{4}\times1.2^2\right)=9820\text{kN}$$

32. **答案（B）**

解：据《建筑桩基技术规范》(JGJ 94—2008)第5.6.1条计算。

$$A_c=\xi\frac{F_k+G_k}{f_{ak}}=0.6\times\frac{120+1\times1\times2\times20}{120}=0.8\text{m}^2$$

$$Q_{uk}=u\sum q_{sik}l_i+q_{pk}A_p=3.14\times0.6\times(30\times6+50\times2)+100\times\frac{3.14\times0.6^2}{4}=810\text{kN}$$

$$R_a=\frac{1}{2}Q_{uk}=\frac{1}{2}\times810=405\text{kN}$$

$$n\geqslant\frac{F_k+G_k-\eta_c f_{ak}A_c}{R_a}=\frac{120+1\times1\times2\times20-0.6\times120\times0.8}{405.06}=0.253$$

$$s\leqslant\frac{1}{n}=\frac{1}{0.253}=3.95\text{m}$$

33. **答案（D）**

解：据《建筑桩基技术规范》(JGJ 94—2008)第5.1.1条计算。

$$N_{kmax}=\frac{F_k+G_k}{n}+\frac{M_{xk}y_i}{\sum y_j^2}+\frac{M_{yk}x_i}{\sum x_j^2}=\frac{5000+500}{5}+\frac{5000\times0.4\times0.9}{4\times0.9^2}+\frac{5000\times0.4\times0.9}{4\times0.9^2}$$
$$=2211\text{kN}$$

34. **答案（B）**

解：据《建筑桩基技术规范》(JGJ 94—2008)第5.3.8条计算。

$$d_1=0.6-2\times0.11=0.38\text{m}, h_b/d_1=4/0.38=10.53>5, \lambda_p=0.8$$

$$A_j=\pi(d^2-d_1^2)/4=3.14\times(0.6^2-0.38^2)/4=0.171\text{m}^2$$

$$A_{p1} = \pi d_1^2/4 = 3.14 \times 0.38^2/4 = 0.113 \text{m}^2$$
$$Q_{uk} = Q_{sk} + Q_{pk} = 3.14 \times 0.6 \times (40 \times 1.5 + 50 \times 8 + 70 \times 4) + 8\,000 \times (0.17 + 0.113)$$
$$= 3477 \text{kN}$$

35. 答案(B)

解：据《建筑抗震设计规范》(GB 50011—2011)第4.4.2条第4.4.3条计算。

粉土层 $N_p < N_{cr}$，可能液化，$\rho = 0.5^2/1.5^2 = 0.111$

$N_1 = N_p + 100\rho(1 - e^{-0.3N_p}) = 9 + 100 \times 0.111 \times (1 - e^{-0.3 \times 9}) = 19.35 > N_{cr} = 12$，不液化，不需折减。

$$Q_{uk} = u\sum q_{sik} l_i + q_{pk} A_p$$
$$= 4 \times 0.5 \times (10 \times 3 + 15 \times 8 + 40 \times 5 + 60 \times 2) + 600 \times 0.5^2 = 2440 \text{kN}$$
$$R_a = \frac{Q_{uk}}{2} = 1220 \text{kN}, R_{aE} = 1.25 R_a = 1525 \text{kN}$$

第三讲 特殊条件下竖向承载力验算

1. 答案(C)

解：据《建筑桩基技术规范》(JGJ 94—2008)第5.4.4条计算。

$$l_n = 0.7 l_0 = 0.7 \times 20.7 = 14.49 \text{m} \approx 14.5 \text{m}$$

中性点距地表16.5m

$2 \sim 5.0\text{m}$：
$$\begin{cases} \gamma_1' = \sum \gamma_i' h_i / \sum h_i = 17 \times 3/3 = 17 \\ p = 18 \times 1.2 + 18 \times 0.8 = 36 \\ \sigma_1' = p + \gamma_1' z_1 = 36 + 17 \times 1.5 = 61.5 \\ q_{s1}^n = \xi_n \sigma_1' = 0.2 \times 61.5 = 12.3 \end{cases}$$

$5.0 \sim 12.0\text{m}$：
$$\begin{cases} \gamma_2' = \sum \gamma_i' h_i / \sum h_i = (17 \times 3 + 7 \times 7)/(3 + 7) = 10 \\ \sigma_2' = p + \gamma_2' z_2 = 36 + 10 \times 6.5 = 101 \\ q_{s2}^n = \xi_n \sigma_2' = 0.2 \times 101 = 20.2 \end{cases}$$

$12.0 \sim 16.5\text{m}$：
$$\begin{cases} \gamma_3' = \sum \gamma_i' h_i / \sum h_i = (17 \times 3 + 7 \times 7 + 8 \times 4.5)/(3 + 7 + 4.5) = 9.4 \\ \sigma_3' = p + \gamma_3' z_3 = 36 + 9.4 \times 12.25 = 151.15 \\ q_{s3}^n = \xi_n \sigma_3' = 0.3 \times 151.15 = 45.3 \end{cases}$$

下拉荷载：

$$Q_g^n = \eta_n u \sum q_{si}^n l_i = (1)(4)(0.3)[(12.3)(3) + (20.2)(7) + (45.3)(4.5)] = 450.50 \text{kN}$$

2. 答案(B)

解：据《建筑桩基技术规范》(JGJ 94—2008)第5.4.6条计算。
$$T_{uk} = \sum \lambda_i q_{sik} u_i l_i = 0.8 \times 28 \times 4 \times 0.4 \times 6 + 0.8 \times 55 \times 4 \times 0.4 \times 10.7 + 0.7 \times 100 \times 4 \times 0.4 \times 5.3$$
$$= 1561.92 \text{kN}$$

3. 答案(C)

解：据《建筑桩基技术规范》(JGJ 94—2008)第5.4.4条计算。
$$l_n / l_0 = 0.9, l_n = 0.9 l_0 = 0.9 \times 10 = 9.0 \text{m}$$
$$0 \sim 1.5\text{m}, \sigma_1' = p + \gamma_1' z_1 = 10 + 17.1 \times \frac{1}{2} \times 1.5 = 22.825 \text{kPa}$$

$$q_{s1}^n = \xi_n \sigma_1' = 0.2 \times 22.825 = 4.565 \text{kPa}$$

$1.5 \sim 9.0 \text{m}, \gamma_m' = \sum \gamma_i' h_i / \sum h_i = (17.1 \times 1.5 + 9.5 \times 7.5)/(1.5 + 7.5) = 10.77 \text{kN}$

$$z_2 = (1.5 + 9.0)/2 = 5.25 \text{m}$$
$$\sigma_2' = p + \gamma_m' z_2 = 10 + 10.77 \times 5.25 = 66.5425 \text{kPa}$$
$$q_{s2}^n = \xi_n \sigma_2' = 0.2 \times 66.5425 = 13.309 \text{kPa}$$
$$Q_g^n = \eta_n u \sum q_{si}^n l_i = 1 \times 3.14 \times 0.8 \times (4.565 \times 1.5 + 13.309 \times 7.5) = 267.94 \text{kN}$$

4. 答案(B)

解: 据《建筑桩基技术规范》(JGJ 94—2008)第5.2.17条、第5.2.18条计算。

单桩或群桩呈非整体破坏时:

$$T_{uk} = \sum \lambda_i q_{sik} u_i l_i = 0.7 \times 40 \times 4 \times 0.3 \times 10 + 0.6 \times 60 \times 4 \times 0.3 \times 2 = 422.4 \text{kN}$$
$$G_p = 0.3 \times 0.3 \times 12 \times (25 - 10) = 16.2 \text{kN}$$

$N_k \leqslant T_{uk}/2 + G_p, 330 > 422.4/2 + 16.2 = 227.4$,不成立。单桩不满足要求。

群桩破坏时:

$$T_{gk} = \frac{1}{n} u \sum \lambda_i q_{sik} l_i = \frac{1}{196} \times 120 \times (0.7 \times 40 \times 10 + 0.3 \times 60 \times 2) = 215.5 \text{kN}$$
$$G_{gp} = \frac{100 \times 10^3}{196} = 510.2 \text{kN}$$

$N_k \leqslant T_{gk}/2 + G_{gp}, 330 < 215.5/2 + 510.2 = 618$,成立。群桩满足要求。

群桩呈整体破坏时满足抗拔要求。

5. 答案(B)

解: 据《建筑桩基技术规程》(JGJ 94—2008)第5.4.4条计算。

黏性土中大直径桩侧阻修正系数取1,中性点深度 l_n 为:

$$\frac{l_n}{l_0} = 0.8, l_n = 0.8 l_0 = 0.8 \times 15 = 12.0 \text{m}$$

平均竖向有效应力: $\sigma_i' = p + \gamma_i' z_i = 50 + 7 \times 6 = 92 \text{kPa}$

单位负摩阻力标准值: $q_{si}^n = \xi_n \sigma_i' = 0.2 \times 92 = 18.4 \text{kPa}$

$$q_{si}^n > q_{sk} = 15 \text{kPa} \quad (\text{取 } q_{si}^n = 15 \text{kPa})$$

负摩阻力标准值: $Q_g^n = \eta_n u \sum q_{si}^n l_i = 1 \times 3.14 \times 0.85 \times 15 \times 12 = 480.2 \text{kN}$

6. 答案(C)

解: 据《建筑桩基技术规范》(JGJ 94—2008)及相关知识计算。

桩身轴力最大点位于中性点处,其值为桩顶荷载与下拉荷载之和:

$$Q = N_k + Q_g^n = N_k + \eta_n u \sum q_{si}^n l_i$$
$$= 500 + 1 \times 3.14 \times 0.8 \times 20 \times 6 = 801.44 \text{kN}$$

7. 答案(C)

解: 据《建筑桩基技术规范》(JGJ 94—2008)第5.4.4条计算。

各土层单位负摩阻力计算:

第一层, $\sigma_1' = \gamma_1' z_1 = 18 \times 1 = 18 \text{kPa}, q_{s1}^n = \xi_n \sigma_1' = 0.3 \times 18 = 5.4 \text{kPa}$

第二层, $\sigma_2' = \gamma_2' z_2 = 18 \times 3.5 = 63 \text{kPa}, q_{s2}^n = \xi_n \sigma_2' = 0.3 \times 63 = 18.9 \text{kPa}$

第三层, $\sigma_3' = \gamma_3' z_3 = 18 \times 6 = 108 \text{kPa}, q_{s3}^n = \xi_n \sigma_3' = 0.3 \times 108 = 32.4 \text{kPa}$

第四层, $\sigma_4' = \gamma_4' z_4 = 18 \times 8.5 = 153 \text{kPa}, q_{s4}^n = \xi_n \sigma_4' = 0.3 \times 153 = 45.9 \text{kPa}$

各层负摩阻力均小于正摩阻力值,下拉荷载为:

$$Q_g^n = \eta_n u \sum q_{si}^n l_i$$
$$= 1 \times 1.884 \times (5.4 \times 2 + 18.9 \times 3 + 32.4 \times 2 + 45.9 \times 3) = 508.68 \text{kN}$$

满足要求。

8. **答案**(B)

解：据《建筑桩基技术规范》(JGJ 94—2008)第5.4.5条～第5.4.8条计算。

① 按群桩是整体破坏计算

$$T_{gk} = \frac{1}{n} u_1 \sum \lambda_i q_{sik} l_i$$
$$= \frac{1}{50} \times 2 \times (20 + 10) \times (0.7 \times 30 \times 13 + 0.6 \times 60 \times 3) = 457.2 \text{kN}$$

$$G_{gp} = \frac{1}{50} \times 20 \times 10 \times 16 \times (20 - 10) = 640 \text{kN}$$

$$N_k = 1.0 \times 600 = 600 \text{kN}, \frac{T_{gk}}{2} + G_{gp} = \frac{457.2}{2} + 640 = 868.6 \text{kN}$$

$N_k < \frac{T_{gk}}{2} + G_{gp}$，满足。

② 按群桩是非整体破坏计算

$$T_k = \sum \lambda_i q_{sik} u_i l_i$$
$$= 0.7 \times 30 \times 3.14 \times 0.55 \times 13 + 0.6 \times 60 \times 3.14 \times 0.55 \times 3 = 658.0 \text{kN}$$

$$G_p = \frac{3.14}{4} \times 0.55^2 \times 16 \times (25 - 10) = 57.0 \text{kN}, \frac{T_k}{2} + G_p = \frac{658.0}{2} + 57 = 386 \text{kN}$$

$N < \frac{T_k}{2} + G_p$，不满足。

9. **答案**(A)

解：据《建筑桩基技术规范》(JGJ 94—2008)计算。

$$L_n = 0.8 L_0 = 0.8 \times 20 = 16 \text{m}$$

$$\sigma_1' = p + \gamma_1 z_1 = 60 + (18 - 10) \times 10/2 = 100 \text{kPa}$$

$$\sigma_2' = p + \gamma_2 z_2 = 60 + \frac{(18-10) \times 10 + (20-10) \times 6}{10 + 6} \times \frac{10+6}{2} = 130 \text{kPa}$$

$$q_{s1}^n = \xi_n \sigma_1' = 0.3 \times 100 = 30 \text{kPa} < q_{sk} = 40 \text{kPa}$$

$$q_{s2}^n = \zeta_n \sigma_2' = 0.4 \times 130 = 52 \text{kPa} > q_{sk} = 50 \text{kPa}$$

取 $q_{s2}^n = 50 \text{kPa}$，则：

$$Q_g^n = \eta_n u \sum_{i=1}^{n} q_{si}^n l_i = 1 \times 3.14 \times 1 \times (30 \times 10 + 50 \times 6) = 1884 \text{kN}$$

10. **答案**(B)

解：见解图，据《建筑桩基技术规范》(JGJ 94—2008)第5.4.6条计算。

$$U_k = \sum \lambda_i q_{sik} u_i l_i$$
$$= 0.7 \times 40 \times 3.14 \times 1 \times 2 + 0.5 \times 60 \times 3.14 \times 1 \times 5 + 0.5 \times 80 \times 3.14 \times 1.8 \times 5$$
$$= 1777.24 \text{kN}$$

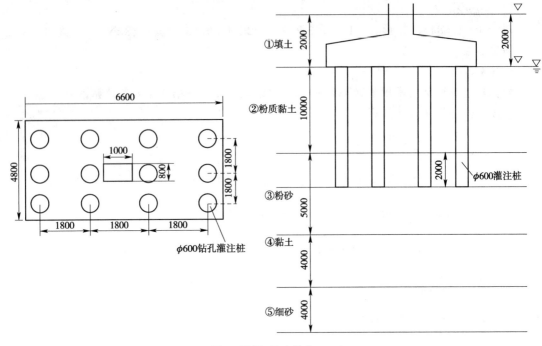

题 10 解图(尺寸单位:mm)

11. 答案(A)

解: 据《建筑桩基技术规范》(JGJ 94—2008)第 5.4.6 条计算。

$T_{uk} = \sum \lambda_a q_{sik} u_i l_i = 0.7 \times 40 \times 0.6 \times 3.14 \times 10 + 0.6 \times 80 \times 0.6 \times 3.14 \times 2 = 708.384$

$T_{gk} = \dfrac{1}{n} u_i \sum \lambda_i q_{sik} l_i$

$= \dfrac{1}{12} \times (1.8 \times 2 + 0.6 + 1.8 \times 3 + 0.6) \times 2 \times (0.7 \times 40 \times 10 + 0.6 \times 80 \times 2) = 639.2$

$T_{gk}/T_{uk} = 639.2/708.384 = 0.902$

12. 答案(B)

解: 据《建筑桩基技术规范》(JGJ 94—2008)第 5.4.4 条及第 5.8 节计算。

$$\dfrac{l_n}{l_0} = 0.9, l_0 = 18 \times 0.9 = 16.2\text{m}$$

$$\sigma'_i = p + \sum \gamma_e \Delta z_e + \dfrac{1}{2} \gamma_i \Delta z_i = 60 + (18-10) \times 16.2 \times \dfrac{1}{2} = 124.8\text{kPa}$$

$$q^n_{si} = \xi_n \sigma'_i = 0.2 \times 124.8 = 24.96$$

$$Q^n_g = \eta_n u \sum q^n_{si} l_i = 1 \times 1 \times 3.14 \times 24.96 \times 16.2 = 1269.67\text{kN}$$

$$N_{max} = N + Q^n_g = 5000 + 1269.67 = 6269.67\text{kN}$$

取稳定系数 $\varphi = 1.0, N \leq \psi_c f_c A_{ps} \varphi$

$$f_c \geq \dfrac{N_{max}}{\psi_c \varphi A_{ps}} = \dfrac{6269.67 \times 4}{0.7 \times 1 \times 1 \times 3.14} = 11409.8\text{kPa} \approx 11.4\text{MPa}$$

13. 答案(D)

解: 据《建筑桩基技术规范》(JGJ 94—2008)第 5.4.5 条、第 5.4.6 条计算。

(1)基础的总浮力:

$$N_{k总} = 141 - 108 = 33\text{MN} = 33000\text{kN}$$

(2)群桩呈非整体破坏时基桩的抗拔极限承载力标准值为:

$\dfrac{l}{d} = \dfrac{10}{0.6} = 16.7 < 20$,取 $\lambda = 0.7$,则

$$T_{uk} = \sum \lambda_i Q_{sik} u_i L_i = 0.7 \times 36 \times 3.14 \times 0.6 \times 10 = 474.77 \text{kN}$$

(3)桩身自重:

$$G_p = V\rho'_{桩} = \dfrac{3.14 \times 0.6^2}{4} \times 10 \times (25-10) = 42.39 \text{kN}$$

(4)桩数:

$$\dfrac{N_{k总}}{n} = \dfrac{T_{uk}}{2} + G_p$$

即 $\dfrac{33000}{n} = \dfrac{474.77}{2} + 42.39$,得 $n = 117.95$ 根 ≈ 118 根

14. 答案(A)

解:①根据《建筑桩基技术规范》(JGJ 94—2008)第5.4.4条,中性点深度:$l_n = 0.5 \times 40 = 20\text{m}$。

②根据《湿陷性黄土地区建筑规范》(GB 50025—2004)表5.7.5,桩侧负摩阻力特征值为15kPa。

③根据《建筑桩基技术规范》(JGJ 94—2008)第5.4.3条计算单桩极限承载力标准值:

$$N_k = \dfrac{1}{2} Q_{uk} - Q_g^n = \dfrac{1}{2}(u\sum q_{sik}l_i + q_{pk}A_p) - Q_g^n$$

$$= \dfrac{1}{2} \times [3.14 \times 0.8 \times (42 \times 20 + 100 \times 10) + 2200 \times 3.14 \times 0.4^2] - 15 \times 20 \times 3.14 \times 0.8$$

$$= 2110.1 \text{kN}$$

15. 答案(D)

解:据《建筑桩基技术规范》(JGJ 94—2008)第5.4.5条计算。

① $G_p = \dfrac{(\gamma - \gamma_w)l\pi d^2}{4} = \dfrac{15l \times 3.14 \times 0.5^2}{4} = 2.94l$

② $T_{uk} = \sum \lambda_i q_{sik} u_i l_i = 0.8 \times 50 \times 3.14 \times 0.5 l = 62.8l$

③ $N_k \leq T_{uk}/2 + G_p$,$800 \leq 62.8l/2 + 2.94l$,$800 \leq 34.34l$,$l \geq 23.3\text{m}$

16. 答案(B)

解:据《建筑桩基技术规范》(JGJ 94—2008)第5.4.3条、第5.4.4条计算。

①查表5.4.4-2,桩端嵌入基岩,$l_n/l_0 = 1$,$l_n = l_0 = 10\text{m}$

② $\sigma'_{\gamma 1} = \dfrac{0 + \gamma h}{2} = \dfrac{0 + 8.0 \times 10}{2} = 40.0\text{kPa}$

③ $q_{s1}^n = \xi_{n1} \sigma'_{\gamma 1} = 0.25 \times 40 = 10.0\text{kPa} < 20\text{kPa}$,取 $q_{s1}^n = 10.0\text{kPa}$

④ $Q_g^n = u q_{s1}^n l_1 = 3.14 \times 0.6 \times 10 \times 10 = 188.4\text{kN}$

17. 答案(B)

解:据《建筑桩基技术规程》(JGJ 94—2008)第5.4.1条计算。

$$\sigma_z + \gamma_m^2 \leq f_{az}$$

$$\sigma_z = \dfrac{(F_k + G_k) - 3/2(A_0 + B_0)\sum q_{sik}l_i}{(A_0 + 2t\tan\theta)(B_0 + 2t\tan\theta)}$$

$(A_0 + B_0)q_{sik}l_i = (6.5 + 6.5) \times 60 \times 20 = 15600\text{kN}$

$(A_0 + 2t\tan\theta)(B_0 + 2t\tan\theta) = (6.5 + 2 \times 2.5 \times \tan15°) \times (6.5 + 2 \times 2.5 \times \tan15°) = 61.46\text{m}^2$

$$\sigma_z = \dfrac{28000 - 1.5 \times 15600}{61.46} = \dfrac{4600}{61.46} = 74.85\text{kPa}$$

$$f_{az} = f_{ak} + \eta_d \gamma_m (22.5 - 0.5) \geqslant \sigma_z + \gamma_m \times 22.5$$
$$f_{ak} = \sigma_z + \gamma_m \times 0.5 = 74.85 + 18 \times 0.5 = 83.85 \text{kPa}$$

18. 答案(B)

解：据《建筑桩基技术规范》(JGJ 94—2008)第5.4.4条计算。

①查表5.4.4-2，桩端持力层为卵石，$\dfrac{l_n}{l_0} = 0.9$，$l_n = 0.9 \times 5 = 4.5\text{m}$

②$\eta_n = \dfrac{s_{ax} s_{ay}}{\pi d \left(\dfrac{q_s^n}{\gamma_m} + \dfrac{d}{4} \right)} = \dfrac{2.5 \times 2.5}{3.14 \times 0.7 \times \left(\dfrac{30}{8.5} + \dfrac{0.7}{4} \right)} = 0.768$

③$Q_g^n = \eta_n \cdot u \sum\limits_{i=1}^{n} q_{si}^n l_i = 0.768 \times 3.14 \times 0.7 \times 30 \times 4.5 = 227.9 \text{kN}$

19. 答案(C)

解：其中，$A_0 = 2.3 \times 2 + 0.6 = 5.2\text{m}$，$B_0 = 2.4 + 0.6 = 3.0\text{m}$

$t = (5-2) = 3\text{m} > 0.5 B_0 = 1.5\text{m}$，$E_{s1}/E_{s2} = 16/3.2 = 5.0$，查表取 $\theta = 25°$

$G_k = 4.2 \times 5.8 \times 2 \times 20 = 974.4 \text{kN}$

$$\sigma_z = \dfrac{(F_k + G_k) - \dfrac{3}{2}(A_0 + B_0)\sum q_{sik} l_i}{(A_0 + 2t\tan\theta)(B_0 + 2t\tan\theta)}$$

$$= \dfrac{(6300 + 974.4) - \dfrac{3}{2} \times (5.2 + 3.0) \times (35 \times 4 + 55 \times 4 + 60 \times 2)}{(5.2 + 2 \times 3 \times \tan 25°) \times (3.0 + 2 \times 3 \times \tan 25°)} \approx 30 \text{kPa}$$

20. 答案(B)

解：首先确定中性点深度，由于持力层为基岩，取 $l_n/l_0 = 1.0$，根据题意，桩周软弱土层下限深度 l_0 取 12m，故 $l_n = 12\text{m}$。

$\sigma_i' = p + \dfrac{1}{2}\gamma_i \Delta z_i = 50 + \dfrac{1}{2} \times (18.5 - 10) \times 12 = 101 \text{kPa}$

$q_{si}^n = \xi_n \sigma_i' = 0.2 \times 101.0 = 20.2 \text{kPa} > q_{sk} = 15 \text{kPa}$ 取小值，$q_{si}^n = 15 \text{kPa}$

$Q_g^n = \eta_n \cdot u q_{si}^n l_i = 1 \times 3.14 \times 1.2 \times 15 \times 12 = 678.2 \text{kN}$

21. 答案(C)

解：据《建筑桩基技术规范》(JGJ 94—2008)第5.4.6第、第5.4.7条计算。

假定总桩长为 l（自地面算起）。

$$G_p = A_i \cdot l \cdot \gamma_G = 3.14 \times \left(\dfrac{0.6}{2}\right)^2 \times l \times 25$$

$$T_{uk} = \sum \lambda_i q_{sik} u_i l_i = 0.5 \times 30 \times 3.14 \times 0.6 \times (l - 2.5)$$

由 $z_0 = 2.5\text{m}$，查表得：$\eta_f = 0.9$

查表：$q_f = 60 \times 1.1 = 66 \text{kPa}$（注：表面粗糙灌注桩，且结合题目要求取1.1提高系数）

冻拔力设计值为：$\eta_f q_f u z_0 = 0.9 \times 66 \times 3.14 \times 0.6 \times 2.5 = 279.77 \text{kN}$

代入：$\eta_f q_f u z_0 \leqslant T_{uk}/2 + N_G + G_p$，解得：$l \geqslant 6.4 \text{m}$

22. 答案(B)

解：据《建筑桩基设计规范》(JGJ 94—2008)第5.4.5条计算。

呈整体破坏时，桩整体外围尺寸：

$a = 27.6 - 2 \times (0.6 - 0.3) = 27.0\text{m}$，$b = 37.2 - 2 \times (0.6 - 0.3) = 36.6\text{m}$

$N_k \leqslant \dfrac{1}{2} T_{gk} + G_{gp}$

$$T_{gk} = \frac{1}{n} u_l \sum \lambda_i q_{sik} l_i = \frac{1}{192} \times 2 \times (27.0 + 36.6) \times (0.7 \times 40 \times 12 + 0.6 \times 60 \times 3) = 294.2 \text{kN}$$

$$G_{gp} = \frac{1}{192} \times 27.0 \times 36.6 \times 15 \times (18.8 - 10) = 679.4 \text{kN}$$

$$N_k \leqslant \frac{1}{2} T_{gk} + G_{gp} = \frac{1}{2} \times 294.2 + 679.4 = 826.5 \text{kN}$$

第四讲　桩基沉降计算

1. 答案(C)

解：据《建筑桩基技术规范》(JGJ 94—2008)第5.5.6条～第5.5.9条计算。

桩基等效沉降系数 ψ_e：

$$s_a/d = 2000/400 = 5, L_c/B_c = 4800/4800 = 1, l/d = 22000/400 = 55$$

查附录 H，得：

$$C_0 = \frac{1}{2} \times (0.036 + 0.031) = 0.0335, C_1 = \frac{1}{2} \times (1.569 + 1.642) = 1.6055$$

$$C_2 = \frac{1}{2} \times (8.034 + 9.192) = 8.613$$

$$\psi_e = C_0 + \frac{n_b - 1}{C_1(n_b - 1) + C_2} = 0.0335 + \frac{3 - 1}{1.6055 \times (3-1) + 8.613} = 0.2026$$

沉降计算见解表：

题1解表

层序	z(桩端下)	a/b	$2z_i/B_c$	$\bar{\alpha}_i$	$4(z_i\bar{\alpha}_i - z_{i-1}\bar{\alpha}_{i-1})$	E_{si}
	0	1	0	0.25		
⑤-2	4.8	1	2	0.1746	3.3523	15000
⑤-3	9.6	1	4	0.1114	0.9255	6000

$$s' = p_0 \sum \frac{4(z_i\bar{\alpha}_i - z_{i-1}\bar{\alpha}_{i-1})}{E_{si}} = 400 \times \left(\frac{3.3523}{15000} + \frac{0.9255}{6000}\right) = 151.08 \text{mm}$$

$$s = \psi \psi_e s' = 1.5 \times 0.2026 \times 151.08 = 45.78 \text{mm}$$

2. 答案(B)

解：见解表，据《建筑桩基技术规范》(JGJ 94—2008)第5.5.6条～第5.5.11条计算。

题2解表

层序	土名	层底深度	z	$2z/D_c$	L/D	$\bar{\alpha}_i$	$4(z_i\bar{\alpha}_i - z_{i-1}\bar{\alpha}_{i-1})$	E_{si}
0		12.5						
1	中砂	15	2.5	1.32	1	0.2085	2.085	16000
2	粉土	17.5	5.0	2.63	1	0.1493	0.901	11000

桩基中心点的计算沉降量：

$$s' = 4p_0 \sum \frac{z_i\alpha_i - z_{i-1}\alpha_{i-1}}{E_{si}} = 173 \times \left(\frac{2.085}{16000} + \frac{0.901}{11000}\right) = 0.0367 \text{m}$$

非软土地区 $\psi = 1.0$，则：

$$s = \psi \psi_e s' = 1.0 \times 0.229 \times 0.0367 \times 10^3 = 8.4 \text{mm}$$

3. 答案(B)

解：据《建筑桩基技术规范》(JGJ 94—2008)第5.5.6条计算。

距径比：$s_a/d = 1600/400 = 4 < 6$，长径比：$l/d = 12000/400 = 30$

长宽比：$L/B = 4/4 = 1$，查附录E，得$C_0 = 0.055$，$C_1 = 1.477$，$C_2 = 6.843$

桩基等效沉降系数：

$$\psi_e = C_0 \frac{n_b - 1}{C_1(n_0 - 1) + C_2}$$

$$= 0.055 + \frac{3 - 1}{1.477 \times (3 - 1) + 6.843} = 0.2591$$

桩基沉降量计算值：

$$s' = 4p \sum \frac{1}{E_{si}} (z_i \bar{\alpha}_i - z_{i-1} \bar{\alpha}_{i-1})$$

$$= 300 \times \left(\frac{1}{12} \times 2.1480 + \frac{1}{4} \times 1.4968\right) = 166 \text{mm}$$

桩基最终沉降量：

$$s = \psi \psi_e s' = 0.7 \times 0.2591 \times 166 = 30.1 \text{mm} \approx 3.0 \text{cm}$$

4. 答案(B)

解：据《建筑桩基技术规范》(JGJ 94—2008)第5.5.6第～第5.5.10条计算。

$$s' = \sum \frac{\Delta p_i}{E_{si}} h_i = \frac{(400 + 260)/2}{20} \times (5.0 - 1.6) + \frac{(260 + 30)/2}{4} \times 5$$

$$= 237 \text{mm} = 23.7 \text{cm}$$

$$s_a/d = 1600/400 = 4, L_c/B_c = 4000/4000 = 1.0, l/b = 12000/400 = 30$$

查附录E，得$C_0 = 0.055$，$C_1 = 1.477$，$C_2 = 6.843$

$$\psi_e = C_0 + \frac{n_b - 1}{C_1(n_b - 1) + C_2} = 0.055 + \frac{3 - 1}{1.477 \times (3 - 1) + 6.843} = 0.259$$

$$s = \psi \psi_e s' = 1 \times 0.259 \times 23.7 = 6.1 \text{cm}$$

5. 答案(B)

解：据《建筑桩基技术规范》(JGJ 94—2008)第5.5.6条、第5.5.9条计算。

$$\psi_e = C_0 + \frac{n_b - 1}{C_1(n_b - 1) + C_2} = 0.09 + \frac{3 - 1}{1.5 \times (3 - 1) + 6.6} = 0.298$$

$$s' = p_0 \sum \frac{z_i \alpha_i - z_{i-1} \alpha_{i-1}}{E_{si}} = 4 \times 420 \times \left(\frac{0.66 - 0}{30} + \frac{1.078 - 0.66}{10}\right) = 107.184 \text{mm}$$

$$s = \psi \psi_e s' = 1.1 \times 0.298 \times 107.184 = 35.13 \text{mm}$$

6. 答案(A)

解：据《建筑桩基技术规范》(JGJ 94—2008)第5.5.6条～第5.5.11条计算。

$$L_c/B_c = 1, s_a/d = 2/0.5 = 4, L/d = 15/0.5 = 30$$

查附表E，得：$C_0 = 0.055$，$C_1 = 1.477$，$C_2 = 6.843$

$$\psi_e = C_0 + \frac{n_b - 1}{C_1(n_b - 1) + C_2} = 0.055 + \frac{4 - 1}{1.477 \times 3 + 6.843} = 0.321$$

$$s = 1 \times 0.321 \times \left(\frac{290}{20000} \times 350 + \frac{250}{5000} \times 350\right) = 7.25 \text{cm}$$

7. 答案(B)

解: 据《建筑桩基技术规范》(JGJ 94—2008)第 5.5.14 条计算。

(1)土层沉降量的计算:

$$\psi \sum \frac{\sigma_{zi}}{E_{si}} \Delta z_i = 1 \times \left(\frac{120+80}{2 \times 10 \times 1000} \times 4 + \frac{80+20}{2 \times 10 \times 1000} \times 4 \right) = 0.06 \text{m} = 60 \text{mm}$$

(2)桩身沉降量的计算:

$$s_e = \xi_e \frac{Q_j l_j}{E_c A_{ps}} = 0.6 \times \frac{6000 \times 30 \times 4}{3.15 \times 10^7 \times 3.14 \times 0.8^2} = 0.0068 \text{m} = 6.8 \text{mm}$$

(3)桩基的最终沉降量为 66.8 mm。

8. 答案(D)

解: 据《建筑桩基技术规范》(JGJ 94—2008)第 5.6.2 条计算。

$d = 1.27 \times 0.2 = 0.254 \text{m}$

$$\frac{s_a}{d} = 0.886 \frac{\sqrt{A}}{\sqrt{n \cdot b}} = 0.886 \times \frac{\sqrt{35 \times 10}}{\sqrt{102} \times 0.2} = 8.206$$

$$\overline{q}_{su} = \frac{40 \times 10 + 55 \times 5}{10+5} = \frac{675}{15} = 45 \text{kPa}$$

$$\overline{E}_s = \frac{1 \times 10 + 7 \times 5}{15} = 3 \text{MPa}$$

$$s_{sp} = 280 \frac{\overline{q}_{su}}{\overline{E}_s} \cdot \frac{d}{\left(\frac{s_a}{d}\right)^2} = 280 \times \frac{45}{3} \times \frac{0.254}{8.206^2} = 15.84 \text{mm}$$

9. 答案(A)

解: 据《建筑桩基技术规范》(JGJ 94—2008)第 5.5.14 条式(5.5.14-3)计算。

① $s_e = \xi_e \frac{Q_j l_j}{E_c A_{ps}}$

摩擦桩:

$l/d = 24/0.6 = 40, \xi_e = (2/3 + l/2)/2 = 0.5833, A_{ps} = 0.3^2 \times 3.14 = 0.2826 \text{m}^2$

$E_c = 3.0 \times 10^4 \text{MPa}$

② $s_e = \xi_e \frac{Q_j l_j}{E_c A_{ps}} = 0.5833 \times \frac{1200 \times 24}{3.0 \times 10^4 \times 0.2826} = 1.98 \text{mm}$

10. 答案(A)

解: 据《建筑桩基技术规范》(JGJ 94—2008)第 5.6.2 条计算。

① 桩端持力层为黏土,则 $\eta_p = 1.3$

② 承台底净面积:$A_c = 2 \times 2 - 4 \times 0.2 \times 0.2 = 3.84 \text{m}^2$

③ 假设天然地基平均附加应力:

$$p_0 = \eta_p \frac{F - nR_a}{A_c} = 1.3 \times \frac{360 - 4 \times 80}{3.84} = 13.54 \text{kPa}$$

④ 由 $2z/B = 2 \times 3/2 = 3, a/b = 1/1 = 1$

查规范附录 D 表 D.0.1-2,当 $z/b = 3.0, a/b = 1$ 时,$\overline{\alpha} = 0.1369$

⑤ $s_s = 4 p_0 \sum \frac{z_i \alpha_i - z_{i-1} \alpha_{i-1}}{E_{si}} = 4 p_0 \frac{z_i \alpha_i}{E_{si}}$

$= 4 \times 13.54 \times \frac{3 \times 0.1369}{1.5 \times 10^3} = 0.0148 \text{m} = 14.8 \text{mm}$

11. 答案(D)

解：据《建筑桩基技术规范》(JGJ 94—2008)第 5.6.1 条计算。

$$A_c = \xi \frac{F_k + G_k}{f_{ak}} = 0.60 \times \frac{1200 + 400}{80} = 12 \text{m}^2$$

$$n = 3 \geqslant \frac{F_k + G_k - \eta_c f_{ak} A_c}{R_a} = \frac{1200 + 400 - 0.40 \times 80 \times 12}{R_a}$$

解得：$R_a \geqslant 405.333 \text{kN}$

12. 答案(C)

解：据《建筑桩基技术规范》(JGJ 94—2008)第 5.6.2 条式(5.6.2-3)计算。

$$\bar{q}_{su} = \frac{h_1 q_{sk1} + h_2 q_{sk2}}{h_1 + h_2} = \frac{8.8 \times 20 + 1.2 \times 40}{8.8 + 1.2} = 22.4 \text{kPa}$$

$$\bar{E}_s = \frac{h_1 E_{s1} + h_2 E_{s2}}{h_1 + h_2} = \frac{8.8 \times 1.5 + 1.2 \times 4.0}{8.8 + 1.2} = 1.8 \text{MPa}$$

$d = 1.27b = 1.27 \times 0.2 = 0.254 \text{m}, s_a = 1.2 \text{m}$，桩为规则排列，则：

$$s_a/d = 1.2/0.254 = 4.724$$

由式(5.6.2-3)计算：

$$s_{sp} = 280 \frac{\bar{q}_{su}}{\bar{E}_s} \cdot \frac{d}{(s_a/d^2)^2} = 280 \times \frac{22.4}{1.8 \times 10^3} \times \frac{0.254}{4.724^2} = 39.66 \times 10^{-3} \text{m} \approx 40 \text{mm}$$

13. 答案(B)

解：根据《建筑地基基础设计规范》(GB 50007—2011)附录 R 计算。

$$A = \left(a_0 + 2l\tan\frac{\varphi}{4}\right)\left(b_0 + 2l\tan\frac{\varphi}{4}\right) = \left(29.3 + 2 \times 30 \times \tan\frac{32°}{4}\right)\left(59.3 + 2 \times 30 \times \tan\frac{32°}{4}\right)$$

$$= 2555.7 \text{m}^2$$

$$p_0 = \frac{668000}{2555.7} - (19 \times 1 + 9 \times 3) = 215.4 \text{kPa}$$

14. 答案(C)

解：根据《建筑桩基技术规范》(JGJ 94—2008)第 5.5.14 条计算。

中砂层：$\sigma_{z1} = \sum_{j=1}^{m} \frac{Q_j}{l_j^2}[\alpha_j I_{p,ij} + (1-\alpha_j) I_{s,ij}] = 4 \times \frac{1000}{20^2}[0.2 \times 50 + (1-0.2) \times 20] = 260 \text{kPa}$

黏土层：$\sigma_{z2} = 4 \times \frac{1000}{20^2}[0.2 \times 10 + (1-0.2) \times 5] = 60 \text{kPa}$

$$s = \psi \sum_{i=1}^{n} \frac{\sigma_{zi}}{E_{si}} \Delta z_i = 0.8 \times \left(\frac{260}{30} \times 3 + \frac{60}{6} \times 5\right) = 60.8 \text{mm}$$

第五讲 桩基水平承载力与位移

1. 答案(C)

解：据《建筑桩基技术规范》(JGJ 94—2008)第 5.7.2 条、第 5.7.5 条计算。

桩身计算宽度：

$$b_0 = 1.5b + 0.5 = 1.5 \times 0.4 + 0.5 = 1.1 \text{m}$$

$$\alpha = \sqrt[5]{\frac{mb_0}{EI}} = \sqrt[5]{\frac{10^4 \times 1.1}{5.08 \times 10^4}} = 0.7364$$

$\alpha h = 0.7364 \times 5.5 = 4.05$，查得 $v_x = 2.441$

$$R_h = 0.75 \frac{\alpha^3 EI}{v_x} x_{0a} = 0.75 \times \frac{0.7364^3 \times 5.08 \times 10^4}{2.441} \times 0.01 = 62.3 \text{kN}$$

每米挡墙的阻滑力：$F = R_h/1.2 = 62.3/1.2 = 52 \text{kN/m}$

2. 答案(B)

解：据《建筑桩基技术规范》(JGJ 94—2008)第5.7.3条计算。

$\alpha h > 4.0$，按位移控制，$\eta_r = 2.05$，则：

$$\eta_i = \frac{\left(\frac{s_a}{d}\right)^{0.015n_2 + 0.45}}{0.15n_1 + 0.10n_2 + 1.9} = \frac{3^{0.015 \times 3 + 0.45}}{0.15 \times 3 + 0.10 \times 3 + 1.9} = 0.65$$

设保护层厚度为50mm，则：

$$\eta_l = \frac{mx_{0a} B'_c h_c^2}{2n_1 n_2 R_h} = \frac{10 \times 10^3 \times 0.006 \times (6.4+1) \times 1.65^2}{2 \times 3 \times 3 \times 150} = 0.4477$$

$$\eta_b = \frac{\mu P_c}{n_1 n_2 R_h} = \frac{0.3 \times 1364}{3 \times 3 \times 150} = 0.303$$

$$\eta_h = \eta_i \eta_r + \eta_l + \eta_b = 0.65 \times 2.05 + 0.4477 + 0.303 = 2.0832$$

$$R_h = \eta_h R_{ha} = 2.0832 \times 150 = 312.48 \text{kN}$$

3. 答案(B)

解：据《建筑桩基技术规范》(JGJ 94—2008)第5.7.5条和第5.7.2条计算。

$$b_0 = 0.9(d+1) = 0.9 \times (2+1) = 2.7\text{m}$$

$$\alpha = \sqrt[5]{\frac{mb_0}{EI}} = \sqrt[5]{\frac{25 \times 10^3 \times 2.7}{2.149 \times 10^7}} = 0.3158$$

$\alpha h = 0.3158 \times 25 = 7.9 > 4.0$，查得 $v_x = 2.441$

$$R_h = \frac{0.75 \alpha^3 EI}{v_x} x_{0a} = \frac{0.75 \times 0.3158^3 \times 2.149 \times 10^7}{2.441} \times 0.005 = 1039.8 \text{kN}$$

4. 答案(D)

解：据《建筑桩基技术规范》(JGJ 94—2008)计算。

$\alpha h \geq 4.0$，位移控制，桩顶约束效应系数 $\eta_r = 2.05$。

桩的相互影响系数 $\eta_i = \dfrac{\left(\frac{s_a}{d}\right)^{0.015n_2 + 0.45}}{0.15n_1 + 0.10n_2 + 1.9} = \dfrac{3^{0.15 \times 4 + 0.45}}{0.15 \times 3 + 0.10 \times 4 + 1.9} = 0.6368$

承台底位于地面以上，$P_c = 0$，所以承台底摩阻效应系数 $\eta_b = 0$ 且 $\eta_l = 0$。

群桩效应综合系数 $\eta_h = \eta_i \eta_r + \eta_l + \eta_b = 0.6368 \times 2.05 + 0 + 0 = 1.30544$

复合基桩水平承载力设计值 $R_h = \eta_h R_{ha} = 1.30544 \times 50 = 65.272 \text{kN}$

5. 答案(C)

解：据《建筑桩基技术规范》(JGJ 94—2008)第5.7.2条计算。

桩的换算埋深 $\alpha h = 0.59 \times 10 = 5.9 > 4.0$

桩顶自由、桩顶水平位移系数 $v_x = 2.441$

单桩水平承载力设计值 $R_h = 0.75 \dfrac{\alpha^3 EI}{v_x} x_{0a}$

$$= 0.75 \times \frac{0.59^3 \times 1.7 \times 10^5}{2.441} \times 10 \times 10^{-3} = 107.3 \text{kN}$$

6. 答案(A)

解：据《建筑桩基技术规范》(JGJ 94—2008)计算。

取 $\gamma_m = 2$，$\alpha h = 0.301 \times 20 = 6.02 > 4$，取 $v_m = 0.768$

$$R_h = \frac{0.75\alpha\gamma_m f_t W_0}{v_m}(1.25+22\rho g)\left(1+\frac{\xi_N N}{\gamma_m f_t A_n}\right)$$

$$= \frac{0.75\times0.301\times2\times1.5\times10^3\times0.2}{0.768}\times(1.25+22\times0.006)\times\left(1+\frac{0.5\times5000}{2\times1.5\times10^3\times1.2}\right)$$

$$= 413\text{kN}$$

7. 答案(D)

解: 据《建筑桩基技术规范》(JGJ 94—2008)第5.7.3条计算。

解法一:

$$\eta_i = \frac{\left(\frac{s_a}{d}\right)^{0.015n_2+0.45}}{0.15n_1+0.10n_2+1.9} = \frac{\left(\frac{1.8}{0.6}\right)^{0.015\times4+0.45}}{0.15\times3+0.10\times4+1.9} = 0.6368$$

$$\eta_h = \eta_i\eta_r+\eta_l+\eta_b = 0.6368\times2.05+0.3+0.2 = 1.8054$$

$$R_h = \eta_h R_{ha} = 1.8054\times100 = 180.54\text{kN}$$

解法二:

$$\eta_i = \frac{\left(\frac{1.8}{0.6}\right)^{0.015\times3+0.45}}{0.15\times4+0.10\times3+1.9} = 0.6152$$

$$\eta_h = 0.6152\times2.05+0.3+0.2 = 1.7612$$

$$R_h = \eta_h R_{ha} = 1.7612\times100 = 176.12\text{kN}$$

8. 答案(A)

解: 据《桩基工程手册》单桩水平静载试验计算。

$$b_0 = 0.9(1.5d+0.5) = 0.9\times(1.5\times0.4+0.5) = 0.99\text{m}$$

$$m = \frac{\left(\frac{H_{cr}}{X_{cr}}v_x\right)^{5/3}}{b_0(EI)^{2/3}} = \frac{\left(\frac{120-15}{2.6\times10^{-3}}\right)^{5/3}\times4.425}{0.99\times877} = 242.273\text{kN/m}^4 \approx 242.3\text{MN/m}^4$$

9. 答案(C)

解: $b_0 = 0.9\times(1.5\times1.0+0.5) = 1.8\text{m}$,$\alpha = \left(\frac{mb_0}{EI}\right)^{\frac{1}{5}} = \left(\frac{20\times10^3\times1.8}{5.0\times10^6}\right)^{\frac{1}{5}} = 0.373$

$\alpha h = 0.373\times20 = 7.45 > 4$,取 $\alpha h = 4.0$,查表5.7.2,得 $v_x = 2.441$

据式(5.7.3-5),得:

$$x_{oa} = \frac{R_{ha}v_x}{\alpha^3 EI} = \frac{1000\times2.441}{0.373^3\times5\times10^6} = 0.0094\text{m} = 9.4\text{mm}$$

10. 答案(A)

解: 据《建筑桩基技术规范》(JGJ 94—2008)第5.7.3条、第5.7.2条、第5.7.5条计算。

①桩身的计算宽度 $b_0 = 0.9\times(1.5d+0.5) = 0.9\times(1.5\times0.7+0.5) = 1.395\text{m}$

②水平变形系数 $\alpha = \left(\frac{mb_0}{EI}\right)^{1/5} = \left(\frac{2.5\times10^3\times1.395}{2.83\times10^5}\right)^{1/5} = 0.4151\text{m}^{-1}$

③$\alpha h = 0.415\times25 = 10.4$,查表5.7.2,得 $v_x = 2.441$

④桩顶水平位移 $x_{oa} = \frac{R_{ha}v_x}{\alpha^3\cdot EI} = 50\times\frac{2.441}{0.415^3\times2.83\times10^5} = 0.006\text{m}$

11. 答案(C)

解: 据《建筑桩基技术规范》(JGJ 94—2008)第5.7.3条计算。

①群桩基础的基桩水平承载力特征值应考虑由承台、桩群、土相互作用产生的群桩效应,即

$$R_h = \eta_h R_{ha}$$

②考虑地震作用，且 $s_a/d = 4 < 6$，$\eta_h = \eta_i \eta_r + \eta_l$

$$\eta_i = \frac{(s_a/d)^{0.015n_2 + 0.45}}{0.15n_1 + 0.10n_2 + 1.9} = \frac{4^{0.015 \times 4 + 0.45}}{0.15 \times 3 + 0.10 \times 4 + 1.9} = 0.737$$

③$\alpha h = 3.0$m，查表 5.7.3-1，得 $\eta_r = 2.13$
④承台位于松散填土中，所以 $\eta_l = 0$，所以 $\eta_h = 0.737 \times 2.13 + 0 = 1.57$
⑤$R_h = \eta_h R_{ha} = 1.57 \times 100 = 157$kN

12. 答案(B)
解：据《建筑桩基技术规范》(JGJ 94—2008)第 5.7.2 条第 6 款计算。
$\alpha h = 0.360 \times 30 = 10.8 > 4$，取 $\alpha h = 4.0$，查表 5.7.2，得 $v_x = 0.940$。
由题意已知：
$EI = 6.75 \times 10^{11}$ kN·mm² $= 6.75 \times 10^5$ kN·m²，$x_{0a} = 4$mm $= 4 \times 10^{-3}$m，$\alpha = 0.360$m^{-1}
由式(5.7.2-2)得：

$$R_{ha} = 0.75 \frac{\alpha^3 EI}{v_x} x_{0a} = 0.75 \times \frac{0.36^3 \times 6.75 \times 10^5}{0.940} \times 4 \times 10^{-3} = 100.509 \text{kN}$$

13. 答案(C)
解：据《建筑桩基技术规范》(JGJ 94—2008)第 4.1.1 条计算。
$d = 0.8$m< 1m，$b_0 = 0.9(1.5d + 0.5) = 0.9 \times (1.5 \times 0.8 + 0.5) = 1.53$m

$$\alpha = \sqrt[5]{\frac{mb_0}{EI}} = \sqrt[5]{\frac{10 \times 10^3 \times 1.53}{4.0 \times 10^5}} = 0.521$$

桩身配筋长度 $> 4/\alpha = 4/0.521 = 7.7$m
规范要求桩身配筋长度需大于 2/3 的桩长 $= 6.7$m
两者取大值。

第六讲 承台计算

1. 答案(B)
解：据《建筑桩基技术规范》(JGJ 94—2008)计算。

$$h_0 = h_{01} + h_{02} = 1.6\text{m}, \beta_{hp} = \frac{1.0 - 0.9}{0.8 - 2} \times (1.6 - 2) + 0.9 = 0.9333$$

$$a_{0x} = a_{0y} = a_{1x} + \frac{1}{2}(b_{x2} - b_c) = 0.6 + \frac{1}{2} \times (2.8 - 1.0) = 1.5\text{m}$$

$$\lambda_{0x} = \lambda_{0y} = \frac{a_0}{h_0} = \frac{1.5}{1.6} = 0.9375, \beta_{0x} = \beta_{0y} = \frac{0.84}{\lambda + 0.2} = \frac{0.84}{0.9375 + 0.2} = 0.7385$$

$$2[\beta_{0x}(b_c + a_{0y}) + \beta_{0y}(h_c + a_{0x})]\beta_{hp}f_t h_0 = 4\beta_{0x}(b_c + a_{0y})\beta_{hp}f_t h_0$$
$$= 4 \times 0.7385 \times (1.0 + 1.5) \times 0.9333 \times 1.65 \times 1.6$$
$$= 18.2\text{MN} = 1.82 \times 10^3 \text{kN}$$

2. 答案(C)
解：据《建筑桩基技术规范》(JGJ 94—2008)第 5.6.8 条计算。

$$\lambda_x = a_x/h_0 = 1/1.2 = 0.833, 0.25 < \lambda_x < 3$$

$$\alpha = \frac{1.75}{\lambda + 1} = \frac{1.75}{0.833 + 1} = 0.955$$

$$\beta_{sh} = \left(\frac{800}{h_0}\right)^{1/4} = \left(\frac{800}{1200}\right)^{1/4} = 0.9036\text{kN}$$

$$\beta_{hp}\alpha f_t b_0 h_0 = 0.9036 \times 0.955 \times 16700 \times 1.2 \times 3.2 = 55338.5 \text{kN}$$

3. 答案(D)

解：按《建筑桩基技术规范》(JGJ 94—2008)计算(长边方向)。

剪跨：$a_x = 0.6\text{m}$

$$\lambda_x = \frac{a_x}{h_0} = \frac{0.6}{1.0} = 0.6, \quad 0.3 < \lambda_x < 1.4, \alpha = \frac{1.75}{\lambda_x + 1} = \frac{1.75}{0.6 + 1} = 1.094$$

抗剪承载力为：

$$\beta_{hs} = \left(\frac{800}{h_0}\right)^{1/4} = \left(\frac{800}{1000}\right)^{1/4} = 0.9457$$

$$\beta_{hs}\alpha f_t b_0 h_0 = 0.9457 \times 1.094 \times 1.91 \times 4.8 \times 1.0 = 9.5 \text{MN}$$

4. 答案(D)

解：按《建筑桩基技术规范》(JGJ 94—2008)计算。

冲切力 $F_l = F - \sum Q_i = 7500 - \frac{1}{5} \times 7500 = 6000 \text{kN}$

冲切系数 $\beta_0 = \frac{0.84}{\lambda + 0.2} = \frac{0.84}{0.7 + 0.2} = 0.933$

冲跨 $a_{0x} = \lambda h_0 = 0.7 \times 1 = 0.7\text{m}$

$$U_m = 4(h_c + a_{0x}) = 4 \times (0.6 + 0.7) = 5.2$$

受柱冲切承载力 F_l 计算：

$$\beta_{hp} = \frac{1}{12} \times (2-h) + 0.9 = \frac{1}{12} \times (2-1) + 0.9 = 0.983$$

$$F_l = \beta_{hp}\beta_0 u_m f_t h_0 = 0.983 \times 0.933 \times 1.71 \times 10^3 \times 5.2 \times 1 = 8155.2 \text{kN}$$

$$F_l - F = 8155.2 - 6000 = 2155.2 \text{kN}$$

5. 答案(C)

解：据《建筑桩基技术规范》(JGJ 94—2008)第5.9.8条计算。

$$a_{11} = 1.8, \lambda_{11} = \frac{a_{11}}{h_0} = \frac{1.8}{1.0} = 1.8 > 1, \text{取} \lambda_{11} = 1.0, a_{11} = 1$$

$$\beta_{11} = \frac{0.56}{\lambda + 0.2} = \frac{0.56}{1 + 0.2} = 0.47$$

$$\beta_{hp} = \frac{1-0.9}{0.8-2} \times (1.1-2) + 0.9 = 0.975$$

$$\beta_{11}(2c_1 + a_{11})\beta_{hp}\tan\frac{\theta_1}{2}f_t h_0$$

$$= 0.47 \times (2 \times 2.2 + 1.0) \times 0.975 \times \tan\frac{60°}{2} \times 1.7 \times 10^3 \times 1.0 = 2428.8 \text{kN}$$

6. 答案(C)

解：$h_0 = 0.75\text{m}, c_1 = 0.60\text{m}, c_2 = 0.60\text{m}$

$$a_{1x} = a_{1y} = (2.8-0.6)/2 - 0.6 = 0.50\text{m}, \lambda_{1x} = \lambda_{1y} = \frac{0.5}{0.75} = 0.667 (\text{满足} 0.25 \sim 1.0)$$

$$\beta_{1x} = a_{1y} = \frac{0.56}{\lambda_{1x} + 0.20} = \frac{0.56}{0.667 + 0.20} = 0.6459$$

$$\left[\beta_{1x}\left(c_2 + \frac{a_{1y}}{2}\right) + \beta_{1x}\left(c_1 + \frac{a_{1x}}{2}\right)\right]f_t h_0$$

$$= \left[0.6459 \times \left(0.6 + \frac{0.5}{2}\right) + 0.6459 \times \left(0.6 + \frac{0.5}{2}\right)\right] \times 1570 \times 0.75 = 1292.9 \text{kN}$$

7. 答案(B)

解: $N_{\max} = \dfrac{F+G}{n} + \dfrac{M_x y_i}{\sum y_i^2} = \dfrac{5000+0}{4} + \dfrac{5000 \times 0.1 \times 1.2}{1.2^2 \times 4} = 1354.17 \text{kN}$

$M_y = \sum N_i y_i = 2 \times 1354.17 \times (1.2-0.4) = 2166.67 \text{kN} \cdot \text{m}$

$= \left(0.6 \times \dfrac{3.14}{4} \times 1^2 + 0.05 \times 1 \times 3.14 \times 0.56\right) \times 40 \times 10^3 = 22356.8 \text{kN}$

8. 答案(D)

解: 据《建筑桩基技术规范》(JGJ 94—2008)第5.9.10条计算。

$a_x = 1.0, \lambda = \dfrac{a_x}{h_0} = \dfrac{1}{1.3} = 0.7692, \alpha = \dfrac{1.75}{\lambda + 0.1} = \dfrac{1.75}{0.7692 + 0.1} = 0.9891$

$\beta_{hs} = \left(\dfrac{800}{h_0}\right)^{1/4} = \left(\dfrac{800}{1300}\right)^{1/4} = 0.9$

$\alpha \beta_{hs} f_t b_0 h_0 = 0.9891 \times 0.9 \times 1.91 \times 10^3 \times 4.2 \times 1.3 = 9283.44 \text{kN}$

$V = 24000 \times \dfrac{3}{9} = 8000, \dfrac{\alpha \beta_{hs} f_t b_0 h_0}{V} = \dfrac{9283.44}{8000} = 1.16$

9. 答案(C)

解: 据《建筑桩基技术规范》(JGJ 94—2008)第5.9.2条计算。

(1) 柱截面边长:
$$c = 0.8d = 0.8 \times 0.4 = 0.32 \text{m}$$

(2) 等边三桩承台正截面弯矩:
$$M = \dfrac{N_{\max}}{3}\left(s_a - \dfrac{\sqrt{3}}{4}c\right) = \dfrac{2100}{3}\left(1.2 - \dfrac{\sqrt{3}}{4} \times 0.32\right) = 743 \text{kN} \cdot \text{m}$$

10. 答案(A)

解: 据《建筑桩基技术规范》(JGJ 94—2008)第5.9.10条计算。

$a_x = 1.0; \lambda_x = \dfrac{a_x}{h_0} = \dfrac{1}{0.3+0.3} = 1.6667, \alpha = \dfrac{1.75}{\lambda+1} = \dfrac{1.75}{1.6667+1} = 0.6562$

$\beta_{hs} \alpha f_t b_0 h_0 = 1 \times 0.6562 \times 1.71 \times (1 \times 0.3 + 2 \times 0.3) = 1.0099 \text{MN}$

11. 答案(C)

解: 据《建筑桩基技术规范》(JGJ 94—2008)第5.9.1条、第5.9.2条计算。

先计算右侧两基桩净反力设计值。

右侧两根基桩的净反力:

$N_{fi} = \dfrac{F}{n} + \dfrac{M_y x_i}{\sum x_j^2} = \dfrac{12000}{6} + \dfrac{(1500 + 600 \times 1.5) \times 1.8}{4 \times 1.8^2} = 2333 \text{kN}$

弯矩设计值 $M_y = \sum N_i r_i = 2 \times 2333 \times (1.8 - 0.6) = 5599 \text{kN} \cdot \text{m}$

12. 答案(C)

解: 据《建筑桩基技术规范》(JGJ 94—2008)第5.9.10条第1款计算。

截面的剪跨比: $\lambda_y = a_y / h_0 = 0.6/1.0 = 0.6$

承台剪切系数: $\alpha = \dfrac{1.75}{\lambda+1} = \dfrac{1.75}{0.6+1} = 1.09375$

受剪切承载力截面高度影响系数: $\beta_{hs} = \left(\dfrac{800}{h_0}\right)^{1/4} = \left(\dfrac{800}{1000}\right)^{1/4} = 0.9457$

则承台长边斜截面的受剪承载力,按式(5.9.10-1)计算:

$V \leqslant \beta_{hs} \alpha f_t b_0 h_0 = \beta_{hs} \alpha f_t b_{0y} h_0 = 0.9457 \times 1.09357 \times f_t \times 4.8 \times 1.0$

由题意：
$$\beta_{hs}\alpha f_t b_0 h_0 = \beta_{hs}\alpha f_t b_{0y} h_0 = 0.9457 \times 1.09357 \times f_t \times 4.8 \times 1.0 \geqslant 11 \times 10^3$$
解得：$f_t \geqslant 2.2155\text{MPa}$

13. 答案(B)

解：据《建筑桩基技术规范》(JGJ 94—2008)第 5.9.10 条计算。
$$h_0 = 0.6 < 0.8, 则 \beta_{hs} = 1$$
$$a_x = 0.5 \times (4.2-1.4) - 0.3 - 0.3 = 0.8, \lambda_x = \frac{a_x}{h_0} = 0.8/0.6 = 1.3$$
$$\alpha = 1.75/(\lambda_x + 1) = 1.75/(1.3+1) = 0.76$$
$$\beta_{hs}\alpha f_t b_0 h_0 = 1.0 \times 0.76 \times 1710 \times 2.1 \times 0.6 = 1637\text{kN}$$

第七讲 《公路桥涵地基与基础设计规范》深基础

1. 答案(B)

解：①单位面积侧阻力加权平均值 $f = \frac{\sum f_i h_i}{\sum h_i} = \frac{8.7 \times 25 + 7.8 \times 20}{8.7 + 7.8} = 22.6\text{kPa}$

②摩阻力 $T = \pi D(H - 2.5)f = 3.14 \times 20 \times (16.5 - 2.5) \times 22.6 = 19869.92\text{kN}$

③沉井自重 $Q = \gamma V = 24 \times 997 = 23448.0\text{kN}$

④下沉系数 $K = \frac{Q}{T} = \frac{23448.0}{19869.92} = 1.18 \approx 1.2$

2. 答案(D)

解：据《公路桥涵地基与基础设计规范》(JTG D63—2007)第 6.3.6 条计算。
$$\varphi = \arctan \frac{M}{\gamma_w V(\rho - \alpha)}, \rho = \frac{I}{V} = \frac{50}{40} = 1.25\text{m}$$
$$\rho - \alpha = 1.25 - 0.4 = 0.85\text{m}, \varphi = \arctan \frac{48}{10 \times 40 \times 0.85} = 8°2'$$

3. 答案(A)

解：解法一：据受力分析计算如下。

设地表处井壁外侧摩阻力为 P_{max}，则：

$$10\pi P_{max} \times \frac{1}{2} = 1800, P_{max} = (2 \times 1800)/[10 \times 3.14 \times (5.2 + 2 \times 0.4)] = 19.1\text{kPa}$$

地面以下 5m 处的摩擦力：

$$\frac{P'}{5} = \frac{P_{max}}{10}, 则 P' = \frac{1}{2}P_{max} = \frac{1}{2} \times 19.1 = 9.55\text{kPa}$$

地面以下 5~10m 的摩擦力的合力：

$$P = \frac{1}{2}P'\pi d \times 5 = \frac{1}{2} \times 9.55 \times 3.14 \times (5.2 + 2 \times 0.4) \times 5 = 449.805\text{kN}$$

地表 5m 以下沉井自重 $G' = \frac{5}{12} \times G = \frac{5}{12} \times 1800 = 750\text{kN}$

井壁拉力为 $T = 750 - 449.8 = 300.2\text{kN}$

解法二：$P = \frac{1}{4}G_0 = \frac{1}{4} \times 1800 = 450\text{kN}$

$T = G' - P = \frac{5}{12} \times 1800 - 450 = 300\text{kN}$

4. 答案（D）

解：据《公路桥涵地基与基础设计规范》(JTG D63—2007)第5.3.4条、第5.3.5条计算。

$$h = \sqrt{\frac{M_H}{0.066\beta R_a D}} = \sqrt{\frac{500}{0.066 \times 0.6 \times 40 \times 10^3 \times 1}} = 0.56 \text{m}$$

$$[P] = (c_1 A + c_2 uh) R_a = \left(0.6 \times \frac{3.14}{4} \times 1^2 + 0.05 \times 1 \times 3.14 \times 0.56\right) \times 40 \times 10^3 = 22356.8 \text{kN}$$

5. 答案（A）

解：据《公路桥涵地基与基础设计规范》(JTG D63—2007)第5.3.3条计算。

(1) 桩端处土的承载力容许值：

$$q_r = m_0 \lambda \{[f_{a0}] + k_2 \gamma_2 (h-3)\} = 0.8 \times 0.8 \times [1000 + 5 \times (20-10) \times (33-3)]$$
$$= 1600 \text{kPa}$$

(2) 单桩轴向受压承载力的容许值：

$$[R_a] = \frac{1}{2} u \sum q_{ik} l_i + A_p q_r$$
$$= \frac{1}{2} \times 3.14 \times 1 \times (60 \times 15 + 100 \times 15 + 160 \times 2) + 3.14 \times 0.5^2 \times 1600 = 5526.4 \text{kN}$$

6. 答案（B）

解：设沉井重为 G，则 $G = A l \gamma = A \times 12 \times 25 = 300 A$，井壁阻力分布及井壁自重分布如解图所示。

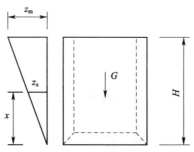

题6解图

从解图中可看出，自沉井一半高度处以上，单位长度的摩阻力大于单位长度的沉井自重。所以，最大拉应力作用点位于沉井一半高度处。6m处总自重为 $G/2$，6m处摩阻力为 $G/4$，所以总拉力为 $G/2 - G/4 = G/4 = 75A$。

$$\sigma_{max} = \frac{1}{4} \times 25 \times 12 = 75 \text{kPa}, \sigma_{拉} = \frac{75A}{A} = 75 \text{kPa}$$

7. 答案（C）

解：据《公路桥涵地基基础设计规范》(JTG D63—2007)第3.3.4条、第5.3.7条计算。

① $l/d = 50/1.2 = 41.1$，查规范表5.3.3-2，得 $\lambda = 0.85$。
② 查规范表3.3.4，得 $k_2 = 6.0$。
③ 计算桩端处土的承载力容许值（规范第5.3.3条）：

$$q_r = m_0 \lambda \{[f_{a0}] + k_2 \gamma_2 (h-3)\}$$

其中，λ 取0.85，k_2 取6.0，取 $h = 40$m，则：

$q_r = 0.8 \times 0.85 \times [500 + 6.0 \times 9.0 \times (40-3)] = 1698.6 \text{kPa} > 1450 \text{kPa}$，取 1450 kPa。

④ 计算单桩轴向抗压承载力容许值（规范第5.3.3条）：

$$[R_a] = \frac{1}{2}u\sum_{i=1}^{n}q_{ik}l_i + A_p q_r$$
$$= 0.5 \times 3.14 \times 1.2 \times (40 \times 35 + 60 \times 10 + 120 \times 5) + 3.14 \times 0.6^2 \times 1450 = 6537.5 \text{kN}$$

⑤计算单桩轴向抗压承载力(按规范第5.3.7条规定,抗力系数取1.25):

单桩轴向抗压承载力 $= 1.25[R_a] = 8171.9 \text{kN}$

8. 答案(B)

解:据《公路桥涵地基与基础设计规范》(JTG D63—2007)第5.3.5条计算。

$$h = \sqrt{\frac{M_h}{0.0655\beta f_{rk}d}} = \sqrt{\frac{1000}{0.0655 \times 1.0 \times 25 \times 10^3 \times 1}} = 0.7815 \text{m}$$

9. 答案(C)

解:见解图,据《公路桥涵地基与基础设计规范》(JTG D63—2007)第5.3.8条计算。

$$[R_t] = 0.3u\sum_{i=1}^{n}\alpha_i l_i q_{ik}$$
$$= 0.3 \times (4 \times 0.4) \times (0.6 \times 2 \times 30 + 0.9 \times 6 \times 35 + 0.7 \times 2 \times 40 + 1.1 \times 2 \times 50) = 187.7 \text{kN}$$

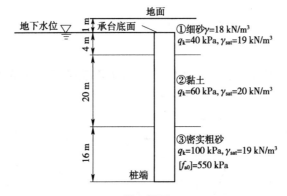

题9解图

10. 答案(C)

解:根据《公路桥涵地基与基础设计规范》(JTG D63—2007)第5.3.3条计算。
注意粗砂端阻不应超过1450kPa。

$$q_r = m_0\lambda[f_{a0}] + k_2\gamma_2(h-3)$$
$$= 1 \times 0.85 \times \left[550 + 6 \times \frac{1 \times 18 + 4 \times 8 + 10 \times 20 + 9 \times 16}{41} \times (40-3)\right]$$
$$= 2281 \text{kPa} \geqslant 1450 \text{kPa}$$

$$[R_a] = \frac{1}{2}u\sum_{i=1}^{n}q_{ik}l_i + A_p q_r = \frac{1}{2} \times 3.14 \times 1.5 \times (40 \times 4 + 60 \times 20 + 100 \times 16) + \frac{3.14}{4} \times 1.5^2 \times 1450$$
$$= 9531.8 \text{kN}$$

施工阶段乘系数1.25,即 $1.25 \times 9531.8 = 11915 \text{kN}$

第八讲 《铁路桥涵地基和基础设计规范》深基础

1. 答案(A)

解:据《铁路桥涵地基和基础设计规范》(TB 10002.5—2005)附录E计算。

$$A = \left(2 \times 2.4 + 0.8 + 2 \times 40 \times \tan\frac{24°}{4}\right) \times \left(2.4 + 0.8 + 2 \times 40 \times \tan\frac{24°}{4}\right)$$

$$=14.01\times11.61=162.6\text{m}^2$$

$$N=A(l+d)\gamma_m+F=162.4\times(40+2)\times10+6000=74208\text{kN}$$

$$\frac{N}{A}+\frac{M}{W}=\frac{74208}{1626}+\frac{2\,000\times6}{11.61\times14.01^2}=461.65\text{kPa}$$

2. **答案**(B)

解:$h=2+3+15+4=24\text{m}>10d=10\text{m}$

中密细砂,查表 4.1.3,取 $k_2=3$,$k_2'=k_2/2=1.5$

$$\gamma_2=\frac{2\times18.5+3\times19+15\times18+4\times20}{24}=18.5\text{kN/m}^3$$

$$[\sigma]=\sigma_0+k_2\gamma_2(4d-3)+k_2'\gamma_2(6d)$$
$$=180+3\times18.5\times(4\times1-3)+1.5\times18.5\times(6\times1)=402\text{kPa}$$

$$[P]=\frac{1}{2}u\sum f_i l_i+m_0 A[\sigma]$$
$$=\frac{1}{2}\times3.14\times1.0\times(2\times30+3\times50+15\times40+4\times50)+0.7\times\frac{3.14\times1.0^2}{4}\times402$$
$$=1806.6\text{kN}$$

第五篇 地基处理

历年真题

第二讲 换填垫层法

1.（02D10）当采用换填法处理地基时，若基底宽度为 10.0m，在基底下铺设厚度为 2.0m 的灰土垫层。为了满足基础底面应力扩散的要求，垫层底面宽度应超出基础底面宽度至少为（　　）。

(A) 0.6m　　　　(B) 1.2m　　　　(C) 1.8m　　　　(D) 2.1m

2.（05D17）某钢筋混凝土条形基础埋深 $d=1.5$m，基础宽 $b=1.2$m，传至基础底面的竖向荷载 $F_k+G_k=180$kN/m（荷载效应标准组合），土层分布如下图所示，用砂夹石将地基中淤泥土全部换填，按《建筑地基处理技术规范》(JGJ 79—2012)验算，下卧层承载力属于下述（　　）选项的情况。

（注：垫层材料重度 $\gamma=19$kN/m³。）

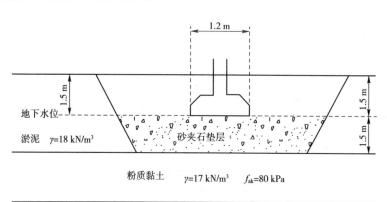

题 2 图

(A) $p_z+p_{cz}<f_{az}$　　　　(B) $p_z+p_{cz}>f_{az}$

(C) $p_z+p_{cz}=f_{az}$　　　　(D) $p_k+p_{cz}>f_{az}$

3.（06C17）某建筑基础采用独立柱基，柱基尺寸为 6m×6m，埋深 1.5m，基础顶面的轴心荷载 $F_k=6000$kN，基础和基础上土重 $G_k=1200$kN，场地地层为粉质黏土，$f_{ak}=120$kPa，$\gamma=18$kN/m³，由于承载力不能满足要求，拟采用灰土换填垫层处理，当垫层厚度为 2.0m 时，采用《建筑地基处理技术规范》(JGJ 79—2012)计算，垫层底面处的附加压力最接近（　　）。

(A) 27kPa　　　　(B) 63kPa

(C) 78kPa　　　　(D) 94kPa

第三讲 预压地基法

1.(02D15)有一饱和软黏土层,厚度 $H=6$m,压缩模量 $E_s=1.5$MPa,地下水位与饱和软黏土层顶面相齐。现准备分层铺设 80cm 砂垫层(重度为 18kN/m³),打设塑料排水板至饱和软黏土层底面。然后采用 80kPa 大面积真空预压 3 个月,固结度达到 85%。则此时的残留沉降最接近下列( )。

(注:沉降修正系数取 1.0,附加应力不随深度变化。)

(A)6cm (B)20cm (C)30cm (D)40cm

2.(03C20)某港陆域工程区为冲填土地基,土质很软,采用砂井预压加固,分期加荷:

第一级荷重 40kPa,加荷 14d,间歇 20d 后加第二级荷重;

第二级荷重 30kPa,加荷 6d,间歇 25d 后加第三级荷重;

第一级荷重 20kPa,加荷 4d,间歇 26d 后加第四级荷重;

第四级荷重 20kPa,加荷 4d,间歇 28d 后加第五级荷重;

第五级荷重 10kPa,瞬时加上。

第五级荷重施加时,土体总固结度已达到( )。

(注:加荷等级和时间关系见下图,已知条件见下表。)

(A)82.0% (B)70.6% (C)68.0% (D)80.0%

题 2 表

加荷顺序	荷重 p_i/kPa	加荷日期/d	竖向固结度 U_z	径向固结度 U_r
1	40	120	17%	88%
2	30	90	15%	79%
3	20	60	11%	67%
4	20	30	7%	46%
5	10	0	0	0

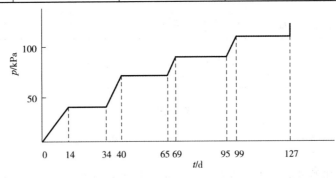

题 2 图

3.(03D16)某建筑场地采用预压排水固结法加固软土地基。软土厚度 10m,软土层面以上和层底以下都是砂层,未设置排水竖井。为简化计算,假定预压是一次瞬时施加的。已知该软土层孔隙比为 1.60,压缩系数为 0.8MPa⁻¹,竖向渗透系数 $K_v=5.8\times10^7$cm/s,其预压时间要达到( )d 时,软土地基固结度就可达到 0.80。

(A)78 (B)87 (C)98 (D)105

4.(03D18)地基中有一饱和软黏土层,厚度 $H=8$m,其下为粉土层,采用打设塑料排水板真空预压加固。平均潮位与饱和软黏土顶面相齐。该层顶面分层铺设 80cm 砂垫层(重度为 19kN/m³),塑料排水板打至软黏土层底面,正方形布置、间距 1.3m,然后采用 80kPa 大面积真空预压 6 个月。按正常固结土考虑,其最终固结沉降量最接近( )。

(注:经试验得,软土的天然重度 $\gamma_z=17$ kN/m³,天然孔隙比 $e_0=1.6$,压缩指数 $C_c=0.55$,沉降修正系数取 1.0。)

(A)1.09m　　　(B)0.73m　　　(C)0.99m　　　(D)1.20m

5.(03D19)某港口堆场区,分布有 15m 厚的软黏土层,其下为粉细砂层,经比较,地基处理采用砂井加固,井径 $d_w=0.4$m,井距 $s=2.5$m,按等边三角形布置。土的固结系数 $C_v=C_h=1.5×10^{-3}$ cm²/s,在大面积荷载作用下,按径向固结考虑,当固结度达到 80%时所需要的时间为( )。

(A)130d　　　(B)125d　　　(C)115d　　　(D)120d

6.(04C22)在采用塑料排水板进行软土地基处理时需换算成等效砂井直径,现有宽 100mm、厚 3mm 的排水板,等效砂井换算直径应取( )。

(A)55mm　　　(B)60mm　　　(C)65mm　　　(D)70mm

7.(04D20)如下图所示,某场地中淤泥质黏土厚 15m,下为不透水土层,该淤泥质黏土层固结系数 $C_h=C_v=2.0×10^{-3}$ cm²/s,拟采用大面积堆载预压法加固,采用袋装砂井排水,井径为 $d_w=70$mm,砂井按等边三角形布置,井距 $s=1.4$m,井深度 15m,预压荷载 $p=60$kPa;一次匀速施加,时间为 12d,开始加荷后 100d,平均固结度接近( )。

[注:按《建筑地基处理技术规范》(JGJ 79－2012)计算。]

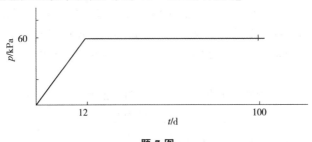

题 7 图

(A)0.80　　　(B)0.85　　　(C)0.90　　　(D)0.95

8.(04D24)一软土层厚 8.0m,压缩模量 $E_s=15$MPa,其下为硬黏土层,地下水位与软土层顶面一致,现在软土层上铺 1.0m 厚的砂土层,砂层重度 $\gamma=18$kN/m³,软土层中打砂井穿透软土层,再采用 90kPa 压力进行真空预压固结,使固结度达到 80%,此时以完成的固结沉降量最接近( )。

(A)40cm　　　(B)46cm　　　(C)52cm　　　(D)58cm

9.(05C17)某工程场地为饱和软土地基,并采用堆载预压法处理,以砂井作为竖向排水体,砂井直径 $d_w=0.3$m,砂井长 $h=15$m,井距 $s=3.0$m,按等边三角形布置,该地基土水平向固结系数 $C_h=2.6×10^{-2}$ m²/d,在瞬时加荷下,径向固结度达到 85%所需的时间最接近( )。

(注:由题意给出的条件得到有效排水直径为 $d_e=3.15$m,$n=10.5$,$F_n=1.6248$。)

(A)125d　　　(B)136d　　　(C)147d　　　(D)158d

10.(05D16)某地基饱和软黏土层厚度 15m,软黏土层中某点土体天然抗剪强度 $\tau_{f0}=20$kPa,三轴固结不排水抗剪强度指标 $c_{cu}=0$,$\varphi_{cu}=15°$,该地基采用大面积堆载预压加固,预压荷载为120kPa,堆载预压到120d时,该点土的固结度达到0.75,则此时该点土体抗剪强度最接近( )。

    (A)34kPa   (B)37kPa   (C)40kPa   (D)44kPa

11.(06C15)大面积填海造地工程平均海水深约2.0m,淤泥层平均厚度为10.0m,密度为15kN/m³,采用e-$\lg p$曲线计算该淤泥固结沉降,已知该淤泥层属正常固结土,压缩指数C_c=0.8,天然孔隙比e_0=2.33,上覆填土在淤泥层中产生的附加应力按120kPa计算,该淤泥层固结沉降量取( )。

    (A)1.85m   (B)1.95m   (C)2.05m   (D)2.2m

12.(06D17)某地基软黏土层厚18m,其下为砂层,土的水平向固结系数为C_h=3.0×10^{-3}cm²/s,现采用预压法固结,砂井作为竖向排水通道打穿至砂层,砂井直径为d_w=0.3m,井距2.8m,等边三角形布置,预压荷载为120kPa,在大面积预压荷载作用下按《建筑地基处理技术规范》(JGJ 79—2012)计算,预压150d时地基达到的固结度(为简化计算,不计竖向固结度)最接近( )选项。

    (A)0.95   (B)0.90   (C)0.85   (D)0.80

13.(07C15)某正常固结软黏土地基,软黏土厚度为8.0m,其下为密实砂层,地下水位与地面平,软黏土的压缩指数C_c=0.5,天然孔隙比e_0=1.30,重度γ=18 kN/m³,采用大面积堆载预压法进行处理,预压荷载为120kPa,当平均固结度达到0.85时,该地基固结沉降量将最接近于( )。

    (A)0.90m   (B)1.00m   (C)1.10m   (D)1.20m

14.(07D07)在100kPa大面积荷载的作用下,3m厚的饱和软土层排水固结,排水条件如下图所示,从此土层中取样进行常规固结试验,测读试样变形与时间的关系,已知在100kPa试验压力下,达到90%固结度的时间为0.5h,预估3m厚的土层达到90%固结度的时间最接近于( )。

    (A)1.3年   (B)2.6年   (C)5.2年   (D)6.5年

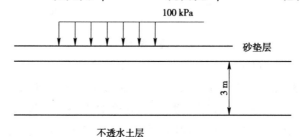

题14图

15.(07D15)某软黏土地基采用预压排水固结法处理,根据设计,瞬时加载条件下不同时间的平均固结度见下表。加载计划如下:第一次加载量为30kPa,预压30d后第二次再加载30kPa,再预压30天后第三次再加载60kPa,如下表所示,自第一次加载后到120d时的平均固结度最接近( )。

题15表

t/d	10	20	30	40	50	60	70	80	90	100	110	120
U/%	37.7	51.5	62.2	70.6	77.1	82.1	86.1	89.2	91.6	93.4	94.9	96.0

    (A)0.800   (B)0.840   (C)0.880   (D)0.920

16.(08C14)某软黏土地基采用排水固结法处理,根据设计,瞬时加载条件下加载后不同时间的平均固结度见下表(表中数据可内插)。加载计划如下:第一次加载(可视为瞬时加载,下同)量为30kPa,预压20d后第二次再加载30kPa,再预压20d后第三次再加载60kPa,第一次加载后到80d时观测到的沉降量为120cm,到120d时,沉降量最接近(　　)。

题 16 表

t/d	10	20	30	40	50	60	70	80	90	100	110	120
U/%	37.7	51.5	62.2	70.6	77.1	82.1	86.1	89.2	91.6	93.4	94.9	96.0

(A)130cm　　　　(B)140cm　　　　(C)150cm　　　　(D)160cm

17.(08C15)在一正常固结软黏土地基上建设堆场。软黏土层厚10.0m,其下为密实砂层。采用堆载预压法加固,砂井长10.0m,直径0.30m,预压荷载为120kPa,固结度达0.80时卸除堆载。堆载预压过程中地基沉降1.20m,卸载后回弹0.12m。堆场面层结构荷载为20kPa,堆料荷载为100kPa。预计该堆场工后沉降最大值将最接近(　　)。

(注:不计次固结沉降。)

(A)20cm　　　　(B)30cm　　　　(C)40cm　　　　(D)50cm

18.(08D15)场地为饱和淤泥质黏性土,厚5.0m,压缩模量E_s为2.0MPa,重度为17kN/m³,淤泥质黏性土下为良好的地基土,地下水位埋深0.50m。现拟打设塑料排水板至淤泥质黏性土层底,然后分层铺设砂垫层,砂垫层厚度0.80m,重度20kN/m³,采用80kPa大面积真空预压3个月(预压时地下水位不变)。取沉降计算的经验系数$\xi=1.0$,则固结度达85%时的沉降量最接近(　　)。

(A)15cm　　　　(B)20cm　　　　(C)25cm　　　　(D)10cm

19.(10C15)某软土地基拟采用堆载预压法进行加固,已知淤泥的水平向排水固结系数为$C_h=3.5\times10^{-4}$cm²/s,塑料排水板宽度为100mm,厚度为4mm,间距为1.0m,按等边三角形布置,预压荷载一次施加,如果不计竖向排水固结和排水板的井阻及涂抹的影响,按《建筑地基处理技术规范》(JGJ 79—2012)计算,试问当淤泥固结度达到90%时,所需的预压时间为(　　)。

(A)5个月　　　　(B)7个月　　　　(C)8个月　　　　(D)10个月

20.(10D16)某填海造地工程,对软土地基采用堆载预压法进行加固,已知海水深1.0m,下卧淤泥层厚度10.0m,天然密度$\rho=1.55$ g/cm³,室内固结试验测得各级压力下的孔隙比如下表所示,如果淤泥上覆填土的附加压力p_0取125kPa,按《建筑地基处理技术规范》(JGJ 79—2012)计算,该淤泥的最终沉降量,取经验修正系数为1.2,将10m的淤泥层按一层计算,则最终沉降量最接近(　　)。

题 20 表

p/kPa	0	12.5	25	50	100	200	300
e	2.325	2.215	2.102	1.926	1.710	1.475	1.325

(A)1.46m　　　　(B)1.82m　　　　(C)1.96m　　　　(D)2.64m

21.(10D17)拟对厚度为10.0m的淤泥层进行预压法加固。已知淤泥面上铺设1.0m厚中粗砂垫层,再上覆厚2.0m的压实填土,地下水位与砂层顶面齐平,淤泥三轴固结不排水试验得到的黏聚力$c=10.0$kPa,内摩擦角$\varphi_{cu}=9.5°$,淤泥面处的天然抗剪强度$\tau_0=12.3$kPa,中粗砂重度为20kN/m³,填土重度为18kN/m³,按《建筑地基处理技术规范》(JGJ 79—2012)计算,如果要使淤泥面处抗剪强度值提高50%,则要求该处的固结度至少达到(　　)。

(A)60%　　　　(B)70%　　　　(C)80%　　　　(D)90%

22.(11C15)某工程地表淤泥层厚12.0m,淤泥层重度为16kN/m³。已知淤泥的压缩试验数据如下表所示。地下水位与地面齐平。采用堆载预压法加固,先铺设厚1.0m的砂垫层,砂垫层重度为20kN/m³,堆载土层厚2.0m,重度为18kN/m³。沉降经验系数ξ取1.1,假定地基沉降过程中附加应力不发生变化,按《建筑地基处理技术规范》(JGJ 79—2012)估算淤泥层的压缩量最接近( )。

题22表

压力 p/kPa	12.5	25.0	50.0	100.0	200.0	300.0
孔隙比 e	2.108	2.005	1.786	1.496	1.326	1.179

(A)1.2m   (B)1.4m   (C)1.7m   (D)2.2m

23.(11D14)某饱和淤泥土层6.00m,固结系数 $C_v = 1.9 \times 10^{-2}$ cm²/s,在大面积堆载作用下,淤泥质土层发生固结沉降,其竖向平均固结度与时间因数关系见下表。当平均固结度 $\overline{U}_z$ 达75%时,所需预压的时间最接近( )。

题23表

竖向平均固结度 $\overline{U}_z$/%	25	50	75	90
时间因数 T_v	0.050	0.196	0.450	0.850

(A)60d   (B)100d   (C)140d   (D)180d

24.(11D16)某大型油罐群位于滨海均质正常固结软土地基上,采用大面积堆载预压法加固,预压荷载140kPa,处理前测得土层的十字板剪切强度为18kPa,由三轴固结不排水剪测得土的内摩擦角 $\varphi_{cu} = 16°$。堆载预压至90d时,某点土层固结度为68%,则此时该点土体由固结作用增加的强度最接近( )。

(A)45kPa   (B)40kPa   (C)27kPa   (D)25kPa

25.(12C14)某厚度6m的饱和软土层,采用大面积堆载预压处理,堆载压力 $p_0 = 100$kPa,在某时刻测得超孔隙水压力沿深度分布曲线如下图所示(尺寸单位为mm),则此时饱和软土的压缩量最接近( )。
(注:总压缩量计算经验系数取1.0, $E_s = 2.5$MPa。)

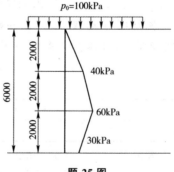

题25图

(A)92mm   (B)118mm   (C)148mm   (D)240mm

26.(12C16)某软土地基拟采用堆载预压法进行加固,已知在工作荷载作用下软土地基的最终固结沉降量为248cm,在某一超载预压荷载作用下软土的最终固结沉降量为260cm。如果要求该软土地基在工作荷载作用下工后沉降量小于15cm,在该超载预压荷载作用下软土地基的平均固结度应达到( )。

(A)80%　　　　(B)85%　　　　(C)90%　　　　(D)95%

27.(12C17)某地基软黏土层厚10m,其下为砂层,土的固结系数为$C_v=C_h=1.8\times10^{-3}$ cm²/s,采用塑料排水板固结排水。排水板宽$b=100$mm,厚度$\delta=4$mm,塑料排水板正方形排列,间距$l=1.2$m,深度打至砂层顶,在大面积瞬时预压荷载120kPa作用下,按《建筑地基处理技术规范》(JGJ 79—2012)计算,预压60d时地基达到的固结度最接近(　　)。

(注:为简化计算,不计竖向固结度,不考虑涂抹和井阻影响。)

(A)65%　　　　(B)73%　　　　(C)83%　　　　(D)91%

28.(12D16)某堆载预压法工程,典型地质剖面如下图所示,填土层重度为18kN/m³,砂垫层重度为20kN/m³,淤泥层重度为16kN/m³,$e_0=2.15$,$C_v=C_h=3.5\times10^{-4}$cm²/s。如果塑料排水板断面尺寸为100mm×4mm,间距为1.0m×1.0m,正方形布置,长14.0m,堆载一次施加,则预压8个月后,软土平均固结度U最接近(　　)。

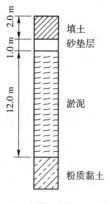

题 28 图

(A)85%　　　　(B)91%　　　　(C)93%　　　　(D)96%

29.(13C13)拟对某淤泥土地基采用预压法加固,已知淤泥的固结系数$C_h=C_v=2.0\times1.0^{-3}$cm²/s,淤泥层厚度为20.0m,在淤泥层中打设塑料排水板,长度打穿淤泥层,预压荷载$p=100$kPa,分两级等速加载,如下图所示。按《建筑地基处理技术规范》(JGJ 79—2012)中公式计算,如果已知固结度计算参数$\alpha=0.8$,$\beta=0.025$,则地基固结度达到90%时预压时间为(　　)。

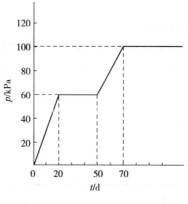

题 29 图

(A)110d　　　　(B)125d　　　　(C)150d　　　　(D)180d

30.(13D05)某正常固结的饱和黏性土层,厚度4m,饱和重度为20kN/m³,黏土的压缩试验结果见下表。采用在该黏性土层上直接大面积堆载的方式对该层土进行处理,经堆载处理后土层的厚度为 3.9m,估算的堆载量最接近( )。

题 30 表

p/kPa	0	20	40	60	80	100	120	140
e	0.900	0.865	0.840	0.825	0.810	0.800	0.794	0.783

(A)60kPa (B)80kPa (C)100kPa (D)120kPa

31.(13D17)某厚度 6m 饱和软土,现场十字板抗剪强度为 20kPa,三轴固结不排水试验 $c_{cu}=13kPa$,$\varphi_{cu}=12°$,$E_s=2.5MPa$。现采用大面积堆载预压处理,堆载压力 $p_0=100kPa$,经过一段时间后软土层沉降 150mm,该时刻饱和软土的抗剪强度最接近( )。

(A)13kPa (B)21kPa (C)33kPa (D)41kPa

32.(14D13)某大面积软土场地,表面淤泥顶面绝对高程为 3m,厚度为 15m,压缩模量为 1.2MPa,其下为黏性土,地下水为潜水,地下水到地面的高度为 0.5m,现拟对其进行真空和堆载联合预压处理,淤泥表明铺厚度 1m 的砂垫层,重度为 18kN/m³,真空加载 80kPa,真空膜上修筑水池储水,水深 2m。当淤泥层的固结度达到 80%时,沉降经验系数为 1.1,其固结沉降量为( )。

(A)1.00m (B)1.1m (C)1.2m (D)1.3m

33.(14D14)拟对某淤泥地基采用预压法加固,已知淤泥 $C_h=C_v=2.0×10^{-3}cm^2/s$,$k_h=1.2×10^{-7}cm^2/s$。淤泥层厚度为 10m,在淤泥层中打设袋装砂井,砂井直径 $d_w=70mm$,间距为 1.5m,等边三角形排列,砂料渗透系数 $k_w=2×10^{-2}cm/s$,长度打穿淤泥层,涂抹区渗透系数 $k_s=0.3×10^{-7}cm/s$,如取涂抹区直径为砂井直径的 2.0 倍,按照《建筑地基处理技术规范》(JGJ 79—2012)有关规定,在瞬时加载条件下,考虑涂抹和井阻影响时,地基径向固结度达到 90%时,预压时间最接近( )。

(A)120d (B)150d (C)180d (D)200d

34.(14D15)某公路路堤位于软土地区,路基中心高度为 3.5m,路基填料重度为 20kN/m³,填土速率约为 0.04m/s,路线地表下 0~2m 为硬塑黏土,2.0~8.0m 为流塑状态软土,软土不排水抗剪强度为 18kPa,路基地基采用常规预压法处理,用分层总和法计算地基主固结沉降量为 20cm,如公路通车时软土固结度达到 70%,根据《公路路基设计规范》(JTG D30—2015),则此时的地基沉降量最接近( )。

(A)14cm (B)17cm (C)19cm (D)20cm

35.(16C17)某工程软土地基采用堆载预压加固(单级瞬时加载),实测不同时刻 t 及竣工时($t=150d$)地基沉降量 s 如下表所示。假定荷载维持不变,按固结理论,竣工后 200d 时的工后沉降量最接近( )。

题 35 表

时刻 t/d	50	100	150(竣工)
沉降 s/mm	100	200	250

(A)25mm (B)47mm (C)275mm (D)297mm

36.(16D13)已知某场地地层条件及孔隙比 e 随压力变化拟合函数如下表所示,②层以下为不可压缩层,地下水位在地面处,在该场地上进行大面积填土,当堆土荷载为 30kPa 时,估算填土荷载产生的沉降量最接近( )。

(注:沉降经验系数 ξ 取 1.0,变形计算深度至应力比为 0.1 处。)

题 36 表

土 层 名 称	层底埋深/m	饱和重度 $\gamma/(kN/m^3)$	e-$\lg p$ 关系式
①粉砂	10	20.0	$e=1.0-0.05\lg p$
②淤泥质粉质黏土	40	18.0	$e=1.6-0.20\lg p$

(A)50mm (B)200mm
(C)230mm (D)300mm

37.(17D13)某深厚软黏土地基采用堆载预压法处理,塑料排水带宽度 100mm,厚度 5mm,平面布置如下图所示(尺寸单位为 mm)。按照《建筑地基处理技术规范》(JGJ 79—2012),求塑料排水带竖井的井径比 n 最接近下列(   )。

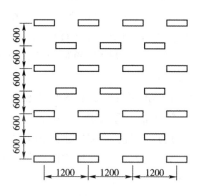

题 37 图

(A)13.5   (B)14.3   (C)15.2   (D)16.1

第四讲　压实地基和夯实地基

1.(06D18)某软黏土地基天然含水率 $w=50\%$,$w_L=45\%$,采用强夯置换法进行地基处理,夯点采用正三角形布置,间距 2.5m,成墩直径为 1.2m,根据检测结果,单墩承载力特征值为 $p_k=800kN$,按《建筑地基处理技术规范》(JGJ 79—2012)计算,处理后该地基的承载力特征值最接近(   )。

(A)128kPa   (B)138kPa   (C)148kPa   (D)158kPa

2.(17C14)某高填土路堤,填土高度 5m,上部等效附加荷载按 30kPa 考虑,无水平附加荷载,采用满铺水平复合土工织物按 1m 厚度等间距分层加固,已知填土重度 18kN/m³,侧压力系数 $K_a=0.6$,不考虑土工布自重,地下水位在填土以下,综合强度折减系数为 3.0,则按《土工合成材料应用技术规范》(GB/T 50290—2014)选用的土工织物极限抗拉强度及铺设合理组合方式最接近下列(   )。

(A)上面 2m 单层 80kN/m,下面 3m 双层 80kN/m
(B)上面 3m 单层 100kN/m,下面 2m 双层 100kN/m
(C)上面 2m 单层 120kN/m,下面 3m 双层 120kN/m
(D)上面 3m 单层 120kN/m,下面 2m 双层 120kN/m

第五讲 散体材料桩复合地基

1.(02D11)一小型工程采用振冲置换法碎石桩处理,碎石桩桩径为 0.6m,等边三角形布桩,桩距 1.5m,现场无荷载试验资料,但测得桩间土承载力特征值为 120kPa,根据《建筑地基处理技术规范》(JGJ 79—2012),求得复合地基承载力特征值最接近于( )。
 (A)145kPa　　　　(B)155kPa　　　　(C)165kPa　　　　(D)175kPa

2.(02D12)某场地,荷载试验得到的天然地基承载力为 120kPa。设计要求经碎石桩法处理后的复合地基承载力标准值需提高到 160kPa。拟采用的碎石桩桩径为 0.9m,正方形布置,桩中心距为 1.5m。此时碎石桩桩体单桩荷载试验承载力标准值至少达到( )才能满足要求。
 (A)220kPa　　　　(B)243kPa　　　　(C)262kPa　　　　(D)280kPa

3.(02D13)某松散砂土地基,处理前现场测得砂土孔隙比为 0.81,土工试验测得砂土的最大、最小孔隙比分别为 0.90 和 0.60,现拟采用砂石桩法,要求挤密后砂土地基达到的相对密度为 0.80。若砂石桩的桩径为 0.70m,等边三角形布置。砂石桩的桩距采用( )为宜。
 (A)2.0m　　　　(B)2.3m　　　　(C)2.5m　　　　(D)2.6m

4.(02D16)某场地湿陷性黄土厚度 6～6.5m、平均干密度 $\rho_d=1.28$ t/m³。设计要求消除黄土湿陷性,地基经处理后,桩间土最大干密度 1.6t/m³。现决定采用挤密灰土桩处理地基。灰土桩桩径为 0.4m,等边三角形布桩。依据《建筑地基处理技术规范》(JGJ 79—2012)的要求,该场地灰土桩的桩距至少要达到( )时才能满足设计要求。
 (注:桩间土平均挤密系数取 0.93。)
 (A)0.9m　　　　(B)1.0m　　　　(C)1.1m　　　　(D)1.2m

5.(02D19)振冲碎石桩桩径为 0.8m,等边三角形布桩,桩距 2.0m,现场荷载试验结果复合地基承载力标准值为 200kPa,桩间土承载力标准值为 150kPa,则根据承载力计算公式可算得桩土应力比最接近于( )。
 (A)2.8　　　　(B)3.0　　　　(C)3.3　　　　(D)3.5

6.(03D15)某自重湿陷性黄土场地一座 7 层民用建筑,外墙基础底面边缘所围面积尺寸为宽 15m、长 45m。拟采用正三角形布置灰土挤密桩整片处理消除地基土层湿陷性,处理土层厚度 4m,桩孔直径 0.4m。已知桩间土的最大干密度 1.75t/m³,地基处理前土的平均干密度为 1.35t/m³。要求桩间土经成孔挤密后的平均挤密系数达到 0.90,在拟处理地基面积范围内所需要的桩孔总数最接近( )。
 (A)670　　　　(B)780　　　　(C)930　　　　(D)1075

7.(04C21)某天然地基 $f_{sk}=100$kPa,采用振冲挤密碎石桩复合地基,桩长 $l=10$m,桩径 $d=1.2$m,按正方形布桩,桩间距 $s=1.8$m,单桩承载力特征值 $f_{pk}=450$kPa,桩设置后,桩间土承载力提高 20%,复合地基承载力特征值为( )。
 (A)248kPa　　　　(B)235kPa　　　　(C)222kPa　　　　(D)209kPa

8.(04D21)某炼油厂建筑场地,地基土为山前洪坡积砂土,地基土天然承载力特征值为 100kPa,设计要求地基承载力特征值为 180kPa,采用振冲碎石桩处理,桩径为 0.9m,按正三角形布桩,桩土应力比为 3.5,则桩间距宜为( )。
 (A)1.2m　　　　(B)1.5m　　　　(C)1.8m　　　　(D)2.1m

9.(04D22)某场地分布有 4.0m 厚的淤泥质土层,其下为粉质黏土,采用石灰桩法进行地基处理,处理 4m 厚的淤泥质土层后形成复合地基,淤泥质土层天然地基载力特征值 f_{sk}=80kPa,石灰桩桩体承载力特征值 f_{pk}=350kPa,石灰桩成孔直径 d=0.35m,按正三角形布桩,桩距 s=1.0m,桩面积按 1.2 倍成孔直径计算,处理后桩间土承载力可提高 1.2 倍,则复合地基承载力特征值最接近( )。

(A)117kPa (B)127kPa (C)137kPa (D)147kPa

10.(05C15)某工程地基土为淤泥质粉质黏土,天然地基承载力特征值 f_{ak}=75kPa,用振冲桩处理后形成复合地基,按等边三角形布桩,碎石桩桩径 d=0.8m,桩距 s=1.5m,天然地基承载力特征值与桩体承载力特征值之比为 1:4,则振冲碎石桩复合地基承载力特征值最接近( )。

(A)125kPa (B)129kPa (C)133kPa (D)137kPa

11.(05C16)拟对某湿陷性黄土地基采用灰土挤密桩加固,采用等边三角形布桩,桩距 1.0m,桩长 6.0m,加固前地基土平均干密度 ρ_d=1.32 t/m³,平均含水率 $\overline{w}$=9.0%,为达到较好的挤密效果,让地基土接近最优含水率,拟在三角形形心处挖孔预渗水增湿,场地地基土最优含水率 w_{op}=15.6%,渗水损耗系数 k 可取 1.1,每个浸水孔需加水量最接近( )。

(A)0.25m³ (B)0.5m³ (C)0.75m³ (D)1.0m³

12.(05C18)某建筑场地为松砂,天然地基承载力特征值为 100kPa,孔隙比为 0.78,要求采用振冲法处理后孔隙比为 0.68,初步设计考虑采用桩径为 0.5m,桩体承载力特征值为 500kPa 的砂石桩处理,按正方形布桩,不考虑振动下沉密实作用,据此估计初步设计的桩距和此方案处理后的复合地基承载力特征值最接近( )。

(A)1.6m、140kPa (B)1.9m、140kPa
(C)1.9m、120kPa (D)2.2m、110kPa

13.(06C16)某松散砂土地基 e_0=0.85,e_{max}=0.90,e_{min}=0.55,采用挤密砂桩加固,砂桩采用正三角形布置,间距 s=1.6m,孔径 d=0.6m,桩孔内填料就地取材,填料相对密实度和挤密后场地砂土的相对密实度相同,不考虑振动下沉密实和填料充盈系数,则每根桩孔内需填入( )松散砂。

(A)0.28m³ (B)0.32m³ (C)0.36m³ (D)0.4m³

14.(06D16)某工程要求地基加固后承载力特征值达到 155kPa,初步设计采用振冲碎石桩复合地基加固,桩径取 d=0.6m,桩长取 l=10m,正方形布桩,桩中心距为 1.5m,经试验得桩体承载力特征值 f_{pk}=450kPa,复合地基承载力特征值为 140kPa,未达到设计要求,在桩径、桩长和布桩形式不变的情况下,桩中心距最大为( )时才能达到设计要求。

(A)s=1.30m (B)s=1.35m (C)s=1.40m (D)s=1.45m

15.(07D14)某砂土地基,土体天然孔隙比 e_0=0.902,最大孔隙比 e_{max}=0.978,最小孔隙比 e_{min}=0.978,该地基拟采用挤密碎石桩加固,按等边三角形布桩,挤密后要求砂土相对密实度 D_{rl}=0.886,为满足比要求,碎石桩距离应接近( )。

(注:修正系数 ξ 取 1.0,碎石桩直径取 0.40m。)

(A)1.2m (B)1.4m (C)1.6m (D)1.8m

16.(09C15)某重要工程采用灰土挤密桩复合地基,桩径 400mm,等边三角形布桩,桩心距 1.0m,桩间土在地基处理前的平均干密度为 1.38t/m³,据《建筑地基处理技术规范》(JGJ 79—2012),在正常施工条件下,挤密深度内,桩间土的平均干密度预计可达到( )。

(A)1.48t/m³ (B)1.54t/m³ (C)1.61t/m³ (D)1.68t/m³

17.(09D14)某松散砂土地基,拟采用直径 400mm 的振冲桩进行加固,如果取处理后桩

间土承载力特征值 $f_{ak}=90$ kPa，桩土应力比取 3.0，采用等边三角形布桩，要使加固后的地基承载力特征值达到 120kPa，据《建筑地基处理技术规范》(JGJ 79—2012)，振冲砂石桩的间距应选用(　　)。

(A)0.85m　　(B)0.93m　　(C)1.00m　　(D)1.10m

18.(09D17)采用砂石桩法处理松散的细砂，已知处理前细砂的孔隙比 $e_0=0.95$，砂石桩桩径 500mm，如果要求砂石桩挤密后 e_1 达到 0.6，按《建筑地基处理技术规范》(JGJ 79—2012)计算，考虑振动下沉密实作用修正系数 $\xi=1.1$，采用等边三角形布桩，砂石桩桩距采用(　　)。

(A)1.0m　　(B)1.2m　　(C)1.4m　　(D)1.6m

19.(10C16)对于某新近堆积的自重湿陷性黄土地基，拟采用灰土挤密桩对柱下独立基础的地基进行加固，已知基础为 1.0m×1.0m 的方形，该层黄土平均含水率为 10%，最优含水率为 18%，平均干密度为 1.50t/m³。根据《建筑地基处理技术规范》(JGJ 79—2012)，为达到最好加固效果，拟对该基础 5.0m 深度范围内的黄土进行增湿，最少加水量应取(　　)。

(A)0.65t　　(B)2.6t　　(C)3.8t　　(D)5.8t

20.(10D14)某松散砂土地基，砂土初始孔隙比 $e_0=0.850$，最大孔隙比 $e_{max}=0.900$，最小孔隙比 $e_{min}=0.550$；采用不填料振冲振密处理，处理深度 8.00m，振密处理后地面平均下沉 0.80m，此时处理范围内砂土的相对密实度 D_r 最接近(　　)。

(A)0.76　　(B)0.72　　(C)0.66　　(D)0.62

21.(10D15)某黄土场地，地面以下 8m 为自重湿陷性黄土，其下为非湿陷性黄土层。建筑物采用筏板基础，底面积为 18m×45m，基础埋深 3.00m，采用灰土挤密桩法消除自重湿陷性黄土层的湿陷性，灰土桩直径 400mm，桩间距 1.00m，等边三角形布置。根据《建筑地基处理技术规范》(JGJ 79—2012)规定，处理该场地的灰土桩数量(根)不应少于(　　)。

(A)936　　(B)1245　　(C)1328　　(D)1592

22.(11C17)砂土地基，天然孔隙比 $e_0=0.892$，最大孔隙比 $e_{max}=0.988$，最小孔隙比 $e_{min}=0.742$。该地基拟采用挤密碎石桩加固，按等边三角形布桩，碎石桩直径为 0.50m，挤密后要求砂土相对密实度 $D_{r1}=0.886$，则满足要求的碎石桩桩距(修正系数 ξ 取 1.0)最接近(　　)。

(A)1.4m　　(B)1.6m　　(C)1.8m　　(D)2.0m

23.(12D13)某建筑松散砂土地基，处理前现场测得砂土孔隙比 $e=0.78$，砂土最大、最小孔隙比分别为 0.91 和 0.58，采用砂石桩法处理地基，要求挤密后砂土地基相对密实度达到 0.85，若桩径 0.8m，等边三角形布置，砂石桩的间距为(　　)。
(注：取修正系数 $\xi=1.2$。)

(A)2.90m　　(B)3.14m　　(C)3.62m　　(D)4.15m

24.(12D14)拟对非自重湿陷性黄土地基采用灰土挤密桩加固处理，处理面积为 22m×36m，采用正三角形满堂布桩，桩距 1.0m，桩长 6.0m，加固前地基土平均干密度 $\rho_d=1.4$t/m³，平均含水率 $w=10\%$，最优含水率 $w_{op}=16.5\%$，为了优化地基土挤密效果，成孔前拟在三角形布桩形心处挖孔预渗水增湿，损耗系数为 $k=1.1$，则完成该场地增湿施工，需加水量接近(　　)。

(A)289t　　(B)318t　　(C)410t　　(D)476t

25.(12D15)某场地用振冲法复合地基加固，填料为砂土，桩径 0.8m，正方形布桩，桩距 2.0m，现场平板荷载实验测定复合地基承载力特征值为 200kPa，桩间土承载力特征值为 150kPa。估算的桩土应力比为(　　)。

(A)2.67　　(B)3.08　　(C)3.30　　(D)3.67

26.（13C14）拟对某淤泥质软土地基采用石灰桩法进行加固（如下图所示），石灰桩直径为350mm，间距为900mm，正三角形布置，桩长为7.0m，淤泥质土的压缩模量为2.0MPa，根据《建筑地基处理技术规范》（JGJ 79—2002），加固后复合土层的压缩模量值最接近（　　）。

（注：系数 α 取 1.2，桩土应力比 n 取 3.0。）

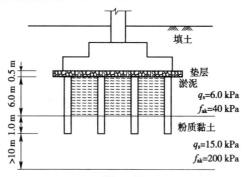

题 26 图

(A) 2.5MPa　　(B) 3.0MPa　　(C) 3.5MPa　　(D) 4.0MPa

27.（13D15）某场地湿陷性黄土厚度为10～13m，平均干重度为1.24g/cm³，设计拟采用灰土挤密桩法进行处理，要求处理后桩间土最大干密度达到1.60g/cm³，挤密桩正三角形布置，桩长为13m，预钻孔直径为300mm，挤密填料孔直径为600mm。满足设计要求的灰土桩的最大间距应取（　　）。

（注：桩土间平均挤密系数取 0.93。）

(A) 1.2m　　(B) 1.3m　　(C) 1.4m　　(D) 1.5m

28.（14C15）某场地湿陷性黄土厚度6m，天然含水率15%，天然重度为14.5kN/m³。设计拟采用灰土挤密桩法进行处理，要求处理后桩间土平均干密度达到1.5g/cm³。挤密桩等三角形布置，桩孔直径400mm。满足设计要求的灰土桩的最大间距应取（　　）。

（注：忽略处理后地面标高的变化，桩间土平均挤密系数不小于 0.93。）

(A) 0.70m　　(B) 0.80m　　(C) 0.95m　　(D) 1.20m

29.（14C16）某松散粉细砂场地，地基处理前承载力特征值100kPa，现采用砂石桩满堂处理，桩径为400mm，桩位如下图所示（尺寸单位为 mm）。处理后桩间土的承载力提高了20%，桩土应力比为3，按照《建筑地基处理技术规范》（JGJ 79—2012）估算的该砂石桩复合地基的承载力特征值最接近（　　）。

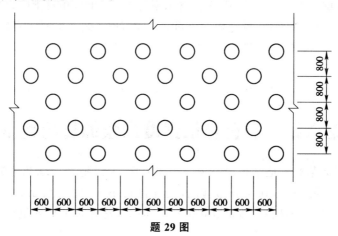

题 29 图

(A)135kPa (B)150kPa (C)170kPa (D)185kPa

30.(16C14)某场地为细砂层,孔隙比为0.9,地基处理采用沉管砂石桩,桩径0.5m,桩位如图(尺寸单位为mm)。假设处理后地基土的密度均匀,场地标高不变,则处理后细砂的孔隙比最接近( )。

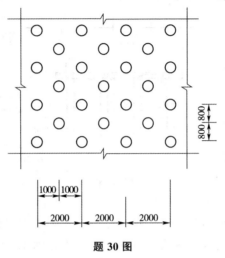

题30图

(A)0.667 (B)0.673 (C)0.710 (D)0.714

31.(16C16)某湿陷性黄土场地,天然状态下,地基土的含水率15%,重度15.4kN/m³。地基处理采用灰土挤密桩法,桩径400mm,桩距1.0m,正方形布置。忽略挤密处理后地面标高的变化,则处理后桩间土的平均干密度最接近( )。

(注:重力加速度 g 取 $10m/s^2$。)

(A)1.50g/cm³ (B)1.53g/cm³ (C)1.56g/cm³ (D)1.58g/cm³

32.(17C16)某工程要求地基处理后的承载力特征值达到200kPa,初步设计采用振冲碎石桩复合地基,桩径取0.8m,桩长10m,正三角形布桩,桩间距1.8m,经现场试验测得单桩承载力特征值为200kN,复合地基承载力特征值为170kPa,未能达到设计要求。若其他条件不变,只通过调整桩间距使复合地基承载力满足设计要求,合适的桩间距最接近下列( )。

(A)1.0m (B)1.2m (C)1.4m (D)1.6m

33.(17D15)某砂土场地,试验得到砂土的最大、最小孔隙比分别为0.92、0.60。地基处理前,砂土的天然重度为15.8kN/m³,天然含水率为12%,土粒相对密度为2.68。该场地经振冲挤密法(不加填料)处理后,场地地面下沉量为0.7m。振冲挤密法有效加固深度6.0m(从处理前地面算起),求挤密处理后砂土的相对密实度最接近( )。

(注:忽略侧向变形。)

(A)0.76 (B)0.72 (C)0.66 (D)0.62

第六讲　具有黏结强度增强体复合地基

1.(02D17)沿海某软土地基拟建一幢六层住宅楼,天然地基土承载力标准值为70kPa,采用搅拌桩处理地基。根据地层分布情况,设计桩长10m,桩径0.5m,正方形布桩,桩距1.1m。依据《建筑地基处理技术规范》(JGJ 79—2012),这种布桩形式复合地基承载力标准值最接近于( )。

(注:桩周土的平均摩擦力 $q_s=15\text{kPa}$,桩端天然地基土承载力标准值 $q_p=60\text{kPa}$,桩端端阻发挥系数 α_p 取 0.5,桩间土承载力发挥系数 β 取 0.85,单桩承载力发挥系数取 1.0,水泥搅拌桩试块的无侧限抗压强度平均值取 1.92MPa,强度折减系数 η 取 0.25。)

(A)105kPa　　　(B)128kPa　　　(C)146kPa　　　(D)150kPa

2.(02D18)设计要求基底下复合地基承载力标准值达到 250kPa,先拟采用桩径为 0.5m 的旋喷桩,桩身试块的无侧限抗压强度为 8.8MPa,强度折减系数取 0.25。已知桩间土地基承载力标准值为 120kPa,承载力发挥系数 0.25。若采用等边三角形布桩,根据《建筑地基处理技术规范》(JGJ 79—2012),单桩承载力发挥系数为 1.0,可算得旋喷桩的桩距最接近于( )。

(A)1.0m　　　(B)1.2m　　　(C)1.3m　　　(D)1.8m

3.(03C16)某厂房地基为软土地基,承载力特征值为 90kPa。设计要求复合地基承载力特征值达 140kPa。拟采用水泥粉煤灰碎石桩法处理地基,桩径设定为 0.36m,单桩承载力特征值按 340kN 计,单桩承载力发挥系数为 1.0,桩端阻力发挥系数假定为 1.0,基础下正方形布桩,根据《建筑地基处理技术规范》(JGJ 79—2012)有关规定进行设计,桩间土承载力发挥系数取 0.80,桩距应设计为( )。

(A)1.15m　　　(B)1.55m　　　(C)1.85m　　　(D)2.25m

4.(03C17)某建筑场地为第四系新近沉积土层,拟采用水泥粉煤灰碎石桩(CFG 桩)处理,桩径为 0.36m,桩端进入粉土层 0.5m,桩长 8.25m。根据下表所示场地地质资料,按《建筑地基处理技术规范》(JGJ 79—2012)有关规定,估算单桩承载力特征值应最接近( )。

题 4 表

地　层	桩端土的端阻力特征值 q_p/kPa	桩周土的侧阻力特征值 q_p/kPa	厚度/m
①新近沉积粉土		26.0	4.50
②新沉积粉质黏土		18.0	0.95
③新沉积粉土		28.0	1.20
④新沉积粉质黏土		32.0	1.10
⑤粉土	1300	38.0	5.00

(A)320kN　　　(B)340kN　　　(C)360kN　　　(D)380kN

5.(03C18)有一厚度较大的软弱黏性土地基,承载力特征值为 100kPa,采用水泥搅拌桩对该地基进行处理,桩径设计为 0.5m。若水泥搅拌桩竖向承载力特征值为 250kN,处理后复合地基承载力特征值 210kPa,根据《建筑地基处理技术规范》(JGJ 79—2012)有关公式计算,若桩间土发挥系数取 0.75,面积置换率应该最接近( )。

(A)0.11　　　(B)0.13　　　(C)0.15　　　(D)0.20

6.(04C18)某软土地基天然地基承载力 $f_{sk}=80\text{kPa}$,采用水泥土深层搅拌法加固,桩径 $d=0.5\text{m}$,桩长 $l=15\text{m}$,搅拌桩单柱单柱承载力特征值 $R_a=160\text{kPa}$,桩间土承载力发挥系数 $\beta=0.75$,单桩承载力发挥系数为 1.0,要求复合地基承载力达到 180kPa,则置换率应为( )。

(A)0.14　　　(B)0.16　　　(C)0.18　　　(D)0.20

7.(04C19)某工程场地为软土地基,采用 CFG 桩复合地基处理,桩径 $d=0.5\text{m}$,按正三角形布桩,桩距 $s=1.1\text{m}$,桩长 $l=15\text{m}$,要求复合地基承载力特征值 $f_{spk}=180\text{kPa}$,单桩承载力特征值 R_a 及加固土试块立方体抗压强度平均值 f_{cu} 应为( )。

(注:取置换率 $m=0.2$,桩间土承载力特征值 $f_{sk}=80\text{kPa}$,发挥系数 $\beta=0.4$,单桩承载力发挥系数为 1.0。)

(A)$R_a=151$kPa,$f_{cu}=3087$kPa　　　　(B)$R_a=155$kPa,$f_{cu}=3087$kPa
(C)$R_a=159$kPa,$f_{cu}=3087$kPa　　　　(D)$R_a=163$kPa,$f_{cu}=3087$kPa

8.(04C20)天然地基各土层厚度及参数见下表。采用深层搅拌桩复合地基加固,单桩承载力发挥系数取 1.0,桩径 $d=0.6$m,桩长 $l=15$m,水泥土试块立方体抗压强度平均 $f_{cu}=2640$kPa,桩身强度折减系数 $\eta=0.25$,桩端阻力发挥系数为 0.5,搅拌桩单桩承载力可取(　　)。

题 8 表

土层序号	厚　度	侧阻力特征值/kPa	端阻力特征值/kPa
1	3	7	120
2	6	6	100
3	18	8	150

(A)219kN　　　　(B)203kN　　　　(C)187kN　　　　(D)180kN

9.(04D23)一座 5 万 m³ 的储油罐建于滨海的海陆交互相软土地基上,天然地基承载力特征值 $f_{sk}=75$kPa,拟采用水泥搅拌桩法进行地基处理,水泥搅拌桩置换率 $m=0.3$,搅拌桩桩径 $d=0.6$m,与搅拌桩桩身水泥土配比相同的室内加固土试块抗压强度平均值 $f_{cu}=4548$kPa,桩身强度折减系数 $\eta=0.25$,桩间土承载力发挥系数 $\beta=0.75$,单桩承载力发挥系数为 1.0,如由桩身材料计算的单桩承载力等于由桩周土及桩端土抗力提供的单桩承载力,则复合地基承载力特征值接近(　　)。

(A)340kPa　　　　(B)360kPa　　　　(C)380kPa　　　　(D)400kPa

10.(05D18)某水泥搅拌桩复合地基桩长 12m,面积置换率 $m=0.21$,复合土层顶面的附加压力 $p_z=114$kPa,底面附加力 $p_{z1}=40$kPa,桩间土的压缩模量 $E_s=2.25$MPa,搅拌桩的压缩模量 $E_p=168$MPa,桩端下土层压缩量为 12.2cm,试按《建筑地基处理技术规范》(JGJ 79—2002)计算,该复合地基总沉降量最接近(　　)。

(A)13.5cm　　　　(B)14.5cm　　　　(C)15.5cm　　　　(D)16.5cm

11.(06C18)采用水泥土搅拌桩加固地基,桩径取 $d=0.5$m,等边三角形布置,复合地基置换率 $m=0.18$m,单桩承载力发挥系数取 1.0,桩间土承载力特征值 $f_{sk}=70$kPa,桩间土承载力发挥系数 $\beta=0.50$,现要求复合地基承载力特征值达到 160kPa,水泥土坑压强度平均值 f_{cu}(90d 龄期的折减系数 $\eta=0.25$)达到(　　)时才能满足要求。

(A)2.03MPa　　　　(B)2.23MPa　　　　(C)2.91MPa　　　　(D)3.24MPa

12.(07C14)某场地地基土层构成为:第一层为黏土,厚度为 5.0m,$f_{ak}=100$kPa,$q_s=20$kPa,$q_p=150$kPa,第二层粉质黏土,厚度为 12.0m,$f_{ak}=120$kPa,$q_s=25$kPa,$q_p=250$kPa;无软弱下卧层。采用低强度混凝土桩复合地基进行加固,取单桩承载力发挥系数为 1.0,桩径为 0.5m,桩长 15m,要求复合地基承载力特征值 $f_{spk}=320$kPa,若采用正三角形布置,则采用(　　)间距最为合适。

(注:桩间土承载力发挥系数 $\beta=0.8$。)

(A)1.50m　　　　(B)1.70m　　　　(C)1.90m　　　　(D)2.10m

13.(07C16)某小区地基采用深层搅拌桩复合地基进行加固,已知桩截面积 $A_p=0.385$,单桩承载力特征值 $R_a=200$kPa,单桩承载力发挥系数为 1.0,桩间土承载力特征值 $f_{sk}=60$kPa,桩间土承载力折减系数 $\beta=0.6$,要求复合地基承载力值 $f_{spk}=150$kPa,则水泥土搅拌桩置换率 m 的值最接近(　　)。

(A)15%　　　　(B)20%　　　　(C)24%　　　　(D)30%

14. (07D16)某厂房地基为淤泥土,采用搅拌桩复合地基加固,桩长 15.0m,穿越该淤泥土,搅拌桩复合土层顶面和底面附加压力分别为 80kPa 和 15kPa,桩间土压缩模量为 2.5MPa,搅拌桩桩体压缩模量为 90MPa,搅拌桩直径为 500mm,桩间距为 1.2m,等边三角形布置,按《建筑地基处理技术规范》(JGJ 79—2002)计算,该搅拌桩复合土层的压缩变形 s_1 最接近( )。

  (A)25mm   (B)45mm   (C)65mm   (D)85mm

15. (08C16)某工业厂房场地浅表为耕植土,厚 0.50m;其下为淤泥质粉质黏土,厚约 18.0m,承载力特征值 $f_{ak}=70$kPa,水泥搅拌桩侧阻力特征值为 9kPa,单桩承载力发挥系数取 1.0。下伏厚层密实粉细砂层。采用水泥搅拌桩加固。要求复合地基承载力特征值达 150kPa。假设有效桩长 12.00m,桩径 500mm,桩身强度折减系数 η 取 0.25,桩端天然地基土承载力折减系数 α 取 0.50,水泥加固土试块 90d 龄期立方体抗压强度平均值为 2.4MPa,桩间土承载力发挥系数 β 取 0.75。初步设计复合地基面积置换率将最接近( )。

  (A)13%   (B)18%   (C)21%   (D)25%

16. (08D16)某软土地基土层分布和各土层参数如下图所示。已知基础埋深为 2.0m,采用搅拌桩复合地基,搅拌量长 14.0m,桩径 600mm,桩身强度平均值 $f_{cu}=1.98$MPa,强度折减系数 $\eta=0.25$,桩端阻力发挥系数为 0.4,单桩承载力发挥系数为 1.0,按《建筑地基处理技术规范》(JGJ 79—2012)计算,该搅拌桩单桩承载力特征值取( )较合适。

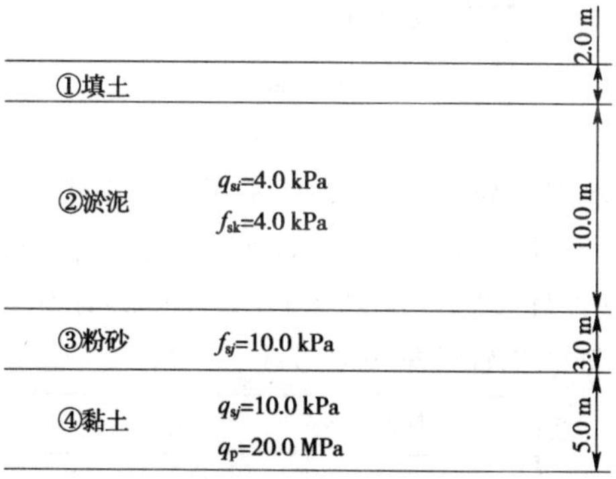

题 16 图

  (A)120kN   (B)140kN   (C)160kN   (D)180kN

17. (08D17)某软土地基土层分布和各土层参数如下图所示,已知基础埋深为 2.0m,采用搅拌桩复合地基,搅拌桩桩长 10.0m,桩直径 500mm,单桩承载力为 120kN,要使复合地基承载力达到 180kPa,单桩承载力发挥系数取 1.0,按正方形布桩,桩间距取( )较为合适。

(注:假设桩间土地基承载力修正系数 $\beta=0.5$。)

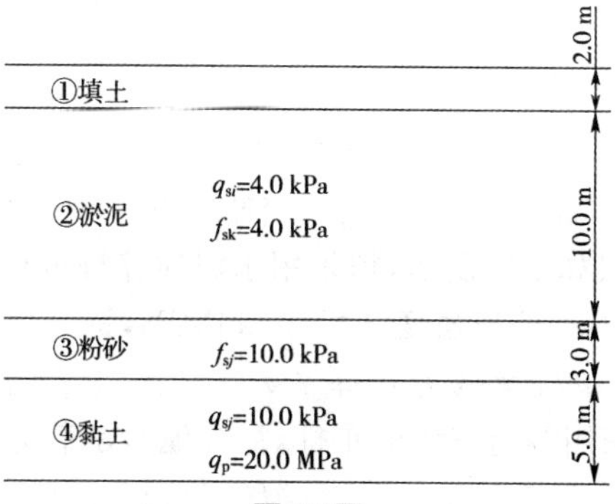

题 17 图

(A)0.85m　　　　(B)0.95m　　　　(C)1.05m　　　　(D)1.1m

18.(08D18)土坝因坝基渗漏严重,拟在坝顶采用旋喷桩技术做一道沿坝轴方向的垂直防渗心墙,墙身伸到坝基下伏的不透水层中。已知坝基基底为砂土层,厚度10m,沿坝轴长度为100m,旋喷桩墙体的渗透系数为1×10^{-7}cm/s,墙宽2m,当上游水位高度40m,下游水位高度10m时,加固后该土石坝坝基的渗漏量最接近(　　)。

(注:不考虑土坝坝身的渗漏量。)

(A)0.9m³/d　　　(B)1.1m³/d　　　(C)1.3m³/d　　　(D)1.5m³/d

19.(09C16)工程采用旋喷桩复合地基,桩长10m,桩径600mm,桩身28d强度为3.96MPa,桩身强度折减系数为0.25,单桩承载力发挥系数假定为1.0,端阻力发挥系数取1.0,基底以下相关地层埋深及桩侧阻力特征值、桩端阻力特征值如下图所示,单桩竖向承载力特征值与(　　)接近。

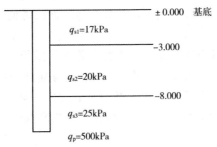

题 19 图

(A)210kN　　　(B)280kN　　　(C)378kN　　　(D)520kN

20.(09D15)某建筑场地剖面如下图所示,拟采用水泥粉煤灰碎石桩(CFG)进行加固,已知基础埋深2.0m,CFG桩长14m,桩径500mm,桩身强度$f_{cu}=26.67$MPa,桩间土承载力发挥系数为0.8,按《建筑地基处理技术规范》(JGJ 79—2012)计算,如复合地基承载力特征值要求达到180kPa,则CFG桩面积置换率m应为(　　)。

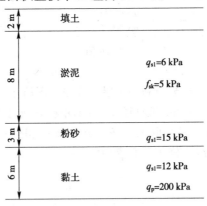

题 20 图

(A)10%　　　　(B)12%　　　　(C)15%　　　　(D)18%

21.(09D16)某场地地层如下图所示,拟采用水泥搅拌桩进行加固,已知基础埋深2.0m,搅拌桩桩径600mm,桩长14m,桩身强度$f_{cu}=0.96$MPa,桩身强度折减系数$\eta=0.25$,桩间土承载力发挥系数$\beta=0.6$,单桩承载力发挥系数为1.0,桩端土地基承载力发挥系数$\alpha=0.4$,搅拌桩中心距1.0m,采用等边三角形布桩,复合地基承载力特征值取(　　)。

(A)80kPa　　　　(B)90kPa　　　　(C)100kPa　　　　(D)110kPa

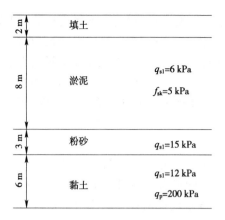

题 21 图

22.（11C14）某建筑场地地层分布及参数（均为特征值）如下图所示,拟采用水泥土搅拌桩复合地基。已知基础埋深 2.0m,搅拌桩长 8.0m,桩径 600mm,按等边三角形布置。经室内配比试验,水泥加固土试块强度为 1.0MPa,桩身强度折减系数 $\eta=0.3$,桩间土承载力发挥系数 $\beta=0.6$,单桩承载力发挥系数为 1.0,按《建筑地基处理技术规范》(JGJ 79—2012)计算,要求复合地基承载力特征值达到 100kPa,则搅拌桩间距宜取（　　）。

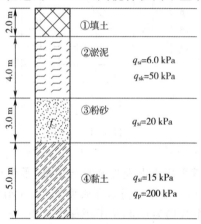

题 22 图

(A)0.9m　　　　(B)1.1m　　　　(C)1.3m　　　　(D)1.5m

23.（11C16）某独立基础底面尺寸为 2.0m×4.0m,埋深 2.0m,相应荷载效应标准组合时,基础底面处平均压力 $p_k=150$kPa;软土地基承载力特征值 $f_{ak}=70$kPa,天然重度 $\gamma=18.0$kN/m³,地下水位埋深 1.0m;用水泥土搅拌桩处理,桩径 500mm,桩长 10.0m;桩间土承载力发挥系数 $\beta=0.5$;经试桩,单桩承载力特征值 $R_a=110$kN,如单桩承载力发挥系数取 1.0,则基础下布桩数量为（　　）根。

(A)6　　　　(B)8　　　　(C)10　　　　(D)12

24.（11D15）某软土场地,淤泥质土承载力特征值 $f_a=75$kPa;初步设计采用水泥土搅拌桩复合地基加固,等边三角形布桩,桩间距 1.20m,桩径 500mm,桩长 10.0m,桩间土承载力发挥系数 $\beta=0.75$,设计要求加固后复合地基承载力特征值达到 160kPa;经荷载试验,复合地基承载力特征值 $f_{spk}=145$kPa,单桩承载力发挥系数为 1.0。若其他设计条件不变,调整桩间距,下列（　　）是满足设计要求的最适宜桩距。

(A)0.90m　　　　(B)1.00m　　　　(C)1.10m　　　　(D)1.20m

25.(12C15)某场地地基为淤泥质粉质黏土,天然地基承载力特征值为60kPa,拟采用水泥土搅拌桩复合地基加固,桩长15.0m,桩径600mm,桩周侧阻力 $q_s=10$kPa,端阻力 $q_p=40$kPa,桩身强度折减系数 η 取0.25,桩端天然地基土的承载力发挥系数 α_p 取0.4,水泥加固土试块90d龄期立方体抗压强度平均值为 $f_{cu}=2.16$MPa,桩间土承载力发挥系数 β 取0.6,单桩承载力发挥系数 λ 取1.0,要使复合地基承载力特征值达到160kPa,用等边三角形布桩时,桩间距最接近( )。

(A)0.5m (B)0.8m (C)1.2m (D)1.6m

26.(13C15)某建筑场地浅层有6.0m厚淤泥,设计拟采用喷浆的水泥搅拌桩法进行加固,桩径取600mm,室内配比试验得出了不同水泥掺入量时水泥土90d龄期抗压强度值,详见下图,如果单桩承载力由桩身强度控制且要求达到80kN,桩身强度折减系数取0.25,则水泥掺入量至少应选择( )。

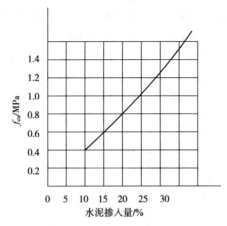

题 26 图

(A)15% (B)20% (C)25% (D)30%

27.(13C16)已知独立柱基采用水泥搅拌桩复合地基,承台尺寸为2.0m×4.0m,布置8根桩,桩直径600mm,桩长7.0m,如果桩身抗压强度取0.96MPa,桩身强度折减系数0.25,桩间土和桩端土承载力发挥系数均为0.4,不考虑深度修正,充分发挥复合地基承载力,单桩承载力发挥系数为1.0,则基础承台底最大荷载(荷载效应标准组合)最接近( )。

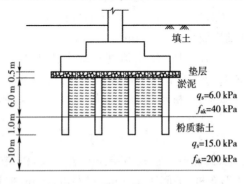

题 27 图

(A)475kN (B)630kN (C)710kN (D)950kN

28.(13D14)某建筑地基采用CFG桩进行地基处理,桩径400mm,正方形布置,桩距为1.5m。CFG桩施工完成后,进行了CFG桩单桩静载试验和桩间土静载试验,试验得到:

CFG桩单桩承载力特征值为600kN,桩间土承载力特征值为150kPa。该地区的工程经验为:单桩承载力的发挥系数取0.9,桩间土承载力的发挥系数取0.8。该复合地基的荷载等于地基承载力特征值时,桩土应力比最接近(　　)。

(A)28　　　(B)32　　　(C)36　　　(D)40

29.(13D16)某框架柱采用独立基础、素混凝土桩复合地基,基础尺寸、布桩如下图所示(尺寸单位为mm)。桩径为500mm,桩长为12m。现场静载试验得到单桩承载力特征值为500kN,浅层平板载荷试验得到桩间土承载力特征值为100kPa。充分发挥该复合地基的承载力时,依据《建筑地基处理技术规范》(JGJ 79—2012)、《建筑地基基础设计规范》(GB 50007—2011)计算,该柱的柱底轴力(荷载效应标准组合)最接近(　　)。

(注:根据地区经验桩间土承载力的发挥系数取0.8,单桩承载力发挥系数取1.0,地基土的重度取$18kN/m^3$,基础及其上土的平均重度取$20kN/m^3$。)

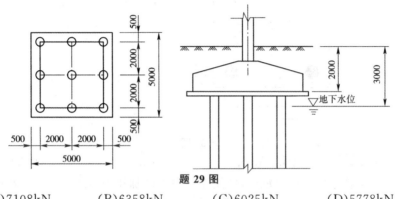

题29图

(A)7108kN　　(B)6358kN　　(C)6025kN　　(D)5778kN

30.(14C14)某承受轴心荷载的钢筋混凝土条形基础,采用素混凝土桩复合地基,基础宽度、布桩如下图所示(尺寸单位为mm),桩径为400mm,桩长15m。现场静载试验得出的单桩承载力特征值400kN,桩间土的承载力特征值150kPa。充分发挥该复合地基的承载力时,根据《建筑地基处理技术规范》(JGJ 79—2012)计算,该条基顶面的竖向荷载(荷载效应标准组合)最接近(　　)。

(注:土的重度取$18kN/m^3$,基础和上覆土平均重度取$20kN/m^3$,单桩承载力发挥系数取0.9,桩间土承载力发挥系数取1。)

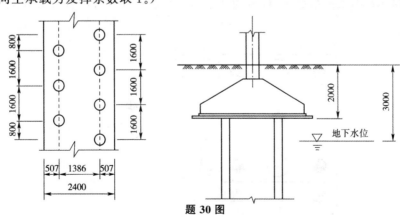

题30图

(A)700kN/m　　(B)755kN/m　　(C)790kN/m　　(D)850kN/m

31.(14C17)某住宅楼基底以下地层主要为:①中砂～砾砂,厚度为8.0m,承载力特征值为200kPa,桩侧阻力特征值为25kPa;②粉质黏土,厚度16.0m,承载力特征值为250kPa,桩侧阻力特征值为30kPa;其下卧为微风化大理岩。拟采用CFG桩+水泥土搅拌桩复合地基,承台尺寸3.0m×3.0m,CFG桩桩径450mm,桩长为20m,单桩抗压承载力特征值为850kN;水泥土搅拌桩直径为600mm,桩长为10m,桩身强度为2.0MPa,桩身强度折减系数为0.25,桩端阻力发挥系数为0.5。如下图所示(尺寸单位为m)。根据《建筑地基处理技术规范》(JGJ 79—2012),该承台可承受的最大上部荷载(标准组合)最接近(　　)。

(注:单桩承载力发挥系数 $\lambda_1=\lambda_2=1.0$,桩间土承载力发挥系数为0.9,复合地基承载力不考虑深度修正。)

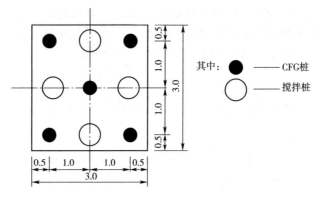

题 31 图

(A)4400kN　　　(B)5200kN　　　(C)6080kN　　　(D)7760kN

32.(14D16)某住宅楼一独立承台,作用于基底的附加压力 $p_0=600$kPa,基底以下地层主要为:①中砂~砾砂,厚度为8.0m,承载力特征值为200kPa,压缩模量为10MPa;②含砂粉质黏土,厚度16.0m,压缩模量为8MPa,下卧为微风化大理岩,拟采用CFG桩+水泥土搅拌桩复合地基,承台尺寸3.0m×3.0m,布桩如下图所示(尺寸单位为m),CFG桩桩径450mm,桩长20m,设计单桩竖向抗压承载力特征值为700kN;水泥土搅拌桩直径为600mm,桩长为10m,设计单桩竖向受压承载力特征值为300kN,假定复合地基的沉降计算经验系数为0.4,根据《建筑地基处理技术规范》(JGJ 79—2012),该独立承台复合地基在中砂~砂砾层中的沉降量最接近(　　)。

(注:单桩承载力发挥系数:CFG桩为0.8,水泥土搅拌桩为1.0,桩间土承载力发挥系数为1.0。)

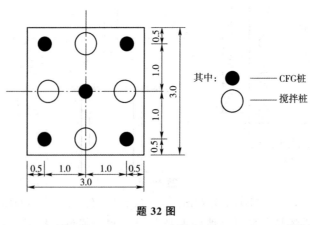

题 32 图

(A)68.0mm　　　(B)45.0mm　　　(C)34.0mm　　　(D)23.0mm

33.(16C15)某搅拌桩复合地基,搅拌桩桩长10m,桩径0.6m,桩距1.5m,正方形布置。搅拌桩湿法施工。从桩顶标高处向下的土层参数见下表。按照《建筑地基处理技术规范》(JGJ 79—2012)估算,复合地基承载力特征值最接近(　　)。

(注:桩间土承载力发挥系数取0.8,单桩承载力发挥系数取1.0。)

题33表

编号	厚度/m	地基承载力特征值 f_{ak}/kPa	侧阻力特征值/kPa	桩端阻力发挥系数	水泥土90d龄期立方体抗压强度 f_{cu}/MPa
①	3	100	15	0.4	1.5
②	15	150	30	0.6	2.0

(A)117kPa　　(B)126kPa　　(C)133kPa　　(D)150kPa

34.(16D14)某筏板基础采用双轴水泥土搅拌桩复合地基,已知上部结构荷载标准值 $F=140$kPa,基础埋深1.5m,地下水位在基底以下,原持力层承载力特征值 $f_{ak}=60$kPa,双轴搅拌桩面积 $A=0.71m^2$,桩间不搭接,湿法施工,根据地基土承载力计算单桩承载力(双轴)特征值 $R_a=240$kN,水泥土轴抗压强度平均值 $f_{cu}=1.0$MPa,则下列搅拌桩布置平面图中(尺寸单位为mm),为满足承载力要求,最经济合理的是(　　)。

(注:桩间土承载力发挥系数 $\beta=1.0$,单桩承载力发挥系数 $\lambda=1.0$,基础及以上土的平均重度 $\gamma=20$kN/m³,基底以上土体重度平均值 $\gamma_m=18$kN/m³。)

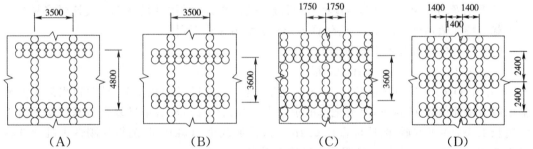

(A)　　　　(B)　　　　(C)　　　　(D)

35.(16D15)某松散砂土地基,拟采用碎石桩和CFG桩联合加固,已知柱下独立承台平面尺寸为2.0m×3.0m,共布设6根CFG桩和9根碎石桩(见下图,尺寸单位为mm)。其中CFG桩直径为400mm,单桩竖向承载力特征值 $R_a=600$kN;碎石桩直径为300mm,与砂土的桩土应力比2.0;砂土天然状态地基承载力特征值 $f_{ak}=100$kPa,加固后砂土地基承载力 $f_{sk}=120$kPa。如果CFG桩单桩承载力发挥系数 $\lambda_1=0.9$,桩间土承载力发挥系数 $\beta=1.0$,则该复合地基压缩模量提高系数最接近(　　)。

题35图

(A)5.0　　(B)5.6　　(C)6.0　　(D)6.6

36.(16D16)某直径600mm水泥土搅拌桩桩长12m,水泥掺量(重量比)为15%,水灰比(重量比)为0.55,假定土的重度 $\gamma=18 \text{ kN/m}^3$,水泥相对密度为3.0,完成一根桩施工需要配置水泥浆体积最接近(　　)。

(注:$g=10 \text{ m/s}^2$。)

(A)0.63m³　　(B)0.81m³　　(C)1.15m³　　(D)1.50m³

37.(17C15)某高层建筑采用CFG桩复合地基加固,桩长12m,复合地基承载力特征值$f_{\text{spk}}=500\text{kPa}$,已知基础尺寸为48m×12m,基底埋深$d=3\text{m}$,基底附加压力$p_0=450\text{kPa}$,地质条件如下表所示,请问按《建筑地基处理技术规范》(JGJ 79—2012)估算板底地基中心点最终沉降最接近(　　)。

(注:算至①层底。)

题37表

层序	土层名称	层底埋深/m	压缩模量 E_s/MPa	地基承载力特征值 f_{ak}/kPa
①	粉质黏土	27	12	200

(A)65mm　　(B)80mm　　(C)90mm　　(D)275mm

38.(17C17)有一个大型设备基础,基础尺寸为15m×12m,地基土为软塑状态的黏性土,承载力特征值为80kPa,拟采用水泥土搅拌桩复合地基,以桩身强度控制单桩承载力,单桩承载力发挥系数1.0,桩间土承载力发挥系数取0.5,按照配比试验结果,桩身材料立方体抗压强度平均值为2.0MPa,桩身强度折减系数取0.25,采用桩径0.5m,设计要求复合地基承载力特征值达到180kPa。请估算理论布桩数最接近下列(　　)。

(注:只考虑基础范围内布桩。)

(A)180根　　(B)280根　　(C)380根　　(D)480根

39.(17D14)在某建筑地基上,对天然地基、复合地基进行静载试验,试验得出的天然地基承载力特征值为150kPa,复合地基的承载力特征值为400kPa,单桩复合地基试验承压板为边长1.5m的正方形,刚性桩直径0.4m。试验加载至400kPa时测得的刚性桩桩顶处轴力为550kN。桩间土承载力发挥系数最接近下列(　　)。

(A)0.8　　(B)0.95　　(C)1.1　　(D)1.25

第七讲　注浆加固

1.(06C27)对某路基下岩溶层采用灌浆处理,其灌浆的扩散半径为$R=1.5\text{m}$,灌浆段厚度为$h=5.4\text{m}$,岩溶裂隙率$\mu=0.24$,有效充填系数$\beta=0.85$,超灌系数$\alpha=1.2$,岩溶裂隙充填率$\gamma=0.1$,则估算的单孔灌浆量为(　　)。

(A)9.3m³　　(B)8.4m³　　(C)7.8m³　　(D)5.4m³

2.(07C17)某湿陷性黄土地基采用碱液法加固,已知灌注孔长度10m,有效加固半径0.4m,黄土天然孔隙率为50%,固体烧碱中NaOH含量为85%,要求配置的碱液浓度为100g/L,设充填系数$\alpha=0.68$,工作条件系数β取1.1,则每孔应灌注固体烧碱量取(　　)最合适。

(A)150kg　　(B)230kg　　(C)350kg　　(D)400kg

3.(08D14)采用单液硅化法加固拟建设备基础的地基,设备基础的平面尺寸为3m×4m,需加固的自重湿陷性黄土层厚6m,土体初始孔隙比为1.0,假设硅酸钠溶液的相对密度为1.00,溶液的填充系数为0.70,所需硅酸钠溶液用量(m³)最接近(　　)。

(A)30　　(B)50　　(C)65　　(D)100

4.(11D13)某黄土地基采用碱液法处理,其土体天然孔隙比为1.1,灌注孔成孔深度4.8m,注液管底部距地表1.4m,若单孔碱液灌注量为960L时,按《建筑地基处理技术规范》(JGJ 79—2012)计算,其加固土层的厚度最接近于( )。

(A)4.8m　　　(B)3.8m　　　(C)3.4m　　　(D)2.9m

5.(17D16)碱液法加固地基,拟加固土层的天然孔隙比为0.82,灌注孔成孔深度6.0m,注液管底部在孔口以下4.0m,碱液充填系数取0.64,试验测得加固地基半径为0.5m,则按《建筑地基处理技术规范》(JGJ 79—2012)估算,单孔碱液灌注量最接近( )。

(A)0.32m^3　　(B)0.37m^3　　(C)0.62m^3　　(D)1.10m^3

第八讲　地基处理检验

1.(03C19)某粉土地基进行了振冲法地基处理施工图设计,采用振冲桩桩径1.2m,正三角形布置,桩中心距1.80m。经检测,处理后桩间土承载力特征值为100kPa,单桩载荷试验结果桩体承载力特征值为450kPa,现场进行了三次复合地基载荷试验(编号为Z1、Z2和Z3),承压板直径为1.89m,试验结果见下表。则振冲桩复合地基承载力取值最接近( )。

题1表

压力 p/kPa	沉降 s/mm		
	Z1	Z2	Z3
50	2.0	4.0	5.5
100	5.0	7.5	10.5
150	8.5	12.2	15.5
200	13.0	16.5	21.0
250	18.0	21.5	27.8
300	25.3	28.0	35.2
350	34.8	36.0	45.8
400	46.8	44.5	55.8
450	60.3	55.0	68.0
500	75.8	67.5	84.0

(A)204kPa　　(B)260kPa　　(C)290kPa　　(D)320kPa

2.(04C05)水泥土搅拌桩复合地基,桩径为500mm,矩形布桩,桩间距 $s_{ax} \times s_{ay}$ = 1200mm×1600mm,做单桩复合地基静载试验,承压板应选用( )。

(A)直径 d=1200mm

(B)1390mm×1390mm方形承压板

(C)1200mm×1200mm方形承压板

(D)直径为1390mm的圆形承压板

3.(10C14)为确定水泥土搅拌复合地基承载力,进行多桩复合地基静载试验,桩径500mm,正三角形布置,桩中心距1.20m,则进行三桩复合地基载荷试验的圆形承压板直径应取( )。

(A)2.00m　　(B)2.20m　　(C)2.40m　　(D)2.65m

答案解析

第二讲 换填垫层法

1. 答案（D）

解：据《建筑地基处理技术规范》(JGJ 79—2012)第 4.2.3 条计算。
$$b' \geq b + 2z\tan\theta$$
$$b' - b \geq 2z\tan\theta = 2 \times 2 \times \tan 28° = 2.127\text{m}$$

2. 答案（A）

解：据《建筑地基处理技术规范》(JGJ 79—2012)第 4.2.2 条计算。
$$p_{cz} = \sum \gamma_i h_i = 18 \times 1.5 + 8 \times 1.5 = 39\text{kPa}$$
$$p_k = \frac{F_k + G_k}{b} = \frac{180}{1.2} = 150\text{kPa}, \quad p_c = \sum \gamma_i h_i = 18 \times 1.5 = 27\text{kPa}$$
$z/b = 1.5/1.2 = 1.25 > 0.5$，取 $\theta = 30°$
$$p_z' = \frac{b(p_k - p_c)}{b + 2z\tan\theta} = \frac{1.2 \times (150 - 27)}{1.2 + 2 \times 1.5 \times \tan 30°} = 50.3\text{kPa}$$

由砂石垫层重度引起的附加应力：
$$p_z'' = (\gamma_i' - \gamma_i)h_i = [(19-10) - (18-10)] \times 1.5 = 1.5\text{kPa}$$
$$p_z = p_z' + p_z'' = 50.3 + 1.5 = 51.8\text{kPa}$$
$$f_{az} = f_{ak} + \eta_d \gamma_m (d - 0.5) = 80 + 1 \times \frac{18 \times 1.5 + 8 \times 1.5}{1.5 + 1.5} \times (3 - 0.5) = 112.5\text{kPa}$$
$$p_z + p_{cz} = 51.8 + 39 = 90.8\text{kPa} < f_{az} = 112.5\text{kPa}$$

3. 答案（D）

解：据《建筑地基处理技术规范》(JGJ 79—2012)第 4.2.2 条计算。
$$p_k = \frac{F_k + G_k}{A} = \frac{6000 + 1200}{6 \times 6} = 200\text{kPa}$$
$$p_c = \gamma d = 18 \times 1.5 = 27\text{kPa}$$
$$p_z = \frac{bl(p_k - p_c)}{(b + 2z\tan\theta)(l + 2z\tan\theta)} = \frac{6 \times 6 \times (200 - 27)}{6 + 2 \times 2 \times \tan 28°} = 94.3\text{kPa}$$

第三讲 预压地基法

1. 答案（A）

解：据《建筑地基处理技术规范》(JGJ 79—2012)第 5.2.12 条及土力学相关知识计算。

最终沉降量：$s_f = \xi \sum \frac{e_{0i} - e_{1i}}{1 + e_{0i}} h_i = \frac{e_0 - e_1}{1 + e_0} H = \frac{\Delta p}{E_s} H = \frac{0.8 \times 18 + 80}{1.5 \times 10^3} \times 600 = 37.8\text{cm}$

固结度达到 85% 时的残留沉降量：
$$s = (1 - U_t)s_f = (1 - 0.85) \times 37.8 = 5.67\text{cm}$$

2. 答案（B）

解：见解图，据土力学理论及《港口工程地基规范》(JTS 147-1—2010)第 8.3.8 条计算。

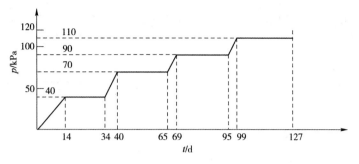

题 2 解图

$$U_{rzi} = 1 - (1 - U_{ri})(1 - U_{zi})$$
$$U_{rz1} = 1 - (1 - 0.17) \times (1 - 0.88) = 0.90$$
$$U_{rz2} = 1 - (1 - 0.15) \times (1 - 0.79) = 0.82$$
$$U_{rz3} = 1 - (1 - 0.11) \times (1 - 0.67) = 0.71$$
$$U_{rz4} = 1 - (1 - 0.07) \times (1 - 0.46) = 0.50$$

$\sum \Delta p_i = 40 + 30 + 20 + 20 + 10 = 120 \text{kPa}$，则有：

$$U_{rz} = \sum U_{rzi} \left(t - \frac{T_i^o + T_i^f}{2} \right) \frac{\Delta p_i}{\sum \Delta p_i}$$
$$= 0.90 \times \frac{40}{120} + 0.82 \times \frac{30}{120} + 0.71 \times \frac{20}{120} + 0.50 \times \frac{20}{120} = 0.706$$

3. **答案**(B)

解：据土力学理论计算。

$$C_v = \frac{K_v(1+e)}{a\gamma_w} = \frac{5.8 \times 10^{-7} \times (1+1.6)}{0.8 \times 10^{-3} \times 10 \times 10^{-2}} = 0.01885 \text{cm}^2/\text{s}$$

$$\alpha = \frac{8}{\pi^2} = 0.811$$

$$\beta = \frac{\pi^2 C_v}{4H^2} = \frac{3.14^2 \times 0.01885}{4 \times 500^2} = 1.8585 \times 10^{-7} \text{s}^{-1}$$

由 $U_t = 1 - \alpha e^{-\beta t}$，得 $t = \frac{1}{\beta} \ln \left(\frac{1 - U_t}{\alpha} \right) = \frac{1}{1.8585 \times 10^{-7}} \times \ln \left(\frac{1 - 0.8}{0.811} \right) = 7532691 \text{s}$

$t = 87.18 \text{d}$

4. **答案**(A)

解：据《工程地质手册》(第四版)第 368 页计算。

正常固结土，$p_c = p_0$

$$s_c = \sum \frac{\Delta h_i}{1 + e_i} C_{ci} \lg \left(\frac{p_{0i} + \Delta p_i}{p_{ci}} \right) = \frac{H}{1 + e_0} C_c \lg \left(\frac{p_0 + \Delta p}{p_0} \right)$$
$$= \frac{8}{1 + 1.6} \times 0.55 \times \lg \left(\frac{\frac{1}{2} \times 0.7 \times 8 + 19 \times 0.8 + 80}{\frac{1}{2} \times 7.0 \times 8} \right) = 1.089 \text{m}$$

5. **答案**(B)

解：据《港口工程地基规范》(JTS 147-1—2010)第 7.1.7 条计算。

$d_e = 1.05 s = 1.05 \times 2.5 = 2.625$
$n = d_e / d_w = 2.625 / 0.4 = 6.5625$

$$F_{(n)} = \frac{n^2}{n^2-1}\ln n - \frac{3n^2-1}{4n^2} = \frac{6.5625^2}{6.5625^2-1} \times \ln 6.5625 - \frac{3 \times 6.5625^2 - 1}{4 \times 6.5625^2} = 1.182$$

$$U_r = 1 - e^{-\frac{8C_h}{F_{(n)}d_e^2}t}$$

$$t = \frac{-F_{(n)}d_e^2}{8C_h}\ln(1-U_r) = \frac{-1.182 \times 262.5^2}{8 \times 1.5 \times 10^{-3}} \times \ln(1-0.8) = 10923682.6\text{s} = 126.43\text{d}$$

6. **答案(C)**

解:据《建筑地基处理技术规范》(JGJ 79—2012)第 5.2.3 条计算。

$$d_p = \frac{2(b+\delta_0)}{\pi} = \frac{2 \times (100+3)}{3.14} = 65.6\text{mm}$$

7. **答案(D)**

解:据《建筑地基处理技术规范》(JGJ 79—2012)第 5.2.4 条、第 5.2.5 条、第 5.2.7 条计算。

有效排水直径:$d_e = 1.05l = 1.05 \times 1.4 = 1.47\text{m}$

井径比:$n = d_e/d_w = 1.47/0.7 = 21$

$$\alpha = \frac{8}{\pi^2} = 0.811$$

$$F_n = \frac{n^2}{n^2-1}\ln n - \frac{3n^2-1}{4n^2} = \frac{21^2}{21^2-1}\ln 21 - \frac{3 \times 21^2 - 1}{4 \times 21^2} = 2.302$$

$$\beta = \frac{8C_h}{F_n d_e^2} + \frac{\pi^2 C_v}{4H^2} = \frac{8 \times 2 \times 10^{-3}}{2.302 \times 1.47^2} + \frac{3.14^2 \times 2 \times 10^{-3}}{4 \times 15^2 \times 10^4} = 3.238 \times 10^{-7}\text{s}^{-1} = 0.02801\text{d}^{-1}$$

加载速率 $q_1 = 60/12 = 5\text{kPa/d}$

加荷后 $100d$ 的平均固结度为:

$$\overline{U}_t = \sum_{i=1}^{n}\frac{q_i}{\sum\Delta p}\left[(T_i - T_{i-1}) - \frac{\alpha}{\beta}e^{-\beta T_i}(e^{\beta T_i} - e^{\beta T_{i-1}})\right]$$

$$= \frac{5}{60}\left[(12-0) - \frac{0.811}{0.0280} \times 2.718^{-0.028 \times 100} \times (2.718^{0.028 \times 12} - 2.718^{0.028 \times 0})\right] = 0.94$$

8. **答案(B)**

解:据土力学相关内容计算。

加荷后的最终沉降量:$s_\infty = \frac{\Delta p}{E_s}h = \frac{18 \times 1 + 90}{1.50} \times 8 = 576\text{mm}$

固结度为 80% 的沉降量:$s_t = U_t s_\infty = 0.8 \times 576 = 460.8\text{mm} = 46\text{cm}$

9. **答案(C)**

解:据《建筑地基处理技术规范》(JGJ 79—2012)第 5.2.8 条计算。

$$\overline{U}_r = 1 - e^{-\frac{8C_h}{Fd_e^2}t}$$

即 $0.85 = 1 - e^{-\frac{8 \times 0.026}{1.6248 \times 3.15^2}t}$,解得:$t = 147\text{d}$

10. **答案(D)**

解:据《建筑地基处理技术规范》(JGJ 79—2012)第 5.2.11 条计算。

$$\tau_{ft} = \tau_{f0} + \Delta\sigma_z U_t \tan\varphi_{cu} = 20 + 120 \times 0.75 \times \tan 15° = 44.1\text{kPa}$$

11. **答案(A)**

解:据《工程地质手册》(第四版)第 368 页计算。

$$S_c = \sum\frac{\Delta h_i}{1+e_{ci}}C_{ci}\lg\frac{p_{ci} + \Delta p_i}{p_{ci}}$$

$$= \frac{10}{1+2.33} \times 0.8 \times \lg\frac{5 \times (15-10) + 120}{5 \times (15-10)} = 1.834\text{m}$$

12. 答案(B)

解:据《建筑地基处理技术规范》(JGJ 79—2012)第 5.2.8 条计算。

$$d_e = 1.05l = 1.05 \times 2.8 = 2.94\text{m}$$
$$n = d_e/d_w = 2.94/0.3 = 9.8$$
$$F = F_n = \frac{n^2}{n^2-1}\ln n - \frac{3n^2-1}{4n^2} = \frac{9.8^2}{9.8^2-1} \times \ln 9.8 - \frac{3\times 9.8^2-1}{4\times 9.8^2} = 1.559$$
$$\bar{U}_r = 1 - e^{-\frac{8C_h}{F_n d_e^2}t} = 1 - e^{-\frac{8\times 3\times 10^{-3}}{1.559\times 294^2}\times 150\times 24\times 60\times 60} = 0.901$$

13. 答案(B)

解:据《土力学》考虑应力历史的地基变形计算方法计算。

软黏土地基土层中点的自重应力 $p_z = \gamma' h = (18-10) \times \dfrac{8}{2} = 32\text{kPa}$

该土层最终固结沉降量:

$$s_1 = \frac{H}{1+e_0}C_c \lg \frac{p_z + \Delta p}{p_z} = \frac{8}{1+1.30} \times 0.5 \times \lg \frac{32+120}{32} = 1.739 \times 0.6767 = 1.18\text{m}$$

平均固结度达到 0.85 时该地基固结沉降量为 $s_{0.85} = 1.18 \times 0.85 = 1.00\text{m}$

14. 答案(C)

解:据《建筑地基处理技术规范》(JGJ 79—2012)第 5.2.8 条计算。

由已知条件可知,$\dfrac{t_1}{h_1^2} = \dfrac{t_2}{h_2^2}$,则:

$$t_1 = \frac{h_1^2}{h_2^2}t_2 = \frac{90000}{1} \times 0.5 = 45000\text{h} = 5.13 \text{ 年}$$

15. 答案(C)

解:据《港口工程地基规范》(JTS 147-1—2010)第 8.3.8 条计算。

$$\bar{U}_{120} = \frac{30}{120}\bar{U}_{120} + \frac{30}{120}\bar{U}_{90} + \frac{60}{120}\bar{U}_{60} = 0.25 \times 0.960 + 0.25 \times 0.916 + 0.5 \times 0.821 = 0.880$$

16. 答案(B)

解:据《港口工程地基规范》(JTS 147-1—2010)第 8.3.8 条计算。

$$U_{rz} = \sum_{i=1}^{m} U_{rzi}\left(t - \frac{t_i^0 + t_i^1}{2}\right)\frac{s_i}{\sum s_i} = \sum_{i=1}^{m} U_{rzi}\frac{p_i}{\sum p_i}$$

$$U_{80} = \frac{p_1}{\sum p}U_{180} + \frac{p_2}{\sum p}U_{260} + \frac{p_3}{\sum p}U_{340} = \frac{30}{120} \times 0.892 + \frac{30}{120} \times 0.821 + \frac{60}{120} \times 0.706 = 0.78125$$

$$U_{120} = \frac{p_1}{\sum p}U_{1120} + \frac{p_2}{\sum p}U_{2100} + \frac{p_3}{\sum p}U_{360} = \frac{30}{120} \times 0.96 + \frac{30}{120} \times 0.934 + \frac{60}{120} \times 0.892 = 0.9195$$

$$\frac{U_{120}}{s_{120}} = \frac{U_{80}}{s_{80}}, s_{120} = \frac{U_{120}}{U_{80}}s_{80} = \frac{0.9195}{0.78125} \times 120 = 141.31\text{cm}$$

17. 答案(C)

解:地基在 120kPa 时的最终沉降量:$s = \dfrac{120}{0.8} = 150\text{cm}$

工后沉降量:$s' = 150 - 120 + 12 = 42\text{cm}$

18. 答案(B)

解:据《建筑地基处理技术规范》(JGJ 79—2012)第 5.2.12 条计算。

$$s_f = \xi \sum \frac{e_0 - e_1}{1+e_0}h = \frac{\Delta p}{E_s}H = \frac{0.8 \times 20 + 80}{2 \times 10^3} \times 5 \times 10^2 = 24\text{cm}$$

$$s_{0.85} = s_f \times 0.85 = 24 \times 0.85 = 20.4 \text{cm}$$

19. 答案(B)

解:据《建筑地基处理技术规范》(JGJ 79—2012)第 5.2.3 条~第 5.2.5 条、第 5.2.7 条、第 5.2.8 条计算。

有效排水直径: $d_e = 1.05l = 1.05 \times 1.0 = 1.05 \text{m}$

当量换算直径: $d_p = \dfrac{2(b+\delta)}{\pi} = \dfrac{2 \times (0.1+0.004)}{3.14} = 0.066 \text{m}$

井径比: $n = \dfrac{d_e}{d_w} = \dfrac{d_e}{d_p} = \dfrac{1.05}{0.066} = 15.91$

n 满足 15~22 的要求，$F_n = \ln n - \dfrac{3}{4} = 2.77 - 0.75 = 2.02$

$C_h = 3.5 \times 10^{-4} \text{cm}^2/\text{s} = 3.024 \times 10^{-3} \text{m}^2/\text{d}$

由 $\overline{U}_r = 1 - e^{-\frac{8C_h}{F_n d_e^2} t}$，得 $t = -\dfrac{F_n d_e^2 \ln(1-\overline{U}_r)}{8C_h} = 211.97\text{d} = 7.07$ 月

20. 答案(C)

解:据《建筑地基处理技术规范》(JGJ 79—2012)第 5.2.12 条计算。

淤泥层中点的初始应力: $\sigma_0 = \dfrac{1}{2}\gamma H = \dfrac{1}{2} \times (15-10) \times 10 = 25\text{kPa}$，查表得: $e_0 = 2.102$

堆载后中点的应力: $\sigma_1 = \sigma_0 + p = 25 + 125 = 150\text{kPa}$，查表插值: $e_1 = \dfrac{1.710 + 1.475}{2} = 1.593$

土层的沉降量: $s_f = \xi_s\left(\dfrac{e_0 - e_1}{1 + e_0}\right)h = 1.2 \times \dfrac{2.102 - 1.593}{1 + 2.102} \times 10 = 1.969\text{m}$

21. 答案(C)

解:据《建筑地基处理技术规范》(JGJ 79—2012)第 5.2.11 条计算。

$$\tau_{ft} = \tau_{f0} + \Delta\sigma_z U_t \tan\varphi_{cu}$$

$$U_t = \dfrac{\tau_{ft} - \tau_{f0}}{\Delta\sigma_z \tan\varphi_{cu}} = \dfrac{1.5 \times 12.3 - 12.3}{(2 \times 18 + 10 \times 1) \times \tan 9.5°} = 0.7989 \approx 80\%$$

22. 答案(C)

解:据《建筑地基处理技术规范》(JGJ 79—2012)第 5.2.12 条计算。

淤泥层中点自重应力为: $\sigma_{cz} = (16-10) \times 6.0 = 36.0\text{kPa}$

查表得孔隙比: $e_1 = 1.909$

淤泥层中点自重应力与附加应力之和为: $\sigma_z = 36.0 + 20 \times 1.0 + 18 \times 2.0 = 92.0\text{kPa}$

查表得孔隙比: $e_2 = 1.542$

压缩量: $s = \xi \sum\limits_{i=1}^{n} \dfrac{e_{1i} - e_{2i}}{1 + e_{1i}} h_i = 1.1 \times \dfrac{1.909 - 1.542}{1 + 1.909} \times 12 = 1.67\text{m}$

23. 答案(B)

解:据《土力学》一维固结理论计算。

$\overline{U}_z = 75\%$ 时，查表得: $T_v = 0.45$，$T_v = C_v \cdot t/H^2$

由 $T_v = \dfrac{C_v \cdot t}{H^2}$，$t = \dfrac{T_v \cdot H^2}{C_v} = \dfrac{0.45 \times 600 \times 600}{1.9 \times 10^{-2}} = 8526316\text{s} \approx 99\text{d}$

24. 答案(C)

解:据《建筑地基处理技术规范》(JGJ 79—2012)第 5.2.11 条计算。

$$\Delta\tau = \Delta\sigma_z U_t \tan\varphi_{cu} = 140 \times 0.68 \times \tan 16° = 27.3\text{kPa}$$

25. 答案(C)

解：据《土力学》一维固结理论计算。

$$U_t = 1 - \frac{某时刻超孔隙水压力图面积}{起始孔隙水压力图面积}$$

$$= 1 - \frac{\frac{1}{2} \times 40 \times 2 + \frac{1}{2} \times (40+60) \times 2 + \frac{1}{2} \times (60+30) \times 2}{100 \times 6} = 0.617$$

软土层最终总压缩量：$s = \dfrac{p_0 H}{E_s} = \dfrac{100 \times 600}{2.5 \times 10^3} = 240\text{mm}$

此时刻饱和软土的压缩量：$s_t = s \cdot U_t = 240 \times 0.617 = 148\text{mm}$

26. 答案(C)

解：据预压固结的基本理论计算。

已知工后沉降量为15cm，则软土的预压固结沉降量应为：248-15=233mm

因此在超载预压条件下的固结度为：$U = \dfrac{233}{260} \times 100\% = 89.6\%$

27. 答案(C)

解：据《建筑地基处理技术规范》(JGJ 79—2012)第5.2.4条～第5.2.9条计算。

正方形布桩，塑料排水板有效排水直径：$d_e = 1.13 l = 1.13 \times 1.2 = 1.359\text{m}$

塑料排水板当量换算直径：$d_p = \dfrac{2(b+\delta)}{\pi} = \dfrac{2 \times (100+4)}{3.14} = 66.2\text{mm}$

井径比：$n = \dfrac{d_e}{d_p} = \dfrac{1356}{66.2} = 20.5$，$n > 15$，$F = \ln n - \dfrac{3}{4} = \ln 2 - \dfrac{3}{4} = 2.27$

固结度：$U_r = 1 - e^{-\frac{8 C_h}{F_n d_e^2} t} = 1 - e^{-\frac{8 \times 1.8 \times 10^{-3}}{2.27 \times 135.6^2} \times 60 \times 24 \times 60 \times 60} = 1 - e^{-1.788} = 0.8327$

28. 答案(B)

解：据《建筑地基处理技术规范》(JGJ 79—2012)第5.2节计算。

$d_w = d_p = \dfrac{2(b+\delta)}{\pi} = \dfrac{2 \times (100+4)}{3.14} = 66.2\text{mm}$，$d_e = 1.13 s = 1.13 \times 1.0 = 1.13\text{m}$

$n = \dfrac{d_e}{d_p} = \dfrac{1130}{66.2} = 17$，$F_n = \dfrac{n^2}{n^2-1} \ln n - \dfrac{3n^2-1}{4n^2} = \dfrac{17^2}{17^2-1} \ln 17 - \dfrac{3 \times 17^2-1}{4 \times 17^2} = 2.1$

$T_v = \dfrac{C_v t}{H^2} = \dfrac{3.5 \times 10^{-4} \times 8 \times 30 \times 24 \times 60 \times 60}{(12 \times 100)^2} = 5.04 \times 10^{-3}$

$U_v = 1 - \dfrac{8}{\pi^2} e^{\frac{\pi^2}{4} T_v} = 1 - \dfrac{8}{3.14^2} e^{\frac{3.14^2}{4} \times 5.04 \times 10^{-3}} = 0.2$

$U_r = 1 - e^{-\frac{8 C_h}{F_n d_e^2} t} = 1 - e^{-\frac{8 \times 3.5 \times 10^{-4} \times 8 \times 30 \times 24 \times 60 \times 60}{2.1 \times (1.13 \times 100)^2}} = 0.89$

$U = 1 - (1-U_v)(1-U_r) = 1 - (1-0.2) \times (1-0.89) = 0.912$

29. 答案(B)

解：据《建筑地基处理技术规范》(JGJ 79—2012)第5.2.7条计算。

由题意得：$\bar{U}_t = 90\%$，$\dot{q}_1 = 60/20 = 3\text{kPa/d}$，$\dot{q}_2 = 40/20 = 2\text{kPa/d}$

$\bar{U}_t = \sum_{i=1}^{n} \dfrac{\dot{q}_i}{\sum \Delta p} \left[(T_i - T_{i-1}) - \dfrac{\alpha}{\beta} e^{-\beta t} (e^{\beta T_i} - e^{\beta T_{i-1}}) \right]$

$90\% = \dfrac{3}{100} \times \left[(20-0) - \dfrac{0.8}{0.025} e^{-0.025 t} (e^{0.025 \times 20} - e^{0.025 \times 0}) \right] +$

$$\frac{2}{100} \times \left[(70-50) - \frac{0.8}{0.025}e^{-0.025t}(e^{0.025\times70} - e^{0.025\times50})\right]$$

$$0.9 = 0.03 \times (20 - 20.77e^{-0.025t}) + 0.02 \times (20 - 72.46e^{-0.025t})$$

$$e^{-0.025t} = 0.04831$$

解得:$t = 121.5d$

30. 答案(B)

解:黏土层中点的自重应力 $\sigma_c = 2 \times 20 = 40\text{kPa}$,对应的孔隙比 $e_1 = 0.84$

其沉降 $s = \frac{e_1 - e_2}{1 + e_1}h$,即 $\frac{0.84 - e_2}{1 + 0.84} \times 4 = 0.1$,得 $e_2 = 0.794$

查表得出加载后的总荷载 $p = 120\text{kPa}$

该荷载为自重与堆载量的总和,则堆载量 $p' = 120 - 40 = 80\text{kPa}$

31. 答案(C)

解:根据《土力学》相关理论计算。

本场地 6m 厚软土层最终总压缩量:$s = \frac{p_0 \cdot H}{E_s} = \frac{100 \times 6000}{2.5 \times 10^3} = 240\text{mm}$

经过某一时间后沉降 150mm 时的固结度:$U_t = \frac{150}{240} = 0.625$

据《建筑地基处理技术规范》(JGJ 79—2012)第 5.2.11 条:

$$\tau_{ft} = \tau_{f0} + \Delta\sigma_z \cdot U_t \tan\varphi_{cu} = 20 + 100 \times 0.625 \times \tan 12° = 33.3\text{kPa}$$

32. 答案(D)

解:据《建筑地基处理技术规范》(JGJ 79—2012)第 5.2.12 条及《土力学》相关知识计算。

$$s_t = U_t S_\infty = U_t \xi \frac{\Delta p}{E_s} H = 0.8 \times 1.1 \times \frac{18 \times 1 + 10 \times 2 + 80}{1200} \times 15 = 1.298\text{m}$$

33. 答案(D)

解:据《建筑地基处理技术规范》(JGJ 79—2012)第 5.2.8 条计算。

竖井的有效排水直径:$d_e = 1.05 \times 1500 = 1575\text{mm}$,井径比:$n = \frac{d_e}{d_w} = \frac{1575}{70} = 22.5$

竖井纵向通水量:$q_w = k_w \cdot \pi d_w^2 / 4 = 2.0 \times 10^{-2} \times 3.14 \times 7^2 / 4 = 0.769\text{ cm}^3/s$

$$F_n = \ln(n) - \frac{3}{4} = \ln 22.5 - \frac{3}{4} = 2.36$$

$$F_r = \frac{\pi^2 L^2}{4} \cdot \frac{k_h}{q_w} = \frac{3.14^2 \times 1000^2}{4} \times \frac{1.2 \times 10^{-7}}{0.769} = 0.385$$

$$F_s = \left(\frac{k_h}{k_s} - 1\right)\ln s = \left(\frac{1.2 \times 10^{-7}}{0.3 \times 10^{-7}} - 1\right) \times \ln 2 = 2.079$$

$$F = F_n + F_s + F_r = 2.36 + 2.079 + 0.385 = 4.824$$

径向固结度:$\bar{U}_r = 1 - e^{-\frac{8C_h}{Fd_e^2}t} = 1 - e^{-\frac{8 \times 2.0 \times 10^{-3}}{4.824 \times 157.5^2}t} = 0.90$,得 $t = 1.723 \times 10^7 s = 199.4d$

34. 答案(C)

解:据《公路路基设计规范》(JTG D30—2015)第 7.6.2 条计算。

路基地基采用常规预压法处理,$\theta = 0.9$,填土速率约为 0.04m/d,$V = 0.025$

软土不排水抗剪强度为 18kPa,小于 20kPa,硬壳层厚度为 2m,$Y = 0$

沉降系数:

$$m_s = 0.123\gamma^{0.7}(\theta H^{0.2} + VH) + Y = 0.123 \times 20^{0.7} \times (0.9 \times 3.5^{0.2} + 0.025 \times 3.5) + 0 = 1.246$$

软土固结度达到70%时,地基沉降量:
$$s_t = (m_s - 1 + U_t)s_c = (1.246 - 1 + 0.7) \times 20 = 18.9 \text{cm}$$

35. 答案(A)

解:据《建筑地基处理技术规范》(JGJ 79—2012)第5.4.1条条文说明计算。

$$s_f = \frac{s_3(s_2 - s_1) - s_2(s_3 - s_2)}{(s_2 - s_1) - (s_3 - s_2)} = \frac{250 \times (200 - 100) - 200 \times (250 - 200)}{(200 - 100) - (250 - 200)} = 300 \text{mm}$$

$$s_f = \frac{s_3(s_2 - s_1) - s_2(s_3 - s_2)}{(s_2 - s_1) - (s_3 - s_2)} = \frac{s_3(250 - 200) - 250(s_3 - 250)}{(250 - 200) - (s_3 - 250)} = 300 \text{mm}$$

计算得: $s_3 = 275 \text{mm}$

故工后沉降: $s = 275 - 250 = 25 \text{mm}$

36. 答案(B)

解: $10 \times 10 + 8 \times (h - 10) = 30/0.1$,变形计算深度 $h = 35 \text{m}$。见解表。

题36解表

土层名称	层底埋深/m	饱和重度 γ/(kN/m³)	e-lg$p$ 关系式
①粉砂	10	20.0	$e_0 = 1.0 - 0.05 \lg p$
②淤泥质粉质黏土	40	18.0	$e_0 = 1.6 - 0.20 \lg p$

①粉砂层

土层中点5m处有效自重应力为50kPa,对应孔隙比 $e_0 = 1.0 - 0.05\lg 50 = 0.915$

土层中点5m处有效自重应力与附加应力之和为80kPa,对应孔隙比 $e_1 = 1.0 - 0.05\lg 80 = 0.905$

②淤泥质粉质黏土层

土层中点22.5m处有效自重应力为200kPa,对应孔隙比 $e_0 = 1.6 - 0.20\lg 200 = 1.140$

土层中点22.5m处有效自重应力与附加应力之和为230kPa,对应孔隙比 $e_1 = 1.6 - 0.20\lg 230 = 1.128$

据《建筑地基处理技术规范》(JGJ 79—2012)第5.2.12条,场地最终沉降量:

$$s_f = \xi \sum_{i=1}^{n} \frac{e_{0i} - e_{1i}}{1 + e_{0i}} h_i = 1.0 \times \left(\frac{0.915 - 0.905}{1 + 0.915} \times 10000 + \frac{1.128 - 1.14}{1 + 1.14} \times 25000\right) = 192.4 \text{mm}$$

37. 答案(B)

解:见解图(尺寸单位为mm),据《建筑地基处理技术规范》(JGJ 79—2012)第5.2.3条、第5.2.5条计算。

选择图中所示单元体,等效排水面积: $A_e = \frac{1.2 \times 1.2}{2} = 0.72 \text{m}^2$

竖井的有效排水直径: $d_e = \sqrt{\frac{4A_e}{\pi}} = \sqrt{\frac{4 \times 0.72}{3.14}} = 957.7 \text{mm}$

当量换算直径: $d_p = \frac{2(b + \delta)}{\pi} = \frac{2 \times (100 + 5)}{3.14} = 66.88 \text{mm}$

井径比: $n = \frac{d_e}{d_p} = \frac{957.7}{66.88} = 14.32$

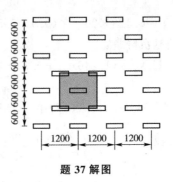

题 37 解图

第四讲　压实地基和夯实地基

1.答案(C)

解:据《建筑地基处理技术规范》(JGJ 79—2012)第 6.3.5 条第 11 款计算。

解法一：
$$d_e = 1.05s = 1.05 \times 2.5 = 2.625 \text{m}$$
$$m = d^2/d_e^2 = 1.2^2/2.625^2 = 0.209$$
$$f_{spk} = mf_{pk} + (1-m)f_{sk} = mf_{pk} = m\frac{R_s}{A_p} = 0.209 \times \frac{800 \times 4}{3.14 \times 1.2^2} = 147.9 \text{kPa}$$

解法二：
$$d_e = 2.625 \text{m}$$
$$f_{spk} = \frac{R_a}{A_e} = \frac{800 \times 4}{3.14 \times 2.625^2} = 147.9 \text{kPa}$$

2.答案(C)

解:据《土工合成材料应用技术规范》(GB/T 50290—2014)第 7.3.5 条、第 3.1.3 条计算。

每层筋材承受的水平拉力：$T_i = [(\sigma_{vi} + \sum\Delta\sigma_{vi})K_i + \Delta\sigma_{hi}]s_{vi}/A_r$

其中：$\sum\Delta\sigma_{vi} = 30 \text{kPa}, \sigma_{vi} = \gamma h, K_i = 0.6, s_{vi} = 1, A_r = 1$

第 1 层筋材拉力：$T_1 = (18 \times 1 + 30) \times 0.6 = 28.8 \text{kN}$，极限强度：$T = 3 \times 28.8 = 86.4 \text{kN}$

第 2 层筋材拉力：$T_2 = (18 \times 2 + 30) \times 0.6 = 39.6 \text{kN}$，极限强度：$T = 3 \times 39.6 = 118.8 \text{kN}$

第 3 层筋材拉力：$T_3 = (18 \times 3 + 30) \times 0.6 = 50.4 \text{kN}$，极限强度：$T = 3 \times 50.4 = 151.2 \text{kN}$

第 4 层筋材拉力：$T_4 = (18 \times 4 + 30) \times 0.6 = 61.2 \text{kN}$，极限强度：$T = 3 \times 61.2 = 183.6 \text{kN}$

第 5 层筋材拉力：$T_5 = (18 \times 5 + 30) \times 0.6 = 72 \text{kN}$，极限强度：$T = 3 \times 72 = 216 \text{kN}$

故上面 2m 单层 120kN/m，下面 3m 双层 120kN/m 较为合理。

第五讲　散体材料桩复合地基

1.答案(B)

解:据《建筑地基处理技术规范》(JGJ 79—2012)第 7.1.5 条计算。
$$d_e = 1.05s = 1.05 \times 1.5 = 1.575 \text{m}$$
$$m = d^2/d_e^2 = 0.6^2/1.575^2 = 0.145$$
$$f_{spk} = [1 + m(n-1)]f_{sk} = [1 + 0.145 \times (3-1)] \times 120 = 154.8 \text{kPa}$$

2.答案(C)

解:据《建筑地基处理技术规范》(JGJ 79—2012)第 7.1.5 条计算。

$$d_e = 1.13s = 1.13 \times 1.5 = 1.695$$

$$m = d^2/d_e^2 = 0.9^2/1.695^2 = 0.282$$

$f_{spk} = [1+m(n-1)]f_{sk}$,即 $160 = [1+0.282\times(n-1)]\times 120$,得 $n=2.18$

即 $f_{pk} = n \cdot f_{sk} = 2.18 \times 120 = 261.6 \text{kPa}$

3. 答案(B)

解:据《建筑地基处理技术规范》(JGJ 79—2012)第 7.2.2 条计算。

$$e_1 = e_{max} - D_{r1}(e_{max} - e_{min}) = 0.9 - 0.8 \times (0.9-0.6) = 0.66$$

$$s = 0.95\xi d\sqrt{\frac{1+e_0}{e_0-e_1}} = 0.95 \times 1 \times 0.7 \times \sqrt{\frac{1+0.81}{0.81-0.66}} = 2.31\text{m}$$

4. 答案(B)

解:据《建筑地基处理技术规范》(JGJ 79—2012)第 7.5.2 条计算。

$$s = 0.95d\sqrt{\frac{\bar{\eta}_c \rho_{dmax}}{\bar{\eta}_c \rho_{dmax} - \bar{\rho}_d}} = 0.95 \times 0.4 \times \sqrt{\frac{0.93 \times 1.6}{0.93 \times 1.6 - 1.28}} = 1.016 \approx 1.0\text{m}$$

5. 答案(C)

解:据《建筑地基处理技术规范》(JGJ 79—2012)第 7.1.5 条计算。

$$d_e = 1.05s = 1.05 \times 2.0 = 2.1$$

$$m = d^2/d_e^2 = 0.8^2/2.1^2 = 0.145$$

$$f_{spk} = [1+m(n-1)]f_{sk}, n = \frac{1}{m}\left(\frac{f_{spk}}{f_{sk}}-1\right)+1 = \frac{1}{0.145}\times\left(\frac{200}{150}-1\right)+1 = 3.3$$

6. 答案(D)

解:据《建筑地基处理技术规范》(JGJ 79—2012)第 7.5.2 条计算。

$$s = 0.95d\sqrt{\frac{\bar{\eta}_c \rho_{dmax}}{\bar{\eta}_c \rho_{dmax} - \bar{\rho}_d}} = 0.95 \times 0.4 \times \sqrt{\frac{0.90 \times 1.75}{0.90 \times 1.75 - 1.35}} = 1.005\text{m}$$

$$d_e = 1.05s = 1.05 \times 1.005 = 1.055\text{m}$$

$$A_e = \frac{\pi}{4}d_e^2 = \frac{3.14}{4} \times 1.055^2 = 0.874\text{m}^2$$

土层厚度为 4.0m,处理范围每边宜超出基础底面不小于 2.0m,处理面积 A 为:

$$A = (b+2\times 2)\times(l+2\times 2) = (15+2\times 2)\times(45+2\times 2) = 931\text{m}^2$$

$$n = A/A_e = 931/0.874 = 1062.2 \text{ 根}$$

7. 答案(B)

解:据《建筑地基处理技术规范》(JGJ 79—2012)第 7.1.5 条计算。

等效圆直径:$d_e = 1.13s = 1.13 \times 1.8 = 2.034\text{m}$

置换率:$m = \frac{d^2}{d_e^2} = \frac{1.2 \times 1.2}{2.034 \times 2.034} = 0.35$

桩土应力比:$n = \frac{f_{pk}}{f_{sk}} = \frac{450}{1.2 \times 100} = 3.75$

复合地基承载力特征值:

$$f_{spk} = [1+m(n-1)]f_{sk} = [1+0.35\times(3.75-1)]f_{sk} \times 100 \times 1.2 = 235.5\text{kPa}$$

8. 答案(B)

解:据《建筑地基处理技术规范》(JGJ 79—2012)第 7.1.5 条计算。

由 $f_{\text{spk}}=[1+m(n-1)]f_{\text{sk}}$

得 $m=\dfrac{1}{n-1}\left(\dfrac{f_{\text{spk}}}{f_{\text{sk}}}-1\right)=\dfrac{1}{3.5-1}\times\left(\dfrac{180}{100}-1\right)=0.32$

等效圆直径:$d_e=d/\sqrt{m}=0.9/\sqrt{0.32}=1.59\text{m}$

桩间距:$s=0.95d_e=0.95\times1.59=1.5\text{m}$

9. 答案(C)

解:据《建筑地基处理技术规范》(JGJ 79—2002)计算。

等效圆直径:$d_e=1.05s=1.05\times1=1.05\text{m}$

面积置换率:$m=d^2/d_e^2=(0.35\times1.2)^2/1.05^2=0.16$

复合地基承载力:$f_{\text{spk}}=mf_{\text{pk}}+(1-m)f_{\text{sk}}$
$=0.16\times350+(1-0.16)\times80\times1.2=136.64\text{kPa}$

注:石灰桩相关知识点在新版《建筑地基处理技术规范》(JGJ 79—2012)中已删除。

10. 答案(C)

解:据《建筑地基处理技术规范》(JGJ 79—2012)第 7.1.5 条计算。

$$d_e=1.05l=1.05\times1=1.05\text{m}$$

$$m=d^2/d_e^2=0.8^2/1.575^2=0.258$$

$$f_{\text{spk}}=[1+m(n-1)]f_{\text{sk}}=[1+0.258\times(4-1)]\times75=133.1\text{kPa}$$

11. 答案(A)

解:据《建筑地基处理技术规范》(JGJ 79—2012)第 7.5.3 条计算。

$$d_e=1.05l=1.05\times1=1.05\text{m},A_e=\dfrac{\pi}{4}d_e^2=\dfrac{3.14}{4}\times1.05^2=0.865\text{m}^2$$

每个浸水孔承担的浸水面积为挤密桩等效处理面积的一半,即:

$$V=\dfrac{1}{2}A_e l=\dfrac{1}{2}\times0.856\times6=2.596\text{m}^3$$

$$Q=V\bar{\rho}_d(w_{\text{op}}-\bar{w})k=2.596\times1.32\times(0.156-0.09)\times1.1=0.249\text{m}^3$$

12. 答案(C)

解:据《建筑地基处理技术规范》(JGJ 79—2012)第 7.2.2 条、第 7.1.5 条计算。

$$s=0.89\xi d\sqrt{\dfrac{1+e_0}{e_0-e_1}}=0.89\times1\times0.5\times\sqrt{\dfrac{1+0.78}{0.78-0.68}}=1.877\text{m},\text{取桩距}\ s=1.9\text{m}$$

$$d_e=1.13s=1.13\times1.9=2.147,m=d^2/d_e^2=0.5^2/2.147^2=0.054$$

$$n=f_{\text{pk}}/f_{\text{sk}}=500/100=5$$

$$f_{\text{spk}}=[1+m(n-1)]f_{\text{sk}}=[1+0.054\times(5-1)]\times100=121.6\text{kPa}$$

13. 答案(B)

解:据《建筑地基处理技术规范》(JGJ 79—2012)第 7.2.2 条计算。

解法一:

$$s=0.95\xi d\sqrt{\dfrac{1+e_0}{e_0-e_1}},\text{即}\ 1.6=0.95\times1\times0.6\times\sqrt{\dfrac{1+0.85}{0.85-e_1}},\text{得}\ e_1=0.615$$

$$n_1=\dfrac{e_1}{1+e_1}=\dfrac{0.615}{1+0.615}=0.3808,n_2=\dfrac{e_2}{1+e_2}=\dfrac{0.85}{1+0.85}=0.4595$$

由 $(1-n_1)V_1=(1-n_2)V_2$

得 $$V_2 = \frac{(1-n_1)V_1}{1-n_2} = \frac{(1-0.3808) \times \frac{3.14}{4} \times 0.6^2 \times 1}{1-0.4595} = 0.3237 \text{m}^3$$

解法二：

按解法一步骤求出挤密后砂土的孔隙比 $e_1 = 0.615$

桩间土体的应变量 $\varepsilon = \frac{e_0 - e_1}{1+e_0} = \frac{0.85 - 0.615}{1+0.85} = 0.127$

设 1m 桩体的体积为 V_1，需填入的松散砂的体积为 V_0，则：

$$\frac{V_0 - V_1}{V_0} = \varepsilon$$

即 $\dfrac{V_0 - \frac{3.14}{4} \times 0.6^2 \times 1}{V_0} = 0.127$，得 $V_0 = 0.3237 \text{m}^3$

解法三：

按解法一步骤求出挤密后砂土的孔隙比 $e = 0.615$

$$\rho_d = \frac{d_s \rho_w}{1+e}, \quad V_1 \rho_{d1} = V_2 \rho_{d2}$$

$$\frac{3.14}{4} \times 0.6^2 \times 1 \times \frac{d_s \rho_w}{1+0.615} = V_2 \frac{d_s \rho_w}{1+0.85}, \quad V_2 = 0.3237 \text{m}^3$$

14. 答案（A）

解： 据《建筑地基处理技术规范》(JGJ 79—2012)第 7.1.5 条计算。

$$d'_e = 1.13 s' = 1.13 \times 1.5 = 1.695 \text{m}$$

$$m_1 = d^2 / d'^2_e = 0.6^2 / 1.695^2 = 0.1253$$

由 $n = f_{pk}/f_{sk}$，$f_{spk} = [1 + m(n-1)]f_{sk}$，得 $f_{spk} = m f_{pk} + (1-m) f_{sk}$

$140 = 0.1253 \times 450 + (1 - 0.1253) f_{sk}$，得 $f_{sk} = 95.59 \text{kPa}$

$m_2 = \dfrac{f_{spk} - f_{sk}}{f_{pk} - f_{sk}} = \dfrac{155 - 95.59}{450 - 95.59} = 0.1676$，$d_e = \dfrac{d}{\sqrt{m_2}} = \dfrac{0.6}{\sqrt{0.1676}} = 1.466 \text{m}$

$s = 0.89 d_e = 0.89 \times 1.466 = 1.30 \text{m}$

15. 答案（B）

解： 据《建筑地基处理技术规范》(JGJ 79—2012)第 7.2.2 条计算。

$$e_1 = e_{max} - D_{r1}(e_{max} - e_{min}) = 0.978 - 0.886 \times (0.978 - 0.742) = 0.769$$

$$s = 0.95 \xi d \sqrt{\frac{1+e_0}{e_0 - e_1}} = 0.95 \times 1.0 \times 0.4 \sqrt{\frac{1+0.902}{0.902-0.769}} = 0.95 \times 1.0 \times 0.4 \times 3.780 = 1.44 \text{m}$$

16. 答案（C）

解： 据《建筑地基处理技术规范》(JGJ 79—2012)第 7.5.2 条计算。

$$s = 0.95 d \sqrt{\frac{\bar{\eta}_c \rho_{dmax}}{\bar{\eta}_c \rho_{dmax} - \bar{\rho}_d}} = 0.95 d \sqrt{\frac{\rho_{d1}}{\rho_{d1} - \bar{\rho}_d}}$$

即 $1.0 = 0.95 \times 0.4 \times \sqrt{\dfrac{\rho_{d1}}{\rho_{d1} - 1.38}}$，解得 $\rho_{d1} = 1.61 \text{g/m}^3$

17. 答案（B）

解： 据《建筑地基处理技术规范》(JGJ 79—2012)第 7.1.5-1 条计算。

(1) 面积置换率：

$f_{spk}=[1+m(n-1)]f_{sk}$,即 $120=[1+m(3-1)]\times 90$,解得 $m=0.1667$
(2)1根砂石桩承担的处理面积:
由 $m=\dfrac{d^2}{d_e^2}$,可推出 $A_e=\dfrac{A_p}{m}=\dfrac{3.14\times 0.2^2}{0.1667}=0.7534\text{m}^2$
(3)三角形布桩,桩间距
$$s=1.08\sqrt{A_e}=1.08\times\sqrt{0.7534}=0.9374\text{m}$$

18. 答案(B)
解:据《建筑地基处理技术规范》(JGJ 79—2012)第 7.2.2 条计算。
桩间距:$s=0.95\xi d\sqrt{\dfrac{1+e_0}{e_0-e_1}}=0.95\times 1.1\times 0.5\times\sqrt{\dfrac{1+0.95}{0.95-0.6}}=1.23\text{m}$

19. 答案(D)
解:据《建筑地基处理技术规范》(JGJ 79—2012)第 7.5.3 条计算。
处理范围为自重湿陷性黄土,局部处理,每边外扩 $1\times 0.75=0.75\text{m}$ 与 1.0m 的较大值,取 1.0m
需处理土体体积:$V=3\times 3\times 5=45\text{m}^3$
$$Q=V\bar\rho_d(w_{op}-\bar w)k=45\times 1.5\times(0.18-0.10)\times(1.05\sim 1.10)=5.67\sim 5.94\text{t}$$

20. 答案(C)
解:据《建筑地基处理技术规范》(JGJ 79—2012)第 7.2.2 条及土力学相关知识计算。
砂土场地处理前后存在如下关系:$\dfrac{1+e_0}{h_0}=\dfrac{1+e_1}{h_1}$,即 $\dfrac{1+0.85}{8}=\dfrac{1+e_1}{8-0.8}$,$e_1=0.665$
$$D_r=\dfrac{e_{\max}-e_1}{e_{\max}-e_{\min}}=\dfrac{0.900-0.665}{0.900-0.550}=0.6714$$

21. 答案(C)
解:据《建筑地基处理技术规范》(JGJ 79—2012)第 7.5.2 条计算。
$$d_e=1.05s=1.05\times 1.0=1.05\text{m},A_e=\dfrac{\pi d_e^2}{4}=0.8655\text{m}^2$$
处理深度为 5m,处理宽度及长度为:
$$l=45+2\times 2.5=50\text{m},B=18+2\times 2.5=23\text{m},A=lB=50\times 23=1150\text{m}^2$$
$$n=A/A_e=1150/0.8655=1328.7\text{ 根}$$

22. 答案(C)
解:据《建筑地基处理技术规范》(JGJ 79—2012)第 7.2.2 条计算。
$$e_1=e_{\max}-D_{r1}(e_{\max}-e_{\min})=0.988-0.886\times(0.988-0.742)=0.770$$
$$s=0.95\xi d\sqrt{\dfrac{1+e_0}{e_0-e_1}}=0.95\times 1.0\times 0.5\times\sqrt{\dfrac{1+0.892}{0.892-0.770}}=0.95\times 1.0\times 0.5\times 3.938=1.87\text{m}$$

23. 答案(B)
解:据《建筑地基处理技术规范》(JGJ 79—2012)第 7.2.2 条计算。
$$e_1=e_{\max}-D_{r1}(e_{\max}-e_{\min})=0.91-0.85\times(0.91-0.58)=0.63$$
等边三角形布桩:$s=0.95\xi d\sqrt{\dfrac{1+e_0}{e_0-e_1}}=0.95\times 1.2\times 0.8\times\sqrt{\dfrac{1+0.78}{0.78-0.63}}=3.14\text{m}$

24. 答案(D)
解:据《建筑地基处理技术规范》(JGJ 79—2012)第 7.5.3 条计算。
解法一:(1)正三角形布桩,每根桩承担的处理地基面积:

$$A_\mathrm{c} = \frac{\pi d_\mathrm{e}^2}{4} = \frac{3.14 \times (1.05 \times 1.0)^2}{4} = 0.865 \mathrm{m}^2$$

(2)相应每根桩承担的处理地基体积：$V_\mathrm{c} = 0.865 \times 6 = 5.19 \mathrm{m}^3$

(3)该体积增湿到最优含水率需加水量：

$$Q_1 = V_\mathrm{c} \bar{\rho}_\mathrm{d} (w_\mathrm{op} - w) k = 5.19 \times 1.4 \times (0.165 - 0.10) \times 1.1 = 0.52 \mathrm{t}$$

(4)采用满堂布桩整片处理地基，布桩处理面积：$A = 22 \times 36 = 792 \mathrm{m}^2$

(5)总桩数：$n = \dfrac{A}{A_\mathrm{c}} = \dfrac{792}{0.865} = 916$ 根，总加水量：$Q = nQ_1 = 916 \times 0.52 = 476 \mathrm{t}$

解法二：(1)布桩处理面积：$A = 22 \times 36 = 792 \mathrm{m}^2$

(2)该面积处理深度 6m，增湿到最优含水率需加水量：

$$Q = V \bar{\rho}_\mathrm{d} (w_\mathrm{op} - w) k = 792 \times 6 \times 1.4 \times (0.165 - 0.1) \times 1.1 = 476 \mathrm{t}$$

25. 答案(D)

解：据《建筑地基处理技术规范》(JGJ 79—2012)第 7.1.5 条计算。

桩土面积置换率：$m = \dfrac{d^2}{d_\mathrm{e}^2} = \dfrac{0.8^2}{(1.13 \times 2)^2} = 0.125$

$$f_\mathrm{spk} = [1 + m(n-1)] f_\mathrm{sk}, 200 = [1 + 0.125(n-1)] \times 150, n = 3.67$$

26. 答案(B)

解：据《建筑地基处理技术规范》(JGJ 79—2002)第 13.2.9 条、第 13.2.10 条计算。

$$\begin{cases} E_\mathrm{sp} = a[1 + m(n-1)] E_\mathrm{s} \\ \text{其中}: m = \dfrac{d^2}{d_\mathrm{e}^2} \\ d_\mathrm{e} = 1.05 s (\text{正边三角形布置}) \end{cases}$$

$$m = \frac{d^2}{d_\mathrm{e}^2} = \frac{0.35^2}{(1.05 \times 0.9)^2} = 0.137$$

$$E_\mathrm{sp} = a[1 + m(n-1)] E_\mathrm{sp} = 1.2 \times [1 + 0.137 \times (3-1)] \times 2.0 = 3.06 \mathrm{MPa}$$

注：本题是按 2002 版规范石灰桩部分出题，新版规范已删除该部分内容。

27. 答案(A)

解：据《湿陷性黄土地区建筑规范》(GB 50025—2004)第 6.4.4 条计算。

$$s = 0.95 \sqrt{\frac{\eta_\mathrm{c} \rho_\mathrm{dmax} D^2 - \rho_\mathrm{d0} d^2}{\eta_\mathrm{c} \rho_\mathrm{dmax} - \rho_\mathrm{d0}}} = 0.95 \times \sqrt{\frac{0.93 \times 1.6 \times 0.6^2 - 1.24 \times 0.3^2}{0.93 \times 1.6 - 1.24}} = 1.242 \mathrm{m}$$

注：黄土地基采用挤密桩处理时，在《建筑地基处理技术规范》和《湿陷性黄土地区建筑规范》中均有桩间距的计算公式，注意根据已知条件进行选择。

28. 答案(C)

解：据《建筑地基处理技术规范》(JGJ 79—2012)第 7.5.2 条计算。

① 地基处理前土的干密度：$\bar{\rho}_\mathrm{d} = \dfrac{\rho}{1+w} = \dfrac{1.45}{1+0.15} = 1.261 \mathrm{g/cm}^3$

② 灰土挤密桩最大间距：$s = 0.95 d \sqrt{\dfrac{\eta_\mathrm{c} \rho_\mathrm{dmax}}{\eta_\mathrm{c} \rho_\mathrm{dmax} - \bar{\eta}_\mathrm{c}}} = 0.95 \times 0.4 \times \sqrt{\dfrac{1.5}{1.5 - 1.261}} = 0.952 \mathrm{m}$

29. 答案(B)

解：据《建筑地基处理技术规范》(JGJ 79—2012)第 7.5.2 条计算。

①复合地基的置换率：$m = \dfrac{2 \times \dfrac{3.14 \times 0.4^2}{4}}{1.2 \times 1.6} = 0.131$

②复合地基承载力特征值：
$f_{spk} = [1 + m(n-1)]f_{sk} = [1 + 0.131 \times (3-1)] \times 100 \times (1 + 20\%) = 151.44 \text{kPa}$

30. 答案（A）

解：如解图所示划分计算单元。

面积置换率：$m = \dfrac{2 \times 3.14 \times 0.25^2}{1.6 \times 2} = 0.1227$

打桩前后地面标高未变，则：

$$\dfrac{1+e_1}{1} = \dfrac{1+e_2}{1-m}$$

即：$\dfrac{1+0.9}{1} = \dfrac{1+e_2}{1-0.1227}$，解得：$e_2 = 0.667$

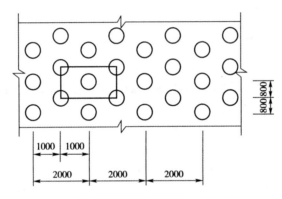

题 30 解图（尺寸单位：mm）

31. 答案（B）

解：据《建筑地基处理技术规范》(JGJ 79—2012) 第 7.5.2 条计算。

处理前地基土干密度：$\rho_{d1} = \dfrac{\rho}{1+w} = \dfrac{1.54}{1+0.15} = 1.34 \text{g/cm}^3$

$s = 0.89d \sqrt{\dfrac{\overline{\eta}_c \rho_{dmax}}{\overline{\eta}_c \rho_{dmax} - \overline{\rho}_d}} = 0.89d \sqrt{\dfrac{\overline{\rho}_{d1}}{\overline{\rho}_{d1} - \overline{\rho}_d}} = 0.89 \times 0.4 \times \sqrt{\dfrac{\overline{\rho}_{d1}}{\overline{\rho}_{d1} - 1.34}} = 1.0$

解得：$\overline{\rho}_{d1} = 1.533 \text{ g/cm}^3$

32. 答案（C）

解：据《建筑地基处理技术规范》(JGJ 79—2012) 第 7.1.5 条第 1 款计算。

将 $n = \dfrac{f_{pk}}{f_{sk}}$ 代入 $f_{spk} = [1 + m(n-1)]f_{sk}$，得 $f_{spk} = mf_{pk} + (1-m)f_{sk}$

根据已知条件：$m_1 = \dfrac{0.8^2}{(1.05 \times 1.8)^2} = 0.179$，$f_{pk} = \dfrac{200}{3.14 \times 0.8^2/4} = 398.1 \text{kPa}$

$f_{spk1} = 0.179 \times 398.1 + (1 - 0.179)f_{sk} = 170$，得 $f_{sk} = 120.3 \text{kPa}$

$f_{spk2} = m_2 \times 398.1 + (1 - m_2) \times 120.3 = 200$，得 $m_2 = 0.2869$

$s = \dfrac{d}{1.05\sqrt{m_2}} = \dfrac{0.8}{1.05 \times \sqrt{0.2869}} = 1.42 \text{m}$

33. 答案(A)

解:据《建筑地基处理技术规范》(JGJ 79—2012)第 7.2.2 条第 4 款计算。

处理前砂土孔隙比: $e = \dfrac{d_s \rho_w (1+0.01w)}{\rho} - 1 = \dfrac{2.68 \times 1.0 \times (1+0.12)}{1.58} - 1 = 0.90$

$\dfrac{1+e_0}{6} = \dfrac{1+e_1}{6-0.7}$,处理后孔隙比: $e_1 = 0.678$

处理后相对密实度: $D_{r1} = \dfrac{e_{max} - e_1}{e_{max} - e_{min}} = \dfrac{0.92 - 0.678}{0.92 - 0.6} = 75.63\%$

第六讲 具有黏结强度增强体复合地基

1. 答案(B)

解:据《建筑地基处理技术规范》(JGJ 79—2012)第 7.1.5 条、第 7.3.3 条计算。

由桩身材料控制的单桩承载力:

$$R_a = \eta f_{cu} A_p = 0.25 \times 1920 \times \dfrac{3.14}{4} \times 0.5^2 = 94.2 \text{kN}$$

由桩周土强度控制的单桩承载力:

$$R_a = u_p \sum q_{si} l_{pi} + \alpha_p q_p A_p$$

$$= 15 \times 3.14 \times 0.5 \times 10 + 0.5 \times \dfrac{3.14}{4} \times 0.5^2 \times 60 = 241.4 \text{kN}$$

取单桩承载力 $R_a = 94.2 \text{kN}$,则:

$$d_e = 1.13s = 1.13 \times 1.1 = 1.243$$

$$m = d^2/d_e^2 = 0.5^2/1.243^2 = 0.162$$

$$f_{spk} = \lambda m \dfrac{R_a}{A_p} + \beta(1-m) f_{sk}$$

$$= 0.162 \times 94.2 \times 4/(3.14 \times 0.5^2) + 0.85 \times (1-0.162) \times 70$$

$$= 127.62 \text{kPa}$$

2. 答案(C)

解:据《建筑地基处理技术规范》(JGJ 79—2012)第 7.1.5 条、第 7.1.6 条计算。

由 $f_{cu} \geqslant 4 \dfrac{\lambda R_a}{A_p}$,即 $880 \geqslant 4 \times \dfrac{1.0 R_a}{\dfrac{3.14}{4} \times 0.5^2}$,得 $R_a \geqslant 432 \text{kPa}$

$$m = \dfrac{f_{spk} - \beta f_{sk}}{\lambda R_a/A_p - \beta f_{sk}} = \dfrac{250 - 0.25 \times 120}{1 \times 432 \times 4/(3.14 \times 0.5^2) - 0.25 \times 120} = 0.101$$

$$d_e = \dfrac{d}{\sqrt{m}} = \dfrac{0.5}{\sqrt{0.101}} = 1.573 \text{m}$$

$$s = d_e/1.05 = 1.573/1.05 \approx 1.5 \text{m}$$

3. 答案(D)

解:据《建筑地基处理技术规范》(JGJ 79—2012)第 7.1.5 条计算。

由 $f_{spk} = \lambda m \dfrac{R_a}{A_p} + \beta(1-m) f_{sk}$,得置换率:

$$m = \dfrac{f_{spk} - \beta f_{sk}}{\lambda R_a/A_p - \beta f_{sk}} = \dfrac{140 - 0.8 \times 90}{\dfrac{1 \times 340 \times 4}{3.14 \times 0.36^2} - 0.8 \times 90} = 0.0208$$

由 $m=\dfrac{d^2}{d_e^2}$，得 $d_e=\dfrac{d}{\sqrt{m}}=\dfrac{0.36}{\sqrt{0.0208}}=2.496$

由 $d_e=1.13l$，得 $l=\dfrac{d_e}{1.13}=2.209\text{m}$

4. 答案（D）

解：据《建筑地基处理技术规范》(JGJ 79—2012)第7.1.5条计算。

$$4.5+0.95+1.2+1.1+0.5=8.25\text{m}$$

桩顶位于地表，桩端位于8.25m处，R_a 为：

$$\begin{aligned}R_a &= u_p\sum q_{si}l_i+\alpha_p q_p A_p\\
&=3.14\times 0.36\times(26\times 4.5+18\times 0.95+28\times 1.2+32\times 1.1+38\times 0.5)+\\
&\quad 1\times 1300\times\dfrac{3.14}{4}\times 0.36^2\\
&=383.09\text{kN}\end{aligned}$$

5. 答案（A）

解：据《建筑地基处理技术规范》(JGJ 79—2012)第7.1.5条计算。

由 $f_{spk}=\lambda m\dfrac{R_a}{A_p}+\beta(1-m)f_{sk}$，得：

$$m=\dfrac{f_{spk}-\beta f_{sk}}{\lambda R_a/A_p-\beta f_{sk}}=\dfrac{210-0.75\times 100}{1\times 250\times 4/(3.14\times 0.5^2)-0.75\times 100}=0.1126$$

6. 答案（B）

解：据《建筑地基处理技术规范》(JGJ 79—2012)第7.1.5条计算。

由 $f_{spk}=\lambda m\dfrac{R_a}{A_p}+\beta(1-m)f_{sk}$，得：

$$m=\dfrac{f_{spk}-\beta f_{sk}}{\lambda R_a/A_p-\beta f_{sk}}=\dfrac{180-0.75\times 80}{(40\times 160)/(3.14\times 0.5\times 0.5)-0.75\times 80}=0.159$$

7. 答案（A）

解：据《建筑地基处理技术规范》(JGJ 79—2012)第7.1.5条及第7.1.6条计算。

由 $f_{spk}=\lambda m\dfrac{R_a}{A_p}+\beta(1-m)f_{sk}$，得：

$$\begin{aligned}R_a &= \dfrac{A_p}{\lambda m}[f_{spk}-\beta(1-m)f_{sk}]\\
&= \dfrac{3.14\times 0.5^2}{4\times 0.2}\times[180-0.4\times(1-0.2)\times 80]=151.5\text{kN}\end{aligned}$$

$$f_{cu}\geqslant 4\dfrac{\lambda R_a}{A_p}=4\times\dfrac{1\times 151.5\times 4}{3.14\times 0.5^2}=3087\text{kPa}$$

8. 答案（C）

解：据《建筑地基处理技术规范》(JGJ 79—2012)第7.1.5条计算。

由桩周土及桩端土抗力所提供的承载力：

$$\begin{aligned}R_a &= u_p\sum q_{si}l_i+\alpha q_p A_p\\
&=3.14\times 0.6\times(7\times 3+6\times 6+8\times 6)+0.5\times 150\times\dfrac{3.14\times 0.6^2}{4}=219\text{kN}\end{aligned}$$

由桩身材料强度确定的单桩承载力：

$$R_a=\eta f_{cu}A_p=0.25\times 2640\times\dfrac{3.14\times 0.6^2}{4}=186.5\text{kN}$$

取两者的较小值，$R_a = 186.5\text{kN}$

9. 答案（C）

解： 据《建筑地基处理技术规范》(JGJ 79—2012)第7.1.5条、第7.3.3条计算。

由桩身强度确定单桩承载力：

$$R_a = \eta f_{cu} A_p = 0.25 \times 4548 \times \frac{3.14}{4} \times 0.6^2 = 321.3\text{kN}$$

复合地基承载力：

$$f_{spk} = \lambda m \frac{R_a}{A_p} + \beta(1-m)f_{sk}$$

$$= 1.0 \times 0.3 \times \frac{321.3}{3.14 \times 0.6^2/4} + 0.75 \times (1-0.3) \times 75 = 380.5\text{kPa}$$

10. 答案（B）

解： 据《建筑地基处理技术规范》(JGJ 79—2002)第11.2.9条计算。

$$n = f_{pk}/f_{sk} = E_{pk}/E_{sk} = 168/2.25 = 74.7$$

$$E_{spk} = [1+m(n-1)]E_{sk} = [1+0.21 \times (74.7-1)] \times 2.25 \times 10^3 = 37073.3\text{kPa}$$

$$s_1 = \frac{(p_z + p_{z1})l}{2E_{sp}} = \frac{(114+40) \times 12}{2 \times 37073.3} = 0.02492\text{m} = 2.492\text{cm}$$

$$s = s_1 + s_2 = 2.492 + 12.2 = 14.692\text{cm}$$

注：此题按2002版规范出题，新版规范已删除该计算公式。

11. 答案（C）

解： 据《建筑地基处理技术规范》(JGJ 79—2012)第7.1.5条、第7.3.3条计算。

由 $f_{spk} = \lambda m \frac{R_a}{A_p} + \beta(1-m)f_{sk}$，得：

$$R_a = \frac{A_p}{\lambda m}[f_{spk} - \beta(1-m)f_{sk}]$$

$$= \frac{3.14 \times 0.5^2}{4 \times 0.18} \times [160 - 0.5 \times (1-0.18) \times 70] = 143.15\text{kN}$$

由 $R_a = \eta f_{cu} A_p$，得：

$$f_{cu} = \frac{R_a}{\eta A_p} = \frac{143.15}{0.25 \times \frac{3.14}{4} \times 0.5^2} = 2917.68\text{kPa} = 2.91\text{MPa}$$

12. 答案（B）

解： 据《建筑地基处理技术规范》(JGJ 79—2012)第7.1.5条计算。

单桩承载力：

$$R_a = u_p \sum q_{si} l_i + \alpha_p q_p A_p$$

$$= \pi \times 0.5 \times (5 \times 20 + 10 \times 25) + 1.0 \times 250 \times \frac{1}{4}\pi \times 0.5^2 = 598.87\text{kN}$$

由 $f_{spk} = \lambda m \frac{R_a}{A_p} + \beta(1-m)f_{sk}$，得：

$$m = \frac{f_{spk} - \beta f_{sk}}{\frac{\lambda R_a}{A_p} - \beta f_{sk}} = \frac{320 - 0.8 \times 100}{\frac{598.87}{0.196} - 0.8 \times 100} = 0.0807$$

$$d_e = \frac{d}{\sqrt{m}} = \frac{0.5}{\sqrt{0.0807}} = 1.76\text{m}$$

$$s = \frac{d_e}{1.05} = 1.68\text{m}$$

13. 答案(C)

解:据《建筑地基处理技术规范》(JGJ 79—2012)第7.1.5条计算。

$$m = \frac{f_{spk} - \beta f_{sk}}{\frac{\lambda R_a}{A_p} - f_{sk}} \times 100\% = \frac{150 - 0.6 \times 60}{\frac{200}{0.385} - 0.6 \times 60} \times 100\% = 23.6\%$$

14. 答案(B)

解:据《建筑地基处理技术规范》(JGJ 79—2002)第11.2.9条计算。

$$m = \frac{d^2}{d_e^2} = \frac{0.5^2}{(1.05 \times 1.2)^2} = 0.157$$

$$E_{sp} = mE_p + (1-m)E_s = 0.157 \times 90 \times 10^3 + (1-0.157) \times 2.5 \times 10^3 = 16237.5\text{kPa}$$

$$s_1 = \frac{(p_z + p_{z1})l}{2E_{sp}} = \frac{(80+15) \times 15}{2 \times 16237.5} = 0.0438\text{m} = 43.8\text{mm}$$

注:2012版规范已取消该知识点。

15. 答案(B)

解:据《建筑地基处理技术规范》(JGJ 79—2012)第7.1.5条、第7.3.3条计算。

$$R_a = \eta f_{cu} A_p = 0.25 \times 2400 \times \frac{\pi}{4} \times 0.5^2 = 117.75\text{kN}$$

$$R_a = u_p \sum q_{si} l_i + \alpha q_p A_p = 0.5 \times 3.14 \times 9 \times 12 + 0.5 \times 70 \times \frac{3.14}{4} \times 0.5^2 = 176.4\text{kN}$$

单桩承载力取 $R_a = 117.75\text{kN}$

由 $f_{spk} = \lambda m \frac{R_a}{A_p} + \beta(1-m)f_{sk}$,得:

$$m = \frac{f_{spk} - \beta f_{sk}}{\frac{\lambda R_a}{A_p} - \beta f_{sk}} \times 100\% = \frac{150 - 0.75 \times 70}{\frac{117.75}{0.19625} - 0.75 \times 70} \times 100\% = 17.8\%$$

16. 答案(B)

解:据《建筑地基处理技术规范》(JGJ 79—2012)第7.1.5条、第7.3.3条计算。

$$R_a = u_p \sum q_{si} l_i + \alpha q_p A_p$$

$$= 0.6 \times 3.14 \times (4.0 \times 10 + 10 \times 3 + 12 \times 1) + 0.4 \times 200 \times \frac{3.14}{4} \times 0.6^2 = 177.096\text{kN}$$

$$R_a = \eta f_{cu} A_p = 0.25 \times 1.98 \times 10^3 \times \frac{3.14}{4} \times 0.6^2 = 139.887\text{kN}$$

取 $R_a = 140\text{kN}$

17. 答案(A)

解:据《建筑地基处理技术规范》(JGJ 79—2012)第7.1.5条计算。

$$m = \frac{f_{spk} - \beta f_{sk}}{\frac{\lambda R_a}{A_p} - \beta f_{sk}} = \frac{180 - 0.5 \times 40}{\frac{120 \times 4}{3.14 \times 0.5^2} - 0.5 \times 40} = 0.27$$

$$d_e = \frac{d}{\sqrt{m}} = \frac{0.5}{\sqrt{0.27}} = 0.96\text{m}, \quad s = \frac{d_e}{1.13} = \frac{0.96}{1.13} = 0.85\text{m}$$

18. 答案(C)

解:防渗心墙水力比降 $i = (40-10)/2 = 15$

渗透速度 $v = ki = 1 \times 10^{-7} \times 15 = 1.5 \times 10^{-6}$ cm/s

$$Q = vA = 1.5 \times 10^{-6} \times 10 \times 10^2 \times 100 \times 10^2 = 15 \text{cm}^3/\text{s} = 1.296 \text{m}^3/\text{d}$$

19. 答案(B)

解：据《建筑地基处理技术规范》(JGJ 79—2012)第7.1.5条、第7.4.3条计算。

按桩身材料计算的单桩竖向承载力特征值：

$$R_a = \frac{1}{4\lambda} f_{cu} A_p = 0.25 \times 3.96 \times 10^3 \times 3.14 \times 0.3^2 = 279.8 \text{kN}$$

按桩周土的强度计算的单桩竖向承载力特征值：

$$R_a = u_p \sum q_{si} l_i + \alpha_p q_p A_p = 3.14 \times 0.6 \times (17 \times 3 + 20 \times 5 + 25 \times 2) + 500 \times 3.14 \times 0.3^2$$
$$= 520.0 \text{kN}$$

取最小值，$R_a = 279.8 \text{kN}$

20. 答案(B)

解：据《建筑地基处理技术规范》(JGJ 79—2012)第7.7.2条计算。

(1) 单桩承载力：

按桩身强度：$R_a \leq \frac{1}{4\lambda} f_{cu} A_p = \frac{1}{4} \times 26.67 \times 1000 \times 3.14 \times 0.25^2 = 1308.3 \text{kN}$

按土对桩的承载力确定：

$$R_a = u_p \sum q_{si} l_i + q_p A_p$$
$$= 3.14 \times 0.5 \times (6 \times 8 + 15 \times 3 + 12 \times 3) + 200 \times 3.14 \times 0.25^2 = 241.78 \text{kN}$$

取 $R_a = 241.78 \text{kN}$

(2) 面积置换率：

由 $f_{spk} = \lambda m \frac{R_a}{A_p} + \beta(1-m) f_{sk}$，得：

$$180 = m \times \frac{1 \times 241.78}{3.14 \times 0.25^2} + 0.8 \times (1-m) \times 50$$

即 $m = 0.117$

21. 答案(C)

解：据《建筑地基处理技术规范》(JGJ 79—2012)第7.3.3条计算。

(1) 单桩承载力：

按桩身强度确定：$R_a = \eta f_{cu} A_p = 0.25 \times 0.96 \times 1000 \times 3.14 \times 0.3^2 = 67.8 \text{kN}$

按土对桩的承载力确定：

$$R_a = u_p \sum q_{si} l_i + \alpha_p q_p A_p$$
$$= 3.14 \times 0.6 \times (6 \times 8 + 15 \times 3 + 12 \times 3) + 0.4 \times 200 \times 3.14 \times 0.3^2 = 265.6 \text{kN}$$

取 $R_a = 67.8 \text{kN}$

(2) 面积置换率：

$$d_e = 1.05 s = 1.05 \times 1 = 1.05 \text{m}, \quad m = \frac{d^2}{d_e^2} = \frac{0.6^2}{1.05^2} = 0.3265$$

(3) 复合地基承载力：

$$f_{spk} = \lambda m \frac{R_a}{A_p} + \beta(1-m) f_{sk} = 0.3265 \times \frac{67.8}{3.14 \times 0.3^2} + 0.6 \times (1-0.3265) \times 50 = 98.5 \text{kPa}$$

22. 答案(B)

解：据《建筑地基处理技术规范》(JGJ 79—2012)第7.1.5条、第7.3.3条计算。

$$R_a = u_p \sum q_{si} l_{pi} + \alpha q_p A_p$$
$$= 3.14 \times 0.6 \times (0.6 \times 4.0 + 20.0 \times 3.0 + 15.0 \times 1.0) + (0.4 \sim 0.6) \times 200 \times 3.14 \times 0.3^2$$
$$= 186.52 + (0.4 \sim 0.6) \times 56.52 = 209.13 \sim 220.43 \text{kN}$$
$$R_a = \eta f_{cu} A_p = 0.3 \times 1.0 \times 1000 \times 3.14 \times 0.3^2 = 84.78 \text{kN}, 取小值$$
$$m = \frac{f_{spk} - \beta f_{sk}}{R_a/A_p - \beta f_{sk}} = \frac{100 - 0.6 \times 50}{300 - 0.6 \times 50} = \frac{70}{270} = 25.9\%$$
$$d_e = \sqrt{d^2/m} = \sqrt{0.6^2/0.259} = 1.18 \text{m}, s = d_e/1.05 = 1.18/1.05 = 1.12 \text{m}$$

23. 答案(B)

解：据《建筑地基处理技术规范》(JGJ 79—2012)第 7.1.5 条计算。

$$f_{spk} = \lambda m \frac{R_a}{A_p} + \beta(1-m)f_{sk} = 1.0 \times m \times \frac{110}{3.14 \times 0.25^2} + 0.5 \times (1-m) \times 70 = 526.2m + 35$$

经深度修正后，复合地基承载力特征值：

$$\eta_d = 1.0, \gamma_m = (1.00 \times 18 + 1.00 \times 8)/2.0 = 13.0 \text{kN/m}^3$$
$$f_a = f_{spk} + \eta_d \gamma_m (d - 0.5) = 526.2m + 35 + 1.0 \times 13 \times (2 - 0.5) = 526.2m + 54.5$$
$$p_k \leq f_a, 即 150 \leq 526.2m + 54.5, m \geq 0.18$$

水泥土搅拌桩可只在基础内布桩。

$$m = \frac{nA_p}{A} = \frac{n \times 0.196}{2 \times 4} = 0.18$$

得 $n = 7.35$ 根，取 $n = 8$ 根。

24. 答案(C)

解：据《建筑地基处理技术规范》(JGJ 79—2012)第 7.3.3 条计算。

$$d_{e1} = 1.05 s_1 = 1.05 \times 1.20 = 1.26 \text{m}, m_1 = \frac{d^2}{d_{e1}^2} = \frac{0.5^2}{1.26^2} = 0.1575$$

$$f_{spk} = \lambda m \frac{R_a}{A_p} + \beta(1-m)f_{sk}$$

$$145 = \frac{1.0 \times 0.1575 \times R_a}{3.14 \times 0.25 \times 0.25} + 0.75 \times (1 - 0.1575) \times 75, 单桩承载力 R_a = 121.6 \text{kPa}$$

$$160 = \frac{m_2 \times 1.0 \times 121.6}{3.14 \times 0.25 \times 0.25} + 0.75 \times (1 - m_2) \times 75, 置换率 m_2 = 0.184$$

$$d_{e2} = \sqrt{\frac{d_e^2}{m_2}} = \sqrt{\frac{0.5 \times 0.5}{0.184}} = 1.16 \text{m}, s_2 = \frac{d_{e2}}{1.05} = \frac{1.16}{1.05} = 1.10 \text{m}$$

25. 答案(C)

解：据《建筑地基处理技术规范》(JGJ 79—2012)第 7.1.5 条、第 7.3.3 条计算。

桩的截面积：$A_p = \frac{3.14 \times 0.6^2}{4} = 0.2826 \text{m}^2$

按桩身强度确定单桩竖向承载力：$R_a = \eta f_{cu} A_p = 0.3 \times 1.8 \times 10^3 \times 0.2826 = 152.6 \text{kN}$

按桩周土和桩端土抗力确定单桩竖向承载力：

$$R_a = u_p q_{si} l_i + \alpha q_p A_p = 3.14 \times 0.6 \times 10 \times 15 + 0.4 \times 40 \times 0.2826 = 287.1 \text{kN}$$

取单桩竖向承载力 $R_a = 152.6 \text{kN}$

面积置换率：$m = \dfrac{f_{spk} - \beta f_{sk}}{\lambda \dfrac{R_a}{A_p} - \beta f_{sk}} = \dfrac{160 - 0.6 \times 60}{1.0 \times \dfrac{152.6}{0.2826} - 0.6 \times 60} = 0.246$

等效圆直径：$d_e = \dfrac{d}{\sqrt{m}} = \dfrac{0.6}{\sqrt{0.246}} = 1.2097\text{m}$

桩间距(三角形布桩)：$s = \dfrac{d_e}{1.05} = \dfrac{1.2097}{1.05} = 1.152\text{m}$

26. 答案(C)

解：据《建筑地基处理技术规范》(JGJ 79—2012)式(7.3.3)计算。

由 $R_a = \eta f_{cu} A_P$，得：

$$f_{cu} = \dfrac{R_a}{\eta A_p} = \dfrac{80}{0.3 \times 3.14 \times 0.3^2} = 943\text{kPa} = 0.943\text{MPa}$$

查图中所给出的曲线，得水泥掺量为25%。

27. 答案(B)

解：据《建筑地基处理技术规范》(JGJ 79—2012)第 7.3.3 条、第 7.1.5 条规定计算。

$R_a = u_p \sum\limits_{i=1}^{n} q_{si} l_{si} + \alpha q_p A_p$
$= 3.14 \times 0.6 \times (6.0 \times 6.0 + 15 \times 1.0) + 0.4 \times 200 \times 3.14 \times 0.3^2 = 118.692\text{kN}$

$R_a = \eta f_{cu} A_p = 0.3 \times 0.8 \times 1000 \times 3.14 \times 0.3^2 = 67.82\text{kN}$

取两者的小值：$R_a = 67.82\text{kN}$

面积置换率：$m = \dfrac{桩的总面积}{承台总面积} = \dfrac{8 \times 3.14 \times 0.3^2}{4 \times 2} = 0.2826$

$f_{spk} = \lambda m \dfrac{R_s}{A_p} + \beta(1-m) f_{ak}$

$= 0.283 \times \dfrac{67.82}{3.14 \times 0.3^2} + 0.4 \times (1 - 0.2826) \times 40 = 79.37\text{kPa}$

则基础承台底最大荷载：$N = f_{spk} A = 79.37 \times 2 \times 4 = 635.42\text{kN}$

28. 答案(C)

解：据《建筑地基处理技术规范》(JGJ 79—2012)第 7.7 节计算。

复合地基的荷载等于复合地基承载力特征值时，说明桩和桩间土的承载力得到完全发挥。

桩的应力：$\dfrac{\lambda R_a}{A_p} = \dfrac{600 \times 0.9}{3.14 \times 0.2^2} = 4299.363\text{kPa}$

土层中的应力：$150 \times 0.8 = 120\text{kPa}$

桩土应力比：$n = \dfrac{4299.363}{120} = 35.8$

29. 答案(C)

解：据《建筑地基处理技术规范》(JGJ 79—2012)第 7.1.5 条计算。

置换率：$m = \dfrac{9 \times 3.14 \times 0.25^2}{5 \times 5} = 0.071$

复合地基的承载力特征值：

$f_{spk} = \lambda m \dfrac{R_a}{A_p} + \beta(1-m) f_{sk}$

$= 0.071 \times \dfrac{500}{3.14 \times 0.25^2} + 0.8 \times (1 - 0.071) \times 100 = 255\text{kPa}$

经深度修正后复合地基承载力特征值：

$$f_a = f_{spk} + \gamma_m(d-0.5) = 255 + 18 \times (2-0.5) = 282\text{kPa}$$

据《建筑地基基础设计规范》(GB 50007—2011)第5.2.2条,轴心荷载作用下:

$$p_k = \frac{F_k + G_k}{A} \leqslant f_a$$

即 $F_k \leqslant Af_a - G_k = 5 \times 5 \times 282 - 5 \times 5 \times 2 \times 20 = 6050\text{kN}$

30. 答案(B)

解:据《建筑地基处理技术规范》(JGJ 79—2012)第7.1.5条计算。

①面积置换率:

$$m = \frac{2 \times \frac{3.14 \times 0.4^2}{4}}{2.4 \times 1.6} = 0.0654$$

②复合地基承载力特征值:

$$f_{spk} = \lambda m \frac{R_a}{A_p} + \beta(1-m)f_{sp}$$

$$= 0.9 \times 0.0654 \times \frac{400}{\frac{3.14 \times 0.4^2}{4}} + 1.0 \times (1-0.0654) \times 150 = 327.6\text{kPa}$$

③经修正后的地基承载力特征值:

$$f_{sp} = f_{spk} + \gamma_m(d-0.5) = 327.6 + 18 \times (2-0.5) = 354.6\text{kPa}$$

④条基顶面的竖向荷载:

$$\frac{F_k + G_k}{b} = \frac{F_k + 20 \times 2 \times 2.4}{2.4} = 354.6$$

$$F_k = 755.04\text{kN/m}$$

31. 答案(C)

解:据《建筑地基处理技术规范》(JGJ 79—2012)第7.5.2条计算。

①计算搅拌桩、CFG桩面积置换率

水泥土搅拌桩:$m_1 = \frac{A_{p1}}{s^2} = \frac{4 \times \frac{3.14 \times 0.6^2}{4}}{3^2} = 0.1256$

CFG桩:$m_2 = \frac{A_{p2}}{s^2} = \frac{5 \times \frac{3.14 \times 0.45^2}{4}}{3^2} = 0.0883$

②计算搅拌桩单桩承载力特征值

按桩周土提供承载力确定:

$$R_{a1} = u_p \sum_{i=1}^n q_{si} l_{pi} + \alpha_p q_p A_p$$

$$= 3.14 \times 0.6 \times (8 \times 25 + 2 \times 30) + 0.5 \times 250 \times \frac{3.14 \times 0.6^2}{4} = 525.2\text{kN}$$

按桩身强度确定:

$$R_{a1} = \eta f_{cu} A_p = 0.25 \times 2.0 \times 10^3 \times \frac{3.14 \times 0.6^2}{4} = 141.3\text{kN}$$

取小值,$R_{a1} = 141.3\text{kN}$

③计算复合地基承载力特征值

$$f_{spk} = m_1 \frac{\lambda_1 R_{a1}}{A_{p1}} + m_2 \frac{\lambda_2 R_{a2}}{A_{p2}} + \beta(1-m_1-m_2)f_{sk}$$

$$= 0.1256 \times \frac{1.0 \times 141.3}{\frac{3.14 \times 0.6^2}{4}} + 0.0883 \times \frac{1.0 \times 850}{\frac{3.14 \times 0.45^2}{4}} + 0.90 \times (1 - 0.1256 - 0.0883) \times 200$$

$$= 676.44 \text{kPa}$$

④计算承台可承受最大上部荷载

$$F_k = f_{spk} \cdot A = 676.44 \times (3 \times 3) = 6088 \text{kN}$$

32. 答案(D)

解: 据《建筑地基处理技术规范》(JGJ 79—2012)第7.9.6条、第7.9.7条计算。

①计算搅拌桩、CFG桩面积置换率

CFG桩置换率: $m_1 = \frac{A_{p2}}{s^2} = \frac{5 \times \frac{3.14 \times 0.45^2}{4}}{3^2} = 0.0883$

搅拌桩置换率: $m_2 = \frac{A_{p1}}{s^2} = \frac{4 \times \frac{3.14 \times 0.6^2}{4}}{3^2} = 0.1256$

②计算复合地基承载力特征值

$$f_{spk} = m_1 \frac{\lambda_1 R_{a1}}{A_{p1}} + m_2 \frac{\lambda_2 R_{a2}}{A_{p2}} + \beta(1 - m_1 - m_2) f_{sk}$$

$$= 0.0883 \times \frac{0.8 \times 700}{3.14 \times (0.45/2)^2} + 0.1256 \times \frac{1.0 \times 300}{3.14 \times (0.6/2)^2} + 1.0 \times (1 - 0.0883 - 0.1256) \times 200 = 602 \text{kPa}$$

③计算复合地基压缩模量

压缩模量提高系数: $\xi = \frac{f_{spk}}{f_{ak}} = \frac{602}{200} = 3.01$

处理后压缩模量: $E'_s = 3.01 \times 10 = 30.1 \text{MPa}$

④计算复合地基的沉降量

按照规范提供的方法计算:

$\frac{z}{b} = \frac{8.0}{3/2} = 5.33, l/b = 1$, 查表, $\bar{\alpha} = 0.089$

$$s = \psi_s \frac{p_0}{E_{si}} (z_i \bar{\alpha}_i - z_{i-1} \bar{\alpha}_{i-1}) = 0.4 \times \frac{600}{30.1} \times 4 \times 8.0 \times 0.089 = 22.71 \text{mm}$$

33. 答案(A)

解: 据《建筑地基处理技术规范》(JGJ 79—2012)第7.1.5条、第7.3.3条计算。

面积置换率: $m = \frac{d^2}{d_e^2} = \frac{0.6^2}{(1.13 \times 0.6)^2} = 0.1253$

按桩周土确定单桩承载力特征值:

$$R_a = u_p \sum_{i=1}^{n} q_{si} l_{pi} + \alpha_p q_p A_p$$

$$= 3.14 \times 0.6 \times (15 \times 3 + 30 \times 7) + 0.6 \times 150 \times 3.14 \times 0.3^2 = 505.85 \text{kN}$$

按桩身强度确定单桩承载力特征值:

$$R_a = \eta f_{cu} A_p = 0.25 \times 1500 \times 3.14 \times 0.3^2 = 106 \text{kN}$$

取 $R_a = 106 \text{kN}$

复合地基承载力特征值:

$$f_{spk} = \lambda m \frac{R_a}{A_p} + \beta(1-m) f_{sk}$$

$$= 1.0 \times 0.1253 \times \frac{106}{3.14 \times 0.3^2} + 0.8 \times (1-0.1253) \times 100 = 116.97 \text{kPa}$$

34. 答案(C)

解：据《建筑地基处理技术规范》(JGJ 79—2012)第 7.1.5 条、第 7.3.3 条计算。

按桩身强度计算单桩承载力：

$$R_a = \eta f_{cu} A_p = 0.25 \times 1000 \times 0.71 = 177.5 \text{kN}$$

故取 $R_a = 177.5 \text{kN}$

复合地基承载力特征值：

$$f_{spk} = \lambda m \frac{R_a}{A_p} + \beta(1-m)f_{sk} = 1.0 \times m \times \frac{177.5}{0.71} + 1.0 \times (1-m) \times 60 = 190m + 60$$

按埋深修正后复合地基承载力特征值：

$$f_{spa} = f_{spk} + \eta_d \gamma_m (d - 0.5) = 190m + 60 + 1.0 \times 18 \times (1.5 - 0.5) = 190m + 78$$

基底压力：$p_k = 140 + 20 \times 15 = 170 \text{kPa}$

处理后复合地基应满足 $f_{spa} \geq p_k$，即 $190m + 78 \geq 170$，得 $m \geq 0.484$

计算各选项面积置换率：

$$m_A = \frac{8 \times 0.71}{3.5 \times 4.8} = 0.338, \quad m_B = \frac{7 \times 0.71}{3.5 \times 3.6} = 0.394$$

$$m_C = \frac{4.5 \times 0.71}{1.75 \times 3.6} = 0.507, \quad m_D = \frac{3 \times 0.71}{1.4 \times 2.4} = 0.634$$

35. 答案(D)

解：据《建筑地基处理技术规范》(JGJ 79—2012)第 7.9.6 条计算。

CFG 桩面积置换率：$m_1 = \frac{6 \times 3.14 \times 0.4^2/4}{2 \times 3} = 0.1256$

碎石桩面积置换率：$m_2 = \frac{9 \times 3.14 \times 0.3^2/4}{2 \times 3} = 0.1060$

$$f_{spk} = m_1 \frac{\lambda_1 R_{a1}}{A_{p1}} + \beta[1 - m_1 + m_2(n-1)]f_{sk}$$

$$= 0.1256 \times \frac{0.9 \times 600}{\frac{3.14 \times 0.4^2}{4}} + 1.0 \times [1 - 0.1256 + 0.106 \times (2-1)] \times 120 = 657.65 \text{kPa}$$

复合地基压缩模量提高系数：$\xi = \frac{f_{spk}}{f_{ak}} = \frac{657.65}{100} = 6.6$

36. 答案(B)

解：单根搅拌桩水泥掺量：$m_c = \frac{3.14}{4} \times 0.6^2 \times 12 \times 1.8 \times 0.15 = 0.916 \text{t}$

水泥浆液中水的质量：$m_w = 0.55 m_c = 0.55 \times 0.916 = 0.504 \text{t}$

水泥浆液体积：$V = \frac{0.916}{3} + \frac{0.504}{1} = 0.81 \text{m}^3$

37. 答案(B)

解：据《建筑地基处理技术规范》(JGJ 79—2012)第 7.1.7 条、第 7.1.8 条，《建筑地基基础设计规范》(GB 50007—2011)第 5.3.5 条、附录表 K.0.1-2 计算。

复合地基的压缩模量：$E_{sp} = \zeta E_s = \frac{f_{spk}}{f_{ak}} E_s = \frac{500}{200} \times 12 = 30 \text{MPa}$

见解表。

题 37 解表

z/m	l/b	z/b	$\bar{\alpha}$	$z\bar{\alpha}$	$z_i\bar{\alpha}_i - z_{i-1}\bar{\alpha}_{i-1}$	E_s/MPa
0.0	4.0	0.0	$4\times 0.25=1.00$	0		
12.0	4.0	2.0	$4\times 0.2012=0.8048$	9.6576	9.6576	30
24.0	4.0	4.0	$4\times 0.1485=0.594$	14.256	4.5984	12

变形计算深度范围内压缩模量当量值:$\bar{E}_s = \dfrac{\sum A_i}{\sum \dfrac{A_i}{E_{si}}} = \dfrac{9.6576+4.5984}{\dfrac{9.6576}{30}+\dfrac{4.5984}{12}} = 20\text{MPa}$

沉降计算经验系数:$\psi_s = 0.25$

$$s = \psi_s \sum \dfrac{p_0}{E_{si}}(z_i\bar{\alpha}_i - z_{i-1}\bar{\alpha}_{i-1}) = 0.25\times 450\times\left(\dfrac{9.6576}{30}+\dfrac{4.5984}{12}\right) = 79.33\text{mm}$$

38. 答案(B)

解:据《建筑地基处理技术规范》(JGJ 79—2012)第7.1.5条、第7.3.3条计算。

单桩承载力:$R_a = \eta f_{cu} A_p = 0.25\times 2000\times 3.14\times 0.25^2 = 98.13\text{kN}$

置换率:$m = \dfrac{f_{spk}-\beta\cdot f_{sk}}{\dfrac{\lambda R_a}{A_p}-\beta\cdot f_{sk}} = \dfrac{180-0.5\times 80}{\dfrac{1.0\times 98.13}{0.19625}-0.5\times 80} = 0.3043$

布桩数量:$n = \dfrac{mA}{A_p} = \dfrac{0.3043\times 15\times 12}{0.19625} = 279.1$ 根

39. 答案(C)

解:据《建筑地基处理技术规范》(JGJ 79—2012)第7.1.5条计算。

置换率:$m = \dfrac{3.14\times 0.4^2/4}{1.5\times 1.5} = 0.056$

由 $f_{spk} = \lambda m \dfrac{R_a}{A_p}+\beta(1-m)f_{sk}$,得 $400 = 0.056\times\dfrac{550}{0.1256}+\beta(1-0.056)\times 150$

解得:$\beta = 1.093$(桩顶处实测轴力550kN,即λR_a)

第七讲 注 浆 加 固

1. 答案(B)

解:据题意得:
 $Q = \pi R^2 h\mu\beta\alpha(1-\gamma) = 3.14\times 1.5^2\times 5.4\times 0.24\times 0.85\times 1.2\times(1-0.1) = 8.4\text{m}^3$

2. 答案(B)

解:据《建筑地基处理技术规范》(JGJ 79—2012)第8.2.3条及条文说明计算。

每孔碱液灌注量:$V = \alpha\beta\pi r^2(l+r)n$
$= 0.68\times 1.1\times 3.14\times 0.4^2\times(10+0.4)\times 0.5 = 1.95\text{m}^3$

每立方米碱液的固体烧碱量:$G_s = \dfrac{1000M}{p} = \dfrac{1000\times 0.1}{0.85} = 117.6\text{kg}$

则每孔应灌入固体烧碱量:$1.95\times 117.6 = 229\text{kg}$

3. 答案(C)

解:据《建筑地基处理技术规范》(JGJ 79—2012)第8.2.2条计算。
$$V = (3+2+1)\times(4+2+1)\times 6 = 180\text{m}^3$$

$$\overline{n} = \frac{1}{e_0+1} = \frac{1}{1+1} = 0.5$$

$$Q = \overline{V} n d_{N1} \alpha = 180 \times 0.5 \times 1 \times 0.7 = 63 \text{m}^3$$

4. 答案(B)

解：据《建筑地基处理技术规范》(JGJ 79—2012)第 8.2.3 条计算。

灌注孔长度，从注液管底部到灌注孔底部距离：$l = 4.8 - 1.4 = 3.4$m

孔隙率：$n = \dfrac{e}{1+e} = \dfrac{1.1}{1+1.1} = 0.523$

有效加固半径：$r = 0.6\sqrt{\dfrac{V}{nl \times 10^3}} = 0.6 \times \sqrt{\dfrac{960}{0.523 \times 3.4 \times 10^3}} = 0.44$m

加固土层厚：$h = 3.4 + 0.44 = 3.84$m

5. 答案(C)

解：据《建筑地基处理技术规范》(JGJ 79—2012)第 8.2.3 条第 7 款计算。

孔隙率：$n = \dfrac{e}{1+e} = \dfrac{0.82}{1+0.82} = 0.451$

每孔碱液灌注量：$V = \alpha\beta\pi r^2(l+r)n$
$$= 0.64 \times 1.1 \times 3.14 \times 0.5^2 \times (6-4+0.5) \times 0.451 = 0.623 \text{m}^3$$

第八讲　地基处理检验

1. 答案(A)

解：据《建筑地基处理技术规范》(JGJ 79—2012)附录 B 计算。

施工图设计阶段复合地基承载力特征值应通过现场复合地基荷载试验确定。

从题表可看出，载荷试验的 3 条 p-s 曲线均为平缓的光滑曲线，对于粉土层中的振冲桩复合地基，应取 $s/d = 0.01$ 时的压力为复合地基承载力特征值。

$$s/d = 0.01$$
$$s = 0.01d = 0.01 \times 1.89 = 0.0189 \text{m} = 18.9 \text{mm}$$

第一个测试点：

由 $\dfrac{p_{k1}-250}{300-250} = \dfrac{18.9-18}{25.3-18}$，解得 $p_{k1} = 256.2$ kPa $> \dfrac{500}{2} = 250$ kPa，取 $p_{k1} = 250$ kPa

第二个测试点：

由 $\dfrac{p_{k2}-200}{250-200} = \dfrac{18.9-16.5}{21.5-16.5}$，解得 $p_{k2} = 224$ kPa

第三个测试点：

由 $\dfrac{p_{k3}-150}{200-150} = \dfrac{18.9-15.5}{21-15.5}$，解得 $p_{k3} = 180.9$ kPa

$$p_{km} = \frac{1}{3} \times (250+224+180.9) = 218.3 \text{kPa}$$

$$p_{k1} - p_{k3} = 250 - 180.9 = 69.1 \text{kPa} > 0.3 p_{km} = 65.49 \text{kPa}$$

不能取 p_{km} 作为承载力特征值。

由 p-s 曲线可看出，尾部陡降段起点分别为 450kPa、500kPa、450kPa，分别取其前一级荷载为极限承载力，即 $p_{u1} = 400$ kPa、$p_{u2} = 450$ kPa、$p_{u3} = 400$ kPa。

$$p_{um} = \frac{1}{3} \times (400+450+400) = 416.7 \text{kPa}$$

取 $450-400 = 50\text{kPa} < 0.3 p_{um} = 0.3 \times 416.7 = 125\text{kPa}$

取 $\frac{1}{2} p_{um} = \frac{1}{2} \times 416.7 = 208.35\text{kPa}$

2. 答案(B)

解:据《建筑地基处理技术规范》(JGJ 79—2012)附录 B 计算。

①一根桩处理的面积 $A_e = s_{ax} s_{ay} = 1.2 \times 1.6 = 1.92\text{m}^2$

②直径 $d=1.2\text{m}$ 的承压板面积 $A = \frac{\pi d^2}{4} = \frac{3.14 \times 1.2^2}{4} = 1.13\text{m}^2$

③$1.39\text{m} \times 1.39\text{m}$ 方形承压板面积 $A = 1.39 \times 1.39 = 1.93\text{m}^2$

④$1.2\text{m} \times 1.2\text{m}$ 方形承压板面积 $A = 1.2 \times 1.2 = 1.44\text{m}^2$

⑤直径 $d=1.39\text{m}$ 的圆形承压板面积 $A = \frac{\pi d^2}{4} = \frac{3.14 \times 1.39^2}{4} = 1.52\text{m}^2$

进行单桩复合地基静载试验,承压板面积应取一根桩的等效处理面积,选项(B)正确。

3. 答案(B)

解:据《建筑地基处理技术规范》(JGJ 79—2012)第 B.0.2 条计算。

等效处理直径: $d_e = 1.05S = 1.05 \times 1.20 = 1.26\text{m}$

等效处理面积: $A_e = \frac{\pi}{4} d_e^2 = \frac{3.14}{4} \times 1.26^2 = 1.246\text{m}^2$

三桩处理面积: $3A_e = \frac{\pi}{4} d_e'^2$, $d_e' = \sqrt{\frac{12}{\pi} A_e} = \sqrt{\frac{12}{3.14} \times 1.246} = 2.18\text{m}$

第六篇 土工结构与边坡防护

历年真题

第一讲 路基与土石坝

1.(05C19)采用土钉加固一破碎岩质边坡,其中某根土钉有效锚固长度 $L=4.0$m,该土钉计算承受拉力 $E=188$kN,锚孔直径 $d=108$mm,锚孔壁对砂浆的极限剪应力 $\tau=0.25$MPa,钉才与砂浆间黏结力 $\tau_g=2.0$MPa,钉材直径 $d_b=32$mm,则该土钉抗拔安全系数最接近( )。

(A) $K=0.55$ (B) $K=1.80$ (C) $K=2.37$ (D) $K=4.28$

2.(05C20)如右图所示,一锚杆挡墙肋柱的某支点处垂直于挡墙面的反力 $R_n=250$kN,锚杆对水平方向的倾角 $\beta=25°$,肋柱的竖直倾角 $\alpha=15°$,锚孔直径 $D=108$mm,砂浆与岩层面的极限剪应力 $\tau=0.4$MPa,计算安全系数 $K=2.5$,当该锚杆非锚固段长度为2.0m时,则锚杆设计长度最接近( )。

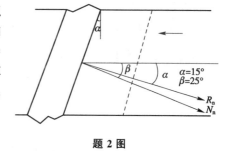

题 2 图

(A) $l\geqslant 1.9$m (B) $l\geqslant 3.9$m
(C) $l\geqslant 4.7$m (D) $l\geqslant 6.7$m

3.(05C23)进行基坑锚杆承载能力拉拔试验时,已知锚杆水平拉力 $T=400$kN,锚杆倾角 $\alpha=15°$,锚固体直径 $D=150$mm,锚杆总长度为18m,自由段长度为6m,安全系数为2.0,在其他因素都已考虑的情况下,锚杆锚固体与土层的平均摩阻力设计值最接近( )。

(A)98kPa (B)146kPa (C)164kPa (D)180kPa

4.(05D20)某风化破碎严重的岩质边坡高 $H=12$m,采用土钉加固,水平与竖直方向均为每间隔1m打一排土钉,共12排,如右图所示,按《铁路路基支挡结构设计规范》(TB 10025—2006)提出潜在破裂面的估算方法,则关于土钉非锚固段长度 L,下列选项( )的计算有误。

(A)第 2 排,$L_2=1.4$m
(B)第 4 排,$L_4=3.5$m
(C)第 6 排,$L_6=4.2$m
(D)第 8 排,$L_8=4.2$m

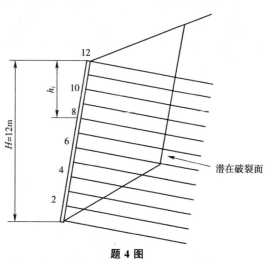

题 4 图

5.(05D21)某土石坝坝基表层土的平均渗透系数为 $k_1=10^{-5}$cm/s,其下的土层渗透

系数为 $k_2=10^{-3}\text{cm/s}$,坝下游各段的孔隙率如下表所列,设计抗渗透变形的安全系数采用 1.75,则下列选项( )段为实测水力比降大于允许渗透比降的土层分段。

题 5 表

地基土层分段	表层土的土粒相对密度 d_s	表层土的孔隙率 n	实测水力比降 J_i	表层土的允许渗透比降
Ⅰ	2.70	0.524	0.42	
Ⅱ	2.70	0.535	0.43	
Ⅲ	2.72	0.524	0.41	
Ⅳ	2.70	0.545	0.48	

(A)Ⅰ段　　　(B)Ⅱ段　　　(C)Ⅲ段　　　(D)Ⅳ段

6.(05D23)在加筋土挡墙中,水平布置的塑料土工格栅置于砂土中,已知单位宽度的拉拔力为 $T=130\text{kN/m}$,作用于格栅上的垂直应力为 $\sigma_v=155\text{kPa}$,土工格栅与砂土间摩擦系数为 $f=0.35$,问当抗拔安全系数为 1.0 时,按《铁路路基支挡结构设计规范》(TB 10025—2006),该土工格栅的最小锚固长度最接近( )。

(A)0.7m　　　(B)1.2m　　　(C)1.7m　　　(D)2.4m

7.(06C25)如下图所示,某山区公路路基宽度 $b=20\text{m}$,下伏一溶洞,溶洞跨度 $b=8\text{m}$,顶板为近似水平厚层状裂隙不发育坚硬完整的岩层,现设顶板岩体的抗弯强度为 4.2MPa,顶板总荷重为 $Q=19000\text{kN/m}$,在安全系数为 2.0 时,按梁板受力抗弯情况(设最大弯矩 $M=\frac{1}{12}Qb^2$)计算得溶洞顶板的最小安全厚度最接近( )。

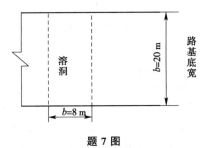

题 7 图

(A)5.4m　　　(B)4.5m　　　(C)3.3m　　　(D)2.7m

8.(07D17)某土坝坝基由两层土组成,上层土为粉土,孔隙比 0.667,相对密度 2.67,层厚 3.0m,第二层土为中砂,土石坝上下游水头差为 3.0m,为保证坝基的渗透稳定,下游拟采用排水盖重层措施,如安全系数取 2.0,根据《碾压式土石坝设计规范》(DL/T 5395—2007),排水盖重层(其重度 18.5kN/m³)的厚度最接近( )。

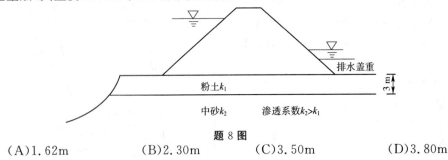

题 8 图

(A)1.62m　　　(B)2.30m　　　(C)3.50m　　　(D)3.80m

9.(08C19)一填方土坡相应于下图的圆弧滑裂面时,每延长米滑动土体的总重量 $W=250\text{kN/m}$,重心距滑弧圆心水平距离为 6.5m,计算的安全系数为 $F_{su}=0.8$,不能满足抗滑稳定而要采取加筋处理,要求安全系数达到 $F_{sr}=1.3$。按照《土工合成材料应用技术规范》(GB/T 50290—2014),采用设计容许抗拉强度为 19kN/m 的土工格栅以等间距布置时,土工格栅的最少层数接近( )。

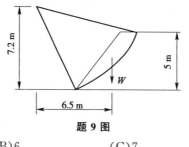

题 9 图

(A)5　　　　(B)6　　　　(C)7　　　　(D)8

10.(08C20)高速公路排水沟呈梯形断面,设计沟内水深 1.0m,过水断面面积 $W=2.0m^2$,湿周 $\chi=4.10m$,沟底纵坡 0.5%,排水沟粗糙系数 $n=0.025$,该排水沟的最大流速最接近于( )。

(A)1.67m/s　　(B)3.34m/s　　(C)4.55m/s　　(D)20.5m/s

11.(08D21)如右图所示的加筋土挡土墙,拉筋间水平及垂直间距 $S_x=S_y=0.4m$,填料重度 $\gamma=19kN/m^3$,综合内摩擦角 $\varphi=35°$,按《铁路路基支挡结构设计规范》(TB 10025—2006),深度 4m 处的拉筋拉力最接近( )。

(注:拉筋拉力峰值附加系数取 $k=1.5$。)

(A)3.9kN　　　(B)4.9kN
(C)5.9kN　　　(D)6.9kN

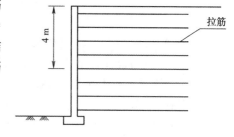

题 11 图

12.(09C20)某填方高度为 8m 的公路路基垂直通过一作废的混凝土预制厂,在地面高程原建有 30 个钢筋混凝土梁,梁下有 53m 深灌注桩,为了避免路面不均匀沉降,在地梁上铺设聚苯乙烯(泡沫)板块(EPS),路基填土重度 18.4 kN/m³。据计算,在地基土 8m 填方的荷载下,沉降量为 15cm,忽略地梁本身的沉降,EPS 的平均压缩模量为 $E_s=500$ kPa,为消除地基不均匀沉降,在地梁上铺设聚苯乙烯的厚度为( )。

(A)150mm　　(B)350mm　　(C)550mm　　(D)750mm

13.(09D19)小型均质土坝的蓄水高度为 16m,流网如下图所示,流网中水头梯度等势线间隔数为 $M=22$,从下游算起等势线编号见下图,土坝中 G 点处于第 20 条等势线上,其位置在地面以上 11.5m,G 点的孔隙水压力接近( )。

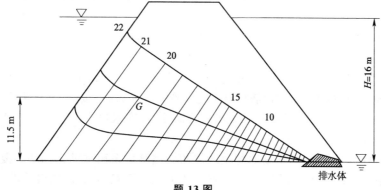

题 13 图

(A)30kPa　　　　(B)45kPa　　　　(C)115kPa　　　　(D)145kPa

14. (09D20)山区重力式挡土墙自重 200kN/m,经计算墙背主动土压力水平分力 E_x = 200kN/m,竖向分力 E_y = 80kN/m,挡土墙基底倾角 15°,基底摩擦系数 0.65,该情况的抗滑移稳定性安全系数最接近（　　）。

(注：不计墙前土压力。)

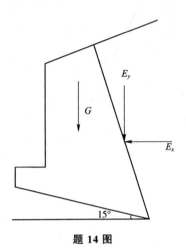

题 14 图

(A)0.9　　　　(B)1.3　　　　(C)1.7　　　　(D)2.2

15. (10D19)设计一个坡高 15m 的填方土坡,用圆弧条分法计算得到的最小安全系数为 0.89,对应的滑动力矩为 36000kN·m/m,圆弧半径为 37.5m,为此需要对土坡进行加筋处理,如下图所示,如果要求的安全系数为 1.3,按照《土工合成材料应用技术规范》(GB/T 50290—2014)计算,1 延米填方需要的筋材总加筋力最接近下列（　　）。

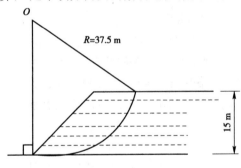

题 15 图

(A)1400kN/m　　(B)1000kN/m　　(C)454kN/m　　(D)400kN/m

16. (10D21)在软土地基上快速填筑了一路堤,建成后 70d 观测的平均沉降为 120mm,140d 观测的平均沉降为 160mm。已知固结度 $U_t \geq 60\%$,可按照太沙基的一维固结理论公式 $U=1-0.81e^{-at}$ 预测其后期沉降量和最终沉降量,则此路堤最终沉降量 s 最接近下列（　　）。

(A)180mm　　　(B)200mm　　　(C)220mm　　　(D)240mm

17. (12C20)假定筋材上土层厚 3.5m,加筋土的重度 γ = 19.5kN/m³,筋材与填土的摩擦系数 μ = 0.35,筋材宽度为 B = 10cm,设计筋材与土受到的拉力为 35kN,按《土工合成材料应用技术规范》(GB/T 50290—2014)的相关要求,筋材在破裂面外的有效长度为（　　）。

(A)6.5m　　　　(B)7.5m　　　　(C)9.5m　　　　(D)11.5m

18. (12D20)如下图所示,某场地的填筑体的支挡结构采用加筋土挡墙。复合土工带拉筋间的水平间距与垂直间距分别为 0.8m 和 0.4m,土工带宽 10cm。填料重度 18kN/m³,综合内摩擦角32°。拉筋与填料间的摩擦系数为0.26,拉筋拉力峰值附加系数为2.0。根据《铁路路基支挡结构设计规范》(TB 10025—2006),按照内部稳定性验算,深度6m处的最短拉筋长度接近下列( )。

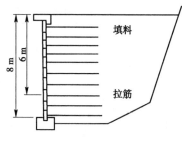

题 18 图

(A)3.5m (B)4.2m (C)5.0m (D)5.8m

19.(13C19)如下图所示某碾压土石坝的地基为双层结构,表层土④的渗透系数 k_1 小于下层土⑤的渗透系数 k_2,表层土④厚度为4m,饱和重度为19kN/m³,孔隙率为0.45;土石坝下游坡脚处表层土④的顶面水头为2.5m,该处底板水头为5m。安全系数取2.0,按《碾压式土石坝设计规范》(DL/T 5395—2007)计算下游坡脚排水盖重层②的厚度不小于下列( )。

(注:盖重层②饱和重度取19kN/m³。)

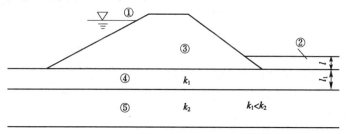

题 19 图

(A) 0m (B) 0.75m (C) 1.55m (D) 2.65m

20.(13C20)某高填方路堤公路选线时发现某段路堤附近有一溶洞,如下图所示,溶洞顶板岩层厚度为2.5m,岩层上覆土层厚度为3.5m,顶板岩体内摩擦角为40°,对一级公路安全系数取为1.25,根据《公路路基设计规范》(JTG D30—2015),该路堤坡脚与溶洞间的最小安全距离 L 不小于( )。

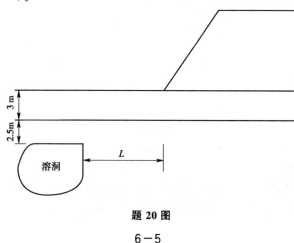

题 20 图

(A) 4.0m (B) 5.0m (C) 6.0m (D) 7.0m

21.(13D20)一种粗砂的粒径大于 0.5mm,颗粒的质量超过总质量的 50%,细粒含量小于 5%,级配曲线如下图所示。这种粗粒土按照铁路路基填料分组应属于下列( )。

题 21 图

(A) A 组填料 (B) B 组填料 (C) C 组填料 (D) D 组填料

22.(13D21)如右图所示河堤由黏性土填筑而成,河道内侧正常水深 3.0m,河底为粗砂层,河堤下卧两层粉质黏土层,其下为与河底相通的粗砂层,其中粉质黏土层①的饱和重度为 19.5kN/m³,渗透系数为 2.1×10^{-5} cm/s;粉质黏土层②的饱和重度为 19.8kN/m³,渗透系数为 3.5×10^{-5} cm/s,试问河内水位上涨深度 H 的最小值接近下列哪个选项时,粉质黏土层①将发生渗流破坏?( )

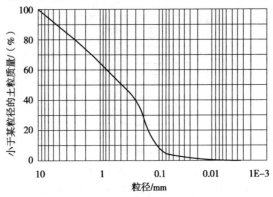

题 22 图

(A) 4.46m (B) 5.83m
(C) 6.40m (D) 7.83m

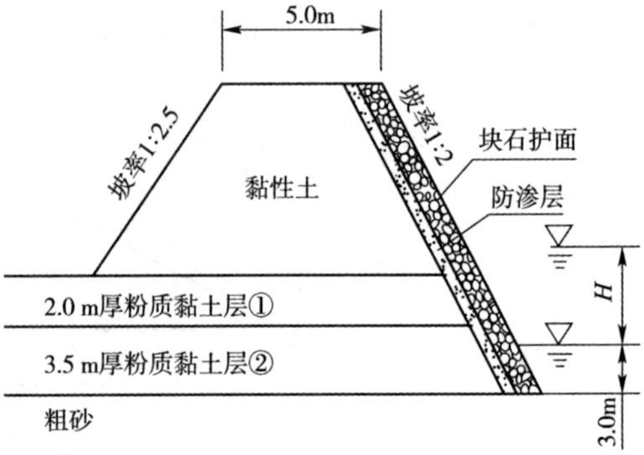

23.(14C18)某土坝的坝体为黏性土,坝壳为砂土,其有效孔隙率 $n=40\%$,原水(▽1)时流网如下图所示,根据《碾压式土石坝设计规范》(DL/T 5395—2007),当库水位骤降至 B 点以下时,坝内 A 点的孔隙水压力最接近以下哪个选项?( )

(A) 300kPa (B) 330kPa (C) 370kPa (D) 400kPa

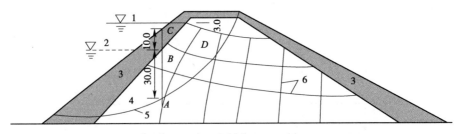

题 23 图

1-原水位;2-剧降后水位;3-坝壳(砂土);4-坝体(黏性土);5-滑裂面;6-水位降落前的流网

注:图中尺寸单位为 m,D 点到原水位线的垂直距离为 3.0m

24.(14C20)如下图所示,某填土边坡,高 12m,设计验算时采用圆弧条分法分析,其最小安全系数为 0.88,对应每延米的抗滑力矩为 22000kN·m,圆弧半径为 25.0m,不能满足该边坡稳定要求,拟采用加筋处理,等间距布置10层土工格栅,每层土工格栅的水平拉力均按45kN/m考虑,按照《土工合成材料应用技术规范》(GB 50290—1998),该边坡加筋处理后的稳定安全系数最接近下列哪个选项?(　　)

(A)1.1　　　　(B)1.2　　　　(C)1.3　　　　(D) 1.4

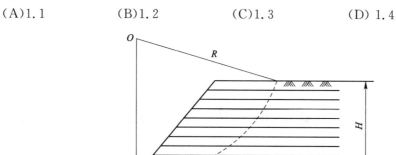

题 24 图

25.(14D15)某公路路堤位于软土地区,路基中心高度为3.5m,路基填料重度为20kN/m³,填土速率约为0.04m/s,路线地表下0~2m为硬塑黏土,2.0~8.0m为流塑状态软土,软土不排水抗剪强度为18kPa,路基地基采用常规预压法处理,用分层总和法计算地基主固结沉降量为20cm,如公路通车时软土固结度达到70%,根据《公路路基设计规范》(JTG D30—2015),则此时的地基沉降量最接近(　　)。

(A)14cm　　　　(B)17cm　　　　(C)19cm　　　　(D)20cm

26.(14D17)如下图所示某铁路边坡高8m,岩体节理发育,重度为22kN/m³,主动土压力系数为0.36。采用土钉墙支护,墙面坡率为1:0.4,墙背摩擦面25°。土钉成孔直径90mm。其方向垂直于墙面,水平和垂直间距均为1.5m,浆体与孔壁间黏结强度设计值为200kPa,采用《铁路路基支挡结构设计规范》(TB 10025—2006)计算距墙顶4.5m处、6m长土钉AB的抗拔安全系数最接近于(　　)。

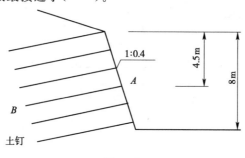

题 26 图

(A)1.1　　　　(B)1.4　　　　(C)1.7　　　　(D)2.0

27.(14D20)某Ⅰ级铁路路基,拟采用土工格栅加筋土挡墙的支挡结构,高10m,土工格栅的上下册间距为1.0m,拉筋与填料间$c=5$kPa,拉筋与填料间的$\varphi=15°$,重度为21kN/m³,经计算,6m深度处的水平土压应力为75kPa,据《铁路路基支挡结构设计规范》(TB 10025—2006),深度6m处的拉筋的水平回折包裹长度的计算值最接近(　　)。

(A)1.0m　　　　(B)1.5m　　　　(C)2m　　　　(D)2.5m

28.(17C14)某高填土路堤,填土高度5m,上部等效附加荷载按30kPa考虑,无水平附加荷载,采用满铺水平复合土工织物按1m厚度等间距分层加固,已知填土重度18kN/m³,侧

压力系数 K_a=0.6,不考虑土工布自重,地下水位在填土以下,综合强度折减系数为3.0,则按《土工合成材料应用技术规范》(GB/T 50290—2014)选用的土工织物极限抗拉强度及铺设合理组合方式最接近下列哪个选项?(　　)

(A)上面2m单层80kN/m,下面3m双层80kN/m

(B)上面3m单层100kN/m,下面2m双层100kN/m

(C)上面2m单层120kN/m,下面3m双层120kN/m

(D)上面3m单层120kN/m,下面2m双层120kN/m

第二讲　土　压　力

1.(03C28)一铁路路堤挡土墙墙背仰斜角 α 为9°,如下图所示,墙后土内摩擦角 φ 为40°,墙背与填料间摩擦角 δ 为20°,当墙后填土表面为水平连续均布荷载时,按库仑理论计算,其破裂角 θ 应接近于(　　)。

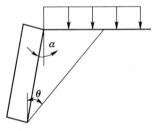

题1图

(A)25°52′　　(B)30°08′　　(C)32°22′　　(D)45°00′

2.(03D27)一铁路路提挡土墙(下图)高6.0m,墙背仰斜角 α 为9°,墙后填土重度 γ 为18kN/m³,内摩擦角 φ 为40°,墙背与填料间摩擦角 δ 为20°,填土破裂角 θ 为31°08′,当墙后填土表面水平且承受连续均布荷载时(换算土柱高 h_0=3.0m),按库仑理论计算其墙背水平方向主动土压力 E_x 应最接近(　　)。

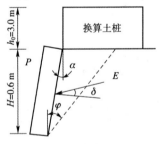

题2图

(A)18kN/m　　(B)92.6kN/m　　(C)94.3kN/m　　(D)141.9kN/m

3.(04C28)某25m高的均质岩石边坡,采用锚喷支护,侧向岩石压力合力水平分力标准值(即单宽岩石侧压力)为2000kN/m,若锚杆水平间距 S_{xj}=4.0m,垂直间距 S_{yj}=2.5m,距坡顶4m深度处单根锚杆所受水平拉力标准值最接近(　　)。

(A)200kN　　(B)400kN　　(C)600kN　　(D)710kN

4.(06D21)有一重力式挡土墙墙背垂直光滑,无地下水。打算使用两种墙背填土。一种是黏土,c=20kPa,φ=22°;另一种是砂土,c=0,φ=38°。重度都是20kN/m³,墙高 H 等于(　　)时,采用黏土填料和砂土填料的墙背总主动土压力两者基本相等。

(A)3.0m　　　　(B)7.8m　　　　(C)10.7m　　　　(D)12.4m

5.(07D20)如下图所示,重力式挡土墙墙高8m,墙背垂直、光滑,填土与墙顶平,填土为砂土,$\gamma=20$kN/m³,内摩擦角$\varphi=36°$,该挡土墙建在岩石边坡前,岩石边坡坡脚与水平方向夹角为70°,岩石与砂填土间摩擦角为18°,计算作用于挡土墙上的主动土压力最接近于( )。

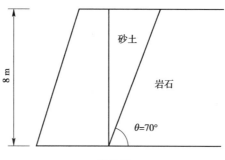

题 5 图

(A)166kN/m　　(B)298kN/m　　(C)157kN/m　　(D)213kN/m

6.(08C17)一墙背垂直光滑的挡土墙,墙后填土面水平,如下图所示。上层填土为中砂,厚$h_1=2$m,重度$\gamma_1=18$kN/m³,内摩擦角为$\varphi_1=28°$;下层为粗砂,$h_2=4$m,$\gamma_2=19$kN/m³,$\varphi_2=31°$。无地下水下层粗砂层作用在墙背上的总主动土压力E_{a2}最接近于( )。

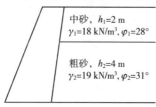

题 6 图

(A)65kN/m　　(B)87kN/m　　(C)95kN/m　　(D)106kN/m

7.(08D19)有黏质粉性土和砂土两种土料,其重度都等于18kN/m³,砂土$c_1=0$kPa,$\varphi_1=35°$;黏质粉性土$c_2=20$kPa,$\varphi_2=20°$。对于墙背垂直光滑和填土表面水平的挡土墙,对应于( )的墙高时,用两种土料作墙后填土计算的作用于墙背的总主动土压力值正好是相同的。

(A)6.6m　　　　(B)7.0m　　　　(C)9.8m　　　　(D)12.4m

8.(08D20)在饱和软黏土地基中开槽建造地下连续墙,槽深8.0m,槽中采用泥浆护壁,已知软黏土的饱和重度为16.8kN/m³,$c_u=12$kPa,$\varphi_u=0°$。对于如下图所示的滑裂面,保证槽壁稳定的最小泥浆密度最接近于( )。

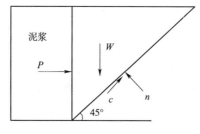

题 8 图

(A)1.00g/cm³　　(B)1.08g/cm³　　(C)1.12g/cm³　　(D)1.22g/cm³

9.(09C17)有一码头的挡土墙,墙高 5m,墙背垂直光滑,墙后为充填的砂($e=0.9$),填土表面水平,地下水与填土表面平齐,已知砂的饱和重度 $\gamma=18.7kN/m^3$,内摩擦角 $\varphi=30°$,当发生强烈地震时,饱和的松砂完全液化,如不计地震惯性力,液化时每延长米墙后总水平力是(　　)。
(A)78kN　　　　(B)161kN　　　　(C)203kN　　　　(D)234kN

10.(09C18)有一码头的挡土墙,墙高 5m,墙背垂直光滑,墙后为充填的松砂,填土表面水平,地下水位与墙顶平齐,已知:砂的孔隙比为 0.9,饱和重度 $\gamma_{sat}=18.7kN/m^3$,内摩擦角 $\varphi=30°$,强震使饱和松砂完全液化,震后松砂沉积变密实,孔隙比 $e=0.65$,内摩擦角 $\varphi=35°$,震后墙后水位不变,墙后每延米上的主动土压力和水压力之和是(　　)。
(A)68kN　　　　(B)120kN　　　　(C)150kN　　　　(D)160kN

11.(09D18)有一分离式墙面的加筋土挡墙(墙面只起装饰和保护作用),墙高 5m,整体式混凝土墙面距包裹式加筋墙体的水平距离为 10cm,其间充填孔隙率为 $n=0.4$ 的砂土,由于排水设施失效,10cm 间隙充满了水,此时作用于每延长米墙面的总水压力是(　　)。
(A)125kN　　　　(B)5kN　　　　(C)2.5kN　　　　(D) 50kN

12.(10C20)如下图所示重力式挡土墙和墙后岩石陡坡之间填砂土,墙高 6m,墙背倾角 60°,岩石陡坡倾角 60°,砂土 $\gamma=17kN/m^3$,$\varphi=30°$,砂土与墙背及岩坡间的摩擦角均为 15°,该挡土墙上的主动土压力合力 E_a 与下列哪个选项接近?(　　)

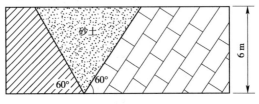

题 12 图

(A)250kN/m　　　(B)217kN/m　　　(C)187kN/m　　　(D)83kN/m

13.(10D20)如下图所示的挡土墙,墙背竖直光滑,墙后填土水平,上层填 3m 厚的中砂,重度为 $18kN/m^3$,$\varphi=28°$;下层填 5m 厚的粗砂,重度为 $19kN/m^3$,$\varphi=32°$。5m 粗砂层作用在挡土墙上的总主动土压力最接近下列哪个选项中的值?(　　)

题 13 图

(A)172kN/m　　　(B)168kN/m　　　(C)16kN/m　　　(D)156kN/m

14.(11C20)如右图所示,重力式挡土墙,墙高 8m,墙背垂直光滑,填土与墙顶平,填土为砂土 $\gamma=20kN/m^3$,内摩擦角 $\varphi=36°$。该挡土墙建在岩石边坡前,岩石边坡坡脚与水平方向夹角为 $\theta=70°$,岩石与砂填土间摩擦角为 18°。作用于挡土墙上的主动土压力最接近于下列哪个数值?(　　)
(A)166kN/m　　　(B)298kN/m
(C)157kN/m　　　(D)213kN/m

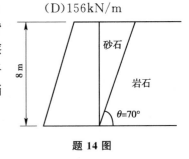

题 14 图

15.(12C19)有一重力式挡土墙,墙背垂直光滑。填土面水平。地表荷载 $q=49.4\text{kPa}$,无地下水,拟使用两种墙后填土,一种是黏土 $c_1=20\text{kPa}$,$\varphi_1=12°$,$\gamma_1=19\text{kN/m}^3$,另一种是砂土 $c_2=0\text{kPa}$,$\varphi_2=30°$,$\gamma_2=21\text{kN/m}^3$。当采用黏土填料和砂土填料的墙总主动土压力两者基本相等时,墙高 h 最接近下列哪个选项?( )

  (A)4.0m   (B)6.0m   (C)8.0m   (D)10.0m

16.(12D17)如图所示,挡墙背直立、光滑,墙后的填料为中砂和粗砂,厚度分别为 $h_1=3\text{m}$ 和 $h_2=5\text{m}$,重度和内摩擦角如下图所示。土体表面受到均匀满布荷载 $q=30\text{kPa}$ 的作用,试问荷载 q 在挡墙上产生的主动土压力接近下列哪个选项?( )

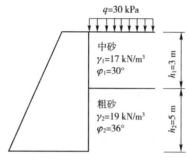

题 16 图

  (A)49kN/m   (B)59kN/m   (C)69kN/m   (D)79kN/m

17.(12D18)某建筑旁有一稳定的岩石山坡,坡角60°,依山拟建挡土墙,墙高6m,墙背倾角75°,墙后填料采用砂土,重度 20kN/m^3,内摩擦角28°,土与墙背间的摩擦角为15°,土与山坡间的摩擦角为12°,墙后填土高度5.5m。挡土墙墙背主动土压力最接近下列哪个选项?( )

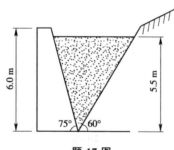

题 17 图

  (A)160kN/m   (B)190kN/m   (C)220kN/m   (D)260kN/m

18.(12D19)如下图所示,挡墙墙背直立、光滑,填土表面水平。填土为中砂,重度为 18kN/m^3,饱和重度为 $\gamma_{sat}=20\text{kN/m}^3$,内摩擦角 $\varphi=32°$。地下水位距离墙顶 3m。作用在墙上的总的水土压力(主动)接近下列哪个选项?( )

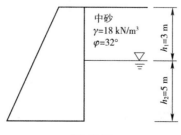

题 18 图

(A)180kN/m (B)230kN/m (C)270kN/m (D)310kN/m

19.(13C18)某带卸荷台的挡土墙,如下图所示,$H_1=2.5$m,$H_2=3$m,$L=0.8$m,墙后填土的重度$\gamma=18$kN/m³,$c=0$,$\varphi=20°$。按朗肯土压力理论计算,挡土墙墙后 BC 段上作用的主动土压力合力最接近下列哪个选项?(   )

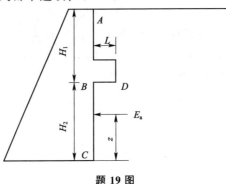

题 19 图

(A)93kN (B)106kN (C)121kN (D)134kN

20.(13D18)某砂土边坡,高 4m,如下图所示(尺寸单位为 mm),原为钢筋混凝土扶壁式挡土结构,建成后其变形过大,在采取水平预应力锚索(锚索水平间距为 2m)进行加固,砂土的重度为 20kN/m³,$c=0$,$\varphi=20°$。按朗肯土压力理论,锚索的预拉锁定值达到下列哪个选项时,砂土将发生被动破坏?(   )

(A) 210kN (B) 280kN (C) 435kN (D) 870kN

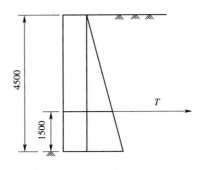

题 20 图

21.(13D19)某建筑岩质边坡如下图所示,已知软弱结构面黏聚力$c=20$kPa,内摩擦角$\varphi_s=35°$,与水平夹角$\theta=45°$,滑裂体自重$G=2000$kN/m,作用于支护结构上每延米的主动岩石压力合力标准值最接近下列哪个选项?(   )

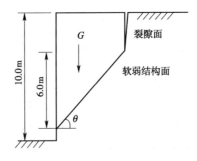

题 21 图

(A) 212kN/m (B) 252kN/m (C) 275kN/m (D) 326kN/m

22. (16C18)某悬臂式挡土墙高 6.0m,墙后填砂土,并填成水平面,其 $\gamma=20\text{kN/m}^3$,$c=0$,$\varphi=30°$,墙踵下缘与墙顶内缘的连线与垂直线的夹角 $\alpha=40°$,墙与土的摩擦角 $\delta=10°$。假定第一滑动面与水平面夹角 $\beta=45°$,第二滑动面与垂直面夹角 $\alpha_{cr}=30°$,则滑动土体 BCD 作用于第二滑动面的土压力合力最接近以下哪个选项?(   )

(A) 150kN/m (B) 180kN/m (C) 210kN/m (D) 260kN/m

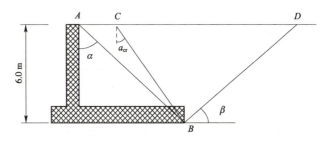

题 22 图

23. (16C19)海港码头高 5.0m 的挡土墙如下图所示,墙后填土为充填的饱和砂土,其饱和重度为 18kN/m³,$c=0$,$\varphi=30°$,墙土间摩擦角 $\delta=15°$,地震时充填砂土发生了完全液化,不计地震惯性力,在砂土完全液化时作用于墙后的水平总压力最接近于下面哪个选项?(   )

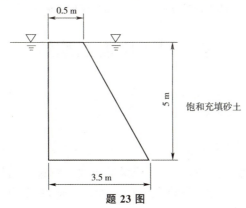

题 23 图

(A) 33kN/m (B) 75kN/m (C) 158kN/m (D) 225kN/m

24. (16C21)如下图所示,某河流挡水坝,上游水深 1m,AB 高度为 4.5m,坝后河床为砂土,其 $\gamma_{sat}=21\text{kN/m}^3$,$\varphi'=30°$,$c'=0$,砂土中有自上而下的稳定渗流,A 到 B 的水力坡降为 0.1,按朗肯土压力理论估算作用在该挡水坝背面 AB 段的总水平压力接近下列哪个选项?(   )

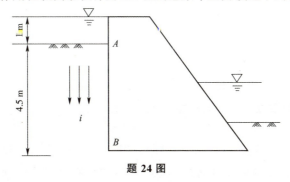

题 24 图

(A) 70kN/m (B) 75kN/m (C) 176kN/m (D) 183kN/m

25.(17C21)如图所示,挡墙背直立、光滑,填土表面水平,墙高 $H=6\mathrm{m}$,填土为中砂,天然重度 $\gamma=18\mathrm{kN/m^3}$,饱和重度 $\gamma_{sat}=20\mathrm{kN/m^3}$,水上水下内摩擦角均为 $\varphi=32°$,黏聚力 $c=0$。挡土墙建成后如果地下水位上升到 $4\mathrm{m}$ 时,作用在挡土墙上的压力与无水位时相比,增加的压力最接近下列哪个选项?( )

(A)10kN/m　　(B)60kN/m　　(C)80kN/m　　(D)100kN/m

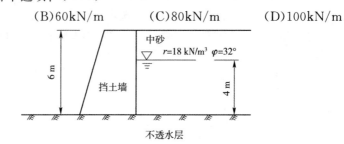

题 25 图

26.(17D18)某重力式挡土墙,墙高 6m,墙背垂直光滑,墙后填土为松砂,填土表面水平,地下水与填土表面齐平,已知松砂的孔隙比 $e_1=0.9$,饱和重度 $\gamma_1=18.5\mathrm{kN/m^3}$,内摩擦角 $\varphi_1=30°$,挡土墙后饱和松砂采用不加填料振冲法加固,加固后墙后松砂振冲变密实,孔隙比 $e_2=0.6$,内摩擦角 $\varphi_2=35°$。加固后墙后水位标高假设不变,按朗肯土压力理论,则加固前后墙后每延米上的主动土压力变化值最接近下列哪个选项?( )

(A)0kN/m　　(B)6kN/m　　(C)16kN/m　　(D)36kN/m

第三讲　平面滑动法

1.(03C23)岩体边坡稳定性常用等效内摩擦角 φ_d 来评价。今有一高 10m 水平砂岩层的边坡,砂岩的密度为 $2.50\mathrm{g/cm^3}$,内摩擦角 $35°$,黏聚力 $16\mathrm{kPa}$,计算得出的岩体等效内摩擦角等于( )。

(A)35°20′　　(B)41°40′　　(C)52°20′　　(D)62°20′

2.(03C24)路堤剖面如下图所示,用直线滑动面法验算边坡的稳定性。已知条件:边坡坡高 $H=10\mathrm{m}$,边坡坡率 1∶1,路堤填料重度 $\gamma=20\mathrm{kN/m^3}$,黏聚力 $c=10\mathrm{kPa}$,内摩擦角 $\varphi=25°$。直线滑动面的倾角 θ 等于( )时,稳定系数 K 值为最小。

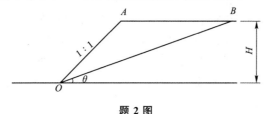

题 2 图

(A)24°　　(B)28°　　(C)32°　　(D)36°

3.(04C23)松砂填土土堤边坡高 $H=4.0\mathrm{m}$,填料重度 $\gamma=20\mathrm{kN/m^3}$,内摩擦角 $\varphi=35°$,黏聚力 $c\approx 0$,边坡坡角接近( )时边坡稳定系数最接近于 1.25。

(A)25°45′　　(B)29°15′　　(C)32°30′　　(D)33°42′

4.(04C27)用砂性土填筑的路堤(见下图),高度为 3.0m,顶宽 26m,坡率为 1∶1.5,采用直线滑动面法检算其边坡稳定性,$\varphi=30°$,$c=0.1\mathrm{kPa}$,假设滑动面倾角 $\theta=25°$,滑动面以上土体重 $W=52.2\mathrm{kN/m}$,滑面长 $L=7.1\mathrm{m}$,则抗滑动稳定系数 K 为( )。

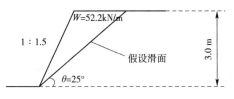

题 4 图

(A)1.17　　　(B)1.27　　　(C)1.37　　　(D)1.47

5.(04D28)在裂隙岩体中滑面 S 倾角为 $30°$,已知岩体重力为 $1200kN/m$,当后缘垂直裂隙充水高度 $h=10m$ 时,下滑力最接近(　　)。

(A)1030kN/m　　(B)1230kN/m　　(C)1430kN/m　　(D)1630kN/m

6.(05C21)由两部分组成的土坡断面如下图所示,假设破裂面为直线进行稳定性计算,已知坡高为 8m,边坡斜率为 1:1,两种土的重度均为 $\gamma=20kN/m^3$,黏土的黏聚力 $c=12kPa$,内摩擦角 $\varphi=22°$,砂土的黏聚力 $c=0$,内摩擦角 $\varphi=35°$,$\theta=30°$,则下列(　　)中直线滑裂面对应的抗滑稳定安全系数最小。

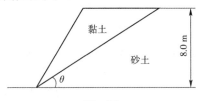

题 6 图

(A)与水平地面夹角 $25°$ 的直线

(B)与水平地面夹角为 $30°$ 的直线在砂土侧破裂

(C)与水平地面夹角为 $30°$ 的直线在黏性土一侧破裂

(D)与水平地面夹角为 $35°$ 的直线

7.(06C21)现需设计一个无黏性土的简单边坡,已知边坡高度为 10m,土的内摩擦角 $\varphi=45°$,黏聚力 $c=0$,当边坡坡角 θ 最接近于(　　)时,其安全系数 $F_s=1.3$。

(A)$45°$　　　(B)$41.4°$　　　(C)$37.6°$　　　(D)$22.8°$

8.(06D19)无限长土坡如下图所示,土坡坡角为 $30°$,砂土与黏土的重度都是 $18kN/m^3$,砂土 $c_1=0$,$\varphi_1=35°$,黏土 $c_2=30kPa$,$\varphi_2=20°$,黏土与岩石界面的 $c_3=25kPa$,$\varphi_3=15°$,如果假设滑动面都是平行于坡面,则最小安全系数的滑动面位置将相应位于(　　)。

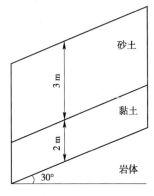

题 8 图

(A)砂土层中部　　　　　　　　(B)砂土与黏土界面在砂土一侧

(C)砂土与黏土界面在黏土一侧　　　　(D)黏土与岩石界面上

9.(06D20)有一岩石边坡,坡率1∶1,坡高12m,存在一条夹泥的结构面,如下图所示,已知单位长度滑动土体重量为740kN/m,结构面倾角35°,结构面内夹层$c=25$kPa,$\varphi_2=18°$,在夹层中存在静水头为8m的地下水,则该岩坡的抗滑稳定系数最接近(　　)。

(注:假定在边坡结构面的剪出口处无水渗出。)

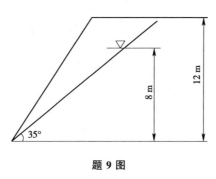

题 9 图

(A)1.94　　　　(B)1.48　　　　(C)1.27　　　　(D)1.12

10.(06D25)某Ⅱ类岩石边坡坡高22m,坡顶水平,坡面走向N10°E,倾向SE,坡角65°,发育一组优势硬性结构面,走向为N10°E,倾向SE,倾角58°,岩体的内摩擦角$\varphi=34°$,试按《建筑边坡工程技术规范》(GB 50330—2013)估算得边坡坡顶塌滑边缘至坡顶边缘的距离L值最接近(　　)。

(A)3.5m　　　　(B)8.3m　　　　(C)11.7m　　　　(D)13.7m

11.(06D26)某岩石滑坡代表性剖面如下图所示,由于暴雨使其后缘垂直张裂缝瞬间充满水,滑坡处于极限平衡状态(即滑坡稳定系数$K_s=1.0$),经测算,滑面长度$L=52$m,胀裂缝深度$d=12$m,每延长米滑体自重为$G=15000$kN/m,滑面倾角$\theta=28°$,滑面岩体的内摩擦角$\varphi=25°$,计算得滑面岩体的黏聚力与(　　)最接近。

(注:假定滑动面不透水,水的重度可按10kN/m³计。)

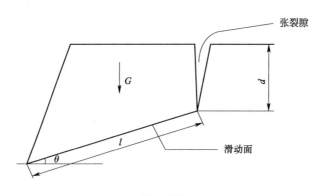

题 11 图

(A)24kPa　　　　(B)28kPa　　　　(C)32kPa　　　　(D)36kPa

12.(07C20)某很长的岩质边坡受一组节理控制,节理走向与边坡走向平行,如下图所示,地表出露线距边坡顶边缘线20m,坡顶水平,节理面与坡面交线和坡顶的高差为40m,与坡顶的水平距离10m,节理面内摩擦角35°,黏聚力$c=70$kPa,岩体重度为23kN/m³,则验算得抗滑稳定安全系数最接近(　　)。

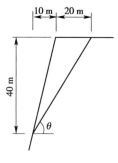

题 12 图

(A)0.8　　　　(B)1.0　　　　(C)1.2　　　　(D)1.3

13.(10C17)岩质边坡由泥质粉砂岩与泥岩互层组成为不透水边坡,边坡后部有充满水的竖直拉裂带(见下图),静水压力 P_w 为 1125kN/m,可能滑动的层面上部岩体重量 W 为 22000kN/m,层面摩擦角 φ 为 22°,$c=20$kPa,其安全系数最接近下列哪个选项的数值?(　　)

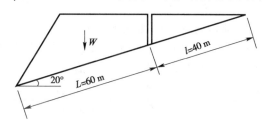

题 13 图

(A)$K=1.09$　　(B)$K=1.17$　　(C)$K=1.27$　　(D)$K=1.37$

14.(11C18)某很长的岩质边坡的断面形状如下图所示。岩体受一组走向与边坡平行的节理面所控制,节理面的内摩擦角为 35°,黏聚力为 70kPa,岩体重度为 23kN/m³。边坡沿节理面的抗滑稳定系数最接近下列哪个选项?(　　)

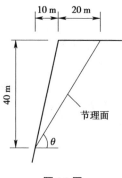

题 14 图

(A)0.8　　　　(B)1.0　　　　(C)1.2　　　　(D)1.3

15.(11D17)现需设计一无黏性土的简单边坡,已知边坡高度为 10m,土的内摩擦角为 45°,黏聚力 $c=0$,当边坡坡角 β 最接近于下列(　　)选项时,其稳定安全系数 $F_s=1.3$。

(A)45°　　　　(B)41.4°　　　　(C)37.6°　　　　(D)22.8°

16.(11D18)纵向很长的土坡剖面上取一条块,如下图所示,土坡坡角为 30°。砂土与黏土的重度都是 18kN/m³。砂土 $c_1=0$,$\varphi_1=35°$;黏土 $c_2=30$kPa,$\varphi_2=20°$;黏土与岩石界面 $c_2=25$kPa,$\varphi_2=15°$。假设滑动面都平行于坡面,请计算论证最小安全系数的滑动面位置将相应于下列( )。

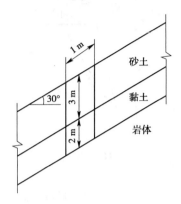

题 16 图

(A)砂土层中部　　　　　　　　(B)砂土与黏土界面,在砂土一侧
(C)砂土与黏土界面,在黏土一侧　(D)黏土与岩石界面上

17.(12C18)如图所示,岩质边坡高 12m,坡面坡率为 1∶0.5,坡顶 BC 水平,岩体重度 $\gamma=23kN/m^3$,滑动面 AC 的倾角为 $\beta=42°$,测得滑动面材料饱水时的内摩擦角 $\varphi=18°$,岩体的稳定安全系数为 1.0 时,滑动面黏聚力最接近下列( )数值。

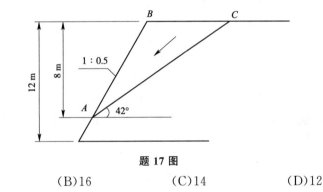

题 17 图

(A)18　　　　(B)16　　　　(C)14　　　　(D)12

18.(14C21)如下图所示路堑岩石边坡坡顶 BC 水平,已测得滑面 AC 的倾角 $\beta=30°$,滑面内摩擦角 $\varphi=18°$,黏结力 $c=10kPa$,滑体岩石重度 $\gamma=22kN/m^3$。原设计开挖坡面 BE 的坡率为 1∶1,滑面出露点 A 距坡顶 $H=10m$。为了增加公路路面宽度,将坡率改为 1∶0.5。试问坡率改变后边坡沿滑面 DC 的抗滑安全系数 K_2 与原设计沿滑面 AC 的抗滑安全系数 K_1 之间的正确关系是下列( )。

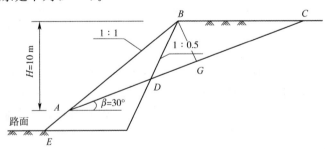

题 18 图

(A) $K_1=0.8K_2$　(B) $K_1=1.0K_2$　(C) $K_1=1.2K_2$　(D) $K_1=1.5K_2$

19.(16C20)一无限长砂土坡,坡面与水平面夹角为 α,土的饱和重度 $\gamma_{sat}=21kN/m^3$,$\varphi=30°$,$c=0$,地下水沿土坡表面渗流,当要求砂土坡稳定系数 K_s 为1.2时,α 角最接近下列( )。

  (A)14.0°   (B)16.5°   (C)25.5°   (D)30.0°

20.(17C19)图示某硬质岩石边坡结构面 BFD 的倾角 $\beta=30°$,内摩擦角 $\varphi=15°$,黏聚力 $c=16kPa$,原设计开挖坡面 ABC 的坡率1:1,块体 BCD 沿 BFD 的抗滑安全系数 $K_1=1.2$。为了增加公路路面宽度,将坡面改到 EC,坡率变为1:0.5。块体 CFD 自重 $W=520kN/m$,如果要求沿结构面 FD 的抗滑安全系数 $K=2.0$,需增加的锚索拉力 P 最接近下列( )(锚索下倾角 $\lambda=20°$)

  (A)145kN/m   (B)245kN/m   (C)345kN/m   (D)445kN/m

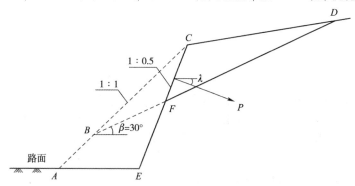

题 20 图

21.(17C20)某一滑坡体体积为12000m³,重度为20kN/m³,滑面倾角为35°,内摩擦角 $\varphi=30°$,黏聚力 $c=0$,综合水平地震系数 $\alpha_w=0.1$ 时,按《建筑边坡工程技术规范》(GB 50330—2013),计算该滑坡体在地震作用时的稳定系数最接近下列哪个选项?( )

  (A)0.52   (B)0.67   (C)0.82   (D)0.97

22.(17D20)如下图所示临水库岩质边坡内有一控制节理面,其水位与水库的水位齐平,假设节理面水上和水下的内摩擦角 $\varphi=30°$,黏聚力 $c=130kPa$,岩体重度 $\gamma=20kN/m^3$,坡顶高程为40.0m,坡脚高程为0.0m,水库水位从30.0m降到10.0m时,节理面的水位保持原水位,按《建筑边坡工程技术规范》(GB 50330—2013)相关要求,该边坡沿节理面的抗滑稳定安全系数下降值最接近下列哪个选项?( )

  (A)0.45   (B)0.60   (C)0.75   (D)0.90

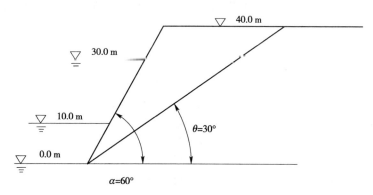

题 22 图

第四讲 折线滑动法

1.(02C17)某一滑坡面为折线的单个滑坡,拟设计抗滑结构物,其主轴断面及作用力参数如下列图表所示,取计算安全系数为 1.05 时,按《岩土工程勘察规范》(GB 50021—2001)(2009年版)的公式和方法计算,其最终作用在抗滑结构物上的滑坡推力 P_3 的值最接近(　　)。

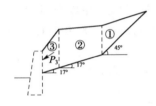

题1图

题1表

序 号	下滑分力 T/(kN/m)	抗滑力 R/(kN/m)	滑面倾角 θ/(°)	传递系数 ψ
①	12000	5500	45	0.733
②	17000	19000	17	1.0
③	2400	2700	17	

(A)3874kN/m　　(B)4200kN/m　　(C)5050kN/m　　(D)5170kN/m

2.(10C19)有一部分浸水的砂土坡,坡率为 1:1.5,坡高 4m,水位在 2m 处,水上、水下砂土的内摩擦角均为 $\varphi=38°$;水上砂土重度 $\gamma=18$kN/m³,水下砂土饱和重度 $\gamma=20$kN/m³,用传递系统法计算沿如下图所示的折线滑动面滑动的安全系数最接近于下列(　　)选项中的数值。

(注:已知 $W_2=1000$kN,$P_1=560$kN,$\alpha_1=38.7°$,$\alpha_2=15.0°$,P_1 为第一块传递到第二块上的推力,W_2 为第二块已知扣除浮力的自重。)

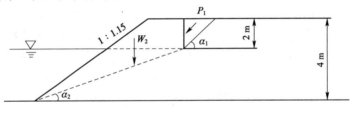

题2图

(A)1.17　　(B)1.04　　(C)1.21　　(D)1.52

3.(16D17)如图所示某折线形均质滑坡,第一块的剩余下滑力为 1150kN/m,传递系数为 0.8,第二块的下滑力为 6000kN/m,抗滑力为 6600kN/m。现拟挖除第三块滑体,在第二块滑块末端采用拉滑桩方案,抗滑桩间距为 4m,悬臂段高度 8m。如果取边块稳定安全系数 $F_{st}=1.35$,剩余下滑力在桩上的分布按矩形分布,按《建筑边坡支护技术规范》(GB 50330—2013)计算作用在抗滑桩上相对于嵌固段顶部 A 点的力矩最接近下列(　　)。

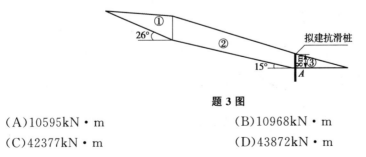

题3图

(A)10595kN·m　　　　　　(B)10968kN·m
(C)42377kN·m　　　　　　(D)43872kN·m

第五讲 圆弧滑动法

1. (07C18)饱和软黏土坡度为1∶2,坡高10m,不排水抗剪强度 $c_u=30$kPa,土的天然重度为 18kN/m³,水位在坡脚以上6m,已知单位土坡长度滑坡体水位以下土体体积 $V_B=144.11$m³/m,与滑动圆弧的圆心距离为 $d_B=4.44$m,在滑坡体上部有 3.33m 的拉裂缝,缝中充满水,水压力为 P_w,滑坡体水位以上的体积为 $V_A=41.92$m³/m,圆心距为 $d_A=13$m,如下图所示,用整体圆弧法计算土坡沿着该滑裂面滑动的安全系数最接近于( )。

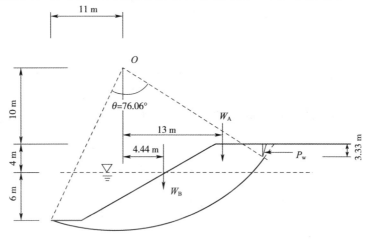

题 1 图

(A) 0.94　　　　　　　　　　(B) 1.33
(C) 1.39　　　　　　　　　　(D) 1.51

2. (07C21)如下图所示倾角为 28°的土坡,由于降雨,土坡中地下水发生平行于坡面方向的渗流,利用圆弧条分法进行稳定分析时,其中第 i 条高度为 6m,作用在该条底面上的孔隙水压力最接近于( )。

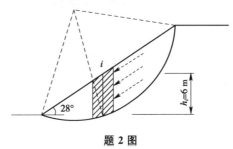

题 2 图

(A) 60kPa　　　　　　　　　(B) 53kPa
(C) 47kPa　　　　　　　　　(D) 30kPa

3. (09C19)用简单圆弧法作黏土边坡稳定性分析,如下图所示,圆弧的半径 $R=30$m,第 i 土条的宽度为 2m,过滑弧的中心点切线渗流水面和土条顶部与水平线的夹角均为 30°,土条的水下高度为 7m,水上高度为 3.0m,已知黏土在水位上、下的天然重度均为 $\gamma=20$kN/m³,黏聚力 $c=22$ kPa,内摩擦角 $\varphi=25°$,该土条的抗滑力矩是( )。

(A) 3000kN·m　　　　　　　(B) 4110kN·m
(C) 4680kN·m　　　　　　　(D) 6360kN·m

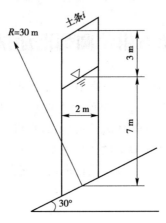

题 3 图

4. (11C19)如下图所示一个坡角为 28°的均质土坡,由于降雨,土坡中地下水发生平行于坡面方向的渗流,利用圆弧条分法进行稳定分析时,其中第 i 条块高度为 6m,作用在该条块底面上的孔隙水压力最接近于下面哪一数值?( )

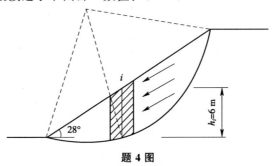

题 4 图

(A)60kPa (B)53kPa (C)47kPa (D)30kPa

5. (17D17)在黏土的简单圆弧条分法计算边坡稳定中,滑弧的半径为 30m,第 i 土条的宽度为 2m,过滑弧底中心的切线、渗流水面和土条顶部与水平方向所成夹角都是 30°。土条水下高度为 7m,水上高度为 3m。黏土的天然重度和饱和重度 $\gamma=20$kN/m³,计算的第 i 土条滑动力矩最接近于下列哪个选项?( )

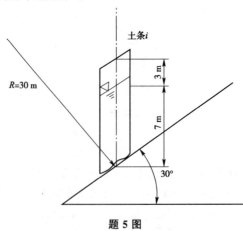

题 5 图

(A)4800kN·m/m   (B)5800kN·m/m
(C)6800kN·m/m   (D)7800kN·m/m

第六讲 重力式支挡结构

1.(03C27)一位于干燥高岗的重力式挡土墙,如挡土墙的重力 W 为156kN,其对墙趾的力臂 x_0 为0.8m,作用于墙背的主动土压力垂直分力 E_{ay} 为18kN,其对墙趾的力臂 x_f 为1.2m,作用于墙背的主动土压力水平分力 E_{ax} 为35kN,其对墙址的力臂 z_f 为2.4m,墙前被动土压力忽略不计。则该挡土墙绕墙趾的倾覆稳定系数 K_0 最接近( )。

(A)1.40   (B)1.50   (C)1.60   (D)1.70

2.(03D23)一非浸水重力式挡土墙,墙体重力 W 为180kN,墙后主动土压力水平分力 E_x 为75kN,墙后主动土压力垂直分为 E_y 为12kN,墙基底宽度 B 为1.45m,基底合力偏心距 e 为0.2m,地基容许承载力 $[\sigma]$ 为290kPa,则挡土墙趾部压应力 σ_1 与地基容许承载 $[\sigma]$ 的数值关系与( )最接近。

(A)$\sigma_1=0.08[\sigma]$ (B)$\sigma_1=0.78[\sigma]$ (C)$\sigma_1=0.83[\sigma]$ (D)$\sigma_1=1.11[\sigma]$

3.(03D24)一锚杆挡墙肋柱高 $H=5.0$m,宽 $a=0.5$m,厚 $b=0.2$m,打三层锚杆,其锚杆支点处反力均 R_a 均为150kN,锚杆对水平方向的倾角 β 均为10°,肋柱竖直倾角 α 为5°,肋柱重度 γ 为25kN/m³。为简化计算,不考虑肋柱所受到的摩擦力和其他阻力(见下图),在这种假设前提下,肋柱基底压应力的估算结果最接近( )。

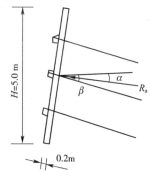

题 3 图

(A)256kPa   (B)269kPa   (C)519kPa   (D)1331kPa

4.(04C26)重力式挡墙如下图所示,挡墙底面与土的摩擦系数 $\mu=0.4$,墙背与填土间摩擦角 $\delta=15°$,则抗滑移稳定系数最接近下列( )。

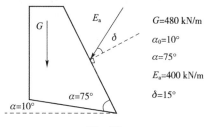

题 4 图

(A)1.20   (B)1.25   (C)1.30   (D)1.35

5.(04D29)如下图所示为某一墙面直立,墙顶面与土堤顶面齐平的重力式挡墙高3.0m、顶宽1.0m、底宽1.6m,已知墙背主动土压力水平分力 $E_x=175$kN/m,竖向分力 $E_y=55$kN/m,墙身自重 $W=180$kN/m,挡土墙抗倾覆稳定性系数最接近下列( )。

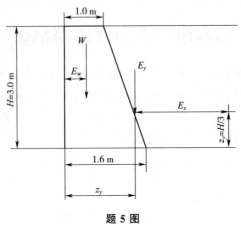

题 5 图

(A)1.05   (B)1.12   (C)1.20   (D)1.30

6.(05C22)如下图所示,一重力式挡土墙底宽 $b=4.0$m,地基为砂土,如果单位长度墙的自重为 $G=212$kN,对墙趾力臂 $x_0=1.8$m,作用于墙背主动土压力垂直分量 $E_{az}=40$kN,力臂 $x_f=2.2$m,水平分量 $E_{ax}=106$kN,力臂 $z_f=2.4$m(在垂直、水平分量中均已包括水的侧压力),墙前水位与基底平,墙后填土中水位距基底 3.0m,假定基底面以下水的扬压力为三角形分布,墙趾前被动土压力忽略不计,则该墙绕墙趾倾覆的稳定安全系数最接近( )。

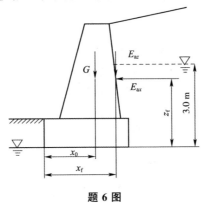

题 6 图

(A)1.1   (B)1.2   (C)1.5   (D)1.8

7.(06D22)重力式挡土墙的断面如下图所示,墙基底倾角 6°,墙背面与竖直方向夹角 20°,用库仑土压力理论计算得到单位长度的总主动土压力为 $E_a=200$kN/m,墙体单位长度自重 300kN/m,墙底与地基土间摩擦系数为 0.33,墙背面与土的摩擦角为 15°,计算得该重力式挡土墙的抗滑稳定安全系数最接近( )。

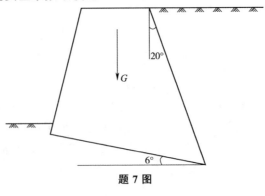

题 7 图

(A)0.50　　　　(B)0.66　　　　(C)1.10　　　　(D)1.20

8.(06D23)有一个如下图所示的水闸,宽度为10m,闸室基础至上部结构的每延长米不考虑浮力的总自重为2000kN/m,上游水位 $H=10$m,下游水位 $h=2$m,地基土为均匀砂质粉土,闸底与地基土摩擦系数为0.4,不计上下游土的水平土压力,验算得其抗滑稳定安全系数最接近(　　)。

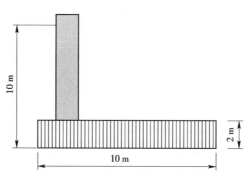

题 8 图

(A)1.67　　　　(B)1.57　　　　(C)1.27　　　　(D)1.17

9.(07C19)如下图所示,某重力式挡土墙墙高5.5m,墙体单位长度自重 $W=164.5$kN/m,作用点距墙前趾 $x=1.29$m,底宽2.0m,墙背垂直光滑,墙后填土表面水平,填土重度为18kN/m³,黏聚力 $c=0$kPa,内摩擦角 $\varphi=35°$,设墙基为条形基础,不计墙前埋深段的被动土压力,墙底面最大压力最接近(　　)。

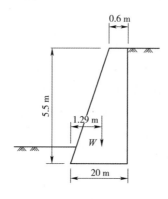

题 9 图

(A)82.25kPa　　(B)165kPa　　(C)235kPa　　(D)350kPa

10.(07D18)重力式梯形挡土墙,墙高4.0m,顶宽1.0m,底宽2.0m,墙背垂直光滑,墙底水平,基底与岩层间摩擦系数 f 取为0.6,抗滑稳定性满足设计要求,开挖后发生岩层风化较严重,将 f 值降低为0.5进行变更设计,拟采用墙体墙厚的变更原则,若要达到原设计的抗滑稳定性,墙厚需增加(　　)。

(A)0.2m　　　　(B)0.3m　　　　(C)0.4m　　　　(D)0.5m

11.(08C18)透水地基上的重力式挡土墙,如下图所示。墙后砂填土的 $c=0$,$\varphi=30°$,$\gamma=18$kN/m³。墙高7m,上顶宽1m,下底宽4m,混凝土重度为25kN/m³。墙底与地基土摩擦系数为 $f=0.58$。当墙前后均浸水时,水位在墙底以上3m,除砂土饱和重度变为 $\gamma_{sat}=20$kN/m³外,其他参数在浸水后假定都不变。水位升高后,该挡土墙的抗滑移稳定安全系数最接近于( )。

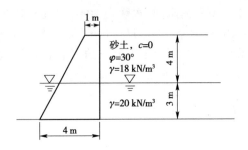

题 11 图

(A)1.08　　　　(B)1.40　　　　(C)1.45　　　　(D)1.88

12.(10D18)某重力式挡土墙如下图所示,墙重为767kN/m,墙后填砂土,$\gamma=17\text{kN/m}^3$,$c=0$,$\varphi=32°$,墙底与地基间的摩擦系数$\mu=0.5$;墙背与砂土间的摩擦角$\delta=16°$,用库仑土压力理论计算此墙的抗滑稳定安全系数最接近下列哪个选项中的值?( )

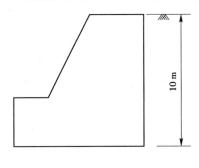

题 12 图

(A)1.23　　　　(B)1.83　　　　(C)1.68　　　　(D)1.60

13.(11D19)重力式挡土墙的断面如图所示,墙基底倾角为6°,墙背面与竖直方向夹角20°。用库仑土压力理论计算得到每延米的总主动压力为$E_a=200\text{kN/m}$,墙体每延米自重300kN/m,墙底与地基土间摩擦系数为0.33,墙背面与填土间摩擦角15°。计算该重力式挡土墙的抗滑稳定安全系数最接近于下列哪一个选项?( )

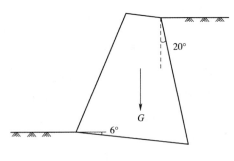

题 13 图

(A)0.50　　　　(B)0.66　　　　(C)1.10　　　　(D)1.20

14.(12C21)某建筑浆砌石挡土墙重度22kN/m³,墙高6m,底宽2.5m,顶宽1m,墙后填料重度19kN/m³,黏聚力20kPa,内摩擦角15°,忽略墙背与填土的摩阻力,地表均布荷载25kPa,该挡土墙的抗倾覆稳定安全系数最接近下列哪个选项?( )

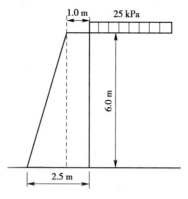

题 14 图

(A)1.5 　　　　(B)1.8 　　　　(C)2.0 　　　　(D)2.2

15.(14D19)某浆砌块石挡墙墙高 6.0m,墙背直立,顶宽 1.0m,底宽 2.6m,墙体重度为 24kN/m³,墙后主要采用砾砂回填,填土体平均重度为 20kN/m³。假定填砂与挡墙的摩擦角 $\delta=0$,地面均布荷载取 15kN/m³,据《建筑边坡工程技术规范》(GB 50330—2013),墙后填砂层的综合内摩擦角 φ 至少应达到(　　)时,该挡墙才能满足规范要求的抗倾覆稳定性。

(A)23.5° 　　　　(B)32.5° 　　　　(C)35.5° 　　　　(D)39.5°

16.(16D18)如右图所示,既有挡土墙的原设计为墙背直立、光滑,墙后的填料为中砂和粗砂,厚度分别为 $h_1=3m$ 和 $h_2=5m$,中砂的重度和内摩擦角分别为 $\gamma_1=18kN/m^3$ 和 $\varphi_1=30°$,粗砂为 $\gamma_2=19kN/m^3$ 和 $\varphi_2=36°$。墙体自重 $G=350kN/m$,重心距墙趾作用距离 $b=2.15m$,此时挡墙的抗倾覆稳定系数 $K_0=1.71$。建成后又需要在地面增加均匀满布荷载 $q=20kPa$,试问增加 q 后挡墙的抗倾覆稳定系数的减少值最接近下列哪个选项?(　　)

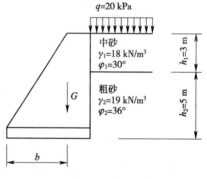

题 16 图

(A)1.0 　　(B)0.8
(C)0.5 　　(D)0.4

17.(16D19)如下图所示的铁路挡土墙墙高 $H=6m$,墙体自重 450kN/m。墙后填土表面水平,作用有均布荷载 $q=20kPa$。墙背与填料间的摩擦角 $\delta=20°$,倾角 $\alpha=10°$。填料中砂的重度 $\gamma=18kN/m^3$,主动土压力系数 $K_a=0.377$,墙底与地基间的摩擦系数 $f=0.36$。该挡土墙沿墙底的抗滑安全系数最接近下列(　　)。(不考虑水的影响。)

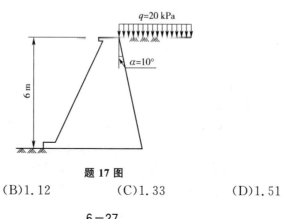

题 17 图

(A)0.91 　　　　(B)1.12 　　　　(C)1.33 　　　　(D)1.51

18.(17C18)如图所示,某填土边坡采用重力式挡墙防护,挡墙基础处于风化岩层中,墙高 $H=6.0$m,墙体自重 $G=260$kN/m,墙背倾角 $\alpha=15°$。填料以建筑弃土为主,重度 $\gamma=17$kN/m³,对墙背的摩擦角 $\delta=7°$,土压力 $E_a=186$kN/m。墙底倾角 $\alpha_0=10°$,墙底摩擦系数 $\mu=0.6$。为了使墙体抗滑安全系数 K 不小于1.3,挡土墙建成后地面附加荷载 q 的最大值最接近下列哪个选项?( )

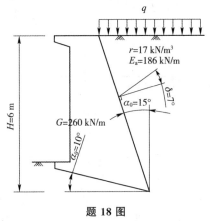

题 18 图

(A)10kPa (B)20kPa (C)30kPa (D)40kPa

19.(17D19)某浆砌块石挡墙,墙高6.0m,顶宽1.0m,底宽2.6m,重度 $\gamma=24$kN/m³。假设墙背直立光滑,墙后采用砾砂回填,墙顶面以下土体平均重度 $\gamma=19$kN/m³,综合内摩擦角 $\varphi=35°$,假定地面的附加荷载为 $q=15$kPa,该挡墙的抗倾覆稳定系数最接近以下哪个选项?( )

(A)1.45 (B)1.55 (C)1.65 (D)1.75

第七讲 锚拉式支挡结构

1.(04D26)已知作用于岩质边坡锚杆的水平拉力 $H_{tk}=1140$kN,锚杆倾角 $\alpha=15°$,锚固体直径 $D=0.15$m,地层与锚固体的黏结强度 $f_{rb}=1100$kPa,如工程重要性等级为三级,永久性锚杆,锚固体与地层间的锚固长度宜为( )。

(A)4.0m (B)4.5 m (C)5.0 m (D)5.5 m

2.(05D19)某二级岩质边坡,永久性岩层锚杆采用三根热处理钢筋,每根钢筋直径 $d=10$mm,抗拉强度设计值为 $f_y=1000$N/m²,锚固体直径 $D=100$mm,锚固段长度为4.0m,锚固体与软岩的黏结强度特征值为 $f_{rb}=0.3$MPa,钢筋与锚固砂浆间黏结强度设计值 $f_b=2.4$MPa,锚固段长度为4.0m,已知夹具的设计拉拔力 $y=1000$kN,根据《建筑边坡工程技术规范》(GB 50330—2013),当拉拔锚杆时,下列( )选项环节最为薄弱。

(A)夹具抗拉

(B)钢筋抗拉强度

(C)钢筋与砂浆间黏结

(D)锚固体与软岩间界面黏结强度

3.(07D19)在如下图所示的铁路工程岩石边坡中,上部岩体沿着滑动面下滑,剩余下滑力 $F=1220$kN,为了加固此岩坡,采用预应力锚索,滑动面倾角及锚索的方向如下图所示。滑动面处的摩擦角为18°,则此锚索的最小锚固力最接近于( )。

(A)1200kN (B)1400kN
(C)1600kN (D)1700kN

4.(11C21)采用土钉加固一破碎岩质边坡,其中某根土钉有效锚固长度 L 为4m,该土钉计算承受拉力 E 为188kN,锚孔直径 d 为108mm,锚孔孔壁和砂浆间的极限抗剪强度为0.25MPa,钉材与砂浆间极限黏结力为2MPa,钉材直径为32mm。该土钉抗拔安全系数最接近下列哪个数值?(　　)

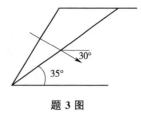

题3图

(A)$K=0.55$ (B)$K=1.80$
(C)$K=2.37$ (D)$K=4.28$

5.(13C17)某安全等级为一级的土质边坡采用永久锚杆支护,锚杆倾角为15°,锚固体直径为260mm,土体与锚固体黏结强度特征值为30kPa,锚杆水平间距为2m,排距为2.2m,其主动土压力标准值的水平分量 e_{ahk} 为18kPa。按照《建筑边坡工程技术规范》(GB 50330—2013)计算,以锚固体与地层间锚固破坏为控制条件,其锚固段长度宜为下列哪个选项?(　　)

(A) 1.0m (B) 5.0m
(C) 8.7m (D) 10.0m

6.(14C19)某直立的黏土边坡,采用排桩支护,坡高6m,无地下水,土层参数 $c=10$kPa, $\varphi=20°$,重度为 $\gamma=18$kN/m³,地面均布荷载为 $q=20$kPa,在3m处设置一排锚杆,根据《建筑边坡工程技术规范》(GB 50330—2013)相关要求,按等值梁法计算排桩反弯点到坡脚的距离最接近下列哪个选项?(　　)

(A)0.55m (B)0.65m
(C)0.72m (D) 0.92m

7.(14D18)如下图所示(尺寸单位为mm),某砂土边坡高6m,砂土重度为20kN/m³, $c=0$, $\varphi=30°$。采用钢筋混凝土扶壁式挡土结构,此时该挡墙的抗倾覆安全系数为1.70。工程建成后需在坡顶堆载 $q=40$kPa,拟采用预应力锚索进行加固。锚索水平间距为2.0m,下倾角为15°,土压力按朗肯理论计算,根据《建筑边坡工程技术规范》(GB 50330—2013),如果保证坡顶堆载后扶壁式挡土结构的抗倾覆安全系数不小于1.6,锚索的轴向拉力设计值应最接近(　　)。

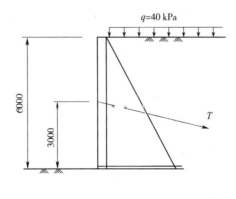

题7图

(A)162kN (B) 249kN

(C)345kN (D)365kN

8.(16D20)如图所示的岩石边坡,开挖后发现坡体内有软弱夹层形成的滑面 AC,倾角 $\beta=42°$,滑面的内摩擦角 $\varphi=18°$,滑体 ABC 处于临界稳定状态,其自重为450kN/m。若要使边坡的稳定安全系数达到1.5,每延米所加锚索的拉力 P 最接近下列哪个选项?( )

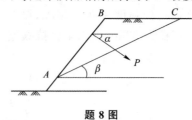

题 8 图

(注:锚索下倾角 $\alpha=15°$。)

(A)155kN/m (B)185kN/m
(C)220kN/m (D)250kN/m

答案解析

第一讲 路基与土石坝

1. 答案(B)

解:据《铁路路基支挡结构设计规范》(TB 10025—2006)计算。
$$F_{i1} = \pi d_b l_{ei} \tau = 3.14 \times 0.108 \times 4 \times 250 = 339.1 \text{kN}$$
$$F_{i1}/E_i = 339.1/188 = 1.8$$
$$F_{i2} = \pi d_b L_{ei} \tau_g = 3.14 \times 0.032 \times 4 \times 2000 = 803.8 \text{kN}$$
$$F_{i2}/E_i = 803.8/188 = 4.3$$

取稳定性系数为 1.8。

2. 答案(D)

解:据《铁路路基支挡结构设计规范》(TB 10025—2006)计算。
$$N_n = \frac{R_n}{\cos(\beta-\alpha)} = \frac{250}{\cos(25°-15°)} = 253.9 \text{kN}$$
$$[\tau] = \tau/K = 400/2.5 = 160$$
$$L \geq \frac{N}{\pi D[\tau]} = \frac{253.9}{3.14 \times 0.108 \times 160} = 4.68 \text{m}$$
$$L_{总} = L + 2 = 4.68 + 2 \approx 6.7 \text{m}$$

3. 答案(B)

解:据《铁路路基支挡结构设计规范》(TB 10025—2006)第 6.2.7 条计算。
$$N_t = T/\cos\alpha = 400/\cos15° = 414.1 \text{kN}$$
$$L_a = \frac{KN_t}{\pi D f_{rb}}, f_{rb} = \frac{KN_t}{\pi D L_a} = \frac{2 \times 414.1}{3.14 \times 0.15 \times (18-6)} = 146.5 \text{kPa}$$

4. 答案(B)

解:据《铁路路基支挡结构设计规范》(TB 10025—2006)第 9.2.4 条计算。
边坡岩体风化破碎严重,L 取大值。

第 2 排:$h_2 = 10\text{m} > \frac{H}{2} = \frac{12}{2} = 6\text{m}, L_2 = 0.7(H-h_i) = 0.7 \times (12-10) = 1.4\text{m}$

第 4 排:$h_4 = 8\text{m} > 6\text{m}, L_4 = 0.7(H-h_i) = 0.7 \times (12-8) = 2.8\text{m}$

第 6 排:$h_4 = 6\text{m} \leq 6\text{m}, L_6 = 0.35H = 0.35 \times 12 = 4.2\text{m}$

第 8 排:$h_4 = 4\text{m} \leq 6\text{m}, L_6 = 0.35H = 0.35 \times 12 = 4.2\text{m}$

5. 答案(D)

解:据《水利水电工程地质勘察规范》(GB 50487—2008)附录 G 第 G.0.6 条计算。

Ⅰ段:$J_{cr} = (d_s-1)(1-n) = (2.70-1) \times (1-0.524) = 0.8092$
$J_{允许} = J_{cr}/K = 0.8092/1.75 = 0.46 > 0.42$

Ⅱ段:$J_{cr} = (2.7-1) \times (1-0.535) = 0.7905, J_{允许} = 0.7905/1.75 = 0.45 > 0.43$

Ⅲ段:$J_{cr} = (2.72-1) \times (1-0.524) = 0.8187, J_{允许} = 0.8187/1.75 = 0.47 > 0.41$

Ⅳ段:$J_{cr} = (2.70-1) \times (1-0.545) = 0.7735, J_{允许} = 0.7735/1.75 = 0.44 < 0.48$

6. 答案(B)

解:据《铁路路基支挡结构设计规范》(TB 10025—2006)第 8.2.12 条计算。

$$S_{fi}=2\sigma_{vi}aL_bf\geqslant K_{si}\sum E_{xi}=T_i$$

$$L_b\geqslant \frac{T_i}{2\sigma_{vi}af}=\frac{130}{2\times 155\times 1\times 0.35}=1.2\text{m}$$

注:该题答案不满足构造要求。

7. 答案(A)

解:据《公路路基设计规范》(JTG D30—2004)计算。

$$M=\frac{1}{12}Qb^2=\frac{1}{12}\times 19000\times 8^2=101333.3\text{kN}\cdot\text{m}$$

$$H=\sqrt{\frac{6M}{B[\sigma]}}K=\sqrt{\frac{6\times 101333.3}{20\times 4.2\times 10000}}\times 2=5.38\text{m}$$

8. 答案(C)

解:据《碾压式土石坝设计规范》(DL/T 5395—2007)第10.2.4条计算。

$$J_{a-x}=3/3=1, n_1=\frac{e}{1+e}=\frac{0.667}{1+0.667}=0.4$$

$$(d_s-1)(1-n_1)/k=(2.67-1)\times(1-0.4)/2=0.501<1=J_{a-x}$$

$$t=\frac{Kj_{a-x}t_1\gamma_w-(d_s-1)(1-n_1)t_1\gamma_w}{\gamma}=\frac{2\times 1\times 3\times 10-(2.67-1)\times(1-0.4)\times 3\times 10}{18.5-10}=3.52\text{m}$$

9. 答案(D)

解:据《土工合成材料应用技术规范》(GB/T 50290—2014)第7.5.3条计算。

$$M_0=250\times 6.5=1625, D=7.2-\frac{5}{3}=5.533$$

$$T_s=(F_{st}-F_{su})\frac{M_0}{D}=(1.3-0.8)\times\frac{1625}{5.533}=147\text{kN/m}$$

$$n=\frac{147}{19}=7.7\text{层}\approx 8\text{层}$$

10. 答案(A)

解:解法一(专家给出的解法),据水力学公式计算,得:

水力半径 $R=\frac{A}{\chi}=\frac{2}{4.1}=0.488\text{m}<1.0\text{m}$

流速系数 $C=\frac{1}{n}R^{1.5\sqrt{n}}=\frac{1}{0.025}\times 0.488^{1.5\times\sqrt{0.025}}=33.74$

流速 $v=C\sqrt{Ri}=33.74\times\sqrt{0.488\times 0.005}=1.67\text{m/s}$

解法二,据《水力学》,得:

$$R=\frac{A}{\chi}=\frac{2}{4.1}=0.488\text{m}, v=\frac{1}{n}R^{\frac{2}{3}}i^{\frac{1}{2}}=\frac{1}{0.025}\times 0.488^{\frac{2}{3}}\times 0.005^{\frac{1}{2}}=1.75\text{m/s}$$

11. 答案(C)

解:据《铁路路基支挡结构设计规范》(TB 10025—2006)第8.2.8条、第8.2.10条计算。

$$\lambda_0=1-\sin\varphi_0=1-\sin 35°=0.4264, \lambda_a=\tan^2\left(45°-\frac{\varphi_0}{2}\right)=\tan^2\left(45°-\frac{35°}{2}\right)=0.271$$

$$\lambda_4=\lambda_0\times\left(1-\frac{4}{6}\right)+\lambda_a\times\frac{4}{6}=0.4264\times\left(1-\frac{4}{6}\right)+0.271\times\frac{4}{6}=0.3228$$

$$\sigma_{h14}=\lambda_4\gamma h_4=0.3228\times 19\times 4=24.53\text{kPa}, \sigma_{h14}=\sigma_{h14}+\sigma_{h24}=24.53+0=24.53\text{kPa}$$

$$T_4=k\sigma_{h4}s_xs_y=1.5\times 24.53\times 0.4\times 0.4=5.89\text{kN}$$

12.答案(C)

解:如解图所示,设在梁顶铺设 ESP 板的厚度为 h,则 ESP 板的压缩量与原地面的沉降量相等,即 $\dfrac{(8-h)\gamma}{E_a}=\dfrac{\Delta h}{h}$,从而得 $\dfrac{(8-h)\times 18.4}{500}=\dfrac{0.15}{h}$,得出 $18.4h^2-147.2h+75=0$,解出 $h=0.547\text{m}$。

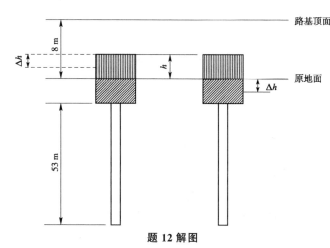

题 12 解图

13.答案(A)

解:G 点的位置水头为 11.5m。

G 点的水头损失为 $\dfrac{16}{21}\times 2=1.52\text{m}$

G 点的孔隙水压力为:$(16-11.5-1.52)\times 10=29.8\text{kPa}$

14.答案(C)

解:据《铁路路基支挡结构设计规范》(TB 10025—2006)第 3.3.1 条计算。

$$\sum N=G+E_y=200+80=28\text{kN/m}$$

$$K_c=\dfrac{[\sum N+(\sum E_x+\sum E_x')\tan\alpha_0]f+E_x'}{\sum E_x-\sum N\tan\alpha_0}$$

$$=\dfrac{[280+(200-0)\times\tan 15°]\times 0.65+0}{200-280\times\tan 15°}=1.7344$$

15.答案(C)

解:据《土工合成材料应用技术规范》(GB/T 50290—2014)第 7.5.3 条计算。

$D=R-\dfrac{H}{3}$

$T_s=(F_{sr}-F_{su})M_0/D=(1.3-0.89)\times 36000/(37.5-15/3)=454.2\text{kN/m}$

16.答案(B)

解:设总沉降量为 s,则有:70d 的固结度为 $120/s$,140d 的固结度为 $160/s$。

则有:$U_t=1-0.81e^{-\alpha t}$

$$120/s=1-0.81e^{-\alpha\times 70},160/s=1-0.81e^{-\alpha\times 140}$$

解方程组,可得 $s=200\text{mm}$。

17.答案:(B)

解:据《土工合成材料应用技术规范》(GB/T 50290—2014)第 7.3.5 条计算。

①筋材上的有效法向应力为:$\sigma_v=\gamma h=19.5\times 3.5=68.2\text{kPa}$

②由 $T=2\sigma_v BL_e f$，可得：
$$L_r=\frac{T}{2\sigma_v Bf}=\frac{35}{2\times 68.25\times 0.1\times 0.35}=7.3\text{m}$$

18. **答案**（C）

解：据《铁路路基支挡结构设计规范》（TB 10025—2006）第 8.2.8 条、第 8.2.10 条、第 8.2.12 条计算。

①锚固区和非锚固区的分界线如图中虚线所示。

最短拉筋长度 L 为自由段长度 $L_a=ab$ 和有效锚固段长度 $L_b=bc$ 之和。

②$L_a=\dfrac{2}{4}\times 2.4=1.2\text{m}$

③主动土压力系数：

$h_1\geqslant 6\text{m}$ 时，$\lambda_i=\lambda_a=\tan^2\left(45°-\dfrac{\varphi}{2}\right)=\tan^2\left(45°-\dfrac{32°}{2}\right)=0.31$

④6m 深处的水平土压力：
$$\sigma_{hi}=\lambda_i\sigma_{vi}=\lambda_i\gamma h_i=0.31\times 18\times 6=33.48\text{kN/m}^2$$

⑤拉筋拉力：$T_i=KS_y S_x\sigma_{hi}=2\times 33.48\times 0.8\times 0.4=21.4\text{kN}$

⑥$L_b=\dfrac{T_i}{2\sigma_{vi}af}=\dfrac{21.4}{2\times 108\times 0.1\times 0.26}=3.81\text{m}$

⑦$L=L_a+L_b=1.2+3.81=5.01\text{m}$

19. **答案**（C）

解：据《碾压式土石坝设计规范》（DL/T 5395—2007）第 10.2.4 条计算。

由题意，先求出表层土④的土粒相对密度 d_{s1}，由土的力学指标换算关系式，得：
$$d_{s1}=\frac{100\rho-0.01nS_r\rho_w}{(100-n)\rho_w}=\frac{100\times 1.9-0.01\times 45\times 100\times 1}{(100-45)\times 1}=2.6364$$

表层土在坝下游坡脚的渗透坡降为：
$$J_{a-x}=\frac{5-2.5}{4}=0.625>\frac{(d_{s1}-1)(1-n_1)}{K}=\frac{(2.6364-1)\times (1-0.45)}{2}=0.45，符合规范要求。$$

排水盖重层的厚度：
$$t=\frac{KJ_{a-x}t_1\gamma_w-(d_{s1}-1)(1-n_1)t_1\gamma_w}{\lambda}$$
$$=\frac{2\times 0.625\times 4\times 10-(2.6364-1)\times (1-0.45)\times 4\times 10}{19-10}$$
$$=1.5555\text{m}$$

20. **答案**（B）

解：据《公路路基设计规范》（JTG D30—2015）第 7.5.4 条计算。

溶洞坍塌扩散角：$\beta=\dfrac{45°+\dfrac{\varphi}{2}}{K}=\dfrac{45°+\dfrac{40°}{2}}{1.25}=52°$

溶洞顶板岩层影响范围：$L'=H\cot\beta=2.5\times\cot 52°=1.9532\text{m}$

顶板岩层上的上覆土层由溶洞顶边缘、自土层底部向上 45°向上绘斜线，在水平面上投影长度为 3m，则 $L=L'+3=1.9532+3=4.9532\text{m}$

21. 答案(B)

解:据《铁路路基设计规范》(TB 10001—2005)第5.2.2条表5.2.2下面的"注:1"计算。分析如下:

不均匀系数:$C_u = \dfrac{d_{60}}{d_{10}} = \dfrac{0.7}{0.1} = 7 > 5$

曲率系数:$C_c = \dfrac{d_{30}^2}{d_{10} \cdot d_{60}} = \dfrac{0.2^2}{0.1 \times 0.7} = 0.5714$,不在1～3范围内,属于不良级配。

由粒径大于0.5mm颗粒的质量超过总质量的50%,细粒含量小于5%,查表5.2.2知为B组填料。

22. 答案(C)

解:由题意,粉质黏土层①将发生渗透破坏时,其临界水力比降为

$$i_{cr} = \dfrac{\gamma'}{\gamma_w}$$

假设发生渗透破坏时粉质黏土层①的水头差为Δh_1,则:

$$i_{cr} = \dfrac{\Delta h_1}{h_1}$$

式中,h_1为粉质黏土层①厚度,则有:

$$i_{cr} = \dfrac{\Delta h_1}{h_1} = \dfrac{\gamma'}{\gamma_w}$$

代入已知数据,得:

$$\dfrac{\Delta h_1}{2.0} = \dfrac{19.5 - 10}{10}$$

解得:$\Delta h_1 = 1.9$m

假设发生渗透破坏时粉质黏土层②的水头差为Δh_2,利用粉质黏土层①和层②接触面处流速相等的关系,求出Δh_2。

$v_1 = i_1 k_1 = \dfrac{\Delta h_1}{h_1} k_1$,$v_2 = i_2 k_2 = \dfrac{\Delta h_2}{h_2} k_2$,由$v_1 = v_2$,得:

$$\dfrac{\Delta h_1}{h_1} k_1 = \dfrac{\Delta h_2}{h_2} k_2 \Rightarrow \dfrac{1.9}{2.0} \times 2.1 \times 10^{-5} = \dfrac{\Delta h_2}{3.5} \times 3.5 \times 10^{-5}$$

解得:$\Delta h_2 = 1.995$m

发生渗透破坏时,可把粉质黏土层②层底看成一条等势线,则有:

$$\Delta h_1 + \Delta h_2 + 2.0 + 3.5 = H + 3.0$$

解得:$H = 6.395$m

23. 答案(B)

解:据《碾压式土石坝设计规范》(DL/T 5395—2007)附录D计算。

$$u = \gamma_m [h_1 + h_2(1 - n_e) - h'] = 10 \times [30 + 10 \times (1 - 0.4) - 3] = 330 \text{kPa}$$

24. 答案(C)

解:据《土工合成材料应用技术规范》(GB 50290—1998)第6.4.2条计算。

抗滑力矩:$M_0 = \dfrac{22000}{0.88} = 25000$ kN·m

加筋拉力:$T_s = 45 \times 10 = 450$ kN/m

力臂:$D = 25 - 12/3 = 21$m

$$T_s = \frac{(F_{sr}-F_{su})M_0}{D}, 450 = \frac{(F_{sr}-0.88) \times 25000}{21}$$

得到: $F_{sr} = 1.26$

25. 答案(C)

解: 据《公路路基设计规范》(JTG D30—2015)第7.6.2条计算。

路基地基采用常规预压法处理, $\theta = 0.9$, 填土速率约为 0.04m/d, $V = 0.025$

软土不排水抗剪强度为 18kPa, 小于 20kPa, 硬壳层厚度为 2m, $Y = 0$

沉降系数:
$$m_s = 0.123 \gamma^{0.7} (\theta H^{0.2} + VH) + Y$$
$$= 0.123 \times 20^{0.7} \times (0.9 \times 3.5^{0.2} + 0.025 \times 3.5) + 0 = 1.246$$

软土固结度达到 70% 时, 地基沉降量: $s_t = (m_s - 1 + U_t) s_c$
$$= (1.246 - 1 + 0.7) \times 20 = 18.9 \text{cm}$$

26. 答案(D)

解: 据《铁路路基支挡结构设计规范》(TB 10025—2006)第9.2节计算。

$h_i = 4.5\text{m} > \frac{1}{3}H = 2.7\text{m}$

墙背与竖直面间夹角: $\alpha = \arctan\left(\frac{0.4}{1}\right) = 21.8°$

$$\sigma_i = \frac{2}{3} \lambda_a \gamma H \cos(\delta - \alpha) = \frac{2}{3} \times 0.36 \times 22 \times 8 \times \cos(25° - 21.8°) = 42.2 \text{kPa}$$

因此, $E_i = \sigma_i S_x S_y / \cos\beta = 42.2 \times 1.5 \times 1.5 / \cos 21.8° = 102.26 \text{kN}$

$$h_i = 4.5\text{m} > \frac{1}{2}H = 4.0\text{m}$$

由于节理发育, 则 $l = 0.7(H - h_i) = 0.7 \times (8 - 4.5) = 2.45\text{m}$

有效锚固长度 $l_e = 6.0 - 2.45 = 3.55\text{m}$

因此, $F_i = \pi \cdot d_h \cdot l_e \cdot \tau = 3.14 \times 0.09 \times 3.55 \times 200 = 200.65 \text{kN}$

抗拔安全系数 $\frac{F_i}{E_i} = \frac{200.65}{102.26} = 1.962$

27. 答案(A)

解: 根据《铁路路基支护结构设计规范》(TB 10025—2006)第8.2.8条、第8.2.14条计算。

当 $h_i = 6\text{m}$ 时, $\lambda_f = \lambda_0 \left(1 - \frac{h_i}{6}\right) + \lambda_a \left(\frac{h_i}{6}\right) = 0 + \tan^2\left(45° - \frac{15°}{2}\right) \times \left(\frac{6}{6}\right) = 0.589$

$$\sigma_{hi} = \sigma_{h1i} = \lambda_i \gamma h_i = 0.589 \times 21 \times 6 = 74.2 \text{kPa}$$

$$l_0 = \frac{D\sigma_{hi}}{2(c + \gamma h_i \tan\delta)} = \frac{1 \times 74.2}{2 \times (5 + 21 \times 6 \times \tan 15°)} = 0.957\text{m}$$

28. 答案(C)

解: 据《土工合成材料应用技术规范》(GB/T 50290—2014)第7.3.5条、第3.1.3条计算。

每层筋材承受的水平拉力: $T_i = [(\sigma_{vi} + \sum \Delta\sigma_{vi})K_i + \Delta\sigma_{hi}]s_{vi}/A_r$

其中, $\sum \Delta\sigma_{vi} = 30 \text{kPa}$, $\sigma_{vi} = \gamma h$, $K_i = 0.6$, $s_{vi} = 1$, $A_r = 1$

第1层筋材拉力: $T_1 = (18 \times 1 + 30) \times 0.6 = 28.8 \text{kN}$, 极限强度: $T = 3 \times 28.8 = 86.4 \text{kN}$

第2层筋材拉力: $T_2 = (18 \times 2 + 30) \times 0.6 = 39.6 \text{kN}$, 极限强度: $T = 3 \times 39.6 = 118.8 \text{kN}$

第3层筋材拉力: $T_3 = (18 \times 3 + 30) \times 0.6 = 50.4 \text{kN}$, 极限强度: $T = 3 \times 50.4 = 151.2 \text{kN}$

第 4 层筋材拉力：$T_4=(18\times4+30)\times0.6=61.2$kN，极限强度：$T=3\times61.2=183.6$kN
第 5 层筋材拉力：$T_5=(18\times5+30)\times0.6=72$kN，极限强度：$T=3\times72=216$kN
故上面 2m 单层 120kN/m，下面 3m 双层 120kN/m 较为合理。

第二讲　土　压　力

1. 答案(B)
解：据《铁路路基设计手册》计算。
$\psi=40°+20°-9°=51°$
$\tan\theta=-\tan\psi+[(\tan\psi+\cot\varphi)(\tan\psi+\tan\alpha)]^{\frac{1}{2}}$
$\qquad=-\tan51°+[(\tan51°+\cot40°)(\tan51°+\tan9°)]^{\frac{1}{2}}=0.604$
$\theta=\arctan0.604=31.13°$，接近于 $31°08'$。

2. 答案(B)
解：$A_0=\dfrac{1}{2}H(H+2h_0)=\dfrac{1}{2}\times6\times(6+2\times3)=36.0\text{m}^2$
$B_0=A_0\tan\alpha=36.0\times\tan9°=5.7$，$\Psi=40°+20°-9°=51°$
$E=\gamma(A_0\tan\theta-B_0)\dfrac{\cos(\theta+\varphi)}{\sin(\theta+\Psi)}=18\times(36.0\times\tan31°08'-5.7)\times\dfrac{\cos(31°08'+40°)}{\sin(31°08'+51°)}=94.3$kN/m
$E_x=E\cos(\delta-\alpha)=94.3\times\cos(20°-9°)=92.6$kN/m

3. 答案(D)
解：据《建筑边坡工程技术规范》(GB 50330—2013)第 10.2.1 条计算。
查表 9.2.2，自由段为岩层的岩石锚杆，$B_2=1$。
$$E'_{ah}=B_2E_{ah}=1\times2000=2000\text{kN/m}$$
据第 9.2.5 条，$0.2H=0.2\times25=5$m，当 $h=4$m 时，需插值。
$$e'_{ah}=\dfrac{4}{5}\times\dfrac{2000}{0.9\times25}=71\text{kPa}，H_{ak}=e'_{ah}S_xS_y=71\times4.0\times2.5=710\text{kN}$$

4. 答案(C)
解：当采用黏性土回填时，$e_a=\gamma h_0K_a-2c\sqrt{K_a}=0$
$$h_0=\dfrac{2c}{\gamma\sqrt{K_a}}=\dfrac{2\times20}{20\times\tan(45°-\dfrac{22°}{2})}=2.97\text{m}$$

$$E_a=\dfrac{1}{2}(\gamma hK_a-2c\sqrt{K_a})(h-h_0)$$
$$\quad=\dfrac{1}{2}\times[20h\times\tan^2(45°-\dfrac{22°}{2})-2\times20\times\tan(45°-\dfrac{22°}{2})](h-2.97)$$

当采用砂土回填时：
$$E'_a=\dfrac{1}{2}(\gamma'hK'_a-0)h=\dfrac{1}{2}\gamma'h^2K_a=\dfrac{1}{2}\times20h^2\times\tan^2(45°-\dfrac{38°}{2})$$

令 $E'_a=E_a$，解得：$h=10.7$m。

5. 答案(B)
解：见解图。
自重 $W=20\times8\times8/2\tan70°=233$kN，$E_a=W\tan52°=298$kN

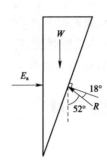 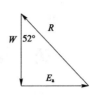

题 5 解图

6. 答案(C)

解：据朗肯土压力理论计算。

$$P_{a2}^{上} = \gamma_1 h_1 K_{a2} = 18 \times 2 \times \tan^2\left(45° - \frac{31°}{2}\right) = 11.5\text{kN}$$

$$P_{a2}^{下} = (\gamma_1 h_1 + \gamma_2 h_2) K_{a2} = (18 \times 2 + 19 \times 4) \times \tan^2\left(45° - \frac{31°}{2}\right) = 35.84\text{kN}$$

$$E_{a2} = \frac{1}{2}(P_{a2}^{上} + P_{a2}^{下}) = \frac{1}{2} \times (11.5 + 35.84) \times 4 = 94.68\text{kN}$$

7. 答案(D)

解：据朗肯土压力理论计算。

对于砂土：$E_{a1} = \frac{1}{2}\gamma H^2 K_{a1} = \frac{1}{2} \times 18 \times H^2 \times \tan^2\left(45° - \frac{35°}{2}\right)$

对于黏质粉土：$Z_0 = \frac{2c_2}{\gamma\sqrt{K_{a2}}} = \frac{2 \times 20}{18 \times \tan\left(45° - \frac{35°}{2}\right)} = 3.17\text{m}$

$$E_{a2} = \frac{1}{2}\gamma(H - z_0)^2 K_{a2} = \frac{1}{2} \times 18 \times (H - 3.17)^2 \times \tan^2\left(45° - \frac{20°}{2}\right)$$

$E_{a1} = E_{a2}$，解得：$H = 12.4\text{m}$

8. 答案(B)

解：据静力平衡条件计算(取 1m 宽度计算)。

$$W = \frac{1}{2}bh\gamma = \frac{1}{2} \times 8 \times 8 \times 16.8 = 537.6\text{kN}$$

$$c = \frac{H}{\sin\alpha}c_u = 8 \times \sqrt{2} \times 12 = 135.7\text{kN}$$

$$W_T = W\sin\alpha - c = 537.6 \times \frac{1}{\sqrt{2}} - 135.7 = 244.4\text{kN}$$

$$P = \frac{1}{2}\gamma H^2 = \frac{1}{2}\gamma \times 8^2 = 32\gamma, \quad P\cos\alpha = W_T \Rightarrow \frac{1}{\sqrt{2}} \times 32\gamma = 244.4$$

$\gamma = 10.8\text{kN/m}^3$

9. 答案(D)

解：地震液化时需注意两点：第一，砂土的重度为饱和重度；第二，砂土的内摩擦角 φ 变为 0，这时主动土压力系数 $K_a = \tan^2(45° - \varphi/2) = 1$，而这时，土粒骨架之间已不接触。

因此，每延米挡墙上的总水平力为：

$$E_a = \frac{1}{2}\gamma h^2 K_a = \frac{1}{2} \times 18.7 \times 5^2 \times 1 = 233.75\text{kN}$$

10.答案(C)

解:液化后砂土变密实,墙后总水平力有水压力与土压力两种。
(1)总水压力:
$$E_w = \frac{1}{2}\gamma_w H^2 = \frac{1}{2} \times 10 \times 5^2 = 125 \text{kN/m}$$
(2)地震后土的高度:
$$\Delta h = \frac{0.9 - 0.65}{1 + 0.9} \times 5 = 0.658, H = 5 - 0.658 = 4.342 \text{m}$$
(3)地震后土的重度:
$$5 \times 18.7 = (5 - 0.658)\gamma + 0.658 \times 10, \gamma = 20 \text{kN/m}^3$$
(4)总压力:
$$E_a = \frac{1}{2}\gamma' H^2 K_a = \frac{1}{2} \times 10 \times 4.342^2 \times \tan^2\left(45° - \frac{35°}{2}\right) = 25.5 \text{kN/m}$$
(5)总水平压力:
$$E = E_a + E_w = 25.5 + 125 = 150.5 \text{kN/m}$$

11.答案(A)

解:$E_w = \frac{1}{2}\gamma_w h^2 = \frac{1}{2} \times 10 \times 5^2 = 125 \text{kN/m}$

12.答案(A)

解:据《建筑边坡工程技术规范》(GB 50330—2013)第6.2.8条计算。

$$K_a = \frac{\sin 60°}{\sin(60° - 15° + 60° - 15°)} \times \frac{\sin 120° \times \sin(60° - 15°)}{\sin^2 60°} = \frac{0.866}{0.866} \times \frac{0.612}{0.75} = 0.816$$

$$E_a = \frac{1}{2}\gamma H^2 K_a = \frac{1}{2} \times 17 \times 6^2 \times 0.816 = 249.8 \text{kN}$$

13.答案(D)

解:$e_{a2顶} = \sigma_1 K_{a2} - 2c_2\sqrt{K_{a2}} = 18 \times 3 \times \tan^2(45° - \frac{32°}{2}) + 0 = 16.59 \text{kPa}$

$e_{a2底} = \sigma_2 K_{a2} - 2c_2\sqrt{K_{a2}} = (18 \times 3 + 19 \times 5) \times \tan^2(45° - \frac{32°}{2}) + 0 = 45.78 \text{kPa}$

$E_{a2} = \frac{1}{2}(e_{a2顶} + e_{a2底})h_2 = \frac{1}{2} \times (16.59 + 45.78) \times 5 = 155.925 \text{kN/m}$

14.答案(B)

解:见解图。

自重 $W = \frac{20 \times 8 \times 8}{2 \times \tan 70°} = 233 \text{kN}, E_a = W\tan 52° = 298 \text{kN/m}$

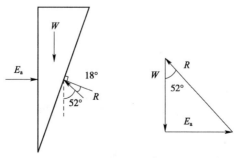

题 14 解图

15. 答案: (B)

解: ①采用砂土时, $K_{a2} = \tan^2\left(45° - \dfrac{30°}{2}\right) = \dfrac{1}{3}$

②$e_{a21} = qK_{a2} = 49.4 \times \dfrac{1}{3} = 16.47$

③$e_{a22} = (q+\gamma_2 h)K_{a2} = (49.4 + 21h) \times \dfrac{1}{3} = 7h + 16.47$

④$E_{a2} = \dfrac{1}{2}(e_{a21} + e_{a22})h = 3.5h^2 + 16.47h$

⑤采用黏土时, $K_{a1} = \tan^2\left(45° - \dfrac{\varphi_1}{2}\right) = \tan^2\left(45° - \dfrac{12°}{2}\right) = 0.656$

⑥$e_{a11} = qK_{a1} - 2c_1\sqrt{K_{a1}} = 49.4 \times 0.656 - 2 \times 20 \times \sqrt{0.656} = 0$

⑦$e_{a12} = (q+\gamma_1 h)K_{a1} - 2c_1\sqrt{K_{a1}}$
$= (49.4 + 19h) \times 0.656 - 2 \times 20 \times \sqrt{0.656} = 12.464h$

⑧$E_{a1} = \dfrac{1}{2}(e_{a11}+e_{a12})h = \dfrac{1}{2} \times (0 + 12.464h)h = 6.232h^2$

⑨由 $E_{a1} = E_{a2}$ 知: $6.232h^2 = 3.5h^2 + 16.47h$, 解得: $h = 6.02\text{m}$

16. 答案 (C)

解: 据朗肯土压力理论计算。
填料和荷载的作用都使墙后土体处于极限平衡状态时, 墙上的主动土压力分布如解图所示。

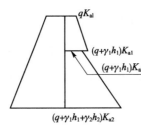 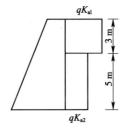

题 16 解图

荷载 q 使挡墙上增加的主动土压力为:

①$K_{a1} = \tan^2\left(45° - \dfrac{\varphi_1}{2}\right) = \tan^2\left(45° - \dfrac{30°}{2}\right) = 0.333$

②$K_{a2} = \tan^2\left(45° - \dfrac{\varphi_2}{2}\right) = \tan^2\left(45° - \dfrac{36°}{2}\right) = 0.26$

③$\Delta E_a = qK_{a1}h_1 + qK_{a2}h_2 = q(K_{a1}h_1 + K_{a2}h_2) = 30 \times (0.333 \times 3 + 0.26 \times 5) = 69\text{kN/m}$

17. 答案 (B)或(C)

解: 解法一: 据《建筑边坡工程技术规范》(GB 50330—2013)第6.2.8条计算。

$c=0, \eta = \dfrac{2c}{\gamma H} = 0$

$K_a = \dfrac{\sin(\alpha+\beta)}{\sin(\alpha-\delta+\theta-\sigma_R)\sin(\theta-\beta)} \times \left[\dfrac{\sin(\alpha+\theta)\sin(\theta-\delta_R)}{\sin^2\alpha} - \eta\dfrac{\cos\delta_R}{\sin\alpha}\right]$

$= \dfrac{\sin(75°+0°)}{\sin(75°-15°+60°-12°)\sin(60°-0°)} \times \dfrac{\sin(75°+60°)\sin(60°-12°)}{\sin^2 75°}$

$= 0.66$

$$E_{ak} = \frac{1}{2}\gamma H^2 K_a = \frac{1}{2} \times 20 \times 5.5^2 \times 0.66 = 199.65 \text{kN/m}$$

应选(B)。

解法二：据《建筑地基基础设计规范》(GB 50007—2011)第6.7.3条计算。

$\alpha = 75°, \theta = 60°, \beta = 0, \delta_r = 12°, \delta = 15°, \psi_c = 1.1$

当 $\theta > 45° + \frac{28°}{2}$ 时：

$$K_a = \frac{\sin(\alpha+\theta)\sin(\alpha+\beta)\sin(\theta-\delta_r)}{\sin^2\alpha \sin(\theta-\beta)\sin(\alpha-\delta+\theta-\delta_r)}$$

$$= \frac{\sin(75°+60°) \times \sin(75°+0°) \times \sin(60°-12°)}{\sin^2 75° \times \sin(60°-0°) \times \sin(75°-15°+60°-0°)}$$

$$= 0.66$$

$$E_a = \psi_c \frac{1}{2}\gamma h^2 K_a = 1.1 \times 0.5 \times 20 \times 5.5 \times 5.5 \times 0.66 = 219.6 \text{kN/m}$$

应选(C)。

18. 答案(C)

解：见解图，据朗肯土压力理论计算。

①主动土压力系数：$K_a = \tan^2\left(45° - \frac{\varphi}{2}\right) = \tan^2\left(45° - \frac{32°}{2}\right) = 0.31$

②水上部分的土压力：$E_{a1} = \frac{1}{2}\gamma h_1^2 K_a = \frac{1}{2} \times 18 \times 3^2 \times 0.31 = 25.11 \text{kN/m}$

③水下部分土的浮重度：$\gamma' = \gamma_{sat} - \gamma_w = 20 - 10 = 10 \text{kN/m}^3$

④水下部分的土压力：

$$E_{a2} = \frac{1}{2}(\gamma h_1 K_a + \gamma h_1 K_a + \gamma' h_2 k_a)h_2 = \left(\gamma h_1 + \frac{\gamma' h_2}{2}\right)K_a h_2$$

$$= \left(18 \times 3 + \frac{10 \times 5}{2}\right) \times 0.31 \times 5 = 122.45 \text{kN/m}$$

⑤总主动土压力为：$25.11 + 122.45 = 147.56 \text{kN/m}$

⑥水压力：$p_w = \frac{1}{2}\gamma_w h_2^2 = \frac{1}{2} \times 10 \times 5^2 = 125 \text{kN/m}$

⑦总的水土压力：$147.56 + 125 = 272.56 \text{kN/m}$

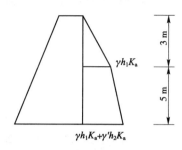

题18解图

19. 答案(A)

解：据《铁路路基支挡结构设计规范》(TB 10025—2006)第4.2.2条计算。

计算示意图如解图所示，BC 段挡土墙上的主动土压力 E_a 为图中阴影部分面积，墙后填

土为砂性土,根据题意,按照朗肯土压力理论计算如下:

主动土压力系数:$K_a = \tan^2\left(45° - \dfrac{\varphi}{2}\right) = \tan^2\left(45° - \dfrac{20°}{2}\right) = 0.4903$

△BDE 的 ∠BDE 为下墙 BC 段填土的破裂角,即 $\angle BDE = 45° + \dfrac{\varphi}{2}$,则:

$$BE = BD\tan\alpha = L\tan\left(45° + \dfrac{\varphi}{2}\right) = 0.8 \times \tan\left(45° + \dfrac{20°}{2}\right) = 1.1425$$

上墙填土在 D 处产生的主动土压力强度:
$$p_{ak-D} = H_1 \gamma K_a = 2.5 \times 18 \times 0.4903 = 22.0635 \text{kPa}$$

上、下墙填土在 C 处产生的主动土压力强度:
$$p_{ak-C} = (H_1 + H_2)\gamma K_a = (2.5 + 3) \times 18 \times 0.4903 = 48.5397 \text{kPa}$$

挡土墙墙后 BC 段上作用的主动土压力合力:
$$E_a = \dfrac{1}{2}(p_{ak-D} + p_{ak-C})H_2 - \dfrac{1}{2}p_{ak-D}BE$$
$$= \dfrac{1}{2} \times (22.0635 + 48.5397) \times 3 - \dfrac{1}{2} \times 22.0635 \times 1.1425 = 93.3 \text{kN}$$

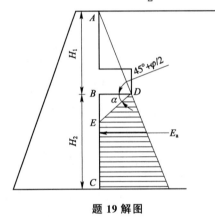

题 19 解图

20. 答案(D)

解:由题意可知,锚索锁定作用,使挡土墙后填土达到被动土压力时,其锁定值计算如下。

由朗肯土压力理论,被动土压力强度计算公式是 $p_p = \gamma z K_p + 2c\sqrt{K_p}$,墙后填土为砂性土,$c = 0$,则:

$$p_p = \gamma z K_p = \gamma z \tan^2\left(45° + \dfrac{\varphi}{2}\right)$$

挡土墙底被动土压力强度:
$$p_p = \gamma z \tan^2\left(45° + \dfrac{\varphi}{2}\right) = 21 \times 4.5 \times \tan^2\left(45° + \dfrac{20°}{2}\right) = 192.74 \text{kPa}$$

墙后土压力分布为三角形分布,则墙后单位长度受到的被动土压力的合力为:
$$E_p = \dfrac{1}{2}p_p h \times 1 = \dfrac{1}{2} \times 192.74 \times 4.5 \times 1 = 433.67 \text{kN/m}$$

由于锚索水平间距为 2m,则每条锚索的锁定值为:$2E_p = 2 \times 433.67 = 867.34 \text{kN}$

21. 答案(A)

解:据《建筑边坡工程技术规范》(GB 50330—2013)第 6.3.2 条计算。

滑裂面长度:$L=\dfrac{6}{\sin\theta}=\dfrac{6}{\sin 45°}=8.485\text{m}$

则主动岩石压力合力标准值为:

$$E_{ak}=G\tan(\theta-\varphi_s)-\dfrac{c_s L\cos\varphi_s}{\cos(\theta-\varphi_s)}$$
$$=2000\times\tan(45°-35°)-\dfrac{20\times 8.485\times\cos 35°}{\cos(45°-35°)}$$
$$=211.5\text{kN/m}$$

22. 答案(C)

解:可依据力的平衡计算土压力:

土体△BCD 的重力 $G_{BCD}=\dfrac{1}{2}\times 6\times(6\times\tan 30°+6\times\tan 45°)\times 20=567.8\text{kN/m}$

$$\dfrac{E_a}{\sin(\beta-\varphi)}=\dfrac{G_{BCD}}{\sin[180°-(\alpha-\delta)-(\beta-\varphi)]}$$

即 $\dfrac{E_a}{\sin(45°-30°)}=\dfrac{567.8}{\sin[180°-(60°-30°)-(45°-30°)]}$

$E_a=207.8\text{kN/m}$

23. 答案(D)

解:当墙后砂土完全液化时,可以将其视为液体处理,与水压力计算方法相同。

$$\dfrac{1}{2}\gamma h^2=\dfrac{1}{2}\times 18\times 5^2=225\text{kN/m}$$

24. 答案(C)

解:渗流的存在使得土压力增加,水压力减小。

水头差 $\Delta h=il=0.45\text{m}$

A 点水压力为 10kPa,B 点水压力为 $55-0.45\times 10=50.5\text{kPa}$

总水压力为 $\dfrac{1}{2}(10+50.5)\times 4.5=136.125\text{kN/m}$

单位体积渗透力 $j=\gamma_w i=10\times 0.1=1\text{kN/m}^3$

总土压力为 $\dfrac{1}{2}(\gamma'+j)h^2 K_a=\dfrac{1}{2}\times(11+1)\times 4.5^2\times\tan^2\left(45°-\dfrac{30°}{2}\right)=40.5\text{kN/m}$

故 AB 段总压力为 $136.125+40.5=176.625\text{kN/m}$

25. 答案(B)

解:$K_a=\tan\left(45°-\dfrac{32°}{2}\right)=0.307$

水位上升前:$E_{a前}=\dfrac{1}{2}\times 18\times 6^2\times 0.307=99.5\text{kN/m}$

水位上升后:

水位面处土压力强度 $q_1=18\times 2\times 0.307=11.052\text{kPa}$

墙底处土压力强度 $q_2=(18\times 2+10\times 4)\times 0.307=23.33\text{kPa}$

$$E_{a后}=\dfrac{1}{2}\times 11.05\times 2+\dfrac{1}{2}\times(11.052+23.33)\times 4+\dfrac{1}{2}\times 10\times 4^2=159.8\text{kN/m}$$

$$\Delta E_a=E_{a后}-E_{a前}=159.8-99.5=60.3\text{kN/m}$$

26. 答案(C)

解:加固后的高度:

$$\frac{h_1}{1+e_1}=\frac{h_2}{1+e_2} \Rightarrow \frac{6}{1+0.9}=\frac{h_2}{1+0.6} \Rightarrow h_2=5.05$$

加固后的重度：$\frac{d_s+0.9}{1+0.9}=1.85 \Rightarrow d_s=2.615$，则 $\gamma_{sat}=\frac{2.615+0.6}{1+0.6}\times 10=20.1 \text{kN/m}^3$

加固前土压力：
$$E_{a\text{前}}=\frac{1}{2}\gamma_1 h_1^2 K_{a\text{前}}=\frac{1}{2}\times(18.5-10)\times 6^2 \tan\left(45°+\frac{30°}{2}\right)=51 \text{kN/m}$$

加固后土压力：
$$E_{a\text{后}}=\frac{1}{2}\gamma_1 h_1^2 K_{a\text{后}}=\frac{1}{2}\times(20.1-10)\times 5.05^2 \tan\left(45°+\frac{35°}{2}\right)=34.9 \text{kN/m}$$
$$\Delta E_a=51-34.9=16.1 \text{kN/m}$$

第三讲 平面滑动法

1. 答案(C)

解：据《建筑边坡工程技术规范》(GB 50330—2002)第4.5.5条及其条文说明计算。

设边坡直立，取单位宽度坡体，破裂角为 $\theta=45°+\frac{\varphi}{2}$，如解图所示。

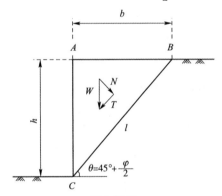

题 1 解图

则有：边坡高度 $AC=h$，不稳定块体宽度 $AB=b$，破裂面长度 $BC=c$。

$b=l\cos\theta$ $\qquad V=\frac{1}{2}bh=\frac{1}{2}hl\cos\theta$

$W=\frac{1}{2}\gamma hl\cos\theta$ $\qquad N=\frac{1}{2}\gamma hl\cos^2\theta$ $\qquad \sigma=\frac{N}{l}=\frac{1}{2}\gamma h\cos^2\theta$

设等效内摩擦角为 φ_d，则有：

$\tau=\sigma\tan\varphi+c=\sigma\tan\varphi_d \Rightarrow$

$\tan\varphi_d=\tan\varphi+\frac{c}{\sigma}=\tan\varphi+\frac{2c}{\gamma h \cos^2\theta}=\tan 35°+\frac{2\times 16}{25\times 10\times \cos^2(45°+35°/2)}=1.3$

$\varphi_d=52.43°$

该题不可直接利用规范条文说明中的公式 $\varphi_d=\text{arccot}\left(\tan\varphi+\frac{2c}{\gamma h\cos\theta}\right)$ 计算。

注：2013年新版规范已经删除该内容。

2. 答案(C)

解：据《建筑边坡工程技术规范》(GB 50330—2013)第5.2.4条计算。

当 $\theta=24°$ 时,$A_1 = \dfrac{H}{\sin\theta_1} = \dfrac{10}{\sin 24°} = 24.6$,$V_1 = \dfrac{\frac{1}{2}H^2}{\tan\theta_1} - \dfrac{1}{2}H^2 = \dfrac{1}{2}\times\dfrac{10^2}{\tan 24°} - \dfrac{1}{2}\times 10^2 = 62.3$

$$K_1 = \dfrac{\gamma V\cos\theta\tan\varphi + AC}{\gamma V\sin\theta} = \dfrac{20\times 62.3\times\cos 24°\times\tan 25° + 24.6\times 10}{20\times 62.3\times\sin 24°} = 1.53$$

当 $\theta=28°$ 时,$A_2 = \dfrac{10}{\sin 28°} = 21.3$,$V_2 = \dfrac{1}{2}\times\dfrac{10^2}{\tan 28°} - 50 = 44.0$

$$K_2 = \dfrac{20\times 44\times\cos 28°\times\tan 25° + 21.3\times 10}{20\times 44\times\sin 28°} = 1.39$$

当 $\theta=32°$ 时,$A_3 = \dfrac{10}{\sin 32°} = 18.9$,$V_3 = \dfrac{1}{2}\times\dfrac{10^2}{\tan 32°} - 50 = 30.0$

$$K_3 = \dfrac{20\times 30\times\cos 32°\times\tan 25° + 18.9\times 10}{20\times 30\times\sin 32°} = 1.34$$

当 $\theta=36°$ 时,$A_4 = \dfrac{10}{\sin 36°} = 17.0$,$V_4 = \dfrac{1}{2}\times\dfrac{10^2}{\tan 36°} - 50 = 18.8$

$$K_4 = \dfrac{20\times 18.8\times\cos 36°\times\tan 25° + 17\times 10}{20\times 18.8\times\sin 36°} = 1.41$$

3. **答案**(B)

解:当 $c=0$ 时,可按平面滑动法计算,这时滑动面倾角与坡面倾角相等时稳定性系数最小,按《建筑边坡工程技术规范》(GB 50330—2013)附录 A 计算如下。

$$K_s = \dfrac{W\cos\theta\tan\varphi + AC}{W\sin\theta} = \dfrac{\tan\varphi}{\tan\theta}$$

$$\tan\theta = \dfrac{\tan\varphi}{K_s} = \dfrac{\tan 35°}{1.25} = 0.56,\ \theta = 29.25° = 29°15'$$

4. **答案**(B)

解:据《建筑边坡工程技术规范》(GB 50330—2013)附录 A 取单位长度滑坡体计算。

$$K_s = \dfrac{W\cos\theta\tan\varphi + Ac}{W\sin\theta} = \dfrac{52.2\times\cos 25°\times\tan 30° + 7.1\times 1\times 0.1}{52.5\times\sin 25°} = 1.27$$

5. **答案**(A)

解:据《铁路工程不良地质勘察规程》(TB 10027—2012)附录 A 第 A.0.2 条计算。后缘垂直裂缝的静水压力 $V = \dfrac{1}{2}\gamma_w z_w^2 = \dfrac{1}{2}\times 10\times 10^2 = 500\text{kN/m}$

下滑力:

$$T = W\sin\beta + V\cos\beta = 1200\times\sin 30° + 500\times\cos 30° = 1033.0\text{kN/m}$$

6. **答案**(B)

解:据《建筑边坡工程技术规范》(GB 50330—2013)附录 A 计算。

当 $\alpha=30°$ 时(取单位长度边坡进行计算):

$$A = h/\sin\alpha = 8/\sin 30° = 16\text{m}^2$$

$$V = \dfrac{1}{2}h\left(\dfrac{h}{\tan\alpha} - h\right) = \dfrac{1}{2}\times 8\times\left(\dfrac{8}{\tan 30°} - 8\right) = 23.44\text{m}^3$$

如在黏土侧破裂,则:

$$K_{s黏} = \dfrac{\gamma V\cos\theta\tan\varphi + Ac}{\gamma V\sin\theta} = \dfrac{20\times 23.44\times\cos 30°\times\tan 22° + 16\times 12}{20\times 23.44\times\sin 30°} = 1.52$$

如在砂土侧破裂($c=0$),则:

$$K_{s砂} = \frac{\gamma V \cos\theta\tan\varphi + Ac}{\gamma V \sin\theta} = \frac{\tan\varphi}{\tan\theta} = \frac{\tan 35°}{\tan 30°} = 1.21$$

当 $\alpha = 25°$ 时:

$$K_s = \tan\varphi/\tan\alpha = \tan 35°/\tan 25° = 1.50$$

当 $\alpha = 35°$ 时:

$$A = h/\sin\alpha = 8/\sin 35° = 13.95 \text{m}^2$$

$$V = \frac{1}{2}h\left(\frac{h}{\tan\alpha} - h\right) = 0.5 \times 8 \times \left(\frac{8}{\tan 35°} - 8\right) = 13.7 \text{m}^3$$

$$K_s = \frac{\gamma V \cos\theta\tan\varphi + Ac}{\gamma V \sin\theta} = \frac{20 \times 13.7 \times \cos 35° \times \tan 22° + 13.95 \times 12}{20 \times 13.7 \times \sin 35°} = 1.64$$

7. 答案(C)

解: $F_s = \dfrac{G\cos\theta\tan\varphi + Ac}{G\sin\theta} = \dfrac{\tan\varphi}{\tan\theta}$

$\tan\theta = \tan\varphi/F_s = \tan 45°/1.3 = 0.76923, \theta = 37.6°$

8. 答案(D)

解:取一个垂直的单元柱体计算如下:

①砂土层中部及砂土与黏土界面在砂土一侧,$K_a = \tan\varphi/\tan\theta = \tan 35°/\tan 30° = 1.21$

②砂土与黏土界面在黏土一侧

$$K_s = \frac{\gamma V \cos\theta\tan\varphi + Ac}{\gamma V \sin\theta}$$

$$= \frac{18 \times 1^2 \times 3 \times \cos 30° \times \tan 20° + (1^2/\cos 30°) \times 30}{18 \times 1^2 \times 3 \times \sin 30°} = 1.91$$

③黏土与岩石界面上

$$K_s = \frac{18 \times 1^2 \times 5 \times \cos 30° \times \tan 15° + (1^2/\cos 30°) \times 25}{18 \times 1^2 \times 5 \times \sin 30°} = 1.106$$

类似问题中,一般在土与岩石界面处最不稳定。

9. 答案(C)

解:假定在边坡结构面的剪出口处无水渗出,则有:

垂直于滑动面的水压力为 $P_w = \dfrac{1}{2}\gamma_w hl = \dfrac{1}{2} \times 10 \times 8 \times 8/\sin 35° = 557.9 \text{kN}$

抗滑稳定系数 $K_s = \dfrac{(\gamma V \cos\theta - P_w)\tan\varphi + Ac}{\gamma V \sin\theta}$

$$= \frac{(740 \times \cos 35° - 557.9) \times \tan 18° + 1 \times (12/\sin 35°) \times 25}{740 \times \sin 35°} = 1.27$$

10. 答案(A)

解:据《建筑边坡工程技术规范》(GB 50330—2013)第6.3.4条第2款,取破裂角为58°,则:

$$L = \frac{H}{\tan 58°} - \frac{H}{\tan 65°} = \frac{22}{\tan 58°} - \frac{22}{\tan 65°} = 3.5\text{m}$$

11. 答案(C)

解: $P_w = \dfrac{1}{2}\gamma_w d^2 = \dfrac{1}{2} \times 10 \times 12^2 = 720 \text{kN/m}$

6—46

$$K_s = \frac{G\cos\theta\tan\varphi + Ac - P_w\sin\theta\tan\varphi}{G\sin\theta + P_w\cos\theta} = 1$$

$$1 = \frac{15000\times\cos28°\times\tan25° - 720\times\sin28°\times\tan25° + c\times52\times1}{15000\times\sin28° + 720\times\cos28°}$$

解得：$c = 31.9\text{kPa}$

12. 答案（B）

解： ①不稳定岩体体积：$V = \frac{1}{2}\times20\times40 = 400\text{m}^3/\text{m}$

②滑面面积：$A = BL = 1\times[(10+20)^2 + 40^2]^{\frac{1}{2}} = 50\text{m}^2/\text{m}$

③稳定性安全系数：$F_s = \frac{\gamma V\cos\theta\tan\varphi + Ac}{\gamma V\sin\theta}$

$$= \frac{23\times400\times0.6\tan35° + 50\times70}{23\times400\times0.8} = \frac{3865 + 3500}{7360} = 1.0$$

13. 答案（A）

解： 据《铁路工程不良地质勘察规程》（TB 10027—2012）第 A.0.2 条计算。

$$K = \frac{W\cos\theta\tan\varphi + cL - P_w\sin\theta\tan\varphi}{W\sin\theta + P_w\cos\theta}$$

$$= \frac{22000\times0.94\times0.40 + 20\times60 - 1125\times0.342\times0.4}{22000\times0.342 + 1125\times0.94} = 1.09$$

14. 答案（B）

解： ①不稳定岩体体积：$V = \frac{1}{2}\times20\times40 = 400\text{m}^3/\text{m}$

②滑面面积：$A = BL = 1\times[(10+20)^2 + 40^2]^{\frac{1}{2}} = 50\text{m}^2/\text{m}$

③稳定性安全系数：$F_s = \frac{\gamma V\cos\theta\tan\varphi + Ac}{\gamma V\sin\theta}$

$$= \frac{23\times400\times0.6\times\tan35° + 50\times70}{23\times400\times0.8} = 1.0$$

15. 答案（C）

解： 无黏性土 $F_s = \frac{\tan\varphi}{\tan\beta}$，$\tan\beta = \frac{\tan\varphi}{F_s} = \frac{\tan45°}{1.3} = 0.769$，$\beta = 37.6°$

16. 答案（D）

解： 选项（B），砂土与黏土界面，在砂土一侧：$F_s = \frac{\tan\varphi}{\tan\theta} = \frac{\tan\varphi}{\tan30°} = 1.21$

选项（C），砂土与黏土界面，在黏土一侧，纵向与顺坡向都取单位宽度计算：

$$W = 3\times1\times\cos30°\times18 = 46.8\text{kN}$$

$$F_s = \frac{W\cos30°\tan20° + 30}{W\sin30°} = \frac{44.75}{23.4} = 1.91$$

选项（D），黏土与岩石界面上，纵向与顺坡方向都取单位宽度计算：

$$W = 5\times1\times\cos30°\times18 = 77.9\text{kN}$$

$$F_s = \frac{W\cos\theta\tan\varphi + c}{W\sin\theta} = \frac{77.9\times\cos30°\tan15° + 25}{77.9\sin30°} = 1.11$$

17. 答案（B）

解： ①$AC = \frac{8}{\sin42°} = 11.96\text{m}$，坡脚 $\alpha = \arctan(1:0.5) = 63.43°$

②$AB = \dfrac{8}{\sin 63.43°} = 8.94\text{m}$

③滑体 ABC 的重力：
$$W = \dfrac{1}{2}\gamma \cdot AC \cdot AB \cdot \sin(\alpha - \beta)$$
$$= 0.5 \times 23 \times 11.96 \times 8.94 \times \sin(63.43° - 42°) = 449.3\text{kN/m}$$

④滑体下滑力：$F = 449.3 \times \sin 42° = 300.6\text{kN/m}$

⑤滑面抗滑力：$R = 449.3 \times \cos 42° \times \tan 18° + 11.96c = 108.5 + 11.96c$

⑥安全系数：$K = 1.0 = \dfrac{108.5 + 11.96c}{300.6}$

⑦$c = \dfrac{300.6 \times 1.0 - 108.5}{11.96} = 16\text{kPa}$

18. 答案(B)

解：据《建筑边坡工程技术规范》(GB 50330—2013) 附录 A 计算。

假定滑动面长度为 L，滑动体(三角形)高度 $BG = h$，则抗滑安全系数：

$$K = \dfrac{G\cos\theta\tan\varphi + cL}{G\sin\theta} = \dfrac{\gamma V\cos\theta\tan\varphi + cL}{\gamma V\sin\theta}$$

$$= \dfrac{\gamma\left(\dfrac{1}{2}hL\right)\cos\theta\tan\varphi + cL}{\gamma\left(\dfrac{1}{2}hL\right)\sin\theta} = \dfrac{\dfrac{1}{2}\gamma hL\cos\theta\tan\varphi + c}{\dfrac{1}{2}\gamma h\sin\theta}$$

可见，抗滑安全系数与滑动面长度并无关系，因此只改变 L 并不影响抗滑安全系数。

19. 答案(A)

解：$F_s = \dfrac{\gamma'}{\gamma_{sat}} \cdot \dfrac{\tan\varphi}{\tan\alpha} = \dfrac{11\tan 30°}{21\tan\alpha} = 1.2$

解得：$\alpha = 14°$

20. 答案(B)

解：可证明由于块体 CDB 与 CDF 以 C 为顶点的高度一致，则两块体的抗滑动安全系数相同：

$$K_1 = \dfrac{W \cdot \cos\alpha \cdot \tan\varphi + c \cdot L_{FD}}{W \cdot \sin\alpha} = \dfrac{520 \times \cos 30° \times \tan 15° + 16L_{FD}}{520 \times \sin 30°} = 1.2$$

解得：$L_{FD} = 11.96\text{m}$

当增加锚索以后：
$$K = \dfrac{[W \cdot \cos\alpha + P \cdot \sin(30° + 20°)]\tan\varphi + c \cdot L_{FD} + P \cdot \cos(30° + 20°)}{W \cdot \sin\alpha}$$

$$= \dfrac{[520 \times \cos 30° + P \cdot \sin(30° + 20°)] \times \tan 15° + 16 \times 11.96 + P \cdot \cos(30° + 20°)}{520 \times \sin 30°}$$

$$= 2.0$$

$P = 245.2\text{kN/m}$

21. 答案(B)

解：据《建筑边坡工程技术规范》(GB 50330—2013) 第 5.2.6 条计算。

$\alpha_w = 0.1$，$Q_e = \alpha_w G = 0.1 \times 12000 \times 20 = 24000\text{kN/m}$

$$K = \dfrac{\text{抗滑}}{\text{滑动}} = \dfrac{(240000 \times \cos 35° - 24000 \times \sin 35°)\tan 30°}{240000 \times \sin 35° - 24000 \times \cos 35°} = 0.67$$

22.答案(A)

解:降水前:

$$V_{总} = \frac{1}{2}H^2\left(\frac{1}{\tan\alpha} - \frac{1}{\tan\beta}\right) = \frac{1}{2} \times 40^2 \times \left(\frac{1}{\tan 30°} - \frac{1}{\tan 60°}\right) = 924\text{m}^3$$

$$V_{水下} = \frac{1}{2} \times 30^2 \times \left(\frac{1}{\tan 30°} - \frac{1}{\tan 60°}\right) = 520\text{m}^3$$

$$K_1 = \frac{\gamma V\cos\theta\tan\varphi + Ac}{\gamma V\sin\theta} = \frac{[20\times(924-520)+10\times520]\cos30° \cdot \tan30° + \frac{40}{\sin30°}\times130}{\gamma V\sin\theta} = 2.56$$

水位下降后:

$$V_1 = \frac{1}{2}\frac{\gamma_w h^2}{\sin\theta} = \frac{10\times10^2}{2\times\sin60°} = 577, \quad V_2 = \frac{1}{2}\frac{\gamma_w h^2}{\sin\theta} = \frac{1}{2}\times\frac{10\times30^2}{\sin30°} = 9000$$

$$K_2 = \frac{(20\times924\cos30° - 9000 + 577\cos30°)\tan30° + \frac{40}{\sin30°}\times130}{20\times924\sin30° - 577\sin30°} = 1.65$$

$$\Delta K = K_1 - K_2 = 2.56 - 1.65 = 0.91$$

第四讲　折线滑动法

1.答案(A)

解:据《岩土工程勘察规范》(GB 50021—2001)(2009年版)第5.2.8条折线形滑面滑坡推力计算公式计算。

$$F_1 = KT_1 - R_1 = 1.05\times12000 - 5500 = 7100\text{kN/m}$$

$$F_2 = KT_2 - R_2 + \psi_1 F_1 = 1.05\times17000 - 19000 + 0.733\times7100 = 4054.3\text{kN/m}$$

$$F_3 = KT_3 - R_3 + \psi_2 F_2 = 1.05\times2400 - 2700 + 1.0\times4054.3 = 3874.3\text{kN/m}$$

2.答案(C)

解:据《建筑边坡工程技术规范》(GB 50330—2002)第5.2.5条计算。

$$F_s = \frac{[P_1\sin(\alpha_1-\alpha_2) + W_2\cos\alpha_2]\tan\varphi}{P_1\cos(\alpha_1-\alpha_2) + W_2\sin\alpha_2}$$

$$= \frac{(560\times\sin23.7° + 1000\times\cos15°)\times\tan38°}{560\times\cos23.7° + 1000\times\sin15°} = 1.205$$

注:题目条件不适合采用2013年新版规范中传递系数隐式解法。

3.答案(C)

解:根据《建筑边坡支护技术规范》(GB 50330—2013)附录A计算。

$$P_n = 0 = P_i = P_{i-1}\psi_{i-1} + T_i - \frac{R_i + N}{F_s} - 1150\times0.8 + 6000 - \frac{6600+N}{1.35}$$

求得:$N = 2742\text{kN}$

作用A点的力矩:$M = 2742\times\cos15°\times4\times\frac{8}{2} = 42377\text{kN}\cdot\text{m}$

第五讲　圆弧滑动法

1.答案(B)

解:计算滑弧的半径:$R=\sqrt{11^2+20^2}=22.83\text{m}$

抗滑力矩:$M_R=(3.1415\times 76.06/180)\times 30\times 22.83^2=20757\text{kN}\cdot\text{m/m}$

滑动力矩:

裂缝水压力:$P_w=10\times 3.33^2/2=55.44\text{kN/m}$,$M_1=55.44\times 12.22=677\text{kN}\cdot\text{m/m}$

水上:$M_A=41.92\times 18\times 13=9809\text{kN}\cdot\text{m/m}$

水下:$M_B=144.11\times 8\times 4.44=5119\text{kN}\cdot\text{m/m}$

$$F_s=\frac{20757}{677+9809+5119}=1.33$$

2. 答案(C)

解:由于产生沿着坡面的渗流,坡面线为一流线,过该条底部中点的等势线为 ab 线,见解图,水头高度 $h_w=\overline{ad}=\overline{ab}\cos\theta=(\overline{ac}\cos\theta)\cos\theta=h_i\cos^2\theta=6\times\cos^2 28°=4.68\text{m}$,孔隙水压力 $u_w=h_w\gamma_w=4.68\times 10=46.8\text{kPa}$。

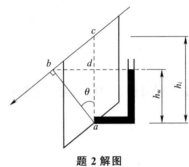

题 2 解图

3. 答案(C)

解:据《建筑边坡工程技术规范》(GB 50330—2002)第 5.2.3 条计算。

(1)垂直于第 i 土条滑动面的 N_i 为:

$$N_i=(G_i+G_{bi})\cos\theta_i+P_{wi}\sin(\alpha_i-\theta_i)=G_i\cos\theta_i$$
$$=[20\times 3\times 2+(20-10)\times 7\times 2]\cos 30°=225.17\text{kN/m}$$

(2)第 i 土条的总抗滑力 R_i 为:

$$R_i=N_i\tan\varphi_i+c_il_i=225.17\times\tan 25°+22\times 2\times\frac{1}{\cos 30°}=155.8\text{kN/m}$$

(3)总抗滑力矩 M_i 为:

$$M_i=R_iR=155.8\times 30=4674\text{kN}\cdot\text{m}$$

注:题目条件不适合采用 2013 年新版规范推荐的简化毕晓普法解答。

4. 答案(C)

解:由于产生沿着坡面的渗流,坡面线为一流线,过该条底部中点的等势线为 ab 线,见解图。

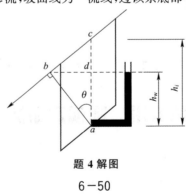

题 4 解图

水头高度为：
$$h_w = \overline{ad} = \overline{ab}\cos\theta = (\overline{ac}\cos\theta)\cos\theta = h_i\cos^2\theta = 6 \times \cos^2 28° = 4.68\text{m}$$
孔隙水压力 $= h_w \gamma_w = 4.68 \times 10 = 46.8\text{kPa}$

5. 答案(B)

解：对于条块 $G = 2 \times 3 \times 20 + 2 \times 7 \times (20-10) = 260\text{kN/m}$
总渗透力 $J = 10 \times \sin 30° \times 2 \times 7 = 70$
渗透力的力臂 $a = 30 - \frac{1}{2} \times 7\cos 30° = 26.96\text{m}$（方向为平行坡面向下）
$$M_{滑} = 260 \times 30 \times \sin 30° + 70 \times 26.96 = 5787\text{kN/m}$$

第六讲 重力式支挡结构

1. 答案(D)

解：据《建筑边坡工程技术规范》(GB 50330—2013)第 10.2.4 条计算。
$$K_0 = \frac{Gx_0 + E_{az}x_f}{E_{ax}z_f} = \frac{156 \times 0.8 + 18 \times 1.2}{35 \times 2.4} = 1.74$$

2. 答案(C)

解：据土力学基本理论计算。
$$e = 0.2 < \frac{B}{6} = 1.45/6 = 0.24$$
$$\sigma_1 = \frac{\sum N}{B}\left(1 + \frac{6e}{B}\right) = \frac{180+12}{1.45} \times \left(1 + \frac{6 \times 0.2}{1.45}\right) = 242\text{kPa}$$
$$\sigma_1/[\sigma] = 242/290 = 0.834$$
$$\sigma_1 = 0.834[\sigma]$$

3. 答案(C)

解：据题意计算如下。
$$G = \gamma abH = 25 \times 0.5 \times 0.2 \times 5 = 12.5\text{kN}$$
$$\sum N = 3R_a\sin(\beta - \alpha) = 3 \times 150 \times \sin(10° - 5°) = 39.22\text{kN}$$
$$\sigma = \frac{\sum N\cos\alpha + G}{ab} = \frac{39.22 \times \cos 5° + 25 \times 0.5 \times 0.2 \times 5}{0.5 \times 0.2} = 515.7\text{kPa}$$

4. 答案(C)

解：据《建筑地基基础设计规范》(GB 50007—2011)第 6.7.5 条计算。
$$G_n = G\cos\alpha_0 = 480 \times \cos 10° = 472.7\text{kN/m}$$
$$G_t = G\sin\alpha_0 = 480 \times \sin 10° = 83.4\text{kN/m}$$
$$E_{at} = E_a\sin(\alpha - \alpha_0 - \sigma) = 400 \times \sin(75° - 10° - 15°) = 306.4\text{kN/m}$$
$$E_{an} = E_a\cos(\alpha - \alpha_0 - \sigma) = 400 \times \cos(75° - 10° - 15°) = 257.1\text{kN/m}$$
$$K = \frac{(G_n + E_{an})\mu}{E_{at} - G_t} = \frac{(472.7 + 257.1) \times 0.4}{306.4 - 83.4} = 1.309$$

5. 答案(B)

解：据题意计算如下。
挡墙截面重心距墙趾的距离 z_w：
$$z_w \times \left(1 \times 3 + \frac{1}{2} \times 3 \times 0.6\right) = 1 \times 3 \times \frac{1}{2} + \frac{1}{2} \times 0.6 \times 3 \times \left(1 + \frac{1}{3} \times 0.6\right)$$

$$z_w = 0.662$$

$$K_0 = \frac{\sum M_y}{\sum M_0} = \frac{180 \times 0.662 + 55 \times (1 + \frac{2}{3} \times 0.6)}{\frac{1}{3} \times 3 \times 175} = 1.12$$

6. 答案(B)

解：据《建筑边坡工程技术规范》(GB 50330—2013)第10.2.4条计算。
单位长度浮力的合力：

$$F = \frac{1}{2} b \gamma_w h_w = \frac{1}{2} \times 4 \times 10 \times 3 = 60 \text{kN}$$

F 作用点距墙趾的距离：

$$x = \frac{2}{3} b = \frac{2}{3} \times 4 = 2.67 \text{m}$$

$$K_0 = \frac{Gx_0 - Fx + E_{az}x_f}{E_{ax}z_f} = \frac{212 \times 1.8 - 60 \times 2.67 + 40 \times 2.2}{106 \times 2.4} = 1.2$$

据《铁路路基支挡结构设计规范》(TB 10025—2006)第3.3.3条计算。
单位长度浮力 $F = 60$kN，浮力 F 作用点距墙趾的距离 $x = 2.67$m，则：

$$K_0 = \frac{\sum M_y}{\sum M_0} = \frac{Gx_0 + E_{az}x_f - Fx}{E_{ax}z_f} = 1.13$$

7. 答案(D)

解：据《建筑边坡工程技术规范》(GB 50330—2013)第11.2.3条计算。

$$G_n = G\cos\alpha_0 = 300 \times \cos 6° = 298.4 \text{kN/m}$$

$$G_t = G\cos\alpha_0 = 300 \times \sin 6° = 31.4 \text{kN/m}$$

$$E_{at} = E_a \sin(\alpha - \alpha_0 - \delta) = 200 \times \sin(90° - 20° - 6° - 15°) = 150.9 \text{kN/m}$$

$$F_s = \frac{(G_n + E_{an})\mu}{E_{at} - G_t} = \frac{(298.4 + 131.4) \times 0.33}{150.9 - 31.4} = 1.186 \approx 1.2$$

8. 答案(D)

解：滑动力即水平向水压力：

$$E_w = \frac{1}{2} \gamma_w H^2 - \frac{1}{2} \gamma_w h^2 = \frac{1}{2} \times 10 \times 10^2 - \frac{1}{2} \times 10 \times 2^2 = 480 \text{kN/m}$$

扬压力：

$$P_w = \frac{1}{2}(\gamma_w H + \gamma_w h)L = \frac{1}{2} \times (10 \times 10 + 10 \times 2) \times 10 = 600 \text{kN/m}$$

$$F_s = \frac{(G - P_w)\mu}{E_w} = \frac{(2000 - 600) \times 0.4}{480} = 1.17$$

9. 答案(C)

解：墙后水平土压力系数 $K_a = \tan^2\left(45° - \frac{35°}{2}\right) = 0.271$

$$E_a = \frac{1}{2}\gamma h^2 \tan^2\left(45° - \frac{\varphi}{2}\right) = 0.5 \times 18 \times 5.5 \times 5.5 \times 0.271 = 73.78 \text{kN/m}$$

水平土压力作用点距离墙底的距离 $h_a = \frac{1}{3}h = \frac{1}{3} \times 5.5 = 1.833$m

合力矩作用点距离墙趾的水平距离 $x_1 = \frac{1.29 \times 164.5 - 73.78 \times 1.833}{164.5} = 0.466$m

偏心距 $e = \dfrac{2.0}{2} - 0.466 = 0.534\text{m} > \dfrac{b}{6} = 0.333\text{m}$，属于大偏心

$$p_{k\max} = \dfrac{2 \times 164.5}{3x_f} = 235\text{kPa}$$

10. 答案(B)

解：原设计挡墙抗滑力 $F = \dfrac{1.0 + 2.0}{2} \times 4\gamma \times 0.6 = 3.6\gamma$

变更设计净挡墙增厚 b，且抗滑力与原墙相同，故 $\left(\dfrac{1.0+2.0}{2} + b\right) \times 4\gamma \times 0.5 = F = 3.6\gamma$

$3 + 2b = 3.6$

$b = \dfrac{0.6}{2} = 0.3\text{m}$

11. 答案(C)

解：据土压力理论及挡墙理论计算。

解法一：$K_a = \tan^2\left(45° - \dfrac{30°}{2}\right) = \dfrac{1}{3}$

$E_{a1} = 0.5 \times 18 \times 4^2 \times \dfrac{1}{3} = 48\text{kN}$

$E_{a2} = 18 \times 4 \times 3 \times \dfrac{1}{3} = 72\text{kN}$

$E_{a3} = 0.5 \times 10 \times 3^2 \times \dfrac{1}{3} = 15\text{kN}$

$E_a = E_{a1} + E_{a2} + E_{a3} = 135\text{kN}$

墙重：$W = 0.5 \times [(1 + 2.714) \times 4 \times 25 + (2.714 + 4) \times 3 \times 15] = 337\text{kN}$

$K = 337 \times \dfrac{0.58}{135} = 1.45$

解法二：$E_a = 135\text{kN}$，墙前水压力合力为 P_w

$L = \dfrac{3}{7} \times \sqrt{3^2 + 7^2} = 3.264\text{m}, \quad H = \dfrac{3}{7} \times 3 = 1.286\text{m}$

$P_w = \dfrac{1}{2}\gamma_w H^2 L = \dfrac{1}{2} \times 10 \times 3 \times 3.264 = 48.96\text{kN}$

$P_{w水平} = 48.96 \times \dfrac{3}{3.264} = 45.919\text{kN}, \quad P_{w垂直} = 48.96 \times \dfrac{1.286}{3.264} = 19.29\text{kN}$

$W = \dfrac{1}{2} \times (1+4) \times 7 \times 25 + 19.29 - 3 \times 10 \times 4 = 336.79\text{kN}$

$K = 336.79 \times \dfrac{0.58}{135} = 1.45$

12. 答案(B)

解：据《建筑边坡工程技术规范》(GB 50330—2013)第6.2.3条、第10.2.3条计算。

$K_a = \dfrac{\cos^2 32°}{\cos 16° \times \left[1 + \sqrt{\dfrac{\sin(32°+16°) \times \sin 32°}{\cos 16°}}\right]^2} = \dfrac{0.72}{0.96 \times 2.7} = 0.278$

$E_a = \dfrac{1}{2} \times 0.278 \times 10^2 \times 17 = 236\text{kN}$

$E_{ax} = E_a \cos 16° = 236.47 \times \cos 16° = 227\text{kN}, \quad E_{az} = E_a \sin 16° = 236.47 \times \sin 16° = 65\text{kN}$

$$K=\frac{(G+E_{az})\mu}{E_{ax}}=\frac{(767+65)\times 0.5}{227}=1.83$$

13. 答案(D)

解：据《建筑地基基础设计规范》(GB 50007—2011)式(6.7.5-1)计算。

$$F_s=\frac{(G_n+E_{an})\mu}{E_{at}-G_t}$$

$G_n=G\cos 6°=298.4\text{kN}, G_t=G\sin 6°=31.4\text{kN}$

$E_{an}=200\cos(70°-6°-15°)=131\text{kN}, E_{at}=200\sin(70°-6°-15°)=150.3\text{kN}$

$$\frac{(298.4+131)\times 0.33}{150.3-31.4}=1.190$$

如果未计及墙底倾斜，则会得到其他错误答案。

14. 答案(C)

解：① $K_a=\tan^2\left(45°-\frac{\varphi}{2}\right)=\tan^2\left(45°-\frac{15°}{2}\right)=0.59$

② 由 $e_a=0=(\gamma z_0+q)K_a-2c\sqrt{K_a}$ 导出：

$$z_0=\frac{2c}{\gamma\sqrt{K_a}}-\frac{q}{\gamma}=\frac{20\times 20}{19\times\sqrt{0.59}}-\frac{25}{19}=1.42\text{m}$$

③ $e_a=(\gamma h+q)K_a-2c\sqrt{K_a}=(19\times 6+25)\times 0.59-2\times 20\times\sqrt{0.59}=51.29\text{kPa}$

④ $E_a=\frac{1}{2}e_a(h-z_0)=\frac{1}{2}\times 51.29\times(6-1.42)=117\text{kPa}$

⑤ 作用点距墙底高度：$z=\frac{h-z_0}{3}=\frac{6-1.42}{3}=1.53\text{m}$

⑥ 挡墙自重对墙趾的力矩：

$$M_{抗}=\left(\frac{1}{2}\times 1.5\times 6\times 22\times 1.5\times\frac{2}{3}\right)+[6\times 1\times 22\times(1.5+0.5)]=363\text{kN}\cdot\text{m}$$

⑦ $K=\frac{363}{117\times 1.53}=2.03$

15. 答案(C)

解：根据《建筑边坡工程技术规范》(GB 50330—2013)第11.2.4条计算。

抗倾覆力矩：(可分为三角形和矩形两部分计算)

$$\frac{1}{2}\times(2.6-1)\times 6\times 24\times\left[\frac{2}{3}\times(2.6-1)\right]+1\times 6\times 24\times\left(2.6-1+\frac{1}{2}\right)=425.3\text{kN}\cdot\text{m/m}$$

总的倾覆力矩：(先计算梯形土压力强度分布，再分为两块计算力矩，注意新规范挡墙土压力增大系数，墙高5～8m，取1.1)

$$(15K_a\times 6)\times 1.1\times\frac{6}{2}+\left[\frac{1}{2}\times(20\times 6K_a)\times 6\right]\times 1.1\times\frac{6}{3}=1089K_a$$

$\frac{425.3}{1089K_a}\geq 1.6$

解得：$K_a=0.244$

又由 $K_a=\tan^2\left(45°-\frac{\varphi}{2}\right)$，反解得：$\varphi=37.42°$

16. 答案(C)

解：此题目不需要算土压力，倾覆力矩 $M=\frac{350\times 2.15}{1.71}=440\text{kN}\cdot\text{m}$

$$F_s = \frac{350 \times 2.15}{440 + 20 \times \tan^2\left(45° - \frac{30°}{2}\right) \times 3 \times (5+1.5) + 20 \times \tan^2\left(45° - \frac{36°}{2}\right) \times 5 \times 2.5} = 1.19$$

$1.71 - 1.19 = 0.52$

17. 答案(C)

解：土压力强度计算：

墙顶 $e_{a1} = (\gamma h + q)K_a = 20 \times 0.377 = 7.54 \text{kPa}$

墙底 $e_{a2} = (18 \times 6 + 20) \times 0.377 = 48.26 \text{kPa}$

合力计算：$E_a = \frac{1}{2}(7.54 + 48.26) \times 6 = 167.4 \text{kN/m}$

$$K_c = \frac{f \sum P_i}{\sum T_i} = \frac{0.36 \times (450 + 167.4 \times \sin 30°)}{167.4 \times \cos 30°} = 1.33$$

18. 答案(B)

解：据《建筑地基基础设计规范》第6.7.5条计算。

由库仑土压力理论，先求土压力系数 $0.5 \times 17 \times 6 \times 6 \times K_a = 186$，得 $K_a = 0.608$

$$K = \frac{(G_n + E_{an})\mu}{G_t + E_{at}} = \frac{[260 \times \cos 10° + (186 + 0.608 \times q \times 6)\cos 58°]}{260 \times \sin 10° + (186 + 0.608 \times q \times 6)\sin 58°} = 1.3$$

解得：$q = 23 \text{kPa}$

19. 答案(C)

解：$K_a = \tan\left(45° + \frac{35°}{2}\right) = 0.271$

$e_{a上} = 15 \times 0.271 = 4.06 \text{kPa}$，$e_{a下} = (19 \times 6 + 15) \times 0.271 = 34.96 \text{kPa}$

倾覆力矩：$0.5 \times (34.96 - 4.06) \times 6 \times 6 \times 1/3 + 4.06 \times 6 \times 6 \times 1/2 = 258.5 \text{kN} \cdot \text{m}$

抗倾覆力矩：

$0.5 \times 1.6 \times 6 \times 24 \times 1.6 \times 2/3 + 1 \times 6 \times 24 \times (0.5 \times 1 + 1.6) = 425.28 \text{kN} \cdot \text{m}$

解得：$K = 425.28/258.5 = 1.65$

第七讲　锚拉式支挡结构

1. 答案(C)

解：据题意计算如下。

锚杆轴向拉力标准 $N_{ak} = \frac{H_{tk}}{\cos \alpha} = \frac{1140}{\cos 15°} = 1180.2 \text{kN}$

锚杆与地层间的锚固长度 $l_a \geq \frac{KN_{ak}}{\pi D f_{rb}} = \frac{2.2 \times 1180.2}{3.14 \times 0.15 \times 1100} = 5.0 \text{m}$

2. 答案(B)

解：据《建筑边坡工程技术规范》(GB 50330—2013)第8.2.2条～第8.2.4条计算。

①考虑钢筋强度

$$N_{ak} \leq \frac{A_s f_y}{K_b} = \frac{3 \times 3.14 \times \left(\frac{0.01}{2}\right)^2 \times 1000 \times 10^3}{2.0} = 117.8 \text{kN}$$

②考虑钢筋与锚固砂浆间的黏结强度

$$N_{ak} \leq \frac{l_a n \pi d f_b}{K} = \frac{4 \times 3 \times 3.14 \times 0.01 \times 2400}{2.4} = 376.8 \text{kN}$$

③考虑锚固体与地层的黏结强度

$$N_{ak} \leqslant \frac{l_a \pi D f_{rbk}}{K} = \frac{4 \times 3.14 \times 0.1 \times 300}{2.4} = 157 \text{kN}$$

3. 答案(D)

解:$P_\tau = \dfrac{F}{\sin(\alpha+\beta)\tan\varphi + \cos(\alpha+\beta)} = \dfrac{1220}{\sin65° \times \tan18° + \cos65°} = 1701 \text{kN}$

4. 答案(B)

解:用锚孔壁岩土对砂浆抗剪强度计算土钉极限锚固力:

$$F_1 = \pi d l \tau = 3.1416 \times 0.108 \times 4 \times 250 = 339 \text{kN}$$

用钉材与砂浆间黏结力计算土钉极限锚固力:

$$F_2 = \pi d_b l \tau_g = 3.1416 \times 0.032 \times 4 \times 2000 = 804 \text{kN}$$

有效锚固力 F 取小值 339kN,土钉抗拔安全系数 $K = F/E = 339/188 = 1.80$

5. 答案(C)

解:据《建筑边坡工程技术规范》(GB 50330—2013)第8.2.1条、第8.2.3条计算。

锚杆的轴向拉力标准值:$N_{ak} = \dfrac{H_{tk}}{\cos\alpha} = \dfrac{e_{ahk}A}{\cos\alpha} = \dfrac{18 \times 2 \times 2.2}{\cos15°} \approx 82 \text{kN}$

锚固段长度:$l_a \geqslant \dfrac{KN_{ak}}{\pi D f_{rbk}} = \dfrac{2.6 \times 82}{3.14 \times 0.26 \times 30} = 8.7 \text{m}$

6. 答案(C)

解:据《建筑边坡工程技术规范》(GB 50330—2013)附录 F.0.4 计算。

$$K_a = \tan^2\left(45° - \frac{20°}{2}\right) = 0.49, K_p = \tan^2\left(45° + \frac{20°}{2}\right) = 2.04$$

假定坑底至反弯点的距离为 h_n,则:

$$e_{ak} = qK_a + \gamma H K_a - 2c\sqrt{K_a}$$
$$= 20 \times 0.49 + 18 \times (6+h_n) \times 0.49 - 2 \times 10 \times \sqrt{0.49} = 8.82h_n + 48.72$$
$$e_{pk} = \gamma H K_p + 2c\sqrt{K_p} = 18 \times h_n \times 2.04 + 2 \times 10 \times \sqrt{2.04} = 36.72h_n + 28.57$$

令 $e_{ak} = e_{pk}$,得:$h_n = 0.72 \text{m}$

7. 答案(B)

解:据《建筑边坡工程技术规范》(GB 50330—2013)第12.2节计算。

堆载前抗倾覆力矩:$\dfrac{M}{\left[\frac{1}{2} \times 20 \times 6^2 \times \tan^2\left(45° - \frac{30°}{2}\right)\right] \times \frac{6}{3}} = 1.70$,得:$M = 408 \text{kN·m/m}$

堆载之后:$\dfrac{408 + \dfrac{N_{ak}\cos15°}{2} \times 3}{\left[\frac{1}{2} \times 20 \times 6^2 \times \tan^2\left(45° - \frac{30°}{3}\right)\right] \times \frac{6}{3} + \left[40 \times 6 \times \tan^2\left(45° - \frac{30°}{3}\right)\right] \times \frac{6}{2}} \geqslant 1.6$

解得:$N_{ak} \geqslant 248.5 \text{kN}$

锚杆轴向拉力设计值:$N_a \geqslant \gamma_Q \cdot N_{ak} = 1.30 \times 248.5 = 323 \text{kN}$

注意:新版规范已经无此转换要求。

8. **答案**(B)

解：根据初始临界稳定状态条件：$K_s = \dfrac{\gamma V\cos\theta \cdot \tan\varphi + Ac}{\gamma V\sin\theta} = 1$

加锚索后安全系数提为 1.5：

$$K_s = \dfrac{(\gamma V\cos\theta \cdot \tan\varphi + Ac) + P\sin(15°+42°)\tan\varphi + P\sin(15°+42°)}{\gamma V\sin\theta}$$

$$= \dfrac{450 \times \sin42° + P\sin57°\tan18° + P\cos57°}{450 \times \sin42} = 1.5$$

解得：$P = 185 \text{kN/m}$

第七篇 基坑与地下工程

历年真题

第一讲 基坑基本计算

1.(03C22)一基坑深 6.0m,安全等级二级,重要性系数 $\gamma_0=1.0$,无地下水,采用悬臂排桩。从上至下土层为:
①填土:$\gamma=18kN/m^3$,$c=10kPa$,$\varphi=12°$,厚度 2.0m
②砂:$\gamma=18kN/m^3$,$c=0kPa$,$\varphi=20°$,厚度 5.0m
③黏土:$\gamma=20kN/m^3$,$c=20kPa$,$\varphi=30°$,厚度 7.0m
第③层黏土顶面以上范围内基坑外侧主动土压力引起的支护结构净水平主动土压力的最大值约为(   )。
　　(A)19kPa　　　　(B)53kPa　　　　(C)62kPa　　　　(D)65kPa

2.(03C25)已知基坑开挖深度 10m,未见地下水,坑侧无地面超载,坑壁黏性土土性参数为:重度 $\gamma=18kN/m^3$,黏聚力 $c=10kPa$,内摩擦角 $\varphi=25°$。则作用于每延长米支护结构上的主动土压力(算至基坑底面)最接近于(   )。
　　(A)250kN　　　　(B)300kN　　　　(C)330kN　　　　(D)365kN

3.(04C24)某基坑剖面如下图所示,按水土分算原则并假定地下水为稳定渗流,E 点处内外两侧水压力相等,则墙身内外水压力抵消后作用于每米支护结构的总水压力(按图中三角形分布计算)净值应等于下列(   )。
　　(注:$\gamma_w=10kN/m^3$。)

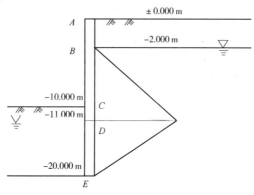

题 3 图

　　(A)1620kN/m　　(B)1215kN/m　　(C)1000kN/m　　(D)810kN/m

4.(04D25)基坑剖面如下图所示,已知土层天然重度为 $20kN/m^3$,有效内摩擦角 $\varphi'=30°$,有效黏聚力 $c'=0$,若不计墙两侧水压力,按朗肯土压力理论分别计算支护结构底部 E 点内外两侧的被动土压力强度 e_p 及主动土压力 e_a 强度最接近下列(   )。

(注:水的重度为 $\gamma_w=10\text{kN/m}^3$。)

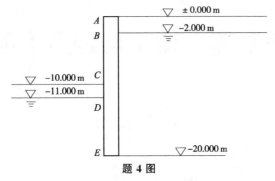

题 4 图

(A)被动土压力强度 $e_p=330\text{kPa}$,主动土压力强度 $e_a=73\text{kPa}$
(B)被动土压力强度 $e_p=191\text{kPa}$,主动土压力强度 $e_a=127\text{kPa}$
(C)被动土压力强度 $e_p=600\text{kPa}$,主动土压力强度 $e_a=133\text{kPa}$
(D)被动土压力强度 $e_p=346\text{kPa}$,主动土压力强度 $e_a=231\text{kPa}$

5.(05C25)基坑剖面如下图所示,已知砂土的重度 $\gamma=20\text{kN/m}^3$,$\varphi=30°$,$c=0$,计算土压力时,如果 C 点主动土压力值达到被动土压力值的 1/3,则基坑外侧所受条形附加荷载 q 最接近( )。

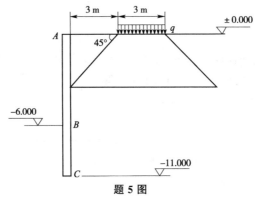

题 5 图

(A)80kPa　　　(B)120kPa　　　(C)180kPa　　　(D)240kPa

6.(06C23)在密实砂土地基中进行地下连续墙的开槽施工,地下水位与地面齐平,砂土的饱和重度 $\gamma_{sat}=20.2\text{kN/m}^3$,内摩擦角 $\varphi=38°$,黏聚力 $c=0$,采用水下泥浆护壁施工,槽内的泥浆与地面齐平,形成一层不透水的泥皮,为了使泥浆压力能平衡地基砂土的主动土压力,使槽壁保持稳定,泥浆相对密度至少应达到( )。

(A)1.24　　　(B)1.35　　　(C)1.45　　　(D)1.56

7.(07C22)有一均匀黏性土地基,要求开挖深度为 15m 的基坑,采用桩锚支护,已知该黏性土的重度 $\gamma=19\text{kN/m}^3$,黏聚力 $c=15\text{kPa}$,内摩擦角 $\varphi=26°$,坑外地面的均布荷载为 48kPa,按《建筑基坑支护技术规程》(JGJ 120—2012)计算等值梁的弯矩零点距基坑底面的距离最接近( )。

(A)2.30m　　　(B)1.53m　　　(C)1.30m　　　(D)1.10m

8.(08C22)在基坑的地下连续墙后有一 5m 厚的含承压水的砂层,承压水头高于砂层顶面 3m。在该砂层厚度范围内作用在地下连续墙上单位长度的水压力合力最接近于( )。

(A)125kN/m　　　(B)150kN/m　　　(C)275kN/m　　　(D)400kN/m

9.(08D22)在均匀砂土地基上开挖深度 15m 的基坑,嵌固深度 10m,用间隔式排桩+单排锚杆支护,桩径1000mm,桩距1.6m,一桩一锚。锚杆距地面3m。已知该砂土的重度 $\gamma=20\text{kN/m}^3$, $\varphi=30°$,无地下水,无地面荷载。按照《建筑基坑支护技术规程》(JGJ 120—2012)规定计算的每根桩受到的主动土压力最接近于( )。

(A)167kN　　　　(B)1 800kN　　　　(C)2 080kN　　　　(D)3 333kN

10.(09C23)如下图所示,基坑深度5m,插入深度5m,地层为砂土,参数为 $\gamma=20\text{kN/m}^3$, $c=0$, $\varphi=30°$,地下水位埋深6m,采用排桩支护形式,桩长10m,根据《建筑基坑支护技术规程》(JGJ 120—2012),作用在每延米支护体系上的总水平荷载是( )。

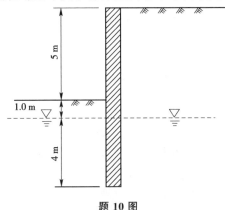

题 10 图

(A)210kN　　　　(B)280kN　　　　(C)307kN　　　　(D)611kN

11.(09D21)如下图所示,挡土墙墙高等于6m,墙后砂土厚度 $h=1.6$m,已知砂土的重度 $\gamma=17.5\text{kN/m}^3$,内摩擦角为30°,黏聚力为0,墙后黏性土的重度为 18.15 kN/m^3,内摩擦角18°,黏聚力为 10 kPa,按朗肯理论计算,则作用于每延长米挡墙的总主动土压力 E_a 最接近( )。

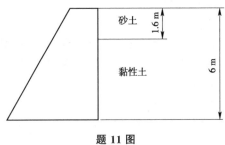

题 11 图

(A)82kN　　　　(B)92kN　　　　(C)102kN　　　　(D) 112kN

12.(11D21)有一均匀黏性土地基,要求开挖深度15m的基坑,采用桩锚支护。已知该黏性土的重度 $\gamma=19\text{kN/m}^3$,黏聚力 $c=15$kPa,内摩擦角 $\varphi=26°$。坑外地面均布荷载为48kPa。按照《建筑基坑支护技术规程》(JGJ 120—2012)规定计算等值梁的弯矩零点距坑底面的距离最接近于下列哪一个数值?( )

(A)2.3m　　　　(B)1.7m　　　　(C)1.3m　　　　(D)0.4m

13.(13C22)某基坑开挖深度为6m,地层为均质一般黏性土,其重度为18.0kN/m³,黏聚力 $c=20$kPa,内摩擦角 $\varphi=10°$。距离基坑边缘3~5m处,坐落一条形构筑物,其基底宽度为2m、埋深为2m,基底压力为140kPa,假设附加荷载按45°应力双向扩散,基底以上土与基础平均重度为18kN/m³(如下图所示,尺寸单位为mm)。自然地面下10m处支护结构外侧的主动土压力强度标准值最接近下列哪个选项?( )

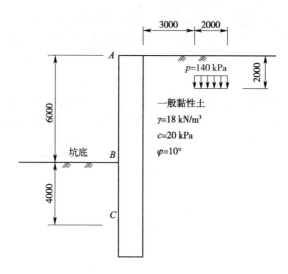

题 13 图

(A) 93kPa (B) 112kPa (C) 118kPa (D) 192kPa

14.(13D23)某基坑的土层分布情况如图所示，黏土层厚 2m，砂土层厚 15m，地下水埋深为地下 20m；砂土与黏土的天然重度均按 $20kN/m^3$ 计算。基坑深度为 6m，拟采用悬臂桩支护形式，支护桩桩径 800mm，桩长 11m，间距 1400mm。根据《建筑基坑支护技术规程》(JGJ 120—2012)，支护桩外侧主动土压力合力最接近于下列哪一个值？（　　）

(A)248kN/m (B)267kN/m
(C)316kN/m (D)375kN/m

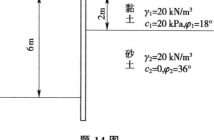

题 14 图

15.(16C23)某基坑开挖深度为 10m，坡顶均布荷载 $q_0=20kPa$，坑外地下水位位于地表下 6m，采用桩撑支护结构，侧壁落底式止水帷幕和坑内深井降水，支护桩为 $\phi800$ 钻孔灌注桩，其长度为 15m，场地地层结构和土性指标如下图所示。假设坑内降水前后，坑外地下水位和土层的 φ、c 值均没有变化，根据《建筑基坑支护技术规程》(JGJ 120—2012)，计算降水后作用在支护桩上的主动侧总侧压力，该值最接近于(　　)kW/m。

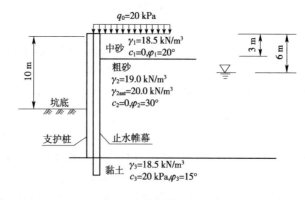

题 15 图

(A)1105 (B)821 (C)700 (D)405

第二讲 基坑支挡式结构

1. (03D22)当基坑土层为软土时,应验算坑底土抗隆起稳定性,如下图所示。已知基坑开挖深度 $h=5\mathrm{m}$,基坑宽度较大,深宽比略而不计。支护结构入土深度 $t=5\mathrm{m}$,坑侧地面荷载 $q=20\mathrm{kPa}$,土的重度 $\gamma=18\mathrm{kN/m^3}$,黏聚力 $c=10\mathrm{kPa}$,内摩擦角 $\varphi=0°$,不考虑地下水的影响,如果取承载系数 $N_c=5.14$,$N_q=1.0$,则抗隆起的安全系数应属于( )情况。

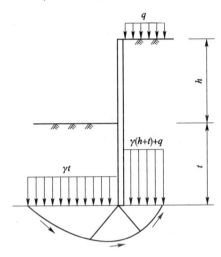

题 1 图

(A)$K_D<1.0$ (B)$1.0 \leqslant K_D<1.6$
(C)$K_D \geqslant 1.6$ (D)条件不够,无法计算

2. (04C25)基坑坑底下有承压含水层,如下图所示,已知不透水层土的天然重度 $\gamma=20\mathrm{kN/m^3}$,水的重度 $\gamma_w=10\mathrm{kN/m^3}$,如要求基坑底抗突涌稳定系数 K 不小于 1.1,则基坑开挖深度 h 不得大于( )。

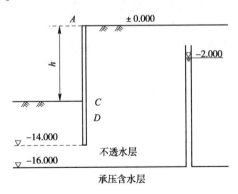

题 2 图

(A)7.5m   (B)8.3m   (C)9.0m   (D)9.5m

3. (05C24)基坑剖面如下图所示,已知黏土饱和重度 $\gamma_m=20\mathrm{kN/m^3}$,水的重度取 $\gamma_w=10\mathrm{kN/m^3}$,如果要求坑底抗突涌稳定安全系数 K 不小于 1.2,承压水层侧压管中水头高度为 10m,则该基坑在不采取降水措施的情况下,最大开挖深度最接近( )。

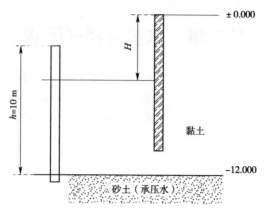

题 3 图

(A)6.0m　　　(B)6.5m　　　(C)7.0m　　　(D)7.5m

4.(05D24)基坑剖面如下图所示,板桩两侧均为砂土,$\gamma=19kN/m^3$,$\varphi=30°$,$c=0$,基坑开挖深度为1.8m,如果抗倾覆稳定安全系数$K=1.3$,按抗倾覆计算悬壁式板桩的最小入土深度最接近于(　　)。

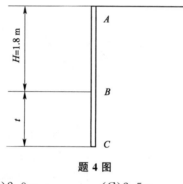

题 4 图

(A)1.8m　　　(B)2.0m　　　(C)2.5m　　　(D)2.8m

5.(06D24)如下图所示,在饱和软黏土地基中开挖条形基坑,采用8m长的板桩支护,地下水位已降至板桩底部,坑边地面无荷载,地基土重度为$\gamma=19kN/m^3$,通过十字板现场测试得地基土的抗剪强度为30kPa,按《建筑地基基础设计规范》(GB 50007—2011)规定,为满足基坑抗隆起稳定性要求,此基坑最大开挖深度不能超过(　　)。

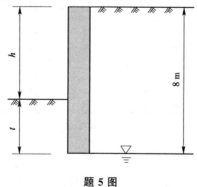

题 5 图

(A)1.2m　　　(B)3.3m　　　(C)6.1m　　　(D)8.5m

6.(07D21)一个采用地下连续墙支护的基坑的土层分布情况如下图所示,砂土与黏土的天然重度都为$20kN/m^3$。砂层厚10m,黏土隔水层厚1m,在黏土隔水层以下砾石层中有承压水,承压水头 8m。没有采用降水措施,为了保证抗突涌的渗透稳定安全系数不小于 1.1,该基坑的最大开挖深度 H 不能超过( )。

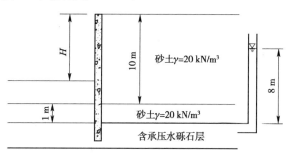

题 6 图

(A)2.2m (B)5.6m (C)6.6m (D)7.0m

7.(08C23)基坑开挖深度为 6m,土层依次为人工填土、黏土和砾砂,如下图所示。黏土层 $\gamma=19.0\text{kN/m}^3$,$c=20\text{kPa}$,$\varphi=12°$。砂层中承压水头高度为 9m。基坑底至含砾粗砂层顶面的距离为 4m。抗突涌安全系数取 1.1,为满足抗承压水突涌稳定性要求,场地承压水最小降深最接近于( )。

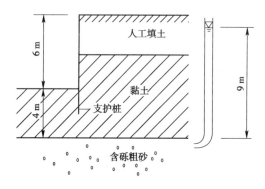

题 7 图

(A)1.4m (B)2.1m (C)2.7m (D)4.0m

8.(09C21)某基坑开挖深度 15m,安全等级为二级,采用桩锚支护形式,一桩一锚,桩径 800mm,间距 1m,土层 $\gamma=20\text{kN/m}^3$,$c=15\text{kPa}$,$\varphi=20°$,第一层锚位于地面以下 4.0m,锚固体直径 150mm,倾角 15°,该点锚杆水平拉力设计值为 250kN,土与锚杆杆体间极限摩阻力标准值为 50kPa。根据《建筑基坑支护技术规程》(JGJ 120—2012),该层锚杆设计长度最接近( )。

(A)18.0 m (B)20.0 m (C)22.0 m (D)25.0 m

9.(09D22)在饱和软土中基坑开挖采用地下连续墙支护,已知软土的十字板剪切试验的抗剪强度 $\tau=34\text{ kPa}$,基坑开挖深度 16.3m,墙底插入坑底以下深 17.3m,设 2 道水平支撑,第一道撑于地面高程,第二道撑于距坑底 3.5m,每延长米支撑的轴向力均为 2970kN,沿着图示的以墙顶为圆心、以墙长为半径的圆弧整体滑动,若每米的滑动力矩为 154230kN·m,其安全系数最接近( )。

(A)1.3 (B)1.0 (C)0.9 (D)0.6

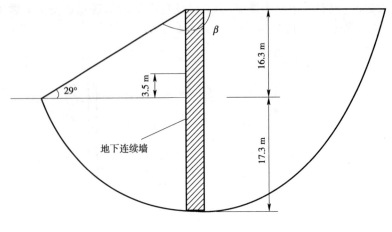

题 9 图

10.(10C21)某二级基坑侧壁安全等级为 2 级,垂直开挖,采用复合土钉墙支护,设一排预应力锚索,自由段长度为 5.0m,已知锚索水平反力值为 250kN,水平倾角为 20°,锚杆水平间距为 2.0m,挡土结构的计算宽度为 2.0m,锚孔直径为 150mm,土层与砂浆锚固体的极限摩擦阻力标准值 $q_{sik}=46$kPa,锚索的设计长度至少应取下列何值才能满足要求?(　　)

(A)16m　　　　(B)18m　　　　(C)25m　　　　(D)30m

11.(10C24)有一个岩石边坡,要求垂直开挖,采用预应力锚索加固(见下图),已知岩体的一个最不利结构面为顺坡方向,与水平方向夹角为 55°,内摩擦角 $\varphi_k=20°$,锚索与水平方向夹角为 20°,要求锚索自由段伸入该潜在滑动面长度不小于 1.5m,在 10m 高处的该锚索的自由段总长度至少应达到下列哪个选项的值?(　　)

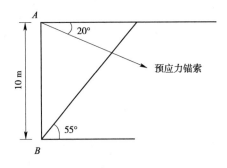

题 11 图

(A)5.0m　　　　(B)7.5m　　　　(C)8.5m　　　　(D)10.0m

12.(10D23)某基坑深 6.0m,采用悬壁排桩支护,排桩嵌固深度 6.0m,地面无超载,重要性系数 $\gamma_0=1.0$,场地内无地下水,土层为砾砂层,$\gamma=20$kN/m³,$c=0$,$\varphi=30°$,厚 15.0m。按《建筑基坑支护技术规范》(JGJ 120—2012),悬壁排桩抗倾覆稳定系数 K_s 最接近以下哪个选项中的数值?(　　)

(A)1.1　　　　(B)1.2　　　　(C)1.3　　　　(D)1.4

13.(11C22)在饱和软黏土地基中开挖条形基抗,采用 8m 长的板桩支护。地下水位已降至板桩底部。坑边地面无荷载,地基土重度为 $\gamma=19$kN/m³。通过十字板现场测试得地基土的抗剪强度为 30kPa。按照《建筑地基基础设计规范》(GB 50007—2011)规定,为满足基坑抗隆起稳定性要求,此基坑最大开挖深度不能超过下列哪一个选项?(　　)

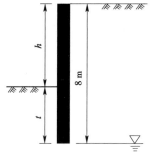

题 13 图

    (A)1.2m   (B)3.3m   (C)6.1m   (D)8.5m

14.(11C23)基坑锚杆拉拔试验时,已知锚杆水平拉力 $T=400$kN,锚杆倾角 15°,锚固体直径 $D=150$mm,锚杆总长度为 18m,自由段长度为 6m。在其他因素都已考虑的情况下,锚杆锚固体与土层的平均摩阻力最接近下列哪个数值?(　　)

    (A)49kPa   (B)73kPa   (C)82kPa   (D)90kPa

15.(11D20)一个采用地下连续墙支护的基坑的土层分布情况如下图所示。砂土与黏土的天然重度都是 20kN/m³。砂层厚 10m,黏土隔水层厚 1m,在黏土隔水层以下砾石层中有承压水,承压水头 8m。没有采用降水措施,为了保证抗突涌的渗透稳定安全系数不小于 1.1,该基坑的最大开挖深度 H 不能超过下列哪一选项?(　　)

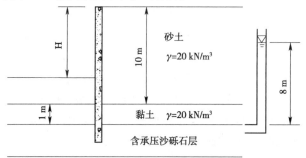

题 15 图

    (A)2.2m   (B)5.6m   (C)6.6m   (D)7.0m

16.(12C23)某基坑深 15m,采用桩锚支护形式 $c=15$kPa,$\varphi=20°$,第一道锚位于地面下 4.0m,锚固体直径 150mm,倾角 $\theta=15°$,该点挡土构件计算宽度内弹性支点的水平反力为 250kN,土与锚之间摩擦力标准值为 50kPa 如果按三级基坑考虑,基坑反弯点至坑底的距离假定为 2m,挡土构件的水平厚度假定为 0.8m,锚杆设计长度最接近下列哪个数值?(　　)

    (A)18.0m   (B)21.0m   (C)22.5m   (D)24.0m

17.(12D22)锚杆自由段长度为 6m,锚固段长度为 10m,主筋为两根直径 25mm 的 HRB400 钢筋,钢筋弹性模量为 2.0×10^5N/mm²。根据《建筑基坑支护技术规程》(JGJ 120—2012)计算,锚杆验收最大加载至 300kN 时,假定锚杆的弹性模量不小于自由段弹性变形的 80%,且不大于自由段长度与 1/2 锚固段长度的弹性变形计算值,其最大弹性变形值不应大于下列哪个数值?(　　)

    (A)0.45cm   (B)0.89cm   (C)1.68cm   (D)2.37cm

18.(14D21)某安全等级为一级的建筑基坑,采用桩锚支护形式,支护桩桩径 800mm,间距 1400mm,锚杆间距 1400mm,倾角 15°,采用平面系结构弹性支点法进行分析计算,得到支护桩计算宽度内的弹性支点水平反力为420kN,若锚杆施工时采用抗拔设计值为180kN的钢绞线,则每根锚杆需至少配( )根这样的钢绞线。

(A)2　　　　　(B)3　　　　　(C)4　　　　　(D)5

19.(14D23)紧邻某长200m大型地下结构中部的位置新开挖一个深9m的基坑,基坑长20m,宽10m,新开挖基坑采用地下连续墙支护,在长边的中部设支撑一层,支撑一端支于已有地下结构中板位置,支撑截面为高0.8m,宽0.6m,平面位置如图中虚线所示,采用C30钢筋混凝土,设其弹性模量为$E=30$GPa,采用弹性支点法计算连续墙的受力,取单位米宽度计算单元支撑的支点刚度系数最接近( )。

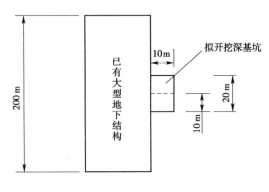

题 19 图

(A)72MN/m　　(B)144MN/m　　(C)288MN/m　　(D)360MN/m

20.(16D21)某开挖深度为 6m 的深基坑,坡顶均布荷载 $q_0=20$kPa,考虑到其边坡土体一旦产生过大变形对周边环境产生的影响将是严重的,故拟采用直径 800mm 的钻孔灌注排桩加预应力锚索支护结构。场地地层主要由两层土组成,未见地下水,主要物理力学性质指标如下图所示。试问根据《建筑基坑支护技术规程》(JGJ 120—2012)和 Prandtl 极限平衡理论公式计算,满足坑底抗隆起稳定性验算的支护桩嵌固深度至少为下列哪个选项的数值?( )

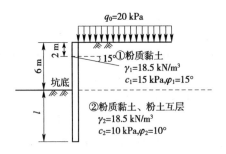

题 20 图

(A)6.8m　　　(B) 7.2m　　　(C)7.9m　　　(D)8.7m

21.(16D22)如图所示,某安全等级为一级的深基坑工程采用桩撑支护结构、侧壁落底式止水帷幕和坑内深井降水。支护桩为 $\phi 800$ 钻孔灌注桩,其长度为 15m,支撑为一道 $\phi 609 \times 16$ 的钢管,支撑平面水平间距为 6m。采用坑内降水后,坑外地下水位位于地表下 7m,坑内地下水位位于基坑底面处,假定地下水位上、下粗砂层的 c、φ 值不变。计算得到作用于支护桩上主动侧的总压力值为 900kN/m。根据《建筑基坑支护技术规程》(JGJ 120—2012),若采用静力平衡法计算单根支撑轴力设计值,该值最接近下列哪个数值?(　　)

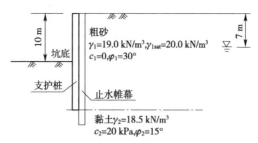

题 21 图

(A)1800kN　　　(B)2400kN　　　(C)3000kN　　　(D)3300kN

22.(16D23)某基坑开挖深度为 6m,土层依次为人工填土、黏土和含砾粗砂,如下图所示。人工填土层 $\gamma_1=17.0\text{kN/m}^3$,$c_1=15\text{kPa}$,$\varphi_1=10°$;黏土层 $\gamma_2=18.0\text{kN/m}^3$,$c_2=20\text{kPa}$,$\varphi_2=12°$。含砾粗砂层顶面距基坑底的距离为 4m,砂层中承压水水头高度为 9m。设计采用排桩支护结构和坑内深井降水。在开挖主基坑底部时,由于土方开挖运输作业不当,造成坑内降水井破坏、失效。为保证基坑抗突涌稳定性、防止基坑底发生流土,拟紧急向基坑内注水。根据《建筑基坑支护技术规程》(JGJ 120—2012),基坑内注水深度至少应最接近于下列哪个选项的数值?(　　)

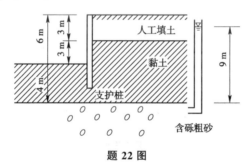

题 22 图

(A)1.8m　　　(B)2.0m　　　(C)2.3m　　　(D)2.7m

23.(17C22)在饱和软黏土中开挖条形基坑,采用 11m 长的悬臂钢板桩支护,桩顶与地面齐平。已知软土的饱和重度 $\gamma=17.8\text{kN/m}^3$,土的十字板剪切试验的抗剪强度 $\tau=40\text{kPa}$,地面超载为 10kPa。按照《建筑地基基础设计规范》(GB 50007—2011),为满足钢板桩入土深度底部土体隆起稳定性要求,此基坑最大开挖深度最接近下面哪一个选项的值?(　　)

(A)3.0m　　　(B)4.0m　　　(C)4.5m　　　(D)5.5m

第三讲　土钉墙与重力式水泥土墙

1.(06C24)一个矩形断面的重力挡土墙,设置在均匀透水性地基土上,墙高 10m,墙前埋深 4m,墙前地下水位在地面以下 2m,如下图所示,墙体混凝土重度 $\gamma_{cs}=22\text{kN/m}^3$,墙后地下水位在地面以下 4m,墙后的水平方向的主动土压力与水压力的合力为 1550kN/m,作用点距墙底 3.6m,墙前水平方向的被动土压力与水压力的合力为 1237kN/m,作用点距离底 1.7m,在满足抗倾覆稳定安全系数 $K_{ov}=1.3$ 的情况下,墙的宽度 b 最接近于(　　)。

(A)4.1m　　　(B)6.16m　　　(C)6.94m　　　(D)7.13m

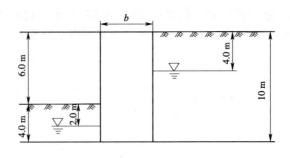

题 1 图

2.(07D22)10m 厚的黏土层下为含承压水的砂土层,承压水头高 4m,拟开挖 5m 深的基坑,重要性系数 $\gamma_0=1.0$。使用水泥土墙支护,水泥土重度为 $20kN/m^3$,墙总高 10m。已知每延长米墙后的总主动土压力为 800kN/m,作用点距墙底 4m;墙前总被动土压力为 1200kN/m,作用点距墙底 2m。如果将水泥土墙受到的扬压力从自重中扣除,满足抗倾覆安全系数为 1.3 条件下的水泥墙最小墙厚最接近(　　)。

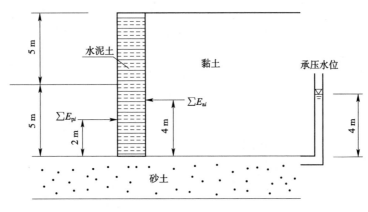

题 2 图

(A)3.5m　　(B)3.8m　　(C)4.0m　　(D)4.7m

3.(08C21)墙面垂直的土钉墙边坡,土钉与水平面夹角为 15°,土钉的水平与竖直间距都是 1.2m。墙后地基土的 $c=15kPa$,$\varphi=20°$,$\gamma=19kN/m^3$,无地面超载。假定轴向拉力的调整系数为 0.9,在 9.6m 深度处的每根土钉的轴向拉力标准值最接近于(　　)。

(A)92kN　　(B)102kN

(C)139kN　　(D)208kN

4.(08D23)某基坑位于均匀软弱黏性土场地如右图所示,土层主要参数:$\gamma=18.5kN/m^3$,固结不排水强度指标 $c_k=14kPa$,$\varphi_k=10°$。基坑开挖深度为 5.0m。拟采用水泥土墙支护,水泥土重度为 $20.0kN/m^3$,挡墙宽度为 3.0m,嵌固深度为 3.0m。根据《建筑基坑支护技术规程》(JGJ 120—2012)计算水泥土墙抗滑移稳定性系数,该值最接近(　　)。

(A)1.0　　(B)1.2
(C)1.4　　(D)1.6

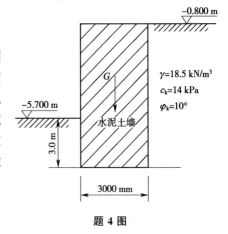

题 4 图

5.(10C22)一个在饱和软黏土中的重力式水泥挡土墙如右图所示,土的不排水抗剪强度$c_u=30\text{kPa}$,基坑深5m,墙的埋深4m,滑动圆心在墙顶内侧O点,滑动圆弧半径$R=10\text{m}$。沿着图示的圆弧滑动面滑动,每米宽度上的整体稳定抗滑力矩最接近下列哪一数值?( )

(A)1570kN·m/m (B)4710kN·m/m
(C)7850kN·m/m (D)9420kN·m/m

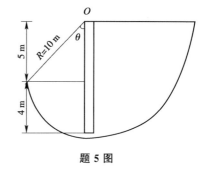

题 5 图

6.(10C23)拟在砂卵石地基中开挖10m深的基坑,地下水与地面齐平,坑底为基岩。拟用旋喷法形成厚度2m的截水墙,在墙内放坡开挖基坑,坡率为1:1.5,截水墙外侧砂卵石的饱和重度为19kN/m^3,截水墙内侧砂卵石重度为17kN/m^3,内摩擦角$\varphi=35°$(水上、水下相同),截水墙水泥土重度为$\gamma=20\text{kN/m}^3$,墙底及砂卵石土抗滑体与基岩的摩擦系数$\mu=0.4$。该挡土墙体的抗滑稳定安全系数最接近下列何值?( )

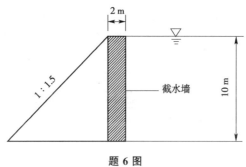

题 6 图

(A)1.00 (B)1.08 (C)1.32 (D)1.55

7.(13C23)某二级基坑,开挖深度$H=5.5\text{m}$,拟采用水泥土墙支护结构,其嵌固深度$l_d=6.5\text{m}$,水泥土墙体的重度为19kN/m^3,墙体两侧主动土压力与被动土压力强度标准值分布如下图所示。按照《建筑基坑支护技术规程》(JGJ 120—2012),计算该重力式水泥土墙满足倾覆稳定性要求的宽度,其值最接近下列哪个选项?( )

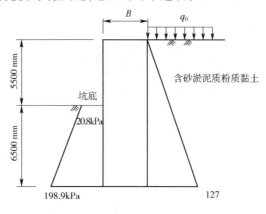

题 7 图

(A)4.2m (B)4.5m (C)5.0m (D)5.5m

8.(14C23)某软土基坑,开挖深度$H=5.5\text{m}$,地面超载$q_0=20\text{kPa}$,地层为均质含砂淤泥质粉质黏土,土的重度$\gamma=18\text{kN/m}^3$。黏聚力$c=8\text{kPa}$,内摩擦角$\varphi=15°$,不考虑地下水作用,拟采用水泥土墙支护结构,其嵌固深度$L_d=6.5\text{m}$,挡墙宽度$B=4.5\text{m}$,水泥土墙体的重度为19kN/m³。按照《建筑基坑支护技术规程》(JGJ 120—2012)计算该重力式水泥土墙抗滑移安全系数,其值最接近下列哪个选项?(　　)

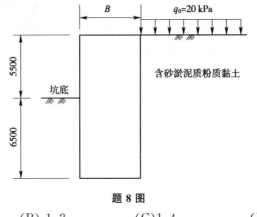

题 8 图

(A)1.0　　　　(B) 1.2　　　　(C)1.4　　　　(D)1.6

9.(17D22)已知某建筑基坑工程采用 $\phi700$ 双轴水泥土搅拌桩(桩间搭接 200mm)重力式挡土墙支护,其结构尺寸及土层条件如下图所示(尺寸单位为 m),请问下列哪个断面格栅形式最经济合理?(　　)

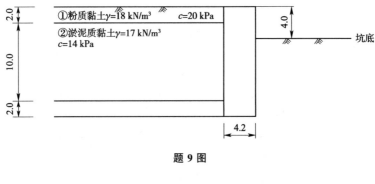

题 9 图

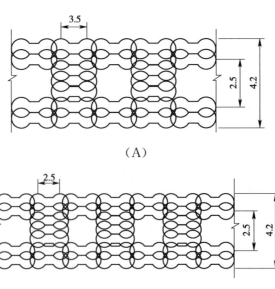

(A)

(B)

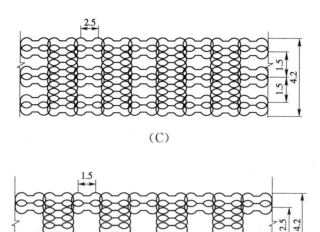

(C)

(D)

第四讲 基坑地下水控制

1.(03D20)止水帷幕如下图所示,上游土中最高水位为±0.000,下游地面为-8.000m,土的天然重度 $\gamma=18kN/m^3$,安全系数取 2.0,则下列( )是止水帷幕应设置的合理深度。

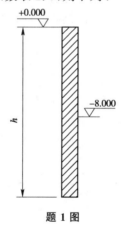

题 1 图

(A)$h=12.0$m (B)$h=14.0$m (C)$h=16.0$m (D)$h=10.0$m

2.(03D21)某矩形基坑采用在基坑外围均匀等距布置多井点同时抽水方法进行降水。井点围成的矩形面积为 50m×80m。按无压潜水完整井进行降水设计。已知含水层厚度 $H=20$m,单井影响半径 $R=100$m,渗透系数 $k=8$m/d。如果要求水位降深 $S_d=4$m,则井点系统计算涌水量 Q 将最接近( )。

(A)$2000m^3/d$ (B)$2300m^3/d$ (C)$2710m^3/d$ (D)$3000m^3/d$

3.(04D27)在水平均质具有潜水自由面的含水层中进行单孔抽水试验,如下图所示,已知水井半径 $r=0.15$m,影响半径 $R=60$m,含水层厚度 $H=10$m,水位降深 $S=3.0$m,渗透系数 $k=25$m/d,流量最接近( )。

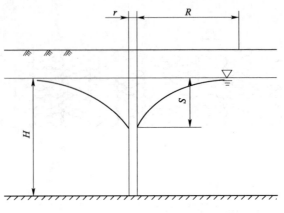

题 3 图

(A)572m³/d　　　　(B)669m³/d　　　　(C)737m³/d　　　　(D)953m³/d

4.(05D22)某基坑开挖深度为10m,地面以下2.0m为人工填土,填土以下18m厚为中砂细砂,含水层平均渗透系数$k=1.0$m/d,砂层以下为黏土层,潜水地下水位在地表下2.0m,已知基坑的等效半径为$r_0=10$m,降水影响半径$R=76$m,要求地下水位降到基坑底面以下0.5m,井点深为20m,基坑远离边界,不考虑周边水体影响,则该基坑降水的涌水量最接近(　　)。

(A)342m³/d　　　　(B)380m³/d　　　　(C)425m³/d　　　　(D)453m³/d

5.(06C22)某基坑潜水含水层厚度为20m,含水层渗透系数$k=4$m/d,潜水完整井,平均单井出水量$q=500$m³/d,井群的影响半径$R=130$m,井群布置如右图所示。试按《建筑基坑支护技术规程》(JGJ 120—2012)计算该基坑中心点水位降深S最接近(　　)。

(A)4.5m　　　　　　(B)9.0m
(C)5.5m　　　　　　(D)1.5m

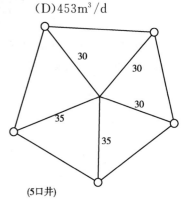

(5口井)

题 5 图

6.(09C22)均匀砂土地基基坑,地下水位与地面齐平,开挖深度12m,采用坑内排水,渗流流网如下图所示,各相邻等势线之间的水头损失Δh相等,基坑底处之最大平均水力梯度最接近(　　)。

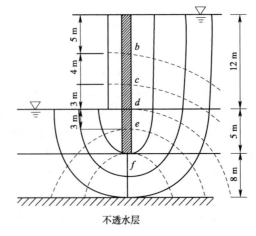

题 6 图

(A)0.44 (B)0.55 (C)0.80 (D)1.00

7.(09D23)某场地情况如下图所示,场地第②层中承压水头在地面下6m,现需在该场地进行沉井施工,沉井直径20m,深13.0m,自地面算,拟采用设计单井出水量50m³/h的完整井沿沉井外侧布置,降水影响半径为160m,将承压水水位降低至井底面下1.0m,则合理的降水井数量最接近( )。

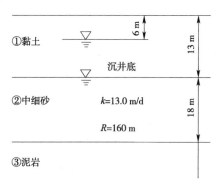

题7图

(A)4 (B)6 (C)8 (D)12

8.(12D21)某基坑开挖深度为8.0m,其基坑形状及场地土层如下图所示,基坑周边无重要构筑物及管线。粉细砂层渗透系数为1.5×10^{-2}cm/s,在水位观测孔中测得该层地下水水位埋深为0.5m。为确保基坑开挖过程中不致发生突涌,拟采用完整井降水措施(降水井管井过滤器半径设计为0.15m,过滤器长度与含水层厚度一致),将地下水水位降至基坑开挖面以下0.5m,假定单井出水量为1600m³/d,根据《建筑基坑支护技术规程》(JGJ 120—2012)估算本基坑降水时需要布置的降水井数量(口)为( )。

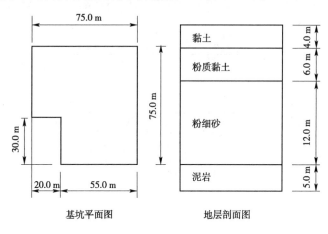

题8图

(A)2 (B)3 (C)4 (D)5

9.(13D22)某拟建场地远离地表水体,地层情况如下表所示,地下水埋深6m,拟开挖一长100m、宽80m的基坑,开挖深度12m。施工中在基坑周边布置井深22m的管井进行降水,降水维持期间基坑内地下水水力坡度为1/15,在维持基坑中心地下水位位于基底下0.5m的情况下,按照《建筑基坑支护技术规程》(JGJ 120—2012)的有关规定,计算的基坑涌水量最接近于( )。

7—17

题9表

深度/m	地层	渗透系数/(m/d)
0～5	黏质粉土	0.2
5～30	细砂	5
30～35	黏土	

(A)2528m³/d   (B)3527m³/d   (C)2277m³/d   (D)2786m³/d

10.(17D23)某 $L×B=32m×16m$ 矩形基坑,挖深6m,地表下为粉土层,总厚度9.5m,下卧隔水层,地下水为潜水,埋深0.5m,拟采用开放式深井降水,抽水试验确定土层渗透系数 $k=0.2m/d$,影响半径 $R=30m$,潜水完整井单井出水量 $q=40m^3/d$,请问为满足坑内地下水位在坑底下不少于0.5m,下列完整降水井数量哪个选项最为经济合理?并画出井位平面布置示意图。(　　)

(A)一口   (B)两口   (C)三口   (D)四口

第五讲　围岩分类及围岩压力

1.(02C16)有一个在松散地层中形成的较规则的洞穴,其高度 H_0 为4m,宽度 B 为6m,地层内摩擦角为40°,应用普氏松散介质破裂拱(崩坏拱)概念,这个洞穴顶板的坍塌高度可算得为(　　)。

(A)4.77m   (B)5.80m   (C)7.77m   (D)9.26m

2.(06C20)如下图所示,浅埋洞室半跨 $b=3.0m$,高 $h=8m$,上覆松散体厚度 $H=20m$,重度 $\gamma=18kN/m^3$,黏聚力 $c=0$,内摩擦角 $\varphi=20°$,用太沙基理论求 AB 面上的均匀压力最接近于(　　)。

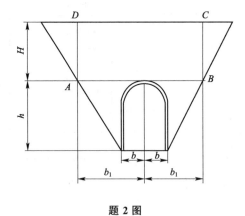

题2图

(A)421kN/m²   (B)382kN/m²   (C)315kN/m²   (D)285kN/m²

3.(07C23)有一个如下图所示宽10m、高15m的地下隧道,位于碎散的堆积土中,洞顶距地面深12m,堆积地的强度指标 $c=0$,$\varphi=30°$,天然重度 $\gamma=19kN/m^3$,地面无荷载,无地下水,用太沙基理论计算作用于隧洞顶部的垂直压力最接近于(　　)。

(注:土的侧压力采用朗肯主动土压力系数计算。)

(A)210kPa   (B)230kPa   (C)250kPa   (D)270kPa

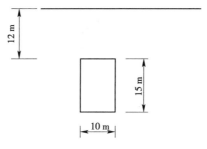

题 3 图

4.（12C22）某公路Ⅳ级围岩单线隧道，矿山法开挖，衬砌顶距地面 13m，开挖宽度 6.4m，衬砌结构高度为 6.5m，围岩重度 $24kN/m^3$，计算摩擦角 $50°$。根据《公路隧道设计规范》(JTG D70—2004)，围岩水平均布压力最小值是（　　）。

(A)14.8kPa　　　(B)41.4kPa　　　(C)46.8kPa　　　(D)98.5kPa

5.（12D23）一地下结构置于无地下水的均质砂土中，砂土的 $c=0$kPa，$\varphi=30°$，$\gamma=20kN/m^3$，上覆砂土厚度 $H=20$m，地下结构宽 $2a=8$m、高 $h=5$m。假定从洞室的底角起形成一与结构侧壁呈 $(45°-\varphi/2)$ 的滑移面，并延伸到地面（如下图所示），取 $ABCD$ 为下滑体。作用在地下结构顶板上的竖向压力最接近（　　）。

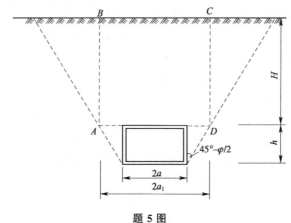

题 5 图

(A)65kPa　　　(B)200kPa　　　(C)290kPa　　　(D)400kPa

6.（13C21）两车道公路隧道采用复合式衬砌，埋深 12m，开挖高度和宽度分别为 6m 和 5m。围岩重度为 $22kN/m^3$。岩石单轴饱和抗压强度为 35MPa，岩体和岩石的弹性纵波速度分别为 2.8km/s 和 4.2km/s。施筑初期支护时拱部和边墙喷射混凝土厚度范围宜选用下列（　　）。

(A)5～8cm　　　(B)8～12cm　　　(C)12～15cm　　　(D)15～25cm

7.（14C22）某水利建筑物洞室由厚层砂岩组成，其岩石的饱和单轴抗压强度 R_b 为 30MPa，围岩的最大主应力 σ_m 为 9MPa。岩体的纵波速度为 2 800m/s，岩石的纵波速度为 3500m/s。结构面状态评分为 25，地下水评分为 -2，主要结构面产状评分为 -5。根据《水利水电工程地质勘察规范》(GB 50487—2008)，该洞室围岩的类别是（　　）。

(A)Ⅰ类围岩　　(B)Ⅱ类围岩　　(C)Ⅲ类围岩　　(D)Ⅳ类围岩

8.（14D22）图示的某铁路隧道的端墙洞门，墙高 8.5m，最危险破裂面与竖直面的夹角 $\omega=38°$，墙面倾角 $\alpha=10°$，仰坡倾角 $\varepsilon=34°$，墙背距仰坡坡脚 $\theta=2$m，墙后土体 $\gamma=22kN/m^3$，$\varphi=40°$，取洞门墙体计算条带宽度为 1m。计算作用在墙体上的土压力是（　　）。

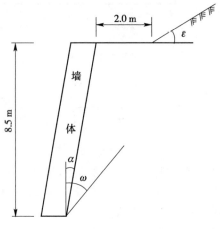

题 8 图

(A)81kN (B)119kN (C)148kN (D)175kN

9.(16C22)在岩体破碎、节理裂隙发育的砂岩岩体内修建的两车道公路隧道,拟采用复合式衬砌。岩石饱和单轴抗压强度为30MPa,岩体和岩石的弹性纵波速度分别为2400m/s和3500m/s,按工程类比法进行设计,试问满足《公路隧道设计规范》(JTG D70—2004)要求时,最合理的复合式衬砌设计数据是下列哪个选项?(　　)

(A)拱部和边墙喷射混凝土厚度8cm;拱、墙二次衬砌混凝土厚度30cm

(B)拱部和边墙喷射混凝土厚度10cm;拱、墙二次衬砌混凝土厚度35cm

(C)拱部和边墙喷射混凝土厚度15cm;拱、墙二次衬砌混凝土厚度35cm

(D)拱部和边墙喷射混凝土厚度20cm;拱、墙二次衬砌混凝土厚度45cm

10.(17C23)如下图所示的傍山铁路单线隧道,岩体属于Ⅴ级围岩,地面坡率1∶2.5,埋深16m,隧道跨度$B=7$m。隧道围岩计算摩擦角$\varphi_c=45°$,重度$\gamma=20$kN/m³,隧道顶板土柱两侧内摩擦角$\theta=30°$,作用在隧道上方的垂直压力q值宜选用(　　)。

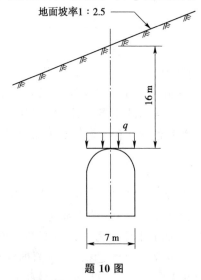

题 10 图

(A)150kPa (B)170kPa (C)190kPa (D)220kPa

11.(17D21)某地下工程穿越一座山体,已测得该地段代表性的岩体和岩石的弹性纵波速分别为3000m/s和3500m/s。岩石饱和单轴抗压强度实测值为35MPa,岩体中仅有点滴状出水,出水量为 20L/min·10m;主要结构面走向与洞轴线夹角为 62°,倾角 78°;初始应力为 5MPa。根据《工程岩体分级标准》(GB/T 50218—2014),该项工程岩体质量等级应为(　　)。

　　(A)Ⅱ级　　　　(B)Ⅲ级　　　　(C)Ⅳ级　　　　(D)Ⅴ级

答案解析

第一讲 基坑基本计算

1. 答案(C)

解:据《建筑基坑支护技术规程》(JGJ 120—2012)第 3.4.2 条计算(无地下水)。

基坑深 6m,计算点为 7.0m,则有:

$$K_a = \tan^2\left(45° - \frac{\varphi}{2}\right) = \tan^2\left(45° - \frac{20°}{2}\right) = 0.49$$

$$e_{ajk} = \sigma_{ajk}K_{ai} - 2c_{ik}\sqrt{K_{ai}} = (18 \times 2 + 18 \times 5) \times 0.49 - 0 = 61.74 \text{ kPa}$$

2. 答案(A)

解:据《建筑基坑支护技术规程》(JGJ 120—2012)计算。

坑底水平荷载:

$$e_{ajk} = \sigma_{ajk}K_{ai} - 2c_{ik}\sqrt{K_{ai}} = 18 \times 10 \times \tan^2\left(45° - \frac{25°}{2}\right) - 2 \times 10 \times \tan\left(45° - \frac{\varphi}{2}\right) = 60.3 \text{ kPa}$$

土压力为零的点距地表的距离:

$$0 = \gamma h_0 K_a - 2c\sqrt{K_a}, h_0 = \frac{2c}{\gamma}\frac{1}{\sqrt{K_a}} = \frac{2 \times 10}{18 \times \tan(45° - 25°/2)} = 1.744 \text{m}$$

$$E_a = \frac{1}{2}e_{ajk}(H - h_0) = \frac{1}{2} \times 60.3 \times (10 - 1.744) = 248.9 \text{kN}$$

3. 答案(D)

解:据题意计算如下(水压力按图中三角分布):

$$P = \frac{1}{2} \times (11 - 2) \times 10 \times [(11 - 2) + (20 - 11)] = 810 \text{kN/m}$$

4. 答案(A)

解:据朗肯土压力理论计算(水土分算不计水压力)。

E 点处的被动土压力强度: $K_p = \tan^2(45° + 30°/2) = 3.0$

$$e_p = \gamma z K_p + 2c\sqrt{K_p} = (20 \times 1 + 10 \times 9) \times 3 + 2 \times 0 \times \sqrt{3} = 330 \text{kPa}$$

E 点处的主动土压力强度: $K_a = \tan^2(45° - \varphi/2) = \tan^2(45° - 30°/2) = 0.33$

$$e_a = \gamma z K_a - 2c\sqrt{K_a} = (20 \times 2 + 10 \times 18) \times 0.33 - 2 \times 0 \times \sqrt{0.33} = 72.6 \text{kPa}$$

5. 答案(D)

解:据《建筑基坑支护技术规程》(JGJ 120—2012)第 3.4.2 条、第 3.4.7 条计算。

C 点埋深 11m,小于 $b_0 + 3b_1 = 3 + 3 \times 3 = 12$m,在支护结构外侧荷载影响范围之内。

C 点外侧被动土压力:

$$e_{pjk} = \sigma_{pjk}K_{pi} + 2c_{ik}\sqrt{K_{pi}} + (z_j - h_{wp})(1 - K_{pi})\gamma_w$$
$$= 20 \times 5 \times \tan^2(45° + 30°/2) + 0 = 300 \text{kPa}$$

C 点内侧由土引起的主动土压力值:

$$e'_{ajk} = \sigma_{ajk}K_{ai} - 2c_{ik}\sqrt{K_{ai}} = 11 \times 20 \times \tan^2(45° - \varphi/2) + 0 = 73.3 \text{kPa}$$

C 点内侧由外荷载引起的主动土压力:

$$\sigma_{1k} = q_1 \frac{b_0}{b_0 + 2b_1} = \frac{q \times 3}{3 + 2 \times 3} = \frac{1}{3}q$$

$$e_{ajk} = \sigma_{1k} K_{ai} = \frac{1}{3}q \times \tan\left(45° - \frac{30°}{2}\right) = \frac{1}{9}q$$

$$\frac{1}{9}q + 73.3 = \frac{1}{3} \times 300, 得出：q = 240.3 \text{kPa}$$

6. 答案（A）

解：据朗肯土压力理论计算。

土压力：$e_a = \sigma_a K_a - 2c\sqrt{K_a} = \gamma h K_a - 0 = 10.2 \times h \times \tan^2(45° - 38°/2) = 2.426h$

水压力：$p_w = \gamma_w h = 10h$

泥皮外侧总压力：$p_外 = e_a + p_w = 2.426h + 10h = 12.426h$

则 $d_泥 h = 12.426h$，得到 $d_泥 = 12.426 \text{kN/m}^3 = 1.24 \text{g/cm}^3$

7. 答案（D）

解：$K_a = \tan^2(45° - 26°/2) = 0.39, K_p = \tan^2(45° + 26°/2) = 2.56$

设反弯点距离地面为 h，则：

$$h\gamma K_a - 2c\sqrt{K_a} = (h-15)\gamma K_p + 2c\sqrt{K_p}$$

$h \times 19 \times 0.39 - 2 \times 15 \times 0.625 = (h-15) \times 19 \times 2.56 + 2 \times 15 \times 1.6$

得到 $h = 16.08 \text{m}, 16.08 - 15 = 1.08 \approx 1.1 \text{m}$

8. 答案（C）

解：据成层土中水压力理论计算。

$p_{w顶} = \gamma_w h_1 = 10 \times 3 = 30 \text{kPa}, p_{w底} = \gamma_w h_1 + \gamma_w h_2 = 10 \times 3 + 10 \times 5 = 80 \text{kPa}$

$p_{w顶} = \frac{1}{2}(p_{w底} + p_{w顶})h_2 = \frac{1}{2} \times (30 + 80) \times 5 = 275 \text{kN/m}$

9. 答案（D）

解：据《建筑基坑工程技术规程》(JGJ 120—2012)第3.4.2条计算。

$$p_{ak} = \sigma_{ak} K_{ai} - 2c\sqrt{K_{ai}} = 20 \times 25 \times \tan^2(45° - 30°/2) - 0 = 166.67 \text{kPa}$$

$$E_a = \frac{1}{2}hp_{ak}s = \frac{1}{2} \times 25 \times 166.67 \times 1.6 = 3333.4 \text{kN}$$

10. 答案（D）

解：据《建筑基坑支护技术规程》(JGJ 120—2012)第3.4节计算。
如解图所示。

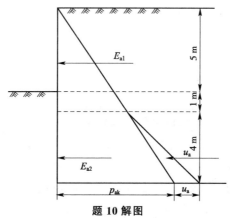

题 10 解图

水面处：

$$p_{ak}=\sigma_{ak}K_a=6\times20\times\left(\tan 45°-\frac{30°}{2}\right)=69.3\text{kPa}, E_{a1}=\frac{1}{2}\times6\times69.3=207.9\text{kN}$$

支挡结构端部：

$$p_{ak}=\sigma_{ak}K_a=(6\times20+4\times10)\times\tan\left(45°-\frac{30°}{2}\right)=92.4\text{kPa}$$

$$E_{a2}=\frac{1}{2}\times4\times(69.3+92.4)=323.4\text{kN}$$

$$u_a=4\times10=40\text{kPa}, P_w=\frac{1}{2}\times4\times40=80\text{kN}$$

$$E_a=E_{a1}+E_{a2}+P_w=207.9+323.4+80=611.3\text{kN}$$

11. **答案**(C)

解：据《建筑基坑支护技术规程》(JGJ 120—2012)第3.4节计算。

如解图所示。

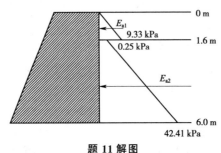

题11解图

(1)计算砂土中的土压力合力：

$$e_{a1}=\gamma_1 h_1 K_{a1}=17.5\times1.6\times\tan^2\left(45°-\frac{30°}{2}\right)=9.33\text{kPa}$$

$$E_{a1}=\frac{1}{2}e_{a1}h_1=\frac{1}{2}\times9.33\times1.6=7.47\text{kN}$$

(2)计算黏土中的土压力合力：

$$e_{a\text{顶}}=\gamma_1 h_1 K_{a2}-2c_2\sqrt{K_{a2}}=17.5\times1.6\times\tan^2\left(45°-\frac{18°}{2}\right)-2\times10\times\tan\left(45°-\frac{18°}{2}\right)$$

$$=0.25\text{kPa}$$

$$e_{a\text{底}}=(\gamma_1 h_1+\gamma_2 h_2)K_{a2}-2c_2\sqrt{K_{a2}}=e_{a\text{顶}}+\gamma_2 h_2 K_{a2}$$

$$=0.25+18.15\times(6-1.6)\times\tan^2\left(45°-\frac{18°}{2}\right)=42.41\text{kPa}$$

$$E_{a2}=\frac{1}{2}(e_{a\text{顶}}+e_{a\text{底}})h_2=\frac{1}{2}\times(0.25+42.41)\times(6-1.6)=93.85\text{kN}$$

$$E_a=E_{a1}+E_{a2}=7.47+93.85=101.32\text{kN}$$

12. **答案**(C)

解：$\sqrt{K_a}=\tan(45°-\varphi/2)=\tan 32°=0.625$ $K_a=0.39$

$\sqrt{K_p}=\tan(45°+\varphi/2)=1.6$ $K_p=2.56$

设计算点到地面的距离为h：

主动土压力：$p_{ak}=\sigma_{ak}K_{ai}-2c\sqrt{K_{ai}}=(19h+48)\times0.39-2\times15\times0.625$

被动土压力：$p_{pk}=19\times(h-15)\times2.56+2\times15\times1.6$

$p_{ak} = p_{pk}$,则:

$(19h+48) \times 0.39 - 2 \times 15 \times 0.625 = 19 \times (h-15) \times 2.56 + 2 \times 15 \times 1.6$

简化得:$h = 16.53\text{m}$

反弯点距坑底的距离为:$h - 15 = 16.53 - 15 = 1.53\text{m}$

13. 答案(B)

解:据《建筑基坑支护技术规程》(JGJ 120—2012)第 3.4.2 条、第 3.4.5 条、第 3.4.7 条计算。

$$K_a = \tan^2\left(45° - \frac{\varphi}{2}\right) = \tan^2\left(45° - \frac{10°}{2}\right) = 0.7041$$

$\sigma_{ak} = \sigma_{ac} + \sum \Delta \sigma_{k,j}$

$\sigma_{ac} = \gamma h = 18 \times 10 = 180\text{kPa}$

$(2+3)\text{m} < 10\text{m} < (2+2+3\times 3)\text{m}$

$$\Delta \sigma_k = \frac{p_0 b}{b+2a} = \frac{(140 - 2 \times 18) \times 2}{2 + 2 \times 3} = 26\text{kPa}$$

$\sigma_{ak} = \sigma_{ac} + \sum \Delta \sigma_{k,j} = \sigma_{ac} + \Delta \sigma_k = 180 + 26 = 206\text{kPa}$

$p_{ak} = \sigma_{ak} K_{a,i} - 2c_i \sqrt{K_{a,i}} = \sigma_{ak} K_a - 2c \sqrt{K_a} = 206 \times 0.7041 - 2 \times 20 \times \sqrt{0.7041}$
$= 111.48\text{kPa} \approx 112\text{kPa}$

14. 答案(C)

解:据《建筑基坑支护技术规程》(JGJ 120—2012)第 3.4.2 条计算。

黏性土层在基层底产生的主动土压力强度为:

$p_{ak1} = \sigma_{ak1} K_{a1} - 2c\sqrt{K_{a1}}$

$= \gamma_1 h_1 \tan^2\left(45° - \frac{\varphi_1}{2}\right) - 2c_1 \tan\left(45° - \frac{\varphi_1}{2}\right)$

$= 20 \times 2 \times \tan^2\left(45° - \frac{18°}{2}\right) - 2 \times 20 \times \tan\left(45° - \frac{18°}{2}\right) = -7.95\text{kPa} < 0$

应取 $p_{ak1} = 0$,即黏性土层的主动土压力合力 E_{a1} 为 0。

砂土层顶面处主动土压力强度为:

$p_{ak2} = \sigma_{ak1} K_{a2} = \gamma_1 h_1 \tan^2\left(45° - \frac{\varphi_2}{2}\right) = 20 \times 2 \times \tan\left(45° - \frac{35°}{2}\right) = 10.84\text{kPa}$

砂土层底面处主动土压力强度为:

$p_{ak3} = (\sigma_{ak1} + \sigma_{ak2}) K_{a2} = (\gamma_1 h_1 + \gamma_2 h_2) \tan^2\left(45° - \frac{\varphi_2}{2}\right)$

$= (20 \times 2 + 20 \times 9) \times \tan^2\left(45° - \frac{35°}{2}\right) = 59.62\text{kPa}$

则支护桩外侧主动土压力合力为:

$E_a = E_{a1} + E_{a2} = 9 \times \left[\frac{1}{2} \times (10.84 + 59.62)\right] = 317.07\text{kN/m}$

15. 答案(A)

解:计算主动土压力系数,中砂 $K_a = 0.49$,粗砂 $K_a = 0.333$。

各点土压力强度计算:

地表:$e_{a1} = (q + \gamma H) K_a = 20 \times 0.49 = 9.8\text{kPa}$

中砂底面:$e_{a2} = (20 + 18.5 \times 3) \times 0.49 = 37\text{kPa}$

粗砂顶面：$e_{a3} = (20+18.5×3)×0.333 = 25.1\text{kPa}$
地下水位处：$e_{a4} = (20+18.5×3+19×3)×0.333 = 44.1\text{kPa}$
桩底：$e_{a5} = (q+\gamma H)×K_a = (20+18.5×3+19×3+10×9)×0.333 = 74.1\text{kPa}$
水土总压力为：
$\frac{1}{2}×(9.8+37)×3+\frac{1}{2}×(25.1+44.1)×3+\frac{1}{2}×(44.1+74.1)×9+\frac{1}{2}×10×9^2$
$=1111\text{kN/m}$

第二讲　基坑支挡式结构

1. 答案(A)
解：据《建筑地基基础设计规范》(GB 50007—2011)附录 V 计算。
$$K_D = \frac{N_c\tau_0+\gamma t}{\gamma(h+t)+q} = \frac{5.14×10+18×5}{18×(5+5)+20} = 0.707$$

2. 答案(B)
解：据《建筑基坑支护技术规程》(JGJ 120—2012)附录 C 第 C.0.1 条计算。
$$\frac{D\gamma}{H_w\gamma_w} \geqslant K_h$$
$$\frac{(16-h)×20}{(16-2)×10} \geqslant 1.1$$

解得：$h \leqslant 8.3\text{m}$

3. 答案(A)
解：据《建筑基坑支护技术规程》(JGJ 120—2012)第 C.0.1 条计算。
$$\frac{D\gamma}{h_w\gamma_w} \geqslant K_h$$
$$\frac{(12-H)×20}{10×10} \geqslant 1.2$$

解得：$H \leqslant 6\text{m}$

4. 答案(B)
解：据《建筑基坑支护技术规程》(JGJ 120—2012)第 4.1.1 条计算，设板桩最小入土深度为 l_d。

$e_p = \sigma_p K_p = l_d×19×\tan^2(45°+30°/2) = 57l_d$，$E_{pk} = \frac{1}{2}e_p l_d = \frac{1}{2}×57l_d = 28.5l_d^2$

$e_{ak} = \sigma_a K_a = (l_d+1.8)×19×\tan^2(45°-30°/2) = 6.33(l_d+1.8)$

$E_{ak} = \frac{1}{2}e_a(l_d+1.8) = \frac{1}{2}×6.33×(l_d+1.8)×(l_d+1.8) = 3.2×(l_d+1.8)^2$

$(a_{p1}E_{pk})/(a_{a1}E_{ak}) \geqslant 1.3$

$$\frac{\frac{1}{3}l_d×28.5l_d^2}{\frac{1}{3}×(l_d+1.8)×3.2×(l_d+1.8)^2} \geqslant 1.3$$

解得：$l_d \geqslant 2.0\text{m}$

亦可据《建筑地基基础设计规范》(GB 50007—2011)附录 T 计算。
5. **答案**(B)

解:据《建筑地基基础设计规范》(GB 50007—2011)附录 V 计算。

$$\frac{N_c\tau_0 + \gamma t}{\gamma(h+t) + q} \geq 1.6$$

$$\frac{5.14 \times 30 + 19 \times (8-h)}{19 \times 8 + 0} \geq 1.6$$

解得:$h = 3.3\text{m}$

6. **答案**(C)

解:据《建筑基坑支护技术规程》(JGJ 120—2012)第 C.0.1 条计算。

$$\frac{(10+1-H) \times 20}{8 \times 10} = 1.1$$

解得:$H = 6.6\text{m}$

7. **答案**(B)

解:据《建筑基坑支护技术规程》(JGJ 120—2012)第 C.0.1 条计算:

$$\frac{D\gamma}{h_w \gamma_w} \geq K_h \Rightarrow \frac{D\gamma}{(9-\Delta h)\gamma_w} \geq K_h \Rightarrow \frac{4 \times 19}{(9-\Delta h) \times 10} \geq 1.1$$

解得:$\Delta h \geq 2.1\text{m}$

8. **答案**(D)

解:据《建筑基坑支护技术规程》(JGJ 120—2012)第 4.7 条和第 3.1.7 条计算。

(1) 水平拉力标准值:$F_h = \dfrac{F}{\gamma_0 \cdot \gamma_F} = \dfrac{250}{1.0 \times 1.25} = 200\text{kN}$

轴向拉力标准值:$N_k = \dfrac{F_h \cdot s}{b_a \cos\alpha} = \dfrac{200 \times 1}{1 \times \cos 15°} = 207.1\text{kN}$

极限抗拔承载力标准值:$R_k = K_t \cdot N_k = 207.1 \times 1.6 = 331.4\text{kN}$

(2) 锚固段长度:$l = \dfrac{R_k}{\pi d q_{sik}} = \dfrac{331.4}{3.14 \times 0.15 \times 50} = 14.1\text{m}$

(3) $K_a = \tan^2\left(45° - \dfrac{\varphi}{2}\right) = \tan^2\left(45° - \dfrac{20°}{2}\right) = 0.49$

$K_p = \tan^2\left(45° + \dfrac{\varphi}{2}\right) = \tan^2\left(45° + \dfrac{20°}{2}\right) = 2.04$

$\gamma(15 + a_2)K_a - 2c\sqrt{K_a} = \gamma a_2 K_p + 2c\sqrt{K_p}$

$20 \times (15 + a_2) \times 0.49 - 2 \times 15 \times \sqrt{0.49} = 20 \times a_2 \times 2.04 + 2 \times 15 \times \sqrt{2.04}$

解得:$a_2 = 2.7\text{m}$

(4) $l_f \geq \dfrac{(a_1 + a_2 - d\tan\alpha)\sin\left(45° - \dfrac{\varphi_{n1}}{2}\right)}{\sin\left(45° + \dfrac{\varphi_{n1}}{2} + \alpha\right)} + \dfrac{d}{\cos\alpha} + 1.5$

$= \dfrac{(11 + 2.7 - 0.8 \times \tan 15°)\sin\left(45° - \dfrac{20°}{2}\right)}{\sin\left(45° + \dfrac{20°}{2} + 15°\right)} + \dfrac{0.8}{\cos 15°} + 1.5 = 10.6\text{m} > 5\text{m}$

(5) 锚杆设计长度 $= 14.1 + 10.6 = 24.7\text{m}$

9. **答案**(C)

解:据题意:

(1)滑动弧弧长 l(取1m宽度验算):

$$l = \frac{\pi D}{360°}(180° - 29°) = \frac{3.14 \times (16.3 + 17.3) \times 2}{360°} \times (180° - 29°) = 88.5\text{m}$$

(2)抗滑力矩:

$$R = cl\pi + N(16.3 - 3.5)$$
$$= 34 \times 88.5 \times (16.3 + 17.3) + 2970 \times (16.3 - 3.5)$$
$$= 101102.4 + 38016 = 139118.4\text{kN} \cdot \text{m}$$
$$K = \frac{139118.4}{154230} = 0.902$$

10. 答案(C)

解: 据《建筑基坑支护技术规程》(JGJ 120—2012)第4.7.2条、第4.7.3条、第4.7.4条计算。

$$N_k = \frac{F_h s}{b_a \cos\alpha} = \frac{250 \times 2}{2 \times \cos 20°} = 266.0\text{kN}$$

$$R_k \geqslant K_t N_k = 1.6 \times 266 = 425.6\text{kN}$$

$$R_k = \pi d \sum q_{sik} l_i$$

$$l_i = \frac{R_k}{\pi d q_{sik}} = \frac{425.6}{3.14 \times 0.15 \times 46} = 19.64\text{m}$$

锚杆总长度为 l:

$$l = 5 + l_i = 5 + 19.64 = 24.64\text{m}$$

11. 答案(B)

解: 据《建筑基坑支护技术规程》(JGJ 120—2012)第4.7.5条计算。

$$l_f \geqslant \frac{(a_1 + a_2 - d\tan\alpha)\sin\left(45° - \frac{\varphi}{2}\right)}{\sin\left(45° + \frac{\varphi}{2} + 20°\right)} + \frac{d}{\cos\alpha} + 1.5$$

$$= \frac{(10 - 0 \times \tan 20°) \times \sin\left(45° - \frac{20°}{2}\right)}{\sin\left(45° + \frac{20°}{2} + 20°\right)} + \frac{0}{\cos\alpha} + 1.5 = 7.43\text{m}$$

12. 答案(A)

解: 如解图所示,据《建筑基坑支护技术规程》(JGJ 120—2012)第4.2.1条计算。

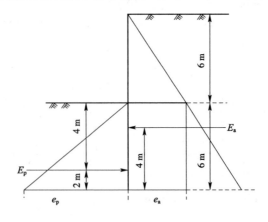

题 12 解图

$$e_a = \gamma h_1 K_a = 20 \times 12 \times \tan^2\left(\frac{45°-30°}{2}\right) = 80\text{kPa}$$

$$E_a = \frac{1}{2}e_a h = \frac{1}{2} \times 80 \times 12 = 480\text{kN/m}, a_{a1} = \frac{1}{3}h = \frac{1}{3} \times 12 = 4\text{m}$$

$$e_p = \gamma h_2 K_p = 20 \times 6 \times \tan^2\left(\frac{45°+30°}{2}\right) = 360.0\text{kPa}$$

$$E_p = \frac{1}{2}e_p h_2 = \frac{1}{2} \times 360 \times 6 = 1080.0\text{kN/m}, a_{p1} = 6/3 = 2\text{m}$$

$$K = \frac{a_{p1}\sum E_p}{a_{a1}\sum E_a} = \frac{2 \times 1080}{4 \times 480} = 1.125$$

13. 答案(B)

解：$\frac{N_c\tau_0 + \gamma t}{\gamma(h+t)+q} \geq 1.6, \tau_0 = c_u = 30\text{kPa}, N_c = 5.14, q = 0, h+t = 8\text{m}$

$$\frac{5.14 \times 30 + 19t}{19 \times 8} \geq 1.6, 19t \geq 89, t \geq 4.68\text{m}, h = 3.32\text{m}$$

14. 答案(B)

解：锚固段长度：$l = 18 - 6 = 12\text{m}$

轴向拉力：$N = \frac{T}{\cos\alpha} = \frac{400}{\cos 15°} = 414\text{kN}$

$$\bar{q}_s = \frac{N}{\pi Dl} = \frac{414}{\pi \times 0.15 \times 12} = 73\text{kPa}$$

15. 答案(C)

解：据《建筑基坑支护技术规程》(JGJ 120—2012)第 C.0.1 条计算。

$$\frac{(10+1-H) \times 20}{8 \times 10} = 1.1$$

解得：$H = 6.6\text{m}$

典型错误：安全系数取 1 时为 7.0m，按浮重度计算时为 2.2m，不考虑黏土层自重时为 5.6m。

16. 答案(D)

解：据《建筑基坑支护技术规程》(JGJ 120—2012)第 4.7.2 条、第 4.7.3 条、第 4.7.4 条计算。

①锚固段长度：

$$N_k = \frac{F_s s}{b_a \cos\alpha} = \frac{250 \times 3}{3 \times \cos 15°} = 258.8\text{kN}, R_k = N_k K_t = 258.8 \times 1.4 = 362.32\text{kN}$$

$$R_k = \pi d \sum q_{ski} l_i$$

$$l_i = \frac{R_k}{\pi d \sum q_{ski}} = \frac{362.32}{3.14 \times 0.150 \times 50} = 15.4\text{m}$$

②非锚固段长度：

$$l_f = \frac{(a_1 + a_2 - d\tan\alpha)\sin(45° - \varphi_m/2)}{\sin(45° + \varphi_m/2 + \alpha)} + \frac{d}{\cos\alpha} + 1.5$$

$$= \frac{[(15-4)+2-0.8 \times \tan 15°] \times \sin(45° - 20°/2)}{\sin(45° + 20°/2 + 15°)} + \frac{0.8}{\cos 15°} + 1.5 = 8.9\text{m}$$

$l_i + l_f = 15.4 + 8.9 = 24.3\text{m}$

17. 答案(C)

解：据《建筑基坑支护技术规程》(JGJ 120—2012)计算。

①实测的弹性变形值不应大于自由段长度与 1/2 锚固段长度之和的弹性变形计算值,计算长度:$L = 6 + \frac{10}{2} = 11\text{m}$。

②$A_s = 2 \times 3.14 \times \left(\frac{25}{2}\right)^2 = 981.2\text{mm}^2$。

③ 弹性变形 $s = \frac{T/A}{E}L = \frac{300 \times 10^3/981.2}{2.0 \times 10^5} \times 11\text{m} = 0.0168\text{m} = 1.68\text{cm}$。

18. 答案(C)

解:据《建筑基坑支护技术规范》(JGJ 120—2012)第 3.1.6 条、第 3.1.7 条、第 4.7.3 条计算。

锚杆轴向拉力标准值 $N_k = \frac{F_h s}{b_a \cos\alpha} = \frac{420 \times 1.4}{1.4 \times \cos 15°} = 434.8\text{kN}$

锚杆轴向力设计值 $N = \gamma_0 \gamma_F N_k = 1.1 \times 1.25 \times 434.8 = 597.9\text{kN}$

$n = \frac{N}{T} = \frac{597.9}{180} = 3.3$,取 $n = 4$ 根

19. 答案(B)

解:根据《建筑基坑支护工程技术规范》(JGJ 120—2012)第 4.1.10 条计算。

考虑已有大型结构存在,支撑不动点调整系数取 1,则:

$$k_R = \frac{\alpha_R E A b_a}{\lambda l_0 s} = \frac{1.0 \times 30 \times 10^3 \times (0.6 \times 0.8) \times 1.0}{1.0 \times 10 \times 10} = 144\text{MN/m}$$

20. 答案:(C)

解:根据《建筑基坑支护技术规范》(JGJ 120—2012)第 4.2.4 条计算。

由题干基坑变形对周边影响严重判断基坑安全等级为二级,抗隆起安全系数取 1.6,则:

$N_q = \tan^2\left(45° + \frac{\varphi}{2}\right)e^{\pi\tan\varphi} = \tan^2\left(45 + \frac{10}{2}\right)e^{3.14 \times \tan 10°} = 2.47$

$N_c = (N_q - 1)/\tan\varphi = (2.47 - 1)/\tan 10° = 8.34$

$\frac{\gamma_{m2} l_d N_q + c N_c}{\gamma_{m1}(h + l_d) + q_0} \geq K_b$

$\frac{18.5 \times l_d \times 2.47 + 10 \times 8.34}{18.5 \times (6 + l_d) + 20} \geq 1.6$

解得:$l_d \geq 7.85$

21. 答案(D)

解:被动土压力 $E_{pk} = \frac{1}{2}\gamma h^2 K_p + \frac{1}{2}\gamma_w h^2$

$= \frac{1}{2} \times 10 \times 5^2 \times \tan^2\left(45° + \frac{30°}{2}\right) + \frac{1}{2} \times 10 \times 5^2 = 500\text{kN/m}$

根据平衡条件,每延米支撑轴力标准值 $N_k = E_{ak} - E_{pk} = 900 - 500 = 400\text{kN/m}$

转换为单根支撑轴力设计值 $N = \gamma_0 \gamma_F N_k = 6 \times 1.1 \times 1.25 \times 400 = 3300\text{kN}$

22. 答案(D)

解:根据《建筑基坑支护技术规范》(JGJ 120—2012)附录 C 计算。

假定注水深度为 t,则 $\frac{D\gamma}{h_w \gamma_w} = \frac{18 \times 4 + 10t}{9 \times 10} \geq 1.1$

解得:$t \geq 2.7\text{m}$

23. 答案(B)

解:据《建筑地基基础设计规范》(GB 50007—2011)续表 V.0.1 计算。

$$K_D = \frac{N_c \tau_0 + \gamma t}{\gamma(h+t)+q} = \frac{5.14 \times 40 + 17.8t(11-h)}{17.8 \times 11 + 10} \geq 1.6$$

解得:$h \leq 4.1\mathrm{m}$

第三讲 土钉墙与重力式水泥土墙

1. 答案(A)

解:据《建筑基坑支护技术规程》(JGJ 120—2012)第 6.1.2 条计算。

$u_m = \gamma_m(h_{wa}+h_{wp})/2 = 10 \times (6+2)/2 = 40\mathrm{kPa}$,$G = 10 \times b \times 1 \times \gamma_{cs} = 220b$

$$\frac{E_{pk}a_p + (G-u_m b)a_G}{E_{ak}a_a} \geq K_{ov}$$

$$\frac{1237 \times 1.7 + (220b - 40b) \times \frac{b}{2}}{1550 \times 3.6} \geq 1.3$$

解得:$b \geq 4.1\mathrm{m}$

2. 答案(D)

解:据《建筑基坑工程技术规程》(JGJ 120—2012)第 6.1.2 条计算。

$$\frac{E_{pk}a_p + (G-u_m B)a_G}{E_{ak}a_a} \geq K_{ov}$$

$$\frac{1200 \times 2 + (10 \times 20 \times B - 4 \times 10 \times B) \times \frac{1}{2}B}{800 \times 4} \geq 1.3$$

解得:$B \geq 4.69\mathrm{m}$

3. 答案(A)

解:据《建筑基坑支护技术规程》(JGJ 120—2012)第 3.4.2 条、第 5.2.2 条、第 5.2.3 条计算。

(1)由于基坑垂直,所以主动土压力折减系数 ξ 取 1。

(2)主动土压力强度:

$p_{ak} = \sigma_{ak}K_{ai} - 2c\sqrt{K_{ai}} = 19 \times 9.6 \times \tan^2(45°-20°/2) - 2 \times 15\tan^2(45°-20°/2) = 68.4\mathrm{kPa}$

(3)单根土钉轴向拉力的标准值:

$N_{kj} = \frac{1}{\cos\alpha_j}\xi\eta_j p_{ak} s_{xj} s_{yj} = \frac{1}{\cos 15°} \times 1 \times 0.9 \times 68.4 \times 1.2 \times 1.2 = 91.77\mathrm{kN}$

4. 答案(C)

解:据《建筑基坑支护技术规程》(JGJ 120—2012)第 6.1.1 条计算。

(1)水泥土墙的重力:$G = 3 \times 8 \times 1 \times 20 = 480\mathrm{kN}$

(2)主动土压力系数:$K_a = \tan^2(45°-10°/2) = 0.704$

(3)土压力为 0 点的埋深:$z_0 = \frac{2c}{\gamma\sqrt{K_a}} = \frac{2 \times 14}{18.5 \times \sqrt{0.704}} = 1.8\mathrm{m}$

(4)主动土压力强度:$p_{ak} = \sigma_{ak}K_{ai} - 2c\sqrt{K_{ai}} = 8 \times 18.5 \times 0.704 - 2 \times 14 \times \sqrt{0.704} = 80.7\mathrm{kPa}$

(5)主动土压力:$E_a = \frac{1}{2} \times (8-1.8) \times 80.7 = 250.2\mathrm{kN}$

(6)被动土压力系数:$K_p = \tan^2(45°+10°/2) = 1.42$

(7) 基坑底的被动土压力强度：$p_{pk1} = 2c\sqrt{K_p} = 2 \times 14 \times \sqrt{1.42} = 33.4\text{kPa}$

(8) 水泥土墙的被动土压力强度：$p_{pk2} = \sigma_p K_p + 2c\sqrt{K_p} = 3 \times 18.5 \times 1.42 + 33.4 = 112.2\text{kPa}$

(9) 被动土压力：$E_p = \frac{1}{2}h(p_{pk1} + p_{pk2}) = \frac{1}{2} \times 3 \times (33.4 + 112.2) = 218.4\text{kN}$

(10) 抗滑移安全系数：

$$K_s = \frac{E_{pk} + (g - u_m B)\tan\varphi + cB}{E_{ak}} = \frac{218.4 + (480 - 0) \times \tan 10° + 14 \times 3}{250.2} = 1.379$$

5. 答案(C)

解：$\theta = \arccos\left(\frac{5}{10}\right) = 60°$

弧长 $l = \frac{\pi D \times (90° + 60°)}{360°} = 26.17$

$M = clR = 30 \times 26.17 \times 10 = 7851\text{kN}\cdot\text{m}$

6. 答案(B)

解：水压力：$P_w = \frac{1}{2}\gamma_w H^2 = \frac{1}{2} \times 10 \times 10^2 = 500\text{kN}$

土压力：$E_a = \frac{1}{2}\gamma' H^2 K_a = \frac{1}{2} \times 9 \times 10^2 \times \tan^2\left(45° - \frac{35°}{2}\right) = 121.96\text{kN}$

墙体自重：$W_1 + W_2 = 2 \times 10 \times 20 + \frac{1}{2} \times 10 \times 15 \times 17 = 1675\text{kN}$

摩擦力：$R = 1675 \times 0.4 = 670\text{kN}$

安全系数：$F_s = \frac{R}{P_w + E_a} = \frac{670}{500 + 121.96} = 1.077$

7. 答案(B)

解：据《建筑基坑支护技术规程》(JGJ 120—2012)第6.1.2条计算。

重力式水泥土墙的倾覆稳定性计算公式：

$$\frac{E_{pk}\alpha_p + (G - u_m B)\alpha_G}{E_{ak}\alpha_a} \geq K_{0v} = 1.3$$

$E_{pk}\alpha_p = 20.8 \times 6.5 \times \frac{1}{2} \times 6.5 + \frac{1}{2} \times (198.9 - 20.8) \times 6.5 \times \frac{1}{3} \times 6.5 = 1693.52\text{kN}\cdot\text{m}$

$E_{ak}\alpha_p = \frac{1}{2} \times 127 \times 12 \times \frac{1}{3} \times 12 = 3048\text{kN}\cdot\text{m}$

$G = (5.5 + 6.5) \times B \times 19 \times 1 = 228B$

无地下水，$u_m = 0$，代入上式，得：$\dfrac{1693.52 + 228B \times \frac{1}{2} \times B}{3048} \geq 1.3$

解得：$B = 4.4612\text{m} \approx 4.5\text{m}$

8. 答案(C)

解：据《建筑基坑支护技术规程》(JGJ 120—2012)第6.1.1条计算。

主动土压力系数：$K_a = \tan^2\left(45° - \frac{15°}{2}\right) = 0.589$

临界深度 $z_0 = \left(\dfrac{2c}{\sqrt{K_a}} - q\right)/\gamma = \left(\dfrac{2 \times 8}{\sqrt{0.589}} - 20\right)/18 = 0.047 \approx 0$，可按三角形分布处理。

主动土压力合力：$E_{ak} = \frac{1}{2}\gamma H^2 K_a = \frac{1}{2} \times 18 \times (6.5+5.5)^2 \times 0.589 = 763.34 \text{kN/m}$

被动土压力系数：$K_p = \tan^2\left(45° + \frac{15°}{2}\right) = 1.698$

坑底位置处 $\sigma_{p1} = 2c\sqrt{K_p} = 20.85 \text{kPa}$，墙底位置处 $\sigma_{p2} = \gamma z K_p + 2c\sqrt{K_p} = 219.5 \text{kPa}$

被动土压力合力：$E_{pk} = \frac{1}{2} \times (20.85 + 219.5) \times 6.5 = 781.1 \text{kN/m}$

水泥土墙自重：$G = (6.5+5.5) \times 4.5 \times 19 = 1026 \text{kN/m}$

安全系数：$F_s = \dfrac{E_{pk} + (G - u_m B)\tan\varphi + cB}{E_{ak}} = \dfrac{781.1 + (1026-0) \times \tan 15° + 8 \times 4.5}{763.34} = 1.43$

9. 答案（C）

解：据《建筑基坑支护技术规程》(JGJ 120—2012)公式(6.2.3)，即验算 $A \leq \delta \dfrac{c_u}{\gamma_m}$ 是否满足即可。

考虑主要土层（算加权平均亦可），则 $c = 15 \text{kPa}$，$\gamma_m = \dfrac{18 \times 2 + 17 \times 10}{2+10} = 17.16 \text{kN/m}^3$

分别验算，对于选项(A)，其中 $A = (3.5-0.35) \times (2.5-0.35) = 6.77$
$u = 2 \times (3.5+2.5-0.7) = 10.6$

则 $A = 6.77 > \delta \dfrac{c_u}{\gamma_m} = 0.5 \times \dfrac{15 \times 10.6}{17.16} = 4.63$，不满足

同理，选项(B)不满足，选项(C)、(D)满足。但考虑经济性，选(C)。

第四讲　基坑地下水控制

1. 答案（B）

解：据公式 $i = \dfrac{\gamma - \gamma_w}{\gamma_w} \dfrac{1}{K}$ 确定帷幕深度。

式中，i 为渗透水力坡度，γ 为土体重度，γ_w 为水的重度，K 为安全系数。

$i = \dfrac{\Delta h_i}{l} = \dfrac{8}{2h-8} \leq \dfrac{18-10}{10 \times 2}$

解得：$h \geq 14 \text{m}$

2. 答案（C）

解：据《建筑基坑支护技术规程》(JGJ 120—2012)附录 E 第 E.0.1 条计算。

$$r_0 = \sqrt{A/\pi} = \sqrt{50 \times 80/3.14} = 35.7 \text{m}$$

据规范式(E.0.1)计算基坑漏水量 Q：

$$Q = \pi K \dfrac{(2H - S_d)S_d}{\ln(1+R/r_0)} = 3.14 \times 8 \times \dfrac{(2 \times 20 - 4) \times 4}{\ln(1+100/35.7)} = 2709.6 \text{m}^3/\text{d}$$

3. 答案（B）

解：根据 Dupuit 公式计算。

$$Q = 1.366 K \dfrac{(2H_0 - S_w)S_w}{\lg\dfrac{R_0}{r_w}} = 1.366 \times 25 \times \dfrac{(2 \times 10 - 3) \times 3}{\lg\dfrac{60}{0.15}} = 669.3 \text{m}^3/\text{d}$$

4. 答案（A）

解：据《建筑基坑支护技术规程》(JGJ 120—2012)附录 E 第 E.0.1 条计算。

$$Q = \pi k \frac{(2h - S_d)S_d}{\ln(1 + R/r_0)} = 3.14 \times 1.0 \times \frac{(2 \times 18 - 8.5) \times 8.5}{\ln(1 + 76/10)} = 341.1 \text{m}^3/\text{d}$$

5. 答案(B)

解：据《建筑基坑支护技术规程》(JGJ 120—2012)第 7.3.5 条计算。

$$S_i = H - \sqrt{H^2 - \sum_{i=1}^{n} \frac{q_j}{\pi k} \ln \frac{R}{r_{ij}}} = 20 - \sqrt{20^2 - \sum_{i=1}^{n} \frac{500}{3.14 \times 4} \times \ln \frac{130^5}{30^3 \times 35^2}} = 9.0 \text{m}$$

6. 答案(A)

解：① 等势线间的水头损失 $\Delta h = \frac{12}{9} = 1.333$

② 水力梯度 $i = \frac{\Delta h}{S} = \frac{1.333}{3} = 0.444$

7. 答案(A)

解：据《建筑基坑支护技术规程》(JGJ 120—2012)附录 E 计算。

(1) 大井出水量：

$$Q = 2\pi k \frac{MS_d}{\ln\left(1 + \frac{R}{r_0}\right)} = 2 \times 3.14 \times 13 \times \frac{18 \times 8}{\ln\left(1 + \frac{160}{10}\right)} = 4149.7 \text{m}^3/\text{d}$$

(2) 需要的降水井数：

$$n = \frac{Q}{q} = \frac{4149.7}{50 \times 24} = 3.5, 3.5 \times 1.1 = 3.85, 则 n \approx 4$$

8. 答案(B)

解：据《建筑基坑支护技术规程》(JGJ 120—2012)附录 E 计算。

① 基坑降水设计时基坑内水位降深 $S = 8.0 - 0.5 + 0.5 = 8.0 \text{m}$

② 本基坑为不规则块状基坑，其等效半径 $r_0 = \sqrt{\frac{A}{\pi}} = \sqrt{\frac{75 \times 75 - 20 \times 30}{3.14}} = 40 \text{m}$

③ 本场地含水层为承压含水层，基坑周边无重要构筑物，基坑侧壁安全等级为三级，场地含水层影响半径为：

$$R = 10S\sqrt{k} = 10 \times 8.0 \times \sqrt{1.5 \times 10^{-2} \times \frac{24 \times 60 \times 60}{100}} = 288 \text{m}$$

④ 承压水完整井基坑远离边界，基坑总涌水量为：

$$Q = 2\pi k \frac{MS_d}{\lg(1 + R/r_0)} = 2 \times 3.14 \times 12.96 \times \frac{12 \times 8}{\lg(1 + 288/40)} = 3713 \text{m}^3/\text{d}$$

⑤ 至少需要的降水井数为：$n = 1.1 \times \frac{Q}{q} = 1.1 \times \frac{3713}{1600} = 2.32$ 口 ≈ 3 口

9. 答案(C)

解：据《建筑基坑支护技术规程》(JGJ 120—2012)第 7.3.11 条和附录 E 计算。
该降水属于均质含水层潜水非完整井的基坑降水总涌水量计算，计算公式为：

$$Q = \pi k \frac{H^2 - h^2}{\ln\left(1 + \frac{R}{r_0}\right) + \frac{h_m - l}{l}\ln\left(1 + 0.2\frac{h_m}{r_0}\right)}$$

$$h_m = \frac{H + h}{2}$$

其中,$H=30-6=24\mathrm{m}$,$h=24-6-0.5=17.5\mathrm{m}$,则:
$$h_\mathrm{m}=\frac{H+h}{2}=\frac{24+17.5}{2}=20.75\mathrm{m}$$

由规范第 7.3.11 条规定,降水影响半径 R 为:
$$R=2S_\mathrm{w}\sqrt{kH}=2\times10\times\sqrt{5\times24}=219.089\mathrm{m}$$

由附录 E 第 E.0.1 条规定,基坑等效半径:
$$r_0=\sqrt{A/\pi}=\sqrt{100\times80/3.14}=50.475\mathrm{m}$$

由附录 E 第 E.0.2 条规定,过滤器进水部分长度:
$$l=22-12-0.5-r_0\times\frac{1}{15}=9.5-50.475\times\frac{1}{15}=6.135\mathrm{m}$$

将以上数据代入涌水量公式中,得:
$$Q=\pi k\frac{H^2-h^2}{\ln\left(1+\frac{R}{r_0}\right)+\frac{h_\mathrm{m}-l}{l}\ln\left(1+0.2\frac{h_\mathrm{m}}{r_0}\right)}$$
$$=3.14\times5\times\frac{24^2-17.5^2}{\ln\left(1+\frac{219.089}{50.475}\right)+\frac{20.75-6.135}{6.135}\times\ln\left(1+0.2\times\frac{20.75}{50.475}\right)}$$
$$=2273.26\mathrm{m/d}$$

10. **答案**(B)

解:据《建筑基坑支护技术规程》(JGJ 120—2012)附录 E 计算。
$H=9.5-0.5=9\mathrm{m}$,$S_\mathrm{d}=6+0.5-0.5=6\mathrm{m}$
$r_0=\sqrt{A/\pi}=\sqrt{32\times16/3.14}=12.77\mathrm{m}$
$$Q=\pi k\frac{(2H-S_\mathrm{d})S_\mathrm{d}}{\ln\left(1+\frac{R}{r_0}\right)}=3.14\times0.2\frac{(2\times9-6)\times6}{\ln\left(1+\frac{30}{12.77}\right)}=37.41\mathrm{m^3/d}$$

$q=1.1\dfrac{Q}{n}=1.1\times\dfrac{37.41}{n}=40\mathrm{m^3/d}\Rightarrow n=1.03$,取 2 口井

两口井易布置在坑内,长边的两个四分点处,如解图所示。

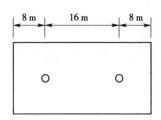

题 10 解图

但需要验算四个角落(因为其距离井最远)处降深是否达到要求,其中:
$r_1=\sqrt{8^2+8^2}=11.3\mathrm{m}$,$r_2=\sqrt{24^2+8^2}=25.3\mathrm{m}$
$$S_i=H-\sqrt{H^2-\sum_{j=1}^{n}\frac{q_j}{\pi k}\ln\frac{R}{r_{ij}}}=9-\sqrt{9^2-\frac{40}{0.2\pi}\ln\frac{30}{11.3}-\frac{40}{0.2\pi}\ln\frac{30}{25.3}}=6.2\mathrm{m}>6\mathrm{m}$$,满足降深要求。

第五讲 围岩分类及围岩压力

1. 答案(D)

解：$H = \dfrac{1}{\tan\varphi}\left[\dfrac{B}{2} + H_0 \tan(90° - \varphi)\right] = \dfrac{1}{\tan 40°} \times \left[\dfrac{6}{2} + 4 \times \tan(90° - 40°)\right] = 9.26\text{m}$

2. 答案(D)

解：$K_1 = \tan\varphi \tan^2\left(\dfrac{45° - \varphi}{2}\right) = \tan 20° \tan^2\left(\dfrac{45° - 20°}{2}\right) = 0.178$

$b_2 = b + h\tan\left(\dfrac{45° - \varphi}{2}\right) = 3 + 8 \times \tan\left(\dfrac{45° - 20°}{2}\right) = 8.6\text{m}$

$q_v = \gamma H \left[1 - \left(\dfrac{H}{2b_2}\right)K_1 - \left(\dfrac{c}{b_2 \gamma}\right)(1 - 2K_2)\right]$

$= 18 \times 20 \times \left(1 - \dfrac{20}{2 \times 8.6} \times 0.178\right) = 285.3\text{kPa}$

3. 答案(A)

解：$K_1 = \tan\varphi \tan^2(45° - \varphi/2) = \tan 30° \tan^2(45° - 30°/2) = 0.192$

$b_2 = b + h\tan(45° - \varphi/2) = 5 + 15 \times \tan(45° - 30°/2) = 13.65\text{m}$

$q_v = \gamma H [1 - (H/2b_2)K_1 - (c/b_2\gamma)(1 - 2K_2)]$

$= 19 \times 12 \times \left(1 - \dfrac{12}{2 \times 13.65} \times 0.192\right) = 208.9\text{kPa}$

4. 答案(A)

解：据《公路隧道设计规范》(JTG D70—2004)第 6.2.3 条和附录 E 计算。

首先确定计算断面的深浅埋类型：

①$s = 4$，因为 $B = 6.4\text{m} > 5\text{m}$，所以 $i = 0.1$

②$\omega = 1 + 0.1 \times (6.4 - 5) = 1.14$

③$h = 0.45 \times 2^{s-1} \omega = 0.45 \times 2^{4-1} \times 1.14 = 4.104$

④矿山法施工条件下，Ⅳ级围岩浅、深埋临界高度取 $H_p = 2.5h = 2.5 \times 4.104 = 10.26\text{m} < 13\text{m}$，因此该断面应按深埋隧道计算。

⑤深埋隧道垂直均匀分布围岩压力按下式确定：

$q = \gamma h = \gamma h_q = 24 \times 4.104 = 98.50\text{kPa}$

⑥水平围岩压力按规范取侧压力系数，取 $K_0 = 0.15 \sim 0.30$，取小值为 0.15，则：

$e_1 = K_0 q = 0.15 \times 98.50 = 14.78\text{kPa}$

5. 答案(C)

解：①$a_1 = a + h\tan\left(45° - \dfrac{\varphi}{2}\right) = 4 + 5 \times \tan\left(45° - \dfrac{30°}{2}\right) = 6.89$

②$K_1 = \tan\varphi \tan^2\left(45° - \dfrac{\varphi}{2}\right) = \tan 30° \tan^2\left(45° - \dfrac{30°}{2}\right) = 0.1924$

③$c = 0$，可不计算 K_2

④ $q = \gamma H \left[1 - \dfrac{H}{2a_1}K_1 - \dfrac{c}{a_1 r}(1-2K_2)\right] = 20 \times 20 \times \left(1 - \dfrac{20}{2\times 6.89}\times 0.1924 - 0\right)$
   $= 286.80 \text{kPa}$

6. 答案（C）

解：据《工程岩体分级标准》(GB 50218—2014)第4.2.2条和第4.1.1条以及《公路隧道设计规范》(JTG D70—2004)第8.4.2条计算。

$$K_v = (v_{pm}/v_{pt})^2 = (2.8/4.2)^2 = 0.4444$$

已知 $R_c = 35 \text{MPa}$，$90K_v + 30 = 90\times 0.4444 + 30 = 70 > R_c = 35 \text{MPa}$，取 $R_c = 35 \text{MPa}$

$0.04R_c + 0.4 = 0.04\times 35 + 0.4 = 1.8 > K_v = 0.4444$，取 $K_v = 0.4444$

则 $BQ = 100 + 3R + 250K_v = 100 + 3\times 35 + 250\times 0.4444 = 316.1$，查《工程岩体分级方法标准》(GB 50218—2014)表4.1.1可知：岩体基本质量分级为Ⅳ级。

由《公路隧道设计规范》(JTG D70—2004)第8.4.2条表8.4.2-1可知：拱部和边墙喷射混凝土厚度范围为12～15cm。

7. 答案（D）

解：据《水利水电工程地质勘察规范》(GB 50487—2008)附录N计算。

$R_b = 30\text{MPa}$，评分 $A = 10$，为软质岩

$K_v = \left(\dfrac{2800}{3500}\right)^2 = 0.64$，查表插值可得 $B = 16.25$

结构面评分 $C = 25$，地下水评分 $D = -2$，结构面产状评分 $E = -5$

总评分：$A+B+C+D+E = 10+16.25+25-2-5 = 44.25$

围岩强度应力比：$S = \dfrac{R_b \cdot K_v}{\sigma_m} = \dfrac{30\times 0.64}{9} = 2.13 > 2$，查表围岩类别为Ⅳ类。

8. 答案（A）

解：据《铁路隧道设计规范》(TB 10003—2005)计算。

(1) 将仰坡线延伸至墙背，由正弦定理求解 h_0：

$$\dfrac{a}{\sin(90°-\alpha-\varepsilon)} = \dfrac{l_0}{\sin\varepsilon}$$

即：$\dfrac{2.0}{\sin(90°-10°-34°)} = \dfrac{l_0}{\sin 34°}$

解得：$l_0 = 1.55\text{m}$

$h_0 = l_0 \cos\alpha = 1.55 \times \cos 10° = 1.53\text{m}$

$H = 8.5 - 1.53 = 6.97\text{m}$

(2) $\lambda = \dfrac{(\tan\omega - \tan\alpha)(1-\tan\alpha\tan\varepsilon)}{\tan(\omega+\varphi_c)(1-\tan\omega\tan\varepsilon)} = \dfrac{(\tan 38°-\tan 10°)(1-\tan 10°\tan 34°)}{\tan(38°+40°)(1-\tan 38°\tan 34°)} = 0.240$

$h' = \dfrac{a}{\tan\omega - \tan\alpha} = \dfrac{2.0}{\tan 38° - \tan 10°} = 3.31\text{m}$

(3) $E = \dfrac{1}{2}\gamma\lambda[H^2 + h_0(h'-h_0)]b\cdot\xi$

$= \dfrac{1}{2}\times 22\times 0.240\times [6.97^2 + 1.53\times(3.31-1.53)]\times 1.0\times 0.6 = 81.30\text{kN}$

9. 答案(C)

解:据《公路隧道设计规范》(JGJ D70—2004)第 3.6.3 条计算。

$BQ = 100 + 3R_c + 250K_v = 90 + 3 \times 35 + 250 \times 0.735 = 388.75$

$K_v = \left(\dfrac{2400}{3500}\right)^2 = 0.47$

$R_c \leqslant 90K_v + 30 = 72.3$,取 $R_c = 30$;

$K_v \leqslant 0.004R_c + 0.4 = 1.6$,取 $K_v = 0.47$

$BQ = 90 + 3R_c + 250K_v = 90 + 3 \times 30 + 250 \times 0.47 = 297.5$

围岩级别为 Ⅳ 级,查表 8.4.2-1,选(C)。

10. 答案(D)

解:据《铁路隧道计规范》(TB 10003—2016)附录 E 计算。

单线,$10 < t = 16 \times \cos\alpha = 14.86\text{m}$,按非偏压浅埋隧道设计。

$$\tan\beta = \tan\varphi_c + \sqrt{\dfrac{(\tan^2\varphi_c + 1)\tan\varphi_c}{\tan\varphi_c - \tan\theta}} = \tan45° + \sqrt{\dfrac{(\tan^2 45° + 1)\tan45°}{\tan45° - \tan30°}}$$

$$= 3.174$$

$$\lambda = \dfrac{\tan\beta - \tan\varphi_c}{\tan\beta[1 + \tan\beta(\tan\varphi_c - \tan\theta) + \tan\varphi_c \cdot \tan\theta]}$$

$$= \dfrac{3.174 - \tan45°}{3.174 \times [1 + 3.174 \times (\tan45° - \tan30°) + \tan45° \cdot \tan30°]} = 0.235$$

$$q = \gamma h\left(1 - \dfrac{\lambda h \tan\theta}{B}\right) = 20 \times 16 \times \left(1 - \dfrac{0.235 \times 16 \times \tan30°}{7}\right) = 220\text{kPa}$$

11. 答案(C)

解:据《工程岩体分级标准》(GB/T 50218—2014)第 4.2 条计算。

$K_v = \left(\dfrac{3000}{3500}\right)^2 = 0.735$

$90K_v + 30 = 90 \times 0.735 + 30 = 96.15 > 35$,取 $R_c = 35$

$0.04R_c + 0.4 = 0.04 \times 35 + 0.4 = 1.8 > 0.735$,取 $K_v = 0.735$

$Q = 20\text{L/min} \cdot 10\text{m}$,查表知 $K_1 = 0.1, K_2 = 0.2, R_c/\sigma_{max} = 35/5 = 7$,查表知 $K_3 = 0.5$

$[BQ] = BQ - 100(K_1 + K_2 + K_3) = 388.75 - 100 \times (0.1 + 0.2 + 0.5) = 308.76$

若 K_1, K_2 取小值,BQ 为 318。

查表知为 Ⅳ 级岩体。

第八篇 特殊条件下的岩土工程

历年真题

第一讲 湿陷性黄土

1. (02C04)在某一黄土塬(因土质地区而异的修正系数 β_0 取 0.5)上进行场地初步勘察，从一探井中取样进行黄土湿陷性试验，成果如下表所示：

题1表

取样深度/m	自重湿陷系数/δ_{zs}	湿陷系数/δ_s
1.00	0.032	0.044
2.00	0.027	0.036
3.00	0.022	0.038
4.00	0.020	0.030
5.00	0.001	0.012
6.00	0.005	0.022
7.00	0.004	0.020
8.00	0.001	0.006

计算得出该探井处的总湿陷量 Δ_s(不考虑地质分层)最接近下列( )数值。

(A)$\Delta_s=18.9$cm　　(B)$\Delta_s=31.8$cm　　(C)$\Delta_s=21.9$cm　　(D)$\Delta_s=20.9$cm

2. (03C29)陇东陕北地区的一自重湿陷性黄土场地上一口代表性探井土样的湿陷性试验数据见下图，对拟建于此的乙类建筑来说，应消除土层的部分湿陷量，并应控制剩余湿陷量不大于 200mm，因此从基底算起的下列地基处理厚度中( )能满足上述要求。

(A)6m　　　　(B)7m　　　　(C)8m　　　　(D)9m

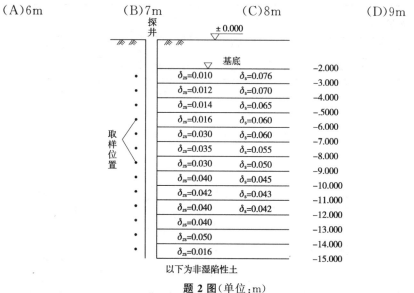

题2图(单位:m)

3.（03D03）某黄土试样室内双线法压缩试验的成果数据如下表所示，试用插入法求算此黄土的湿陷起始压力 p_{sh} 与（　　）最为接近。

题 3 表

压力 p/kPa	0	50	100	150	200	300
天然湿度下试样高度 h_p/mm	20.00	19.81	19.55	19.28	19.01	18.75
浸水状态下试样高度 h'_p/mm	20.00	19.61	19.28	18.95	18.64	18.34

(A)37.5kPa　　　(B)85.7kPa　　　(C)125kPa　　　(D)200kPa

4.（03D30）在一自重湿陷性黄土场地上，采用人工挖孔端承型桩基础。考虑到黄土浸水后产生自重湿陷，对桩身会产生负摩阻力，已知桩顶位于地下 3.0m，计算中性点位于桩顶下 3.0m，黄土的天然重度为 15.5kN/m³，含水率 12.5%，孔隙比 1.06，在没有实测资料时，按现行《建筑桩基技术规范》(JGJ 94—2008)估算得出的黄土对桩的负摩阻力标准最接近（　　）。

(A)13.95kPa　　　(B)16.33kPa　　　(C)17.03kPa　　　(D)17.43kPa

5.（03D31）某地湿陷性黄土地基采用强夯法处理，拟采用圆底夯锤，质量 10t，落距 10m。已知梅纳公式的修正系数为 0.5，估算此强夯处理加固深度最接近（　　）项。

(A)3.0m　　　(B)3.5m　　　(C)4.0m　　　(D)5.0m

6.（05C26）对取自同一土样的五个环刀试样按单线法分别加压，待压缩稳定后浸水，由此测得相应的湿陷系数 δ_s 见下表，则按《湿陷性黄土地区建筑规范》(GB 50025—2004)求得的湿陷起始压力最接近（　　）。

题 6 表

试验压力/kPa	50	100	150	200	250
湿陷系数 δ_s	0.003	0.009	0.019	0.035	0.060

(A)120kPa　　　(B)130kPa　　　(C)140kPa　　　(D)155kPa

7.（05D02）某黄土试样进行室内双线法压缩试验，一个试样在天然湿度下压缩到 200kPa 压力稳定后浸水饱和，另一试样在浸水饱和状态下加荷至 200kPa，试验成果数据见下表，按此数据求得的黄土湿陷起始压力 p_{sh} 最接近（　　）。

题 7 表

压力 p/kPa	0	50	100	150	200	200（浸水饱和）
天然湿度下试样高度 h_p/mm	20	19.81	19.55	19.28	19.01	18.64
浸水饱和状态下试样高度 h'_p/mm	20	19.60	19.28	18.95	18.64	18.64

(A)75kPa　　　(B)100kPa　　　(C)125kPa　　　(D)175kPa

8.（05D25）在陕北地区一自重湿陷性黄土场地上拟建一乙类建筑，基础埋置深度为 1.5m，建筑物下一代表性探井中土样的湿陷性成果见下表，其湿陷量 Δ_s 最接近（　　）。

题 8 表

取样深度/m	自重湿陷系数 δ_{zs}	湿陷系数 δ_s
1	0.012	0.075
2	0.010	0.076
3	0.012	0.070
4	0.014	0.065
5	0.016	0.060

取样深度/m	自重湿陷系数 δ_{zs}	湿陷系数 δ_s
6	0.030	0.060
7	0.035	0.055
8	0.030	0.050
9	0.040	0.045
10	0.042	0.043
11	0.040	0.042
12	0.040	0.040
13	0.050	0.050
14	0.010	0.010
15	0.008	0.008

(A)656mm　　　(B)787mm　　　(C)732mm　　　(D)840mm

9.(06D03)在湿陷性黄土地区建设场地初勘时,在探井地面下4.0m取样,其试验结果:天然含水率$w(\%)$为14,天然密度$\rho(g/cm^3)$为1.50,相对密度d_s为2.70,孔隙比e_0为1.05,其上覆黄土的物理性质与此土相同,对此土样进行室内自身湿陷系数δ_{zs}测定时,应在( )压力下稳定后浸水(浸水饱和度取为85%)。

(A)70kPa　　　(B)75kPa　　　(C)80kPa　　　(D)85kPa

10.(06D27)关中地区某自重湿陷性黄土场地的探井资料如下图所示,从地面下1.0m开始取样,取样间距均为1.0m,假设地面标高与建筑物±0.000标高相同,基础埋深为2.5m,当基底下地基处理厚度为5.0m时,下部未处理湿陷性黄土层的剩余湿陷量最接近( )。

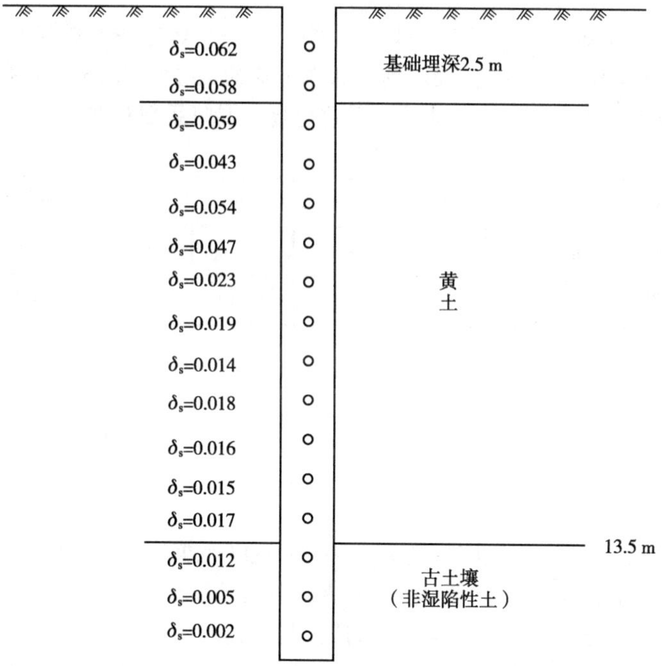

题10图

(A)83mm (B)118mm (C)122mm (D)152mm

11.(07C24)在关中地区某空旷地带,拟建一多层住宅楼,基础埋深为现地面下 1.50m。勘察后某代表性探井的试验数据如下表所示。经计算黄土地基的湿陷量 Δ_s 为 369.5mm,为消除地基湿陷性,( )的地基处理方案最合理。

题11表

土样编号	取样深度/m	饱和度/%	自重湿陷系数	湿陷系数	湿陷起始压力/kPa
3-1	1.0	42	0.007	0.068	54
3-2	2.0	71	0.011	0.064	62
3-3	3.0	68	0.012	0.049	70
3-4	4.0	70	0.014	0.037	77
3-5	5.0	69	0.013	0.048	101
3-6	6.0	67	0.015	0.025	104
3-7	7.0	74	0.017	0.018	112
3-8	8.0	80	0.013	0.014	—
3-9	9.0	81	0.010	0.017	183
3-10	10.0	95	0.002	0.005	—

(A)强夯法,地基处理厚度为 2.0m
(B)强夯法,地基处理厚度为 3.0m
(C)土或灰土垫层法,地基处理厚度为 2.0m
(D)土或灰土垫层法,地基处理厚度为 3.0m

12.(08C01)某黄土试样进行室内双线法压缩试验,一个试样在天然湿度下压缩至200kPa,压力稳定后浸水饱和,另一个试样在浸水饱和状态下加荷至200kPa,试验数据如下表。若该土样上覆土的饱和自重压力为150kPa,其湿陷系数与自重湿陷系数最接近( )。

题12表

压力 p/kPa	0	50	100	150	200	200(浸水饱和)
天然湿度下试样高度 h_p/mm	20.00	19.19	19.50	19.21	18.92	18.50
浸水饱和状态下试样高度 h_p'/mm	20.00	19.55	19.19	18.83	18.50	

(A)0.015,0.015 (B)0.019,0.017
(C)0.021,0.019 (D)0.075,0.058

13.(08C25)某场地基础底面以下分布的湿陷性砂厚度为 7.5m,按厚度平均分 3 层采用 0.50m² 的承压板进行了浸水载荷试验,其附加湿陷量分别为 6.4cm、8.8cm 和 5.4cm。该地基的湿陷等级为( )。
(A)Ⅰ(较微) (B)Ⅱ(中等) (C)Ⅲ(严重) (D)Ⅳ(很严重)

14.(09C24)陇西地区某湿陷性黄土场地的地层情况为:0~12.5m 为湿陷性黄土,12.5m 以下为非湿陷性土,探井资料见下表,假设场地地层水平、均匀,地面标高为±0.000,根据《湿陷性黄土地区建筑规范》(GB 50025—2004)的规定,湿陷性黄土地基的湿陷等级为( )。

题14表

取样深度/m	δ_s	δ_{zs}
1	0.076	0.011
2	0.070	0.013
3	0.065	0.016
4	0.055	0.017
5	0.050	0.018
6	0.045	0.019
7	0.043	0.020
8	0.037	0.022
9	0.011	0.010
10	0.036	0.025
11	0.018	0.027
12	0.014	0.016
13	0.006	0.010
14	0.002	0.005

(A)Ⅰ类　　　(B)Ⅱ类　　　(C)Ⅲ类　　　(D)Ⅳ类

15.(09D04)某湿陷性黄土试样取样深度8.0m,此深度以上的天然含水率19.8%,天然密度为1.57g/cm³,土样相对密度2.70,在测定土样的自重湿陷系数时施加的最大压力最接近(　　)。

(A)105kPa　　　(B)126kPa　　　(C)140kPa　　　(D)216kPa

16.(10D24)某单层湿陷性黄土场地,黄土的厚度为10m,该层黄土的自重湿陷量计算值 $\Delta_{zs}=300$mm。在该场地上拟建建筑物,拟采用钻孔灌注桩基础,桩长45m,桩径1000mm,桩端土的承载力特征值为1200kPa,黄土以下的桩周土的摩擦力特征值为25kPa,根据《湿陷性黄土地区建筑规范》(GB 50025—2004),估算该单桩竖向承载力特征值最接近(　　)。

(A)4474.5kN　　　(B)3689.5kN　　　(C)3061.5kN　　　(D)3218.5kN

17.(10D27)某非自重湿陷性黄土试样,含水率 $w=15.6\%$,土粒相对密度(比重)$d_s=2.7$,质量密度 $\rho=1.60$g/cm³,液限 $w_L=30.0\%$,塑限 $w_p=17.9\%$,桩基设计时需要根据饱和状态下的液性指数查取设计参数,该试样饱和度达85%时的液性指数最接近(　　)。

(A)0.85　　　(B)0.92　　　(C)0.99　　　(D)1.06

18.(11C27)某黄土试样的室内双线法试验数据如下表所示。其中一个试样保持在天然湿度下分级加荷至200kPa,下沉稳定后浸水饱和;另一个试样在浸水饱和状态下分级加荷至200kPa。按此表计算黄土湿陷起始压力最接近(　　)。

题18表

压力 p/kPa	0	50	100	150	200	200(浸水饱和)
天然湿度下试样高度 h_p/mm	20.00	19.79	19.53	19.25	19.00	18.60
浸水饱和状态下试样高度 h'_p/mm	20.00	19.58	19.26	18.92	18.60	—

(A)75kPa　　　(B)100kPa　　　(C)125kPa　　　(D)150kPa

19.(13C27)有四个黄土场地,经试验其上部土层的工程特性指标代表值分别见下表:

题 19 表

土性指标	e	α_{50-150}/MPa^{-1}	γ/(kN/m³)	w/%
场地一	1.120	0.62	14.3	17.6
场地二	1.090	0.62	14.3	12.0
场地三	1.051	0.51	15.2	15.5
场地三	1.120	0.51	15.2	17.6

根据《湿陷性黄土地区建筑规范》(GB 50025—2004)判定,下列(　　)黄土场地分布有新近堆积黄土。

(A)场地一　　　(B)场地二　　　(C)场地三　　　(D)场地四

20.(16D26)关中地区某黄土场地内6层砖混住宅楼室内地坪标高为0.00m,基础埋深为-2m,勘察时某探井土样室内试验结果如下表,探井井口标高为-0.5m,按照《湿陷性黄土地区建筑规范》(GB 50025—2004),对该建筑物进行地基处理时最小处理厚度为(　　)。

题 20 表

编号	取样深度/m	e	γ/(kN/m³)	δ_s	δ_{zs}	p_{sh}/kPa
1	1.0	0.941	16.2	0.018	0.002	65
2	2.0	1.032	15.4	0.068	0.003	47
3	3.0	1.006	15.2	0.042	0.002	73
4	4.0	0.952	15.9	0.014	0.005	85
5	5.0	0.969	15.7	0.062	0.020	90
6	6.0	0.954	16.1	0.026	0.013	110
7	7.0	0.864	17.1	0.017	0.014	138
8	8.0	0.914	16.9	0.012	0.007	150
9	9.0	0.939	16.8	0.019	0.018	165
10	10.0	0.853	17.1	0.029	0.015	182
11	11.0	0.860	17.1	0.016	0.005	198
12	12.0	0.817	17.7	0.014	0.014	—

12m以下为非湿陷性黄土

(A)2.0m　　　(B)3.0m　　　(C)4.0m　　　(D)5.0m

21.(17C24)某湿陷性砂土上的厂房采用独立柱基础,基础尺寸为2m×1.5m,埋深2.0m。在地表采用面积为0.25m²的方形承压板进行浸水载荷试验,试验结果见下表,按照《岩土工程勘察规范》(GB 50021—2001)(2009年版),该地基的湿陷等级为下列哪个选项?(　　)

题 21 表

试验代表深度/m	岩土类型	附加湿陷量/cm
0~2	砂土	8.5
2~4	砂土	7.8
4~6	砂土	5.2
6~8	砂土	1.2
8~10	砂土	0.9
>10	基岩	—

(A)Ⅰ级　　　(B)Ⅱ级　　　(C)Ⅲ级　　　(D)Ⅳ级

第二讲 膨 胀 土

1.（03D28）利用下表中所给的数据，按《膨胀土地区建筑规范》(GB 50112—2013)规定，计算膨胀土地基的分级变形量(s_c)，其结果应最接近(　　)。

题1表

层序	层厚 h_i/m	层底深度/m	第 i 层的含水量变化 Δw_i	第 i 层的收缩系数 λ_{si}	第 i 层在 50kPa 下的膨胀率 δ_{epi}
1	0.64	1.60	0.0273	0.28	0.0084
2	0.86	2.50	0.0211	0.48	0.0223
3	1.00	3.50	0.014	0.35	0.0249

(A)24mm　　　(B)36mm　　　(C)48mm　　　(D)60mm

2.（04C31）某组原状样室内压力 p 与膨胀率 δ_{ep}(%)的关系如下表所示，按《膨胀土地区建筑技术规范》(GB 50112—2013)计算，膨胀力 p_c 最接近(　　)(可用作图或插入法近似求得)。

题2表

试 验 次 序	膨胀率 δ_{ep}	垂 直 压 力 p/kPa
1	8%	0
2	4.7%	25
3	1.4%	75
4	−0.6%	125

(A)90kPa　　　(B)98kPa　　　(C)110kPa　　　(D)120kPa

3.（05C28）某单层建筑位于平坦场地上，基础埋深 $d=1.0$m，按该场地的大气影响深度取胀缩变形的计算深度 $z_n=3.6$m，计算所需的数据列于下表，试问按《膨胀土地区建筑技术规范》(GB 50112—2013)计算所得的胀缩变形量最接近(　　)。

题3表

层号	分层深度 z_j/m	分层厚度 h_i/mm	膨胀率 δ_{epi}	第3层可能发生的含水量变化均值 Δw_i	收缩系数 λ_{si}
1	1.64	640	0.00075	0.0273	0.28
2	2.28	640	0.0245	0.0223	0.48
3	2.92	640	0.0195	0.0177	0.40
4	3.60	680	0.0215	0.0128	0.37

(A)20mm　　　(B)26mm　　　(C)44mm　　　(D)63mm

4.（06D28）某膨胀土场地有关资料见下表，若大气影响深度为 4.0m，拟建建筑物为两层，基础埋深为 1.2m，按《膨胀土地区建筑技术规范》(GB 50112—2013)的规定，计算膨胀土地基变形量最接近(　　)。

题 4 表

分层号	层底深度 z_i/m	天然含水率 w/%	塑限含水率 w_p/%	含水率变化值 Δw_i/%	膨胀率 δ_{epi}	收缩系数 λ_{si}
1	1.8	23	18	0.029 8	0.000 6	0.50
2	2.5			0.025 0	0.026 5	0.46
3	3.2			0.018 5	0.020 0	0.40
4	4.0			0.012 5	0.018 0	0.30

(A)17mm　　　(B)20mm　　　(C)28mm　　　(D)51mm

5.(07D25)某拟建砖混结构房屋,位于平坦场地上,为膨胀土地基,根据该地区气象观测资料算得:当地膨胀土湿度系数 $\psi_w=0.9$。当基础埋深需大于大气影响急剧层深度时,一般基础埋深至少应达到(　　)。

(A)0.50m　　　(B)1.15m　　　(C)1.35m　　　(D)3.00m

6.(08D25)某不扰动膨胀土试样在室内试验后得到含水率 w 与竖向线缩率 δ_s 的一组数据见下表,按《膨胀土地区建筑技术规范》(GB 50112—2013)该试样的收缩系数 λ_s 最接近(　　)。

题 6 表

试验次序	含水率 w/%	竖向线缩率 δ_s/%
1	7.2	6.4
2	12.0	5.8
3	16.1	5.0
4	18.6	4.0
5	22.1	2.6
6	25.1	1.4

(A)0.05　　　(B)0.13　　　(C)0.20　　　(D)0.40

7.(10D26)某膨胀土地区的多年平均蒸发力和降水量值见下表:

题 7 表

项目	月份											
	1月	2月	3月	4月	5月	6月	7月	8月	9月	10月	11月	12月
蒸发力/mm	14.2	20.6	43.6	60.3	94.1	114.8	121.5	118.1	57.4	39.0	17.6	11.9
降水量/mm	7.5	10.7	32.2	68.1	86.6	110.2	158.0	141.7	146.9	80.3	38.0	9.3

请根据《膨胀土地区建筑技术规范》(GB 50112—2013),确定该地区大气影响急剧层深度最接近(　　)。

(A)4.0m　　　(B)3.0m　　　(C)1.8m　　　(D)1.4m

8.(11D26)某单层住宅楼位于一平坦场地,基础埋置深度 $d=1.0$m,各土层厚度及膨胀率、收缩系数列于下表。已知地表下1m处土的天然含水率和塑限含水率分别为 $w_1=22\%$,$w_p=17\%$。按此场地的大气影响深度取胀缩变形计算深度 $z_n=3.6$m。试问根据《膨胀土地区建筑技术规范》(GB 50112—2013)计算,地基土的胀缩变形量最接近(　　)。

题8表

层号	分层深度 z_i/m	分层厚度 h_i/mm	各分层生的含水率变化均值 Δw_i	膨胀率 δ_{epi}	收缩系数 λ_{si}
1	1.64	640	0.0285	0.0015	0.28
2	2.28	640	0.0272	0.0240	0.48
3	2.92	640	0.0179	0.0250	0.31
4	3.60	680	0.0128	0.0260	0.37

(A)16mm　　(B)30mm　　(C)49mm　　(D)60mm

9.(13D26)膨胀土地基上的独立基础尺寸 2m×2m,埋深为 2m,柱上荷载为 300kN,在地面以下 4m 内为膨胀土,4m 以下为非膨胀土,膨胀土的重度 $\gamma=18$kN/m³,室内试验求得的膨胀率 δ_{ep}(%)与压力 p(kPa)的关系如下表所示,建筑物建成后其基底中心点下,土在平均自重压力与平均附加压力之和作用下的膨胀率 δ_{ep} 最接近(　　)。

(注:基础的重度 20kN/m³ 考虑。)

题9表

膨胀率 δ_{ep}/%	垂直压力 p/kPa	膨胀率 δ_{ep}/%	垂直压力 p/kPa
10	5	4.0	90
6.0	60	2.0	120

(A)5.3%　　(B)5.2%　　(C)3.4%　　(D)2.9%

10.(14D27)某三层建筑物位于膨胀土场地,基础为浅基础,埋深为 1.2m,基础尺寸为 2.0m×2.0m,湿度系数 $\psi_w=0.6$,地表下 1m 处的天然含水率 $w=26.4\%$,$w_p=20.5\%$,各深度处膨胀土的工程特性指标如下表所示,该地基的分级变量最接近(　　)。

题10表

土层深度	土性	重度 γ/(kN/m)	膨胀率/%	收缩系数
0~2.5m	膨胀土	18	1.5	0.12
2.5~3.5m	膨胀土	17.8	1.3	0.11
3.5m 以下	泥灰岩	—	—	—

(A)30mm　　(B)34mm　　(C)38mm　　(D)80mm

11.(16C26)某高速公路通过一膨胀土地段,该路段膨胀土的自由膨胀率试验成果如下表(假设可仅按自由膨胀率对膨胀土进行分级)。按设计方案,开挖后将形成高度约 8m 的永久路堑膨胀土边坡,拟采用坡率法处理。则按《公路路基设计规范》(JTG D30—2015),下列坡率是合理的选项是(　　)。

题11表

试样编号	干土质量/g	量筒编号	不同时间(h)体积读数/mL					
			2	4	6	8	10	12
SY1	9.83	1	18.2	18.6	19.0	19.2	19.3	19.3
	9.87	2	18.4	18.8	19.1	19.3	19.4	19.4

注:量筒体积为 50mL,量土杯容积为 10mL。

(A)1∶1.50　　　　(B)1∶1.75　　　　(C)1∶2.25　　　　(D)1∶2.75

12.(16D25)某膨胀土场地拟建3层住宅,基础埋深为1.8m,地表下1.0m处地基土的天然含水率为28.9%,塑限含水率为22.4%,土层的收缩系数为0.2,土的湿度系数为0.7,地表下15m深度处为基岩层,无热源影响。则地基变形量最接近(　　)。

(A)10mm　　　　(B)15mm　　　　(C)20mm　　　　(D)25mm

13.(17D26)某膨胀土地基上建一栋三层房屋,采用桩基础,桩顶位于大气影响急剧层内,桩径为500mm,桩端阻力特征值为500kPa,桩侧阻力特征值为35kPa,抗拔系数为0.70,桩顶竖向力为150kN,经试验测得大气影响急剧层内桩侧土的最大胀拔力标准值为195kN。按胀缩变形计算时,桩端进入大气影响急剧层深度以下的长度应不小于下列哪个选项?(　　)

(A)0.94m　　　　(B)1.17m　　　　(C)1.50m　　　　(D)2.00m

第三讲　盐　渍　土

1.(05C05)在一盐渍土地段,地表1.0m深度内分层取样,化验含盐成分见下表,按《岩土工程勘察规范》(GB 50021—2001)计算该深度范围内取样厚度加权平均盐分比值 $D_1 = \{c(Cl^-)/[2c(SO_4^{2-})]\}$,并判定该盐渍土应属于(　　)。

题1表

取样深度/m	盐分物质的量浓度 $m/(mol/100g)$	
	$c(Cl^-)$	$c(SO_4^{2-})$
0~0.05	78.43	111.32
0.05~0.25	35.81	81.15
0.25~0.5	6.58	13.92
0.5~0.75	5.97	13.80
0.75~1.0	5.31	11.89

(A)氯盐渍土　　　　　　　　(B)亚氯盐渍土
(C)亚硫酸盐渍土　　　　　　(D)硫酸盐渍土

2.(12D25)某滨海盐渍土地区修建一级公路,料场土料为细粒氯盐渍土或亚氯盐渍土,对料场深度2.5m以内采取土样进行含盐量测定,结果见下表。根据《公路工程地质勘察规范》(JTG C20—2011),判断料场盐渍土作为路基填料的可用性为(　　)。

题2表

取样深度/m	0~0.05	0.05~0.25	0.25~0.5	0.5~0.75	0.75~1.0	1.0~1.5	1.5~2.0	2.0~2.5
含盐量/%	6.2	4.1	3.1	2.7	2.1	1.7	0.8	1.1

(A)0~0.80m 可用　　　　　　(B)0.80~1.50m 可用
(C)1.50m 以下可用　　　　　(D)不可用

3.(17D24)某厂房场地初勘揭露覆盖土层厚度13m的黏性土,测试得出所含易溶盐为石盐(NaCl)和无水芒硝(Na_2SO_4),测试结果见下表。当厂房基础埋深按1.5m考虑时,试判定盐渍土类型和溶陷等级为下列哪个选项?(　　)

8—10

题3表

取样深度/m	盐分物质的量浓度/(mmol/100g)		溶陷系数 $\delta_{rx}/\%$	含盐量/%
	$c(Cl^-)$	$c(SO_4^{2-})$		
0～1	35	80	0.040	13.408
1～2	30	65	0.035	10.985
2～3	15	45	0.030	7.268
3～4	5	20	0.025	3.133
4～5	3	5	0.020	0.886
5～7	1	2	0.015	0.343
7～9	0.5	1.5	0.008	0.242
9～11	0.5	1	0.006	0.171
11～13	0.5	1	0.005	0.171

(A)强盐渍土、Ⅰ级弱溶陷　　　　(B)强盐渍土、Ⅱ级中溶陷
(C)超盐渍土、Ⅰ级弱溶陷　　　　(D)超盐渍土、Ⅱ级中溶陷

第四讲　冻土等其他特殊土

1.(03C21)某处厚达 25m 的淤泥质黏土地基之上覆盖有厚度 $h=2m$ 的强度较高的亚黏土层，现拟在该地基之上填筑路堤。已知路堤填料压实后的重度 γ 为 $18.6 kN/m^3$，淤泥质黏土的不排水剪强度 c_u 为 8.5kPa，请用一般常规方法估算的该路堤极限高度最接近(　　)。

(注:取系数公式 $N_s=\gamma h/c_u$ 中的稳定系数 $N_s=5.52$，并设上覆 $h=2m$ 厚的亚黏土层的作用等效于可将路堤高度增加 $0.5h_0$)

(A)1.5m　　　　(B)2.5m　　　　(C)3.5m　　　　(D)4.5m

2.(03D29)铁路路基通过多年冻土区，地基土为粉质黏土，相对密度(比重)为 2.7，质量密度 ρ 为 $20g/cm^3$，冻土总含水率 ω_0 为 40%，冻土起始融沉含水率 w 为 21%，塑限含水率 w_p 为 20%，按《铁路工程特殊岩土勘察规程》(TB 10038—2012)，该段多年冻土融沉系数 δ_0 及融沉等级应符合(　　)。

(A)11.4(Ⅳ)　　(B)13.5(Ⅳ)　　(C)14.3(Ⅳ)　　(D)29.3(Ⅴ)

3.(04C30)某路堤的地基土为薄层均匀冻土层，稳定融土层深度为 3.0m，融沉系数为 10%，融沉后体积压缩系数为 $0.3 kPa^{-1}$，即 $E_s=3.33MPa$，基底平均总压力为 180kPa，该层的融沉及压缩总量接近下列(　　)。

(A)16cm　　　　(B)30cm　　　　(C)46cm　　　　(D)192cm

4.(04D30)某地段软黏土厚度超过 15m，软黏土重度 $\gamma=16 kN/m^3$，内摩擦角 $\varphi=0$，内聚力 $c_u=12kPa$，假设土堤及地基土为同一均质软土，若采用泰勒稳定数图解法确定土堤临界高度近似解公式[见《铁路工程特殊岩土勘察规程》(TB 10038—2012)]，建筑在该软土地基上且加荷速率较快的铁路路堤临界高度 H_c 最接近下列(　　)。

(A)3.5m　　　　(B)4.1m　　　　(C)4.8m　　　　(D)5.6m

5.(06D04)在均质厚层软土地基上修筑铁路路堤，当软土的不排水抗剪强度 $c_u=8kPa$，路堤填料压实后的重度为 $18.5 kN/m^3$ 时，如不考虑列车荷载影响和地基处理，路堤可能填筑的临界高度接近(　　)。

(A)1.4m (B)2.4m (C)3.4m (D)4.4m

6.(09C25)某季节性冻土地基实测冻土厚度为2.0m,冻前原地面标高为186.128m,冻后实测地面标高186.288m,该土层冻胀率接近(   )。
(A)7.1% (B)8.0% (C)8.7% (D)8.5%

7.(11D25)某季节性冻土地基冻土层冻后的实测厚度为2.0m,冻前原地面标高为195.426m,冻后实测地面标高为195.586m,按《铁路工程特殊岩土勘察规程》(TB 10038—2012)确定,该土层平均冻胀率最接近(   )。
(A)7.1% (B)8.0% (C)8.7% (D)9.2%

8.(13D24)某季节性冻土层为黏性土,测得地表冻胀前标高为160.670m,土层冻前天然含水率为30%,塑限为22%,液限为45%,其粒径小于0.005mm的颗粒含量小于60%。当最大冻深出现时,场地最大冻土层厚度为2.8m,地下水位埋深为3.5m,地面标高为160.850m。按《建筑地基基础设计规范》(GB 50007—2011),该土层的冻胀类别为(   )。
(A)弱冻胀 (B)冻胀 (C)强冻胀 (D)特强冻胀

9.(13D25)某红黏土的天然含水率为51%,塑限为35%,液限为55%,该红黏土的状态及复浸水特性类别为(   )。
(A)软塑,Ⅰ类 (B)可塑,Ⅰ类
(C)软塑,Ⅱ类 (D)可塑,Ⅱ类

10.(14C26)某民用建筑场地为花岗岩残积土场地,场地勘察资料表明,土的天然含水率为18%,其中细粒土(粒径小于0.5mm)的质量百分含量为70%,细粒土的液限为30%,塑限为18%,该花岗岩残积土的液性指数最接近(   )。
(A)0 (B)0.23 (C)0.47 (D)0.64

11.(14D25)某铁路需通过饱和软黏土地段,软黏土厚度为14.5m,路基土重度$\gamma=17.5 \text{kN/m}^3$,不固结不排水抗剪强度$\varphi=0°$,$c_u=13.6\text{kPa}$,若土堤和地基土为同一均质软黏土,填筑时采用Taylor稳定数图解法估算土堤临界高度最接近(   )。
(A)3.6m (B)4.3m (C)4.6m (D)5.5m

12.(16D24)某多年冻土层为黏性土,冻结土层厚度为2.5m,地下水埋深3.2m,地表标高为194.75m,已测得地表冻胀前标高为194.65m,土层冻前天然含水率$w=27\%$,塑限$w_p=23\%$,液限$w_L=46\%$。根据《铁路工程特殊岩土工程勘察规程》(TB 10038—2012),该土层的冻胀类别为(   )。
(A)不冻胀 (B)弱冻胀 (C)冻胀 (D)强冻胀

13.(17C25)某季节性冻土层为黏性土,冻前地面标高为250.235m,$w_p=21\%$,$w_L=45\%$;冬季冻结后地面标高为250.396m,冻土层底处标高为248.181m。根据《建筑地基基础设计规范》(GB 50007—2011),该季节性冻土层的冻胀等级和类别为下列哪个选项?(   )
(A)Ⅱ级、弱胀冻 (B)Ⅲ级、胀冻
(C)Ⅳ级、强胀冻 (D)Ⅴ级、特强胀冻

14.(17D25)东北某地区多年冻土地基为粉土层,取冻土试样后测得土粒相对密度为2.7,天然密度为1.9g/cm³,冻土总含水率为43.8%;土样融化后测得密度为2.0g/cm³,含水率为25.0%,根据《岩土工程勘察规范》(GB 50021—2001)(2009年版),该多年冻土的类型为下列哪个选项?(   )
(A)少冰冻土 (B)多冰冻土 (C)富冰冻土 (D)饱冰冻土

第五讲　岩溶与土洞

1.(03C30)某段铁路路基位于石灰岩地层形成的地下暗河附近,如下图所示。暗河洞顶埋深8m,顶板基岩为节理裂隙发育的不完整的散体结构,基岩面以上覆盖层厚2m,石灰岩体内摩擦角 φ 为60°,计算安全系数取1.25,据《公路路基设计规范》(JTG D30—2015),用坍塌时扩散角进行估算,路基坡脚距暗河洞边缘的安全距离 L 最接近(　　)。

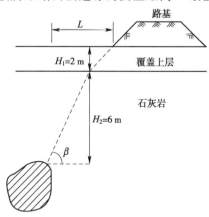

题 1 图

(A)3.6m　　(B)4.6m　　(C)5.5m　　(D)30m

2.(03C31)一铁路隧道通过岩溶化极强的灰岩,由地下水补给的河泉流量 Q' 为50万 m^3/d,相应于 Q' 的地表流域面积 F 为100km^2,隧道通过含水体的地下集水面积 A 为10km^2,年降水量 W 为1800mm,降水入渗系数 α 为0.4。按《铁路工程地质手册》(1999年版),用降水入渗法估算,并用地下径流模数(M)法核对,隧道通过含水体地段的经常涌水量 Q 最接近(　　)。

(A)$2.0×10^4 m^3/d$　(B)$5.0×10^4 m^3/d$　(C)$8.0×10^4 m^3/d$　(D)$9.0×10^4 m^3/d$

3.(07C25)高速公路附近有一覆盖型溶洞如下图所示,为防止溶洞坍塌危及路基,按现行公路规范要求,溶洞边缘距路基坡脚的安全距离应不小于(　　)。

(注:灰岩 φ 取37°,安全系数 K 取1.25。)

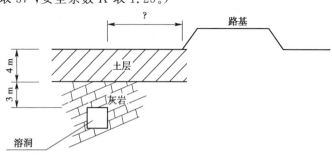

题 3 图

(A)6.5m　　(B)7.0m　　(C)7.5m　　(D)8.0m

4.(09D26)某一薄层且裂隙发育的石灰岩初露的场地,在距地面17m深处有一溶洞,洞室 $H_0=2.0$m,按溶洞顶板坍塌自行填塞法对此溶洞进行估算,地面下不受溶洞坍塌影响的岩层安全厚度最接近(　　)。

(注：石灰岩松散系数取1.2。)

(A)5m　　　　　(B)7m　　　　　(C)10m　　　　　(D)12m

5.(16D27)某场地中有一土洞,洞穴顶埋深12.0m,洞穴高度3m,土层应力扩散角为25°。当拟建建筑物基础埋深为2.0m,若不使建筑物荷载扩散至洞体上,基础外边缘距该洞边的水平距离最小值接近(　　)。

(A)4.7m　　　　(B)5.6m　　　　(C)6.1m　　　　(D)7.0m

第六讲　滑坡与崩塌

1.(03D32)某滑坡拟采用抗滑桩治理,桩布设在紧靠第6条块的下侧,滑面为残积土,底为基岩,根据《建筑地基基础设计规范》(GB 50007—2011),请按下图所示及下列参数计算对桩的滑坡水平推力 F_{6H},其值最接近(　　)。

(注：$F_{6H}=380$kN/m,$G_6=420$kN/m,残积土 $\varphi=18°$,$c=11.3$kPa,安全系数 $\gamma_t=1.15$,$l_6=12$m。)

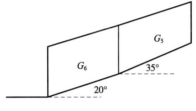

题1图

(A)272.0kN/m　　(B)255.6kN/m　　(C)236.5kN/m　　(D)222.2kN/m

2.(04C32)某滑坡需做支挡设计,根据勘察资料滑坡体分3个条块,如下图表所示,已知 $c=10$kPa,$\varphi=10°$,滑坡推力安全系数取1.15,第三块滑体的下滑推力 F_3 为(　　)。

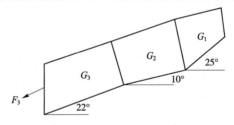

题2图

题2表

条块编号	条块重力 G/(kN/m)	条块滑动面长度 L/m
1	500	11.03
2	900	10.15
3	700	10.79

(A)39.9kN/m　　(B)49.3kN/m　　(C)79.2kN/m　　(D)109.1kN/m

3.(04D31)如下图所示,一均匀黏性土填筑的路堤存在如图圆弧形滑面,滑面半径 $R=12.5$m,滑面长 $L=25$m,滑带土不排水抗剪强度 $c_u=19$kPa,内摩擦角 $\varphi=0$,下滑土体重 $W_1=1300$kN,抗滑土体重 $W_2=315$kN,下滑土体重心至滑动圆弧圆心的距离 $d_1=5.2$m,抗滑土体重心至滑动圆弧圆心的距离 $d_1=2.7$m,则抗滑动稳定系数为(　　)。

8－14

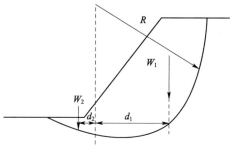

题 3 图

(A)0.9　　　　　(B)1.0　　　　　(C)1.15　　　　　(D)1.25

4.(04D32)根据勘察资料,某滑坡体正好处于极限平衡状态,且可分为2个条块,每个条块重力及滑面长度见下表,滑面倾角如下图所示,现设定各滑面内摩擦角 $\varphi=10°$,稳定系数 $K=1.0$,用反分析法求滑动面黏聚力 c 值最接近(　　)。

题 4 表

条块编号	重力 G/(kN/m)	滑动面长 L/m
1	600	11.55
2	1 000	10.15

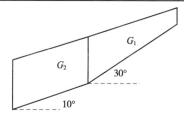

题 4 图

(A)9.0kPa　　　(B)9.6kPa　　　(C)12.3kPa　　　(D)12.9kPa

5.(05C27)某一滑动面为折线型的均质滑坡,其主轴断面及作用力参数如下表所示,问该滑坡的稳定性系数 F_s 最接近(　　)。

题 5 表

滑块编号	下滑力 T_i/(kN/m)	抗滑力 R_i/(kN/m)	传递系数 Ψ_j
①	$3.5×10^4$	$0.9×10^4$	0.756
②	$9.3×10^4$	$8.0×10^4$	0.947
③	$1.0×10^4$	$2.8×10^4$	

(A)0.80　　　　(B)0.85　　　　(C)0.90　　　　(D)0.95

6.(05D26)某一滑动面为折线型的均质滑坡,某主轴断面和作用力参数如下图和下表所示,取滑坡推力计算安全系数 $F_s=1.05$,按《建筑地基基础设计规范》(GB 50007—2011)计算第③块滑体剩余下滑力 F_3 最接近(　　)。

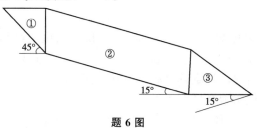

题 6 图

题 6 表

滑块编号	下滑力 T_i/(kN/m)	抗滑力 R_i/(kN/m)	传递系数 ψ_i
①	3.5×10^4	0.9×10^4	0.756
②	9.3×10^4	8.0×10^4	0.947
③	1.0×10^4	2.8×10^4	

(A)3.5×10^4 kN/m   (B)1.80×10^4 kN/m

(C)1.91×10^4 kN/m   (D)2.97×10^4 kN/m

7.(05D27)根据勘察资料,某滑坡体正好处于极限平衡状态,稳定系数为1.0 其两组具有代表性的断面如下图所示,数据如下表所示:

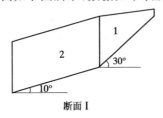
断面Ⅰ

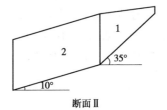
断面Ⅱ

题 7 图

题 7 表

断面号	滑块编号	滑面倾角 β	滑面长度 L/m	滑块重 G/(kN/m)
Ⅰ	1	30°	11.0	696
	2	10°	13.6	950
Ⅱ	1	35°	11.5	645
	2	10°	15.8	1095

试用反分析法求得滑动面的黏聚力 c 和内摩擦角 φ 最接近( )。
(注:计算方法采用下滑力和抗滑力水平分力平衡法。)

(A)$c=8.0$ kPa,$\varphi=14°$ (B)$c=8.0$ kPa,$\varphi=11°$

(C)$c=6.0$ kPa,$\varphi=11°$ (D)$c=6.0$ kPa,$\varphi=14°$

8.(06C19)有一滑体体积为 10000m³,滑体重度为 20kN/m³,滑面倾角为20°,内摩擦角 $\varphi=30°$,黏聚力 $c=0$,水平地震加速度 a 为 0.1g 时,用拟静力法计算稳定系数 F_s 最接近( )。

(A)1.4   (B)1.3   (C)1.2   (D)1.1

9.(07C26)已知预应力锚索的最佳下倾角,对锚固段为 $\beta_1=\varphi-\alpha$,对自由段为 $\beta_2=45°+\dfrac{\varphi}{2}-\alpha$。某滑坡采用预应力锚索治理,其滑动面内摩擦角 $\varphi=18°$,滑动面倾角 $\alpha=27°$,方案设计中锚固段长度为自由段长度1/2,则依据现行铁路规范,求锚索的最佳下倾角 β 计算值为( )。

(A)9°   (B)12   (C)15°   (D)18°

10.(07D27)陡坡上岩体被一组平行坡面、垂直层面的张裂缝切割长方形岩切(见示意图)。岩块的重度 $\gamma=25$kN/m³。则在暴雨水充满裂缝时,靠近坡面的岩块最小稳定系数(包括抗滑动和抗倾覆两种情况的稳定系数取其小值)最接近( )。
(注:不考虑岩块两侧阻力和层面水压力。)

(A)0.75   (B)0.85   (C)0.95   (D)1.05

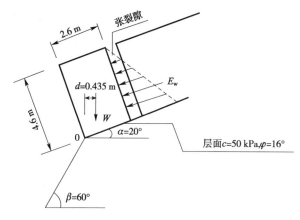

题 10 图

11. (08C26)在某裂隙岩体中,存在一直线滑动面,如下图所示,其倾角为30°。已知岩体重力为1500 kN/m,当后缘垂直裂隙充水高度为8m时,根据《铁路工程不良地质勘察规程》(TB 10027—2012)计算得下滑力的值最接近( )。

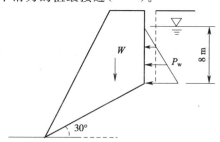

题 11 图

(A)1027kN/m (B)1238kN/m (C)1330kN/m (D)1430kN/m

12. (08D27)有一岩体边坡,要求垂直开挖。已知岩体有一个最不利的结构面为顺坡方向,与水平方向夹角为55°,岩体有可能沿此向下滑动,内摩擦角 $\varphi_m=20°$。现拟采用预应力锚索进行加固,锚索与水平方向的下倾夹角为20°。在距坡底10m高处的锚索的自由段设计长度应考虑不小于( )。

(注:锚索自由段应伸入滑动面以下不小于1.5m,不考虑支挡结构厚度。)

(A)5m (B)7.5m (C)8.5m (D)9m

13. (09C26)某一滑动面为折线的均质滑坡,其计算参数如下表所示:取滑坡推力安全系数为1.05,则滑坡③条块的剩余下滑力是( )。

题 13 表

滑块编号	下滑力/(kN/m)	抗滑力/(kN/m)	传递系数
①	3600	1100	0.76
②	8700	7000	0.90
③	1500	2600	—

(A)2140kN/m (B)2730kN/m (C)3220kN/m (D)3790kN/m

14. (09D27)某饱和软黏土边坡已出现明显的变形迹象,可以认为在 $\varphi_u=0$ 整体圆弧法计算中,其稳定性系数 $K_1=0.1$,假设有关参数如下:下滑部分 W_1 的截面积为30.2m²,力臂 $d_1=3.2$,滑体平均重度为17kN/m³,为确保边坡安全。在坡脚进行了反压,反压体 W_3 的截面积为 9m², 力臂 $d_3=3.0$m, 重度 20kN/m³, 在其他参数不变的情况下, 反压后边坡的稳定系数 K_2 接近( )。

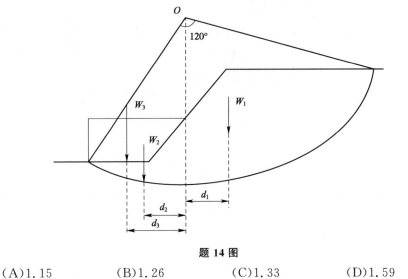

题 14 图

(A)1.15　　　(B)1.26　　　(C)1.33　　　(D)1.59

15.(10C25)一悬崖上突出一矩形截面的完整岩体(见下图), 长 L 为 8m, 厚(高)h 为 6m, 重度 γ 为 22kN/m³, 允许抗拉强度 $[\sigma_t]$ 为 1.5MPa, 试问该岩体拉裂崩塌的稳定系数最接近于( )。

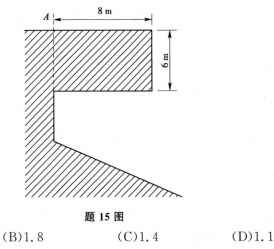

题 15 图

(A)2.2　　　(B)1.8　　　(C)1.4　　　(D)1.1

16.(10C26)一无黏性土均质斜坡, 处于饱和状态, 地下水平行坡面渗流, 土体饱和重度 γ_{sat} 为 20kN/m³, $c=0$, $\varphi=30°$, 假设滑动面为直线形, 试问该斜坡稳定的临界坡角最接近于( )。

(A)14°　　　(B)16°　　　(C)22°　　　(D)30°

17.(10D25)根据勘察资料和变形监测结果, 某滑坡体处于极限平衡状态, 且可分为 2 个条块(如下图所示), 每个滑块的重力、滑动面长度和倾角分别为: $G_1=500$kN/m, $L_1=12$m, $\beta_1=30°$; $G_2=800$kN/m, $L_2=10$m, $\beta_2=10°$。现假设各滑动面的内摩擦角标准值 φ 均为 10°, 滑体稳定系数 $k=1.0$, 如采用传递系数法进行反分析求滑动面的黏聚力标准值 c, 其值最接近( )。

(A)7.4kPa　　　(B)8.6kPa　　　(C)10.5kPa　　　(D)14.5kPa

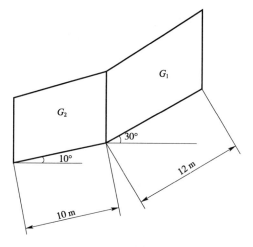

题 17 图

18.(11C24)某推移式均质堆积土滑坡,堆积土的内摩擦角 $\varphi=40°$,该滑坡后缘滑裂面与水平面的夹角最可能是( )。

(A)40°　　　(B)60°　　　(C)65°　　　(D)70°

19.(11C25)斜坡上有一矩形截面的岩体,被一走向平行坡面、垂直层面的张裂隙切割至层面(如下图所示),岩体重度 $\gamma=24.0\ kN/m^3$,层面倾角 $\alpha=20°$,岩体的重心铅垂延长线距 O 点 $d=0.44m$,在暴雨充水至张裂隙顶面时,该岩体倾覆稳定系数 K 最接近( )。

(注:不考虑岩体两侧及底面阻力和扬压力。)

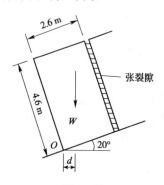

题 19 图

(A)0.75　　　(B)0.83　　　(C)0.93　　　(D)1.20

20.(11C26)如图所示,边坡岩体由砂岩夹薄层页岩组成,边坡岩体可能沿软弱的页岩层面发生滑动。已知页岩层面抗剪强度参数 $c=15kPa$,$\varphi=20°$,砂岩重度 $\gamma=25.0\ kN/m^3$。设计要求抗滑安全系数为 1.35,则每米宽度滑面上至少需增加( )法向压力才能满足设计要求。

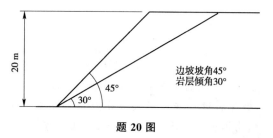

题 20 图

(A)2180kN　　　　(B)1970kN　　　　(C)1880kN　　　　(D)1730kN

21.(12D26)陡崖上悬出截面为矩形的危岩体(见下图),长 $L=7$m,高 $h=5$m,重度 $\gamma=24$kN/m³,抗拉强度 $[\sigma]=0.9$MPa,A 点处有一竖向裂隙。危岩处于沿 ABC 截面的拉裂式破坏极限状态时,A 点处的张拉裂隙深度 a 最接近(　　)。

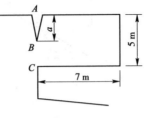

题 21 图

(A)0.3m　　　　(B)0.6m　　　　(C)1.0m　　　　(D)1.5m

22.(13C25)根据勘察资料,某滑坡体可分为 2 个块段(如下图所示),每个块段的重力、滑面长度、滑面倾角及滑面抗剪强度标准值分别为:$G_1=700$kN/m,$L_1=12$m,$\beta_1=30°$,$\varphi_1=12°$,$c_1=10$kPa;$G_2=820$kN/m,$L_2=10$m,$\beta_2=30°$,$\varphi_2=10°$,$c_2=12$kPa。采用传递系数法计算滑坡稳定安全系数最接近(　　)。

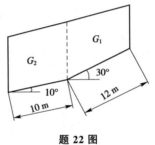

题 22 图

(A)0.94　　　　(B)1.00　　　　(C)1.07　　　　(D)1.15

23.(13C26)岩坡顶部有一高 5m 倒梯形危岩,下底宽 2m,如下图所示。其后裂缝与水平向夹角为 60°,由于降雨使裂缝中充满水。如果岩石重度为 23kN/m³,在不考虑两侧阻力及底面所受水压力的情况下,该危岩的抗倾覆安全系数最接近(　　)。

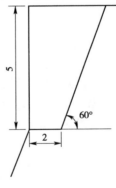

题 23 图

(A)1.5　　　　(B)1.7　　　　(C)3.0　　　　(D)3.5

24.(14C24)某岩石边坡代表性剖面如下图,边坡倾向 270°,一裂隙面刚好从坡脚出露,裂隙面产状为 270°∠30°,坡体后缘一垂直张裂缝正好贯通至裂隙面。由于暴雨,使垂直张裂缝和裂隙面瞬间充满水,边坡处于极限平衡状态(即滑坡稳定系数 $K_s=1.0$)。经测算,裂

隙面长度 $L=30\mathrm{m}$，后缘张裂缝深度 $d=10\mathrm{m}$，每延米潜在滑体自重 $G=6\,450\mathrm{kN}$，裂隙面的黏聚力 $c=65\mathrm{kPa}$，试计算裂隙面的内摩擦角最接近（　　）。

（注：坡脚裂隙面有泉水渗出，不考虑动水压力，水的重度取 $10\mathrm{kN/m^3}$。）

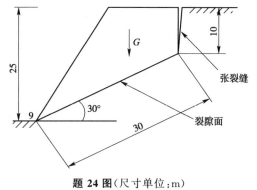

题 24 图（尺寸单位：m）

(A)13°　　　(B)17°　　　(C)18°　　　(D)24°

25.(14C25)如下图所示某山区拟建一座尾矿堆积坝，堆积坝采用尾矿细砂分层压实而成，尾矿的内摩擦角为36°，设计坝体下游坡面坡度 $\alpha=25°$。随着库内水位逐渐上升，坝下游坡面下部会有水顺坡深处，尾矿细砂的饱和重度为 $22\mathrm{kN/m^3}$，水下内摩擦角为33°。试问坝体下游坡面渗水前后的稳定系数最接近（　　）。

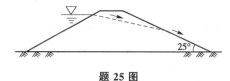

题 25 图

(A)1.56、0.76　　(B)1.56、1.39　　(C)1.39、1.12　　(D)1.12、0.76

26.(14D24)有一倾倒式危岩体，高 $6.5\mathrm{m}$，宽 $3.2\mathrm{m}$（见下图，可视为均匀刚性长方体），危岩体的密度为 $2.6\mathrm{g/cm^3}$，在考虑暴雨使后缘张裂隙充满水和水平地震加速度值为 $0.20g$ 的条件下，危岩体的抗倾覆稳定系数为（　　）。

（注：重力加速度取 $10\mathrm{m/s^2}$。）

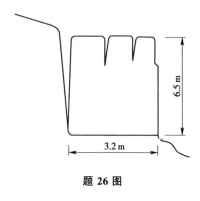

题 26 图

(A)1.90　　　(B)1.76　　　(C)1.07　　　(D)0.18

27.(14D26)某公路路堑，存在一折线型均质滑坡，计算参数如下表所示，若滑坡推力安全系数为1.20，第一块滑体剩余下滑力传到第二块滑体的传递系数为0.85，在第三块滑体前设重力式挡墙，按《公路路基设计规范》(JTG D30—2015)，计算作用在设挡墙上每延米的作用力最接近（　　）。

题 27 表

滑块滑号	下滑力/(kN/m)	抗滑力/(kN/m)	滑面倾角/(°)
1	5000	2100	35
2	6500	5100	26
3	2800	3500	26

(A)3900kN (B)4970kN (C)5870kN (D)6010kN

28.(16C24)某水库有一土质岸坡,主剖面及各分块面积如下图所示,潜在滑动面为土岩交界面。土的重度和抗剪强度参数如下:$\gamma_{天然}=19$kN/m³,$\gamma_{饱和}=19.5$kN/m³,$c_{水上}=10$kPa,$c_{水上}=10$kPa,$\varphi_{水上}=19°$,$c_{水下}=7$kPa,$\varphi_{水下}=16°$。按《岩土工程勘察规范》(GB 50021—2001)(2009 年版)计算,该岸坡沿潜在滑动面计算的稳定系数最接近(   )。
(注:水的重度取 10kN/m³。)

题 28 图

(A)1.09 (B)1.04 (C)0.98 (D)0.95

29.(17C26)拟开挖一个高度为 8m 的临时性土质边坡,如下图所示,由于基岩面较陡,边坡开挖后土体易沿基岩面滑动,破坏后果严重。根据《建筑边坡工程技术规范》(GB 50330—2013)稳定性计算结果见下表。当按该规范的要求治理时,边坡剩余下滑力最接近下列哪一选项?(   )

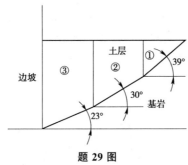

题 29 图

题 29 表

条块编号	滑面倾角 θ/(°)	下滑力 T/(kN/m)	抗滑力 R/(kN/m)	传递系数 ψ	稳定系数 F_s
①	39.0	40.44	16.99	0.920	0.450
②	30.0	242.62	95.68	0.940	
③	23.0	277.45	138.35		

(A)336kN/m (B)338kN/m (C)346kN/m (D)362kN/m

30.(17D27)在均匀黏性土中开挖一路堑,存在下图所示的圆弧滑动面,其半径 $R=14$m,滑动面长度 $L=28$m,通过圆弧形滑动面圆心 O 的垂线将滑体分为两部分。坡里部分的土体重 $W_1=1450$kN/m,土体重心至圆心垂线距 $d_1=4.5$m;坡外部分的土体重 $W_2=350$kN/m,土体重心至圆心垂线距 $d_2=2.5$m。问:在滑带土的内摩擦角 $\varphi≈0$ 情况下,该路堑极限平衡状态下的滑带土不排水剪切强度 c_u 最接近下列哪个选项?(   )

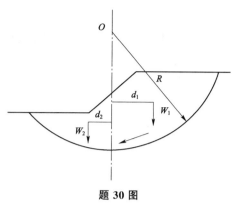

题 30 图

(A)12.5kPa (B)14.4kPa (C)15.8kPa (D)17.2kPa

第七讲 泥 石 流

1.(03C32)一小流域山区泥石流沟,泥石流中固体物质占80%,固体物质的密度为2.7×10^3kg/m³,洪水设计流量为100m³/d,泥石流沟堵塞系数为2.0,按《铁路工程地质手册》(1999年版),用雨洪修正法估算,泥石流流量Q_c应等于( )。

(A)360m³/s (B)500m³/s (C)630m³/s (D)1 000m³/s

2.(04C29)调查确定泥石流中固体体积比为60%,固体重度为$\rho=2.7\times10^3$ kg/m³,该泥石流流体密度(固液混合体的密度)为( )。

(A)$\rho=2.0\times10^3$kg/m³ (B)$\rho=1.6\times10^3$kg/m³
(C)$\rho=1.5\times10^3$kg/m³ (D)$\rho=1.1\times10^3$kg/m³

3.(08D26)根据泥石流痕迹调查测绘结果,在一弯道处的外侧泥位高程为1028m,内侧泥位高程为1025m,泥面宽度22m,弯道中心线曲率半径为30m,按现行《铁路工程不良地质勘察规程》(TB 10027—2012)计算,该弯道处近似的泥石流流速最接近( )。

(采用公式:$v_c=\sqrt{\dfrac{R_0\sigma g}{B}}$,式中$R_0$为曲率半径,$\sigma$为泥位高程差,$g$为重力加速度,$B$为泥面宽度。)

(A)8.2m/s (B)7.3m/s (C)6.4m/s (D)5.5m/s

4.(13C24)西南地区某沟谷中曾遭受过稀性泥石流灾害,铁路勘察时通过调查,该泥石流中固体物质比重为2.6,泥石流流体重度为13.8kN/m³,泥石流发生时沟谷过水断面宽为140m,面积为560m²,泥石流流面纵坡为4.0%,粗糙系数为4.9,试计算该泥石流的流速最接近( )。

(可按公式$v_m=\dfrac{m_m}{\alpha}R_m^{2/3}I^{1/2}$进行计算。)

(A)1.20m/s (B)1.52m/s (C)1.83m/s (D)2.45m/s

5.(16C25)某泥石流沟调查时,制成代表性泥石流流体,测得样品总体积0.5m³,总质量730kg。痕迹调查测绘见堆积有泥球,在弯道处两岸泥位高差为2m,弯道外侧曲率半径为35m,泥面宽度为15m。按《铁路工程不良地质勘察规程》(TB 10027—2012),泥石流流体性质及弯道处泥石流流速为( )(重力加速度g取10kN/m³)。

(A)稀性泥流,6.8m/s (B)稀性泥流,6.1m/s
(C)黏性泥石流,6.8m/s (D)黏性泥石流,6.1m/s

第八讲 采空区

1.(07D26)某场地属煤矿采空区范围,煤层倾角为15°,开采深度 $H=110\text{m}$,移动角(主要影响角)$\beta=60°$。地面最大下沉值 $\eta_{\max}=1250\text{mm}$,如拟作为一级建筑物建筑场地,则按《岩土工程勘察规范》(GB 50021—2001)(2009年版)判定该场地的适宜性属于( ),通过计算说明理由。

(A)不宜作为建筑场地
(B)可作为建筑场地
(C)对建筑物采取专门保护措施后兴建
(D)条件不足,无法判断

2.(09D24)某采空区场地倾向主断面上每隔20m间距顺序排列 A、B、C 三点,地表移动前测量的高程相同,地表移动后测量的垂直移动分量为:B 点较 A 点多 42mm,较 C 点少 30mm,水平移动分量,B 点较 A 点少 30mm,较 C 点多 20mm,据《岩土工程勘察规范》(GB 50021—2001)(2009年版)判定该场地的适宜性为( )。

(A)不宜建筑的场地　　　　　　(B)相对稳定的场地
(C)作为建筑场地,应评价其适宜性　(D)无法判定

3.(12D27)建筑物位于小窑采空区,小窑巷道采煤,煤巷宽 2m,顶板至地面 27m,顶板岩体重度为 22kN/m^3,内摩擦角 34°,建筑物横跨煤巷,基础埋深 2m,基底附加压力 250kPa。按顶板临界深度法近似评价地基稳定性为( )。

(A)地基稳定　　　　　　(B)地基稳定性差
(C)地基不稳定　　　　　(D)地基极限平衡

第九讲 地面沉降

1.(05D04)如下图所示,某滞洪区滞洪后沉积泥沙层厚 3.0m,地下水位由原地面下 1.0m 升至现地面下 1.0m,原地面下有厚 5.0m 可压缩层,平均压缩模量为 0.5MPa,滞洪之前沉降已经完成,为简化计算,所有土层的天然重度都以 18kN/m^3 计,请计算由滞洪引起的原起面下沉值将最接近下列( )。

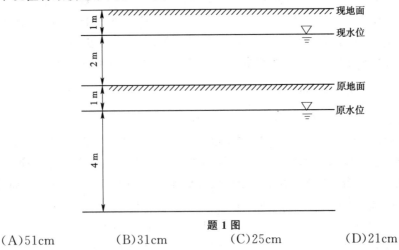

题1图

(A)51cm　　　(B)31cm　　　(C)25cm　　　(D)21cm

2.(08C24)以厚层黏性土组成的冲积相地层,由于大量抽汲地下水引起大面积地面沉降。经20年观测,地面总沉降量达1250mm,从地面下深度65m处以下沉降观测标未发生沉降,在此期间,地下水位深度由5m下降到35m。问该黏性土地层的平均压缩模量最接近(   )。

(A)10.8MPa   (B)12.5MPa   (C)15.8MPa   (D)18.1MPa

3.(09D25)土层剖面及计算参数如图所示,由于大面抽取地下水,地下水位深度由抽水前距地面10m,以2m/年的速率逐年下降,忽略卵石层以下岩土层的沉降,10年后地面沉降总量(   )。

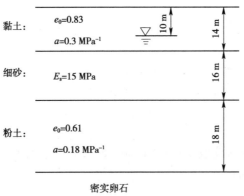

题 3 图

(A)415mm   (B)544mm   (C)670mm   (D)810mm

4.(11D24)某城市位于长江一级阶地上,基岩面以上地层具有明显的二元结构,上部0～30m为黏性土,孔隙比$e_0=0.7$,压缩系数$a_v=0.35 \text{ MPa}^{-1}$,平均竖向固结系数$C_v=4.5 \times 10^{-3} \text{ cm}^2/\text{s}$;30m以下为砂砾层。目前该市地下水位位于地表下2.0m,由于大量抽汲地下水引起的水位年平均降幅为5m。假设不考虑30m以下地层的压缩量,则该市抽水一年后引起的地表最终沉降量最接近(   )。

(A)26mm   (B)84mm   (C)237mm   (D)263mm

答案解析

第一讲 湿陷性黄土

1. 答案(D)

解：据《湿陷性黄土地区建筑规范》(GB 50025—2004)第4.4.4条、第4.4.5条计算。

$$\Delta_{zs} = \beta_0 \sum \delta_{zsi} h_i$$
$$= 0.5 \times (0.032 \times 150 + 0.027 \times 100 + 0.022 \times 100 + 0.020 \times 100)$$
$$= 5.85 \text{cm}$$

$\Delta_{zs} < 7\text{cm}$，为非自重湿陷性场地，湿陷量自1.5m累积至6.5m。

$$\Delta_s = \sum \beta \Delta_{si} h_i = 1.5 \times 0.036 \times 100 + 1.5 \times 0.038 \times 100 + 1.5 \times 0.03 \times 100 + 1.0 \times 0.022 \times 100$$
$$= 20.9 \text{cm}$$

2. 答案(D)

解：据《湿陷性黄土地区建筑规范》(GB 50025—2004)第4.4.5条计算。

11m以下的剩余湿陷量：

$$\Delta_s = \sum \beta \delta_{si} h_i$$
$$= 1.0 \times 0.042 \times 1000 + 1.2 \times 0.040 \times 1000 + 1.2 \times 0.050 \times 1000 + 1.2 \times 0.016 \times 1000$$
$$= 169.2 \text{mm}$$

10m以下的剩余湿陷量：

$$\Delta_s = \sum \beta \delta_{si} h_i = 1.0 \times 0.043 \times 1000 + 169.2 = 212.2 \text{mm} > 200 \text{mm}$$

处理深度为8m时不满足，为9m时满足。

3. 答案(C)

解：据《湿陷性黄土地区建筑规范》(GB 50025—2004)第2.1.8条、第4.3.5条及条文说明计算。

取湿陷系数 $\delta_s = 0.015$ 时的压力为湿陷起始压力 p_{sh}，则：

$$\delta_s = \frac{h_p - h'_p}{h_0}$$

$$h_p - h'_p = h_0 \delta_s = 20 \times 0.015 = 0.3 \text{mm}$$

$p = 100 \text{kPa}$ 时，$h_p - h'_p = 19.55 - 19.28 = 0.27 \text{mm}$

$p = 150 \text{kPa}$ 时，$h_p - h'_p = 19.28 - 18.75 = 0.33 \text{mm}$

$$\frac{p_{sh} - 100}{150 - 100} = \frac{0.30 - 0.27}{0.33 - 0.27}$$

解得：$p_{sh} = 125 \text{kPa}$

4. 答案(B)

解：据《建筑桩基技术规范》(JGJ 94—2008)第5.4.2条~第5.4.4条计算。

干重度 $\gamma_d = \dfrac{\gamma}{1+w} = \dfrac{15.5}{1+0.125} = 13.78 \text{ kN/m}^3$

黄土饱和重度按 $S_r = 0.85$ 进行计算

$$\gamma_{sat} = \frac{e S_r \rho_w}{1+e} + \gamma_d = \frac{1.06 \times 0.85 \times 10}{1+1.06} + 13.78 = 18.15 \text{ kN/m}^3$$

$$\sigma'_i = \gamma_i z_i = 18.15 \times 4.5 = 81.7 \text{kPa}, q_{si}^n = \xi \sigma'_i = 0.2 \times 81.7 = 16.34 \text{kPa}$$

5. 答案(D)

解: 据《建筑地基处理技术规范》(JGJ 79—2012)第 6.3.3 条条文说明计算。

$$H \approx \alpha \sqrt{\frac{Mh}{10}} = 0.5 \times \sqrt{\frac{10 \times 10 \times 10}{10}} = 5\text{m}$$

6. 答案(B)

解: 据《湿陷性黄土地区建筑规范》(GB 50025—2004)第 2.1.8 条、第 4.3.5 条及条文说明计算。

δ_s 为 0.015 时的压力,即湿陷起始压力 p_{sh},该压力处于 100~150kPa。

$$\frac{p_{sh} - 100}{0.015 - 0.009} = \frac{150 - 100}{0.019 - 0.009}$$

解得: $p_{sh} = 130\text{kPa}$

7. 答案(C)

解: 据《湿陷性黄土地区建筑规范》(GB 50025—2004)第 2.1.8 条、第 4.3.5 条及条文说明计算。

$$\frac{h_p - h'_p}{h_0} = 0.015, h_p - h'_p = 0.015 \times 20 = 0.3$$

当 $p = 100\text{kPa}$ 时,$h_p - h'_p = 0.27\text{mm}$

当 $p = 150\text{kPa}$ 时,$h_p - h'_p = 0.33\text{mm}$

$$\frac{p_{sh} - 100}{0.3 - 0.27} = \frac{150 - 100}{0.33 - 0.27}$$

解得: $p_{sh} = 125\text{kPa}$

8. 答案(D)

解: 据《湿陷性黄土地区建筑规范》(GB 50025—2004)第 4.4.4 条、第 4.4.5 条计算。

自重湿陷量为:

$\Delta_{zs} = \beta_0 \sum \delta_{zsi} h_i$

$= 1.2 \times (0.016 \times 1000 + 0.030 \times 1000 + 0.035 \times 1000 + 0.030 \times 1000 + 0.040 \times 1000 +$

$\quad 0.042 \times 1000 + 0.040 \times 1000 + 0.040 \times 1000 + 0.050 \times 1000)$

$= 387.6\text{mm} > 70\text{mm}$

该场地为自重湿陷性场地,应计算至湿陷性土层的底(10m 以下取自重湿陷系数)。

湿陷量为:

$\Delta_z = \sum \beta \delta_{si} h_i$

$= 1.5 \times 0.076 \times 1000 + 1.5 \times 0.070 \times 1000 + 1.5 \times 0.065 \times 1000 +$

$\quad 1.5 \times 0.060 \times 1000 + 1.5 \times 0.060 \times 1000 + 1.0 \times 0.055 \times 1000 +$

$\quad 1.0 \times 0.050 \times 1000 + 1.0 \times 0.045 \times 1000 + 1.0 \times 0.043 \times 1000 +$

$\quad 1.0 \times 0.042 \times 1000 + 1.2 \times 0.040 \times 1000 + 1.2 \times 0.050 \times 1000$

$= 839.5\text{mm}$

9. 答案(A)

解: 据《湿陷性黄土地区建筑规范》(GB 50025—2004)第 4.3.4 条及物理指标间关系计算。

$$\rho_d = \frac{\rho}{1 + 0.01w} = \frac{1.50}{1 + 0.01 \times 14} = 1.32\text{g/cm}^3$$

$$\rho_s = \rho_d\left(1 + \frac{S_r e}{d_s}\right) = 1.32 \times \left(1 + \frac{0.85 \times 1.05}{2.7}\right) = 1.756\text{g/cm}^3$$

$$p_0 = \gamma H = 17.56 \times 4 = 70.3\text{kPa}$$

10. 答案(A)

解：据《湿陷性黄土地区建筑规范》(GB 50025—2004)第 4.4.5 条计算。

$$\Delta_s = \sum \beta \delta_{si} h_i$$
$$= 1.0 \times (0.019 \times 1000 + 0.018 \times 1000 + 0.016 \times 1000 + 0.015 \times 1000) + 0.9 \times 0.017 \times 1000$$
$$= 83.3\text{mm}$$

11. 答案(D)

解：据《湿陷性黄土地区建筑规范》(GB 50025—2004)第 6.1.5 条、第 6.1.10 条计算。

①从表中可以看出 1.0m 以下土的饱和度均大于 60%，因此强夯法不适宜，应选择土或灰土垫层法。

②题干中已给出黄土地基湿陷量计算值 Δ_s，但尚需计算自重湿陷量：

$$\Delta_{zs} = 0.9 \times (1000 \times 0.015 + 1000 \times 0.017) = 28.8\text{mm}$$

因此该场地为非自重湿陷性黄土场地，黄土地基湿陷等级为 Ⅱ 级(中等)，对多层建筑地基处理厚度不宜小于 2.0m。

③从表中可看出，4.0m 深度处土样以下的湿陷起始压力值已大于 100kPa，因此地基处理的深度至 4.5m 处即可满足要求，地基处理厚度不宜小于 3.0m，地基处理宜采用土或灰土垫层法，处理厚度 3.0m。

④综合分析，地基处理宜采用土或灰土垫层法，处理厚度 3.0m，因此选(D)。

12. 答案(C)

解：据《湿陷性黄土地区建筑规范》(GB 50025—2004)第 4.3.3 条、第 4.3.4 条计算。

$$\delta_{zs} = \frac{19.21 - 18.83}{20} = 0.019$$

$$\delta_s = \frac{18.92 - 18.5}{20} = 0.021$$

13. 答案(C)

解：据《岩土工程勘察规范》(GB 50021—2001)(2009 年版)第 6.1.5 条、第 6.1.6 条计算。

$$\frac{\Delta F_{simin}}{b} = \frac{5.4}{70.7} = 0.077 > 0.023$$

$$\Delta_s = \sum \beta \Delta F_{si} H_i = 0.014 \times (6.4 + 8.8 + 5.4) \times 250 = 72.1\text{cm}$$

$$\Delta_s = 72.1\text{cm} > 60\text{cm}$$

土层厚度大于 3.0m，为 Ⅲ 级。

14. 答案(B)

解：据《湿陷性黄土地区建筑规范》(GB 50025—2004)第 4.4.4 条、第 4.4.5 条计算。

(1)计算场地的自重湿陷量：

$$\Delta_{zs} = \beta_0 \sum \delta_{zsi} h_i = 1.5 \times (0.016 \times 1 + 0.017 \times 1 + 0.018 \times 1 + 0.019 \times 1 + 0.020 \times 1 +$$
$$0.022 \times 1 + 0.025 \times 1 + 0.027 \times 1 + 0.016 \times 1) = 270\text{mm}$$

$\Delta_{zs} > 70\text{mm}$，场地为自重湿陷性场地。

(2)计算场地的湿陷量：

β 的取值：①1.5～6.5m 取 $\beta = 1.5$；②6.5～11.5m 取 $\beta = 1.0$；③11.5m 以下取 $\beta = 1.5$。

$$\Delta_s = \sum \beta F_{si} h_i$$

$$= (1.5 \times 0.070 \times 1 + 1.5 \times 0.065 \times 1 + 1.5 \times 0.055 \times 1 + 1.5 \times 0.050 \times$$
$$1 + 1.5 \times 0.045 \times 1) + (1 \times 0.043 \times 1 + 1 \times 0.037 \times 1 + 1 \times 0.036 \times 1 + 1 \times$$
$$0.018 \times 1) + 1.5 \times 0.016 \times 1 = 585.5 \text{mm}$$

(2)湿陷等级判别：

由 $70\text{mm} < \Delta_{zs} \leqslant 350\text{mm}, 300\text{mm} < \Delta_s \leqslant 700\text{mm}$，可判断场地为Ⅱ级或Ⅲ级；

由 $\Delta_{zs} < 300\text{mm}, \Delta_s < 600\text{mm}$ 可判断场地失陷等级为Ⅱ级。

15. 答案(C)

解：据《湿陷性黄土地区建筑规范》(GB 50025—2004)计算。

(1)干密度：$\rho_d = \dfrac{\rho}{1+0.01w} = \dfrac{1.57}{1+0.01 \times 19.8} = 1.31 \text{g/cm}^3$

(2)孔隙比：$e = \dfrac{d_s \rho_w (1+0.01w)}{\rho} - 1 = \dfrac{2.7 \times 1.0 \times (1+0.01 \times 19.8)}{1.57} - 1 = 1.06$

(3)土的饱和密度(取 $S_r = 85\%$)：$\rho_{sat} = \rho_d \left(1 + \dfrac{S_r e}{d_s}\right) = 1.31 \times \left(1 + \dfrac{0.85 \times 1.06}{2.7}\right) = 1.75 \text{g/cm}^3$

(4)上覆土层的饱和自重压力：$p = \gamma_{sat} h = 17.5 \times 8 = 140 \text{kPa}$。

16. 答案(D)

解：据《湿陷性黄土地区建筑规范》(GB 50025—2004)第5.7.7条、第5.7.4条条文说明。

黄土的自重湿陷量计算值大于200mm，查表取 $q_s^n = 15\text{kPa}$

$$R_a = q_{pa} \cdot A_p + u q_{sa}(l-z) - u \bar{q}_{sa} z$$
$$= 1200 \times 3.14 \times 0.5^2 + 3.14 \times 1.0 \times 25 \times (45-10) - 3.14 \times 1.0 \times 1.5 \times 10$$
$$= 3218.5 \text{kN}$$

17. 答案(C)

解：据《湿陷性黄土地区建筑规范》(GB 50025—2004)条文说明式(5.7.4-2)计算。

天然孔隙比：$e = \dfrac{d_s \rho_w (1+0.01w)}{\rho} - 1 = \dfrac{2.7 \times 1 \times (1+0.156)}{1.60} - 1 = 0.95075$

液性指数：$I_L = \dfrac{S_r e / D_r - w_p}{w_L - w_p} = \dfrac{0.85 \times 0.95075 / 2.70 - 0.179}{0.3 - 0.179} = 0.9942$

18. 答案(C)

解：据《湿陷性黄土地区建筑规范》(GB 50025—2004)第2.1.8条、4.3.5条及条文说明计算。

湿陷起始压力下：$\dfrac{h_p - h'_p}{h_0} = 0.015, h_p - h'_p = 0.015 \times 20 = 0.3 \text{mm}$

当 $p = 100 \text{kPa}$ 时，$h_p - h'_p = 19.53 - 19.26 = 0.27 \text{mm}$

当 $p = 150 \text{kPa}$ 时，$h_p - h'_p = 19.25 - 18.92 = 0.33 \text{mm}$

$$\dfrac{p_{sh} - 100}{0.3 - 0.27} = \dfrac{150 - 100}{0.33 - 0.27}$$

解得：$p_{sh} = 125 \text{kPa}$

19. 答案(A)

解：根据《湿陷性黄土地区建筑规范》(GB 50025—2004)附录C第C.0.2条计算。

$$R = -68.45e + 10.98 - 7.16\gamma + 1.18w$$
$$R_1 = -68.45 \times 1.120 + 10.98 \times 0.62 - 7.16 \times 14.3 + 1.18 \times 17.6$$
$$= -76.66 + 6.81 - 102.39 + 20.77$$
$$= -151.48$$

因为 $R_1=-151.57>R_0=-154.80$，所以场地一分布有新近堆积黄土，正确答案为(A)。

而 R_2、R_3、R_4 的计算结果分别为 -156.13、-157.03、-159.28，均小于 $R_0=-154.80$，因此均没有分布新近堆积黄土。

20. 答案(C)

解：据《湿陷性黄土地区建筑规范》(GB 50025—2004)第 4.4.3 条、第 4.4.4 条、第 4.4.5 条、第 4.4.7 条、第 6.1.5 条第 2 款计算。

$$\Delta_{zs}=\beta_0\sum_{i=1}^{n}\delta_{zsi}h_i=0.9\times(0.02+0.018+0.015)\times1000=47.7\text{mm}$$

$$\Delta_s=\sum_{i=1}^{n}\beta\delta_{si}h_i=1.5\times(0.068+0.042+0.062+0.026)\times1000+$$
$$1.0\times(0.017+0.019+0.029+0.016)\times1000=378\text{mm}$$

该场地属非自重湿陷性黄土地，湿陷等级为Ⅱ级。对丙类多层建筑，当地基湿陷等级为Ⅱ级时，地基处理厚度不宜小于 2m，且下部未处理湿陷性黄土层的湿陷起始压力值不小于 100kPa。对该场地应处理至取第 5 层土底面，第 5 层土代表范围为 5~6m，故处理至 6m，处理厚度为 4m。

应特别注意此题探井标高为 -0.5m，因此各土层取样深度实际为 -1.5m、-2.5m、…

21. 答案(B)

解：据《岩土工程勘察规范》(GB 50021—2001)(2009 年版)第 6.1.5 条、第 6.1.6 条计算。

湿陷性土的附加湿陷量：$\Delta F_s=\delta_s b=0.023\times0.5=1.5$cm

判断湿陷性土层的厚度为 0~8m，其余为非湿陷性土。

基础埋深 2.0m，湿陷量的计算范围为 2~8m，即基底下 0~6m。

湿陷量：$\Delta_s=\sum\beta\Delta F_{si}h_i=0.020\times(7.8\times200+5.2\times200+1.2\times200)=56.8$cm

湿陷等级为Ⅱ级。

第二讲　膨　胀　土

1. 答案(C)

解：据《膨胀土地区建筑技术规范》(GB 50112—2013)第 5.2.14 条计算。

$$s_{es}=\psi_{es}\sum(\delta_{epi}+\lambda_{si}\Delta w_i)h_i$$
$$=0.7\times[(0.0084+0.28\times0.0273)\times0.64+(0.0223+0.48\times0.0211)\times0.86+$$
$$(0.0249+0.35\times0.014)\times1.0]$$
$$=0.0476\text{m}=47.6\text{mm}$$

2. 答案(C)

解：据《膨胀土地区建筑技术规范》(GB 50112—2013)图 F.0.4-2 计算。

膨胀率为零时所对应的压力即为膨胀力 p_c，则：

$$\frac{p_c-75}{125-75}=\frac{0-1.4}{-0.6-1.4}$$

解得：$p_c=110$kPa

该题也可用作图法,在坐标系中给出 δ_{ep} 与垂直压力 p 的关系曲线,$\delta_{ep}=0$ 时的压力 p 即为膨胀压力 p_c。

3. **答案(C)**

解:据《膨胀土地区建筑技术规范》(GB 50112—2013)第 5.2.14 条计算。

$$s = \psi_{es} \sum_{i=1}^{n} (\delta_{epi} + \lambda_{si} \Delta w_i) h_i$$

$= 0.7 \times (0.00075 + 0.28 \times 0.0273) \times 640 + 0.7 \times (0.0245 + 0.48 \times 0.0223) \times 640 +$
$0.7 \times (0.0195 + 0.4 \times 0.0177) \times 640 + 0.7 \times (0.0215 + 0.37 \times 0.0128) \times 680$
$= 43.9 \text{mm}$

4. **答案(B)**

解:据《膨胀土地区建筑技术规范》(GB 50112—2013)第 5.2.7 条、第 5.2.9 条计算。

$1.2 w_p = 1.2 \times 18 = 21.6 < w = 23$,按收缩变形量计算

$s_s = \psi_s \sum \lambda_{si} \Delta w_i h_i$
$= 0.8 \times 0.5 \times 0.0298 \times 0.6 \times 10^3 + 0.8 \times 0.46 \times 0.025 \times 0.7 \times 10^3 + 0.8 \times 0.4 \times$
$0.0185 \times 0.7 \times 10^3 + 0.8 \times 0.3 \times 0.0125 \times 0.8 \times 10^3 = 20.136 \text{mm}$

5. **答案(C)**

解:据《膨胀土地区建筑技术规范》(GB 50112—2013)第 5.2.12 条、第 5.2.13 条计算。

湿度系数 $\psi_w = 0.9$,查表得大气影响深度为 3.0m

大气影响急剧层深度为 $3.0 \times 0.45 = 1.35 \text{m}$

6. **答案(D)**

解:据《膨胀土地区建筑技术规范》(GB 50112—2013)第 4.2.4 条计算。

收缩系数为直线收缩阶段含水率减少 1% 时的竖向线缩率(见下表)。

题 6 解表

试验次数	含水率 w/%	竖向线缩率 δ_s/%	含水率减小 1% 时的竖向线缩率
1	7.2	6.4	0.125
2	12.0	5.8	0.195
3	16.1	5.0	0.4
4	18.6	4.0	0.4
5	22.1	2.6	0.4
6	25.1	1.4	—

例如:含水率由 25.1 减小到 22.1 时,含水率变化 1% 的竖向线缩率为 $\lambda_s = \dfrac{2.6-1.4}{25.1-22.1} = 0.4$,其他计算同理,从表中可看出,直线收缩段内含水率减小 1% 的竖向线缩率为 0.4%。

7. **答案(D)**

解:据《膨胀土地区建筑技术规范》(GB 50112—2013)第 5.2.11 条、第 5.2.13 条计算。

9 月至次年 2 月蒸发力总和与全年蒸发力总和之比为:

$$a = \frac{57.4+39.0+17.6+11.9+14.2+20.6}{14.2+20.6+43.6+60.3+94.1+114.8+121.5+118.1+57.4+39.0+17.6+11.9}$$

$= 0.225$

全年干燥度大于1.0且月平均气温大于0℃时月份的涨乏力与降水量差值之和为：
$$c = (14.2-7.5)+(20.6-10.7)+(43.6-32.2)+(94.1-86.6)+$$
$$\quad (114.8-110.2)+(11.9-9.3)$$
$$= 42.7$$

湿度系数：$\psi_w = 1.152 - 0.726a - 0.00107c$
$$= 1.152 - 0.726 \times 0.22535 - 0.00107 \times 42.7 = 0.943$$

大气影响深度 d_a 最接近 3.0m

大气影响急剧层深度为 $0.45d_a = 0.45 \times 3.0 = 1.35$m

8. 答案（A）

解：据《膨胀土地区建筑技术规范》（GB 50112—2013）第5.2.7条、第5.2.9条计算。

离地面1m处土的天然含水率22%大于1.2倍塑限含水率20.4%，计算收缩变形量：

单层住宅，$\psi_s = 0.8$

$$s_s = \psi_s \sum \lambda_{si} \cdot \Delta w_i \cdot h_i$$
$$= 0.8 \times (0.28 \times 0.0285 \times 640 + 0.48 \times 0.0272 \times 640 + 0.31 \times 0.0179 \times 640 + 0.37 \times 0.0128 \times 680)$$
$$= 0.8 \times (5.11 + 8.36 + 3.55 + 3.22) = 16.2 \text{mm}$$

9. 答案（D）

解：据《膨胀土地区建筑技术规范》（GB 50112—2013）附录F、《建筑地基基础设计规范》（GB 50007—2011）附录K计算。

①求基底中心以下2m内膨胀土层平均自重压力：

由题意，基础底面中心以下2m处，土的自重应力为：$4 \times 18 = 72$kPa

基础底面处土的自重应力为：$2 \times 18 = 36$kPa

则基底中心以下2m范围内土的平均自重应力为：$\bar{p}_c = (36+72)/2 = 54$kPa

②求基底中心以下2m范围内的平均附加应力：

基底附加应力为：$p_0 = p_k - p_c = \dfrac{F_k + G_k}{A} - \gamma d = \dfrac{(300+20 \times 2 \times 2 \times)}{4} - 2 \times 18 = 79$kPa

$\dfrac{l}{b} = \dfrac{1}{1} = 1$，$\dfrac{z}{b} = \dfrac{2}{1} = 2$，查表得：$\alpha = 0.084$

基底中心点下2m处的附加应力为：$p'_0 = 4\alpha p_0 = 4 \times 0.084 \times 79 = 26.5$kPa

基底中心以下2m范围内土的平均附加应力为：$\bar{p}_0 = (79+26.5)/2 = 52.8$kPa

③基底中心点下2m范围内土的平均自重应力与平均附加应力之和为 $54 + 52.8 = 106.8$kPa

相应的膨胀率查表插值得：$\dfrac{106.8-90}{120-90} = \dfrac{\delta_{ep}-4}{2-4}$，得 $\delta_{ep} = 2.88\%$

10. 答案（A）

解：据《膨胀土地区建筑技术规范》（GB 50112—2013）第5.2.7条、第5.2.9条计算。

$w = 26.4\% > 1.2w_p = 24.6\%$，$\Delta w_1 = w_1 - \psi_w w_p = 0.264 - 0.6 \times 0.205 = 0.141$

$$s = \psi_s \sum_{i=1}^{n} \lambda_{si} \Delta w_i h_i = 0.8 \times [0.12 \times 0.141 \times (2500-1200) + 0.11 \times 0.141 \times (3500-2500)]$$
$$= 30 \text{mm}$$

11. 答案（C）

解：据《膨胀土地区建筑技术规范》（GB 50112—2013）第4.2.1条、附录D以及《公路路基设计规范》(JTG D30—2015)表 7.9.7-1 计算。

$$\delta_{ef1} = \frac{V_w - V_0}{V_0} = \frac{19.3 - 10}{10} = 0.93, \delta_{ef2} = \frac{V_w - V_0}{V_0} = \frac{19.4 - 10}{10} = 0.94$$

$9.87 - 9.83 = 0.04g < 0.1g, \delta_{ef} = (0.93 + 0.94)/2 = 0.935$,膨胀势强。

边坡高 8m,查表边坡坡率可取 1:2.0～1:2.5。

12. **答案**(C)

解:据《膨胀土地区建筑技术规范》(GB 50112—2013)第 5.2.7 条、第 5.2.9 条、第 5.2.10 条、第 5.2.12 条计算。

地表下 1.0m 处的含水率 28.9% 大于 1.2 倍塑限含水率($1.2w_p = 1.2 \times 22.4\% = 26.88\%$),地基变形量按收缩变形量计算。

土的湿度系数为 0.7,查表得大气影响深度为 4.0m。

$\Delta w_1 = w_1 - \psi_w w_p = 0.289 - 0.7 \times 0.224 = 0.1322$

$\Delta w_i = \Delta w_1 - (\Delta w_1 - 0.01) \frac{z_i - 1}{z_{sn} - 1} = 0.1322 - (0.1322 - 0.01) \times \frac{2.9 - 1}{4 - 1} = 0.0548$

地基变形量:$s_s = \psi_s \sum_{i=1}^{n} \lambda_{si} \cdot \Delta w_i \cdot h_i = 0.8 \times 0.2 \times 0.0548 \times 2.2 \times 10^3 = 19.3 \text{mm}$

13. **答案**(D)

解:据《膨胀土地区建筑技术规范》(GB 50112—2013)第 5.7.7 条计算。

按膨胀变形计算:$l_a \geq \frac{v_e - Q_k}{u_p \cdot \lambda \cdot q_{sa}} = \frac{195 - 150}{3.14 \times 0.5 \times 0.7 \times 35} = 1.17 \text{m}$

按收缩变形计算:$l_a \geq \frac{Q_k - A_p \cdot q_{pa}}{u_p \cdot q_{sa}} = \frac{150 - 3.14 \times 0.25^2 \times 500}{3.14 \times 0.5 \times 35} = 0.944 \text{m}$

其长度应同时不小于 $4d = 2.0 \text{m}$ 和 1.5m,应取 $l_a = 2.0 \text{m}$。

第三讲 盐 渍 土

1. **答案**(D)

解:据《岩土工程勘察规范》(GB 50021—2001)(2009 年版)第 6.8.2 条计算。

$$D_1 = \frac{c(Cl^-)}{2c(SO_4^{2-})} = \left(\frac{78.43}{2 \times 111.32} \times 0.05 + \frac{35.81}{2 \times 81.15} \times 0.2 + \frac{6.58}{2 \times 13.92} \times 0.25 + \frac{5.97}{2 \times 13.8} \times \right.$$

$$\left. 0.25 + \frac{5.31}{2 \times 11.89} \times 0.25 \right) / (0.05 + 0.2 + 0.25 + 0.25 + 0.25)$$

$= 0.23$

查表 6.8.2.1,盐渍土类型为硫酸盐渍土。

2. **答案**(C)

解:据《公路工程地质勘察规范》(JTG C20—2011)第 8.4.9 条计算。

(1)计算料土中易溶盐平均含量:

$$DT = \frac{0.05 \times 6.2 + 0.2 \times 4.1 + 0.25 \times 3.1 + 0.25 \times 2.7 + 0.25 \times 2.1 + 0.5 \times 1.7 + 0.5 \times 0.8 + 0.5 \times 1.1}{2.5}$$

$= 1.96$

(2)根据土料含盐量及盐渍土名称,按该规范表 8.4.4 对盐渍土进行分类,属中盐渍土。

(3)按表 8.4.9-2 判定细粒氯盐亚氯盐中盐渍土土料作为一级公路路基的可用性为

1.5m以下可用。

3. 答案(C)

解：据《盐渍土地区建筑技术规范》(GB/T 50942－2014)第3.0.3条、第3.0.4条、第4.2.5条计算。

$$\frac{c(\text{Cl}^-)}{2c(\text{SO}_4^{2-})} = \frac{35\times1+30\times1+15\times1+5\times1+3\times1+1\times2+0.5\times2+0.5\times2+0.5\times2}{2\times(80\times1+65\times1+45\times1+20\times1+5\times1+2\times2+1.5\times2+1\times2+1\times2)}$$
$$=0.204$$

属于硫酸盐渍土。

$$\overline{\text{DT}} = \frac{\sum_{i=1}^{n}h_i\text{DT}_i}{\sum_{i=1}^{n}h_i} = \frac{13.408\times1+10.985\times1+7.268\times1+3.133\times1+0.886\times1+0.343\times2}{7}$$
$$=5.2\%$$

属于超盐渍土。

$$s_{rx} = \sum_{i=1}^{n}\delta_{rxi}h_i = 0.035\times0.5+0.030\times1+0.025\times1+0.020\times1+0.015\times2 = 122.5\text{mm}$$

为Ⅰ级弱溶陷。

第四讲　冻土等其他特殊土

1. 答案(C)

解：据《铁路工程特殊岩土勘察规程》(TB 10038—2012)第6.2.4条条文说明计算。

不考虑亚黏土层的作用下路堤的临界高度：

$$H_c = 5.25c_u/\gamma = 5.52\times8.5/18.6 = 2.52\text{m}$$

路堤极限高度 $H_c' = H_c + 0.5h = 2.52+0.5\times2 = 3.52\text{m}$

2. 答案(B)

解：据《铁路工程特殊岩土勘察规程》(TB 10038—2012)第8.5.5条及附录C计算。

$$\delta_0 = \frac{\Delta h}{h}\times100\% = \frac{e_1-e_2}{1+e_1}\times100\%$$

假设融化前后重度不变，则融化前的孔隙比 e_1 为：

$$e_1 = \frac{d_s(1+w_1)}{\rho}-1 = \frac{2.7\times(1+0.4)}{2.0}-1 = 0.890$$

冻土起始融沉时的孔隙比 e_2 为：

$$e_2 = \frac{d_s(1+w_2)}{\rho}-1 = \frac{2.7\times(1+0.21)}{2}-1 = 0.6335$$

$$\delta_0 = \frac{0.89-0.6335}{1+0.89}\times100\% = 13.57\%$$

融沉级别为Ⅳ级强融沉冻土。

3. 答案(C)

解：据《铁路特殊路基设计规范》(TB 10035—2006)附录A第A.0.1条计算。

$$s = \sum_{i=1}^{n}(A_i+a_ip_i)h_i = (0.1+0.3\times180\times10^{-3})\times300 = 46.2\text{cm}$$

4. 答案(B)

解：据《铁路工程特殊岩土勘察规程》(TB 10038—2012)第6.2.4条条文说明计算。

$$H_c = 5.52c_u/\gamma = 5.52 \times 12/16 = 4.14\text{m}$$

5. 答案(B)

解:据《铁路工程特殊岩土工程勘察规程》(TB 10038—2012)第 6.4.2 条条文说明计算。

$$H_c = 5.52c_u/\gamma = 5.52 \times 8/18.5 = 2.387\text{m}$$

6. 答案(C)

解:据《铁路工程特殊岩土勘察规程》(TB 10038—2012)第 8.5.5 条计算。

地表冻胀量:$\Delta h = 186.288 - 186.128 = 0.16\text{m}$

平均冻胀率:$\eta = \dfrac{0.16}{2-0.16} = 0.0869 = 8.69\%$

7. 答案(C)

解:据《铁路工程特殊岩土勘察规程》(TB 10038—2012)第 8.5.5 条计算。

地表冻胀量:$\Delta z = 195.586 - 195.426 = 0.16\text{m}$

平均冻胀率:$\eta = \dfrac{\Delta z}{Z_d} \times 100\% = \dfrac{0.16}{2.0-0.16} \times 100\% = 8.7\%$

8. 答案(B)

解:据《建筑地基基础设计规范》(GB 50007—2011)第 5.1.7 条和附录 G 第 G.0.1 条计算。

场地冻结深度:$z_d = h' - \Delta z = -2.8 - (160.850 - 160.670) = 2.62\text{m}$

平均冻胀率:$\eta = \dfrac{\Delta z}{z_d} = \dfrac{160.850-160.670}{2.62} = 6.87\%$

$$w_p + 5 = 27 < w = 30 < w_p + 9 = 31$$

冻结期间地下水位距地表的最小距离:$h_w = 3.5 - 2.8 = 0.7\text{m} < 2\text{m}$

平均冻胀率为 6.87%,划分为强冻胀土。

由于 $I_p = 45 - 22 = 23 > 22$,冻胀性降低一级,划分为冻胀。

9. 答案(C)

解:据《岩土工程勘察规范》(GB 50021—2001)(2009 年版)第 6.2.2 条计算。

含水比:$\alpha_w = \dfrac{w}{w_L} = \dfrac{51}{50} = 0.93$,该红黏土为软塑状态

液塑比:$I_r = \dfrac{w_L}{w_p} = \dfrac{55}{35} = 1.57$

界限液塑比:$I'_r = 1.4 + 0.0066w_L = 1.4 + 0.0066 \times 55 = 1.763$

$I_r < I'_r$,复浸水特性类别为 Ⅱ 类。

10. 答案(C)

解:据《岩土工程勘察规范》(GB 50021—2001)(2009 年版)第 6.9.4 条文说明计算。

含水量:$w_f = \dfrac{w - 0.01 w_A p_{0.05}}{1 - 0.01 p_{0.05}} = \dfrac{18 - 0.01 \times 5 \times (100-70)}{1 - 0.01 \times (100-70)} = 23.6$

塑性指数:$I_p = w_L - w_p = 30 - 18 = 12$

液性指数:$I_L = \dfrac{w_L - w_p}{I_P} = \dfrac{23.6-18}{12} = 0.47$

11. 答案(B)

解:据《铁路工程特殊岩土勘察规程》(TB 10038—2012)第 6.2.4 条文说明计算。

$$H_c = \dfrac{5.52c_u}{\gamma} = \dfrac{5.52 \times 13.6}{17.5} \approx 4.3\text{m}$$

12. 答案(B)

解：据《铁路工程特殊岩土工程勘察规程》(TB 10038—2012)第 8.5.5 条、附录 D

平均冻胀率：$\eta = \dfrac{\Delta z}{h - \Delta z} = \dfrac{194.75 - 194.65}{2.5 - (194.75 - 194.65)} = 4.17\%$，冻胀等级为Ⅲ级冻胀

$w_p = 23 > 22$，冻胀性应降低一级，该土层的冻胀类别为Ⅱ级弱冻胀。

13. 答案(B)

解：据《建筑地基基础设计规范》(GB 50007—2011)第 5.3.5 条、附录表 K.0.1-2 计算。

平均冻胀率：$\eta = \dfrac{\Delta z}{z_d} = \dfrac{250.396 - 250.235}{250.235 - 248.181} = 7.84\%$，为Ⅳ级、强冻胀

$I_p = 45 - 21 = 23 > 22$，冻胀性降低一级，为Ⅲ级、冻胀。

14. 答案(D)

解：据《岩土工程勘察规范》(GB 50021—2001)(2009 年版)第 6.6.2 条计算。

冻土试样融化前的孔隙比：$e_1 = \dfrac{d_s \rho_w (1 + 0.01w)}{\rho} - 1$

$= \dfrac{2.70 \times 1.0 \times (1 + 0.438)}{1.9} - 1 = 1.043$

冻土试样融化后的孔隙比：$e_2 = \dfrac{d_s \rho_w (1 + 0.01w)}{\rho} - 1$

$= \dfrac{2.70 \times 1.0 \times (1 + 0.25)}{2.0} - 1 = 0.688$

融化下沉系数：$\delta_0 = \dfrac{e_1 - e_2}{1 + e_1} = \dfrac{1.043 - 0.688}{1 + 1.043} = 17.4\%$，该粉土为饱冻土层。

第五讲　岩溶与土洞

1. 答案(C)

解：据《公路路基设计规范》(JTG D30—2015)第 7.6.3 条计算。

$$\beta = \dfrac{45° + \dfrac{\varphi}{2}}{K} = \dfrac{45° + \dfrac{60°}{2}}{1.25} = 60°$$

$$L = H_2 \cot\beta = 6 \times \cot 60° = 3.46 \text{m}$$

$$L_1 = L + H_1 = 3.46 + 2 = 5.46 \text{m}$$

2. 答案(B)

解：据《铁路工程地质手册》相关内容计算。

用降水入渗法计算：

$$Q = 2.74\alpha WA = 2.74 \times 0.4 \times \dfrac{1800 \times 10^{-3}}{365} \times 10 \times 10^6 = 54049.3 \text{m}^3/\text{d}$$

用地下径流模数法计算：

$$Q = MA = \dfrac{Q'}{F}A = \dfrac{50 \times 10^4}{100} \times 10 = 5 \times 10^4 \text{m}^3/\text{d}$$

3. 答案(A)

解：据《公路路基设计规范》(JTG D30—2015)第 7.5.4 条计算。

由公式 $L = H\cot\beta$ 和 $\beta = \dfrac{45° + \dfrac{\varphi}{2}}{k}$，算出地下溶洞坍塌扩散在岩层中的影响范围，再加上

岩层上覆土层的塌陷影响范围(扩散角取 45°,即为土层厚度),就是最小安全距离。
$$L = 2.5 + 4 = 6.5\text{m}$$

4. 答案(B)

解:$H = \dfrac{H_0}{k-1} = \dfrac{2}{1.2-1} = 10\text{m}, h = 17 - 10 = 7\text{m}$。

5. 答案(C)

解:据《公路路基设计规范》(JTG D30—2015)第 7.6.3 条计算。
$$L = H\cot\beta = (12+3-2)\cot(90°-25°) = 6.06\text{m}$$

第六讲 滑坡与崩塌

1. 答案(D)

解:据《建筑地基基础设计规范》(GB 50007—2011)第 6.4.3 条计算。

$\psi_5 = \cos(\alpha_i - \alpha_{i+1}) - \sin(\alpha_i - \alpha_{i+1})\tan\varphi_{i+1} = \cos(35°-20°) - \sin(35°-20°)\tan 18°$
$\quad = 0.882$

$F_i = \psi_{i-1}F_{i-1} + \gamma_t G_i \sin\alpha_i - G_i \cos\alpha_i \tan\varphi_i - c_i l_i$

$F_6 = 0.882 \times 380 + 1.15 \times 420 \times \sin 20° - 420 \times \cos 20° \times \tan 18° - 11.3 \times 12$
$\quad = 236.5\text{kN/m}$

$F_{6H} = F_6 \cos\alpha_6 = 236.5 \times \cos 20° = 222.2\text{kN/m}$

2. 答案(C)

解:据《建筑地基基础设计规范》(GB 50007—2011)第 6.4.3 条计算。

$G_{1t} = G_1 \sin\beta_1 = 500 \times \sin 25° = 211.3, G_{1n} = G_1 \cos\beta_1 = 500 \times \cos 25° = 453.2$

$G_{2t} = G_2 \sin\beta_2 = 900 \times \sin 10° = 156.3, G_{2n} = G_2 \cos\beta_2 = 900 \times \cos 10° = 886.3$

$G_{3t} = G_3 \sin\beta_3 = 700 \times \sin 22° = 262.2, G_{3n} = G_3 \cos\beta_3 = 700 \times \cos 22° = 649.0$

$\psi_2 = \cos(\beta_1 - \beta_2) - \sin(\beta_1 - \beta_2)\tan\varphi_2 = \cos(25°-10°) - \sin(25°-10°) \times \tan 10° = 0.920$

$\psi_3 = \cos(\beta_2 - \beta_3) - \sin(\beta_2 - \beta_3)\tan\varphi = \cos(10°-22°) - \sin(10°-22°) \times \tan 10° = 1.015$

$F_1 = \gamma_t G_t - G_n \tan\varphi_1 - c_1 L_1 = 1.15 \times 211.3 - 453.2 \times \tan 10° - 10 \times 11.03 = 52.8$

$F_2 = F_1 \psi_2 + \gamma_t G_{2t} - G_{2n} \tan\varphi_2 - c_2 L_2$
$\quad = 52.8 \times 0.920 + 1.15 \times 156.3 - 886.3 \times \tan 10° - 10 \times 10.15 = -29.5\text{kN/m}$

第二块滑坡推力为负值,表示自该块以上滑坡稳定。计算 F_3 时,取 $F_2 = 0$,则:

$F_3 = F_2 \psi_3 + \gamma_t G_{3t} - G_{3n} \tan\varphi_3 - c_3 L_3$
$\quad = 0 \times 1.015 + 1.15 \times 262.2 - 649.0 \times \tan 10° - 10 \times 10.79 = 79.2\text{kN/m}$

3. 答案(B)

解:据《工程地质手册》(第四版)第 548 页计算。
$$K = \dfrac{W_2 d_2 + cLR}{W_1 d_1} = \dfrac{315 \times 2.7 + 19 \times 25 \times 12.5}{1300 \times 5.2} = 1.004$$

4. 答案(A)

解:据《建筑地基基础设计规范》(GB 50007—2011)第 6.4.3 条计算。

滑坡体正好处于极限平衡状态,假定 $\gamma_t = 1.0$,即第二块的剩余下滑推力 $F_2 = 0$。

第一块的剩余下滑推力:

$F_1 = W_1 \sin\alpha_1 - cL_1 - W_1 \cos\alpha_1 \tan\varphi$
$\quad = 600 \times \sin 30° - c \times 11.55 - 600 \times \cos 30° \times \tan 10° = 208.4 - 11.55c$

滑坡推力传递系数：
$$\psi = \cos(\alpha_1 - \alpha_2) - \sin(\alpha_1 - \alpha_2)\tan\varphi_2 = \cos(30° - 10°) - \sin(30° - 10°)\tan 10° = 0.879$$

第二块的剩余下滑推力：
$$\begin{aligned}F_2 &= W_2\sin\alpha_2 - cl_2 - W_2\cos\alpha_2\tan\varphi + \psi F_1 \\ &= 1000\times\sin 10° - c\times 10.15 - 1000\times\cos 10°\times\tan 10° + 0.879\times(208.4 - 11.55c) \\ &= 183.2 - 20.3c\end{aligned}$$

令 $F_2 = 0$，可得：$c = 183.2/20.3 = 9.02\text{kPa}$

5. **答案**(C)

解：据《岩土工程勘察规范》(GB 50021—2001)(2009年版)第 5.2.8 条及条文说明计算。

$$F_s = \frac{\sum_{i=1}^{n-1}(R_i\prod_{j=i}^{n-1}\psi_j) + R_n}{\sum_{i=1}^{n-1}(T_i\prod_{j=i}^{n-1}\psi_j) + T_n} = \frac{R_1\psi_1\psi_2 + R_2\psi_2 + R_3}{T_1\psi_1\psi_2 + T_2\psi_2 + T_3}$$

$$= \frac{9000\times 0.756\times 0.947 + 80000\times 0.947 + 28000}{35000\times 0.756\times 0.947 + 93000\times 0.947 + 10000} = 0.895$$

6. **答案**(C)

解：据《建筑地基基础设计规范》(GB 50007—2011)第 6.4.3 条计算。

$F_n = F_{n-1}\psi + \gamma_t G_{nt} - G_{nn}\tan\varphi_n - c_n l_n, F_s = 1.05$

$F_1 = 1.05\times 3.5\times 10^4 - 0.9\times 10^4 = 2.775\times 10^4 \text{kN/m}$

$F_2 = 2.775\times 10^4\times 0.756 + 1.05\times 9.3\times 10^4 - 8\times 10^4 = 3.863\times 10^4 \text{kN/m}$

$F_3 = 3.863\times 10^4\times 0.947 + 1.05\times 1\times 10^4 - 2.8\times 10^4 = 1.908\times 10^4 \text{kN/m}$

7. **答案**(B)

解：采用反演分析法：

$$F_s = \frac{R_1\psi_1 + R_2}{T_1\psi_1 + T_2}$$

因为 $F_s = 1$，所以 $R_1\psi_1 + R_2 = T_1\psi_1 + T_2$

断面Ⅰ：

$R_1 = G_1\cos\theta_1\tan\varphi_1 + c_1 l_1 = 696\cos 30°\tan\varphi + 11c = 602.8\tan\varphi + 11c$

$R_2 = G_2\cos\theta_2\tan\varphi_2 + c_2 l_2 = 950\cos 10°\tan\varphi + 13.6c = 935.6\tan\varphi + 13.6c$

$T_1 = G_1\sin\theta_1 = 696\times\sin 30° = 348, T_2 = G_2\sin\theta_2 = 950\times\sin 10° = 165$

$\psi_1 = \cos(\theta_1 - \theta_2) - \sin(\theta_1 - \theta_2)\tan\varphi = \cos(30° - 10°) - \sin(30° - 10°)\tan\varphi$
$= 0.94 - 0.34\tan\varphi$

$(602.8\tan\varphi + 11c)\times(0.94 - 0.34\tan\varphi) + 935.6\tan\varphi + 13.6c = 348\times(0.94 - 0.34\tan\varphi) + 165$

整理得：$205\tan\varphi^2 + 3.7\cot\varphi - 1620.5\tan\varphi - 23.9c + 492.1 = 0$ ①

断面Ⅱ：

$R_1 = 645\times\cos 35°\tan\varphi + 11.5c = 528.4\tan\varphi + 11.5c$

$R_2 = 1095\times\cos 10°\tan\varphi + 15.8c = 1078.4\tan\varphi + 15.8c$

$T_1 = 645\times\sin 35° = 370, T_2 = 1095\times\sin 10° = 190.1$

$\psi_1 = \cos(35° - 10°) - \sin(35° - 10°)\tan\varphi = 0.91 - 0.42\tan\varphi$

整理得 $221.9\tan\varphi^2 + 4.8\cot\varphi - 1714.6\tan\varphi - 26.3c + 526.8 = 0$ ②

解方程①、②得 $\begin{cases} c=8.0\text{kPa} \\ \varphi=11° \end{cases}$

8. 答案(A)

解：据《建筑边坡工程技术规范》(GB 50330—2013)第 5.2.6 条、附录 A.0.2 条计算。

滑坡体自重：$G=\gamma V=20\times 10000=2\times 10^5\text{kN}$

水平地震加速度为 0.1g，查得边坡综合水平地震系数 $\alpha_w=0.025$

滑坡体水平地震力：$Q_e=\alpha_w G=0.025\times 2\times 10^5=5000\text{kN}$

稳定性系数：

$$F_s=\frac{(G\cos\alpha-Q_e\sin\alpha)\tan\varphi+cA}{G\sin\alpha+Q_e\cos\alpha}=\frac{(2\times 10^5\times\cos20°-5000\times\sin20°)\times\tan30°+0}{2\times 10^5\times\sin20°+5000\times\cos20°}=1.47$$

9. 答案(C)

解：据《铁路路基支挡结构设计规范》(TB 10025—2006)第 12.2.4 条条文说明计算。

$$\beta=\frac{45°}{A+1}+\frac{2A+1}{2(A+1)}\varphi-\alpha=\frac{45°}{0.5+1}+\frac{2\times 0.5+1}{2\times(0.5+1)}\times 18°-27°=15°$$

10. 答案(B)

解：如解图所示，计算如下：岩块重量 $W=2.6\times 4.6\times 25=299\text{kN/m}$

平行坡面的静水压力 $E_N=\frac{1}{2}\times 10\times 4.6^2\times\cos20°=99\text{kN/m}$

$$K_1=\frac{\text{抗滑移作用力}}{\text{下滑作用力}}=\frac{299\times\cos20°\times\tan16°+50\times 2.6}{299\times\sin20°+99}=\frac{210.57}{201.26}=1.05$$

$$K_2=\frac{\text{抗倾覆力矩}}{\text{倾覆力矩}}=\frac{299\times 0.435}{99\times 4.6/3}=\frac{130.07}{151.8}=0.86$$

由于 $K_2<K_1$，选其小者 $K_2=0.86$。

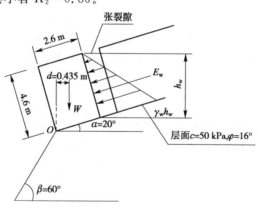

题 10 解图

11. 答案(A)

解：据《铁路工程不良地质勘察规程》(TB 10027—2012)第 A.0.2 条计算。

$$V=\frac{1}{2}\gamma_w h_w^2=\frac{1}{2}\times 10\times 8^2=320\text{kN}$$

下滑力为 $T=W\sin\beta+V\cos\beta=1500\times\sin30°+320\times\cos30°=1027\text{kN/m}$

12. 答案(B)

解：解法一：如解图所示。

$AD=AB\sin(90°-55°)=5.736\text{m}$，$\angle CAD=90°-20°-(90°-35°)=15°$

$$AC = \frac{AD}{\cos 15°} = \frac{5.736}{\cos 15°} = 5.938\text{m}, AC + 1.5 = 5.938 + 1.5 = 7.438\text{m}$$

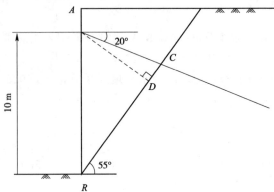

题12解图

解法二：据《建筑基坑支护技术规程》(JGJ 120—2012)第4.7.5条计算。

$45° + \frac{\varphi}{2} = 55°, \varphi_m = 20°$

$$l_f = \frac{(a_1 + a_2 - d\tan\alpha)\sin(45° - \varphi_m/2)}{\sin(45° + \varphi_m/2 + \alpha)} + \frac{d}{\cos\alpha} + 1.5$$

$$= \frac{(10-0) \times \sin(45° - 20°/2)}{\sin(45° + 20°/2 + 20°)} + 0 + 1.5 = \frac{10 \times 0.5736}{0.9659} + 1.5 = 7.438\text{m}$$

13. **答案**（B）

解：据《建筑地基基础设计规范》(GB 50007—2011)第6.4.3条计算。

第1块的剩余下滑力：

$F_1 = F_{n-1}\psi + \gamma_t G_{nt} - G_{nn}\tan\varphi_n - c_n l_n = F_{n-1}\psi + \gamma_t G_{nt} - R_n = 0 + 1.05 \times 3600 - 1100$
$= 2680\text{kN/m}$

第2块的剩余下滑力：$F_2 = 2680 \times 0.76 + 1.05 \times 8700 - 7000 = 4171.8\text{kN/m}$

第3块的剩余下滑力：$F_3 = 4171.8 \times 0.9 + 1.05 \times 1500 - 2600 = 2729.62\text{kN/m}$

14. **答案**（C）

解：①抗滑力矩：

$$F_s = \frac{M_f}{M_T} = 1, M_f = M_T = W_1 d_1 = F_1 \gamma_1 d_1 = 30.2 \times 17 \times 3.2 = 1642.88$$

②压脚后的稳定性系数：

$$F'_s = \frac{M_f + M_3}{M_T} = \frac{1642.88 + 9 \times 20 \times 3}{1642.88} = 1.33$$

15. **答案**（A）

解：据《工程地质手册》（第四版）第557页计算。

A点（未出现裂缝）的拉应力 $\sigma_{A拉} = \frac{My}{I}$

$$M = \frac{1}{2}\gamma h l^2 = \frac{1}{2} \times 22 \times 6 \times 8^2 = 4224, I = \frac{h^3}{12} = \frac{6^3}{12} = 18, y = \frac{h}{2} = \frac{6}{2} = 3$$

$$\sigma_{A拉} = \frac{4224 \times 3}{18} = 704\text{Pa}$$

$$K = \frac{[\sigma_{A抗}]}{[\sigma_{A拉}]} = \frac{1.5 \times 10^3}{704} = 2.13$$

16. 答案(B)

解: 据《土力学》无黏性土坡稳定性计算。

$$K = \frac{\gamma'_{sat}}{\gamma_{sat}} \cdot \frac{\tan\varphi}{\tan\alpha} = \frac{20-10}{20} \cdot \frac{\tan30°}{\tan\alpha} = 1$$

解得:$\alpha = 16.1°$

17. 答案(A)

解: 据《建筑地基基础设计规范》(GB 50007—2011)第6.4.3条计算。

$$F_n = F_{n-1}\psi + \gamma_t G_{nt} - G_{nn}\tan\varphi_n - c_n l_n$$

$$\begin{aligned}F_1 &= \gamma_t G_{nt} - G_{nn}\tan\varphi_n - c_n l_n = G_1 - G_{1n}\tan\varphi_1 - c_1 l_1 \\ &= 500 \times \sin30° + 500 \times \cos30° \times \tan10° - c \times 12 = 173.65 - 12c\end{aligned}$$

$$\psi = \cos(\beta_{n-1} - \beta_n) - \sin(\beta_{n-1} - \beta_n)\tan\varphi_n = \cos(30° - 10°) - \sin(30° - 10°)\tan10° = 0.8794$$

$$\begin{aligned}F_2 &= F_1\psi + \gamma_t G_{2t} - G_{2n}\tan\varphi_2 - c_2 l_2 \\ &= (173.65 - 12c) \times 0.8794 + 1 \times 800 \times \sin10° - 800 \times \cos10° \times \tan10° - c \times 10 \\ &= 152.77 - 20.55c \\ &= 0\end{aligned}$$

解得:$c = 7.43$kPa

18. 答案(C)

解: 滑坡主滑段后面的牵引段的大主应力 σ_1 为土体铅垂方向的自重力,小主应力 σ_3 为水平压应力。因滑动失去侧向支撑而产生主动土压破裂,破裂面(即滑坡壁)与水平面(即大主应力作用面)夹角 $\beta = 45° + \varphi/2 = 45° + 40°/2 = 65°$。

19. 答案(B)

解: 如解图所示。计算如下:

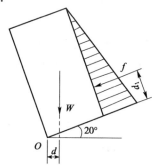

题19解图

$$K = \frac{Wd}{fd_1} = \frac{\gamma bl \times d}{\frac{1}{2}\gamma_w h_w^2 \cos20° \times \frac{h_w}{3}} = \frac{24 \times 2.6 \times 4.6 \times 0.44}{\frac{10}{2} \times 4.6^2 \times \cos20° \times \frac{4.6}{3}} = 0.83$$

20. 答案(B)

解: 据《建筑边坡工程技术规范》(GB 50330—2013)附录 A.0.2条计算。

滑体体积 $V = \frac{1}{2}H^2\cot\beta - \frac{1}{2}H^2\cot\alpha = \frac{1}{2} \times 20 \times 20 \times (\cot30° - \cot45°) = 146.4$m³

滑体重量 $W = \gamma V = 25 \times 146.4 = 3660$kN

$$F = \frac{cl + (W\cos\beta + P)\tan\varphi}{W\sin\beta} = \frac{15 \times \frac{20}{\sin30°} + (3660 \times \sin30° + P) \times \tan20°}{3660 \times \sin30°} = 1.35$$

施加法向力:$P = 1969$kN

21. 答案(B)

解：据《全国注册岩土工程师专业考试培训教材》第八篇第八章式(8.2.4)计算。

(1) 裂隙端点B处的拉应力：$\sigma_{B拉} = \dfrac{3L^2 \gamma h}{(h-a)^2}$

(2) 当岩体处于拉裂式崩塌极限平衡时，$K=1$，则 $\dfrac{[\sigma_{B拉}]}{\sigma_{B拉}} = 1$

$$a = h - \sqrt{\dfrac{3L^2 \gamma h}{[\sigma_{拉}]}} = 5 - \sqrt{\dfrac{3 \times 7^2 \times 24 \times 5}{0.9 \times 10^3}} = 0.573 \text{m}$$

22. 答案(C)

解：据《岩土工程勘察规范》(GB 50021—2001)(2009年版)第5.2.8条条文说明计算。

$R_1 = G_1 \cos\beta_1 \tan\varphi_1 + c_1 L_1 = 700 \times \cos30° \times \tan12° + 10 \times 12 = 248.878 \text{kN/m}$

$T_1 = G_1 \sin\beta_1 = 700 \times \sin30° = 350.0 \text{kN/m}$

$\psi = \cos(\beta_1 - \beta_2) - \sin(\beta_1 - \beta_2)\tan\varphi_2 = \cos(30° - 10°) - \sin(30° - 10°)\tan10° = 0.8794$

$R_1 = G_2 \cos\beta_2 \tan\varphi_2 + c_2 L_2 = 820 \times \cos10° \times \tan10° + 10 \times 12 = 262.369 \text{kN/m}$

$T_2 = G_2 \sin\beta_2 = 820 \times \sin10° = 142.392 \text{kN/m}$

$F_s = \dfrac{R_1 \psi + R_2}{T_1 \psi + T_2} = \dfrac{248.878 \times 0.8794 + 262.369}{350 \times 0.8794 + 142.392} = 1.07$

23. 答案(B)

解：抗倾覆力矩主要是危岩的自重产生的力矩，可以分成一个矩形和一个三角形块两部分来计算(见解图)，沿坡取计算宽度1m，则：

$BC = \dfrac{AD}{\sin60°} = 5.77 \text{m}, EC = \dfrac{AD}{\tan60°} = 2.89 \text{m}$

$W_1 = AD \times AB \times \gamma = 5 \times 2 \times 23 = 230 \text{kN}$

$W_2 = 0.5 \times BE \times EC \times \gamma = 0.5 \times 5 \times 2.89 \times 23 = 166.18 \text{kN}$

$P_w = 0.5 \times BE \times \gamma_w \times BC = 0.5 \times 5 \times 10 \times 5.77 = 144.25 \text{kN}$

$P_{w竖} = P_w \times \cos60° = 73.13 \text{kN}, P_{w水平} = P_w \times \sin60° = 124.92 \text{kN}$

$M_R = W_1 \times \dfrac{AB}{2} + W_2 \times (AB + \dfrac{EC}{2})$

$\quad = 230 \times \dfrac{2}{2} + 166.18 \times (2 + \dfrac{2.89}{3}) = 722.45 \text{kN} \cdot \text{m}$

$M_S = P_{w竖} \times (AB + \dfrac{EC}{3}) + P_{w水平} \times \dfrac{AD}{3}$

$\quad = 72.13 \times (2 + \dfrac{2.89}{3}) + 124.92 \times \dfrac{5}{3} = 421.92 \text{kN} \cdot \text{m}$

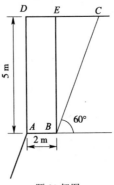

题23解图

$$K_s = \frac{M_R}{M_S} = \frac{722.45}{421.92} = 1.71$$

24. 答案(D)

解:据《铁路工程不良地质勘察规程》(TB 10027—2012)附录 A 计算。

后缘裂缝静水压力:$V = \frac{1}{2}\gamma_w z_w^2 = \frac{1}{2} \times 10 \times 10^2 = 500 \text{kN/m}$

裂隙面孔压:$u = \frac{1}{2}\gamma_w z_w L = \frac{1}{2} \times 10 \times 10 \times 30 = 1500 \text{kN/m}$

$$K_s = \frac{(G\cos\beta - u - V\sin\beta)\tan\varphi + cL}{G\cos\beta + V\cos\beta}$$

即 $\frac{(6450 \times \cos30° - 1500 - 500 \times \sin30°)\tan\varphi + 30 \times 65}{6450 \times \sin30° + 500 \times \cos30°} = 1.0$

解得:$\varphi = 24°$

25. 答案(A)

解:据《土力学》无黏性土坡稳定性计算。

渗水之前:$K_s = \frac{\tan\varphi}{\tan\beta} = \frac{\tan36°}{\tan25°} = 1.56$

渗水之后:$K_s = \frac{\gamma'_{sat}}{\gamma_{sat}} \cdot \frac{\tan\varphi}{\tan\beta} = \frac{22-10}{22} \times \frac{\tan33°}{\tan25°} = 0.76$

26. 答案(C)

解:据《工程地质手册》(第四版)第 556 页计算。

$$W = 3.2 \times 6.5 \times 2.6 \times 10 = 540.8 \text{kN/m}$$

水平地震作用:$F = W\alpha_h = 540.8 \times 0.2 = 108.16 \text{kN/m}$

$$K = \frac{6Wa}{10h_0^3 + 3Fh} = \frac{6 \times 540.8 \times (3.2/2)}{10 \times 6.5^3 + 3 \times 108.16 \times 6.5} \approx 1.07$$

27. 答案(C)

解:据《公路路基设计规范》(JTG D30—2015)第 7.2.2 条计算。

根据一、二块传递系数反算内摩擦角:$\psi_i = \cos(\alpha_{i-1} - \alpha_i) - \sin(\alpha_{i-1} - \alpha_i)\tan\varphi_i$

即 $\psi_2 = 0.85 = \cos(35° - 26°) - \sin(35° - 26°) \times \tan\varphi$

求得:$\tan\varphi = 0.88, \varphi = 41.35°$

则 $\psi_3 = \cos(26° - 26°) - \sin(26° - 26°) \times 0.88 = 1.00$

逐块剩余下滑力计算,$T_i = F_s W_i \sin\alpha_i + \psi_{i-1} T_{i-1} - W_i \cos\alpha_i \tan\varphi_i - c_i l_i$

$T_1 = 1.2 \times 5000 + 0 - 2100 = 3900 \text{kN/m}$

$T_2 = 1.2 \times 6500 + 0.85 \times 3900 - 5100 = 6015 \text{kN/m}$

$T_3 = 1.2 \times 2800 + 1.00 \times 6015 - 3500 = 5875 \text{kN/m}$(即为挡墙所受每延米作用力)

28. 答案(B)

解:据《岩土工程勘察规范》(GB 50021—2001)(2009 年版)第 5.2.8 条条文说明计算。

$\psi_j = \cos(\theta_i - \theta_{i+1}) - \sin(\theta_i - \theta_{i+1})\tan\varphi_{i+1}$

$$\psi_1 = \cos(30°-25°) - \sin(30°-25°)\tan16° = 0.971$$

$$\psi_2 = \cos(25°+5°) - \sin(25°+5°)\tan16° = 0.723$$

$$R_i = N_i\tan\varphi_i + c_i l_i = G_i\cos\theta_i\tan\varphi_i + c_i l_i, \quad T_i = G_i\sin\varphi_i$$

$$R_1 = 54.5 \times 19 \times \cos30°\tan19° + 10 \times 16 = 468.78\text{kN}$$

$$T_1 = 54.5 \times 19 \times \sin30° = 517.75\text{kN}$$

$$R_2 = (43 \times 19 + 27.5 \times 9.5) \times \cos25°\tan16° + 7 \times 12 = 364.22\text{kN}$$

$$T_2 = (43 \times 19 + 27.5 \times 9.5) \times \sin25° = 455.69\text{kN}$$

$$R_3 = 20 \times 9.5 \times \cos(-5°)\tan16° + 8 \times 7 = 110.27\text{kN}$$

$$T_3 = 20 \times 9.5 \times \sin(-5°) = -16.56\text{kN}$$

$$F_s = \frac{\sum_{i=1}^{n-1}(R_i\prod_{j=i}^{n-1}\psi_j) + R_n}{\sum_{i=1}^{n-1}(T_i\prod_{j=i}^{n-1}\psi_j) + T_n} = \frac{468.78 \times 0.971 \times 0.723 + 364.22 \times 0.723 + 110.27}{517.75 \times 0.966 \times 0.723 + 455.69 \times 0.723 - 16.56} = 1.04$$

29. 答案(C)

解：据《岩土工程勘察规范》(GB 50021—2001)(2009年版)第3.2.1条、第5.3.2条、附录A.0.3条计算。

边坡高度为8m，破坏后果严重，可知边坡安全等级为二级

临时边坡，边坡治理后稳定安全系数应达到1.20

剩余下滑力：$P_i = P_{i-1}\psi_{i-1} + T_i - R_i/F_s$

传递系数：$\psi_{i-1} = \cos(\theta_{i-1}-\theta_i) - \sin(\theta_{i-1}-\theta_i)\tan\varphi_i/F_s$

边坡处理前：

$$\psi_1 = \cos(39°-30°) - \sin(39°-30°)\tan\varphi_2/0.45 = 0.920, \text{得} \tan\varphi_2 = 0.195$$

$$\psi_2 = \cos(30°-23°) - \sin(30°-23°)\tan\varphi_3/0.45 = 0.940, \text{得} \tan\varphi_3 = 0.194$$

边坡处理后：

$$\psi_1 = \cos(39°-30°) - \sin(39°-30°) \times 0.195/1.2 = 0.962$$

$$\psi_2 = \cos(30°-23°) - \sin(30°-23°) \times 0.194/1.2 = 0.973$$

$$P_1 = T_1 - R_1/F_s = 40.44 - 16.99/1.2 = 26.28\text{kN/m}$$

$$P_2 = P_1\psi_1 + T_2 - R_2/F_s = 26.28 \times 0.962 + 242.62 - 95.68/1.2 = 188.17\text{kN/m}$$

$$P_3 = P_2\psi_2 + T_3 - R_3/F_s = 188.17 \times 0.973 + 277.45 - 138.35/1.2 = 345.25\text{kN/m}$$

30. 答案(B)

解：根据整体圆弧滑动法计算。

$$F_s = \frac{\text{抗滑力矩}}{\text{滑动力矩}} = \frac{c \cdot L \cdot R + W_2 \times d_2}{W_1 \times d_1} = \frac{c \times 28 \times 14 + 350 \times 2.5}{1450 \times 4.5} = 1.0$$

解得：$c = 14.4\text{kPa}$

第七讲 泥 石 流

1. 答案(D)

解:据《铁路工程地质手册》相关内容计算。

泥石流流体密度 $\rho_c = (1-0.8) \times 1 + 0.8 \times 2.7 = 2.36 \text{ t/m}^3$

$$Q_c = Q(1 + \frac{\rho_c - 1}{\rho - \rho_c})m = 100 \times (1 + \frac{2.36 - 1}{2.7 - 2.36}) \times 2 = 1000 \text{ m}^3/\text{s}$$

2. 答案(A)

解:根据题意计算。

$$\rho_m = \frac{2.7 \times 10^3 \times 0.6 + 1.0 \times 10^3 \times 0.4}{0.6 + 0.4} = 2.02 \times 10^3 \text{ kg/m}^3$$

3. 答案(C)

解:$v_c = \sqrt{\frac{R_0 \sigma g}{B}} = \sqrt{\frac{30 \times (1028 - 1025) \times 9.81}{22}} = 6.33 \text{ m/s}$

4. 答案(C)

解:据《工程地质手册》(第四版)第561页计算。

根据题意,已知 $d_s = 2.6$,$\rho_m = 1.38 \text{t/m}^3$,查表6-3-3,得:$\alpha = 1.37$

粗糙系数:$m_m = 4.9$

泥石流水力半径:$R_m = \frac{F}{x} = \frac{560}{140} = 4.0 \text{m}$

泥石流流面纵坡比降:$i = 4\% = 0.04$

泥石流流速:$v_m = \frac{m_m}{\alpha} R_m^{\frac{2}{3}} I^{\frac{1}{2}} = \frac{4.9}{1.37} \times 4^{\frac{2}{3}} \times 0.04^{\frac{1}{2}} = 1.83 \text{m/s}$

5. 答案(B)

解:据《铁路工程不良地质勘察规程》(TB 10027—2012)第7.3.3条条文说明、附录C表C.0.1-5计算。

弯道处泥石流流速:$v_c = \sqrt{\frac{R_0 \sigma g}{B}} = \sqrt{\frac{\left(35 - \frac{15}{2}\right) \times 2 \times 10}{15}} = 6.09 \text{m/s}$

泥石流流体密度:$\rho = \frac{730}{0.5} = 1460 \text{kg/m}^3$,堆积有泥球,属稀性泥流。

第八讲 采 空 区

1. 答案(A)

解:据《岩土工程勘察规范》(GB 50021—2001)(2009年版)第5.5.5条及《工程地质手册》(第四版)第568页计算。

已知 $\eta_{max} = 1250 \text{mm}$,$\tan\beta = \tan 60° = 1.73$,$H = 110 \text{m}$

$r = \frac{H}{\tan\beta} = \frac{110}{1.73} = 63.58 \text{m}$

$i_{max} = \frac{\eta_{max}}{r} = \frac{1250}{63.58} = 19.66 \text{mm/m} > 10 \text{mm/m}$,不宜作为建筑场地。

2. 答案(B)

解：据《工程地质手册》第 568 页、《岩土工程勘察规范》(GB 50021—2001)(2009 年版)第 5.5.5 条计算。

(1)最大倾斜值：$i_{BC} = \dfrac{\Delta \eta_{BC}}{l} = \dfrac{30}{20} = 1.5\text{mm/m}$，$i_{AB} = i_{max} = \dfrac{\Delta \eta_{AB}}{l} = \dfrac{42}{20} = 2.1\text{mm/m}$

(2)最大水平变形：$\varepsilon = \dfrac{\Delta \xi}{l} = \dfrac{30}{20} = 1.5\text{mm/m}$

(3)曲率值：

$$l_{1-2} = \dfrac{1}{2} \times [(20 \times 1000 - 30) + (20 \times 1000 - 20)] = 19975\text{mm} = 19.975\text{m}$$

$$k_B = \dfrac{i_{AB} - i_{BC}}{l_{1-2}} = \dfrac{2.1 - 1.5}{19.975} = 0.03\text{mm/m}^2$$

该场地为相对稳定的场地。

3. 答案：(B)

解：据《工程地质手册》(第四版)第 557 页计算。

按题干要求的顶板临界深度法，顶板临界深度计算公式为：

$$H_0 = \dfrac{B\gamma + \sqrt{B^2 r^2 + 4Brp_0 \tan \cdot \tan^2(45° - \dfrac{\varphi}{2})}}{2\gamma \tan\varphi \tan^2(45° - \dfrac{\varphi}{2})}$$

$$= \dfrac{2 \times 22 + \sqrt{2^2 \times 22^2 + 4 \times 2 \times 22 \times 250 \times \tan 34° \tan^2(45° - \dfrac{34°}{2})}}{2 \times 22 \times \tan 34° \times \tan^2(45° - \dfrac{34°}{2})}$$

$$= 17.35\text{m}$$

$H_0 = 17.35\text{m}$，$H = 27 - 2 = 25\text{m}$，$1.5H_0 = 1.5 \times 17.35 = 26\text{m}$，$H_0 < H < 1.5H_0$

第九讲　地面沉降

1. 答案(C)

解：原地面的有效应力增量：$\Delta p_1 = 1 \times 18 + 2 \times 8 - 0 = 34\text{kPa}$

原水位处有效应力增量：$\Delta p_2 = (1 \times 18 + 8 \times 3) - 1 \times 18 = 24\text{kPa}$

原地面下 5.0m 处的有效应力增量：$\Delta p_3 = (1 \times 18 + 7 \times 8) - (1 \times 18 + 4 \times 8) = 24\text{kPa}$

$$s = \sum \dfrac{\Delta p_i}{E_{si}} h_i = \dfrac{\dfrac{1}{2} \times (34 + 24)}{500} \times 100 + \dfrac{24}{500} \times 400 = 25\text{cm}$$

2. 答案(A)

解：据土力学相关内容计算。

$s_i = \dfrac{\Delta p_i}{E_{si}} H_i$，即 $1250 = \dfrac{10 \times 30 \times 10^{-3} \times 0.5}{E_s} \times 30 \times 10^3 + \dfrac{10 \times 30 \times 10^{-3}}{E_s} \times 30 \times 10^3$

$E_s = 10.8\text{MPa}$

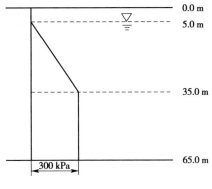

题 2 解图

3. 答案（B）

解：(1)降水后各土层的附加应力增量：

①黏土层中：$\sigma'_1 = \frac{1}{2} \times (14-10) \times 10 = 20 \text{kPa}$

②细砂层中：$\sigma'_2 = \frac{1}{2} \times (4 \times 10 + 20 \times 10) = 120 \text{kPa}$

③黏土层中：$\sigma'_3 = 20 \gamma_w = 20 \times 10 = 200 \text{kPa}$

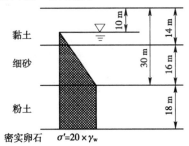

题 3 解图

(2)地面总沉降量 s 为：

$$s = \frac{a_1}{1+e_{01}}\sigma'_1 h_1 + \frac{\sigma'_2}{E_2}h_2 + \frac{a_3}{1+e_{03}}\sigma'_3 h_3$$

$$= \frac{0.3 \times 0.001}{1+0.83} \times 20 \times 4 \times 10^3 + \frac{120}{15 \times 1000} \times 16 \times 10^3 + \frac{0.18 \times 0.001}{1+0.61} \times 200 \times 18 \times 10^3$$

$$= 543.6 \text{mm}$$

4. 答案（D）

解： 据《土力学》地基变形计算相关知识分析如下。

第一层沉降：2~7m，厚 5m，$s_{1\infty} = \frac{\alpha}{1+e_0} \cdot \Delta p \cdot H = \frac{0.35}{1+0.7} \times 25 \times 5 = 25.74 \text{mm}$

第二层沉降：7~30m，厚 23m，$s_{2\infty} = \frac{\alpha}{1+e_0} \cdot \Delta p \cdot H = \frac{0.35}{1+0.7} \times 50 \times 5 = 236.76 \text{mm}$

总沉降：$s_\infty = s_{\infty 1} + s_{\infty 2} = 25.74 + 236.76 = 262.5 \text{mm}$

第九篇 地震工程

历年真题

第二讲 建筑场地的地段与类别划分

1. (03D33)已知有如图所示属于同一设计地震分组的 A、B 两个土层模型,试判断其场地特征周期 T_g 的大小,其说法正确的是(　　)。

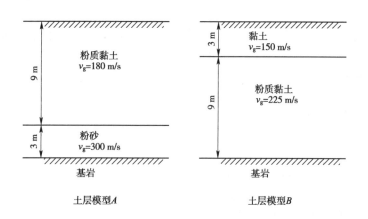

题 1 图

(A)土层模型 A 的 T_g 大于 B 的 T_g　　　(B)土层模型 A 的 T_g 等于 B 的 T_g
(C)土层模型 A 的 T_g 小于 B 的 T_g　　　(D)不能确定

2. (03D35)某场地抗震设防烈度为 7 度,场地典型地层条件见下表,地下水位深度为 1.00m,从建筑抗震来说场地类别属于(　　)。

题 2 表

成因年代	土层编号	土　名	层底深度/m	剪切波速/(m/s)
Q_4	1	粉质黏土	1.50	90
	2	粉质黏土	3.00	140
	3	粉砂	6.00	160
Q_3	4	细砂	11.0	350
		岩层		750

(A)I 类　　　　(B)II 类　　　　(C)III 类　　　　(D)IV 类

3. (04C34)某建筑场地土层条件及测试数据如下表所示,试判断该场地属(　　)

类别。

题 3 表

土 层 名 称	层底深度/m	剪切波速 v_s/(m/s)
填土	1.0	90
粉质黏土	3.0	180
淤泥质黏土	11.0	110
细砂	16	420
黏质粉土	20	400
基岩	>25	>500

(A)Ⅰ类　　　　(B)Ⅱ类　　　　(C)Ⅲ类　　　　(D)Ⅳ类

4.(05C29)某建筑场地土层柱状分布及实测剪切波速如下表所示,问在计算深度范围内土层的等效剪切波速最接近( )。

题 4 表

层序	岩 土 名 称	层厚 d_i/m	层底深度/m	实测剪切波速 v_{si}/(m/s)
1	填土	2.0	2.0	150
2	粉质黏土	3.0	5.0	200
3	淤泥质粉质黏土	5.0	10.0	100
4	残积粉质黏土	5.0	15.0	300
5	花岗岩孤石	2.0	17.0	600
6	残积粉质黏土	8.0	25.0	300
7	风化花岗岩			>500

(A)128m/s　　　(B)158m/s　　　(C)179m/s　　　(D)185m/s

5.(05D29)桥梁勘察的部分成果参见下表,根据勘察结果,进行结构的抗震计算时,地表以下 20m 深度内各土层的平均剪切模量 G_m 的计算结果最接近下列( )选项。

(注:重力加速度 $g=9.81$m/s²。)

题 5 表

序号	土层岩性	厚度/m	重度/(kN/m³)	剪切波速(m/s)
1	新近沉积黏性土	3	18.5	120
2	粉砂	5	18.5	138
3	一般黏性土	10	18.5	212
4	老黏性土	14	20	315
5	中砂	7	18.0	360
6	卵石	3	22.5	386
7	风化花岗岩			535

(A)65000kN/m²　　(B)70000kN/m²　　(C)75000kN/m²　　(D)80000kN/m²

6.(06C29)已知某建筑场地土层分布如下表所示,为了按《建筑抗震设计规范》

(GB 50011—2010)划分抗震类别,测量土层剪切波速的钻孔应达到(　　),并说明理由。

题 6 表

层　序	岩土名称和性状	层厚/m	层底深度/m
1	填土 $f_{ak}=150$kPa	5	5
2	粉质黏土 $f_{ak}=200$kPa	10	15
3	稍密粉细砂	15	30
4	稍密至中密圆砾	30	60
5	坚硬稳定基岩		

(A)15m　　　　　(B)20m　　　　　(C)30m　　　　　(D)60m

7.(06D05)某 10~18 层的高层建筑场地,抗震设防烈度为 7 度。地形平坦,非岸边和陡坡地段,基岩为粉砂岩和花岗岩,岩面起伏很大,土层等效剪切波速为 180m/s,勘察发现有一走向 NW 的正断层,见有微胶结的断层角砾岩,不属于全新世活动断裂,判别该场地对建筑抗震属于(　　)类别,简单说明判定依据。

(A)有利地段　　　　　　　(B)不利地段
(C)危险地段　　　　　　　(D)可进行建设的一般场地

8.(07C28)某建筑场地土层分布如下表所示,拟建 8 层建筑,高 24m。根据《建筑抗震设计规范》(GB 50011—2010),该建筑抗震设防类别为丙类。现无实测剪切波速,该建筑场地的类别划分可根据经验按(　　)考虑。

题 8 表

层　序	岩土名称和性状	层厚/m	层底深度/m
1	填土,$f_{ak}=150$kPa	5	5
2	粉质黏土,$f_{ak}=200$kPa	10	15
3	稍密粉细砂	10	25
4	稍密—中密的粗中砂	15	40
5	中密圆砾卵石	20	60
6	坚硬基岩		

(A)Ⅱ类　　　　　(B)Ⅲ类　　　　　(C)Ⅳ类　　　　　(D)无法确定

9.(07D28)土层分布及实测剪切波速如下表所示,则该场地覆盖层厚度及等效剪切波速应分别为(　　)。

题 9 表

层　序	岩土名称	层厚 d_i/(m)	层底深度/m	实测剪切波速 v_{si}/(m/s)
1	填土	2.0	2.0	150
2	粉质黏土	3.0	5.0	200
3	淤泥质粉质黏土	5.0	10.0	100
4	残积粉质黏土	5.0	15.0	300
5	花岗岩弧石	2.0	17.0	600
6	残积粉质黏土	8.0	25.0	300
7	风化花岗石	—	—	>500

(A)10m,128m/s (B)15m,158m/s
(C)20m,185m/s (D)25m,179m/s

10.(08C28)某8层民用住宅高24m。已知场地地基土层的埋深及性状如下表所示。则该建筑的场地类别可划分为( )的结果。

题10表

层　序	岩土名称	层底深度/m	性　状	f_{ak}/kPa
①	填土	1.0	—	120
②	黄土	7.0	可塑	160
③	黄土	8.0	流塑	100
④	粉土	12.0	中密	150
⑤	细砂	18.0	中密—密实	200
⑥	中砂	30.0	密实	250
⑦	卵石	40.0	密实	500
⑧	基岩	—	—	—

注：f_{ak}为地基承载力特征值。

(A)Ⅱ类 (B)Ⅲ类 (C)Ⅳ类 (D)无法确定

11.(09D29)如下图所示为某工程场地剪切波速测试结果,据此计算确定场地土层的等效剪切波速和场地的类别,( )的组合是合理的。

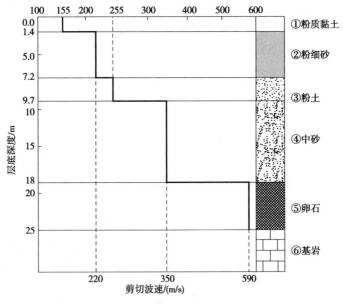

题11图

(A)173m/s,Ⅱ类 (B)261m/s,Ⅱ类
(C)193m/s,Ⅲ类 (D)290m/s,Ⅲ类

12.(11C28)某场地的钻孔资料和剪切波速测试结果见下表,按照《建筑抗震设计规范》(GB 50011—2010)确定的场地覆盖层厚度和计算得出的土层等效剪切波速 v_{se} 为( )。

题 12 表

土层序号	土层名称	层底深度/m	剪切波速/(m/s)
①	粉质黏土	2.5	160
②	粉细砂	7.0	200
③-1	残积土	10.5	260
③-2	孤石	12.0	700
③-3	残积土	15.0	420
④	强风化基岩	20.0	550
⑤	中风化基岩	—	—

(A)10.5m,200m/s　　　　　(B)13.5m,225m/s
(C)15.0m,235m/s　　　　　(D)15.0m,250m/s

13.(11D29)某场地设防烈度为8度,设计地震分组为第一组,地层资料见下表,则按照《建筑抗震设计规范》(GB 50011—2010)确定的特征周期最接近(　　)。

题 13 表

土　名	层底埋深/m	土层厚度/m	土层剪切波速/(m/s)
粉细砂	9	9	170
粉质黏土	37	28	130
中砂	47	10	230
粉质黏土	58	11	200
中砂	66	8	350
砾石	84	18	550
强风化岩	94	10	600

(A)0.20s　　　(B)0.35s　　　(C)0.45s　　　(D)0.55s

14.(13D29)某建筑场地设计基本地震加速度为0.2g,设计地震分组为第二组,土层柱状分布及实测剪切波速如下表所示。则该场地的特征周期最接近(　　)。

题 14 表

层　序	岩土名称	层厚d_i/m	层底深度/m	实测剪切波速v_{si}/(m/s)
1	填土	3.0	3.0	140
2	淤泥质粉质黏土	5.0	8.0	100
3	粉质黏土	8.0	16.0	160
4	卵石	15.0	31.0	480
5	基岩	—	—	>500

(A)0.30s　　　(B)0.40s　　　(C)0.45s　　　(D)0.55s

15.(14C29)某场地地层结构如下图所示。采用单孔法进行剪切波速测试,激振板长

2m,宽0.3m,其内侧边缘距孔口2m,触发传感器位于激振板中心;将三分量检波器放入钻孔内地面下2m深度时,实测波形图上显示剪切波初至时间为29.4ms。已知土层②～④和基岩的剪切波速如题图所示,试按《建筑抗震设计规范》(GB 50011—2010)计算土层的等效剪切波速,其值最接近( )。

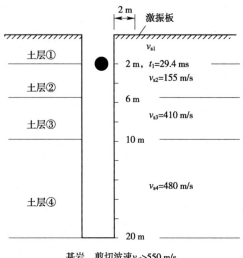

题15图

(A)109m/s (B)131m/s (C)142m/s (D)154m/s

16.(16C27)某建筑场地勘察资料见下表,按照《建筑抗震设计规范》(GB 50011—2010)的规定,土层的等效剪切波速最接近( )。

题16表

土 层 名 称	层底埋深/m	剪切波速/(m/s)
①粉质黏土	2.5	180
②粉土	4.5	220
③玄武岩	5.5	2500
④细中砂	20	290
⑤基岩	—	>500

(A)250m/s (B)260m/s (C)270m/s (D)280m/s

第三讲 土 的 液 化

1.(02C18)一砌体房屋承重墙条基埋深2m,基底以下为6m厚粉土层,粉土黏粒含量为9%,其下为12m厚粉砂层,粉砂层下为较厚的粉质黏土层,近期内年最高地下水位在地表以下5m,该建筑所在场地地震烈度为8度,设计基本地震加速度为0.2g,设计地震分组为第一组。勘察工作中为判断土及粉砂层密实程度,在现场沿不同深度进行了标准贯入试验,其实测$N_{63.5}$值如图所示,根据提供的标准贯入试验结果中有关数据,请分析该建筑场地地基土层是否液化,若液化,它的液化指数I_{lE}值是多少,下列( )项是与分析结果最接近的答案。

(A)不液化 (B)$I_{lE}=7.5$
(C)$I_{lE}=22.1$ (D)$I_{lE}=16.0$

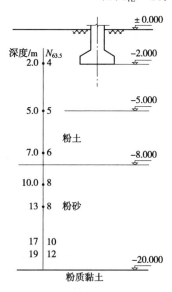

题1图(单位:m)

2.(02C21)某场地抗震设防烈度8度,设计地震分组为第一组,基本地震加速度0.2g,地下水位深度$d_w=4.0m$,土层名称、深度、黏粒含量及标准贯入锤击数如下表。按《建筑抗震设计规范》(GB 50011—2010)采用标准贯入实验法进行液化判别。则下列表中这四个标准贯入点中有( )点可判别为液化土。

题2表

土层名称	深度/m	标准贯入试验			黏粒含量 ρ_c
		编号	深度 d_s/m	实测值	校正值	
③粉土	6.0~10.0	3-1	7.0	5	4.5	12%
		3-2	9.0	8	6.6	10%
④粉砂	10.0~15.0	4-1	11.0	11	8.8	8%
		4-2	13.0	20	15.4	5%

(A)4个 (B)3个
(C)2个 (D)1个

3.(02C22)按照《公路工程抗震设计规范》(JTG B02—2013)关于液化判别的原理,某位于8度区的场地,地下水位在地面下10m处,该深度的地震剪应力比τ/σ_e(τ为地震剪应力,σ_e为该处的有效覆盖压力)最接近于( )。

(A)0.12 (B)0.23
(C)0.31 (D)0.40

4.(03C35)某7层住宅楼采用天然地基,基础埋深在地面下2m,地震设防烈度为7度,设计基本地震加速度值为0.1g,设计地震分组为第一组,场地典型地层条件如下表所示,拟建场地地下水位深度为1.00m,根据《建筑抗震设计规范》(GB 50011—2010),场地液化指数最接近( )。

题 4 表

成因年代	土层编号	土 名	层底深度/m	剪切波速/(m/s)	标准贯入试验点深度/m	标准贯入击数/(击/30cm)	黏粒含量 ρ_c
Q_4	1	粉质黏土	1.50	90	1.0	2	16%
	2	黏质粉土	3.00	140	2.5	4	12%
	3	粉砂	6.00	160	4	5	2.0%
					5.5	7	1.5%
Q_3	4	细砂	11	350	7.0	12	0.5%
					8.5	10	1.0%
					10.0	15	2.0%
		岩层		750			

(A)4.5　　　　(B)7.0　　　　(C)8.2　　　　(D)9.6

5.(03D34)建筑场抗震设防烈度 8 度,设计地震分组为第一组,设计基本地震加速度值为 0.2g,基础埋深 2m,单层厂房采用天然地基,场地地质剖面如图所示,地下水位于地面下 2m。为分析基础下粉砂、粉土、细砂液化问题,钻孔时沿不同深度进行了现场标准贯入试验,其位置标高及相应标准贯入试验击数如图所示,粉砂、粉土及细砂的黏粒含量百分率 ρ_c 也标明在图上,计算该地基液化指数 I_{lE} 及确定它的液化等级,下列选项正确的是(　　)。

(A)轻微液化,$I_{lE}=2.37$　　　　(B)轻微液化,$I_{lE}=3.92$

(C)轻微液化,$I_{lE}=5.80$　　　　(D)中等液化,$I_{lE}=8.00$

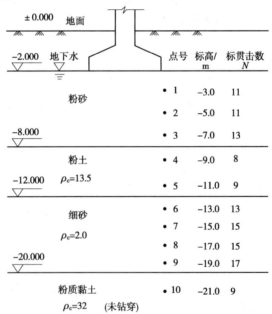

题 5 图(单位:m)

6.(04C35)某一高层建筑物箱形基础建于天然地基上,基底标高 −6.0m,地下水埋深 −8.0m,如图所示,地震设烈度为 8.0 度,基本地震加速度为 0.20g,设计地震分组为第一组,为判定液化等级进行标准贯入试验结果如下图所示,按《建筑抗震设计规范》(GB 50011—2010)计算液化指数并划分液化等级,下列(　　)正确的。

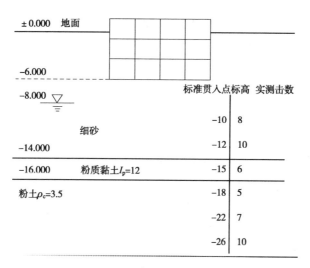

题 6 图(单位:m)

(A) $I_{lE}=5.7$,轻微液化   (B) $I_{lE}=6.23$,中等液化

(C) $I_{lE}=9.19$,中等液化   (D) $I_{lE}=13.89$,中等液化

7.(04D34)拟在 8 度烈度场地建一桥墩,基础埋深 2.0m,场地覆盖土层为 20m,地质年代均为 Q_4,地表下为 5.0m 新近沉积非液化黏性土层,其下为 15m 的松散粉砂,地下水埋深 $d_w=5.0$m,按《公路工程抗震设计规范》(JTJ 004—1989)列式说明本场地地表下 20m 范围土体各点 σ_0/σ_e,下述( )是正确的。

(A)从地面往下二者之比随深度的增加而不断增加

(B)从地面往下二者之比随深度的增加而不断减少

(C)从地面 5m 以下二者之比随深度的增加而不断增加

(D)从地面 5m 以下二者之比随深度的增加而不断减少

8.(04D35)按上题条件,如水位以上黏性土重度 $\gamma=18.5$kN/m³,水位以下粉砂饱和重度 $\gamma=20$kN/m³,试分别计算地面下 5.0m 处和 10.0m 处地震剪应力比(地震剪应力与有效覆盖压之比),上两项计算结果分别最接近( )。

(A)0.100,0.180   (B)0.125,0.160

(C)0.150,0.140   (D)0.175,0.120

9.(05D28)某建筑场地抗震设防烈度为 7 度,地下水位埋深为 $d_w=5.0$m,土层柱状分布如下表,拟采用天然地基,按照液化初判条件建筑物基础埋置深度 d_b 最深不能超过( )临界深度时,方可不考虑饱和粉砂的液化影响。

题 9 表

层序	土层名称	层底深度/m
1	Q_4^{al+pl} 粉质黏土	6
2	Q_4^{al} 淤泥	9
3	Q_4^{al} 粉质黏土	10
4	Q_4^{al} 粉砂	

(A)1.0m   (B)2.0m   (C)3.0m   (D)4.0m

10.(07C29)高度为 3m 的公路挡土墙,基础的设计埋深 1.80m,场区的抗震设防烈度为 8 度。自然地面以下深度 1.50m 为黏性土,深度 1.50~5.00m 为一般黏性土,深度 5.00~

10.00m 为粉土,下卧地层为砂土层。根据《公路工程抗震规范》(JTG B02—2013),在地下水位埋深至少大于( )时,可初判不考虑场地土液化影响。

(A)5.0m (B)6.0m (C)6.5m (D)8.0m

11.(08C29)某建筑拟采用天然地基。场地地基土由上覆的非液化土层和下伏的饱和粉土组成。地震烈度为8度。按《建筑抗震设计规范》(GB 50011—2010)进行液化初步判别时,下列选项中只有( )需要考虑液化影响。

题11表

选项	上覆非液化土层厚度 d_u/m	地下水位深度 d_w/m	基础埋置深度 d_b/m
(A)	6.0	5.0	1.0
(B)	5.0	5.5	2.0
(C)	4.0	5.0	1.5
(D)	6.5	6.0	3.0

12.(08D29)某公路桥梁场地地面以下2m深度内为亚黏土,重度18kN/m³;深度2~9m为粉砂、细砂,重度20kN/m³;深度9m以下为卵石,实测7m深度处砂层的标贯值为10。场区水平地震系数 k_h 为0.2,地下水位埋深2m。已知地震剪应力随深度的折减系数 $C_v=0.9$,标贯击数修正系数 $C_n=0.9$,砂土黏粒含量 $\rho_c=3\%$。按《公路工程抗震规范》(JTG B02—2013),7m深度处砂层的修正液化临界标准贯入锤击数 N_0 最接近的结果和正确的判别结论应是( )。

(A)N_0 为10,不液化 (B)N_0 为10,液化
(C)N_0 为12,液化 (D)N_0 为12,不液化

13.(09C28)在地震烈度为8度的场地修建采用天然地基的住宅楼,设计时需要对埋藏于非液化土层之下的厚层砂土进行液化判别,( )的组合条件可以初判为不考虑液化影响。

(A)上覆非液化土层厚度5m,地下水深3m,基础埋深2m
(B)上覆非液化土层厚度5m,地下水深5m,基础埋深1.0m
(C)上覆非液化土层厚度7m,地下水深3m,基础埋深1.5m
(D)上覆非液化土层厚度7m,地下水深5m,基础埋深1.5m

14.(09C29)某水利工程位于8度地震区,抗震设计按近震考虑,勘察时地下水位在当时地面以下的深度为2.0m,标准贯入点在当时地面以下的深度为6m。实测砂土(黏粒含量 $\rho_c<3\%$)标准贯入锤击数为20击,工程正常运行后,下列四种情况下,( )在地震液化复判中应将该砂土判为液化土。

(A)场地普遍填方3.0m (B)场地普遍挖方3.0m
(C)地下水位普遍上升3.0m (D)地下水位普遍下降3.0m

15.(10D28)某拟建工程建成后正常蓄水深度3.0m。该地区抗震设防烈度为7度,设计地震加速度为0.10g,只考虑近震影响。因地层松散,设计采用挤密法进行地基处理,处理后保持地面标高不变。勘察时地下水位埋深3m,地下5m深度处粉细砂的标准贯入试验实测击数为5,取扰动样室内测定黏粒含量小于3%。按照《水利水电工程地质勘察规范》(GB 50487—2008),处理后该处标准贯入试验实测击数至少达到( )时,才能消除地震液化影响。

(A)5击 (B)13击 (C)19击 (D)30击

16.(11D27)某建筑拟采用天然地基,基础埋置深度1.5m。地基土由厚度为d_u的上覆非液化土层和下伏的饱和砂土组成。地震烈度8度。近期内年最高地下水位深度为d_w。按照《建筑抗震设计规范》(GB 50011—2010)对饱和砂土进行液化初步判别后,下列(   )还需要进一步进行液化判别。

(A)$d_u=7.0m, d_w=6.0m$ (B)$d_u=7.5m, d_w=3.5m$
(C)$d_u=9.0m, d_w=5.0m$ (D)$d_u=3.0m, d_w=7.5m$

17.(12C28)某水利工程场地勘察,在进行标准贯入试验时,标准贯入点在当时地面以下的深度为5m,地下水位在当时地面以下的深度为2m。工程正常运用时,场地已在原地面上覆盖了3m厚的填土。地下水位较原水位上升了4m。已知场地地震设防烈度为8度,比相应的震中烈度小2度,现需对该场地粉砂(黏粒含量$\rho=6\%$)进行地震液化复判。按照《水利水电工程地质勘察规范》(GB 50487—2008),当时实测的标准贯入锤击数至少要不小于(   )时,才可将该粉砂复判为不液化土。

(A)14 (B)13 (C)12 (D)11

18.(12D29)某场地设计基本地震加速度为0.15g,设计地震分组为第一组,地下水位深度2.0m,地层分布和标准贯入点深度及锤击数见下表。按照《建筑抗震设计规范》(GB 50011—2010)进行液化判别,得出的液化指数和液化等级最接近(   )。

题18表

土层序号		土层名称	层底深度/m	标贯深度d_s/m	标贯击数N/击
①		填土	2.0		
②	②-1	粉土	8.0	4.0	5
	②-2	(黏粒含量为6%)		6.0	6
③	③-1	粉细砂	15.0	9.0	12
	③-2			12.0	18
④		中粗砂	20.0	16.0	24
⑤		卵石			

(A)12.0、中等 (B)15.0、中等
(C)16.5、中等 (D)20.0、严重

19.(13C29)某建筑场地设计基本地震加速度0.30g,设计地震分组为第二组,基础埋深小于2m。某钻孔揭示地层结构如右图所示;勘察期间地下水位埋深5.5m,近期内年最高水位埋深4.0m;在地面下3.0m和5.0m处实测标准贯入试验锤击数均为3击,经初步判别认为需对细砂土进一步进行液化判别。若标准贯入锤击数不随土的含水率变化而变化,试按《建筑抗震设计规范》(GB 50011—2010)计算该钻孔的液化指数最接近(   )(只需判别15m深度范围以内的液化)。

(A)3.9 (B)8.2
(C)16.4 (D)31.5

题19图

20.(13D28)某水工建筑物场地地层2m以内为黏土,2~20m为粉砂,地下水位埋深1.5m,场地地震动峰值加速度为0.2g。在钻孔内深度3m、8m、12m处实测土层剪切波速分别为180m/s、220m/s、

260m/s。请用计算说明地震液化初判结果最合理的是(　　)。

(A)3m 处可能液化,8m、12m 处不液化

(B)8m 处可能液化,3m、12m 处不液化

(C)12m 处可能液化,3m、8m 处不液化

(D)3m、8m、12m 处均可能液化

21.(14C27)某乙类建筑位于抗震设防烈度8度地区,设计基本地震加速度值为$0.2g$,设计地震分组为第一组,钻孔揭露的土层分布及实测的标贯锤击数如下表所示,近期内年最高地下水埋深6.5m。拟建建筑基础埋深1.5m,根据钻孔资料,下列(　　)的说法是正确的。

题1表

层　序	岩土名称和性状	层厚/m	标贯试验深度/m	实测标贯锤击数
1	粉质黏土	2	—	—
2	黏土	4	—	—
3	粉砂	3.5	8	10
4	细砂	15	13	23
			16	25

(A)可不考虑液化影响　　(B)轻微液化

(C)中等液化　　(D)严重液化

22.(16D29)某建筑场地抗震设防烈度为7度,设计基本地震加速度$0.15g$,设计地震分组为第三组,拟建建筑基础埋深2m。某钻孔揭示的地层结构,以及间隔2m(为方便计算所做的假定)测试得到的实测标准贯入锤击数(N)如图所示。已知20m深度范围内地基土均为全新世冲积地层,粉土、粉砂和粉质黏土层的黏粒含量(ρ_c)分别为13%、11%和22%,近期内年最高地下水位埋深1.0m。试按《建筑抗震设计规范》(GB 50011—2010)计算该钻孔的液化指数最接近(　　)。

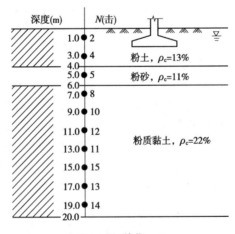

题22图(单位:m)

(A)7.0　　(B)13.2　　(C)18.7　　(D)22.5

23.(17C29)某建筑场地抗震设防烈度为8度,设计基本地震加速度$0.2g$,设计地震分组为第二组,地下水位于地表下3m,某钻孔揭示的地层目标贯资料如下表所示。经初判,场地饱和砂土可能液化,试计算该钻孔的液化指数最接近下列哪个选项?(　　)

(注：为简化计算，表中试验点数及深度为假设。)

(A)0　　　　(B)1.6　　　　(C)13.7　　　　(D)19

题23表

土层序号	土　名	土层厚度/m	标贯试验深度/m	标贯击数	黏粒含量/%
①	黏土	1	—	—	—
②	粉土	10	6	6	14
			8	7	
③	粉砂	5	12	18	3
			14	24	
④	细砂	6	17	25	2
			19	25	
⑤	黏土	3	—	—	—

第四讲　地震作用与地震反应谱

1.(02C20)某场地抗震设防烈度8度，第二组，场地类别Ⅰ类。建筑物A和建筑物B的结构自振周期分别为：$T_A=0.2s$ 和 $T_B=0.4s$。根据《建筑抗震设计规范》(GB 50011—2010)，如果建筑物A和B的地震影响系数分别为 α_A 和 α_B，则 α_A/α_B 的比值最接近于(　　)。

(A)0.5　　　　(B)1.1　　　　(C)1.3　　　　(D)1.8

2.(03C33)某建筑场地抗震设防烈度为8度，设计基本地震加速度为0.20g，设计地震分组为第一组。场地地基土层的剪切波速如下表所示。按50年超越概率63%考虑，阻尼比为0.05，结构自振周期为0.40s的地震水平影响系数与(　　)最为接近。

题2表

土层编号	土层名称	层底深度/m	剪切波速 v_s/(m/s)
1	填土	5.0	120
2	淤泥	10.0	90
3	粉土	16.0	180
4	卵石	20.0	460
5	基岩		800

(A)0.14　　　　(B)0.16　　　　(C)0.24　　　　(D)0.90

3.(04D33)某普通多层建筑其结构自震周期 $T=0.5s$，阻尼比 $\xi=0.05$，天然地基场地覆盖土层厚度30m，等效剪切波速 $v_{se}=200m/s$，设防烈度为8度，设计基本地震加速度为0.2g，设计地震分组为第一组，按多遇地震考虑，水平地震影响系数 α 最接近(　　)。

(A)$\alpha=0.116$　　　　(B)$\alpha=0.131$

(C)$\alpha=0.174$　　　　(D)$\alpha=0.196$

4.(05C30)某建筑场地抗震设防烈度为8度,设计基本地震加速度为0.30g,设计地震分组为第二组,场地类别为Ⅲ类,建筑物结构自震周期$T=1.65s$,结构阻尼比ξ取0.05,当进行多遇地震作用下的截面抗震验算时,相应于结构自震周期的水平地震影响系数值最接近( )。
(A)0.09 (B)0.08 (C)0.07 (D)0.06

5.(06C28)同一场地上甲乙两座建筑物的结构自振周期分别为$T_甲=0.25s$,$T_乙=0.60s$,已知建筑场地类别为Ⅱ类,设计地震分组为第一组,若两座建筑的阻尼比都取0.05,则在抗震验算时甲、乙两座建筑的地震影响系数之比($\alpha_甲/\alpha_乙$)最接近( )。
(A)1.6 (B)1.2
(C)0.6 (D)条件不足,无法计算

6.(06D30)某土石坝坝址区设计烈度为8度,土石坝设计高度30m,根据图示的计算简图,采用瑞典圆弧法计算上游填坡的抗震稳定性,其中第i个滑动条块的宽度$b=3.2m$,该条块底面中点的切线与水平线夹角$\theta_i=19.3°$,该条块内水位高出底面中点的距离$z=6m$,条块底面中点孔隙水压力值$u=100kPa$,考虑地震作用影响后,第i个滑动条块沿底面的下滑力$S_i=415kN/m$,当不计入孔隙水压力影响时,该土条底面的平均有效法向作用力为583kN/m,根据以上条件按照不考虑和考虑孔隙水压力影响两种工况条件分别计算得出第i个滑动条块的安全系数$K_i(=R_i/S_i)$最接近( )。
(注:土石坝填料黏聚力$c=0$,内摩擦角$\varphi=42°$。)

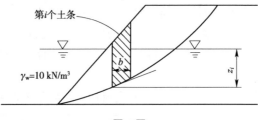

题6图

(A)1.27、1.14 (B)1.27、0.97
(C)1.22、1.02 (D)1.22、0.92

7.(07C27)某场地抗震设防烈度为8度,设计基本地震加速度为0.30g,设计地震分组为第一组,土层等效剪切波速为150m/s,覆盖层厚度60m。相应于建筑结构自振周期$T=0.40s$,阻尼比$\xi=0.05$的水平地震影响系数值α最接近于( )。
(A)0.12 (B)0.16 (C)0.20 (D)0.24

8.(07D29)采用拟静力法进行坝高38m土石坝的抗震稳定验算。在滑动条分法的计算过程中,某滑动体条块的重力标准值为4000kN/m。场区为地震烈度8度区,地震峰值加速度为0.20g。作用在该土条重心处的水平向地震惯性力代表值F_h最接近( )。
(A)300kN/m (B)350kN/m (C)400kN/m (D)450kN/m

9.(08C27)已知场地地震烈度7度,设计基本地震加速度为0.15g,设计地震分组为第一组。对建造于Ⅱ类场地上,结构自振周期为0.40s,阻尼比为0.05的建筑结构进行截面抗震验算时,相应的水平地震影响系数最接近( )。
(A)0.08 (B)0.10 (C)0.12 (D)0.16

10.(09C27)某混凝土水工重力坝场地的设计地震烈度为8度,在初步设计时地面标高以下深度15m范围内地层和剪切波速如表所示;已知该重力坝的基本自振周期为0.9s,由

《中国地震动参数区划图》(GB 18306)查得的特征周期为 0.35s,在考虑设计反应谱时,下列特征周期 T_g 和设计反应谱最大值的代表值 β_{max} 的不同组合中正确的是( )。

题 10 表

层 序	地 层	层底深度/m	剪切波速/(m/s)
1	中砂	6	235
2	圆砾	9	336
3	卵石	12	495
4	基岩	>15	720

(A) $T_g=0.45s$; $\beta_{max}=2.50$ (B) $T_g=0.35s$; $\beta_{max}=2.50$
(C) $T_g=0.45s$; $\beta_{max}=2.00$ (D) $T_g=0.35s$; $\beta_{max}=2.00$

11. (09D28)某建筑场地抗震设防烈度 8 度,设计地震分组第一组,场地土层及其剪切波速如下表所示,建筑物自震周期 0.40s,阻尼比 0.05,按 50 年超越概率 63%考虑,建筑结构的地震影响系数取值是( )。

题 11 表

序 号	土层名称	层底深度/m	剪切波速/(m/s)
①	填土	1.0	120
②	淤泥	10.0	90
③	粉土	16.0	180
④	卵石	20.0	460
⑤	基岩	—	800

(A) 0.14   (B) 0.15   (C) 0.16   (D) 0.17

12. (10C27)某场地抗震设防烈度为 8 度,场地类别为 Ⅱ 类,设计地震分组为第一组,建筑物 A 和建筑物 B 的结构基本自振周期分别为:$T_A=0.2s$ 和 $T_B=0.4s$,阻尼比均为 $\xi=0.05$,根据《建筑抗震设计规范》(GB 50011—2010),如果建筑物 A 和 B 的相应于结构基本自振周期的水平地震影响系数分别以 α_A 和 α_B 表示,试问两者的比值(α_A/α_B)最接近( )。

(A) 0.83   (B) 1.23   (C) 1.13   (D) 2.13

13. (10C28)某建筑场地抗震设防烈度 7 度,设计地震分组为第一组,设计基本地震加速度为 $0.10g$,场地类别Ⅲ类,拟建 10 层钢筋混凝土框架结构住宅。结构等效总重力荷载为 137062kN,结构基本自振周期为 0.9s(已考虑周期折减系数),阻尼比为 0.05。当采用底部剪力法时,基础顶面处的结构总水平地震作用标准值接近( )。

(A) 5875kN   (B) 6375kN   (C) 6910kN   (D) 7500kN

14. (10D29)已知某建筑场地抗震设防烈度为 8 度,设计基本地震加速度为 $0.30g$,设计地震分组为第一组。场地覆盖层厚度为 20m,等效剪切波速为 240m/s,结构自振周期为 0.40s,阻尼比为 0.40,在计算水平地震作用时,相应于多遇地震的水平地震影响系数值最接近( )。

(A) 0.24   (B) 0.22   (C) 0.14   (D) 0.12

15. (12C29)某Ⅲ类场地上的建筑结构,设计基本地震加速度 $0.30g$,设计地震分组第一组,按《建筑抗震设计规范》(GB 50011—2010)规定,当有必要进行罕遇地震作用下的变形验算时,算得的水平地震影响系数与( )数值最为接近。

(注:已知结构自振周期 $T=0.75s$,阻尼比 $\xi=0.075$。)

(A)0.55　　　　(B)0.62　　　　(C)0.74　　　　(D)0.83

16.(13C28)某临近岩质边坡的建筑场地,所处地区抗震设防烈度为 8 度,设计基本地震加速度为 0.30g,设计地震分组为第一组。岩石剪切波速及有关尺寸如图所示。建筑采用框架结构,抗震设防分类属丙类建筑,结构自振周期 $T=0.40s$,阻尼比 $\zeta=0.05$,按《建筑抗震设计规范》(GB 50011—2010)进行多遇地震作用下的截面抗震验算时,相应于结构自振周期的水平地震影响系数值最接近( )。

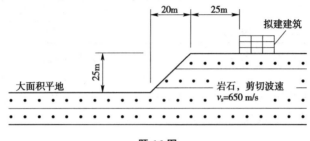

题 16 图

(A)0.13　　　　(B)0.16　　　　(C)0.18　　　　(D)0.22

17.(13D27)抗震设防烈度为 8 度地区的某高速公路特大桥,结构阻尼比为 0.05,结构自振周期(T)为 0.45s;场地类型为Ⅱ类,特征周期(T_g)为 0.35s;水平向设计基本地震动加速度峰值为 0.3g。进行 E2 地震作用下的抗震设计时,按《公路工程抗震规范》(JTG B02—2013)确定竖向设计加速度反应谱最接近( )。

(A)0.30　　　　(B)0.45　　　　(C)0.89　　　　(D)1.15

18.(14C28)某建筑场地位于抗震设防烈度 8 度地区,设计基本地震加速度值为 0.2g,设计地震分组为第一组。根据勘察资料,地面下 13m 范围内为淤泥和淤泥质土,其下为波速大于 500m/s 的卵石,若拟建建筑的结构自振周期为 3s,建筑结构的阻尼比为 0.05s,则计算罕遇地震作用时建筑结构的水平地震影响系数最接近于( )。

(A)0.023　　　　(B)0.034　　　　(C)0.147　　　　(D)0.194

19.(16C28)某建筑场地抗震设防烈度为 8 度,设计基本地震加速度为 0.3g,设计地震分组为第一组。场地土层及其剪切波速如下表。建筑结构的自振周期 $T=0.30s$,阻尼比为 0.05。则特征周期 T_g 和建筑结构的水平地震影响系数 α 最接近( )(按多遇地震作用考虑)。

题 19 表

层　序	土层名称	层底埋深/m	剪切波速/(m/s)
①	填土	2	130
②	淤泥质黏土	10	100
③	粉砂	14	170
④	卵石	18	450
⑤	基岩	—	800

(A)$T_g=0.35s, \alpha=0.16$　　　　(B)$T_g=0.45s, \alpha=0.24$
(C)$T_g=0.35s, \alpha=0.24$　　　　(D)$T_g=0.45s, \alpha=0.16$

20.(16C29)某高速公路单跨跨径 140m 的桥梁,其阻尼比为 0.04,场地水平向设计基本地震动峰值加速度为 0.2g,设计地震分组为第一组,场地类别为Ⅲ类。根据《公路工程抗震规范》(JTG B02—2013),试计算在 E1 作用下的水平设计加速度反应谱最大值 S_{max} 最接近

( )。

  (A)0.16   (B)0.24   (C)0.29   (D)0.32

21.(16D28)某场地抗震设防烈度为 9 度,设计基本地震加速度为 $0.40g$,设计地震分组为第三组,覆盖层厚度为 9m。建筑结构自振周期 $T=2.45s$,阻尼比 $\xi=0.05$。根据《建筑抗震设计规范》(GB 50011—2010),计算罕遇地震作用时建筑结构的水平地震影响系数最接近( )。

  (A)0.074   (B)0.265   (C)0.305   (D)0.335

22.(17D29)某高速公路桥梁,单跨跨径 150m,基岩场地,区划图上的特征周期 $T_g=0.35s$,结构自振周期 $T=0.30s$,结构的阻尼比 $\xi=0.05$,水平向设计基本地震动峰值加速度 $A_h=0.3g$,进行 E1 地震作用下的抗震设计时,按《公路工程抗震规范》(JTG B02—2013),确定该桥梁水平向和竖向设计加速度反应谱分别是哪一选项?( )

  (A)0.218、0.131   (B)0.253、0.152

  (C)0.304、0.182   (D)0.355、0.213

第五讲　地基基础与挡土墙的抗震验算

1.(02C19)水闸下游岸墙高 5m,墙背倾斜与垂线夹角 $\varphi_1=20°$,断面形状如下图所示,墙后填料为粗砂,填土表面水平,无超载($q=0$),粗砂内摩擦角 $\varphi=32°$(静、动内摩擦角差值不大,计算均用 32°),墙背与粗砂间摩擦角 $\delta=15°$。岸墙所在地区地震烈度为 8 度,试参照《水电工程水工建筑物抗震设计规范》(NB 35047—2015),计算在水平地震力作用下(不计竖向地震力作用)在岸墙上产生的地震主动土压力值 F_E。计算所需参数除图中给出 φ、δ 及压实重度 γ 外,地震系数角 θ_e 取 3″,所得的 F_E 值最接近( )。

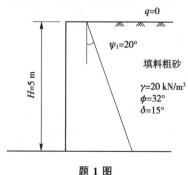

题 1 图

  (A)28kN/m (B)62kN/m (C)85kN/m (D)120kN/m

2.(02C23)某场地地面下的黏性土层厚 5m,其下的粉砂层厚 10m。整个粉砂层都可能在地震中发生液化。已知粉砂层的液化抵抗系数 $C_e=0.7$。若采用摩擦桩基础,桩身穿过整个粉砂层范围深入其下的非液化土层中。根据《公路工程抗震设计规范》(JTG B02—2013),由于液化影响,桩侧摩阻力将予以折减。在通过粉砂层的桩长范围内,桩侧摩阻力总的折减系数约等于( )。

  (A)1/6   (B)1/3   (C)1/2   (D)2/3

3.(03C34)某 15 层建筑物筏板基础尺寸为 30m×30m,埋深 6m。地基土由中密的中粗砂组成,基础底面以上土的有效重度为 19kN/m³,基础底面以下土的有效重度为 9kN/m³。地基承载力特征值 f_{ak} 为 300kPa。在进行天然地基基础抗震验算时,地基抗震承载力 f_{aE} 最接近( )。

(A)390kPa (B)540kPa (C)840kPa (D)1 090kPa

4.(04C33)某建筑场地抗震设防烈度为7度,地基设计基本地震力速度为0.15g,设计地震分组为两组,地下水位埋深2.0m,未打桩前的液化判别等级如下表所示,采用打入式混凝土预制桩,桩截面为400mm×400mm,桩长$l=15$m,桩间距$s=1.6$m,桩数20×20根,置换率$p=0.063$,打桩后液化指数由原来的12.9降为下列( )。

题4表

地质年代	土层名称	层底深度/m	标准贯入试验深度/m	实测击数	临界击数	计算厚度/m	权函数	液化指数
新近	填土	1						
	黏土	3.5						
Q_4	粉砂	8.5	4	5	11	1.0	10	5.45
			5	9	12	1.0	10	2.5
			6	14	13	1.0	9.3	
			7	6	14	1.0	8.7	4.95
Q_3	粉质黏土	20	8	16	15	1.0	8.0	

(A)2.7 (B)4.5 (C)6.8 (D)8.0

5.(05D30)某建筑物按地震作用效应标准组合的基础底面边缘最大压力$p_{max}=380$kPa,地基土为中密状态的中砂,问该建筑物基础深宽修正后的地基承载力特征值f_a至少应达到( ),才能满足验算天然地基地震作用下的竖向承载力要求。

(A)200kPa (B)245kPa (C)290kPa (D)325kPa

6.(06C30)在地震基本烈度为8度的场区修建一座桥梁,场区地下水位埋深5m,场地土为:0~5m非液化黏性土;5~15m松散均匀的粉砂;15m以下为密实中砂。按《公路和工程抗震设计规范》(JTG B02—2013)计算判别深度为5~15m的粉砂层为液化土层,液化抵抗系数均为0.7,若采用摩擦桩基础,深度5~15m的单桩摩阻力的综合折减系数α应为( )。

(A)1/6 (B)1/3 (C)1/2 (D)2/3

7.(06D29)高层建筑高42m,基础宽10m,深宽修正后的地基承载力特征值$f_a=300$kPa,地基抗震承载力调整系数$\xi_a=1.3$,按地震作用效应标准组合进行天然地基基础抗震验算,下列( )选项不符合抗震承载力验算的要求,并说明理由。

(A)基础底面平均压力不大于390kPa

(B)基础边缘最大压力不大于468kPa

(C)基础底面不宜出现拉应力

(D)基础底面与地基土之间零应力区面积不应超过基础底面面积的15%

8.(08D28)某8层建筑物高24m,筏板基础宽12m,长50m,地基土为中密—密实细砂,深宽修正后的地基承载力特征值$f_a=250$kPa。按《建筑抗震设计规范》(GB 50011—2010)验算天然地基抗震竖向承载力。问在容许最大偏心距(短边方向)的情况下,按地震作用效应标准组合的建筑物总竖向作用力应不大于( )。

(A)76500kN (B)99450kN (C)117000kN (D)195000kN

9.(10C29)在存在液化土层的地基中的低承台群桩基础,若打桩前该液化土层的标准贯入锤击数为10击,打入式预制桩的面积置换率为3.3%,按照《建筑抗震设计规范》

(GB 50011—2010)计算,试问打桩后桩间土的标准贯入试验锤击数最接近( )。

(A)10 击   (B)18 击   (C)13 击   (D)30 击

10.(11C29)某 8 层建筑物高 25m,筏板基础宽 12m,长 50m。地基土为中密细砂层。已知按地震作用效应标准组合传至基础底面的总竖向力(包括基础自重和基础上的土重)为 100MN。基底零压力区达到规范规定的最大限度时,该地基土经深宽修正后的地基土承载力特征值 f_a 至少不能小于( )才能满足《建筑抗震设计规范》(GB 50011—2010)关于天然地基基础抗震验算的要求。

(A)128kPa   (B)167kPa   (C)251kPa   (D)392kPa

11.(11D28)如下图所示,位于地震区的某二级公路一般挡土墙,墙高 5m,墙后填料的内摩擦角 $\varphi=36°$,墙背摩擦角 $\delta=\varphi/2$,填料的重度 $\gamma=19$ kN/m³。抗震设防烈度为 9 度,无地下水。作用在该墙上的地震主动土压力 E_a 最接近( )。

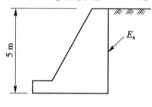

题 11 图

(A)180kN/m   (B)150kN/m   (C)120kN/m   (D)75kN/m

12.(12C27)公路桥梁抗震级别为 A 类,8 度区地震基本峰值加速度为 0.20g,设计桥台台身高度为 8m,台后填土为无黏性土,填土 $\gamma=18$ kN/m³,$\varphi=33°$,则 E1 地震作用下桥台的主动土压力为( )。

(A)105kN/m   (B)172kN/m   (C)236kN/m   (D)286kN/m

13.(12D28)地震烈度 8 度地区地下水位埋深 4m,某钻孔桩桩顶位于地面以下 1.5m,桩顶嵌入承台底面 0.5m,桩直径 0.8m,桩长 20.5m,地层资料见下表,桩全部承受地震作用,按《建筑抗震设计规范》(GB 50011—2010)的规定,单桩竖向抗震承载力特征值最接近( )。

题 13 表

土层名称	层底埋深/m	土层厚度/m	标准贯入锤击数 N	临界标准贯入锤击数 N_{cr}	极限侧阻力标准值/kPa	极限端阻力标准值/kPa
粉质黏土①	5.0	5	—	—	30	
粉土②	15.0	10	7	10	20	
密实中砂③	30.0	15	—	—	50	4000

(A)1680kN   (B)2100kN   (C)3110kN   (D)3610kN

14.(14D28)某公路拟采用摩擦桩基础,场地地层如下:①0～3m 可塑状粉质黏土;②3～14m 为稍密至中密状粉砂,其实测标准贯入锤击数 $N_1=8$ 击,在地下水位埋深为 2.0m,桩基穿过②层后进入下部持力层,据《公路工程抗震规范》(JTG B02—2013),计算②层粉砂桩长范围内桩侧摩阻力液化影响平均折减系数最接近( )。

(注:假设②层土经修正的液化判别标准贯入锤击数临界值 $N_{cr}=9.5$ 击。)

(A)1.00   (B)0.83   (C)0.79   (D)0.67

15.(14D29)某场地设计基本地震加速度为 0.15g,设计地震分组为第一组,其地层如下:①黏土,可塑,层厚 8m;②粉砂,层厚 4m,稍密状,在其埋深 9.0m 处标准贯入锤击数为 7 击,场地地下水位埋深为 2.0m,拟采用正方形布置,截面为 300mm×300mm 的预制桩进行液化处理,根据《建筑抗震设计规范》(GB 50011—2010),其桩距至少不小于(　　)时才能达到不液化。

(A)800mm　　　　(B)1000mm　　　　(C)1200mm　　　　(D)1400mm

16.(17C27)某公路工程场地地面下的黏土层厚4m,其下为细砂,层厚12m,在其下为密实的卵石层,整个细砂层在8度地震条件下将产生液化。已知细砂层的液化抵抗系数$C_e=0.7$,若采用桩基础,桩身穿过整个细砂层范围,进入其下的卵石层中,根据《公路工程抗震规范》(JTG B02—2013),试求桩长范围内细砂层的桩侧阻力折减系数最接近下列哪个选项?(　　)

(A)1/4　　　　(B)1/3　　　　(C)1/2　　　　(D)2/3

17.(17C28)某8层民用建筑高度30m,宽10m,场地抗震设防烈度为7度,拟采用天然地基,基础底面上下均为硬塑黏性土,重度为19kN/m³,孔隙比$e=0.80$,地基承载力特征值$f_{ak}=150$kPa,条形基础底面宽度$b=2.5$m,基础埋置深度$d=5.5$m。按地震作用效应标准组合进行抗震验算时,在容许最大偏心情况下,基础底面处所能承受的最大的竖向荷载最接近下列哪个选项?(　　)

(A)250kN/m　　　　(B)390kN/m　　　　(C)470kN/m　　　　(D)500kN/m

18.(17D28)某建筑场地,地面下为中密中砂,其天然重度为18kN/m³,地基承载力特征值为200kPa,地下水位埋深1.0m。若独立基础尺寸为3m×2m,埋深2m,验算天然地基抗震承载力特征值最接近下列哪一个选项?(　　)

(A)260kPa　　　　(B)286kPa　　　　(C)372kPa　　　　(D)414kPa

答案解析

第二讲 建筑场地的地段与类别划分

1. 答案(B)

解:据《建筑抗震设计规范》(GB 50011—2010)第 4.1.5 条计算。

覆盖层厚度 A、B 均为 12.0m,等效剪切波速为:

$$v_{\text{seA}} = \frac{d_0}{\sum(d/v_{si})} = \frac{12}{9/180+3/300} = 200\text{m/s}$$

$$v_{\text{seB}} = \frac{12}{3/150+9/225} = 200\text{m/s}$$

A、B 均为 II 类场地。设计地震分组相同时,二者特征周期相同。

2. 答案(B)

解:据《建筑抗震设计规范》(GB 50011—2010)第 4.1.5 条计算。

场地覆盖层厚度为 11m,等效剪切波速为:

$$v_{\text{se}} = \frac{d_0}{\sum\frac{d_i}{v_{si}}} = \frac{11.0}{\frac{1.5}{90}+\frac{1.5}{140}+\frac{1.5}{160}+\frac{1.5}{350}} = 182.1\text{m/s}$$

查规范表 4.1.6,场地类别为 II 类。

3. 答案(B)

解:据《建筑抗震设计规范》(GB 50011—2010)第 4.1.4 条~第 4.1.6 条计算。

①场地覆盖层厚度应至细砂层顶面,为 11.0m,480/180=2.67>2.5,以下各层剪切波速不小于 400m/s。

②等效剪切波速 $v_{\text{se}} = \dfrac{d_0}{\sum\dfrac{d_i}{v_i}} = \dfrac{11}{\dfrac{1}{90}+\dfrac{2}{180}+\dfrac{8}{110}} = 115.9\text{m/s}$。

③覆盖层厚度为 11m,等效剪切波速为 115.9m/s,场地类别为 II 类。

4. 答案(C)

解:据《建筑抗震设计规范》(GB 50011—2010)第 4.1.4 条、第 4.1.5 条计算。

覆盖层厚度取 25m,计算深度取 20m。

$$v_{\text{se}} = \frac{d_0}{\sum\dfrac{d_i}{v_{si}}} = \frac{20}{\dfrac{2}{150}+\dfrac{3}{200}+\dfrac{5}{100}+\dfrac{5}{300}+\dfrac{5}{300}} = 179.1\text{m/s}$$

5. 答案(C)

解:据《公路工程抗震设计规范》(JTJ 004—1989)附录六计算。

$G_{\text{m}} = \dfrac{\sum h_i \rho_i v_{si}^2}{\sum h_i}$(取 20m 范围计算)

$= [3\times(18.5/9.81)\times 120^2 + 5\times(18.5/9.81)\times 138^2 + 10\times(18.5/9.81)\times 212^2 +$

$2×(20/9.81)×315^2]/(3+5+10+2)$

$=75659.6kN/m^2$

注:新版规范已经删除了该知识点。

6. **答案**(B)

解:据《建筑抗震设计规范》(GB/T 50011—2010)第4.1.3条~4.1.6条计算。

划分场地地震类别时应按等效剪切波速及覆盖层厚度划分,而等效剪切波速的计算深度应取20m和覆盖层厚度中的较小者,所以,测试深度不宜小于20m即可。

7. **答案**(D)

解:据《建筑抗震设计规范》(GB 50011—2010)第4.1.1条分析。

①基岩起伏大,非稳定的基岩面,不属于有利地段;

②地形平坦,非岸边及陡坡地段,不属于不利地段;

③断层角砾岩有胶结,不属于全新世活动断裂,非危险地段;

据以上三点,该场地为可进行建设的一般场地。

8. **答案**(B)

解:据《建筑抗震设计规范》(GB 50011—2010)第4.1.3条、第4.1.4条、第4.1.6条分析。

①根据岩土名称及性状,深度60m以内不可能有剪切波速大于500m/s的岩土层,故覆盖层厚度应取60m。

②在计算深度20m范围内的土层应属于中软土,等效剪切波速介于140~250m/s之间。

③场地类别可划分为Ⅲ类。

9. **答案**(D)

解:据《建筑抗震设计规范》(GB 50011—2010)第4.1.4条、第4.1.5条计算。

$$v_{se}=\frac{20}{\frac{2}{150}+\frac{3}{200}+\frac{5}{100}+\frac{10}{300}}=179.1 m/s$$

覆盖层厚度应取25mm。注意花岗岩孤石应视作周围土体。

10. **答案**(A)

解:据《建筑抗震设计规范》(GB 50011—2010)第4.1节分析。

覆盖层厚度为30m,取v_{se}计算深度为20m。

除①③层为软弱之外,20m范围内均为中软土,v_{se}应在140~250m/s之间。

场地应为Ⅱ类。

11. **答案**(B)

解:据《建筑抗震设计规范》(GB 50011—2010)第4.1.4条~4.1.6条计算。

(1)覆盖层厚度为18m

(2)等效剪切波速v_{se}:

$$t=\sum\frac{d_i}{v_{si}}=\frac{1.4}{155}+\frac{5.8}{220}+\frac{2.5}{255}+\frac{8.3}{350}=0.0689 s$$

$$v_{se}=\frac{18}{0.0689}=261.2 m/s$$

(3)场地类别为Ⅱ类。
12. 答案(C)
解:据《建筑抗震设计规范》(GB 50011—2010)第4.1.4条、第4.1.5条计算。
取土层①、②、③-1、③-2、③-3为覆盖层,厚度为15.0m。

将孤石③-2视为残积土③-1,$v_{se} = \dfrac{d_0}{\sum\limits_{i=1}^{n}(d_i/v_{si})} = \dfrac{15}{\dfrac{2.5}{160}+\dfrac{4.5}{200}+\dfrac{5.0}{260}+\dfrac{3.0}{420}} = 232\text{m/s}$

将孤石③-2视为残积土③-3,$v_{se} = \dfrac{d_0}{\sum\limits_{i=1}^{n}(d_i/v_{si})} = \dfrac{15}{\dfrac{2.5}{160}+\dfrac{4.5}{200}+\dfrac{3.5}{260}+\dfrac{4.5}{420}} = 241\text{m/s}$

13. 答案(C)
解:据《建筑抗震设计规范》(GB 50011—2010)第4.1.4条~第4.1.6条计算。
覆盖层厚度:$9+28+10+11+8=66\text{m}$

等效剪切波速:$v_{se} = \dfrac{d_0}{\sum\limits_{i=1}^{n}(d_i/v_{si})} = \dfrac{20}{\dfrac{9}{170}+\dfrac{11}{130}} = 145.3\text{m/s}$

场地类型为Ⅲ类,设计地震为第一组,特征周期为0.45s。

14. 答案(D)
解:据《建筑抗震设计规范》(GB 50011—2010)第4.1.4条、第4.1.6条、第5.1.4条分析。
(1)第4层剪切波速大于其上各土层剪切波速的2.5倍,且其下卧层剪切波速大于400m/s,确定第4层顶面深度为覆盖层厚度即16m。

(2)等效剪切波速:$v_{se} = \dfrac{16}{\dfrac{3}{140}+\dfrac{5}{100}+\dfrac{8}{160}} = 132\text{m/s}$

按照规范第4.1.6条,确定场地类别为Ⅲ类。
(3)确定特征周期
设计地震分组为第二组,场地类别Ⅲ类,查规范表5.1.4-2,确定$T_g = 0.55\text{s}$。

15. 答案(B)
解:《建筑抗震设计规范》(GB 50011—2010)第4.1.5条计算。

第一层土的剪切波速 $v_{s1} = \dfrac{\sqrt{2^2+(2+0.3/2)^2}}{0.029\,4} = 99.88\text{m/s}$

由题意可判断覆盖层厚度为6m,则:

$$v_{se} = \dfrac{d_0}{\sum d_i/v_{si}} = \dfrac{6}{\dfrac{2}{99.88}+\dfrac{4}{155}} = 130.9\text{m/s}$$

16. 答案(B)
解:据《建筑抗震设计规范》(GB 50011—2010)第4.1.4条、第4.1.5条计算。
由土层剪切波速可知,覆盖层厚度为20m,但计算剪切波速时应减去玄武岩的厚度,即:

$$v_{se} = \dfrac{d_0}{\sum\limits_{i=1}^{n}\dfrac{d_i}{v_{si}}} = \dfrac{19}{\dfrac{2.5}{180}+\dfrac{2}{220}+\dfrac{14.5}{290}} = 260.3\text{m/s}$$

第三讲 土的液化

1. 答案(C)

解:据《建筑抗震设计规范》(GB 50011—2010)第4.3.4条、第4.3.5条计算。
各测试点临界击数:
$$N_{cr}=N_0\beta[\ln(0.6d_s+1.5)-0.1d_w]\times\sqrt{3/\rho_c}$$

$N_0=12$,判别深度为15m

5m 处:$N_{cr}=12\times0.8\times[\ln(0.6\times5+1.5)-0.1\times5]\times\sqrt{3/9}=5.57$

7m 处:$N_{cr}=12\times0.8\times[\ln(0.6\times7+1.5)-0.1\times5]\times\sqrt{3/9}=6.9$

10m 处:$N_{cr}=12\times0.8\times[\ln(0.6\times10+1.5)-0.1\times5]\times\sqrt{3/3}=14.5$

13m 处:$N_{cr}=12\times0.8\times[\ln(0.6\times13+1.5)-0.1\times5]\times\sqrt{3/3}=16.6$

各测试点所代表土层的厚度 d_i、中点深度 h_i 及权函数值 W_i 计算如下。

5.0m 处 $\begin{cases} d_1=\frac{1}{2}\times(5+7)-5=1 \\ h_1=5+\frac{1}{2}\times1=5.5 \\ W_1=\frac{2}{3}\times(20-h_1)=\frac{2}{3}\times(20-5.5)=9.67 \end{cases}$

7.0m 处 $\begin{cases} d_2=8-\frac{1}{2}\times(5+7)=2 \\ h_2=8-\frac{1}{2}\times d_2=8-\frac{1}{2}\times2=7 \\ W_2=\frac{2}{3}\times(20-h_2)=\frac{2}{3}\times(20-7)=8.67 \end{cases}$

10.0m 处 $\begin{cases} d_3=\frac{1}{2}\times(10+13)-8=3.5 \\ h_3=8+\frac{1}{2}d_3=8+\frac{1}{2}\times3.5=9.75 \\ W_3=\frac{2}{3}\times(20-h_3)=\frac{2}{3}\times(20-9.75)=6.83 \end{cases}$

13.0m 处 $\begin{cases} \frac{1}{2}\times(17+13)=15 \\ d_4=15-\frac{1}{2}\times(13+10)=3.5 \\ h_4=15-\frac{1}{2}\times d_4=15-\frac{1}{2}\times3.5=13.25 \\ W_4=\frac{2}{3}\times(20-h_4)=\frac{2}{3}\times(20-13.25)=4.5 \end{cases}$

液化指数:
$$I_{lE}=\Sigma\left[\left(1-\frac{N_i}{N_{cri}}\right)d_iW_i\right]$$
$$=\left(1-\frac{5}{5.57}\right)\times1\times9.67+\left(1-\frac{6}{6.9}\right)\times2\times8.67+\left(1-\frac{8}{14.5}\right)\times3.5\times6.83+$$

$$\left(1-\frac{8}{5.57}\right)\times 3.5\times 4.5=22.11$$

2. 答案(C)

解:据《建筑抗震设计规范》(GB 50011—2010)第4.3.4条计算。
各测试点临界标准贯入击数 N_{cr} 值:
$$N_{cr}=N_0\beta[\ln(0.6d_s+1.5)-0.1d_w]\sqrt{3/\rho_c}$$

7.0m 处: $N_{cr}=12\times 0.8\times[\ln(0.6\times 7.0+1.5)-0.1\times 4]\times\sqrt{3/12}=6.5$

9.0m 处: $N_{cr}=12\times 0.8\times[\ln(0.6\times 9.0+1.5)-0.1\times 4]\times\sqrt{3/10}=8.1$

11.0m 处: $N_{cr}=12\times 0.8\times[\ln(0.6\times 11.0+1.5)-0.1\times 4]\times\sqrt{3/3}=16.2$

13.0m 处: $N_{cr}=12\times 0.8\times[\ln(0.6\times 13.0+1.5)-0.1\times 4]\times\sqrt{3/3}=17.6$

比较实测击数与临界击数可知,7.0m 和 11.0m 处液化。

3. 答案(A)

解:据《公路工程抗震设计规范》(JTJ 004—1989)第2.2.3条条文说明,地震剪应力比可按下式计算:
$$\frac{\tau}{\sigma_e}=0.65K_h\frac{\sigma_o}{\sigma_e}C_v$$

因为 $d_s=10$,所以 $C_v=0.902$,因为 $d_s=d_w$,所以 $\sigma_o/\sigma_e=1$

8度烈度区 $K_h=0.2$

$\tau/\sigma_e=0.65\times 0.2\times 1\times 0.902=0.117\approx 0.12$

注:新版规范已经删除了地震剪应力比计算。

4. 答案(B)

解:据《建筑抗震设计规范》(GB 50011—2010)第4.3.3条、第4.3.4条计算。

第2层和第4层可判为不液化

$N_0=7$,判别深度为 15m

$$N_{cr}=N_0\beta[\ln(0.6d_s+1.5)-0.1d_s]\sqrt{3/\rho_c}$$

4.0m 处: $N_{cr}=7\times 0.8\times[\ln(0.6\times 4+1.5)-0.1\times 1.0]\times\sqrt{\frac{3}{3}}=7.1$

5.5m 处: $N_{cr}=7\times 0.8\times[\ln(0.6\times 5.5+1.5)-0.1\times 1.0]\times\sqrt{\frac{3}{3}}=8.2$

液化点为 4.0m 和 5.5m 两点,土层及其权函数关系如解图所示。

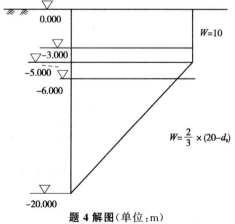

题 4 解图(单位:m)

4.0m 标准贯入点代表的土层范围为自 3.0m 至 $\frac{1}{2}\times(4+5.5)=4.75$m,5.5m 标准贯入代表的深度为 4.75~6.0m,据第 4.3.5 条液化指数 I_{lE} 为:

$$I_{lE}=\Sigma\left(1-\frac{N_i}{N_{cri}}\right)d_iW_i$$
$$=\left(1-\frac{5}{7.1}\right)\times1.75\times10+\left(1-\frac{7}{8.2}\right)\times0.25\times10+\left(1-\frac{7}{8.2}\right)\times1\times9.67$$
$$=6.96$$

5. 答案(D)

解:据《建筑抗震设计规范》(GB 50011—2010)第 4.3.3 条~第 4.3.5 条计算。

判别深度为 15m,粉土层 $\rho_c=13.5\%$,可初判为不液化,其他 5 点的临界击数计算如下。

$N_0=12,\beta=0.8$

$d_s=3.0$m 时:$N_{cr}=12\times0.8\times[\ln(0.6\times3.0+1.5)-0.1\times2]\times\sqrt{3/3}=9.5$

$d_s=5.0$m 时:$N_{cr}=12\times0.8\times[\ln(0.6\times5.0+1.5)-0.1\times2]\times\sqrt{3/3}=12.5$

$d_s=7.0$m 时:$N_{cr}=12\times0.8\times[\ln(0.6\times7.0+1.5)-0.1\times2]\times\sqrt{3/3}=14.8$

$d_s=13.0$m 时:$N_{cr}=12\times0.8\times[\ln(0.6\times13.0+1.5)-0.1\times2]\times\sqrt{3/3}=19.5$

$d_s=15.0$m 时:$N_{cr}=12\times0.8\times[\ln(0.6\times15.0+1.5)-0.1\times2]\times\sqrt{3/3}=20.7$

$d_s=3.0$m 时不液化,其余 4 点为液化点。

各测试点代表的土层权函数如解图所示。

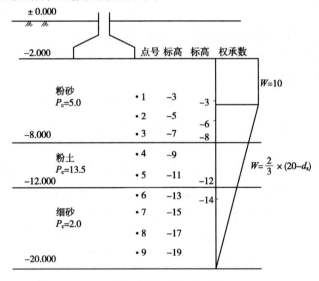

题 5 解图(单位:m)

$d_s=5$m 处土层权函数不同,从 5.0m 分上、下两层计算:

$$I_{lE}=\Sigma\left(1-\frac{N_i}{N_{cri}}\right)d_iW_i=(1-\frac{11}{12.5})\times1\times10+(1-\frac{11}{12.5})\times1\times9.67+(1-\frac{13}{14.8})\times2\times$$
$$8.67+(1-\frac{13}{19.5})\times2\times4.67+(1-\frac{15}{20.7})\times1\times3.670$$
$$=8.6$$

场地为中等液化场地。

6. 答案（D）

解： 据《建筑抗震设计规范》(GB 50011—2010) 第 4.3.4 条、第 4.3.5 条计算。

① 基础埋深大于 5m，液化判别深度应为 20m，各点临界标准贯入击数 N_{cr}：

$$N_{cr} = N_c \beta [\ln(0.6 d_s + 1.5) - 0.1 d_w] \sqrt{3/\rho_c}$$

-10m 处：$N_{cr} = 12 \times 0.8 \times [\ln(0.6 \times 10 + 1.5) - 0.1 \times 8] \times \sqrt{3/3} = 11.7$

-12m 处：$N_{cr} = 12 \times 0.8 \times [\ln(0.6 \times 12 + 1.5) - 0.1 \times 8] \times \sqrt{3/3} = 13.1$

-18m 处：$N_{cr} = 12 \times 0.8 \times [\ln(0.6 \times 18 + 1.5) - 0.1 \times 8] \times \sqrt{3/3.5} = 15.2$

② 各测试点代表的土层厚度 d_i：

10m 处，$d_{10} = \frac{1}{2} \times (10 + 12) - 8 = 3$m

12m 处，$d_{12} = 14 - \frac{1}{2} \times (10 + 12) = 3$m

18m 处，$d_{10} = 20 - 16 = 4$m。

③ 各土层中点深度 h_i 及权函数值 W_i：

$h_{10} = 8 + \frac{1}{2} \times 3 = 9.5$m，$W_{10} = \frac{2}{3} \times (20 - 9.5) = 7$

$h_{12} = 14 - \frac{1}{2} \times 3 = 12.5$m，$W_{12} = \frac{2}{3} \times (20 - 12.5) = 5$

$h_{18} = 16 + \frac{1}{2} \times 4 = 18$m，$W_{18} = \frac{2}{3} \times (20 - 18) = 1.33$

④ 地基液化指数 I_{lE}：

$$I_{lE} = \Sigma \left(1 - \frac{N_i}{N_{cri}}\right) d_i W_i$$

$$= \left(1 - \frac{8}{11.7}\right) \times 3 \times 7 + \left(1 - \frac{10}{13.1}\right) \times 3 \times 5 + \left(1 - \frac{5}{15.2}\right) \times 4 \times 1.33 = 13.7$$

⑤ $I_{lE} = 13.7$，判别深度为 20m，液化等级为中等。

7. 答案（C）

解： 据《公路工程抗震设计规范》(JTJ 004—1989) 第 2.2.3 条计算。

$$\frac{\sigma_0}{\sigma_e} = \frac{\gamma_u d_w + \gamma_d (d_s - d_w)}{\gamma_u d_w + (\gamma_d - 10)(d_s - d_w)}$$

当 $d_s \leqslant d_w$ 时，$\sigma_0/\sigma_e = \frac{\gamma_u d_w}{\gamma_u d_w} = 1$

本题中 0～5m 时，$\sigma_0/\sigma_e = 1$

当 $d_s > 5$m 时，分子 σ_0 的增量为 $\gamma_d(d_s - d_w)$；当 $d_s = 20$m 时，分子 σ_0 增量为 $15\gamma_d$；分母 σ_e 的增量为 $(\gamma_d - 10)(d_s - d_w)$；当 $d_s = 20$m，分母 σ_e 增量为 $15\gamma_d - 150$。因此，地下水位以下 σ_0/σ_e 随 d_s 增加而增加。

注：新版规范已经删除了该知识点。

8. 答案（B）

解： 据《公路工程抗震设计规范》(JTJ 004—1989) 第 2.2.3 条计算。

$$\frac{\tau}{\sigma_e} = 0.65 K_h \frac{\sigma_0}{\sigma_e} C_v$$

烈度 8 度，$K_h = 0.2$；$d_s = 5.0$，$C_v = 0.965$

地面下 5.0m 处: $\sigma_0 = \sigma_e = \gamma_u d_w + \gamma_d(d_s - d_w) = 18.5 \times 5 + 20 \times (5-5) = 92.5$

$$\frac{\tau}{\sigma_e} = 0.65 K_h \frac{\sigma_0}{\sigma_e} C_v = 0.65 \times 0.2 \times \frac{92.5}{92.5} \times 0.965 = 0.125$$

地面下 10.0m 处: $d_s = 10, C_v = 0.902$

$\sigma_0 = 18.5 \times 5 + 20 \times (10-5) = 192.5$

$\sigma_e = 18.5 \times 5 + (20-10) \times (10-5) = 142.5$

$$\frac{\tau}{\sigma_e} = 0.65 K_h \frac{\sigma_0}{\sigma_e} C_v = 0.65 \times 0.2 \times \frac{192.5}{142.5} \times 0.902 = 0.158$$

注:新版规范已经删除了该知识点。

9. **答案**(C)

解:据《建筑抗震设计规范》(GB 50011—2010)第 4.3.3 条计算。

$$d_u = 10 - 3 = 7\text{m}, d_0 = 7\text{m}$$

①如满足 $d_u > d_0 + d_b - 2$,则 $d_b < d_u - d_0 + 2 = 7 - 7 + 2 = 2$m

②如满足 $d_w > d_0 + d_b - 3$,则 $d_b > d_w - d_0 + 3 = 5 - 7 + 3 = 1.0$m

③如满足 $d_u + d_w > 1.5 d_0 + 2 d_b - 4.5$,则:

$$d_b < \frac{d_u + d_w - 1.5 d_0 + 4.5}{2} = \frac{7 + 5 - 1.5 \times 7 + 4.5}{2} = 3.0\text{m}$$

满足上述之一即可不考虑液化影响。

10. **答案**(C)

解:据《公路工程抗震规范》(JGJ B02—2013)第 4.3.2 条计算。

①对粉土层,$d_u = 5\text{m}, d_b = 2.0\text{m}, d_0 = 7.0\text{m}$

$d_u = 5\text{m} < d_0 + d_b - 2\text{m} = 7\text{m}, d_w > d_0 + d_b - 3\text{m} = 6\text{m}$

$d_u + d_w = 5\text{m} + d_w > 1.5 d_0 + 2 d_0 - 4.5\text{m} = 10\text{m}$

如不考虑液化,需满足 $d_w > 5$m。

②对砂土层,$d_u = 5\text{m}, d_b = 2.0\text{m}, d_0 = 8.0\text{m}$

$d_u = 5\text{m} < d_0 + d_b - 2\text{m} = 8\text{m}, d_w > d_0 + d_b - 3\text{m} = 7\text{m}$

$d_u + d_w = 5\text{m} + d_w > 1.5 d_0 + 2 d_0 - 4.5\text{m} = 11.5\text{m}$

如不考虑液化,需满足 $d_w > 6.5$m。

综合分析,地下水埋深至少为 6.5m。

11. **答案**(C)

解:由题可知 $d_0 = 7.0$m。

选项(A):$d_u = 6\text{m}, d_0 + d_b - 2 = 7 + 2 - 2 = 7\text{m}, d_w = 5\text{m}(d_b < 2\text{m}$ 时,取 2m)

$d_0 + d_b - 3 = 6\text{m}, d_u + d_w = 11\text{m}$

$1.5 d_0 + 2 d_b - 4.5 = 1.5 \times 7 + 2 \times 2 - 4.5 = 10\text{m}$

$d_u + d_w > 1.5 d_0 + 2 d_b - 4.5$

成立,可不考虑地震影响。

选项(B):$d_u = 5\text{m}, d_0 + d_b - 2 = 7 + 2 - 2 = 7\text{m}, d_w = 5.5\text{m}$

$d_0 + d_b - 3 = 6\text{m}, d_u + d_w = 10.5\text{m}$

$1.5 d_0 + 2 d_b - 4.5 = 1.5 \times 7 + 2 \times 2 - 4.5 = 10\text{m}$

$d_u + d_w > 1.5 d_0 + 2 d_b - 4.5$

成立,可不考虑地震影响。

选项(D):$d_u=6.5m, d_0+d_b-2=7m, d_w=6m$
$$d_0+d_b-3=6m(d_b<2m时,取2m)$$
$$d_u+d_w=12.5m, 1.5d_0+2d_b-4.5=1.5\times7+2\times1.5-4.5=12m$$
$$d_u+d_w>1.5d_0+2d_b-4.5$$
成立,可不考虑地震影响。
同时可验证选项(D)可不考虑液化影响。

12. 答案(C)

解:据《公路工程抗震设计规范》(JTJ 004—1989)第2.2.3条计算。
$$\zeta=1-0.117\rho_c^{\frac{1}{2}}=1-0.17\times3^{\frac{1}{2}}=0.7055$$
$$\sigma_e=\gamma_u d_w+(\gamma_d-10)(d_s-d_w)=18\times2+(20-10)\times(7-2)=86$$
$$\sigma_0=\gamma_u d_w+\gamma_d(d_s-d_w)=18\times2+20\times(7-2)=136$$
$$N_0=[11.8\times(1+13.06\times\frac{136}{86}\times0.2\times0.9)^{\frac{1}{2}}-8.09]\times0.7055=12.37\approx12.4$$
$$N_1=10\times0.9=9<N_0,液化。$$
注:新版规范已经不采用该方法了。

13. 答案(D)

解:据《建筑抗震设计规范》(GB 50011—2010)第4.3.3条计算。

基础埋深均小于2m,取d_b为2.0m,上覆非液化层厚度最大值为7m,地下水埋深最大值为5m,所以选项(D)的液化可能性是最小的。
$$d_u=7<d_0+d_b-2=8+2-2=8$$
$$d_w=5<d_0+d_b-3=8+2-3=7$$
$$d_u+d_w=7+5=12>1.5d_0+2d_b-4.5=1.5\times8+2\times2-4.5=11.5,不液化。$$

14. 答案(B)

解:据《水利水电工程地质勘查规范》(GB 50487—2008)附录P计算。

判断选项(A):

工程正常运行时的修正标贯击数:
$$N=N'\left(\frac{d_s+0.9d_w+0.7}{d'_s+0.9d'_w+0.7}\right)=20\times\left(\frac{9+0.9\times5+0.7}{6+0.9\times2+0.7}\right)=33.4$$

临界标准贯入锤击数:
$$N_{cr}=N_0[0.9+0.1(d_s-d_w)]\sqrt{\frac{3\%}{\rho}}=10\times[0.9+0.1\times(9-5)]\times1=13$$

$N>N_{cr}$,不液化。

判断选择项(B):

工程正常运行时的修正标贯击数:
$$N=20\times\left(\frac{3+0.9\times0+0.7}{6+0.9\times2+0.7}\right)=8.7$$

临界标准贯入锤击数:
$$N_{cr}=N_0[0.9+0.1(d_s-d_w)]\sqrt{\frac{3\%}{\rho}}=10\times[0.9+0.1\times(5-0)]\times1=14$$

$N<N_{cr}$,液化。

用同样的办法可判断选项(C)、(D)均不液化。

15. 答案(B)

解:据《水利水电工程地质勘察规范》(GB 50487—2008)附录 P 计算。

$N_0=6, N_{cr}=N_0[0.9+0.1(d_s-d_w)]\sqrt{\dfrac{3\%}{\rho_c}}=6\times[0.9+0.1\times(5-0)]\times1=8.4$

当 $N \geqslant 8.4$ 时,不液化,即

$N=N'\left(\dfrac{d_s+0.9d_w+0.7}{d_s'+0.9d_w'+0.7}\right)=N'\times\left(\dfrac{5+0.9\times0+0.7}{5+0.9\times3+0.7}\right)\geqslant 8.4$, 即 $N'\geqslant 12.4$

16. 答案(B)

解:据《建筑抗震设计规范》(GB 50011—2010)第 4.3.3 条计算。

基础埋置深度 $d_b=1.5m$, 不超过 $2m$, 应采用 $d_b=2m$

烈度 8 度时,液化土特征深度 $d_0=8m$

初判条件:

$d_u>8+2-2=8m$

$d_w>8+2-3=7m$

$d_u+d_w>1.5\times8+2\times2-4.5=11.5m$

只有选择(B)才能三个条件都不满足。

17. 答案(D)

解:据《水利水电工程地质勘察规范》(GB 50487—2008)附录 P 计算。

根据已知条件 $d_s=8.0m, d_w=1.0m, d_s'=5.0m, d_w'=2.0m, N_0=12, \rho_c=6\%$

按式(P.0.4-3), $N_{cr}=12\times[0.9+0.1\times(8-1)]\sqrt{\dfrac{3}{6}}=13.6$

按式(P.0.4-2), $N_{63.5}=N'_{63.5}\left(\dfrac{8+0.9\times1+0.7}{5+0.9\times2+0.7}\right)=1.28N'_{63.5}$

$N'_{63.5}>\dfrac{13.6}{1.28}=10.6$

18. 答案(C)

解:《建筑抗震设计规范》(GB 50011—2010)第 4.3.4 条计算。

(1)先逐点判别,计算相应的标贯击数临界值 N_{cr}:

$N_0=10, \beta=0.8, d_w=2.0m$

$$N_{cr}=N_0\beta[\ln(0.6d_s+1.5)-0.1d_w]\sqrt{3/\rho_c}$$

$4m$ 处: $N_{cr}=10\times0.8\times[\ln(0.6\times4+1.5)-0.1\times2]\times\sqrt{3/6}=6.6$, 该点液化;

$6m$ 处: $N_{cr}=10\times0.8\times[\ln(0.6\times6+1.5)-0.1\times2]\times\sqrt{3/6}=8.1$, 该点液化;

$9m$ 处: $N_{cr}=10\times0.8\times[\ln(0.6\times9+1.5)-0.1\times2]\times\sqrt{3/3}=13.9$, 该点液化;

$12m$ 处: $N_{cr}=10\times0.8\times[\ln(0.6\times12+1.5)-0.1\times2]\times\sqrt{3/3}=15.7$, 该点不液化;

$16m$ 处: $N_{cr}=10\times0.8\times[\ln(0.6\times16+1.5)-0.1\times2]\times\sqrt{3/3}=17.7$, 该点不液化。

(2) $4m$ 处的点代表的土层上层界面为 $2m$, 下层界面为 $5m$, 权函数为 10。

(3) $6m$ 处的点代表的土层上层界面为 $5m$, 下层界面为 $8m$, 中心点位于 $6.5m$ 处,权函数为: $W_{6.5}=\dfrac{2}{3}(20-6.5)=9$。

(4) $9m$ 处的点代表的土层上层界面为 $8m$, 下层界面为 $10.5m$, 中心点位于 $9.25m$ 处,

权函数为:$W_{9.5}=\frac{2}{3}(20-9.25)=7.17$。

(5)液化指数:

$$I_{lE}=\sum_{i=1}^{n}\left(1-\frac{N_i}{N_{cri}}\right)d_iW_i=\left(1-\frac{5}{6.5}\right)\times10\times3+\left(1-\frac{6}{8.1}\right)\times9\times3+\left(1-\frac{12}{13.9}\right)=16.72$$

(6)查规范表 4.3.5 得中等液化,$I_{lE}=16.7$。

19. 答案(C)

解:据《建筑抗震设计规范》(GB 50011—2010)第 4.3.4 条、第 4.3.5 条计算。

地下水位应取近期年最高水位 $d_w=4$m,液化土层范围为 4.0~6.0m。

$$N_{cr1}=N_0\beta[\ln(0.6\times d_s+1.5)-0.1d_w]\sqrt{\frac{3}{\rho_c}}$$

$$=16\times0.95\times[\ln(0.6\times5+1.5)-0.1\times4]\times\sqrt{\frac{3}{3}}=16.8 击$$

液化指数:$I_{lE}=\sum_{i=1}^{n}\left(1-\frac{N_i}{N_{cri}}\right)d_iW_i$

$$=\left(1-\frac{3}{16.8}\right)\times1\times10+\left(1-\frac{3}{16.8}\right)\times1\times\frac{2}{3}\times(20-5.5)=16.1$$

20. 答案(D)

解:据《水利水电工程地质勘察规范》(GB 50487—2008)附录 P 第 P.0.3 条第 5 款、第 7 款计算。

判别式:$v_{st}=291\sqrt{K_H\cdot z\cdot r_d}$

3m 处,深度折减系数 $r_d=1.0-0.01z=1.0-0.01\times3=0.97$

$v_{st}=291\sqrt{0.2\times3\times0.97}=221.2$m/s,$v_s<v_{st}$,可能液化

8m 处,深度折减系数 $r_d=1.0-0.01z=1.0-0.01\times8=0.92$

$v_{st}=291\sqrt{0.2\times8\times0.92}=352.1$m/s,$v_s<v_{st}$,可能液化

12m 处,深度折减系数 $r_d=1.1-0.02z=1.0-0.02\times12=0.86$

$v_{st}=291\sqrt{0.2\times12\times0.86}=419.0$m/s,$v_s<v_{st}$,可能液化

21. 答案(A)

解:《建筑抗震设计规范》(GB 50011—2010)第 4.3.3 条计算。

由题意可知,$d_u=6.0$m,$d_w=6.5$m,$d_b=2.0$m,$d_0=8.0$m

$$d_u=6.0<d_0+d_b-2=8$$
$$d_w=6.5<d_0+d_b-3=7$$
$$d_u+d_w=12.5>1.5d_0+2d_b-4.5=11.5$$

可知,该场地可不考虑液化影响。

22. 答案(B)

解:据《建筑抗震设计规范》(GB 50011—2010)第 4.3.3 条、第 4.3.4 条、第 4.3.5 条计算。

场地土中粉砂、粉土是可液化土抗震设防烈度为 7 度,粉土的黏粒含量为 13%,粉土层不液化设计基本地震加速度 0.15g,$N_0=10$;设计地震分组为第三组,$\beta=1.05$。

$$N_{cr}=N_0\beta[\ln(0.6d_s+1.5)-0.1d_w]\sqrt{\frac{3}{\rho_c}}$$

$$=10\times1.05\times[\ln(0.6\times5+1.5)-0.1\times1]=14.7$$

$$I_{lE}=\sum_{i=1}^{n}\left(1-\frac{N_i}{N_{cr}}\right)d_iW_i=\left(1-\frac{5}{14.7}\right)\times2\times10=13.2$$

23. 答案(B)

解：据《建筑抗震设计规范》(GB 50011—2010)第4.3.4条、第4.3.5条计算。

$$\beta = 0.95, N_0 = 12$$

$$N_{cr} = N_0 \beta [\ln(0.6 d_s + 1.5) - 0.1 d_w] \sqrt{3/\rho_c}$$

12m 处：$N_{cr} = 12 \times 0.95 \times [\ln(0.6 \times 12 + 1.5) - 0.1 \times 3] \sqrt{3/3} = 21.24 > 18$，液化

14m 处：$N_{cr} = 12 \times 0.95 \times [\ln(0.6 \times 14 + 1.5) - 0.1 \times 3] \sqrt{3/3} = 22.71 < 24$，不液化

17m 处：$N_{cr} = 12 \times 0.95 \times [\ln(0.6 \times 17 + 1.5) - 0.1 \times 3] \sqrt{3/3} = 24.62 > 25$，不液化

19m 处：$N_{cr} = 12 \times 0.95 \times [\ln(0.6 \times 19 + 1.5) - 0.1 \times 3] \sqrt{3/3} = 25.73 > 25$，液化

12m 处：$d_i = 2\text{m}, W_i = \dfrac{2}{3}(20-12) = 5.33$

19m 处：$d_i = 2\text{m}, W_i = \dfrac{2}{3}(20-19) = 0.67$，注意计算深度为 20m

$$I_{lE} = \sum_{i=1}^{n}\left(1 - \dfrac{N_i}{N_{cri}}\right) d_i W_i = \left(1 - \dfrac{18}{21.24}\right) \times 2 \times 5.33 + \left(1 - \dfrac{25}{25.73}\right) \times 2 \times 0.67 = 1.66$$

第四讲　地震作用与地震反应谱

1. 答案(C)

解：据《建筑抗震设计规范》(GB 50011—2010)第5.1.5条计算。

$T_g = 0.3\text{s}$，假定阻尼比为 0.05，则：

$$\dfrac{\alpha_A}{\alpha_B} = \dfrac{\eta_2 \alpha_{max}}{(T_g - T_B)^\gamma \eta_2 \alpha_{max}} = \dfrac{1}{(0.3/0.4)^{0.9} \times 1} = 1.3$$

2. 答案(B)

解：据《建筑抗震设计规范》(GB 50011—2010)第4.1.4条～第4.1.6条、第5.1.4条、第5.1.5条计算。

$v_{s4}/v_{s3} = 460/180 = 2.55$，取覆盖层厚度为 16m

$v_{se} = d_0/t = \dfrac{16}{\dfrac{5}{120} + \dfrac{5}{90} + \dfrac{6}{180}} = 122.5\text{m/s}$，场地类别为 Ⅲ 类

查规范表 5.1.4-2，得 $T_g = 0.45\text{s}$，查表 5.1.4-1，得 $\alpha_{max} = 0.16$

$0.1 < T = 0.4\text{s} < T_g, \alpha = \eta_2 \alpha_{max}$，阻尼比为 0.05，$\eta_2 = 1.0$

$\alpha = \alpha_{max} = 0.16$

3. 答案(A)

解：据《建筑抗震设计规范》(GB 50011—2010)第4.1.6条、第5.1.4条、第5.1.5条计算。

覆盖土层厚度 30m，等效剪切波速 $v_{se} = 200\text{m/s}$，查表可知场地类别为 Ⅱ 类

特征周期：$T_g = 0.35\text{s}$，水平地震影响系数最大值 $\alpha_{max} = 0.16$

$T = 0.5\text{s}$，大于 T_g 而小于 $5T_g$，且阻尼比 $\zeta = 0.05$

水平地震影响系数为：$\alpha = \left(\dfrac{T_g}{T}\right)^\gamma \eta_2 \alpha_{max} = \left(\dfrac{T_g}{T}\right)^{0.9} \alpha_{max} = \left(\dfrac{0.35}{0.5}\right)^{0.9} \times 0.16 = 0.116$

4. 答案(A)

解：据《建筑抗震设计规范》(GB 50011—2010)第5.1.4条、第5.1.5条计算。

由已知条件查表得：$\alpha_{\max}=0.24$，$T_g=0.55s$
$$T_g<T<5T_g$$
$$\alpha=\left(\frac{T_g}{T}\right)^\gamma \eta_2 \alpha_{\max}=\left(\frac{0.55}{1.65}\right)^{0.9}\times 1\times 0.24=0.089$$

5. 答案（A）

解：据《建筑抗震设计规范》(GB/T 50011—2010)第5.1.5条计算。

$\alpha_{甲}=\eta_2\alpha_{\max}(T=0.25s<T_g=0.35s)$

$\alpha_{乙}=\left(\frac{T_g}{T_乙}\right)^\gamma \eta_2\alpha_{\max}(T_g=0.35s<T_乙<5T_g=1.75s)$

$$\frac{\alpha_{甲}}{\alpha_{乙}}=\frac{\eta_2\alpha_{\max}}{\left(\frac{T_g}{T_乙}\right)^\gamma \eta_2\alpha_{\max}}=\left(\frac{T_乙}{T_g}\right)^\gamma=\left(\frac{0.6}{0.35}\right)^{0.9}=1.62$$

6. 答案（B）

解：据《水工建筑物抗震设计规范》(DL 5073—2000)附录A计算。

①不考虑孔隙水压力时

$$K_i=\frac{N_i\tan\varphi_i+c_i l_i}{T_i}=\frac{583\times\tan 42°+0}{415}=1.26$$

②考虑孔隙水压力时

$$K_i=\frac{N_i\tan\varphi_i+0}{T_i}=\frac{\left[583-(100-10\times 6)\times\frac{3.2}{\cos 19.3°}\right]\times\tan 42°}{415}=0.97$$

注：此题按旧规范出题，按新规范根据已知条件无法解题。

7. 答案（D）

解：据《建筑抗震设计规范》(GB 50011—2010)第4.1.6条、第5.1.4条、第5.1.5条计算。

$\alpha_{\max}=0.24$（8度，多遇地震，设计基本地震加速度0.30g）

$T_g=0.45s$（设计地震分组第一组，场地类别Ⅲ类）

$\eta_2=1.0$（阻尼比$\xi=0.05$）

$T<T_g$，取水平段，$\alpha=\eta_2\alpha_{\max}=1.0\times 0.24=0.24$。

8. 答案（B）

解：据《水电工程水工建筑物抗震设计规范》(NB 35047—2015)附录A.2条、第6.1.4条计算。

由规范表6.1.4可得$\alpha_i=1.75$

$$F_h=\frac{\alpha_h\xi G_{Eh}\alpha_i}{g}=\frac{0.2g\times 0.25\times 4000\times 1.75}{g}=350kN/m$$

9. 答案（B）

解：据《建筑抗震设计规范》(GB 50011—2010)第5.1.4条、第5.1.5条计算。

$T_g=0.35s$，$T_g<T<5T_g$，$\alpha_{\max}=0.12$

$$\alpha=\left(\frac{T_g}{T}\right)^\gamma \eta_2\alpha_{\max}=\left(\frac{0.35}{0.4}\right)^{0.9}\times 1\times 0.12=0.106$$

10. 答案（D）

解：据《水电工程水工建筑物抗震设计规范》(NB 35047—2015)第4.1.2条、第4.1.3条、第5.3.3条、第5.3.5条计算。

场地土类型划分。

$$v_s = \frac{d_0}{\sum\limits_{i=1}^{3} d_i/v_{si}} = \frac{12}{\frac{6}{235}+\frac{3}{336}+\frac{3}{495}} = 296.14 \text{m/s}$$

$250 < v_s < 500$，场地为中硬场地土。
场地覆盖层厚度为12m，场地类别为Ⅱ类，调整后的特征周期仍为0.35s。
查表得，混凝土重力坝 $\beta_{max} = 2.0$。

11. 答案(C)

解：据《建筑抗震设计规范》(GB 50011—2010)第5.1.4条、第5.1.5条计算。

(1)场地类别划分：
①覆盖层厚度16m；
②场地等效剪切波速为：

$$t = \sum \frac{d_i}{v_{si}} = \frac{1}{120}+\frac{9}{90}+\frac{6}{180} = 0.1417 \text{s}$$

$$v_{se} = \frac{d_0}{t} = \frac{16}{0.1417} = 112.9 \text{m/s}$$

场地为Ⅲ类。
(2)多遇地震8度时，α_{max} 为0.16，特征周期 T_g 为0.45s。
(3)地震影响系数 $\alpha = \eta_2 \alpha_{max} = 0.16$。

12. 答案(C)

解：据《建筑抗震设计规范》(GB 50011—2010)第5.1.4条、第5.1.5条计算。
查规范得，特征周期 $T_g = 0.35$s，由 $\xi = 0.05$，得：$\eta_2 = 1.0, \gamma = 0.9$

$$\alpha_A = \eta_2 \alpha_{max} = \alpha_{max}, \quad \alpha_B = \left(\frac{T_g}{T}\right)^\gamma \eta_2 \alpha_{max} = 0.8867 \alpha_{max}$$

$$\frac{\alpha_A}{\alpha_B} = \frac{\alpha_{max}}{0.8867 \alpha_{max}} = 1.128$$

13. 答案(A)

解：据《建筑抗震设计规范》(GB 50011—2010)第5.1.4条、第5.1.5条、第5.2.1条计算。

$$\alpha_{max} = 0.08, T_g = 0.45\text{s}, 已知 T = 0.9\text{s}, T_g < T < 5T_g$$

得：$\alpha = \left(\frac{T_g}{T}\right)^\gamma \eta_2 \alpha_{max} = \left(\frac{0.45}{0.9}\right)^{0.9} \times 1 \times 0.08 = 0.04287$

水平地震作用标准值：$F_{Ek} = \alpha G_{eq} = 0.04287 \times 137062 = 5875.87 \text{kN}$

14. 答案(D)

解：据《建筑抗震设计规范》(GB 50011—2010)第4.1.6条、第5.1.4条、第5.1.5条计算。
场地覆盖层厚度为20m，等效剪切波速为240m/s，场地类别为Ⅱ类
地震分组为第一组，多遇地震，$\alpha_{max} = 0.24, T_g = 0.35$s
$T_g < T = 0.4\text{s} < 5T_g$

$$\gamma = 0.9 + \frac{0.05-\xi}{0.5+5\xi} = 0.9 + \frac{0.05-0.40}{0.5+5\times0.40} = 0.76$$

$$\eta_2 = 1 + \frac{0.05-\xi}{0.06+1.7\xi} = 1 + \frac{0.05-0.4}{0.06+1.7\times0.4} = 0.527 < 0.55，取 \eta_2 = 0.55$$

$$\alpha = \left(\frac{T_g}{T}\right)^\gamma \eta_2 \alpha_{max} = \left(\frac{0.35}{0.40}\right)^{0.76} \times 0.55 \times 0.24 = 0.119$$

15. 答案:(C)

解:据《建筑抗震设计规范》(JTG B02—2013)第5.1.5条计算。

(1)水平地震影响系数最大值

按表5.1.4-1,$\alpha_{max} = 1.20$

(2)特征周期

按表5.1.4-2,$T_g = 0.45 + 0.05 = 0.50s$

(3)阻尼调整系数

$$\gamma = 0.9 + \frac{0.05 - \xi}{0.3 + 6\xi} = 0.9 + \frac{0.05 - 0.075}{0.3 + 6 \times 0.075} = 0.87$$

衰减指数:$\eta_2 = 1 + \frac{0.05 - \xi}{0.08 + 1.6\xi} = 1 + \frac{0.05 - 0.075}{0.08 + 1.6 \times 0.075} = 0.875$

(4)$T_g < T < 5T_g$,水平地震影响系数:

$$\alpha = \left(\frac{T_g}{T}\right)^\gamma \eta_2 \alpha_{max} = \left(\frac{0.50}{0.75}\right)^{0.87} \times 0.875 \times 1.2 = 0.74$$

16. 答案(D)

解:据《建筑抗震设计规范》(GB 50011—2010)第4.1.6条、第4.1.8条、第5.1.4条、第5.1.5条计算。

①计算水平地震影响系数

根据题意,场地岩石剪切波速为650m/s,覆盖层厚度为0,按照表4.1.6,确定场地类别为Ⅱ类。设计地震分组为第一组,按照规范表5.1.4-2,确定特征周期$T_g = 0.25s$。

按照规范表5.1.4-1,确定水平地震影响系数最大值$\alpha_{max} = 0.24$。

结构自振周期T=0.40s,位于区间$T_g < T < 5T_g$,因此有:

$$\alpha = \left(\frac{T_g}{T}\right)^\gamma \eta_2 \alpha_{max} = \left(\frac{0.25}{0.4}\right)^{0.9} \times 1.0 \times 0.24 = 0.16$$

②考虑抗震不利地段对设计地震动参数的放大作用

由题意可知,$H = 25m, L = 20m, L_1 = 25m, \frac{H}{L} = \frac{25}{20} = 1.25 \geq 1$,据规范第4.1.8条条文说明,得$\alpha = 0.4$

$\frac{L_1}{H} = \frac{25}{25} = 1 < 2.5$,据规范第4.1.8条条文说明,得到$\xi = 1.0$

地震影响系数最大值的增大系数:$\lambda = 1 + \xi\alpha = 1 + 1.0 \times 0.4 = 1.4$

多遇地震作用下的截面抗震验算时,相应于结构自振周期的水平地震影响系数:

$$\alpha' = \lambda\alpha = 1.4 \times 0.16 = 0.224$$

17. 答案(B)

解:据《公路工程抗震规范》(JTG B02—2013)第5.2.1条、第5.2.2条、第5.2.3条、第5.2.4条、第5.2.5条计算。

(1)确定水平设计加速度反应谱

水平设计加速度反应谱最大值:

$$S_{max} = 2.25 C_i C_s C_d A_h = 2.25 \times 1.7 \times 1.0 \times 1.0 \times 0.3g = 1.15$$

$T > T_g$,阻尼比0.05,水平设计加速度反应谱:

$$S = S_{\max}\left(\frac{T_g}{T}\right) = 1.15 \times \frac{0.35}{0.45} = 0.89$$

(2)计算竖向设计加速度反应谱

场地为Ⅱ类，$T=0.45s>0.3s$，$R=0.5$，竖向设计加速度反应谱：

$$0.5S_h = 0.45$$

18. 答案（D）

解：《建筑抗震设计规范》(GB 50011—2010)第5.1.4条、第5.1.5条计算。

①计算水平设计加速度反应谱最大值

设防烈度为8度，设计基本地震加速度为0.20g，罕遇地震条件下的水平地震影响系数最大值：$\alpha_{\max}=0.90$。

②确定场地特征周期

由题意可知，地基土为软弱土，剪切波速小于150m/s，覆盖层厚度为13m，由规范表4.1.6可知，场地类别为Ⅱ类。

场地类别为Ⅱ类，地震分组为第一组，由表5.1.4-2可知，特征周期为0.35s。

由于计算罕遇地震，故特征周期应增加0.05s，$T_g=0.35+0.05=0.40s$。

③计算水平地震影响系数

$5T_g=2.0s<T=3.0s<6.0s$

$\alpha = [\eta_2 \times 0.2^\gamma - \eta_1(T-5T_g)]\alpha_{\max} = [0.235 - 0.2 \times (3-5\times 0.4)] \times 0.9 = 0.1935$。

19. 答案（C）

解：据《建筑抗震设计规范》(GB 50011—2010)第4.1.4条、第4.1.5条、第4.1.6条、第5.1.4条、第5.1.5条计算。

$450/170=2.65>2.5$，覆盖层厚度为14m

等效剪切波速为：$v_{se} = \dfrac{d_0}{\sum_{i=1}^{n}\dfrac{d_i}{v_{si}}} = \dfrac{14}{\dfrac{2}{130}+\dfrac{8}{100}+\dfrac{4}{170}} = 117.7 m/s$

场地类型为Ⅱ类，设计地震分组为第一组，特征周期$T_g=0.35s$

场地抗震设防烈度为8度，设计基本地震加速度为0.30g，多遇地震，$\alpha_{\max}=0.24$

$0.1<T=0.30s<T_g$，$\alpha=\alpha_{\max}=0.24$

20. 答案（C）

解：据《公路工程抗震规范》(JTG B02—2013)第3.1.1条、第3.1.3条、第5.2.2条、第5.2.4条计算。

高速公路单跨跨径140m的桥梁，其抗震设防类别为B类

E1地震作用，其抗震重要性修正系数$C_i=0.5$（取表中括号中数值）

设计基本地震动峰值加速度为0.20g，场地类别为Ⅲ类，场地系数$C_s=1.2$

$\xi\neq 0.05$，阻尼调整系数：$C_d=1+\dfrac{0.05-\xi}{0.06+1.7\xi}=1+\dfrac{0.05-0.04}{0.06+1.7\times 0.04}=1.08$

水平设计加速度反应谱最大值为：

$$S_{\max} = 2.25 C_i C_s C_d A_h = 2.25 \times 0.5 \times 1.2 \times 1.08 \times 0.2 = 0.292$$

21. 答案（D）

解：据《建筑抗震设计规范》(GB 50011—2010)第4.1.6条、第5.1.4条、第5.1.5条计算。

覆盖层厚度为9m，可判断其场地类别为Ⅱ类

设计地震分组为第三组,罕遇地震作用,特征周期 $T_g=0.45+0.05=0.50\text{s}$

场地抗震设防烈度为9度,罕遇地震作用,$\alpha_{\max}=1.40$

$T_g=0.5\text{s}<T=2.45\text{s}<5T_g=2.5\text{s}$

水平地震影响系数:$\alpha=\left(\dfrac{T_g}{T}\right)^{0.9}\alpha_{\max}=\left(\dfrac{0.5}{2.45}\right)^{0.9}\times 1.4=0.335$

22. 答案(B)

解:据《公路工程抗震规范》(JTG B02—2013)第3.1.1条、第3.1.3条、第5.2.1条～第5.2.5条计算。

由已知条件:桥梁为B类,$C_i=0.5,C_s=0.9,C_d=1.0,T_g=0.25\text{s}$

水平设计加速度反应谱最大值:
$$S_{\max}=2.25C_iC_sC_dA_h=2.25\times 0.5\times 0.9\times 1.0\times 0.30=0.304$$

$T>T_g$,水平设计加速度反应谱:
$$S_H=S_{\max}(T_g/T)=0.304\times(0.25/0.30)=0.253$$

基岩场地,$R=0.6$,竖向设计加速度反应谱:
$$S_V=RS_H=0.6\times 0.253=0.152$$

第五讲 地基基础与挡土墙的抗震验算

1. 答案(D)

解:据《水电工程水工建筑物抗震设计规范》(NB 35047—2015)第5.9.1条计算。

$$z=\dfrac{\sin(\delta+\varphi)\sin(\varphi-\theta_e-\psi_2)}{\cos(\delta+\psi_1+\theta_e)\cos(\psi_2-\psi_1)}=\dfrac{\sin(15°+32°)\times\sin(32°-3°-0°)}{\cos(15°+20°+3°)\times\cos(0°-20°)}=0.48$$

$$C_e=\dfrac{\cos^2(\varphi-\theta_e-\psi_1)}{\cos\theta_e\cos^2\psi_1\cos(\delta+\psi_1+\theta_e)(1+\sqrt{z})^2}$$

$$=\dfrac{\cos^2(32°-3°-20°)}{\cos 3°\cos^2 20°\cos(15°+20°+3°)\times(1+\sqrt{0.48})^2}=0.49$$

地表无超载($q_0=0$),不考虑竖向地震力($a_v=0$),地震主动土压力代表值为:

$$F_E=\left[q_0\dfrac{\cos\psi_1}{\cos(\psi_1-\psi_2)}H+\dfrac{1}{2}\gamma H^2\right]\left(1\pm\dfrac{\zeta a_v}{g}\right)C_e$$

$$=\dfrac{1}{2}\gamma H^2 C_e=\dfrac{1}{2}\times 20\times 5^2\times 0.49=122.5\text{kN/m}$$

2. 答案(C)

解:据《公路工程抗震规范》(JTG B02—2013)第4.4.2条计算。

$C_e=0.7$,当$d_s\leq 10$时,$\alpha=1/3$;当$10<d_s<20$时,$\alpha=2/3$

$$\alpha=\dfrac{\alpha_1 h_1+\alpha_2 h_2}{h_1+h_2}=\dfrac{\dfrac{1}{3}\times(10-5)+\dfrac{2}{3}\times(15-10)}{15-5}=0.5$$

3. 答案(D)

解:据《建筑地基基础设计规范》(GB 50007—2011)第5.2.4条及《建筑抗震设计规范》(GB 50011—2010)第4.2.3条计算。

修正承载力特征值,$\eta_b=3,\eta_d=4.4$

$f_a=f_{ak}+\eta_b\gamma(b-3)+\eta_d\gamma_m(d-0.5)=300+3\times 9\times(6-3)+4.4\times 19\times(6-0.5)$

$=840.8\text{kPa}$

查规范表 4.2.3,得 $\xi_a=1.3$,则调整后的地基抗震承载力：
$$f_{aE}=\xi_a f_a=1.3\times 840.8=1093.04\text{kPa}$$

4. 答案(A)

解：据《建筑抗震设计规范》(GB 50011—2010)第 4.4.3 条、第 4.3.5 条计算。

打桩后桩间土的标准贯入锤数 $N_1=N_p+100\rho(1-e^{-0.3N_p})$

深度 4m 处：$N_1=5+100\times 0.063\times(1-2.718^{-0.3\times 5})=9.89$

深度 5m 处：$N_1=9+100\times 0.063\times(1-2.718^{-0.3\times 9})=14.88$

深度 7.0m 处：$N_1=6+100\times 0.063\times(1-2.718^{-0.3\times 6})=11.26$

打桩后 5m 处实际系数大于临界系数,液化点只有 4.0m 及 7.0m 两个,液化指数为：

$$I_{lE}=\sum\left(1-\frac{N_{1i}}{N_{\text{cri}}}\right)d_iW_i=\left(1-\frac{9.89}{11}\right)\times 1\times 10+\left(1-\frac{11.26}{14}\right)\times 1\times 8.7=2.71$$

5. 答案(B)

解：据《建筑抗震设计规范》(GB 50011—2010)第 4.2.3 条、第 4.2.4 条计算。

由 $p_{k\max}\leqslant 1.2f_{aE}$,可知 $f_{aE}\geqslant p_{k\max}/1.2=380/1.2=316.7\text{kPa}$

由 $f_{aE}=\zeta_a f_a$,得 $f_a\geqslant f_{aE}/\zeta_a=316.7/1.3=243.6\text{kPa}$

6. 答案(C)

解：由《公路工程抗震规范》(JTG B02—2013)第 4.4.2 条计算。

$$d_s\leqslant 10\text{m},\alpha=1/3$$
$$10\text{m}<d_s\leqslant 20\text{m},\alpha=2/3$$

加权平均：$\dfrac{(10-5)\times\dfrac{1}{3}+(15-10)\times\dfrac{2}{3}}{(10-5)+(15-10)}=0.5$

7. 答案(D)

解：据《建筑抗震设计规范》(GB 50011—2010)第 4.2.3 条、第 4.2.4 条计算。

① $p\leqslant f_{aE}=\zeta_a f_a=1.3\times 300=390\text{kPa}$

② $p_{\max}\leqslant 1.2f_{aE}=1.2\times 390=468\text{kPa}$

③ $H/B=42/10=4.2>4$

建筑物基础底面不宜出现拉应力,所以不应出现零应力区,选项(D)不正确。

8. 答案(B)

解：据《建筑抗震设计规范》(GB 50011—2010)第 4.2.3 条、第 4.2.4 条,《建筑地基基础设计规范》(GB 50007—2011)第 5.2.5 条计算。

$$\zeta_a=1.3, f_{aE}=\zeta_a f_a=1.3\times 250=325\text{kPa}$$

$\dfrac{H}{B}=\dfrac{24}{12}=2$,零应力区面积不宜超过 15%

$p_{k\max}\leqslant 1.2f_{aE}=1.2\times 325=390\text{kPa}$

$p_{k\max}=\dfrac{2(F_k+G_k)}{3la}$

$F_k+G_k=3lap_{k\max}/2=3\times 50\times 12\times(1-0.15)\times\dfrac{1}{3}\times 390\times\dfrac{1}{2}=99450\text{kN}$

$\dfrac{99\,450}{0.85\times 12\times 50}=195\text{kPa}<f_{aE}=325\text{kPa}$

9. **答案**(C)

解:据《建筑抗震设计规范》(GB 50011—2010)第 4.4.3 条计算。

$$N_1 = N_p + 100\rho(1-e^{-0.3N_p}) = 10 + 100 \times 0.033 \times (1-e^{-0.3 \times 10}) = 13.14$$

10. **答案**(C)

解:据《建筑抗震设计规范》(GB 50011—2010)第 4.2.3 条、第 4.2.4 条计算。
中密细砂层,地基抗震承载力调整系数 $\zeta_a = 1.3$
(1)按基底平均压力验算

基础底面平均压力:$p = \dfrac{F_k + G_k}{A} = \dfrac{100000}{12 \times 50} = 167\text{kPa}$

$f_{aE} \geq p$,即 $\zeta_a f_a = 1.3 f_a \geq 167, f_a \geq 128\text{kPa}$

(2)按基础边缘最大压力验算
建筑物高宽比 $25/12 = 2.1 < 4$,零应力区面积为基底面积的 15%

$$p_{max} = \dfrac{2(F_k + G_k)}{3la} = \dfrac{2 \times 100000}{(1-0.15) \times 12 \times 15} = 392\text{kPa}$$

$1.2 f_{aE} \geq p_{max}$,即 $1.2 \times 1.3 \times f_a \geq 392, f_a \geq 251\text{kPa}$

(1)、(2)两种情况取其大者,$f_a \geq 251\text{kPa}$。

11. **答案**(D)

解:据《公路工程抗震规范》(JTG B02—2013)第 7.2.5 条计算。

主动土压力系数:$K_a = \dfrac{\cos^2\varphi}{(1+\sin\varphi)^2} = \dfrac{\cos^2 36°}{(1+\sin 36°)^2} = 0.260$

查表 3.2.2,挡土墙抗震重要性修正系数:$C_i = 1.0$

$$E_{ea} = \dfrac{1}{2}\gamma H^2 K_a (1 + 0.75 C_i K_h \tan\varphi)$$

$$= \dfrac{1}{2} \times 19 \times 5^2 \times 0.26 \times (1 + 0.75 \times 1.0 \times 0.40 \times \tan 36°) = 75.2\text{kN/m}$$

12. **答案**(B)

解:据《公路工程抗震规范》(JTG B02—2013)附录 A.0.1 条计算。
由规范表 A.0.1,地震烈度为 8 度,水上,地震角 $\theta = 6°$

$$K_a = \dfrac{\cos^2(\varphi - \alpha - \theta)}{\cos\theta \cos^2\alpha \cos(\alpha + \delta + \theta)\left[1 + \sqrt{\dfrac{\sin(\varphi + \delta)\sin(\varphi - \beta - \theta)}{\cos(\alpha - \beta)\cos(\alpha + \delta + \theta)}}\right]^2}$$

$$= \dfrac{\cos^2(33° - 0° - 3°)}{\cos 3° \cos^2 0 \cos(0° + 15° + 3°)\left[1 + \sqrt{\dfrac{\sin(33° + 15°)\sin(33° - 0° - 3°)}{\cos(0-0)\cos(0° + 15° + 3°)}}\right]^2} = 0.299$$

计算地震主动土压力:

$$E_{aE} = \left[\dfrac{1}{2}\gamma H^2 + qH\dfrac{\cos\alpha}{\cos(\alpha - \beta)}\right] K_a - 2cHK_{ca} = \left(\dfrac{1}{2} \times 18 \times 8^2 + 0\right) \times 0.299 - 0 = 172.2\text{kN/m}$$

13. **答案**(B)

解:据《建筑抗震设计规范》(GB 50011—2010)第 4.4 节计算。
(1)求粉土②的液化折减系数
$N/N_{cr} = 7/10 = 0.7$,桩周摩阻力折减系数:

$d_s<10m$,取 1/3,$10m<d_s<20m$,取 2/3

(2)求折减后单桩极限承载力

$$Q_{uk}=3.14\times0.8\times(3\times30+\frac{1}{3}\times5\times20+\frac{2}{3}\times5\times20+7\times50)+3.14\times0.4^2\times4000$$
$$=3366kN$$

(3)单桩承载力特征值:

$$R_a=\frac{Q_{uk}}{2}=\frac{3366}{2}=1683kN$$

(4)单桩竖向抗震承载力:

$$R_{aE}=1.25R=1.25\times1683=2104kN$$

14. **答案**(C)

解:据《公路工程抗震规范》(JTG B02—2013)第 4.4.2 条计算。

液化抵抗系数:$C_e=\frac{N}{N_{cr}}=\frac{8}{9.5}=0.84$

摩阻力液化影响评价折减系数:$\psi=\dfrac{7\times\dfrac{2}{3}+4\times1.0}{11}=0.788$

15. **答案**(B)

解:据《建筑抗震设计规范》(GB 50011—2010)第 4.4.3 条第 3 款计算。

设计基本地震加速度为 $0.15g$,$N_0=10$,设计地震分组为第一组,$\beta=0.8$
标准贯入锤击数临界值:

$$N_{cr}=N_0\beta[\ln(0.6d_s+1.5)-0.1d_w]\sqrt{3/\rho_c}$$
$$=10\times0.8\times[\ln(0.6\times9+1.5)-0.1\times2]\times\sqrt{3/3}=13.85$$

若采用预制桩进行处理后不液化,需满足:$N_{cr}\leq N_1=N_p+100\rho(1-e^{-0.3N_p})$
即 $13.85=7+100\rho(1-e^{-0.3\times7})$,得:$\rho=0.078$

$\rho=\dfrac{0.3^2}{s^2}=0.078$,得:$s=1074mm$

16. **答案**(C)

解:据《公路工程抗震规范》(JTG B02—2013)第 4.4.2 条计算。

桩侧阻力折减系数:$\psi=\dfrac{6\times\dfrac{1}{3}+6\times\dfrac{2}{3}}{12}=\dfrac{1}{2}$

17. **答案**(D)

解:据《建筑抗震设计规范》(GB 50011—2010)第 4.2.3 条、第 4.2.4 条以及《建筑地基基础设计规范》(GB 50007—2011)第 5.2.2 条、第 5.2.4 条计算。

硬塑黏土,$e=0.80$,可知 I_L、e 均小于 0.85,承载力修正系数 $\eta_b=0.3$,$\eta_d=1.6$
修正后的承载力特征值:

$$f_a=f_{ak}+\eta_b\gamma(b-3)+\eta_d\gamma_m(d-0.5)=150+0+1.6\times19\times(5.5-0.5)=302kPa$$

$f_{ak}=150kPa$,地基抗震承载力调整系数取 $\zeta_a=1.3$
地基抗震承载力:$f_{aE}=\zeta_a f_{ak}=1.3\times302=392.6kPa$
建筑高宽比小于 4,基础接触面积 $3la=(1-0.15)\times2.5\times1=2.125m^2$

应满足 $p_{max}=\dfrac{2(F_k+G_k)}{3la}\leq1.2f_{aE}$,即 $\dfrac{2(F_k+G_k)}{2.125}\leq1.2\times392.6$

基础底面处所承受的最大竖向荷载:$F_k + G_k = 500.6 \text{kN/m}$

18. **答案**(C)

解:据《建筑地基基础设计规范》(GB 5007—2011)第 5.2.4 条、《建筑抗震设计规范》(GB 50011—2010)第 4.2.3 条计算。

基础尺寸 3m×2m,埋深 2.0m,需进行深度修正,$\eta_d = 4.4$

$$f_a = f_{ak} + \eta_d \gamma_m (d - 0.5) = 200 + 4.4 \times \frac{8 + 18}{2} \times (2 - 0.5) = 285.8 \text{kPa}$$

中密中砂,$\zeta_a = 1.3$,$f_{aE} = \zeta_a f_a = 1.3 \times 285.8 = 371.5 \text{kPa}$

第十篇　岩土工程检测与监测

历年真题

1.(07C30)某自重湿陷性黄土场地混凝土灌注桩径为 800mm,桩长为 34m,通过浸水载荷试验和应力测试得到桩身轴力在极限荷载(2800kN)下的数据如下表和下图所示,此时桩侧平均负摩阻力值最接近(　　)。

题 1 表

深度/m	桩身轴力/kN	深度/m	桩身轴力/kN
2	2900	16	2800
4	3000	18	2150
6	3110	22	1220
8	3160	26	670
10	3200	30	140
12	3265	34	70
14	3270		

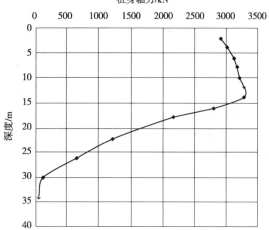

题 1 图

(A)-10.52kPa　(B)-12.14kPa　(C)-13.36kPa　(D)-14.38/kPa

2.(07D30)采用声波法对钻孔灌注桩孔底沉渣进行检测,桩直径 1.2m,桩长 35m,声波反射明显。测头从发射到接收到第一次反射波的相隔时间为 8.7ms,从发射到接收到第二次反射波的相隔时间为 9.3ms,若孔低沉渣声波波速按 1000m/s 考虑,孔底沉渣的厚度最接近(　　)。

(A)0.30m　　(B)0.50m　　(C)0.70m　　(D)0.90m

10—1

3.(08C30)某钻孔灌注桩,桩长15m,采用钻芯法对桩身混凝土强度进行检测,共采取3组芯样,试件抗压强度(单位 MPa)分别为:第一组,45.4,44.9,46.1;第二组,42.8,43.1,41.8;第三组,40.9,41.2,42.8。该桩身混凝土强度代表值最接近(   )。

(A)41.6MPa (B)42.6MPa (C)43.2MPa (D)45.5MPa

4.(08D30)某工人挖孔嵌岩灌注桩桩长为8m,其低应变反射波动力测试曲线如下图所示。问该桩桩身完整性类别及桩身波速值符合(   )。

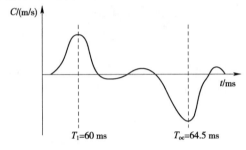

题4图

(A)Ⅰ类桩,$c=1777.8$m/s (B)Ⅱ类桩,$c=1777.8$m/s
(C)Ⅰ类桩,$c=3555.6$m/s (D)Ⅱ类桩,$c=3555.6$m/s

5.(09C30)某场地钻孔灌注桩桩身平均波速为3555.6m/s,其中某根桩应变反射波动力测试曲线如下图所示,对应图中的时间 t_1、t_2 和 t_3 的数值分别为 60ms、66ms 和 73.5ms,在混凝土强度变化不大的情况下,该桩长最接近(   )。

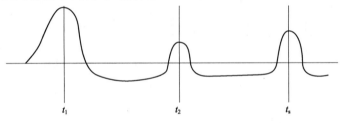

题5图

(A)10.7m (B)21.3m (C)24m (D)48m

6.(09D30)土石坝下游有渗漏水出溢,在附近设导渗沟,用直角三角形水堰测其明流流量,实测堰上水头为 0.3m,该处明流流量为(   )。

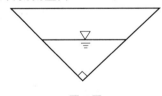

题6图

(A)0.07m³/s (B)0.27m³/s (C)0.54m³/s (D)0.85m³/s

7.(10C30)某PHC管桩,桩径500mm,壁厚125mm,桩长30m,桩身混凝土弹性模量为 36×10^6kPa(视为常量),桩底用钢板封口,对其进行单桩静载试验并进行桩身内力测试。根据实测资料,在极限荷载作用下,桩端阻力为1835kPa,桩侧阻力如下图所示,试问该PHC管桩在极限荷载条件下,桩顶面下10m处的桩身应变最接近(   )。

(A)4.16×10^{-4} (B)4.29×10^{-4} (C)5.55×10^{-4} (D)5.72×10^{-4}

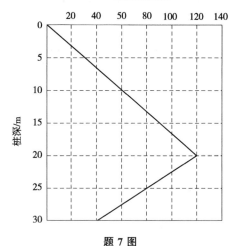

题 7 图

8.(10D30)某建筑地基处理采用3∶7灰土垫层换填,该3∶7灰土击实试验结果见下表。采用环刀法对刚施工完毕的第一层灰土进行施工质量检验,测得试样的湿密度为$1.78g/cm^3$,含水率为19.3%,其压实系数最接近( )。

题 8 表

湿密度/(g/cm³)	1.59	1.76	1.85	1.79	1.63
含水率/%	17.0	19.0	21.0	23.0	25.0

(A)0.94　　　　(B)0.95　　　　(C)0.97　　　　(D)0.99

9.(11C30)某灌注桩,桩径1.2m,桩长60m,采用声波透射法检测桩身完整性,两根钢制声测管中心间距为0.9m,管外径为50mm,壁厚2mm,声波探头外径28mm。水位以下某一截面平测实测声时为0.206ms,试计算该截面处桩身混凝土的声速最接近( )。
(注:声波探头位于测管中心;声波在钢材中的传播速度为5420m/s,在水中的传播速度为1480m/s;仪器系统延迟时间为0s。)

(A)4200m/s　　(B)4400m/s　　(C)4600m/s　　(D)4800m/s

10.(11D30)某住宅楼钢筋混凝土灌注桩,桩径为0.8m,桩长为30m,桩身应力波传播速度为3800m/s。对该桩进行高应变应力测试后得到如下图所示的曲线和数据,其中$R_x = 3MN$,则该桩桩身完整性类别为( )。

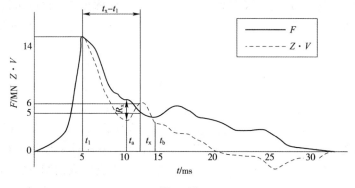

题 10 图

(A)Ⅰ类　　　　(B)Ⅱ类　　　　(C)Ⅲ类　　　　(D)Ⅳ类

11.(12C30)采用灰土挤密桩处理湿陷性黄土,桩间土最优含水率为17%,相应湿密度

2.0g/cm³,在不同位置、不同深度取样如下图所示,测得最大干密度如下表所示,则桩间土平均挤密系数 η_c 为(　　)。

题 11 表

深度	A	B	C
0.5	1.52	1.58	1.63
1.5	1.54	1.60	1.67
2.5	1.55	1.57	1.65
3.5	1.51	1.58	1.66
4.5	1.53	1.59	1.64
5.5	1.52	1.57	1.62

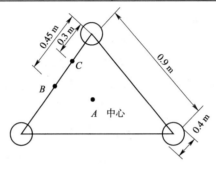

题 11 图

(A)0.894　　　　(B)0.910　　　　(C)0.927　　　　(D)0.944

12.(12D30)某建筑工程基础采用灌注桩,桩径 600mm,桩长 25m,低应变检测结果表明这 6 根基桩均为 I 类桩。对 6 根基桩进行单桩竖向抗压静载试验的成果见下表,该工程的单桩竖向抗压承载力特征值最接近(　　)。

题 12 表

试桩编号	1	2	3	4	5	6
Q_u/kN	2880	2580	2940	3060	3530	3360

(A)1290kN　　　　(B)1480kN　　　　(C)1530kN　　　　(D)1680kN

13.(13C30)某工程采用钻孔灌注桩基础,桩径 800mm,桩长 40m,桩身混凝土强度为 C30,钢筋笼上埋设钢弦式应力计量测桩身内力。已知地层深度 3～14m 范围内为淤泥质黏土,建筑物结构封顶后进行大面积堆土造景,测得深度 3m、14m 处钢筋应力分别为 30000kPa 和 37500kPa,此时淤泥质黏土层平均侧摩阻力最接近(　　)。

(注:钢筋弹性模量 $E_s = 2.0 \times 10^5$ N/mm²,桩身材料弹性模量 $E = 3.0 \times 10^4$ N/mm²。)

(A)25.0kPa　　　　(B)20.5kPa　　　　(C)−20.5kPa　　　　(D)−25.0kPa

14.(13D30)某工程采用灌注桩基础,灌注桩桩径为 800mm,桩长为 30m,设计要求单桩竖向抗压承载力特征值为 3000kN。已知桩间土的承地基载力特征值为 200kPa,按照《建筑基桩检测技术规范》(JGJ 106—2014),采用压重平台反力装置对工程桩进行单桩竖向抗压承载力检测时,若压重平台的支座只能设置在桩间土上,则支座底面积不宜小于(　　)。

(A)20m²　　　　(B)24m²　　　　(C)30m²　　　　(D)36m²

15.(14C30)某工程采用 CFG 桩复合地基,设计选用 CFG 桩桩径 500mm,按等边三角形布桩,面积置换率为 6.25%,设计要求复合地基承载力特征值 $f_{spk} = 300$kPa,则单桩复合地基荷载试验最大加载压力不应小于( )。

  (A)2261kN   (B)1884kN   (C)1131kN   (D)942kN

16.(14D30)某桩基工程设计要求单桩竖向抗压承载力特征值为7000kN,静载试验利用邻近4根工程桩作为锚桩,锚桩主筋直径25mm,钢筋抗拉强度设计值为360N/mm²。根据《建筑基桩检测技术规范》(JGJ 106—2014),计算得每根锚桩提供上拔力所需的主筋根数至少为( )。

  (A)18根   (B)20根   (C)22根   (D)24根

17.(16C30)某高强度混凝土管桩,外径500mm,壁厚125mm,桩身混凝土强度等级为C80,弹性模量为3.8×10^4 MPa,进行高应变动力检测,在桩顶下1.0m处两侧安装应变式力传感器,锤重40kN,锤落高1.2m,某次锤击时,由传感器测得的峰值应变为$350 \mu \varepsilon$,则作用在桩顶处的峰值锤击力最接近( )。

  (A)1755kN   (B)1955kN   (C)2155kN   (D)2355kN

18.(16D30)某建筑工程进行岩石地基荷载试验,共进行3次试验。其中1号试验点$p\text{-}s$曲线的比例界限值为1.5MPa,极限荷载值为4.2MPa;2号试验点$p\text{-}s$曲线的比例界限值为1.2MPa,极限荷载值为3.0MPa;3号试验点$p\text{-}s$曲线的比例界限值为2.7MPa,极限荷载值为5.4MPa。根据《建筑地基基础设计规范》(GB 50007—2011),本场地岩石地基承载力特征值为( )。

  (A)1.0MPa   (B)1.4MPa   (C)1.80MPa   (D)2.1MPa

19.(17C30)某工程采用深层平板荷载试验确定地基承载力,圆形承压板面积为0.5m^2,共进行了S_1、S_2、S_3三个试验点,各试验点数据如下表,请按照《建筑地基基础设计规范》(GB 50007—2011)判定该层地基承载力特征值最接近下列何值?( )

(注:取$s/d=0.015$所对应的荷载作为承载力特征值。)

题19表

荷载/kPa	S_1 累计沉降量/mm	S_2 累计沉降量/mm	S_3 累计沉降量/mm
1320	2.31	3.24	1.61
1980	6.44	7.47	6.09
2640	10.98	13.06	11.12
3300	15.77	21.49	17.02
3960	20.68	31.19	23.69
4620	26.66	42.39	34.83
5280	34.26	56.02	50.36
5940	43.01	79.26	67.38
6600	52.21	104.56	84.93

  (A)2570kPa   (B)2670kPa   (C)2770kPa   (D)2870kPa

20.(17D30)对某建筑场地钻孔灌注桩进行单桩水平静载试验,桩径800mm,桩身抗弯刚度EI为600000kN·m²,桩顶自由且水平力作用于地面处。根据H-t-Y_0(水平力—时间—作用点位移)曲线判定,水平临界荷载为150kN,相应的水平位移为3.5mm,根据《建筑基桩检测技术规范》(JGJ 106—2014)的规定,计算对应水平临界荷载的地基土水平抗力系数的比例系数m值最接近下列哪个选项?(桩顶水平位移系数v_y取2.441)( )

  (A)15.0MN/m⁴   (B)21.3MN/m⁴   (C)30.5MN/m⁴   (D)40.8MN/m⁴

答案解析

1. 答案(C)

解:据《建筑基桩检测技术规范》(JGJ 106—2014)附录 A.0.13 条第 5 款计算。

①桩身轴力由大变小深度处即为自重湿陷性黄土分布深度处,即自重湿陷性黄土层深度范围为 0~14m。

②计算桩侧平均负摩阻力值: $q_{si} = \dfrac{Q_i - Q_{i+1}}{u l_i} = \dfrac{2800-3270}{0.8 \times 3.14 \times 14} = -13.36 \text{kPa}$。

2. 答案(A)

解:据《建筑基桩检测技术规范》(JGJ 106—2014)第 8.4 节计算。

$$H = \dfrac{t_2 - t_1}{2} c = \dfrac{0.0093 - 0.0087}{2} \times 1000 = 0.3 \text{m}$$

3. 答案(A)

解:据《建筑基桩检测技术规范》(JGJ 106—2014)第 7.6.1 条计算。

$f_{cu1} = \dfrac{1}{3} \times (45.4 + 44.9 + 46.1) = 45.5 \text{MPa}$

$f_{cu2} = \dfrac{1}{3} \times (42.8 + 43.1 + 41.8) = 42.6 \text{MPa}$

$f_{cu3} = \dfrac{1}{3} \times (40.9 + 41.2 + 42.8) = 41.6 \text{MPa}$

4. 答案(C)

解:据《建筑基桩检测技术规范》(JGJ 106—2014)第 8.4.1 条计算。

$$c_i = \dfrac{2000 L}{\Delta T} = \dfrac{2000 \times 8}{64.5 - 60} = 3555.6 \text{m/s}$$

则桩为 I 类桩。

5. 答案(C)

解:据《建筑基桩检测技术规范》(JGJ 106—2014)第 8.4.1 条计算。

由 $c = \dfrac{2000 L}{\Delta T}$,得: $L = \dfrac{c \Delta T}{2000} = \dfrac{3555.6 \times (73.5 - 60)}{2000} = 24 \text{m}$

6. 答案(A)

解:据《土石坝安全监测技术规范》(SL60—1994)第 D2.3.2 条计算。

$$Q = 1.4 H^{\frac{5}{2}} = 1.4 \times 0.3^{\frac{5}{2}} = 0.069 \text{m}^3/\text{s}$$

注:此规范已不在新考试大纲要求范围内。

7. 答案(D)

解:据《建筑基桩检测技术规范》(JGJ 106—2014)附录 A 计算。

先计算 10m 处的轴力,然后计算应变。

总桩侧阻力: $Q_{sk} = 3.14 \times 0.5 \times [20 \times 120/2 + 10 \times (40 + 120)/2] = 3140 \text{kN}$

总桩端阻力: $Q_{pk} = 3.14 \times 0.25 \times 0.25 \times 1835 = 360 \text{kN}$

总极限荷载: $Q_{uk} = Q_{sk} + Q_{pk} = 3140 + 360 = 3500 \text{kN}$

10m 处轴力: $Q = Q_{uk} - u q_{sk1} = 3500 - 3.14 \times 0.5 \times 10 \times 60/2 = 3029 \text{kN}$

10m 处应变: $\varepsilon = \dfrac{Q}{EA} = \dfrac{3029}{36 \times 10^6 \times 3.14 \times (0.25^2 - 0.125^2)} = 5.72 \times 10^{-4}$

8. 答案(C)

解：据《土工试验方法标准》(GB/T 50123—1999)第 10.0.6 条计算。

由击实试验得土样最大干密度：$\rho_{dmax}=\dfrac{\rho}{1+0.01w}=\dfrac{1.85}{1+0.21}=1.53\text{g/cm}^3$

施工检测时的干密度：$\rho_d=\dfrac{\rho}{1+0.01w}=\dfrac{1.78}{1+0.193}=1.49\text{g/cm}^3$

$\lambda=\dfrac{\rho_d}{\rho_{dmax}}=\dfrac{1.49}{1.53}=0.975$

9. 答案(B)

解：(1)声波在钢管中的传播时间：$t_{钢}=\dfrac{4\times10^{-3}}{5420}=0.738\times10^{-6}\text{s}$

(2)声波在水中的传播时间：$t_{水}=\dfrac{(46-28)\times10^{-3}}{1480}=12.162\times10^{-6}\text{s}$

(3)$t'=t_{水}+t_{钢}=12.900\times10^{-6}\text{s}=12.900\times10^{-3}\text{ms}$

(4)两个测管外壁之间的净距离：$l=0.9-0.05=0.85\text{m}$

(5)声波在混凝土中的传播时间：$t_{ci}=0.206-0-12.900\times10^{-3}=0.1931\text{ms}=1.931\times10^{-4}\text{s}$

(6)该截面混凝土声速：$v_i=\dfrac{l}{t_{ci}}=\dfrac{0.85}{1.931\times10^{-4}}=4402\text{m/s}$

10. 答案(C)

解：据《建筑基桩检测技术规范》(JGJ 106—2014)公式(9.4.11-1)计算。

由已知条件和图可知：$F(t_1)=14\text{MN}, Z\cdot V(t_1)=14\text{MN}, F(t_x)=5\text{MN}, Z\cdot V(t_x)=6\text{MN}$

$\beta=\dfrac{[F(t_1)+Z\cdot V(t_1)]-2R_a-[F(t_x)+Z\cdot V(t_x)]}{[F(t_1)+Z\cdot V(t_1)]-[F(t_x)+Z\cdot V(t_x)]}=\dfrac{(14+14)-2\times3+(5-6)}{(14+14)-(5-6)}=0.724$

$0.6\leqslant\beta<0.8$，因此该桩桩身完整性类别为Ⅲ类。

11. 答案(D)

解：据《建筑地基处理技术规范》(JGJ 79—2012)第 7.5.2 条第 4 款计算。

(1)最优含水量为 17%时，桩周土的最大干密度：$\rho_{dmax}=\dfrac{2.00}{1+0.01\times17}=1.709\text{g/cm}^3$

(2)计算桩间土的平均干密度：据第 7.5.2 条第 4 款条文说明，桩间土的平均干密度为 B、C 两处所有土样干密度的平均值，即：

$\rho_d=\dfrac{1.58+1.60+1.57+1.58+1.59+1.57+1.63+1.67+1.65+1.66+1.64+1.62}{12}$

$=1.613\text{ g/cm}^3$

(3)平均挤密系数：$\eta_c=\dfrac{\rho_d}{\rho_{dmax}}=\dfrac{1.613}{1.709}=0.944$

12. 答案(B)

解：据《建筑基桩检测技术规范》(JGJ 106—2014)第 4.4.3 条及条文说明计算。

(1)对全部 6 根进行统计：

$Q_{u平均值}=\dfrac{2880+2580+2940+3060+3530+3360}{6}=3058.3\text{kN}$

$Q_{u极差}=3530-2580=950\text{kN}$

$\dfrac{Q_{u极差}}{Q_{u平均值}}=\dfrac{950}{3058.3}=0.31$，不符合规范要求。

(2)删除 3530kN 后重新统计：

$$Q_{u\text{平均值}}=\frac{2880+2580+2940+3060+3360}{5}=2964\text{kN}$$

$$Q_{u\text{极差}}=3360-2580=780\text{kN}$$

$$\frac{Q_{u\text{极差}}}{Q_{u\text{平均值}}}=\frac{780}{2964}=0.26,\text{符合规范要求}。$$

(3)求单桩竖向抗压承载力特征值

$$R_a=\frac{Q_u}{2}=\frac{2964}{2}=1482\text{kN}$$

13. 答案(C)

解： 由题意可知建筑封顶后进行大面积堆土造景,地层深度3~14m范围内为淤泥质黏土,此时淤泥质黏土层就会产生负摩阻力,要想求出该负摩阻力,必须先要知道该淤泥质黏土层对桩体产生的下拉荷载值。下拉荷载值就是淤泥质黏土层在该深度范围内对桩体产生的应力增量,可以利用钢筋的应变等于桩体混凝土应变的关系来求得。

$$\varepsilon_{\text{钢筋}}=\frac{\text{钢筋应力增量}}{\text{钢筋弹性模量}}=\frac{37500-30000}{2\times10^5\times10^3}$$

$$\varepsilon_{\text{桩体混凝土}}=\frac{\text{桩体混凝土应力增量}}{\text{桩体混凝土弹性模量}}=\frac{\text{桩体混凝土应力增量}}{3\times10^4\times10^3}$$

由 $\varepsilon_{\text{钢筋}}=\varepsilon_{\text{桩体混凝土}}$,即 $\frac{37500-30000}{2\times10^5\times10^3}=\frac{\text{桩体混凝土应力增量}}{3\times10^4\times10^3}$

桩体混凝土应力增量为1125kPa,则桩体受到的下拉荷载值:$1125\times3.14\times0.4^2=565.2\text{kN}$
根据《建筑桩基技术规范》(JGJ 94—2008)第5.4.4条第2款式(5.4.4-3):

$$Q_g^n=\eta_n u\sum_{i=1}^n q_{si}^n l_i$$

$$565.2=1\times3.14\times0.8\times q_{si}^n\times(13-4)$$

解得：$q_{si}^n=20.5\text{kPa}$,为负摩阻力,所以淤泥质黏土层平均侧摩阻力为-20.5kPa。

14. 答案(B)

解： 据《建筑基桩检测技术规范》(JGJ 106—2014)第4.1.4条、第4.2.2条计算。
加载量不应小于设计要求的单桩承载力2倍,所以最大加载量:$3000\times2=6000\text{kN}$
反力装置提供的反力不得小于最大加载量的1.2倍,堆载反力总重量:$6000\times1.2=7200\text{kN}$
压重施加于地基的压应力不宜大于地基承载力特征值的1.5倍

则支座底面积为：$\frac{7200}{200\times1.5}=24\text{m}^2$

15. 答案(B)

解： 根据《建筑地基处理技术规范》(JGJ 79—2012)附录B.0.6计算。

单桩复合地基静载试验的承压板的面积为 $A=\frac{A_p}{m}=\frac{3.14\times0.5^2}{4\times0.0625}=3.14\text{m}^2$

最小单桩复合地基承载力特征值：$R_a=f_{spk}\times A=300\times3.14=942\text{kN}$

试验最大加载量不应小于单桩复合地基承载力特征值的2倍
$2R_a=2\times942=1884\text{kN}$

16. 答案(D)

解：《建筑基桩检测技术规范》(JGJ 106—2014)第4.1.3条、第4.2.2条计算。
加载量不应小于设计要求的单桩承载力特征值的2倍,加载反力装置提供的反力不得小于最大加载量的1.2倍。

$$7000 \times 1.2 \times 2.0 = 4n \times \frac{3.14 \times 25^2}{4} \times 360 \times 10^{-3}$$

得:$n=23.8$,取 $n=24$ 根。

17. 答案(B)

解: 本题根据力学基础知识计算。

管桩顶部锤击应力:$\sigma = E\xi = 3.8 \times 10^7 \times 350 \times 10^{-6} = 13300 \text{kPa}$

桩顶处峰值锤击力:$F = \sigma A = 13300 \times \dfrac{3.14 \times (0.5^2 - 0.25^2)}{4} = 1957.6 \text{kN}$

18. 答案(A)

解: 据《建筑地基基础设计规范》(GB 50007—2011)附录 H 计算。

1 号试验点:1.5MPa>4.2MPa/3=1.4MPa,地基承载力取 1.4MPa
2 号试验点:1.2MPa>3.0MPa/3=1.0MPa,地基承载力取 1.0MPa
3 号试验点:2.7MPa>5.4MPa/3=1.8MPa,地基承载力取 1.8MPa

取 3 个试验点最小值 1.0MPa 作为该岩石地基承载力特征值。

19. 答案(B)

解: 据《建筑地基基础设计规范》(GB 50007—2011)附录 C 计算。

承压板直径:$d = \sqrt{\dfrac{4 \times 0.5}{\pi}} = 0.798$,对应的沉降值:$s = 0.015d = 11.97 \text{mm}$

对 S_1 点:$p_1 = 2640 + \dfrac{3300 - 2640}{15.77 - 10.98} \times (11.97 - 10.98) = 2776.41 \text{kPa}$

$$p_{\max}/2 = 6600/2 = 3300 \text{kPa}$$

对 S_2 点:$p_2 = 1980 + \dfrac{2640 - 1980}{13.06 - 7.47} \times (11.97 - 7.47) = 2511.31 \text{kPa}$

$$p_{\max}/2 = 6600/2 = 3300 \text{kPa}$$

对 S_3 点:$p_3 = 2640 + \dfrac{3300 - 2640}{17.02 - 11.12} \times (11.97 - 11.12) = 2735.08 \text{kPa}$

$$p_{\max}/2 = 6600/2 = 3300 \text{kPa}$$

承载力平均值:$f_{\text{ak}} = \dfrac{2776.41 + 2511.31 + 2735.08}{3} = 2674.27 \text{kPa}$

验算极差:$2776.41 - 2511.31 = 265.1 \text{kPa} < 0.3 \times 2675.27 = 802.28 \text{kPa}$

承载力特征值:$f_{\text{ak}} = 2674.27 \text{kPa}$

20. 答案(B)

解: 据《建筑基桩检测技术规范》(JGJ 106—2014)第 6.4.2 条计算。

桩径 0.8m,桩身计算宽度 $b_0 = 0.9(1.5D + 1.5) = 0.9 \times (1.5 \times 0.8 + 0.5) = 1.53 \text{m}$

$$m = \frac{(v_y \cdot H)^{\frac{5}{3}}}{b_0 Y_0^{\frac{5}{3}} (EI)^{\frac{2}{3}}} = \frac{(2.441 \times 150)^{\frac{5}{3}}}{1.53 \times (3.5 \times 10^{-3})^{\frac{5}{3}} \times 600000^{\frac{2}{3}}} = 21343.7 \text{ kN/m}^4$$

附 录

2018年度全国注册土木工程师(岩土)执业资格考试专业案例试卷(上午)

1. 湿润平原区圆砾地层中修建钢筋混凝土挡墙,墙后地下水位埋深0.5m,无干湿交替作用,地下水试样测试结果见下表,按《岩土工程勘察规范》(GB 50021—2001)(2009年版)要求判定地下水对混凝土结构的腐蚀性为下列哪项?并说明依据。 (　　)

题1表

分析项目		$\rho_B^{Z\pm}$ (mg/L)	$C(1/ZB^{Z\pm})$ (mmol/L)	$X(1/ZB^{Z\pm})$ (%)
阳离子	$K^+ + Na^+$	97.87	4.255	32.53
	Ca^{2+}	102.5	5.115	39.10
	Mg^{2+}	45.12	3.711	28.37
	NH_4^+	0.00	0.00	0.00
	合计	245.49	13.081	100
阴离子	Cl^-	108.79	3.069	23.46
	SO_4^{2-}	210.75	4.388	33.54
	HCO_3^-	343.18	5.624	43.00
	CO_3^{2-}	0.00	—	0.00
	OH^-	0.00	0.00	0.00
	合计	662.72	13.081	100.00
分析项目		$C(1/ZB^{Z\pm})$ (mmol/L)	分析项目	$\rho_B^{Z\pm}$ (mg/L)	
总硬度		441.70	游离CO_2	4.79	pH值:6.3
暂时硬度		281.46	侵蚀性CO_2	4.15	
永久硬度		160.24	固形物(矿化度)	736.62	

(A)微腐蚀　　　　　　　　　　　(B)弱腐蚀
(C)中腐蚀　　　　　　　　　　　(D)强腐蚀

2. 在近似水平的测面上沿正北方向布置6m长测线测定结构面的分布情况,沿测线方向共发育了3组结构面和2条非成组节理,测量结果见下表:

题2表

编号	产状(倾向/倾角)	实测间距(m)/条数	延伸长度(m)	结构面特征
1	0°/30°	0.4~0.6/12	>5	平直,泥质胶结
2	30°/45°	0.7~0.9/8	>5	平直,无充填
3	315°/60°	0.3~0.5/15	>5	平直,无充填
4	120°/76°		>3	钙质胶结
5	165°/64°		3	张开度小于1mm,粗糙

按《工程岩体分级标准》(GB/T 50218—2014)要求判定该处岩体的完整性为下列哪个选项?并说明依据。(假定没有平行于测面的结构面分布) (　　)

(A)较完整　　　　　　　　　　　(B)较破碎

(C)破碎　　　　　　　　　　　　　　(D)极破碎

3. 采用收缩皿法对某黏土样进行缩限含水量的平行试验,测得试样的含水量为33.2%,湿土样体积为60cm³,将试样晾干后,经烘箱烘至恒量,冷却后测得干试样的质量为100g,然后将其蜡封,称得质量为105g,蜡封试样完全置入水中称得质量为58g,试计算该土样的缩限含水量最接近下列哪项?(水的密度为1.0g/cm³,蜡的密度为0.82g/cm³)　　(　　)

(A)14.1%　　　　　　　　　　　　　(B)18.7%
(C)25.5%　　　　　　　　　　　　　(D)29.6%

4. 对某岩石进行单轴抗压强度试验,试件直径均为72mm,高度均为0.5mm,测得其在饱和状态下岩石单轴抗压强度分别为62.7MPa、56.5MPa、67.4MPa,在干燥状态下标准试件单轴抗压强度平均值为82.1MPa,试按《工程岩体试验方法标准》(GB/T 50266—2013)求该岩石的软化系数与下列哪项最接近?　　　　　　　　　　　　　　　　　　　(　　)

(A)0.69　　　　　　　　　　　　　　(B)0.71
(C)0.74　　　　　　　　　　　　　　(D)0.76

5. 某独立基础底面尺寸2.5m×3.5m,埋深2.0m,场地地下水埋深1.2m,场区土层分布及主要物理力学指标如下表所示,水的重度$\gamma_w=9.8kN/m^3$。按《建筑地基基础设计规范》(GB 50007—2011)计算持力层地基承载力特征值,其值最接近以下哪个选项?　　(　　)

题5表

层序	土名	层底深度(m)	天然重度 $\gamma(kN/m^3)$	$\gamma_{sat}(kN/m^3)$	黏聚力 $c_k(kPa)$	内摩擦角 $\varphi_k(°)$
①	素填土	1.00	17.5			
②	粉砂	4.60	18.5	20	0	29°
③	粉质黏土	6.50	18.8	20	20	18°

(A)191kPa　　　　　　　　　　　　(B)196kPa
(C)205kPa　　　　　　　　　　　　(D)225kPa

6. 桥梁墩台基础底面尺寸为5m×6m,埋深5.2m。地面以下均为一般黏性土,按不透水考虑,天然含水量$w=24.7\%$,天然重度$\gamma=19.0kN/m^3$,土粒比重$G=2.72$,液性指数$I_L=0.6$,饱和重度为$19.44kN/m^3$,平均常水位在地面上0.3m,一般冲刷线深度0.7m,水的重度$\gamma_w=9.8kN/m^3$。按《公路桥涵地基与基础设计规范》(JTG D63—2007)确定修正后的地基承载力容许值$[f_a]$,其值最接近以下哪个选项?　　(　　)

(A)275kPa　　　　　　　　　　　　(B)285kPa
(C)294kPa　　　　　　　　　　　　(D)303kPa

7. 矩形基础底面尺寸3.0m×3.6m,基础埋深2.0m,相应于作用的准永久组合时上部荷载传至地面处的竖向力$N_k=1080kN$,地基土层分布如下图所示,无地下水,基础及其上覆土重度取$20kN/m^3$。沉降计算深度为密实砂层顶面,沉降计算经验系数$\psi_s=1.2$。按照《建筑地基基础设计规范》(GB 50007—2011)规定计算基础的最大沉降量,其值最接近以下哪个选项?　　(　　)

题7图

(A)21mm　　　　　　　　　　　　(B)70mm
(C)85mm　　　　　　　　　　　　(D)120mm

8. 某毛石混凝土条形基础顶面的墙体宽度 0.72m，毛石混凝土强度等级 C15，基底埋深为 1.5m，无地下水，上部结构传至地面处的竖向压力标准组合 $F=200$kN/m，地基持力层为粉土，其天然重度 $\gamma=17.5$kN/m³，经深宽修正后的地基承载力特征值 $f_a=155.0$kPa。基础及其上覆土重度取 20kN/m³。按《建筑地基基础设计规范》(GB 50007—2011)规定确定此基础高度，满足设计要求的最小高度值最接近以下何值？　　　　　　　　　　　　　　　(　　)

(A)0.35m　　　　　　　　　　　　(B)0.44m
(C)0.55m　　　　　　　　　　　　(D)0.70m

9. 如图所示柱下独立承台桩基础，桩径 0.6m，桩长 15m，承台效应系数 $\eta_c=0.10$。按照《建筑桩基技术规范》(JGJ 94—2008)规定，地震作用下，考虑承台效应的复合基桩竖向承载力特征值最接近下列哪个选项？（图中尺寸单位为 m）　　　　　(　　)

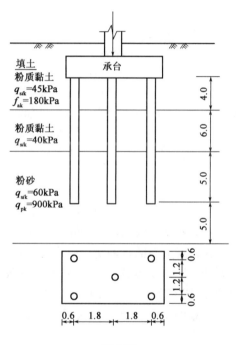

题 9 图

(A)800kN　　　　　　　　　　　　(B)860kN
(C)1130kN　　　　　　　　　　　　(D)1600kN

10. 某灌注桩基础，桩径 1.0m，桩入土深度 $h=16$m，配筋率 0.75%，混凝土强度等级为 C30，桩身抗弯刚度 $EI=1.2036\times10^3$MN·m²。桩侧土水平抗力系数的比例系数 $m=25$MN/m⁴。桩顶按固接考虑，桩顶水平位移允许值为 6mm。按照《建筑桩基技术规范》(JGJ 94—2008)估算单桩水平承载力特征值，其值最接近以下何值？　　　　　　(　　)

(A)220kN　　　　　　　　　　　　(B)310kN
(C)560kN　　　　　　　　　　　　(D)800kN

11. 某公路桥拟采用钻孔灌注桩基础，桩径 1.0m，桩长 26m，桩顶以下的地层情况如下图所示，施工控制桩端沉渣厚度不超过 45mm，按照《公路桥涵地基与基础设计规范》(JTG D63—2007)，估算单桩轴向受压承载力容许值最接近下列哪个选项？　　　　(　　)

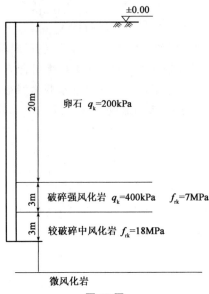

题 11 图

(A) 9357kN (B) 12390kN
(C) 15160kN (D) 15800kN

12. 某场地浅层湿陷性土厚度6.0m,平均干密度1.25t/m³,干部为非湿陷性土层。采用沉管法灰土挤密桩处理该地基,灰土桩直径0.4m,等边三角形布桩,桩距0.8m,桩端达湿陷性土层底。施工完成后场地地面平均上升0.2m。求地基处理后桩间土的平均干密度最接近下列何值？( )

(A) 1.56t/m³ (B) 1.61t/m³
(C) 1.68t/m³ (D) 1.73t/m³

13. 某储油罐采用刚性桩复合地基,基础为直径20m的圆形,埋深2m,准永久组合时基底附加压力为200kPa。基础下天然土层的承载力特征值100kPa,复合地基承载力特征值300kPa,刚性桩桩长18m。地面以下土层参数、沉降计算经验系数见下表。不考虑褥垫层厚度及压缩量,按照《建筑地基处理技术规范》(JGJ 79—2012)及《建筑地基基础设计规范》(GB 50007—2011)规定,该基础中心点的沉降计算值最接近下列何值(变形计算深度取至②层底)？( )

题 13 表(1)

土层序号	土层层底埋深(m)	土层压缩模量(MPa)
①	17	4
②	26	8
③	32	30

题 13 表(2)

$\overline{E}_s$(MPa)	4.0	7.0	15.0	20.0	35.0
ψ_s	1.0	0.7	0.4	0.25	0.2

(A) 100mm (B) 115mm
(C) 125mm (D) 140mm

14. 某建筑场地上部分布有12m厚的饱和软黏土，其下为中粗砂层，拟采用砂井预压固结法加固地基，设计砂井直径 $d_w=400$mm，井距2.4m，正三角形布置，砂井穿透软黏土层。若饱和软黏土的竖向固结系数 $C_v=0.01\text{m}^2/\text{d}$，水平固结系数 C_h 为 C_v 的2倍，预压荷载一次施加，加载后20天，竖向固结度与径向固结度之比最接近下列哪个选项？（不考虑涂抹和井阻影响） ( )

(A)0.20　　　　　　　　　　(B)0.30
(C)0.42　　　　　　　　　　(D)0.56

15. 某建筑边坡坡高10.0m，开挖设计坡面与水平面夹角50°，坡顶水平，无超载（如下图所示），坡体黏性土重度 19kN/m³，内摩擦角12°，黏聚力20kPa，坡体无地下水，按照《建筑边坡工程技术规范》(GB 50330—2013)，边坡破坏时的平面破裂角 θ 最接近哪个选项？( )

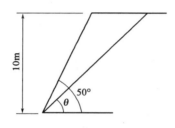

题 15 图

(A)30°　　　　　　　　　　(B)33°
(C)36°　　　　　　　　　　(D)39°

16. 图示岩质边坡的潜在滑面 AC 的内摩擦角 $\varphi=18°$，黏聚力 $c=20$kPa，倾角 $\beta=30°$，坡面出露点 A 距坡顶 $H_2=13$m。潜在滑体 ABC 沿 AC 的抗滑安全系数 $K_2=1.1$。坡体内的软弱结构面 DE 与 AC 平行，其出露点 D 距坡顶 $H_1=8$m。试问对块体 DBE 进行挖降清方后，潜在滑体 ADEC 沿 AC 面的抗滑安全系数最接近下列哪个选项？( )

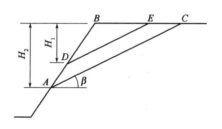

题 16 图

(A)1.0　　　　　　　　　　(B)1.2
(C)1.4　　　　　　　　　　(D)2.0

17. 如图所示，某边坡坡高8m，坡角 $\alpha=80°$，其安全等级为一级。边坡局部存在一不稳定岩石块体，块体重439kN，控制该不稳定岩石块体的外倾软弱结构面面积9.3m²，倾角 $\theta_1=40°$，其 $c=10$kPa，摩擦系数 $f=0.20$。拟采用永久性锚杆加固该不稳定岩石块体，锚杆倾角15°，按照《建筑边坡工程技术规范》(GB 50330—2013)，所需锚杆总轴向拉力最少为下列哪个选项？ ( )

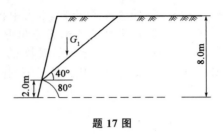

题 17 图

(A) 300kN (B) 330kN
(C) 365kN (D) 400kN

18. 已知某建筑基坑开挖深度 8m，采用板式结构结合一道内支撑围护，均一土层参数按 $\gamma=18\text{kN/m}^3$，$c=30\text{kPa}$，$\varphi=15°$，$m=5\text{MN/m}^4$ 考虑，不考虑地下水及地面超载作用，实测支撑架设前（开挖 1m）及开挖到坑底后围护结构侧向变形如图所示，按弹性支点法计算围护结构在两工况（开挖至 1m 及开挖到底）间地面下 10m 处围护结构分布土反力增量绝对值最接近下列哪个选项？（假定按位移计算的嵌固段土反力标准值小于其被动土压力标准值） （　　）

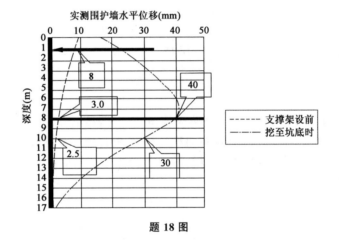

题 18 图

(A) 69kPa (B) 113kPa
(C) 201kPa (D) 1163kPa

19. 图示的单线铁路明洞，外墙高 $H=9.5\text{m}$，墙背直立。拱部填土坡率 1:5，重度 $\gamma_1=18\text{kN/m}^3$，内墙高 $h=6.2\text{m}$，墙背光滑，墙后填土重度 $\gamma_2=20\text{kN/m}^3$，内摩擦角 40°。试问填土作用在内墙背上的总土压力 E_a 最接近下列哪个选项？ （　　）

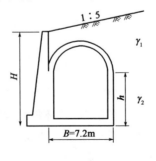

题 19 图

(A)175kN/m　　　　　　　　　　(B)220kN/m
(C)265kN/m　　　　　　　　　　(D)310kN/m

20.某拟建二级公路下方存在一煤矿采空区，A、B、C 依次为采空区主轴断面上的三个点（如图所示），其中 $AB=15m$，$BC=20m$，采空区移动前三点在同一高程上，地表移动后 A、B、C 的垂直移动量分别为 23mm、75.5mm 和 131.5mm，水平移动量分别为 162mm、97mm、15mm，根据《公路路基设计规范》(JTG D30—2015)，试判断该场地作为公路路基建设场地的适宜性为下列哪个选项？并说明判断过程。　　　　　　　　　　（　　）

题 20 图

(A)不宜作为公路路基建设场地
(B)满足公路路基建设场地要求
(C)采取处治措施后可作为公路路基建设场地
(D)无法判断

21.某建筑场地地下水位位于地面下 3.2m，经多年开采地下水后，地下水位下降了 22.6m，测得地面沉降量为 550mm。该场地土层分布如下：0～7.8m 为粉质黏土层，7.8～18.9m 为粉土层，18.9～39.6m 为粉砂层，以下为基岩。试计算粉砂层的变形模量平均值最接近下列哪个选项？（注：已知 $\gamma_w=10.0kN/m^3$，粉质黏土和粉土层的沉降量合计为 220.8mm，沉降引起的地层厚度变化可忽略不计）　　　　　　　　　　（　　）

(A)8.7MPa　　　　　　　　　　(B)10.0MPa
(C)13.5MPa　　　　　　　　　　(D)53.1MPa

22.某膨胀土地区，统计近 10 年平均蒸发力和降水量值如下表所示，根据《膨胀土地区建筑技术规范》(GB 50112—2013)，该地区大气影响急剧层深度接近于下列哪个选项？

题 22 表

项目	月 份											
	3月	4月	5月	6月	7月	8月	9月	10月	11月	12月	次年1月	次年2月
月平均气温(℃)	10	12	15	20	31	30	28	15	5	1	—1	5
蒸发力(mm)	45.6	65.2	101.5	115.3	123.5	120.2	68.7	47.5	25.2	18.9	20.8	30.9
降水量(mm)	34.5	55.3	89.4	120.6	145.8	132.1	130.5	115.2	33.5	7.2	8.4	10.8

(A)2.25m　　　　　　　　　　(B)1.80m
(C)1.55m　　　　　　　　　　(D)1.35m

23.某场地钻探及波速测试得到的结果见下表。

题 23 表

层号	岩性	层顶埋深(m)	平均剪切波速 v_s(m/s)
1	淤泥质粉质黏土	0	110
2	砾砂	9.0	180
3	粉质黏土	10.5	120
4	含黏性土碎石	14.5	415
5	强风化流纹岩	22.0	800

试按照《建筑抗震设计规范》(GB 50011—2010)(2016年版)用计算确定场地类别为下列哪一项？ ( )

(A) I_1 (B) II
(C) III   (D) IV

24. 某场地类别为IV类，查《中国地震动参数区划数》(GB 18306—2015)，在II类场地条件下的基本地震动峰值加速度为 0.10g，问该场地在罕遇地震时动峰值加速度最接近以下哪个选项？ ( )

(A) 0.08g   (B) 0.12g
(C) 0.25g   (D) 0.40g

25. 某钻孔灌注桩，桩长20m，用低应变法进行桩身完整性检测时，发现速度时域曲线上有三个峰值，第一、第三峰值对应的时间刻度分别为 0.2ms 和 10.3ms，初步分析认为该桩存在缺陷。在速度幅频曲线上，发现正常频差为100Hz，缺陷引起的相邻谐振峰间频差为180Hz，试计算缺陷位置最接近下列哪个选项？ ( )

(A) 7.1m   (B) 10.8m
(C) 11.0m   (D) 12.5m

2018年度全国注册土木工程师(岩土)执业资格考试专业案例(上午)答案解析

1. 答案(B)

解:据《岩土工程勘察规范》(GB 50021—2001)(2009年版)附录G、第12.2.1条、第12.2.2条、第12.2.3条计算。

(1)按环境类型影响,判断水对混凝土腐蚀性的影响

据规范附录表G.0.1注3,场地环境属Ⅰ类;

硫酸盐含量:无干湿交替作用,210.75<1.3×200=260,为微腐蚀;

镁盐含量:45.12<1000,为微腐蚀;

铵盐含量:0<100,为微腐蚀;

苛性碱含量:0<100,为微腐蚀;

总矿化度:736.62<10000,为微腐蚀;

综合判断其腐蚀性为微腐蚀。

(2)按地层渗透性影响,判断水对混凝土腐蚀的影响

地层为圆砾石,属强透水,按规范表12.2.2注1,属于A类

pH值:6.3处于6.5~5.0之间,为弱腐蚀;

侵蚀性CO_2:4.14<15,为微腐蚀;

HCO_3^-:由于矿化度736.62mg/L低于0.1g/L,按规范表12.2.2注2,不需评价腐蚀性;

综合判断其腐蚀性为弱腐蚀。

综合(1)(2)两种情况判断,水对混凝土腐蚀性评价为弱腐蚀。

2. 答案(A)

解:据《工程岩体分级标准》(GB/T 50218—2014)表3.2.3、表3.2.4计算。

此题为定性判断岩体的完整性,需按结构面进行判别,不需考虑节理

由规范表3.2.4可知,结构面结合程度为:结合一般

3组结构面的平均间距为0.5m、0.8m、0.4m,位于0.4~1.0m之间

由规范表3.2.3可知,岩体的完整性为:较完整。

3. 答案(A)

解:据《土工试验方法标准》(GB/T 50123—1999)第5.2.4条、第8.4.5条计算。

此题对烘干土试验进行蜡封测密度试验,则密度公式(5.2.4)中的分母项即为干土的体积,即:

$$V_d = \frac{m_n - m_{nw}}{\rho_{wT}} - \frac{m_n - m_0}{\rho_n} = \frac{105-58}{1.0} - \frac{105-100}{0.82} = 40.9 \text{ cm}^3$$

据式(8.4.5),该土试验的塑限含水率为:

$$w_n = w - \frac{V_0 - V_d}{m_d}\rho_w \times 100\% = 33.2\% - \frac{60-40.9}{100} \times 1.0 \times 100\% = 14.1\%$$

4. 答案(B)

解:据《工程岩体试验方法标准》(GB/T 50266—2013)第2.7.3条、第2.7.10条及条文

说明计算。

试件尺寸:直径为72mm,高度为95mm,不满足高径比2.0～2.5,为非标准试件,其抗压强度需要按照条文说明公式 $R=\dfrac{8R'}{7+\dfrac{2D}{H}}$ 进行修正。

$$R_{w1}=\dfrac{8\times62.7}{7+\dfrac{2\times72}{95}}=58.9\text{MPa}, R_{w2}=\dfrac{8\times56.5}{7+\dfrac{2\times72}{95}}=53.1\text{MPa}, R_{w3}=\dfrac{8\times67.4}{7+\dfrac{2\times72}{95}}=63.3\text{MPa}$$

饱和单轴抗压强度平均值:$\bar{R}_w=\dfrac{58.9+53.1+63.3}{3}=58.4\text{MPa}$

软化系数:$\eta=\dfrac{\bar{R}_w}{R}=\dfrac{58.4}{82.1}=0.71$

5. 答案(C)

解:据《建筑地基基础设计规范》(GB 50007—2011),持力层为粉砂,$c_k=0\text{kPa}$、$\varphi_k=29°$。

查表插值得:$M_b=1.65$、$M_d=5.26$、$M_c=7.675$

$$\gamma_m=\dfrac{17.5\times1+18.5\times0.2+(20-9.8)\times0.8}{2}=14.68\text{kN/m}^3$$

$$f_a=1.65\times(20-9.8)\times3+5.26\times14.68\times2+5.675\times0=205\text{kPa}$$

6. 答案(D)

解:据《公路桥涵地基与基础设计规范》(JTG D63—2007),由已知条件求孔隙比:

$$e=\dfrac{2.72\times(1+0.247)}{19}\times9.8-1=0.75$$

$I_L=0.6$,查表一般黏性土 $[f_{a0}]=250\text{kPa}$

查表,$k_1=0$、$k_2=1.5$,$[f_a]=250+0+1.5\times19.44\times(5.2-0.7-3)=293.7\text{kPa}$

一般黏性土视为不透水土层,水深提高承载力:

$$[f_a]=293.7+10\times1.0=304\text{kPa}$$

7. 答案(C)

解:据《建筑地基基础设计规范》(GB 50007—2011)基底附加压力计算。

$$p_0=\dfrac{1080}{3\times3.6}+20\times2-18.5\times2=103\text{kPa}$$

相关计算列表方式如下:

z_i	l/b	z_i/b	$\bar{\alpha}_i$	$4z_i\bar{\alpha}_i$	$4z_i\bar{\alpha}_i-4z_{i-1}\bar{\alpha}_{i-1}$	E_{si}
0	1.2	0	0.25	0		
6	1.2	4	0.1189	0.4756	2.8536	4.15

$$s=1.2\times\dfrac{103}{4.15}\times2.8536=85\text{mm}$$

8. 答案(C)

解:据《建筑地基基础设计规范》(GB 50007—2011)计算。

$$p_k=\dfrac{200}{b}+20\times1.5\leqslant155\text{kPa}$$

解得:$b\geqslant1.6\text{m}$

对于C15毛石混凝土,查表知宽高比允许值为 $1:1.25$

解得:$H_0\geqslant\dfrac{1.6-0.72}{2\times(1/1.25)}=0.55\text{m}$

9. 答案(B)

解：据《建筑桩基技术规范》(JGJ 94—2008)计算。

$$Q_{uk} = 0.6 \times 3.14 \times (45 \times 4 + 40 \times 6 + 60 \times 5) + \frac{3.14}{4} \times 0.6^2 \times 900 = 1610.82 \text{kN}$$

$$A_c = \frac{4.8 \times 3.6 - 5 \times 3.14 \times 0.3^2}{5} = 3.17 \text{m}^2$$

查表 $\zeta_a = 1.3$，$R = \frac{1610.82}{2} + \frac{1.3}{1.25} \times 0.1 \times 180 \times 3.17 = 864.7 \text{kN}$

10. 答案(D)

解：据《建筑桩基技术规范》(JGJ 94—2008)计算。

$$b_0 = 0.9 \times (1.5 \times 1 + 0.5) = 1.8 \text{m}, \alpha = \sqrt[5]{\frac{25 \times 10^3 \times 1.8}{1.2036 \times 10^6}} = 0.518 \text{m}^{-1}$$

$$\alpha h = 0.518 \times 16 = 8.3 > 4.0, 桩顶固接, v_x = 0.94$$

$$R_{ha} = 0.75 \times \frac{0.518^3 \times 1.2036 \times 10^6}{0.94} \times 0.006 = 801 \text{kN}$$

11. 答案(B)

解：据《建筑桩基技术规范》(JGJ 94—2008)计算。

桩型为钻孔桩，桩端为中等风化岩层：

修正：$c_1 = 0.5 \times 0.8 \times 0.75 = 0.3, c_2 = 0.04 \times 0.8 \times 0.75 = 0.024$

$$f_{rk} = 18 \text{MPa}, \zeta_s = 0.5$$

$$[R_a] = 0.3 \times 3.14 \times 0.5^2 \times 18000 + 3.14 \times 1 \times 0.024 \times 18000 \times 3 +$$
$$\frac{1}{2} \times 0.5 \times 3.14 \times 1 \times (200 \times 20 + 400 \times 3) = 12390 \text{kN}$$

12. 答案(A)

解：此题不可直接采用《建筑地基处理技术规范》(JGJ 79—2012)公式(7.5.2-1)求解，采用此公式的前提是挤土桩施工前后地面标高无变化，故此题需按《土力学》基本知识求解。

置换率：$m = \frac{d^2}{d_e^2} = \frac{0.4^2}{(1.05 \times 0.8)^2} = 0.227$

取单位面积土体进行分析，打桩前后土颗粒质量无变化，则有 $m_{s1} = m_{s2}$

即 $\rho_{d1} V_1 = \rho_{d2} V_2$，$1.25 \times 1 \times 6 = \rho_{d2} \times (1-0.227) \times (6+0.2)$

处理后桩间土的平均干密度：$\rho_{d2} = 1.565 \text{g/cm}^3$

13. 答案(C)

解：据《建筑地基处理技术规范》(JGJ 79—2012)第7.1.7条、第7.1.8条以及《建筑地基基础设计规范》(GB 50007—2011)第5.3.5条、附录表K.0.3计算。见解表。

复合地基的压缩模量提高系数：$\zeta = \frac{f_{spk}}{f_{ak}} = \frac{300}{100} = 3$

题13解表

z/m	z/r	$\bar{\alpha}$	$z\bar{\alpha}$	$z_i\bar{\alpha}_i - z_{i-1}\bar{\alpha}_{i-1}$	ζ	E_s/MPa
0.0	0	1.0	0			
15.0	1.5	0.762	11.43	11.43	3	12
18.0	1.8	0.697	12.546	1.116	3	24
24.0	4.0	0.590	14.16	1.614	0	8

变形计算深度范围内压缩模量当量值：$\overline{E}_s = \dfrac{\sum A_i}{\sum \dfrac{A_i}{E_{si}}} = \dfrac{11.43+1.116+1.614}{\dfrac{11.43}{12}+\dfrac{1.116}{24}+\dfrac{1.614}{8}} = 11.8 \text{MPa}$

经插值得沉降计算经验系数：$\psi_s = 0.52$

$s = \psi_s \sum \dfrac{p_0}{E_{si}}(z_i \overline{\alpha}_i - z_{i-1}\overline{\alpha}_{i-1}) = 0.52 \times 200 \times \left(\dfrac{11.43}{12}+\dfrac{1.116}{24}+\dfrac{1.614}{8}\right) = 124.9 \text{mm}$

14. 答案（D）

解：据《建筑地基处理技术规范》(JGJ 79—2012)第5.2节计算。

等效处理直径：$d_e = 1.05s = 1.05 \times 2.4 = 2.52\text{m}$

井径比：$n = \dfrac{d_e}{d_w} = \dfrac{2.52}{0.4} = 6.3$

$$F_n = \dfrac{n^2}{n^2-1}\ln(n) - \dfrac{3n^2-1}{4n^2} = \dfrac{6.3^2}{6.3^2-1}\ln 6.3 - \dfrac{3\times 6.3^2-1}{4\times 6.3^2} = 1.144$$

竖向固结度：$U_z = 1 - \dfrac{8}{\pi^2}e^{\frac{\pi^2 C_v}{4H^2}t} = 1 - \dfrac{8}{3.14^2}e^{\frac{3.14^2 \times 0.01}{4\times 6^2}\times 20} = 0.2$

径向固结度：$U_r = 1 - e^{-\frac{8C_h}{F_n d_e^2}t} = 1 - e^{-\frac{8\times 0.02}{1.144\times 2.52^2}\times 20} = 0.356$

竖向固结度与径向固结度之比：$\dfrac{U_z}{U_r} = \dfrac{0.2}{0.356} = 0.56$

15. 答案（B）

解：据《建筑边坡工程技术规范》(GB 50330—2013)第6.2.10条计算。

其中，$\eta = \dfrac{2\times 20}{19\times 10} = 0.211$

$$\theta = \arctan\left(\dfrac{\cos 12°}{\sqrt{1+\dfrac{\cot 50°}{0.211+\tan 12°}}-\sin 12°}\right) = 32.7°$$

16. 答案（C）

解：其中 $l_{AC} = 13/\sin 30° = 26\text{m}$

$K_2 = 1.1 = \dfrac{G_1 \cos\beta\tan\varphi + cl}{G_1\sin\beta} = \dfrac{G_1\cos 30°\tan 18° + 20\times 26}{G_1 \sin 30°}$，得 $G_1 = 1935.9\text{kN}$

清方后 ACDE 块体重量由几何关系可得：$G_2 = 1935.88 \times \left(\dfrac{13^2-8^2}{13^2}\right) = 1202.77\text{kN}$

$K_3 = \dfrac{G_2\cos\beta\tan\varphi + cl}{G_2\sin\beta} = \dfrac{G_2\cos 30°\tan 18° + 20\times 26}{G_2\sin 30°} = 1.43$

17. 答案（C）

解：据《建筑边坡工程技术规范》(GB 50330—2013)表8.2.2，$K_b = 2.2$

由第10.2.4条，$G_t = 439\times \sin 40° = 282.18\text{kN}$，$G_n = 439\times \cos 40° = 336.29\text{kN}$

$2.2\times(282.18 - 0.2\times 336.29 - 10\times 9.3) \leqslant N_{ak}\cos(40°+15°) + 0.2\times N_{ak}\sin(40°+15°)$

解得：$N_{ak} \geqslant 363.7\text{kN}$

18. 答案（B）

解：依据《建筑基坑支护技术规范》(JGJ 120—2012)第3.4.2条、第4.1.4条计算。

$$K_a = \tan^2\left(45° - \dfrac{15°}{2}\right) = 0.589$$

（1）开挖1m时：

$$k_s = 5 \times (10-1) = 4.5 \times 10^4 \text{kN/m}^3$$
$$p_{s0i} = 18 \times (10-1) \times 0.589 = 95.4 \text{kPa}$$
$$p_s = 4.5 \times 10^4 \times 2.5 \times 10^{-3} + 95.4 = 207.9 \text{kPa}$$

(2)开挖 8m 时：
$$k_s = 5 \times (10-8) = 1 \times 10^4 \text{kN/m}^3$$
$$p_{s0i} = 18 \times (10-8) \times 0.589 = 21.2 \text{kPa}$$
$$p_{s后} = 1 \times 10^4 \times 30 \times 10^{-3} + 21.2 = 321.2 \text{kPa}$$

(3)土反力增量：
$$\Delta p = 321.2 - 207.9 = 113.3 \text{kPa}$$

19. 答案(B)

解：据《公路隧道设计规范》(JTG D70—2004)附录 G 明洞荷载计算。

$$\tan\alpha = 0.2, \alpha' = \arctan\left(\frac{18}{20} \times 0.2\right) = 10.2°, h_1 = 9.5 + \frac{7.2}{5} - 6.2 = 4.74\text{m}$$

$$\lambda = \frac{\cos^2 40°}{\left[1 + \sqrt{\frac{\sin 40° \times \sin(40°-12°)}{\cos 10.2°}}\right]^2} = 0.238$$

内墙顶：$h'_顶 = 0 + \frac{8}{20} \times 4.74 = 4.266\text{m}, e_{a1} = 20 \times 4.266 \times 0.238 = 20.31\text{kPa}$

内墙底：$h'_底 = 6.2 + \frac{18}{20} \times 4.74 = 10.466\text{m}, e_{a2} = 20 \times 10.466 \times 0.238 = 49.82\text{kPa}$

$$E_a = \frac{1}{2} \times (20.31 + 49.82) \times 6.2 = 217.4 \text{kN}$$

20. 答案(C)

解：据《工程地质手册》(第五版)"地表变形的分类"第 698 页、《公路路基设计规范》(JTG D30—2015)第 7.16.3 条计算。

二级公路：

(1)地表倾斜：$i_{BC} = \frac{\Delta \eta_{BC}}{l} = \frac{131.5 - 75.5}{20} = 2.8\text{mm/m} < 6\text{mm/m}$

$$i_{AB} = \frac{\Delta \eta_{AB}}{l} = \frac{75.5 - 23}{15} = 3.5\text{mm/m} < 6\text{mm/m}$$

(2)水平变形：$\varepsilon_{AB} = \frac{\Delta \xi_{AB}}{l} = \frac{162 - 97}{15} = 4.33\text{mm/m} > 4\text{mm/m}$

$$\varepsilon_{BC} = \frac{\Delta \xi_{BC}}{l} = \frac{97 - 15}{20} = 4.1\text{mm/m} > 4\text{mm/m}$$

(3)地表曲率：$k_B = \frac{i_{AB} - i_{BC}}{l_{1-2}} = \frac{3.5 - 2.8}{\frac{15+20}{2}} = 0.04\text{mm/m}^2 < 0.3\text{mm/m}^2$

地表倾斜、地表曲率均小于容许值，水平变形虽然大于容许值，但小于 6mm/m，故采取处置措施后可作为公路路基建设场地。

21. 答案(C)

解：根据题意，地下水位下降，则土中自重应力增加，即相对原土层产生了附加应力，由地下水位引起土中附加应力增加如解图所示。

沉降为：$s = \frac{\Delta p}{E_s}H = \frac{(157+226)/2}{E_s} \times 6.9 + \frac{226}{E_s} \times 13.8 = 550 - 220.8 = 329.2\text{mm}$

解得：$E_s = 13.5$ MPa

注：此题求的是变形模量，而该解答给出的是压缩模量，不知是真题流传有误还是出题人表述错误。虽然《土力学》教材中有压缩模量和变形模量的换算，但这个换算只是理论上的关系，与实际情况相差甚远，所以工程上万万不可采用这个关系进行换算。

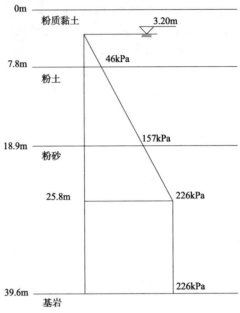

题 21 解图

22. 答案（D）

解：据《膨胀土地区建筑技术规范》(GB 50112—2013)第 5.2.11 条～第 5.2.13 条计算。

统计当地 9 月至次年 2 月蒸发力之和与全年蒸发力比值，次年 1 月不统计，则：

$$\alpha = \frac{68.6+47.5+25.3+18.9+30.9}{45.6+65.2+101.5+115.3+123.5+120.3+68.6+47.5+25.3+18.9+30.9} = 0.25$$

统计全年中干燥度大于 1.0 且平均气温大于 0℃ 月份的蒸发力与降水量差值之和，6～11 月及次年 1 月不统计，则：

$$c = (45.6-34.5)+(65.2-55.3)+(101.5-89.4)+(18.9-7.2)+(30.9-10.8) = 64.9$$

湿度系数：$\psi_w = 1.152 - 0.726\alpha - 0.00107c = 1.152 - 0.726 \times 0.25 - 0.00107 \times 64.9 = 0.9$

大气影响深度，查规范表 5.2.12：$d_a = 3.0$ m

大气影响急剧层深度：$d = 0.45 d_a = 0.45 \times 3.0 = 1.35$ m

23. 答案（C）

解：据《建筑抗震设计规范》(GB 50011—2010)第 4.1.5 条、第 4.1.6 条计算。

场地覆盖层厚度为 22m，等效剪切波速为：

$$v_{se} = \frac{d_0}{\sum \frac{d_i}{v_{si}}} = \frac{20.0}{\frac{9}{110}+\frac{1.5}{180}+\frac{4}{120}+\frac{5.5}{415}} = 146.3 \text{ m/s}$$

查规范表 4.1.6，场地类别为 Ⅲ 类。

24. 答案（C）

解：据《中国地震动参数区划图》(GB 18306—2015)第 6.2.2 条、附录 E 计算。

Ⅳ类场地,峰值加速度 $0.10g$,峰值加速度调整系数: $F_a = 1.2$

Ⅳ类场地地震动峰值加速度: $\alpha_{max} = F_a \cdot \alpha_{max} = 1.2 \times 0.10 = 0.12g$

罕遇地震动峰值加速度: $\alpha_{max} = (1.6 \sim 2.3) \times 0.12 = (0.192 \sim 0.276)g$

25. 答案(C)

解: 据《建筑基桩检测技术规范》(JGJ 106—2014)第 8.4.1 条、第 8.4.2 条计算。

按第一、第三峰值时间差计算桩身波速:

$$c = \frac{2000L}{\Delta T} = \frac{2000 \times 20}{10.3 - 0.2} = 3960.4 \text{m/s}$$

按幅频信号曲线上缺陷相邻谐振峰间频差计算桩身缺陷位置:

$$x = \frac{1}{2} \cdot \frac{c}{\Delta f'} = \frac{1}{2} \times \frac{3960.4}{180} = 11.1 \text{m}$$

2018年度全国注册土木工程师(岩土)执业资格考试专业案例试卷(下午)

1. 在某地层中进行钻孔压水试验,钻孔直径为 0.10m,试验段长度为 5.0m,位于地下水位以下,测得该地层的 $p-Q$ 曲线如图所示,试计算该地层的渗透系数与下列哪项接近?(注:1m 水柱压力为 9.8kPa) ( )

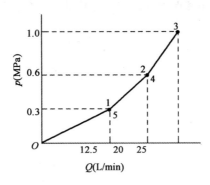

题 1 图

(A)0.052m/d   (B)0.069m/d
(C)0.073m/d   (D)0.086m/d

2. 某边坡高度为 55m,坡面倾角为 65°,倾向为 NE59°,测得岩体的纵波波速为 3500m/s,相应岩块的纵波波速为 5000m/s,岩石的饱和单轴抗压强度 $R_c=45$MPa,岩层结构面的倾角为 69°,倾向为 NE75°,边坡结构面类型与延伸性修正系数为 0.7,地下水影响系数为 0.5,按《工程岩体分级标准》(GB/T 50218—2014)用计算岩体基本质量指标确定该边坡岩体的质量等级为下列哪项? ( )

(A)Ⅴ   (B)Ⅳ
(C)Ⅲ   (D)Ⅱ

3. 某岩石地基载荷试验结果见下表,请按《建筑地基基础设计规范》(GB 50007—2011)的要求确定地基承载力特征值最接近下列哪一项? ( )

试 验 编 号	比例界限值(kPa)	极限荷载值(kPa)
1	1200	4000
2	1400	4800
3	1280	3750

(A)1200kPa   (B)1280kPa
(C)1330kPa   (D)1400kPa

4. 某拟建公路隧道工程穿越碎屑岩地层,平面上位于地表及地下分水岭以南 1.6km、长约 4.3km、埋深约 240m,年平均降水量 1245mm,试按大气水入渗法估算大气降水引起的拟建隧道日平均涌水量接近下列哪个值?(该地层降水影响半径按 $R=1780$m,大气降水入渗系数 $\lambda=0.10$ 计算,汇水面积近似取水平投影面积且不计隧道两端入渗范围)
( )

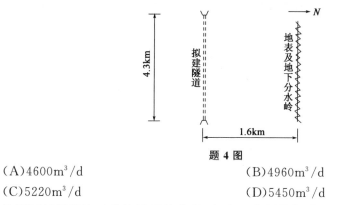

题 4 图

(A) 4600 m³/d (B) 4960 m³/d
(C) 5220 m³/d (D) 5450 m³/d

5. 作用于某厂房柱对称轴平面的荷载(相应于作用的标准组合)如图所示。$F_1=880\text{kN}$, $M_1=50\text{kN}\cdot\text{m}$; $F_2=450\text{kN}$, $M_2=120\text{kN}\cdot\text{m}$, 忽略柱子自重。该柱子基础拟采用正方形, 基底埋深 1.5m, 基础及其上土的平均重度为 20kN/m³, 持力层经修正后的地基承载力特征值 f_a 为 300kPa, 地下水位在基底以下。若要求相应于作用的标准组合时基础底面不出现零应力区, 且地基承载力满足要求, 则基础边长的最小值接近下列何值? ( )

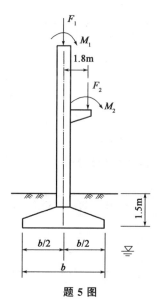

题 5 图

(A) 3.2m (B) 3.5m (C) 3.8m (D) 4.4m

6. 圆形基础上作用于地面处的竖向力 $N_k=1200\text{kN}$, 基础直径 3m, 基础埋深 2.5m, 地下水位埋深 4.5m, 基底以下的土层依次为:厚度 4m 的可塑黏性土、厚度 5m 的淤泥质黏土。基底以上土层的天然重度为 17kN/m³, 基础及其上土的平均重度为 20kN/m³。已知可塑黏性土的地基压力扩散线与垂直线的夹角为 23°, 则淤泥质黏土层顶面处的附加压力最接近下列何值? ( )

(A) 20kPa (B) 39kPa (C) 63kPa (D) 88kPa

7. 如下图所示, 某边坡其坡角为 35°, 坡高为 6.0m, 地下水位埋藏较深, 坡体为均质黏性土层, 重度为 20kN/m³, 地基承载力特征值 f_{ak} 为 160kPa, 综合考虑持力层承载力修正系数 $\eta_b=0.3$, $\eta_d=1.6$。坡顶矩形基础底面尺寸为 2.5m×2.0m, 基础底面外边缘距坡肩水平距离 3.5m, 上部结构传至基础的荷载情况如下图所示(基础及其上土的平均重度按 20kN/m³

考虑)。按照《建筑地基基础设计规范》(GB 50007—2011)规定,该矩形基础最小埋深接近下列哪个选项? ( )

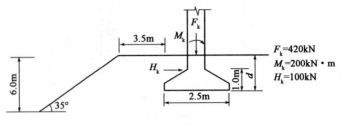

题 7 图

(A)2.0m (B)2.5m
(C)3.0m (D)3.5m

8. 某基坑开挖深度 3m,平面尺寸为 20m×24m,自然地面以下地层为粉质黏土,重度为 20kN/m³,无地下水,粉质黏土层各压力段的回弹模量见下表(MPa)。按《建筑地基基础设计规范》(GB 50007—2011),基坑中心点下 7m 位置的回弹模量最接近下列哪个选项? ( )

题 8 表

$E_{0\sim0.025}$	$E_{0.025\sim0.05}$	$E_{0.05\sim0.1}$	$E_{0.1\sim0.15}$	$E_{0.15\sim0.2}$	$E_{0.2\sim0.3}$
12	14	20	200	240	300

(A)20MPa (B)200MPa
(C)240MPa (D)300MPa

9. 某建筑采用灌注桩基础,桩径 0.8m,承台底埋深 4.0m,地下水位埋深 1.5m,拟建场地地层条件见下表,按照《建筑桩基技术规范》(JGJ 94—2008)规定,如需单桩竖向承载力特征值达到 2300kN,考虑液化效应时,估算最短桩长与下列哪个选项最为接近? ( )

题 9 表

地层	层底埋深(m)	N/N_{cr}	桩的极限侧阻力标准值(kPa)	桩的极限端阻力标准值(kPa)
黏土	1.0		30	
粉土	4.0	0.6	30	
细砂	12.0	0.8	40	
中粗砂	20.0	1.5	80	1800
卵石	35.0		150	3000

(A)16m (B)20m
(C)23m (D)26m

10. 某建筑场地地层条件为:地表以下 10m 内为黏性土,10m 以下为深厚均质砂层。场地内进行了三组相同施工工艺试桩,试桩结果见下表。根据试桩结果估算,在其他条件均相同时,直径 800mm、长度 16m 桩的单桩竖向承载力特征值最接近下列哪个选项?(假定同一土层内,极限侧阻力标准值及端阻力标准值不变) ( )

题 10 表

组别	桩径(mm)	桩长(m)	桩顶埋深(m)	试桩数量(根)	单桩极限承载力标准值(kN)
第一组	600	15	5	5	2402
第二组	600	20	5	3	3156
第三组	800	20	5	3	4396

(A)1790kN (B)3060kN
(C)3280kN (D)3590kN

11. 某建筑采用夯实水泥土桩进行地基处理,条形基础及桩平面布置见下图。根据试桩结果,复合地基承载力特征值为180kPa,桩间土承载力特征值为130kPa,桩间土承载力发挥系数取0.9。现设计要求地基处理后复合承载力特征值达到200kPa,假定其他参数均不变,若仅调整基础纵向桩间距 s 值,试算最经济的桩间距最接近下列哪个选项?　　　　　(　　)

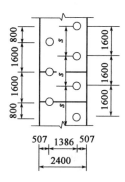

题 11 图(尺寸单位:mm)

(A)1.1m (B)1.2m
(C)1.3m (D)1.4m

12. 某工程采用直径800mm碎石桩和直径400mm CFG桩多桩型复合地基处理,碎石桩置换率0.087,桩土应力比为5.0,处理后桩间土承载力特征值为120kPa,桩间土承载力发挥系数为0.95,CFG桩置换率0.023,CFG桩单桩承载力特征值R_a=275kN,单桩承载力发挥系数0.90,处理后复合地基承载力特征值最接近下面哪个选项?　　　　　(　　)

(A)168kPa (B)196kPa
(C)237kPa (D)286kPa

13. 某双轴搅拌桩截面积为$0.71m^2$,桩长10m,桩顶标高在地面下5m,桩机在地面施工,施工工艺为:预搅下沉→提升喷浆→搅拌下沉→提升喷浆→复搅下沉→复搅提升。喷浆时提钻速度0.5m/min,其他情况速度均为1m/min,不考虑其他因素所需时间,单日24h连续施工能完成水泥土搅拌桩最大方量最接近下列哪个选项?　　　　　(　　)

(A)95m^3 (B)110m^3
(C)120m^3 (D)145m^3

14. 如图所示,位于不透水地基上重力式挡墙,高6m,墙背垂直光滑,墙后填土水平,墙后地下水位与墙顶面齐平,填土自上而下分别为3m厚细砂和3m厚卵石,细砂饱和重度γ_{sat1}=19kN/m^3,黏聚力c_1'=0kPa,内摩擦角φ_1'=25°,卵石饱和重度γ_{sat2}=21kN/m^3,黏聚力c_2'=0kPa,内摩擦角φ_2'=30°,地震时细砂完全液化,在不考虑地震惯性力和地震沉陷的情况下,根据《建筑边坡工程技术规范》(GB 50330—2013)相关要求,计算地震液化时作用在墙背的总水平力接近于下列哪个选项?　　　　　(　　)

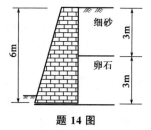

题 14 图

(A)290kN/m   (B)320kN/m
(C)350kN/m   (D)380kN/m

15. 如下图所示,某铁路河堤挡土墙,墙背光滑垂直,墙身透水,墙后填料为中砂,墙底为节理很发育的岩石地基。中砂天然和饱和重度分别为 $\gamma=19\text{kN/m}^3$ 和 $\gamma_{sat}=20\text{kN/m}^3$。墙底宽 $B=3\text{m}$,与地基的摩擦系数为 $f=0.5$。墙高 $H=6\text{m}$,墙体重 330kN/m,墙面倾角 $\alpha=15°$,土体主动土压力系数 $K_a=0.32$。试问当河水位 $h=4\text{m}$ 时,墙体抗滑安全系数最接近下列哪个选项?(不考虑主动土压力增大系数,不计墙前的被动土压力) ( )

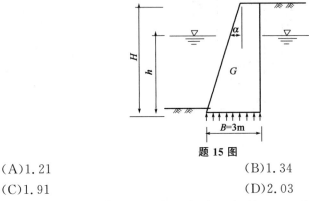

题15图

(A)1.21   (B)1.34
(C)1.91   (D)2.03

16. 如图所示,某建筑旁有一稳定的岩质山坡,坡面 AE 的倾角 $\theta=50°$。依山建的挡土墙墙高 $H=5.5\text{m}$,墙背面 AB 与填土间的摩擦角 $10°$,倾角 $\alpha=75°$。墙后砂土填料重度 20kN/m^3,内摩擦角 $30°$,墙体自重 340kN/m。为确保挡墙抗滑安全系数不小于1.3,根据《建筑边坡工程技术规范》(GB 50330—2013),在水平填土面上施加的均布荷载 q 最大值接近下列哪个选项?(墙底 AD 与地基间的摩擦系数取0.6,无地下水) ( )

提示:《建筑边坡工程技术规范》(GB 50330—2013)部分版本公式(6.2.3-2)有印刷错误,请按下列公式计算:

$$K_a = \frac{\sin(\alpha+\beta)}{\sin^2\alpha \sin^2(\alpha+\beta-\varphi-\delta)} \times$$
$$\left\{\begin{array}{l} K_q[\sin(\alpha+\beta)\sin(\alpha-\delta)+\sin(\varphi+\delta)\sin(\varphi-\beta)]+2\eta\sin\alpha\cos\varphi\cos(\alpha+\beta-\varphi-\delta)- \\ 2[(K_q\sin(\alpha+\beta)\sin(\varphi-\beta)+\eta\sin\alpha\cos\varphi)(K_q\sin(\alpha-\delta)\sin(\varphi+\delta)+\eta\sin\alpha\cos\varphi)]^{\frac{1}{2}} \end{array}\right\}$$

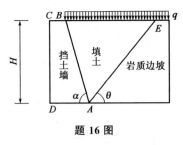

题16图

(A)30kPa   (B)34kPa
(C)38kPa   (D)42kPa

17. 某安全等级为二级的深基坑,开挖深度为8.0m,均质砂土地层,重度 $\gamma=19\text{kN/m}^3$,黏聚力 $c=0$,内摩擦角 $\varphi=30°$,无地下水影响(如下图所示)。拟采用桩—锚杆支护结构,支护桩直径为800mm,锚杆设置深度为地表下2.0m,水平倾斜角为15°,锚固体直径 $D=150\text{mm}$,锚杆总长度为18m。已知按《建筑基坑支护技术规程》(JGJ 120—2012)规定所做的锚杆承载力抗拔试验得到的锚杆极限抗拔承载力标准值为300kN,不考虑其他因素影响,计算该基坑锚杆锚固体与土层的平均极限黏结强度标准值,最接近下列哪个选项? （　　）

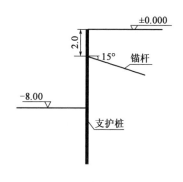

题 17 图

(A)52.2kPa　　　　　　　　　(B)46.2kPa
(C)39.6kPa　　　　　　　　　(D)35.4kPa

18. 某基坑长96m,宽96m,开挖深度为12m,地面以下2m为人工填土,填土以下为22m厚的中细砂,含水层的平均渗透系数为10m/d,砂层以下为黏土层。地下水位在地表以下6.0m,施工时拟在基坑外周边距基坑边2.0m处布置井深18m的管井降水(全滤管不考虑沉砂管的影响),降水维持期间基坑内地下水力坡度为1/30,管井过滤器半径为0.15m,要求将地下水位降至基坑开挖面以下0.5m。根据《建筑基坑支护技术规程》(JGJ 120—2012),估算基坑降水至少需要布置多少口降水井? （　　）

(A)6　　　　　　　　　　　　(B)8
(C)9　　　　　　　　　　　　(D)10

19. 某土样质量为134.0g,对土样进行蜡封,蜡封后试样的质量为140.0g,蜡封试样沉入水中后的质量为60.0g,已知土样烘干后质量为100g,试样含盐量为3.5%,该土样的最大干密度为1.5g/cm³,根据《盐渍土地区建筑技术规范》(GB/T 50942—2014),其溶陷系数最接近下列哪个选项?(注:水的密度取1.0g/cm³,蜡的密度取0.82g/cm³,K_G取0.85)
　　　　　　　　　　　　　　　　　　　　　　　　　　　　　　　　　（　　）

(A)0.08　　　　　　　　　　(B)0.10
(C)0.14　　　　　　　　　　(D)0.17

20. 某季节性弱冻胀土地区建筑采用条形基础,无采暖要求,该地区多年实测资料表明,最大冻深出现时冻土层厚度和地表冻胀量分别为3.2m和120mm,而基底所受永久作用的荷载标准组合值为130kPa,若基底允许有一定厚度的冻土层,满足《建筑地基基础设计规范》(GB 50007—2011)相关要求的基础最小埋深最接近于下列哪个选项? （　　）

(A)0.6m　　　　　　　　　　(B)0.8m
(C)1.0m　　　　　　　　　　(D)1.2m

21. 某滑坡体可分为两块,且处于极限平衡状态(如下图所示),每个滑块的重力、滑动面长度和倾角分别为:$G_1=600$kN/m,$L_1=12$m,$\beta_1=35°$;$G_2=800$kN/m,$L_2=10$m,$\beta_2=20°$。现假设各滑动面的强度参数一致,其中内摩擦角$\varphi=15°$,滑体稳定系数$K=1.0$,按《建筑地基基础设计规范》(GB 50007—2011),采用传递系数法进行反分析求得滑动面的黏聚力c最接近下列哪一选项? （　　）

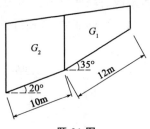

题 21 图

(A) 7.2kPa (B) 10.0kPa
(C) 12.7kPa (D) 15.5kPa

22. 某黄土试样进行室内双线法压缩试验，一个试样在天然湿度下压缩至 200kPa，压力稳定后浸水饱和，另一个试样在浸水饱和状态下加荷至 200kPa，试验数据如表所示，黄土的湿陷起始压力及湿陷程度最接近下列哪个选项？　　　　　　　　　　　　　　　（　　）

题 22 表

p(kPa)	25	50	75	100	150	200	200 浸水
h_p(mm)	19.950	19.890	19.745	19.650	19.421	19.220	17.50
h_{wp}(mm)	19.805	19.457	18.956	18.390	17.555	17.025	

(A) $p_{sh}=42$kPa；湿陷性强烈 (B) $p_{sh}=108$kPa；湿陷性强烈
(C) $p_{sh}=132$kPa；湿陷性中等 (D) $p_{sh}=156$kPa；湿陷性轻微

23. 某建筑场地抗震设防烈度为 8 度，设计基本地震加速度值 0.20g，设计地震分组第一组，场地地下水位埋深 6.0m，地层资料见下表，按照《建筑抗震设计规范》(GB 50011—2010)(2016 年版)用标准贯入试验进行进一步液化判别，该场地液化等级为下列哪个选项？　　　（　　）

题 23 表

序号	名称	层底埋深(m)	标准贯入试验点深度(m)	标贯试验锤击数实测值 N(击)	黏粒含量
①	粉砂	5.0	3.0	5	5
			4.5	6	5
②	粉质黏土	10.0	7.0	8	20
			9.0	9	20
③	饱和粉土	15.0	12.0	9	8
			13.0	8	8
④	粉质黏土	20.0	18.0	9	25
⑤	饱和细砂	25.0	22.0	13	5
			24.0	12	5

(A) 轻微 (B) 一般
(C) 中等 (D) 严重

24. 某建筑场地抗震设防烈度为 8 度，不利地段，场地类别Ⅲ类，验算罕遇地震作用，设计地震分组第一组，建筑物 A 和 B 的自振周期分别为 0.3s 和 0.7s，阻尼比均为 0.05，按照《建筑抗震设计规范》(GB 50011—2010)(2016 年版)，问建筑物 A 的地震影响系数 $α_A$ 与建筑物 B 的地震影响系数 α_B 之比 α_A/α_B 最接近下列哪个选项？　　　　　（　）
　　(A)1.00　　　　　　　　　　　　　　(B)1.35
　　(C)1.45　　　　　　　　　　　　　　(D)2.33

25.某地基采用强夯法处理填土,夯后填土层厚 3.5m,采用多道瞬态面波法检测处理效果,已知实测夯后填土层面波波速如下表所示,动泊松比均取 0.3,则根据《建筑地基检测技术规范》(JGJ 340—2015),估算处理后填土层等效剪切波速最接近下列哪个选项？（　）

题 25 表

深度(m)	0~1	1~2	2~3.5
面波波速(m/s)	120	90	60

　　(A)80m/s　　　　　　　　　　　　　(B)85m/s
　　(C)190m/s　　　　　　　　　　　　　(D)208m/s

2018年度全国注册土木工程师(岩土)执业资格考试专业案例(下午)答案解析

1. 答案(D)

解：据《工程地质手册》(第五版)"压水试验成果整理"第1246页计算。

试段透水率采用第三阶段的压力值(p_3)和流量值(Q_3)计算如下。

$$q = \frac{Q_3}{Lp_3} = \frac{25}{5 \times 1.0} = 5.0\text{Lu} < 10\text{Lu}$$，同时 p-Q 曲线为 B 型(紊流)

取第一阶段的压力 p_1(换算成水头值,以 m 计)和流量 Q_1 计算渗透系数：

$$Q_1 = 12.5\text{L/min} = 12.5 \times 60 \times 24/1000 = 18\text{m}^3/\text{d}$$

$$k = \frac{Q}{2\pi HL} \ln \frac{L}{r_0} = \frac{18}{2 \times 3.14 \times \frac{300}{9.8} \times 5} \times \ln \frac{5}{0.05} = 0.086\text{m/d}$$

注：解题时注意计算透水率和渗透系数时代入的流量 Q 的单位是不同的。

2. 答案(B)

解：据《工程岩体分级标准》(GB/T 50218—2014)第4.1.1条、第4.2.2条、第5.3.2条计算。

岩体完整性指数：$K_v = \left(\frac{3500}{5000}\right)^2 = 0.49$

$$90K_v + 30 = 90 \times 0.49 + 30 = 74.1 > R_c = 45\text{MPa}$$

$$0.04R_c + 0.4 = 0.04 \times 45 + 0.4 = 2.2 > K_v = 0.49$$

故取 $R_c = 45\text{MPa}$，$K_v = 0.49$ 代入计算

岩体基本质量指标：$BQ = 100 + 3R_c + 250K_v = 100 + 3 \times 45 + 250 \times 0.49 = 357.5$

结构面倾向与边坡坡面倾向间的夹角：$75° - 59° = 16°$，$F_1 = 0.7$

结构面倾角 $69°$，$F_2 = 1.0$

结构面倾角与边坡坡面倾角之差：$69° - 65° = 4°$，$F_3 = 0.2$

边坡工程主要结构面产状影响修正系数：$K_5 = F_1 \times F_2 \times F_3 = 0.7 \times 1.0 \times 0.2 = 0.14$

岩体质量指标：$[BQ] = BQ - 100(K_4 + \lambda K_5)$
$$= 357.5 - 100 \times (0.5 + 0.7 \times 0.14) = 297.7$$

查规范表4.1.1,岩体基本质量级别为Ⅳ级。

3. 答案(A)

解：据《建筑地基基础设计规范》(GB 50007—2011)(2009年版)附录 H.0.10 条计算。

将三次载荷试验的比例界限荷载与极限荷载的1/3进行比较：

1200kPa < 4000/3 = 1333kPa，取 1200kPa 作为承载力；

1400kPa < 4800/3 = 1600kPa，取 1400kPa 作为承载力；

1280kPa > 3750/3 = 1250kPa，取 1250kPa 作为承载力。

取三组最小值 1200kPa 作为岩石地基承载力特征值。

4. 答案(B)

解：据《铁路工程地质手册》相关内容计算。

涌水量：$Q = 2.74 \lambda WA = 2.74 \times 0.1 \times 1245 \times 10^{-3} \times (1.6 + 1.78) \times 4.3 = 4957\text{m}^3/\text{d}$

5. 答案(B)
解: 基础底面不出现零应力区:
$$e = \frac{50+120+450\times1.8}{880+450+20\times1.5b^2} \leq \frac{b}{6}$$
即 $30b^3+1330b-980\times6 \geq 0$
解得: $b \geq 3.475\text{m}$
承载力验算要求:
$$p_k = \frac{880+450+20\times1.5b^2}{b^2} \leq 300$$
解得: $b \geq 2.22\text{m}$
$$p_{k\max} = \frac{880+450+20\times1.5b^2}{b^2} + \frac{50+120+450\times1.8}{b\times b^2/6} \leq 1.2\times300$$
解得: $b \geq 3.12\text{m}$
综上条件: $b \geq 3.475\text{m}$

6. 答案(B)
解: $p_k = \dfrac{1200+20\times3.14\times1.5^2\times2.5}{3.14\times1.5^2} = 220\text{kPa}$
$$p_z = \frac{3.14\times1.5^2\times(220-17\times2.5)}{3.14\times(1.5+4\times\tan23°)^2} = 39\text{kPa}$$

7. 答案(C)
解:《建筑地基基础设计规范》(GB 50007—2011)第5.4.2条计算。
$$3.5 \geq 2.5\times2.5 - \frac{d}{\tan35°}$$
解得: $d \geq 1.93\text{m}$
承载力验算:
其中, $f_a = 160+0+1.6\times20\times(d-0.5) = 144+32d$
$$p_k = \frac{420+2.5\times2.0\times20d}{2.5\times2.0} \leq 144+32d$$
解得: $d \geq -5\text{m}$
$$p_{k\max} = \frac{420+2.5\times2.0\times20d}{2.5\times2.0} + \frac{100\times1+200}{2.0\times2.5^2/6} \leq 1.2\times(144+32d)$$
解得: $d \geq 3\text{m}$
因此取: $d \geq 3.0\text{m}$

8. 答案(C)
解: 按《建筑地基基础设计规范》(GB 50007—2011)查表: $l/b=1.2$, $z/b=0.7$, $\alpha_1=0.2175$, 基坑中心点下7.0m处的附加应力系数 $\alpha=0.87$, $p_z=0.87\times3\times20=52.2\text{kPa}$
回弹压力段为: $p_{cz}=20\times(3+7)=200\text{kPa}$, 至 $p_{cz}-p_z=200-52.2=148\text{kPa}$
查规范表得 $E_c=240\text{MPa}$

9. 答案(B)
解: 据《建筑桩基技术规范》(JGJ 94—2008),承台底非液化土层厚度不满足规范要求的之上1.5m和之下1.0m,所以桩侧液化土层的液化影响折减系数 $\psi_L=0$。
假定总桩长为 l:
$3.14\times0.8\times80\times8+3.14\times0.8\times150\times(l-8-8)+3.14\times0.4^2\times3000=2\times2300$

解得：$l=19.9\text{m}$

10. 答案(A)

解：据题表数据知：

$$3.14\times 0.6\times(5q_1+10q_2)+3.14\times 0.3^2\cdot q_p=2402$$
$$3.14\times 0.6\times(5q_1+15q_2)+3.14\times 0.3^2\cdot q_p=3156$$
$$3.14\times 0.8\times(5q_1+15q_2)+3.14\times 0.4^2\cdot q_p=4396$$

解得：$q_1=50\text{kPa}$，$q_2=80\text{kPa}$，$q_p=1501\text{kPa}$

$$R_a=\frac{1}{2}Q_{uk}=\frac{1}{2}[3.14\times 0.8\times(5\times 50+11\times 80)+3.14\times 0.4^2\times 1501]=1796\text{kN}$$

11. 答案(B)

解：据《建筑地基处理技术规范》(JGJ 79—2012)第7.1.5条计算。

调整前置换率：$m_1=\dfrac{f_{spk}-\beta f_{sk}}{\lambda R_a/A_p-\beta f_{sk}}=\dfrac{180-0.9\times 130}{\lambda R_a/A_p-0.9\times 130}=\dfrac{63}{\lambda R_a/A_p-117}$

调整后置换率：$m_2=\dfrac{f_{spk}-\beta f_{sk}}{\lambda R_a/A_p-\beta f_{sk}}=\dfrac{200-0.9\times 130}{\lambda R_a/A_p-0.9\times 130}=\dfrac{83}{\lambda R_a/A_p-117}$

调整前后面积置换率之比：$\dfrac{m_1}{m_2}=\dfrac{63}{83}=0.76$

面积置换率：$m=\dfrac{2A_p}{2.4s}=\dfrac{A_p}{1.2s}$，$\dfrac{m_1}{m_2}=\dfrac{A_p/1.2s_1}{A_p/1.2s_2}=\dfrac{s_2}{s_1}=0.76$

调整后桩间距为：$s_2=0.76s_1=0.76\times 1.6=1.216\text{m}$

12. 答案(B)

解：据《建筑地基处理技术规范》(JGJ 79—2012)第7.9.6条计算。

$$f_{spk}=m_1\dfrac{\lambda_1 R_{a1}}{A_{p1}}+\beta[1-m_1+m_2(n-1)]f_{sk}$$
$$=0.023\times\dfrac{0.9\times 275}{\dfrac{3.14\times 0.4^2}{4}}+0.95\times[1-0.023+0.087\times(5-1)]\times 120=196.37\text{kPa}$$

13. 答案(B)

解：该水泥土搅拌桩采用的是"二次喷浆、三次搅拌"施工工艺。

施工1根桩所需时间：$t=\dfrac{15}{1}+\dfrac{10}{0.5}+\dfrac{10}{1}+\dfrac{10}{0.5}+\dfrac{10}{1}+\dfrac{15}{1}=90\text{min}$

24h 最大施工量为：$V=\dfrac{24\times 60}{90}\times 0.71\times 10=113.6\text{m}^3$

14. 答案(B)

解：据《建筑边坡工程技术规范》(GB 50330—2013)，土质边坡且重力式挡墙 $8.0\text{m}>H>5.0\text{m}$，取土压力增大系数1.1，计算如下。

(1)细砂层：$K_{a1}=\tan^2\left(45°-\dfrac{25°}{2}\right)=0.41$

$$e_{a1顶}=0\text{kPa}$$
$$e_{a1底}=0\times 0.41+19\times 3\times 1=57\text{kPa}$$

(2)卵石层：$K_{a2}=\tan^2\left(45°-\dfrac{30°}{2}\right)=\dfrac{1}{3}$

$$e_{a2顶}=0\times\dfrac{1}{3}+19\times 3\times 1=57\text{kPa}$$

$$e_{a2底}=11\times3\times\frac{1}{3}+19\times3\times1+10\times3\times1=98\text{kPa}$$

$$E_{ak}=1.1\times\left[\frac{1}{2}\times(0+57)\times3+\frac{1}{2}\times(57+98)\times3\right]=349.8\text{kN/m}$$

15. 答案(B)

解: $K_a=0.32$

$$e_{a1}=0\text{kPa}$$
$$e_{a2}=19\times2\times0.32=12.16\text{kPa}$$
$$e_{a3}=(19\times2+9\times4)\times0.32=24.96\text{kPa}$$
$$E_a=\frac{1}{2}\times(0+12.16)\times2+\frac{1}{2}\times(12.16+24.96)\times4=86.4\text{kN/m}$$

底部扬压力: $U_1=4\times10\times3=120\text{kN}$

外侧水压力竖向分量: $U_2=0.5\times4\times10\times(4/\sin75°)\sin15°=21.4\text{kN}$

$$K_c=\frac{(330+21.4-120)\times0.5}{86.4}=1.34$$

16. 答案(C)

解: 由 $\dfrac{(G_n+E_{an})\times\mu}{E_{at}-G_t}=1.3$,解得: $E_a=221\text{kN}$, $K_a=0.73$

则: $0.73=K_a=\dfrac{\sin(\alpha+\beta)}{\sin^2\alpha\sin^2(\alpha+\beta-\varphi-\delta)}\times$

$\{K_q[\sin(\alpha+\beta)\sin(\alpha-\beta)+\sin(\varphi+\delta)\sin(\varphi-\beta)]+2\eta\sin\alpha\cos\varphi\cos(\alpha+\beta-\varphi-\delta)-$
$2[(K_q\sin(\alpha+\beta)\sin(\varphi-\beta)+\eta\sin\alpha\cos\varphi)(K_q\sin(\alpha-\delta)\sin(\varphi+\delta)+\eta\sin\alpha\cos\varphi)]^{\frac{1}{2}}\}$

解得: $q=38.2\text{kPa}$

17. 答案(A)

解: 据《建筑基坑支护技术规程》(JGJ 120—2012)第4.7.5条计算。

其中, $K_a=\tan^2\left(45°-\dfrac{30°}{2}\right)=\dfrac{1}{3}$, $K_p=\tan^2\left(45°+\dfrac{30°}{2}\right)=3$

$$e_{ak}=e_{pk}=19\times h\times\frac{1}{3}=19\times(h-8)\times3$$

解得: $h=9\text{m}$

$$l_f=\frac{(6+1-0.8\times\tan15°)\times\sin\left(45°-\dfrac{30°}{2}\right)}{\sin\left(45°+\dfrac{30°}{2}+15°\right)}+\frac{0.8}{\cos15°}+1.5=5.83\text{m}$$

锚固长度 $=18-5.83=12.15\text{m}$

$$300=3.14\times0.15\times q_{sik}\times12.15$$

解得: $q_{sik}=52.3\text{kPa}$

18. 答案(B)

解: 据《建筑基坑支护技术规程》(JGJ 120—2012)计算。

$$r_0=\sqrt{\frac{(96+2\times2)^2}{\pi}}=56.4\text{m}$$

$$S_w=6+0.5+56.4\times\frac{1}{30}=8.38\text{m}<10\text{m},\text{故 }R=2\times10\times\sqrt{10\times18}=268.33\text{m}$$

$$l = 18 - 6 - 8.38 = 3.62\text{m}, h_\text{m} = \frac{18+11.5}{2} = 14.75\text{m}$$

$$Q = \pi \times 10 \times \frac{18^2 - 11.5^2}{\ln\left(1+\frac{268.33}{56.4}\right) + \frac{14.75-3.62}{3.62} \times \ln\left(1+\frac{0.2 \times 14.75}{56.4}\right)} = 3156\text{m}^3/\text{d}$$

$$q = 120 \times 3.14 \times 0.15 \times 3.62 \times 10^{\frac{1}{3}} = 440.8\text{m}^3/\text{d}$$

$$n = \frac{1.1 \times 3156}{440.8} = 7.88 \text{口}$$

19. 答案(B)

解:据《盐渍土地区建筑技术规范》(GB/T 50942—2014)附录 D.2 节计算。

试样含水率:$w = \dfrac{m-m_\text{s}}{m_\text{s}} = \dfrac{134-100}{100} = 0.34$

试样密度:$\rho_0 = \dfrac{m_0}{\dfrac{m_\text{w}-m'}{\rho_\text{w1}} - \dfrac{m_\text{w}-m_0}{\rho_\text{w}}} = \dfrac{134}{\dfrac{140-60}{1.0} - \dfrac{140-134}{0.82}} = 1.844\text{g/cm}^3$

试样干密度:$\rho_\text{d} = \dfrac{\rho_0}{1+w} = \dfrac{1.844}{1+0.34} = 1.375\text{g/cm}^3$

溶陷系数:$\delta_\text{rx} = K_\text{G} \dfrac{\rho_\text{dmax}-\rho_\text{d}(1-C)}{\rho_\text{dmax}} = 0.85 \times \dfrac{1.5-1.375 \times (1-0.035)}{1.5} = 0.092$

20. 答案(B)

解:据《建筑地基基础设计规范》(GB 50007—2011)附录 G.0.2 条计算。

弱冻胀土、条形基础、无采暖要求,基底压力 $130 \times 0.9 = 117\text{kPa}$

经插值,基础底面下允许冻土层最大厚度:$h_\text{max} = 2.305\text{m}$

基础最小埋深:$d_\text{min} = z_\text{d} - h_\text{max} = h' - \Delta z - h_\text{max} = 3.2 - 0.12 - 2.305 = 0.775\text{m}$

21. 答案(C)

解:据《建筑地基基础设计规范》(GB 50007—2011)第 6.4.3 条计算。

滑块 1 的剩余下滑推力:

$$F_1 = W_1 \sin\alpha_1 - cL_1 - W_1 \cos\alpha_1 \tan\varphi$$
$$= 600 \times \sin35° - c \times 12 - 600 \times \cos35° \times \tan15° = 212.8 - 12c$$

滑坡推力传递系数:

$$\psi = \cos(\alpha_1-\alpha_2) - \sin(\alpha_1-\alpha_2)\tan\varphi_2 = \cos(35°-20°) - \sin(35°-20°)\tan15° = 0.897$$

滑块 2 的剩余下滑推力:

$$F_2 = \gamma_\text{t} W_2 \sin\alpha_2 - cl_2 - W_2 \cos\alpha_2 \tan\varphi + \psi F_1$$
$$= 1.0 \times 800 \times \sin20° - c \times 10 - 800 \times \cos20° \times \tan15° + 0.897 \times (212.8-12c)$$
$$= 263.1 - 20.76c$$

令 $F_2 = 0$,可得:$c = 263.1/20.76 = 12.67\text{kPa}$

22. 答案(A)

解:据《湿陷性黄土地区建筑规范》(GB 50025—2004)第 4.3.3 条、第 4.3.5 条及条文说明计算。

湿陷系数:$\delta_\text{s} = \dfrac{h_\text{p}-h'_\text{p}}{h_0} = \dfrac{19.22-17.5}{20} = 0.085 > 0.07$,湿陷性强烈

需要对双线法试验结果进行修正:$k = \dfrac{h_\text{w1}-h_2}{h_\text{w1}-h_\text{w2}} = \dfrac{19.805-17.5}{19.805-17.025} = 0.829$

以 $p=50\text{kPa}$ 为例,$h'_p=h_{w1}-k(h_{w1}-h_{wp})=19.805-0.829\times(19.805-19.457)=19.517$

对应的湿陷系数:$\delta_s=\dfrac{h-h'_p}{h_0}=\dfrac{19.89-19.517}{20}=0.0187$

其他各级压力下修正后的 h'_p 及湿陷系数见解表。

题 22 解表

$p(\text{kPa})$	25	50	75	100	150	200	200(浸水)
$h_p(\text{mm})$	19.950	19.890	19.745	19.650	19.421	19.220	17.50
$h_{wp}(\text{mm})$	19.805	19.457	18.956	18.390	17.555	17.025	
h'_p	19.805	19.517	19.101	18.632	17.940	17.500	
δ	0.00725	0.0187	0.0322	0.0509	0.0741	0.086	

当 $\delta=0.015$ 时,可得起始压力:$p_{sh}=42\text{kPa}$

23. **答案**(A)

解:据《建筑抗震设计规范》(GB 50011—2010)第 4.3.4 条、第 4.3.5 条计算。

设计地震分组第一组,β 取 0.8,设计基本地震加速度值 $0.20g$,N_0 取 12。

由地下水埋深 6m,液化指数计算深度 20m 可知,只需计算第③层饱和粉土液化指数。

临界击数:$N_{cr}=N_0\beta[\ln(0.6d_s+1.5)-0.1d_w]\times\sqrt{3/\rho_c}$

12m 处:$N_{cr}=12\times0.8\times[\ln(0.6\times12+1.5)-0.1\times6]\times\sqrt{3/8}=9.19$

13m 处:$N_{cr}=12\times0.8\times[\ln(0.6\times13+1.5)-0.1\times6]\times\sqrt{3/8}=9.58$

各测试点所代表土层的厚度 d_i、中点深度 h_i 及权函数值 W_i 计算如下:

12m 处 $\begin{cases} d_1=\dfrac{1}{2}\times(12+13)-10=2.5\text{m} \\ h_1=10+\dfrac{1}{2}\times2.5=11.25\text{m} \\ W_1=\dfrac{2}{3}\times(20-h_1)=\dfrac{2}{3}\times(20-11.25)=5.83 \end{cases}$

13.0m 处 $\begin{cases} d_2=15-\dfrac{1}{2}\times(12+13)=2.5\text{m} \\ h_2=15-\dfrac{1}{2}\times2.5=13.75\text{m} \\ W_2=\dfrac{2}{3}\times(20-h_2)=\dfrac{2}{3}\times(20-13.75)=4.17 \end{cases}$

液化指数:

$$I_{lE}=\sum\left[\left(1-\dfrac{N_i}{N_{cri}}\right)d_iW_i\right]=\left(1-\dfrac{9}{9.19}\right)\times2.5\times5.83+\left(1-\dfrac{8}{9.58}\right)\times2.5\times4.17=2.02$$

为轻微液化场地。

24. **答案**(B)

解:据《建筑抗震设计规范》(GB 50011—2010)第 4.1.6 条、第 5.1.4 条、第 5.1.5 条计算。

$T_g=0.45+0.5=0.50\text{s}$(设计地震分组第一组,场地类别Ⅲ类,罕遇地震)

建筑物 A:$T<T_g$,$\alpha_A=\eta_2\alpha_{max}=\alpha_{max}$

建筑物 B:$T_g<T<5T_g$,$\alpha_B=\left(\dfrac{T_g}{T}\right)^\gamma\eta_2\alpha_{max}=\left(\dfrac{0.5}{0.7}\right)^{0.9}\times1\times\alpha_{max}=0.738\alpha_{max}$

$$\frac{\alpha_A}{\alpha_B}=\frac{\alpha_{max}}{0.738\alpha_{max}}=1.355$$

25. 答案(B)

解：据《建筑地基检测技术规范》(JGJ 340—2015)第 14.4.3 条、第 14.4.4 条计算。

注意：规范式(14.4.3-2)系数：$\eta_s=\dfrac{0.87-1.12\mu_d}{1+\mu_d}$ 有误，正确公式应为：

$$\eta_s=\frac{0.87+1.12\mu_d}{1+\mu_d}$$

可参考《地基动力特性测试规范》(GB/T 50269—2015)式(7.3.7)及《工程地质手册》(第五版)第 310 页式(3-9-5)计算。

$$\eta_s=\frac{0.87+1.12\mu_d}{1+\mu_d}=\frac{0.87+1.12\times 0.3}{1+0.3}=0.928$$

各检测土层的剪切波速见解表。

题 25 解表

深度(m)	0~1	1~2	2~3.5
面波波速(m/s)	120	90	60
剪切波速(m/s)	129.3	97.0	64.7

等效剪切波速：$v_{se}=\dfrac{d_0}{\sum\limits_{i=1}^{n}(d_i/v_{si})}=\dfrac{3.5}{\dfrac{1}{129.3}+\dfrac{1}{97}+\dfrac{1.5}{64.7}}=84.9\text{m/s}$

2019年注册岩土工程师专业考试培训班招生通知

[咨询电话:18543011906(孙老师、于老师)　QQ群:77411503]

于海峰老师团队主讲的注册岩土工程师专业考试考前培训班,自2003年到2018年已经举办了十六届,深受广大考生的信任与欢迎。

于海峰老师团队对考试内容及考试命题理解深刻,对岩土工程方面的基础知识和基本理论掌握全面,有丰富的学校教学经验和注册考试培训经验,有在多个行业、多年从事实践工作的经历,并出版了《注册岩土工程师专业考试培训教材》和《注册岩土工程师专业考试模拟训练题及历年真题》(2019年已经出版到第13版),并且在自己开办的培训班上使用《注册岩土工程师专业考试内部辅导讲义》和《注册岩土工程师专业考试模拟押题试卷》等内部资料,这都为广大参考学员提供了极大的帮助,使考生能够扎实地掌握基础知识,准确地抓住考试重点,在考前快速提高答题速度和准确率。

早些年是于海峰老师个人单独办培训班,近年来逐渐加入了孙老师、孟老师等四位大学教授、副教授(均较早通过了注册岩土专业考试),大家分工明确、各负其责,形成了一支崭新的培训团队,齐心协力为学员提供优质到位的培训内容。2003~2012年,历时十载,一直在长春举办面授班。从2013年开始应广大学员的强烈要求,把面授班"搬上网",让学员在家中即可享受到与面授班一样优质的考前辅导培训。

根据最新考试形势的变化,并基于十多年注册岩土工程师专业考试培训经验,特制订最新的"2019(第十七届)注册岩土工程师专业考试培训计划"。

培训班特点:

一、权威的复习资料

第一轮资料能让学员由浅入深迅速上手,第二轮资料能让学员有效地系统把握整个知识体系,最后一轮考前模拟押题试卷能让学员迅速掌握考试技巧,适应考试状态,迅速把握考试最新动态。

二、全面细致的辅导视频讲解

包括:各大重点规范、土力学基础工程等重要基本理论、历年专业知识及案例真题讲座、考前内部辅导讲座,考试经验技巧,考前模拟试卷的详细讲解,为学员提供全面透彻的辅导讲解。

三、高效的专题答疑指导

根据知识体系划分多个专题答疑群为学员做专题答疑;多位大学老师和于老师一同为学员做及时精准的答疑解惑,如同大学课堂辅导老师在身边,迅速提高学员的复习效率。

四、权威的培训辅导方案与考试预测

从2003年至今积累十余年的培训经验及对注岩考试的把握能力和最新动态信息的掌握,为学员提供高效的培训方案计划和权威精准的考前预测。

筑岩教育于老师、孙老师注册岩土工程师培训中心

(网址:www.rgetc.cn)

2019年1月1日

2019年注册岩土工程师培训计划

根据最新考试形势变化动态,并基于十六年岩土培训辅导经验,本注册岩土工程师培训中心制定了"2019年(第十七届)注册岩土专业考试培训计划"。

一、从复习进程方面,培训分为三个阶段:两轮复习+最后考前模拟冲刺!

(1)快速上手复习阶段;

(2)考点精讲系统强化—提高完善复习阶段;

(3)考前模拟冲刺阶段。

基本思路:通过第一阶段,让不会复习或者效率很低无从下手的学员迅速上手,在老师指导下掌握基本理论,学习重点规范,通过一定数量针对性的题目训练,具备解答基本考试题型的能力,打下坚实的基础,迅速完成第一轮复习,带着疑问和不足进入第二阶段;通过第二阶段内部考前辅导资料配合视频讲座(历年面授班的核心内容)完成考点精讲,内部辅导,专题答疑等环节,再次系统全面地复习一轮,使学员真正系统地熟练掌握、通透考点知识点,复习效果进一步全面提升、完善;之后进入第三阶段检验成果,通过考前模拟押题试卷训练等检验复习效果并及时发现问题查漏补缺,并通过模考训练及专题考试指导(辅导老师详解答题方法、技巧、注意事项、临场应对措施等宝贵考试实战经验)迅速适应考试,进入临考状态。使学员顺利发挥出自己平时系统扎实复习的水平,最终稳健赢得考试胜利!

第一阶段:快速上手复习阶段

自2018年10月1日~2019年3月31日,学习内容如下:

1. 规范学习(主要是重点规范的学习)

20本重点规范的目录和视频讲解见后面的视频讲课目录。

2. 基础知识和基本理论的复习

主要参考由于海峰编写的《2019全国注册岩土工程师专业考试培训教材》(2019版),配合相应的基本理论讲座视频进行复习。

3. 考题练习

以于海峰老师编写的《2019注册岩土工程师专业考试模拟训练题及历年真题》中的题目为主进行练习,协助迅速理解规范及相关基本理论,本书中的题目主要分为两部分:

(1)"基本题型练习":与各章节中大纲要求有关的练习题:共分十一章,题型有单选题、多选题、案例模拟题等。

(2)"历年真题新解":自2002~2018年共16套考试真题,答案均经过与新规范进行核对与修改,均有视频逐题讲解,应结合视频讲解进行练习。

第二阶段:考点精讲系统强化—提高完善复习阶段

该阶段原为"面授班集中讲解"阶段,应广大学员的强烈要求,改为网络"考点精讲辅导阶段",可以在家轻松直接收看视频,享受面授班一样的待遇。

培训时间约为2019年4月1日~2019年7月30日。授课方式为:网络视频授课,学员可以加入于老师的2019年培训学员QQ群进行辅导答疑,有四位大学教授和于老师一起在QQ群进行实时辅导,使用的教材为于海峰编写的内部教材《2019注册岩土工程师专业考试辅导讲义》,该教材约有80个讲座,主要内容包括:

(1)考试大纲中包括的学科重要知识点;

(2)以往历年考试中涉及的重复性考点;

(3)以往历年考试中出现的重要题型;

(4)对2019年考试内容和题型预测。

历年考试证明,于海峰老师编写的《辅导讲义》具有较高的贴题率,2018年的考题中与《辅导讲义》相贴近的题目有45道题,达到了90%(2018年案例改为50道题);2016年贴近题目有49题,达到了82%;2014年的考题中与《辅导讲义》贴近的题目有46题,达到了77%,2013年的考题中与《辅导讲义》贴近的题目有45题,超过了75%,与20本重点规范相关的题目超过了50题。经过修改的《辅导讲义》,应该会更加地贴近考题。往年也都能准确地预测50题以上(2008年55题,2009年57题,2010年54题,2011年52题),相信该讲义会给大家带来更加准确的指导。

第三阶段:考前模拟冲刺阶段

培训时间约为2019年8月1日～2019年9月初(2019考试时间为10月19日、20日两天)。考虑到考试形势的最新变化,以及考生平时会做题,但考试难发挥等问题推出该考前冲刺阶段内容。设置如何考试如何高效答题专题讲座;通过全真考试模拟(卷面形式,答题时间,考试后评分等完全仿真考试过程),让学员做到"考试就和平时一样"。此外根据非重点规范的特点和最新考试形势的变化,把非重点规范应对策略讲座及法律法规讲座亦放置该阶段冲刺复习。

二、从培训覆盖内容方面看,分为三个系列:

1. 规范规程法规系列

本培训涵盖了全部规范、规程、法规讲解(20本重点规范精讲+非重点规范应对策略解读+18本法律法规讲座)。规范、规程是注册岩土工程师考试的依据,规范、规程就如同这场考试战役的武器,武器必须精通、熟练。

一句话:通过该部分,帮助学员解决全部规范和法律法规问题。

2. 考点知识点系列

基于对考试大纲的深入理解(并关注其最新变化),以及十余年的培训辅导经验,并根据最新考试变化动态,为学员凝练总结了知识点考点体系,通过考点精讲原理讲授、习题解读、实时答疑等环节使学员达到熟练掌握的程度。知识点考点就如同这场考试战役的弹药,必须稳稳拿到手,备足。

一句话:通过该部分,帮助学员解决考点知识点问题。

3. 考前模拟冲刺系列

通过各种专项训练使学员迅速适应考试。如:如何考试,如何答题等专题讲座;聘请阅卷专家给学员做如何标准作答,如何避免考试低级错误等专题讲座;通过四套模拟题自测并视频解答,学员可及时查漏补缺;再通过两次全真考试模拟(卷面形式,答题时间,考试后评分等完全仿真考试过程),迅速适应考试,找出状态。适应考试就如同打仗摸清地形,做到知己知彼。

一句话:通过该部分,帮助学员解决考试动态的最新变化及"适应考试"问题。

精通规范+精通考点+精通考试;武器擦亮了+弹药备足了+摸清地形知己知彼了=打一场漂亮的考试战役!

我们准备好了! 你,准备好了吗?

筑岩教育于老师、孙老师注册岩土工程师培训中心
(网址:www.rgetc.cn)
2019年1月1日

2019年培训收费标准、优惠政策及交费方法

[咨询电话:18543011906(孙老师、于老师)　　QQ群:77411503]

一、免费试听系列

(1)考试大纲讲座(免费);

(2)专业考试科目、分值、时间分配及题型特点(免费);

(3)专业考试参考书目讲座(免费);

(4)2011年专业考试真题讲解(免费);

(5)建筑地基处理技术规范(第七章)(免费);

(6)培训思路及发展规划等相关说明(免费)。

二、单项收费标准

(1)交费1800元:收看二十个重点规范视频讲座。(按照2019最新大纲要求更新,累计约210小时)

——敢讲规范的注岩培训班,唯一投入如此大精力为学员逐条剖析解读规范的注岩培训班,规范是注岩考试的根本。

(2)交费2000元:收看2002~2018年"历年真题新解"视频讲座(逐个剖析讲解每一道真题,累计约220小时),收看土力学基础工程等重要基本理论剖析精讲。

——市面上大部分版本的从2002~2009年的历年真题都来源于我们培训班长期积累并已经出版的《2019全国注册岩土工程师考试模拟训练题集》,2010年之后命题组才正式公开出版真题。

(3)交费4000元:收看考点精讲辅导阶段的"2019内部辅导八十讲"视频讲解(累计约170小时),实时QQ群答疑,即原面授班内部培训的核心内容。

——从2003至今十余年的培训经验积累,历史悠久的注岩培训班,全靠老学员口碑相传招新学员。

(4)交费2000元:收看非重点规范备考应对策略讲座;法律法规讲座;如何标准作答、如何适应考试讲座;2019考前全真模拟押题试卷。

——实时关注最新考试变化动态,为学员负责及时应对补充,让学员迅速适应注岩考试之变化;为学员提供最系统、最到位、最有效的注岩培训。

三、组合优惠方案

组合一:视频(1)。优惠价格:1800元。

组合二:视频(1)+(2)。优惠价格:3500元。

组合三:视频(1)+(2)+(3)。优惠价格:5800元。

组合四:视频(2)+(3)+(4)。优惠价格:5800元。

组合五:全科视频(1)+(2)+(3)+(4)。优惠价格:6800元。

每种组合的优惠力度,学员可以自己计算。此外,如多人同时报名对学员另有优惠。

筑岩教育于老师、孙老师注册岩土工程师培训中心

(网址:www.rgetc.cn)

2019年1月1日